1	2
3	4
5	

1. 攸县油茶（王开良摄）
2. 西南红山茶（姚小华摄）
3. 浙江红花油茶（王开良摄）
4. 普通油茶（王开良摄）
5. 适合油茶生长的立地（王开良摄）

1	2
3	4
5	

1. 机械整地（王开良摄）
2. 机械挖穴（赵学民摄）
3. 油茶新品种育苗（赵学民摄）
4. 油茶新品种造林（王开良摄）
5. 油茶新品种幼林（姚小华摄）

1	2
3	4
5	6

1. 油茶新品种结果状（姚小华摄）
2. 油茶新品种结果状（姚小华摄）
3. 油茶良种林分（姚小华摄）
4. 油茶茶叶混交模式（姚小华摄）
5. 中泰油茶发展合作（夏根清摄）
6. 浙江省油茶品质控制栽培现场会（任华东摄）

1. 油茶森林食品基地（姚小华摄）
2. 有机茶油（姚小华摄）
3. 茶油产品（姚小华摄）

国家油茶科学中心、中国林业科学研究院亚热带林业研究所资助出版

中国油茶

（第2版）

庄瑞林　主编

中国林业出版社

图书在版编目（CIP）数据

中国油茶/庄瑞林主编．—2 版．—北京：中国林业出版社，2008
ISBN 978-7-5038-5163-6

Ⅰ．中…　Ⅱ．庄…　Ⅲ．油茶－中国　Ⅳ．S794.4

中国版本图书馆 CIP 数据核字（2008）第 005292 号

出　版　中国林业出版社（100009　北京西城区德内大街刘海胡同 7 号）
网　址　lycb. forestry. gov. cn
E-mail　cfphz@ public. bta. net. cn　　电话：（010）83224477
发　行　新华书店北京发行所
印　刷　中国农业出版社印刷厂
版　次　2012 年 1 月第 2 版
印　次　2012 年 1 月第 2 次
开　本　787mm × 1092mm　1/16
印　张　24.75　　插页　4 面
字　数　618 千字
印　数　4001 ~ 7000 册
定　价　68.00 元

Endowed by National Center for Oil-tea Camellia Science and Technology &
The Research Institute of Subtropical Forestry, Chinese Academy of Forestry

Oil-tea Camellia in China

(Second Eidition)

Editor-in-chief ZHUANG Rui-lin
Associate-ditor YAO Xiao-hua & ZHOU Qi-ren

China Forestry Publishing House

《中国油茶》编写委员会

主　　　编　庄瑞林

副　主　编　姚小华　周启仁

常务编写委员　庄瑞林　姚小华　周启仁　项耀威　赵德铭
邱金兴

编　　　委　（按照姓氏笔画顺序）

王开良　王芷虔　王德斌　冯科志　任华东
庄瑞林　刘翠峰　李玉善　邱金兴　陈柏光
陈家耀　周启仁　项耀威　赵树慎　赵德铭
姚小华　唐全富　黄少甫　黄爱珠　戚英鹤
章光旭　曾范安　蔡肖群　熊年康　潘德森

主编简介

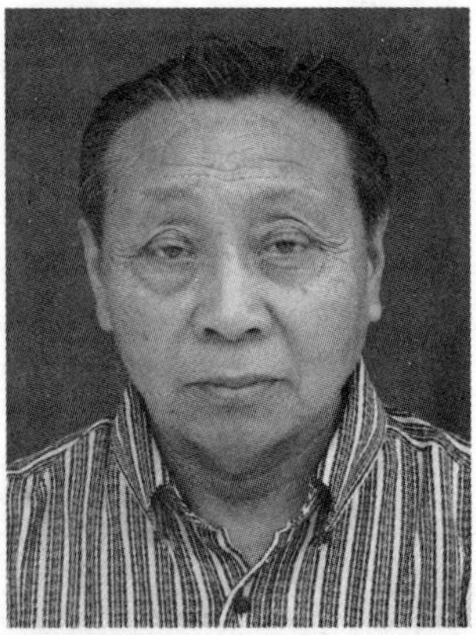

庄瑞林 江苏省常州市人，1935年11月出生。1960年毕业于南京林业大学（原南京林学院）。曾任中国林业科学研究院油茶试验站副站长，中国林业科学研究院亚热带林业研究所学术委员、室主任、支部书记等。中国林学会经济林分会常务理事兼副秘书长，中国枣树协会常务理事、副理事长，中国杜仲研究会常务理事、副理事长，中国花卉协会茶花分会理事，中国企业文化促进会会员等。长期从事经济林良种选育和山茶育种的研究。先后主持了部、省级科研项目12项。“六五”、“七五”和“八五”期间，主持了国家重点科技攻关项目——“油茶、油桐、核桃、板栗良种选育的研究”和“油茶良种选育的研究”等项目，取得了很大的成绩，受到“三委一部”表彰。在科研上，先后在《林业科学》《林业科学研究》等刊物上发表了油茶、板栗、布朗李等树种的论文、报告100多篇；主编出版了《中国油茶》《中国山茶》两本专著，参与（副主编）出版了《林木种质资源保育与利用》《中国乌桕》等几本书。获得了国家科技进步奖二、三等奖各1项，部、省级科技进步奖二等奖4项和三等奖多项。1993年被国务院授予有突出贡献专家，享受政府特殊津贴。

序

充分发挥油茶的潜力与功能
为保障食用油供应和人民健康做贡献

油茶与油橄榄、油棕、椰子并称为世界四大木本油料树种。充分利用我国丰富的山地资源和油茶资源，加快油茶产业发展，充分发挥油茶的潜力与功能，对于保障食用油供应、维护粮食安全、提升人民健康水平、增加农民收入以及改善生态环境，具有重大意义。

油茶是原产我国的乡土树种，具有巨大的发展潜力。油茶在我国有2 300多年的栽培历史，分布于18个省（自治区、直辖市）1 100多个县，栽培面积达5 000万亩。但由于经营粗放，产量很低，绝大部分亩产仅为3～5千克。目前，通过低产林改造和种植新品种，亩产可达到50～80千克。如果对现有油茶林进行改造并在适生地区扩大油茶林面积1 000万亩，茶油总产量将达到300万吨以上，可占到我国食用植物油总产量的27%。以油菜亩均产油40千克计算，相当于置换出7 500万亩耕地用来种植粮食，这不仅对于保障食用油供应，而且对于维护粮食安全都将发挥重大作用。

茶油是一种优质食用油，具有重要的保健功能。联合国粮农组织已将其列为重点推广的健康型高级食用植物油。茶油色清味香，其不饱和脂肪酸含量高达90%以上，远远高于菜油和花生油，比被誉为“液体黄金”的橄榄油还高出7个百分点，维生素E的含量也比橄榄油高出1倍。长期食用对于高血压、心脏病、动脉粥样硬化、高血脂等心脑血管疾病具有很好医疗保健作用。普及食用茶油有利于提高人民的健康水平。

油茶全身都是宝，同时具有很高的综合利用价值。油茶除了是上等食用油之外，还是优良的工业原材料。茶油热稳定性好，不易氧化变质，安全无毒无副作用，是优良的化妆品用油。茶枯饼可以用来制造生物肥料、生物农药，提取茶皂素、茶多糖等活性物质。茶皂素可以制造消毒剂、添加剂和发泡剂等，国内外市场需求十分旺盛。茶籽壳已经被用来制作优质活性炭，供应国际市场。生产茶油的剩余物，通过综合开发利用技术，可广泛用在日用化工、制染、造纸、化学纤维、纺织、农药等领域。

油茶又是一种长寿树种，具有一次种植多年受益的特点。其稳产收获期可达

80年以上，是名副其实的“铁杆庄稼”。2007年，油茶籽的销售价格已突破6 000元/吨，毛油价格高达4万元/吨，茶油副产品茶枯的价格也达到1 800元/吨以上。据测算，每亩油茶的产值约为4.2亩油菜或1.34亩花生的产值，农户种10亩优质油茶林，稳产期后每年收入可达2万元左右。

油茶四季常绿，还具有良好的生态效益。油茶根系发达，枝叶繁茂，花大而美观，而且耐干旱瘠薄，适生范围广，经济效益和生态效益兼备，可以充分利用边际性土地来发展。大力发展油茶，既能促进农村经济发展，又能绿化荒山、保持水土，改善农村生态面貌和人居环境。

发展现代林业，要求通过科技的手段不断挖掘林业的多种功能，来满足人们日益增长的多样化需求。多年来，经过林业科技工作者的不懈努力，油茶已选育出高产稳产的优良品种（系）100多个，并形成了配套的丰产栽培技术和较成熟的加工利用工艺。中国林业科学研究院亚热带林业研究所庄瑞林、姚小华等同志主编的《中国油茶》（第2版），全面系统地总结了我国近50年来油茶生产发展阶段和经验，详细地介绍了我国油茶所取得的各方面技术成果，提出了一整套比较完整的速生、丰产、高产的技术措施，尤其是在这次修订中，增加了大量的最新成果和技术经验，内容丰富，理论性和实践性很强，对油茶科学研究和生产都具有重要的指导意义和参考价值。我相信，《中国油茶》（第2版）的出版，必将对我国油茶产业发展起到积极的促进作用。

希望广大林业科学工作者，牢记林业工作的使命，肩负起科学工作者的责任，加强科学研究，不断提升科技在林业建设中的支撑能力，大力推进林业建设，进一步提高林业的生产力和贡献率，为人民群众奉献出更多更好的生态产品和林产品。

贾治邦

2008年2月

《中国油茶》第 2 版说明

《中国油茶》自 1988 年出版以后，深受广大油茶产区群众和科技工作者的欢迎。它在我国油茶低产林改造工程的第一期和第二期中起到了指导作用。因此，该书很快就销售一空。近些年来，不少单位和个人来信需要购买此书。在出版本书第一版时，油茶良种选育国家科技项目仍在执行之中，而且，近些年来油茶的研究成果和生产经验也不断丰富。鉴于上述情况，在有关方面的要求下，决定将此书作补充和修改再版。

《中国油茶》（第 2 版）充分体现了我国油茶生产和科学技术新进展。再版中，第一篇和第四篇的章节只作了个别修改，重点是对第二篇、第三篇和第五篇中的有关部分作了补充和修改，如中国主要油茶物种特性，优良无性系，高产新品种，山茶种质资源搜集、保存与利用，油茶杂交育种，油茶籽储藏对油质的影响，压榨茶籽油和浸出茶籽油的国家标准，茶油长期储藏对酸值和过氧化值的影响，不同工艺茶油储藏、不同材料容器储藏、储藏温度、储藏光照对茶油品质的影响等我国油脂储藏研究新进展，我国茶油在世界植物食用油中的影响和评价等最新成果。《中国油茶》再版以后，它是目前我国油茶方面，最全面系统、内容丰富、材料新颖、结构完整的具有科学价值和实用价值的一部专著，值得一读。

再版遵循的原则是尊重历史。由于本书的常务编委和编委同志们早已全部退休，年龄较大，加上又无经费召开会议商讨此事。因此，按此原则再版事宜由主编操作，同时为了尊重原编委们的劳动，书中编委原则不动。

再版工作在中国林业科学研究院亚热带林业研究所领导的组织、关心和支持下，由我和姚小华研究员共同完成。

感谢国家“十一五”科技支撑课题“油茶高产优质新种质创制”和专题“高产优质油茶香榧新品种选育”提供支持。

感谢中国林业科学研究院亚热带林业研究所经济林研究团队王开良副研究员、费学谦研究员、任华东高工、王亚萍助研、李生助研、方学智助研、龚榜初研究员、杜洋文硕士、常君硕士、丛玲美硕士、刘子雷硕士、司彬硕士、徐莉霞硕士、张平安硕士、李杨、秦玉星等经济林科技人员在资料核实、调研和文字编写、修改、制图、打印、校对等方面做了大量工作。感谢我所科研处、山茶属有关各研究课题组对本书出版给予大力支持。

由于时间紧促，不妥之处，敬请读者体谅。

中国林业科学研究院亚热带林业研究所　庄瑞林

2007 年 10 月于浙江富阳

《中国油茶》序

《中国油茶》是我国目前一部较好的油茶科技专著，全面系统地总结了新中国成立以来我国油茶生产和科研方面的成就和经验。它是在党的十一届三中全会精神的鼓舞下，我国油茶科研工作者集体智慧的结晶。本书从生产出发，面向经济建设，观点明确，从理论上阐明了油茶各方面的性状和栽培条件的关系，提出了一套比较完整的速生、早实、高产等技术措施。

全书共分5篇19章。第一章概述油茶的食用、药用价值及其在国民经济中的意义，指出发展油茶生产的重要性和迫切性。第二章根据油茶的生物学特性，论述了油茶分布的规律和特点。第三章按油茶物种适生范围划分四个大区，分别论述各大区油茶的生态条件及其生长发育的关系。第四章论述油茶各器官的形态特征、解剖结构，包括18种油茶的木材解剖结构，并编制了检索表，为从木材上识别各种油茶提出新的依据。第五章谈油茶的生物学特性，论述个体与群体的结实规律。第六章介绍我国已选育出的优良农家品种及其适生范围，评述经济价值较高的22个物种。第七至第九章论述油茶良种选育的理论、方法及其种子园、采穗圃的营建技术，介绍油茶良种繁育的途径和程序。第十章提出了主要物种栽培区划的理论依据，区划的原则、方法。在第十一至第十三章中详细阐述采种、育苗、造林和经营管理的理论与技术措施，特别对油茶无性繁殖的理论和实践经验加以论述，为油茶林的集约经营和栽培园艺化开辟新途径。第十四章阐述油茶丰产林理论，提出了对现有林分经营的原则和方法，以及低产林改造的技术措施，为夺取油茶高产稳产提供技术。第十五至第十七章介绍油茶主要病虫害种类、发生规律以及防治策略和技术措施。第十八至第十九章对茶籽制油工艺、副产品使用价值及果壳籽壳的综合利用作了详细介绍。

《中国油茶》专著写作全面系统，内容丰富，材料新颖，论述得体，对某些章节的理论分析和技术措施提出了不少创见，对科研、生产和教学都有一定的指导意义。《中国油茶》的出版，必将对我国油茶生产的发展起重要作用。

吴志曾

1985年3月

前　言

油茶是我国主要的木本食用油料树种。茶油色清味香，营养丰富，不饱和脂肪酸含量高，是理想的食用油。茶油及其副产品在工业、农业、医药等方面具有多种用途。发展油茶生产对国民经济和人民生活有重大意义。

中国是油茶的原产地和分布中心，种质资源丰富，栽培历史悠久。20 世纪 80 年代以来，随着国民经济的发展，人民生活水平的不断提高，对油茶丰产栽培技术、茶籽综合利用、茶油的质量，以及开发利用山茶属种质资源等方面都提出了新的要求。为此，我们将新中国成立以来，尤其近十年来的科研成果和生产经验进行了全面系统的总结，写成《中国油茶》一书，以期能为提高油茶生产的经济效益和生态效益，建设山区，振兴经济发挥积极作用。

《中国油茶》是集中全国主要油茶科技工作者的智慧，总结新中国成立以来油茶科研成果的结晶。该书从实际出发，面向经济建设，针对油茶产量低、产值低的现状，以普通油茶为主，从理论上阐明了它的生物学特性、生态习性、经济性状、栽培条件与产量的关系；提出了一手抓综合营林措施，提高产量，一手抓产品综合利用，提高产值的技术方向。对具有油料和观赏利用价值的其他物种，也作了相应的论述，列出了我国目前已发现、定名的 209 个物种，其中包括二十几个金花茶物种。本书对教学、科研、生产具有一定的指导意义和参考价值。

《中国油茶》由全国油茶科研协作组主持组织长期从事油茶科研工作和具有生产经验的同志成立编委会，由庄瑞林、周启仁、项耀威、赵德铭、邱金兴五位常务编委负责撰写；病虫害部分由唐全富、戚英鹤撰写；王德斌、陈家耀、赵树慎、陈柏光、陈祖沛参加了部分内容的整理或编写工作。全书由庄瑞林统稿，并召开了两次审稿会，广泛征求油茶产区有关同志的意见。

书稿承蒙原江苏省林业科学研究所所长吴志曾副研究员全面审阅；浙江农业大学沈德绪教授、中南林学院何方副教授审阅了有关章节；中国林业科学研究院副院长侯治溥研究员、中国林业出版社的领导及有关编辑给予大力支持和指导，在此谨表谢忱。

由于作者水平所限，书中有不足之处，盼望读者给予斧正。

《中国油茶》写作组

1986 年 10 月

目　录

第一篇　总　论

第二篇　油茶良种选育

第三篇 油茶栽培技术

第四篇 油茶病虫害防治

第一篇　总　论

第一章　油茶在社会经济发展中的地位

第一节　油茶的重要地位和作用

油茶是我国南方重要的木本油料树种。具有栽培历史悠久、分布区域广、栽培面积大、用途多等特点。充分利用宜林荒山、丘陵，积极发展油茶生产，对我国社会主义经济建设和人民生活都有十分重要的意义。

油茶是我国基本的主要的木本食用油料。据20世纪80年代统计，全国油茶林面积为5500万亩*，占我国木本食用油料面积的80%以上；全国茶油产量在1.5亿kg左右，1981年达到1.64亿kg，占整个木本食用油料的80%以上。据有关资料报道，2004年我国油茶籽年产量达到83.5万吨，折油达16.7万吨。在我国，油茶林面积在10万亩以上的县有153个，年产茶油50万kg以上的县达105个，250万kg以上的县有11个。至20世纪80年代湖南现有油茶林面积2 000多万亩，年产茶油0.6亿kg，全省有70%左右的人食用茶油。江西油茶林面积1 500万亩，投产面积1 100万亩，1978～1983年平均年产油2 600万kg，1981年达到4 100万kg，创历史最高水平。据湖南永兴县1978～1983年统计，在全县植物食用油中，茶油与菜油之比为98:2，1982年该县茶油产量为150.5万kg，而菜油仅1.3万kg。在我国边缘地区的云南广南县1978～1983年，茶油在菜油、花生油等3种食用油中占76%～88%，全县2万多城镇居民食用油供应中，80%以上靠茶油供应。

20世纪末油茶面积总体有所下降，但仍是我国主要的经济林树种之一。世界植物食用油中，木本油料占总产量的31.27%（据1989年统计），主要是棕榈油、椰子油、橄榄油和茶油4种。在食用油植物中，还有大豆油、葵花油、菜籽油、棉籽油、花生油、玉米油和芝麻油7种草本植物油。如果按产量排名，第一位是大豆油，产量为15.4亿kg，第二位是棕榈油，产量为12.74亿kg，可见木本食用油在世界食用植物油中是举足轻重的，马来西亚年人均棕榈油为30 kg，菲律宾年人均椰子油为35 kg，西班牙、意大利和希腊年人均橄榄油为20 kg。食用植物油木本化在世界上是有先例的。我国茶油是四大木本油料之一，有着广阔的前景。目前，如湖南、江西、广西经营好的近4 000万亩油茶林，改低产林为高产林，其总产量如达到4.55亿kg，人口按1.232亿计，人均茶油也只有3.6 kg，这与实现了食用油料木本化的马来西亚、西班牙等国家差距还远，应加倍努力，但争取实现产区人民食用油木本化，还是能够实现的。近年来我国进口植物油呈上升趋势。在耕地已非常紧张的情况下增加食用植物油产量的出路何在？从全国来说，大力发展油茶生产是必要的和可行的。在南方油茶产区，实现产区优质食用油供给，将是最佳的选择和途径。

茶油是最好的食用油。其主要成分是油酸和亚油酸为主的不饱和脂肪酸，含量占

---

* 1亩 = 1/15hm²

90%以上；亚油酸为C_{18}脂肪酸，含量最高。植物油脂组成的芥酸、山俞酸和花生酸是难以消化吸收的成分，而茶油没有芥酸和山俞酸，仅含极低花生酸，食后容易消化，又能促进脂溶性维生素的吸收，故而油质极好。茶油中没有胆固醇，食后不会使人体血清中的胆固醇增加，不易引起人体血管硬化和血压增加。茶油耐储藏，不易酸败，不会产生引起人体致癌的黄曲霉素；用茶油煎炸食品，颜色鲜黄，味香可口，是烹制食品、加工罐头、制作人造奶油的最好油料。茶油除食用外，还是肥皂、凡士林、生发油、机械润滑油、机械防锈油以及医药上制作青、链霉素油剂的原料。

茶饼为茶籽榨油后的副产品，用途广，价值高，据测定，茶饼中含粗脂肪25%、皂素10%。脱脂去皂后的饼粕还有14%粗蛋白、5%的无氮浸出物和12%粗纤维。果壳中单宁含量高达50%左右，含糖醛率达18%以上，比棉籽壳、玉米秆等含量都高。皂素、粗蛋白、粗脂肪、单宁都是很重要的工业原料。特别是皂素，在医药、制皂、农药等方面具有特殊用途。在医药上，明代李时珍编著的《本草纲目》中便有记载："茶籽，苦寒香毒（皂素），主治喘急咳嗽、去疾垢……"。据临床实验，茶籽姜蜜糖浆对治疗单纯老年支气管炎有效率达87.7%，喘急型老年支气管炎有效率达89.7%，并在不同程度上有抑制水肿的作用。在制皂工业上，皂素可作清洁剂，有强效的去污能力，可作锅炉除垢剂、洗涤剂。油茶皂素是天然化合物，容易被酶水解，不易引起环境污染。皂素制成农药，代替DDT的乳化剂抗乳2号；用皂素还可代替乐果的乳化剂0204，既可降低农药成本，又可减轻农药对环境的污染和避免农药中毒。茶枯还可当肥料，酸解后的腐机酸是很好的氮肥。施于水稻，既能杀虫，又能增加产量。脱脂去皂饼含12%～16%粗蛋白和30%～50%淀粉，可作饲料，其营养价值与米糠相似，比山芋藤等青饲料好。

油茶是一种常绿、长寿树种，一次种植，收获期长达百年以上。一般栽后7～8年郁闭成林，既能增加油源，又可提高森林覆盖率。它有美化环境、保持水土、涵养水源，调节气候的生态效益。同时，它又是一个抗污染能力强的树种，对二氧化硫抗性强，抗氟和吸氯能力也很强。据测定，在氟污染源200m处叶中含氟量达1 000mg/kg以上时，还能正常生长。在污染区栽植2月后，1kg干叶可吸收硫7.4g，吸氟2.9g。油茶花色浓艳，既是观赏树，又是蜜源树。油茶中的普通油茶、腾冲红花油茶、浙江红花油茶、南山茶、金花茶等具有冬春开放，花大而艳丽的特点，可供人观赏，并可放养蜜蜂。

茶油在国际贸易上，也有一定的地位。我国每年都有一定的数量茶油出口创汇，支援国家建设。

随着社会经济迅速发展，对茶油及其产品的要求将有很大的增长。我国长江以南土地辽阔，可供营造油茶林的宜林荒山、丘陵面积较大，应认真作好规划，积极进行发展，使油茶之花在祖国大地上竞相开放。

第二节　油茶的栽培历史

油茶在我国栽培历史悠久。据《三农记》清张宗法（1700年）引证《山海经》绪书："员木，南方油食也"。"员木"即油茶。可见我国取油茶果榨油以供食用，已有2300多年的历史。据考证，油茶名称在各种通志中都有不同的记载。除目前普遍应用的叫油茶外，还有称为茶（明·王世懋著《闽部疏》、清·王澐著《闽逝杂记》）；茶油树（《广西通志》）；

山茶(江西《武宁县志》、广西《南宁府志》);南山茶(宋·范成大著《桂海虞衡志》、宋·周去非著《岭外代签》、明·王均著《三才图会》);楂(“既楂木,槎也”。宋·苏颂著《图经本草》、清·张自烈著《按正字通》、清·陈梦雷著《古今图书集成草本典》);樫子(或樫。江西《婺源县志》、明·方以智著《通雅》、清·赵学敏著《本草纲目拾遗》);探子(或探。三国·吴莹著《荆杨异物志》、唐·陈藏器著《本草拾遗》、明·李时珍著《本草纲目》)和椮(福建《闽侯县志》)等别名。到北宋年间,苏颂所著的《图经本草》中对油茶的性状、产地和效用有了较详细的记载。南宋郑樵所著的《通志》中载:“南方山土多植其木”,证明当时油茶已到大量栽培发展阶段。在《植物名实图考长编》中还记述了油茶在荒山栽植的意义。到明末在王蒙晋所著《群芳谱》和徐光启的《农政全书》中,对选种、种子储藏、育苗、整地和造林等都作了比较详细的记载。《群芳谱》和《农政全书》中所谓“收子简取大者"和“白露前后收实,则易生根其美者”。可看出当时造林用的种子,不仅注意其成熟度,而且注意品质。《群芳谱》《农政全书》和《三农记》中记述的果实和种子的储藏都是用窑藏法。《三农记》中记载:“掘地作小窑,勿通深,用砂土和实置窑中,次年春分时开窑播种”。这些方法直到今天各地仍在采用。所谓“勿通深”,就是要注意到地下水上升而影响茶果及砂土的含水量,这是非常重要的。《农政全书》中提出的“勿令及泉”,就注意到地下水的问题。《三农记》中有“性喜黄壤,恶湿”以及“收子即种肥熟土”的记载,这是完全和油茶特性相适应的。油茶林地肥沃度往往被一般人所忽视,而《三农记》中很早就有记载,这一点是非常难得的。在明代俞自木所写的《种树书》中记载了油茶用茶饼、人粪和草木灰等最常用的肥料。徐光启的《农政全书》还记载了油茶与油桐混交的好处:“种桐者,必种山茶,桐子乏,则茶子盛,循环相代,较种栗利返而久”。明代邝藩著的《便民图纂》和清代张宗法的《三农记》中,对油茶的修枝和抚育管理都作了记述。此外,在《群芳谱》和《农政全书》中又详细记载了油茶采收处理的时间和方法等。我国栽培油茶的经验很丰富,从古代文献宝库中研究油茶的栽培和利用,对今天仍然很有价值。

中华人民共和国成立前,油茶生产没有得到重视,大面积油茶林遭到破坏和荒芜,产量很低。

新中国成立以后,在党和政府的领导下,油茶生产和其他各项建设事业一样,迅速得到恢复和发展,油茶产量不断增长,到1952年,茶油产量为0.5亿kg。油茶生产发展大体上经过了几个阶段:50年代为恢复阶段,在政务院《关于发动农民增加油料作物生产》的指示下,各省林业部门组织山区群众发展油茶、油桐等,并制定了各项政策。因此,群众发展生产的积极性很高,大面积荒芜油茶进行了垦复,产量逐渐上升,到1956年油茶产量达0.8亿kg,比新中国成立初增加了一倍。60年代为发展阶段,在全国掀起了大面积营造基地油茶林的群众运动,使昔日的荒山披上绿色的新装。后来由于十年动乱,生产发展受到严重影响,茶山荒芜,产量大幅度下降,退到新中国成立初期的水平。70年代后期为恢复发展阶段,油茶林垦复面积不断扩大,产量逐步上升。特别是进入80年代以后,政策落实,科技成果得到推广,油茶生产向提高单产和综合经济效益方向发展,出现了不少高产典型。茶油当时的常年产量达1.3亿kg以上,创造了历史最高水平。全国油茶林面积比建国时扩大了50%,产量增加了3倍。

但是,目前我国人民平均每年食油水平与世界先进国家相比,差距较大。随着社会经济的发展,对油料要求将会有很大的增长。因此,今后食用油料生产应该在抓草本油料的同时，大力发展木本油料。在国外，有些国家在食用油木本化方面，卓有成效。如果我国油茶等主要木本油料发展到1亿亩，每亩产油25～30kg，总产达25亿kg，就可大大提高我国人民的食油水平，改变目前油料生产的结构。当前，提高油茶总产量的基本措施，一是靠提高单位面积的产油量；二是靠采用新品种造林适当扩大栽培面积。因此，我们要对油茶实行分类经营，使粗放经营管理转向集约经营，提高单位面积产量；改进榨油技术，由土榨转向机榨，浸提，提高出油率；研发精品茶油和新产品，提高产品质量和档次；由单一食用转向综合利用，提高土地利用率和经济效益，实现油茶生产的基地化、良种化、商品化，为社会经济发展和林业富民作出贡献。

第三节　科研生产方面的成就和展望

我国劳动人民在长期的油茶生产实践中，积累了丰富的经验。但是，油茶科研工作只是在新中国成立后，才较全面地开展油茶栽培、选种和病虫害防治的研究。科技人员深入实际，在总结群众生产经验和推广先进技术中，十几项油茶科研成果在生产上起到了一定的作用。

在良种选育方面：目前，在广泛调查和定点观察的基础上，基本上掌握了我国有一定面积和生产力的普通油茶、小果油茶、越南油茶、攸县油茶、浙江红花油茶等十几个物种的分布和适生条件，提出了各物种的适宜栽培区域和技术措施。普通油茶是栽培种中分布最广，利用价值最大的一个种。现已扩大种植到甘肃武都地区和河南平顶山一带，并能正常开花结果。野生的攸县油茶经试验证明，具有开花结果早、高产抗病等特点，现已开始在生产上扩大种植。在普通油茶中通过选优、无性系测定和无性系全国区域性鉴定，选出了亚林4号等19个高新品种和一批优良无性系，现已在生产上推广。中国林业科学研究院亚热带林业研究所对攸县油茶的生物学特性，栽培技术和油的利用进行了全面研究，取得了新的突破。此外，云南省高寒山区主要扩大种植腾冲红花油茶，对解决边缘山区人民食用油有一定现实意义。调查、收集和利用物种资源是防止基因损失的重要措施，已有中国林业科学研究院亚热带林业研究所，广西、湖南、江西省林业科学研究所，广东省韶关市林业科学研究所等十几个单位开展了这项工作，已收集种质资源近2 000号。随着各地选种目标的变化，现已对有些选种资源作了深入研究，它将对今后育种有着重要的作用。优株选择早引起重视，60年代就开始进行这项工作。70年代开始，主要采用个体选择法，产量评定以单株单位冠幅产油量为标准，研究指出，单株产量与冠幅，冠层厚度有很强的相关性。选优标准的制定，推动了群众性选优工作，现已选出1 200棵优株，并开展了后代和无性系测定。各地已选择了一批母树林，建立了采种基地，这是实现良种化的第一步。实践证明，用小群体林分作天然种子生产区、比商品种子或非母树林的种子要增产50%以上，对于早期油茶生产起到一定的增产作用。在无性繁殖技术上，嫁接技术已逐步在生产上运用，效果良好。用优株嫁接后第三年就有部分开花结果，6～7年平均每亩产油达30 kg以上，并评选出几十个高产无性系。不少地方解决了优株插苗上山造林技术，各地已营造了大面积的无性系试验林。后代测定、杂交和遗传规律的研究有了深入。研究指出，油茶亲本子代间的主要性状与单株产量之间的相关性基本趋于一致，单株产量与树体指数、果实分散度之间呈较高的正相关。鉴定中发现，亲本与子代在抗病性上有较强的相关性。在杂交育种上，广西植物研究所、中国林业科学研究院亚热带林业研究所等单位进行了十几个物种40多个组合试验看出，大部分物种间都有一定的亲和性，有的组合达到种内杂交的亲和力。实践证明，杂交后胚株发育率增加1～1.2倍，这说明人工辅助授粉对增产的作用。

此外，为适应油茶育种工作的需要，在花的生物学、花粉储藏和胚胎学等方面都进行了大量研究并取得不少有价值的材料。组织培养、染色体鉴定、同功酶技术的应用和抗病机理等方面的研究都有新的进展。

栽培技术方面：各地在油茶林丰产技术、低产林改造、老林更新等方面做了大量工作，取得了不少成绩。丰产栽培技术得到进一步推广。自70年代以来，各地都加强了油茶林垦复管理，油茶获得连年大丰收，各地涌现出许多高产典型。湖南、江西、广西、湖北、浙江、广东等地出现了许多平均亩产油15kg以上的村，10kg以上的乡，有的丰产林亩产油达25～30kg以上，小面积试验林超50kg。在普通油茶栽培区中，湖北松滋县石桥乡1.10亩茶林，1976～1979年平均年亩产油54.25kg；湖南邵东县黄草坪油茶场1978年有10亩油茶林平均亩产油超50kg；浙江常山县新昌乡2.23亩试验山，连续测产14年，年平均亩产油35kg。攸县油茶栽培区中，浙江富阳县贤德乡查口村1.12亩试验林，1981～1983年平均每年亩产油55kg。越南油茶栽培区中，广东新兴县白马乡1982年有10.8亩越南油茶平均亩产油52.8kg。大规模进行"三保"基地建设，是油茶生产中一项技术革新，使油茶管理走向园艺化集约经营的重要保证。湖北、湖南、浙江等地基地建设成效显著。安徽宣城县油茶基地林可以实行机械化管理。据调查，安徽歙县岩寺林场连续二年大树移栽11 000多株，成活率达98%；宣城县1979年大树移栽720亩，成活率达98%，这已为有些地方发展油茶快速成林提供了有效的措施。各地还利用荒山积极营造新林，福建在1977～1980年已营造新林110万亩；云南省过去油茶不多，现在已由十几万亩发展到109万亩，在全省125个县中，有栽种油茶的近100个县。新造幼林，长势喜人，已开始开花结果。

为提高造林质量，达到早实高产和延长造林时间，近几年，容器育苗得到重视和推广，在生产上发挥了作用。江西、浙江、湖南等地不少地方提倡推广十月小阳春造林和容器苗造林，收到了较好的效果。在密度调整、修剪和群体丰产结构等方面都进行了研究，看到了调整密度对增产的显著作用。实践证明，修剪促进了油茶的生长和结果，产量得到大幅度的提高。从油茶林喷灌试验看出，旱季对油茶进行喷灌，所获得增产效果是很显著的。同时，经过喷灌处理，还能发挥多年持续效应，这为夺取油茶丰产、稳产开辟了一条有效途径。在油茶菌根研究上，浙江常山油茶研究所发现油茶有内生菌根，它将为提高土壤肥力、增加油茶产量，创造新途径。

为本着经济有效的原则，现已开始根据不同立地类型、林地情况对现有林提出了分类经营的方案，这将为逐步实现油茶林的科学管理打下基础。同时，为达到因地制宜，适地适种，以便采取相应技术措施，更好发挥种的优良特性和增产潜力，已根据我国主要栽培种的特点和生态条件的要求，提出油茶的栽培区划，这对油茶的发展具有指导作用。

此外，在花期生态和授粉蜂等技术应用方面的研究上都有了新的进展。

病虫防治上，油茶炭疽病、煤病、软腐病、象鼻虫和茶梢蛾等油茶主要病虫害防治上取得了不少成绩。油茶煤病的研究由过去的以防虫治病发展到用菌治病，浙江青田县油茶研究所用多毛菌防治刺绵蚧，寄生率达95% ~100%，而且可以自行散布，比用虫治病效果好，简单易行，引起国内外学者的注意。浙江武义县林场由于对油茶炭疽病进行连年综合防治，病情减轻了70% ~80%。云南省广南油茶试验站和浙江省常山油茶研究所在茶梢蛾天敌的保护工作上摸索了一些方法，使茶梢蛾危害程度降低了20%以上。近几年，抗炭疽病选育工作引起了重视，经中国林业科学研究院亚热带林业研究所、中南林学院等单位研究，认为攸县油茶是抗油茶炭疽病的物种，并选出了一批抗病家系和无性系。湖南省林业科学研究所用^{60}Co2.5万~3.5万R剂量照射油茶尺蠖后期蛹羽化的雌雄成虫，使其失去生殖能力，为防治尺蠖开辟了新途径。江西省森林病虫防治站利用油茶毒蛾雌雄性外激素引诱雄蛾获得成功。各省应用白僵菌和苏云金杆菌防治油茶害虫较多，在茶梢蛾、毒蛾上收到较好的效果。

我国油茶生产和科研上虽然取得了较大的成绩，但是，目前油茶经营较粗放，产量不高而又不稳定；油茶科技成果还没有得到很好的应用，有些内容研究还不深入，研究手段相当落后。为了提高我国油茶科技水平，满足当前生产的需要，更好地推动生产的发展，我们必须加强研究，广泛利用先进科学技术和现代化的研究手法，为我国油茶生产向管理园艺化、苗木良种化、产品标准化方向发展而努力。

近代科学技术的迅速发展，推动着工农业生产的前进。了解当前油茶生产和科研工作的进展和动向，有助于提高我们工作的预见性和效果。

育种目标总的趋势是培育高产、抗病、优质的品种。如选育适于“矮化、密植、早实丰产”的品种，已成为世界范围内的共同目标。高光效低光呼吸育种已引起人们的重视，以提高光合产物和减少消耗来增加产量，达到充分利用“绿色能源”的作用，这已成为选种最迫切的问题。广泛收集、保持和利用育种资源，做好稀有珍贵油用物种的保护工作，有计划开展良种资源性状的研究，摸清我国主要栽培种、杂种性状变异，群体遗传和变异规律，为育种正确地选配亲本提供可靠依据，开展种质创新，加快良种的繁育和推广。同时，通过主要经济性状的遗传规律，成龄与苗期变化规律的研究，探讨解剖生理和生化的指标与经济性状的关系，以提高早期鉴定的方法，改变新技术育种长期进展缓慢的现状，加快育种进程。

在栽培技术上应实行集约经营，走园艺化道路，对现有林实行分类经营，加强高产稳产栽培技术的研究。在区域栽培的基础上，提出各栽培区、品种丰产技术措施。进一步研究菌根的利用。根据土壤、叶片分析提出油茶幼林施肥标准和方法。加快对油茶发展条件、群体和个体生育特性规律及光能利用的研究，进一步找出花期与产量、栽培技术与产量的相关性；从理论和技术上阐明高产规律及一整套技术措施。

在病虫研究上，摸清我国主要病虫害发生、发展规律；害虫的生活习性，发生消长与环境的关系，提出行之有效的防治技术措施。同时，切实做好虫情预报工作，深入开展抗病基因的选育工作，使油茶病虫的生物防治进入新阶段。

在加工利用上，开展高档食用油产品开发与工艺技术研究，强化标准化生产与质量监管。开展产品质量控制技术研究和副产品利用技术研究，保障产品质量安全和高效利用。

目前，要实现这些设想，还会遇到不少困难，但无疑将会推动我国油茶科研和生产的发展，并为我们展示美好的前景。

第二章　油茶的分布

第一节　油茶的水平分布

油茶适生于低山丘陵地带，在世界上分布不广，我国为其自然分布中心地区，其水平分布具有分布区广、很多地区分布不连续以及分布区内不同地区气候条件差异很大的特点。我国有一定栽培面积和栽培历史的油茶物种有：普通油茶、小果油茶、越南油茶、攸县油茶、浙江红花油茶、广宁红花油茶、腾冲红花油茶、宛田红花油茶、茶梨、博白大果油茶、白花南山茶、南荣油茶和苍梧红花油茶等 13 个种(图 2-1)。

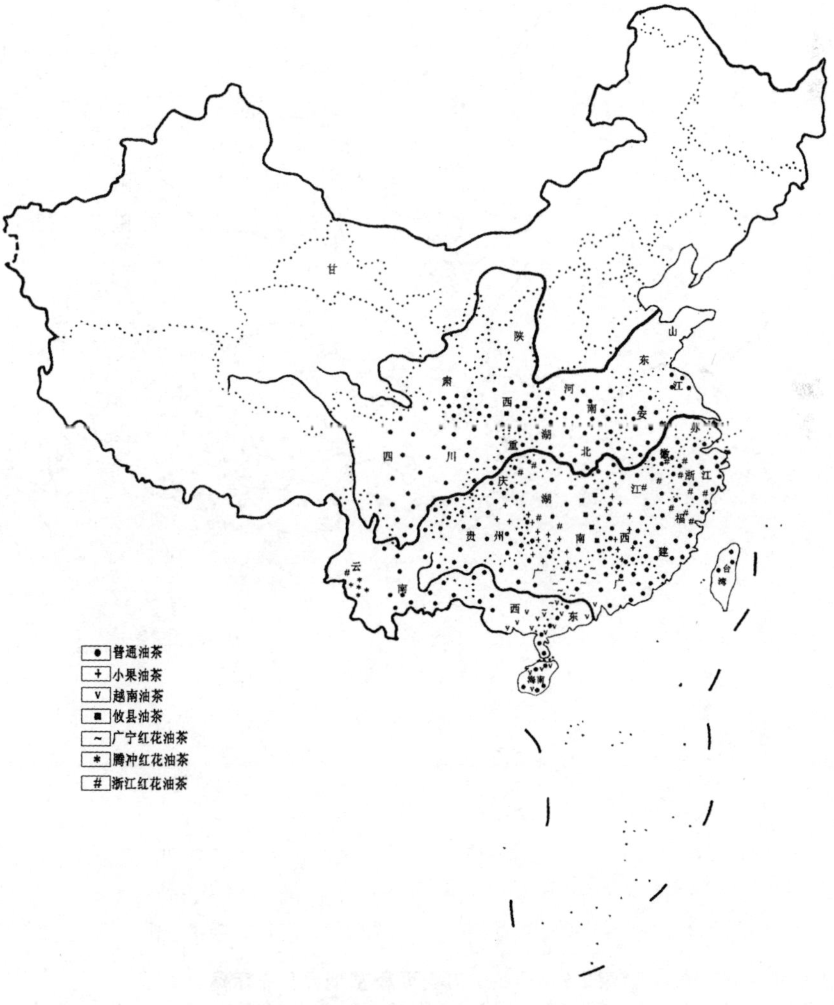

图 2-1　我国主要油茶栽培种分布示意

普通油茶是分布面积最广，栽培历史最久，占油茶总产量最多的一个宽生态幅物种。分布于北纬18°28′~34°34′，东经100°0′~122°0′的广阔范围内，东起浙江舟山、台湾、江苏连云港市的云台山；西至云南丽江、大理、沅江，甘肃的文县、武都；南至福建的福州，广东，海南，广西的宁明、合浦；北至陕西秦岭南坡的洛南、镇安，湖北的郧西、均县，河南的平顶山、固始的广大地区，南北跨16个纬度，东西横过22个经度，包括福建、广东、广西、云南、贵州、台湾、浙江、江苏、江西、湖南、湖北、四川、重庆、海南、甘肃、陕西、河南和安徽等18个省(自治区、直辖市)1 100多个县，其中油茶林面积在10万亩以上的基地县有153个(图2-2)，约占全国总面积的70%，总产的85%以上，是我国油茶生产的商品基地。现在栽培面积和范围仍在不断扩大。

图2-2　油茶十万亩面积基地县分布示意

油茶分布范围，包括亚热带的南、中、北三个地带。自然条件差异很大，年均气温为14~21℃，极端最低气温达-17℃，≥10℃的年积温为4 250~7 000℃，降水量为800~2 000mm，无霜期200~360d。在这范围内，一般都能生长，开花结果，但产量高低有所不同。该地区内地势由西南向东逐渐降低，直到海滨，境内有伏牛山、雪峰山、庐山、武功山、南岭和黄山等14座大山岗峦起伏，气候、地形、地貌类型复杂，差异较大，冬季受北方寒潮影响大，有的地方会出现-24℃的低温。降雨的季节分配，愈向内陆季节差异愈大，西部气温较低，降水量偏少，干湿季交替明显，气温年较差从南向北加大，从沿海向内陆增加，地理环境对气温年变幅，降雨多少和分配的作用非常明显。因此，油茶的分布常常受到气候、立地条件和油茶本身的生物学特性等因子的制约。油茶分布的北带边缘，由于气温低，冬季低温在-3℃左右的天数较长；花期日均温在12℃以下，果实生长期降雨少，所以开花结果较差。油茶分布北带的西部，如四川有些地方，由于光照不足和温度偏低的关系，油茶虽能生长，但不能正常开花结果。油茶分布南带西部，由于气温高、湿度大，普通油茶生长和结果都受到一定的影响，成为越南油茶主要发展的地区。油茶分布的中部为普通油茶的中心产区，但由于东部、中部和西部在地形、地貌和气候条件的差异较大，因此，生产力有所不同。一般在低纬度，中海拔的山地丘陵，土层深厚的地方，产量较高，增产潜力大。

油茶林自然分布区内的地形，多为低山丘陵，亦有部分中山和高山；土壤为酸性红壤和黄壤，油茶在中性土壤中生长不良，这主要是因树液缓冲力在pH值为5时最好，以后逐渐降低，当pH值达5.7以上，缓冲力就非常小；植物内的缓冲物质主要是有机盐和磷酸盐，有机酸的缓冲为偏酸性，而磷酸盐则偏中性，当油茶根汁渣体pH值5.7以上时，几乎就没有缓冲能力，这是由于细胞中缺少磷酸盐之故。因此，油茶在中性土壤和碱性土壤中不能生长。实践表明，表里均一的黏性重的黄壤和红壤，如死黄土，含石砾太多的“漏风土”和“黑土”，均不适宜栽油茶。土壤母岩都为酸性基岩，由于土壤中的磷会被淋溶，因此常发生缺磷现象，一般土层深厚，排水良好，肥力中等。

油茶的植被属于亚热带针阔混交林，植物种类比较丰富，常见有野桐、盐肤木、铁芒萁、葛藤、映杜鹃花、铃木、金樱子、野山楂、胡枝子、山矾、卫矛等，在南部或荒芜的油茶林，植被更为丰富。

第二节 油茶的垂直分布

油茶不但水平分布广，而且垂直分布的变化亦很大，随着海拔的升高，气候的变化和不同的土壤层及植被，出现了一定的分布规律。

油茶垂直分布上限和下限由东向西逐渐增高，东部地区一般在海拔200~600m低山丘陵，但亦有达1 000m左右的山区，如浙江宁海望海岗海拔970m，安徽黄山云谷寺海拔为900m，中部地区大部分在800m以下，个别地方达1 000m以上，如浙江庆元林口乡海拔1 400m，湖南雪峰山为1 050m，西部云南的广南海拔为1 250m，昆明为1 860m，贵州毕节为2 000m，云南永仁为2 200m，尽管由于各种条件，油茶垂直分布高度各地互有差异，但由东向西，上限和下限逐渐增高的趋势是很明显的。

油茶垂直分布的这种经向变化与我国整个地貌由东向西越来越高的变化是一致的；云

贵高原油茶垂直分布的上限和下限是最高的。从气候上说，这种经向变化与温度的变化有关，在纬度相同的情况下，虽然由于西高东低，西部年平均气温低于东部，但这样由东向西随海拔升高气温降低的程度却不如同一地区随海拔升高气温降低得那样明显，一般每升高 100m，气温的垂直递减率为 0.4～0.6℃，有的甚至为 0.5～1.0℃。而空气湿度一般随海拔高度增加而上升，土壤湿度随海拔高度增加而下降，风速增大，光照增强。由于气温随海拔增高而下降，使油茶物候期推迟几天。因此，造成不同海拔高度的油茶生长和结实产生差异，一般低海拔地区油茶的产量普遍是较高的，而高海拔地区油茶的产量则有高有低，这是在不同海拔高度上温度、湿度和光照对油茶生长和结实综合影响的结果。从逐步回归因子方差贡献分析看出，在高海拔地区，偏西地带产量低，偏东地带产量高，这证明经度对油茶产量的影响，这一结论与实践经验是基本上一致的。同时，看出这些特点：

第一，油茶的垂直分布在低纬度地区比高纬度地区分布的上限和下限要高，北部一般在 600m 以下，最高为 850m；南部一般在 200～800m，最高达 2 200m 左右。

第二，峰峦相接的山区，丘陵和盆地间地区分布高限大于孤山。

表 2-1 雪峰山地区油茶垂直分布与经济性状表

林地号	1	2	3	7	6	(6)	(6)	4	5	8	10	9	2	6	4		8	10	9
海拔(m)	低海拔							中海拔			高海拔		低海拔		中海拔			高海拔	
	300	310	310	300	425	400	400	550	525	660	810	950	310	400	550	525	660	810	950
地势 / 调查项目	山冲南坡	北坡	山顶	山洼	山坡	山洼	山脊	南坡	北坡	南坡	南坡	南坡	北坡	北坡	南坡	北坡	南坡	南坡	南坡
品种类型	霜降种												寒露种						
单果平均重(g)	4.42	8.77	9.45	13.03	9.17	8.09	5.96	6.67	8.10	8.51	8.75	7.85	4.40	3.79	3.59	3.56	3.53	5.15	4.14
单果平均籽重(g)	1.73	4.02	3.74	4.79	4.00	2.80	3.22	2.83	3.05	3.04	3.33	2.73	1.61	1.29	2.17	1.27	1.10	1.25	1.40
出籽率(%)	31.48	45.8	39.61	36.23	47.05	24.66	54.19	42.50	37.61	35.75	37.98	31.8	36.66	34.16	60.28	35.53	31.20	24.22	33.80
出仁率(%)	42.87	60.49	54.16	62.45	—	64.48	—	—	47.58	43.33	52.66	61.4	57.47	72.61	68.27	52.85	67.40	56.0	61.00
成熟度(%)	36.37	93.33	58.37	95.23	—	90.0	86.48	59.18	57.40	—	55.42	59.49	100	100	100	100	—	59.61	61.22
干仁含油率(%)	39.11	47.69	47.69	44.52	—	44.19	45.82	—	47.19	42.05	45.23	38.75	51.43	45.49	46.85	49.25	40.80	43.07	51.63

（林少韩、庄瑞林等，1972）

第三，在高山丘陵，一般南坡分布上限高于北坡。如湖南雪峰山区油茶在南坡的海拔达到 1 050m，而北坡只有 525m（表 2-1），北坡除含油量偏低外，且有明显的结果周期性现象；安徽休宁县南山坞南、北坡的油茶林同样出现这种现象。一般南坡、东坡和东南坡是最适油茶生长的条件，其中尤以东坡为最佳立地条件，对一座山来说，各坡向受太阳光照不同，致使小气候十分悬殊，东坡受太阳照射最早，光照强，这段时间气温适宜，湿度最大，有利光合作用。同时，东坡又具有冬暖夏凉的特点，冬可御寒，有利油茶生长发育，开花结果和油脂的形成转化，因此，产油量较高。

第四，油茶的产量随海拔高度的增加而下降，一般在海拔 300m 左右范围内，油茶产量可以发挥最大增产潜力。从 400m 开始，随海拔高度的逐渐上升，油茶产量不断下降（图 2-3）。油茶产量与海拔高度呈一抛物线方程 $y = 67.16 - 0.05x - 0.000\,038x^2$。同时，油茶产量随着坡度的增加而下降（表 2-2），一般低海拔山顶和高海拔的山坡上部结果较多，中海拔结实量较低。海拔高度相同，山顶生长的油茶较山腰和山麓生长的矮小，但结实量山顶高于山腰，山腰高于山麓，这主要是不同海拔高度的小气候上差异影响的结果。

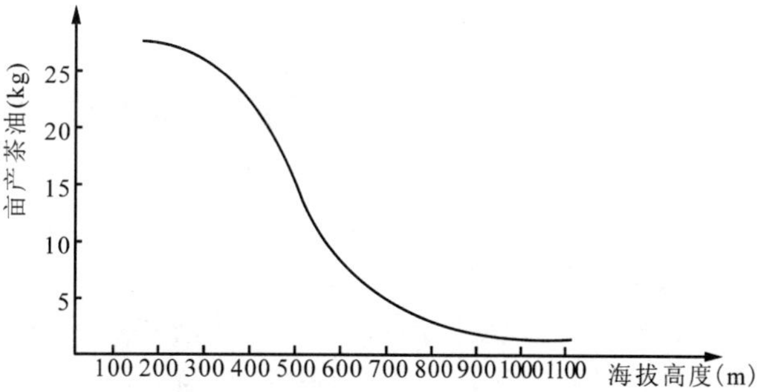

图 2-3　亩产茶油随海拔高度的变化

第五，不同海拔高度对油茶果实性状的影响，果实性状在不同地形和海拔上存在一定的差异。一般丘陵果实大，出籽率高；山地丘陵果实大小和平均出籽率比丘陵区为低，而山区含油量较山地丘陵为高，单果平均重、单果子量、出籽率、出仁率从低海拔到中海拔相应地有所减低。

此外，还应指出，油茶垂直分布幅度（上下限之差）大多数在 400 ~ 800m 之间，在分布区的西南部（如云南、贵州）可在 1 000m 以上，但分布并不连续，那里多数油茶林分布在海拔 1 000 ~ 1 500m 之间，其他地区的分布幅度在 400 ~ 600m 之间。

表 2-2　同龄林、同抚育、同坡位坡向、不同坡度上油茶生长情况

样地号	地点	海拔高度（m）	坡向	坡度	土壤情况	树高（m）	基径（cm）	油茶生长与结实情况					单株平均果数	单株平均花芽数	产籽量（kg/亩）
								冠幅（m^2）	冠深（m）	生长势（%）					
										强	中	弱			
9	高宝大水田高木桥低山丘山坡	150	东南	8°	土壤湿润土层厚 1m 以上，表土 15cm 灰棕色	3.4	4.1	3.0×2.7	1.5	58.3	29.1	12.6	433	900	71.3
10	高宝大水田高木桥低山丘山坡	150	东南	16°	土壤干燥无表土，底土裸露	0.7	2.4	1.8×1.7	0.5	41.6	41.6	13.8	83	199	1.61

（何方、李克瑞，1983）

第三章　油茶的生态特性

我国东南半壁是山茶属的分布中心。从云贵高原到华南、华中、华东山地、丘陵，都有山茶属的许多物种分布，特别是普通油茶不仅分布广泛，而且栽培历史悠久。油茶在长期的自然选择和人工栽培过程中，受到周围环境的影响，演化成大量的物种和品种类型。它们在特定的环境条件下，形成了各自的适应能力和生态特性。

我国主要载培的油茶物种，因其分布区域的自然环境不同，其生态特性也各有差异。按各物种的适应范围和生态习性，可划分为宽、窄和局限生态幅 3 种生态类型。

(1) 宽生态幅物种　如普通油茶在亚热带地区的南、中、北三个气候带都有广泛的分布和大面积的栽培；小果油茶在中亚热带及北亚热带南部地区中海拔温暖的气候条件下，生长良好；攸县油茶宜在中、北亚热带的低山、丘陵生长。

(2) 窄生态幅物种　如越南油茶、广宁红花油茶、博白大果油茶、宛田红花油茶性喜高温高湿，适生于夏热冬暖，有明显热带季风湿润气候性质的南亚热带低山丘陵生长。

(3) 局限性生态幅物种　如腾冲红花油茶，威宁短柱油茶性喜凉爽湿润气候，局限于云贵高原的高寒地带生长。

实践证明不仅油茶各个物种间的生态特性具有明显的差异，即使是普通油茶这一宽生态幅的物种，由于长期受到各个地理区域的生态环境作用和人工栽培的影响，已演化出许多自然类型和农家栽培品种。如秋分子、寒露子、霜降子、立冬子等 4 个农家品种群的花期，果熟期，抗性以及对生态环境的适应性都有差异，特别是对北缘栽培地区的花期气候反应十分明显。秋分子，寒露子花期较早，少受早期寒潮霜冻的危害；霜降子，特别是立冬子花期很迟，往往含苞待放即遭到寒潮的摧残。

我国油茶分布的亚热带地区，自东南沿海到云贵高原，有丘陵、盆地、山地、高原，地形复杂，景色万千。各地因气候、地形、海拔、经纬度的变化，对油茶的生长发育，开花结实的关系至为密切。下面根据我国油茶栽培区域的主要生态环境特点，划分为 4 个生态类型区，分别论述各个油茶物种的生长发育与生态环境关系。

第一节　西南高山区

本区以云贵高原为主，包括云南、贵州、川东盆地及湖北恩施等高山地带。

一、自然环境特点

全区属我国地势第二阶梯，在中生代末期燕山运动以后隆起为高原。一般海拔 1 000 ~ 2 000m，高原面向东南倾斜，地面割切剧烈，除一些小规模的山间盆地，当地称为“坝区”外，多为高山峡谷，地形错综复杂。在石灰岩分布区，广泛发育为石林、陷阱等喀斯特地貌；高原西北部海拔高达 3 000 ~ 4 000m，河流强烈割成高山峡谷，高差可达 2 000m 以上，山岭河流均呈南北走向，平行排列；北部四川盆地海拔为 300 ~ 700m，多为紫色砂岩分布，其中低山、丘陵约占90%，盆地与高原间为我国地形第一、二级阶梯过渡地带，自然环境复杂。

高原东北部属亚热带湿润季风气候，具有冬无严寒，夏无酷暑，四季如春，一雨成秋，阴雨天气多的特点。年平均气温10～20℃，年降水量900～1 500mm；四川盆地气候具有冬暖、夏热、云雾多、日照少等特点，东部春夏多雨，西部夏秋多雨，年均温16～19℃，年降水量1 000mm，5～10月为雨季，7～8月常出现干旱，全年无霜期280～330d；云南南部受印度洋季风影响，属亚热带—热带高原型湿润季风气候，5～10月为雨季，雨水特别丰富，年降水量1 100～1 300mm。由于纬度低，地势高差大，气候垂直变化显著。油茶分布区的年均温大都在15℃左右。

本区主要为红壤和黄壤分布地带，由于地形、气候、母岩，森林植被，以及人为活动的影响，土壤的种类和形成过程具有一定的区域差异。四川盆地以紫色土为主，根据碳酸钙的含量及pH值的高低，可分为石灰性、中性和酸性等三类紫色土。红壤面积不广，多分布于沿河高阶地带，较高的山地以山地黄壤为主。云南中部一带为高原紫色土，北部较高的山地以山地红壤为主，东南及南部以红壤为主，贵州高原以红壤、黄壤及山地黄壤为主。

二、本区主要油茶物种的生态特性

本区主要分布和栽培的油茶物种有普通油茶、腾冲红花油茶和威宁短柱油茶。后两种均属本区高寒地带分布的局限性生态幅物种，仅适生于高寒湿润凉爽气候条件。

（一）局限性生态幅油茶物种在本区的生长发育与生态环境关系

1. 腾冲红花油茶

分布于滇西高原的腾冲县一带高寒地区。该县原有老林近万亩，年产果几十万千克。70年代后期有了较大发展，至1979年止，共有新老林面积近10万亩左右，成为滇西高原的重要油料基地。

腾冲红花油茶分布的地理位置在东经98°5′～98°45′；北纬24°28′～25°50′。境内属高黎贡山南延一脉，地势高峻，海拔一般在2 500～3 700m，河谷割切剧烈，地势高低相差很大。属印度洋湿润季风气候，夏凉多雨，冬暖晴朗，具有小气候立体型的特征。

腾冲红花油茶在上述自然条件下孕育成长，形成了喜温凉湿润的高山气候，耐低温寒冷的生态习性。在其分布区域内的海拔1 100～2 700m地带均能生长结实，但以海拔1 700～2 300m最为适宜，过高或过低均生长较差，开花结实也少。据调查，其适生范围的年平均气温15℃左右，极端最高气温30℃，极端最低气温－7～－5℃，≥10℃的年积温5 000℃左右，年降水量1 500mm左右。幼林阶段喜适当庇荫，在郁闭度0.3～0.4的荫蔽条件下生长的好，结实期间则需要一定光照条件，故宜在开阔的半阴或阳坡，土层深厚肥沃，排水良好的微酸性红壤或黄壤上生长。

腾冲红花油茶的花期很长，早花类型在10月中旬即开花，至翌年2月终花；晚花类型于2月始花，4月下旬终花。该种的适生栽培区域内因有高黎贡山做屏障，冬春花期无北方寒潮侵袭，气候温暖天气晴朗，授粉孕果十分有利；夏季阴凉湿润，利于幼果生长发育，7月气温升高，果实生长最快。腾冲红花油茶在这样的气候条件下，生长良好，产量也高。腾冲县云华乡的一棵200年生的植株，单株年产籽达100kg左右(折油30 kg)，而引种到云南南部的广南县海拔 1 300m 左右地带栽培，则很少结实。

2. 威宁短柱油茶

该种也是高原地带的局限性生态幅物种，仅分布于贵州高原威宁县的高寒地带，位于北纬 26°41′~27°31′，东经 103°51′~104°41′，垂直分布在海拔 1 800~2 700m。面积约 5 万亩左右。

该物种具有耐寒、抗旱、抗风、耐瘠薄土壤的生态习性。其适生区的年平均气温 10.5℃，1 月平均气温 1.6℃，7 月平均气温 17.8℃，极端最低气温 -13.8℃，极端最高气温 30.6℃，年降水量 960mm 左右，5~10 月降水集中，11~4 月为旱季。霜期 10 月下旬至翌年 4 月上旬，全年无霜期 206d，最大风力 7~8 级。分布区的土壤为山地黄棕壤，质地较黏重。油茶林成片分布在干燥瘠薄海拔较高的山坝上。伴生森林植物主要有白栎、栓皮栎、云南松、榛子等。

本种适生于干湿交替明显的高寒山地气候，在低海拔，夏季高温地区不适栽培。

(二)普通油茶在本区的生长发育与生态环境关系

本种在高原各省的东部和东南部，大多栽培在坝区(山间小盆地)周围的海拔 500~1 500m之间；云南东南部的文山、广南、丘北等地多栽培于海拔 1 000~1 500m 左右的坝区周围；中部零星栽培区，如云南的昆明、楚雄、永仁，贵州的毕节，四川的峨眉等地油茶林，多栽于海拔 1 800~2 000m 地带；四川盆地多栽在 370~700m 之间；贵州西南山区望漠一带多栽于海拔 400m 左右。

1. 高原气候与普通油茶生长发育关系

根据前述高原气候特点对油茶生长发育有利的条件多，不利因素少。云南、贵州两省中部和东南部的油茶栽培区，6~10 月多雨，10 月下旬至翌年 5 月为旱季，花期多晴朗天气，有利授粉孕果。≥10℃年积温多在 4 700~5 500℃左右，年降水量在 1 000mm 左右，7 月平均气温 20~25℃，1 月平均气温 4~8℃，这些都是普通油茶生长发育、开花结实的有利条件。据庄瑞林等应用逐步回归分析挑选影响油茶产量的气候因素分析结果：

(1)年降水量　回归系数大于零，说明降水量与油茶产量成正比。经验表明，年降水量在 2 000mm 以内越多越好。分析证明，6~9 月，月平均降水量在 200mm 左右，对油茶生长和油脂形成有利；9~10 月平均月降水量在 100mm 以上对油脂转化是适合的。从本区云南的昆明和广南两地油茶春梢生长情况看，也充分证明了降水条件对油茶营养生长的关系甚为密切(表 3-1)。

广南 3、4、5 月降雨和相对湿度均高于昆明，油茶春梢生长也同样长于昆明。昆明地区秋季正是雨季，油茶林则出现大量秋梢，其长度多在 10cm 以上，且有一定数量的徒长枝出现，这是今后扩大油茶树冠的主要骨干枝系。

表 3-1　广南、昆明普通油茶春梢生长与降水、相对湿度关系

地　点	3 月份		4 月份		5 月份		平均春梢生长(cm)
	降水(mm)	相对湿度(%)	降水(mm)	相对湿度(%)	降水(mm)	相对湿度(%)	
广南	27.1	71	57.5	68	123.4	72	9.09
昆明	13.6	58	19.6	56	78.0	64	5.17

(章光旭，1980)

(2)1 月平均气温　回归系数大于零，说明 1 月平均气温越高，对子房膨大、幼果形成有利。

(3)7 月平均气温　回归系数小于零，证明 7 月平均气温低，对花芽分化有利。普通油茶的花芽分化在 6 ~ 7 月，此时最适气温以 25 ~ 30℃ 为宜。

本区普通油茶分布区域有些海拔很高，而 1 月和 7 月的平均气温符合上述回归分析的系数要求，故能获得很高的产量。从云南的昆明和广南的气候及油茶产量使可证实(表 3-2)。

上述两地海拔虽高，但 1 月平均气温却高于油茶分布北缘的大别山区 5 ~ 6℃；7 月平均气温都低于华中、华南丘陵 8 ~ 10℃。从这一点来看，则是构成普通油茶高产的重要气候因素之一。

表 3-2　高海拔的油茶林最冷、最热月均温与产油量的关系

地　点	海拔 (m)	1 月平均气温 (℃)	7 月平均气温 (℃)	测定面积 (亩)	连续测产年数	平均亩产油 (kg)
广南柳井	1 300	8.1	22.4	5		25.5
广南油茶站	1 250	8.3	22.6	12	9	7.0
云南楚雄 - 平渡	1 860	7.3	19.5	191	5	16.0
昆明官渡	1 950	7.8	19.9	1	5	47.5

(庄瑞林，1982)

气候条件影响油茶生长发育的主导因子是气温，特别是花期气温对油茶的产量关系至为密切。高原冬季温暖少雨，符合普通油茶花期生态习性要求，有利于授粉孕果。如云南海拔 1 300m 的油茶盛花期日平均气温为 15 ~ 20℃ 左右，对昆虫授粉，花粉萌发都很适宜(表 3-3)。

表 3-3　云南广南普通油茶花期气温情况

花期阶段	日　期	花孕开放率(%)	日平均气温(℃)
初花期	9 月 6 至 28 日	10.6	20.8
盛花期	10 月 10 日至 11 月 15 日	73.8	15.8
末花期	11 月 10 日至 12 月 5 日	3.7	12.3

(赵树慎，1976 ~ 1980)

根据各地长期实践经验证明，普通油茶盛花期最适日平均气温为 14 ~ 20℃，而广南在 10 月中旬到 11 月上旬正是这样气温条件，昆明虽然海拔很高，但 10、11 两月平均气温仅差 1.6 ~ 1.8℃ 左右，仍属花期适宜温度。

高原地区夏秋多雨，多雾和四季温暖，“一雨成秋”的气候，常使油茶因反常气候影响，导致光照不足和气温条件不能满足花芽发育的生态习性要求而推迟花期。花期推迟如遇到低温袭击，则易形成大量落果。1975 年初冬出现的全国反常气候，据广南油茶研究站观测广南在 12 月中旬至 1976 年 1 月初连续 23d 的低温(0℃ 以下)，极端最低气温 -5.5℃，使刚授粉的子房冻落 49.1%，幼果冻落 15.5%；1976 年的油茶产量仅有 1975 年的35% ~40%。高原其他地区也因此受反常气候影响，造成严重减产现象。贵州 1976

年油茶产量仅有 1975 年的 52.1%；四川比 1975 年减产 35.7%，该省泸县油茶林场，1976 年产量仅有最高年产量的 4.2%。1974 年 2 月上旬，由于寒潮侵袭，广南出现持续 9d 霜冻，造成幼果冻落，当年的实际产量比预报值减低 35%。

上述情况说明高原普通油茶花期气温在正常情况下，完全可以满足孕花育果要求。由于气温垂直变化较大，突然遇到反常的低温袭击，幼果生理机能缺少抗寒能力，则易造成冻落现象。

2. 高原的海拔、地形、土壤与普通油茶生长结实关系

本区各地油茶林的海拔高度虽然悬殊较大，但对油茶林的生长和产量影响并不明显，主要由于纬度较低，受高原型温暖湿润季风气候影响，海拔虽高，冬季却很温暖，一般对油茶林的生长发育无害。栽培在昆明的官渡区海拔 1 950m 的油茶林，因地势开阔，土层深厚，加以光照和管理条件较好，则能获得 4 年平均亩产油 47.5kg 的高产，而贵州玉屏的茅坡海拔 300 ~ 500m 的油茶林，由于土层浅薄，亩产茶油仅有 1.8kg，而麻江县宣城乡海拔 350m 的油茶林却产油 26.6kg。

上述情况表明高原地区的地形、坡度、坡向以及土壤深度、肥力等因子与普通油茶林的生长发育和产量关系十分密切。高原山地的坝区和盆地雾气重、日照少，特别是峡谷地带，年日照往往不足 1 000h，而油茶开花结实所需的年日照量，至少在 1 600h 以上。因此，这一地区的油茶林地必须选择地势开阔的阳坡，以加强光照强度，利于孕花育果；本区东南部及川东盆地周围，河谷割切剧烈，坡度下降陡峻，水土流失严重，坡地土层浅薄，不能满足油茶根系生长发育要求。油茶造林地应以土壤深厚的黄壤、红壤、山地黄壤，pH 值 5 ~6 左右的缓坡为宜。

三、本区普通油茶林适生生态环境

地形：盆地间的低山丘陵，坝区周围地势开阔的向阳缓坡。

海拔：350 ~ 1 950m 之间。四川、贵州 350 ~ 750m 之间；云南中部及东南 1 000 ~ 1 950m之间。

土壤：酸性红壤、黄壤和四川盆地酸性紫色土，土层深厚肥沃，pH 值 5.5 ~6.5。

气温：≥10℃的年积温 4 700 ~ 6 000℃；年平均气温 15 ~ 17℃，1 月平均气温 6 ~ 8℃；7 月平均气温 19 ~24℃；花期(10 ~ 11 月)11 ~20℃。

降水量：年降水量 1 000 ~ 1 400mm 左右。

日照：年日照时数 1 600h 以上。

第二节　华南丘陵区

本区北界，自广西百色经广东英德至福州一线。包括台湾北部，福州以南沿海，广东南部，海南北部，以及广西南部等低山丘陵。

一、自然条件特点

本区属亚热带—热带湿润季风气候，地跨我国森林植被南亚热带常绿阔叶林区及热带季雨林、雨林区。

地形大致西北高，东南低。山岭，丘陵绵延起伏。山地、丘陵约占全区 80% 左右，海拔 1 000 ~ 1 500m。桂西北诸山为切割剧烈的云贵高原边缘，海拔 1 500m 上下，其余 1 000mm以下的丘陵居多。本区全年无冬，夏季长达 7 个月之久，是全国最长的地区。台风影响颇强，高温多雨为其主要气候特征。年降水量在 1 500 ~ 2 000mm 之间，沿海迎风坡及海南南部常达 2 000mm 以上。年平均气温 19 ~ 26℃，1 月平均气温 8 ~ 21℃，7 月平均气温 27 ~ 29℃，南高北低。土壤为红壤及砖红壤。

二、窄生态幅物种的生长发育与生态环境关系

本区主要栽培的窄生态幅油茶物种有：越南油茶、广宁红花油茶和博白大果油茶等。

（一）越南油茶

本物种主要分布在广东的阳春、高州以南包括海南北部；广西的陆川、容县、玉林、宁明以南的丘陵地带，是我国油茶物种中分布最南，海拔最低的一种。本种性喜高温高湿，夏热冬暖，热带季风湿润的气候条件。其适生生态条件，以广西主要产区的陆川为例（为本种较北的分布区）：北纬 22°19′，海拔 90m。年平均气温 21℃、7 月平均气温 27℃，1 月平均气温 13.5℃，年降水量 1 500 mm。酸性红壤，pH 值 5.9，有机质含量 3.26%，土层深度 180cm 以下。适宜在北回归线以南的沿海丘陵一带栽培。在沿海地区忌台风袭击，以避风生长为好（表 3-4）。

表 3-4　本区越南油茶、广宁红花油茶的生产情况

物种	栽培地点	海拔（m）	土壤	面积（亩）	测产年数（a）	平均每亩产油（kg）
越南油茶	高州县长坡乡	100	红壤	1.1	5	31.5
越南油茶	广东新兴县头城乡	200	黄壤	7.8	4	22.1
广宁红花油茶	广宁县排沙乡	100	红壤	35.5	5	13.5

（庄瑞林，1982）

（二）广宁红花油茶

本物种集中分布在本区中部，位于两广接壤的绥江，西江流域一带的广宁、怀集，高要、郁南、封开、苍梧、贺县、滕县一带。居北纬 23 ~ 25°，东经 115 ~ 125℃之间低山丘陵。本种虽较大果油茶耐寒，但喜夏热冬暖气候。一般年平均气温 20 ~ 22℃左右，1 月平均气温 10℃上下，极端最低气温 0℃以上，年降水量 1 600mm 左右，只宜在南亚热带和中亚热带南缘。即北纬 26°以南低山丘陵，阳光充足山腰下部生长较好。向北或向高均不适宜。

（三）博白大果油茶

本物种属最忌寒的物种，冬季各月平均气温要求在 15℃左右，其生态幅极其狭窄，仅在广西博白、陆川和东兴等地分布。适宜冬暖夏热，高温高湿多雨的低山丘陵生长。要求年平均气温 21℃，冬季月均气温 15℃，极端最低气温不小于 －2.4℃，年降水量 1 400 ~ 2 000mm。南宁、桂林等地栽培，结实性较差。

三、本区生态环境与普通油茶生长发育的关系

普通油茶在本区广有分布，南部沿海及雷州半岛以南，湿度过大，受台风影响严重，

生长不及北部。

(一)气候条件对油茶含油率的影响

在普通油茶适宜的分布区域内，温度低有利于油脂合成，油脂形成的后期昼夜温差大，种子出油率高，水分直接参与碳水同化作用，水分供应充足，同化作用活跃，有利于脂肪酶的活动，促进油脂形成。如广西三江、龙胜一带温度较低，降水量较多，相对湿度较大，油茶种仁含油率达54.89%～56.09%，而荔浦和三门江，温度居中，降水量较少，相对湿度较小，油茶种仁含油率仅49.95%。

(二)地形与油茶生产的关系

地形的变化构成不同的坡向、坡度和坡位，引起土壤和小气候的差异，从而对油茶的生长发育产生不同的影响。据1982年在广西三门江油茶林场对油茶丰产条件调查，本区地形因素对油茶的生长发育、产量和经济性状的影响十分显著。

1. 坡向对油茶生产的影响

阳坡光照时间长，树体矮，冠幅小，新梢短，油茶林的营养生长受到强光照的抑制；阴坡光照条件差，相对湿度大，土壤水分多，腐殖质含量高，营养生长旺盛。然而，阴坡的油茶产量和种仁含油率却远不及阳坡高(表3-5)。

表3-5　不同坡向对油茶生长及产量的影响

坡向	坡度(°)	每亩株树	营养生长(平均值)(m)			种仁含油率(%)	单株产果量(kg)	亩产油(kg)
			树高	冠幅	枝长			
西南	34	150	3.2	3.2	3.9	38.64	0.62	9.46
东北	30	150	4.4	3.4	4.5	30.50	0.31	4.00

(王汉涛，1982)

广西植物研究所在龙胜、岑溪、容县等地调查测定的结果，北坡油茶种仁含油量50%；东坡含油量为55%。油茶林在缓坡丘陵，坡向对油茶生长影响不大，而在坡度较大的低山地区，阳坡含油率和产量均高于阴坡。

2. 坡度对油茶林的生产影响

坡度的变化直接关系到土壤的养分和土层深度的差异。坡度平缓的成土母质多为坡积物，一般土层深厚，土壤的有机质含量和石砾含量也高，透气性能良好的土壤，有利根系伸展发育。坡度大，土壤易受侵蚀，养分易于流失，故土层浅薄，肥力也低。因此，对油茶根系生长发育不利，产量不高(表3-6)。

表3-6　不同坡度对土壤性状及油茶产量的影响情况

坡度(°)	坡向	土层厚度(cm)	石砾含量(%)	有机质含量(%)	盐基饱和度(%)	有效P(kg/亩)	平均花芽数(个/株)	单株平均产果(kg)
10	西南	105	20	1.88	44.28	1.32	2 235	2.69
20	西南	95	16	1.48	21.15	1.13	650	1.23
30	西南	80	14	1.90	20.53	1.01	490	0.3

(王汉涛，1982)

3. 油茶生产与坡位的关系

在同一坡向的山地油茶林，由于上下位置高度的不同，其生态环境也不相同。从上坡到下坡光照强度、风力逐渐减小；土层逐渐增厚，土壤水分和肥力逐步增加。这些微气候和土壤条件变化的综合结果，对油茶生长发育和产量也产生相应的影响。

据在丘陵地区相对高度不大的油茶林调查的结果，山坡上部和下部的土壤条件，以及油茶林的生长发育和产量也有明显差异(表3-7)。

表3-7　广西中部丘陵不同坡位的土壤条件和普通油茶生长情况

地点	坡位	坡度(°)	土壤性状					油茶生长与产量			
			土层厚度(cm)	石砾含量(%)	全N含量(%)	盐基饱和度(%)	有效P(kg/亩)	树高(m)	冠幅(m^2)	种仁含油率(%)	单株产油(kg)
小园岭西南坡	上部	19	82	16.97	0.0325	22.53	1.18	2.8	3.4	35.7	0.12
小园岭西南坡	下部	10	105	23.25	0.0520	44.34	1.26	3.8	3.7	45.4	0.24

(王汉涛，1982)

从表3-7中看出丘陵上部土壤因长期遭受冲刷，土层浅薄，肥力较低；下部承受上部流失的土壤和养分，土层厚度和土壤肥力明显增加。下坡油茶植株的生长旺盛，单株平均产量增加一倍。

根据上述调查和测定的结果，相对高度差异不大的丘陵下部，油茶种仁含油率高于上部，而在山地相对高度差异较大的山区，则相反。如广西植物研究所在龙胜、岑溪等县调查结果，山腰油茶的种仁含油率高达55.95%，山顶为54.67%，山脚仅有53.83%。这说明油茶的油脂合成不是单一的生化过程，而与油茶的生理、生态有关，是生态环境对油脂化学作用产生的综合影响。丘陵地带地势开阔平缓，相对高差不大，下部土层肥厚，有利油脂形成，故油茶种仁含油率高于上部；山地油茶林因地形复杂，相对高差大，温度、湿度差异大，在一定海拔高度范围内(1 000m以下)，高海拔比低海拔含油量高。因为高海拔比低海拔气温低，昼夜温差波动大，相对湿度也大，有利于油脂的形成和不饱和脂肪酸的提高，因此高海拔油茶林的含油率较高。

综上所述，本区地形因子对普通油茶生长发育的关系至为密切。不同地形因素，产生不同的小气候和土壤条件，各个生态因子的综合作用使油茶的生长发育、产量和经济性状呈现出如下规律：海拔在1 000m以下的低山区阳坡比阴坡产量高(表3-8)；土层深厚肥沃比土层浅薄地带生长好，含油率高、产量高，高海拔油茶林比低海拔的含油率高，但产量并不因海拔的升高而增加。丘陵地区下部因坡度较缓，土层深厚，出油率和产量则高于上部。

表3-8　本区各地不同海拔油茶林生产情况

地点	海拔(m)	土壤	面积(亩)	连续测产年数(a)	每亩年平均产油(kg)
南宁广西林业科学研究所	110	红壤	1	8	19.7
广宁县上林乡	200	红壤	5.45	6	24.8
广东英德县林业科学研究所	300	红壤	12.9	4	21.9
广东速县九坡清水	400	黄壤	18629	4	7.2
广西宁明夏石林	500~700	红壤	100	3	4.5

(庄瑞林，1982)

自然因子的综合作用是影响茶油生长发育的重要生态条件，而人为作用则是不可忽视的，改善生态条件，提高油茶产量的重要技术措施，如林地垦复，合理间作施肥，调整密度等，都能有效地改善油茶林地的通风、光照和土壤理化性状，促进油茶速生丰产。

四、本区普通油茶适生生态条件

纬度：北纬22°以北。

地形：低山、丘陵海拔1 000m以下，100～800m为宜，坡向阳坡，坡度10°～25°，山脚、山腰。

土壤：红壤或土地黄壤，土层70cm以下，pH值5～6。

气温：年平均气温20～22℃，1月平均气温8～15℃，7月平均气温25～28℃。

降水量：全年降水量1 500～1 800mm。

日照：全年日照时数1 700～2 000h。

第三节　华中、华东丘陵区

本区南接华南区北界，北至浙江杭州、安吉，安徽的广德、铜陵、安庆、潜山、太湖，湖北的英山、罗田、武汉、宜昌，大神农架一线以南，西界西南山区；东部福州至舟山沿海。包括桂中北，粤北、华中、华东低山丘陵。

一、自然条件特点

本区地形基干是克里东运动褶皱起来的古陆(江南古陆)。岩层以古生代的变质岩系的千枚岩、板岩；中生代末期侵入的花岗岩，第三纪堆积的红色岩系。沿湘江、赣江等大河流有断续的冲积平原与第四纪红土砾石台地；再向外则是破碎散漫的丘陵，相对高度由数十米至三四百米；其中高度100m以上的中山如黄山、慕阜山、九岭山、武功山、雪峰山等自东北向西南绵亘成为主要山派。闽、浙沿海丘陵属古生代“华夏古陆”，多流纹岩、凝灰岩。海拔500m以上的山地较广，地貌崎岖，平原狭隘。

本区属中亚热带(典型亚热带)东部季风湿润气候，温暖湿润，四季分明。年平均气温16～21℃，1月平均气温5～12℃，7月平均气温28～29℃，全年无霜期230～270d。极端最低气温-7～-13℃，≥10℃的年积温5 100～5 600℃。年降水量900～1 800mm，春夏多雨，4～6月降水集中，约占全年一半左右。中、北部7～9月有秋旱出现；东部夏秋之际多台风暴雨；中部、北部有寒潮入侵。

二、本区油茶物种的生态习性

本区栽培的主要油茶物种有：普通油茶、小果油茶、攸县油茶、茶梨、浙江红花油茶和宛田红花油茶等。

(一)几个栽培的油茶物种的生长发育与生态环境关系

1. 小果油茶

在本区分布较广，主要在北纬28°以南，福建、江西、湖南等地中南部，两广北部，其中以湘、赣两省为多。桂北、黔东南、浙东、苏南有栽培。本种在江西宜春栽培最为集中，面积约 70 余万亩。据《袁州府志》记载，明代正德年间(公元 1514 年)，已有大面积小果油茶栽培。

宜春属本区中部低山丘陵地区，小果油茶大都栽于海拔 100 ~ 300m 之间。年平均气温 17℃，无霜期 275d，年降水量 1 200mm 左右，春多梅雨，夏多暴雨，秋季易旱，偶有寒潮侵袭。土壤为红壤、黄红壤，母质为页岩、砂岩，土层比较深厚，肥力较低。

本种喜冬季温暖，夏季凉爽的气候条件，适宜在中亚热带和北亚热带南缘背风向阳地带栽培；在南亚热带年均温 21℃以上生长不良。小果油茶在生态条件适宜地区，能获得高产(表 3-9)。

2. 攸县油茶

本种自然分布大致有两大片，一片在北纬 26° ~ 27°30′，东经 109°31′ ~ 113°41′，包括湖南郴州、衡阳、湘潭地区，江西黎川和湖北恩施地区来风县等；另一片在北纬 32°30′ ~ 33°，东经 108°30′ ~ 109°10′，包括陕西安康、汉阴一带。各地多呈野生状态，混生于马尾松、杉木、乌饭、栎类、山矾等次生林中。

本物种自然分布区属中亚热带季风湿润气候。年平均气温在 15 ~ 18℃，极端最低气温 -10℃，年降水量 1 000mm 左右，无霜期 260 ~ 300d。在湖南生长于开阔的低丘缓坡地带，海拔 200m 左右，南部可达 500m。母岩为砂岩、页岩和千枚岩，土壤多为酸性红壤和黄壤，质地黏重，肥力一般，pH 值 4.7 ~ 5.2。

表 3-9　小果油茶在本区中南部适生条件下的生产情况

地点	纬度	海拔(m)	土壤	测定面积(亩)	连产年数(a)	平均亩产油(kg)	备注
宜春油茶林场	27°40′	110	红壤	2 300	9	9.0	一般类型、一般栽培
宜春油茶林场	27°40′	110	红壤	100	9	17.5	试验林
宜春西材乡	27°40′	110	红壤	20	13	17.5	1977 年最高年产 41.5kg/亩
宜春油茶林场	27°40′	110	红壤		6	42.7	白皮中子类型最高 56kg/亩 一般 20kg/亩
广西龙胜飘里	25°50′	300 ~ 500	黄壤	56 127	12	5.6	
广西灵川县	25°30′	400	红壤	750	6	19.6	

(庄瑞林，1982)

攸县油茶属春花类，盛花期在 2 月中、下旬至 3 月中旬。气温上升到 15 ~ 20℃时，花朵大量开放。故早春多雨和寒潮频繁侵袭地区栽植易遭损害(表 3-10)。

表 3-10　攸县油茶在原产地及引种区生产情况

地点		海拔(m)	土壤	面积(亩)	连产年数	平均亩产油(kg)	备注
湖南攸县上云挤乡		150 ~ 200	红壤	80	12	4.8	原产地
浙江	富阳县贤德乡	150	红壤	6.3	5	30.00	引种区试验林(幼林)
	富阳县万市乡	150	红壤	2.0	5	18.0	
	富阳县南新乡	150	红壤	0.5	5	10.5	

(庄瑞林，1982)

经各县地近年引种栽培试验，本种在云南广南县海拔 1 250m，极端最低气温 -5.2℃；河南新县海拔 400m，极端最低气温 -14.6℃；广东韶关年平均气温 20℃；陕西南郑县年平均气温 14℃，年降水量 830mm；安徽歙县年降水量 1 600mm 等自然条件下大都生长结实。说明其生态幅较广，适应性较强。唯在南亚热带年均温在 21℃以上地区生长不良。

本种适宜在年均温 15～18℃，极端最低气温 -10℃，≥10℃的年积温在 4 500～5 200℃之间，年降水量在 1 000mm 左右，生长期在 260d 左右；春季温暖晴朗，地势开朗的低山下部和丘陵地带，土层深厚的红壤、黄壤上生长。

3. 宛田红花油茶

局限分布于桂北灵川、龙胜、荔浦、资源等县。性喜高温高湿，夏热冬暖，较越南油茶及广宁红花油茶稍耐寒。一般平均温 17～20℃之间，能耐极端最低气温 -7℃左右，在浙江富阳县开花结果尚好。适宜在中亚热带南端，南亚热带北缘低山丘陵栽培。

4. 浙江红花油茶

散生于浙江、福建、江西、湖南、湖北、安徽南部等地的中低山区中海拔地带。自然分布区海拔 600～1 200m 左右。喜温暖湿润气候，适宜在中亚热带东北部山地生长。在丘陵地区栽培，开花繁盛，结实较差。近年云南、广东、广西、陕西、河南等地引种生长，结实不良。

(二)本区普通油茶的生长发育与生态环境关系

本区为普通油茶的中心产区，分布广泛，面积也大，其栽培面积约占全国油茶林总面积 80%，其中以湖南、江西两省最多，占全区油茶林面积 70% 左右。由于本区地域辽阔，随着经、纬度和海拔高度的变化，导致气候、地形、土壤等生态环境的差异，从而对油茶的生长、开花、结实和经济性状产生一定的影响。

1. 本区气候因子对普通油茶开花结实的影响

本区为普通油茶适生栽培地区，正常气候条件对油茶生长发育十分有利。由于季风环流和地形影响，很多地区易出现秋旱，寒潮和台风(沿海地带)等灾害性气候，加之本物种具有秋末冬初开花，一年四季花果不断的生物学特性，故一年之中任何反常气候都将影响其花果生长发育和产量。

(1)花期气候对油茶产量影响　普通油茶花期最适气温为 14～18℃，本区北部花期的日均温稳定通过≥10℃保证率为 80%，如安徽黄山一带油茶花期日平均气温为 15～18℃。南部随纬度降低而气温相应升高，如福建福州花期气温为 18～24.7℃。这种气候条件对油茶虫媒授粉，花粉发芽孕果都很有利。然而，此期出现低温、阴雨等反常气候，则使油茶造成大量落花落果而减产。

1975 年，油茶盛花期间遭到普遍性的低温寒潮，1976 年，本区各地油茶都出现大幅度减产。如北部的安徽祁门县，1975 年花期遭连续 7d 霜冻，日均温 5.4℃，而 1976 年油茶产量仅有七十年代最高年产量的 8.2%，该县重点产区驰名村 4 600 余亩油茶林仅有丰年的 5.12%；南部的广东韶关地区，同期出现几十年罕见的降雪，气温下降到 -4℃，持续 7d 之久，韶关地区林业科学研究所的高产试验林 1976 年的油茶产量仅是 1973 年的 21%。据调查，1976 年湖南的油茶产量只有 1975 年的 45.6%，其减产幅度由南向北呈逐步递增的规律。说明普通油茶长期在本区北部栽培，经受低温气候锻炼，形成了比较耐寒的习性；幼果在低温条件下由宿存的花被保护而停止生长，直到第二年才开始生长，故偶遇寒潮，其受冻落果现象却低于南方。因为南方气温较高，油茶开花以后，幼果在继续生长，当幼果在生长发育过程中突然遇到低温寒潮，很容易造成大量落果而大幅度减产。

本区油茶花期除易受低温侵袭影响外，花期连续多雨，也易造成大量落花而减产。如浙江常山县 1975 年油茶盛花期连续阴天 33 天，落花率高达 70%，翌年油茶产量仅为 1972 年产量的 25%；据湖南怀化连续数年观测，普通油茶盛花期的降雨天数和降水量，对油茶落花与产量关系十分密切(表 3-11)。

表 3-11　湖南怀化花期降雨与油茶落花产量关系

年份	降雨最多日数(d)	总降水量(mm)	日最大降水量(mm)	落花率(%)	翌年产果量*(kg)
1960	8	178.6	23.8～26.2		380.1
1961	21	300.8	48.9～50.4	70～68.1	86.4
1962	14	246.6	20.8～66.2	62～67.4	215.8
1963	28	428.9	25.4～41.8	62.1～76.7	35.6

*按丰产林 200 株产果统计。　　（中国林业科学研究院林业研究所油茶试验站，1965）

试验证明花期连续阴雨超过 20d，降水量超过 200mm 以上，平均落花率可达 70% 以上。又据晴、雨天分别标定花朵观测结果，晴天成果率比雨天高 4 倍左右。

上述情况只是笼统地揭示了油茶花期受不良气候影响，实际上普通油茶这一混杂群体中的各个体之间的花期存在很大差异。自 9 月下旬到 12 月，甚至翌年 1 月，单株间有的已授粉孕果，有的还含苞未放，花开花落，很不一致。早花类型，盛花期多在当地早霜之前，时值秋高气爽，天气晴朗温暖，气候条件能充分保证开花、授粉、受孕的要求，是群体中每年获得较高产量的稳定因素。据安徽徽州地区林业科学研究所多年观测，20 世纪 70 年代中期以来，该所选的油茶优株，其中早花类型占 90% 以上。中花类型盛花期虽属当地安全范围，但从气象资料平均值检验只有 80% 保证率，因此每遇霜期提早之年，也会受到一定影响，仍属产量较稳定的因素。晚花类型的盛花期多处于低温霜冻阶段，多数年份与低温早霜相遇，严重影响开花、授粉和受孕，所以往往有花而无果。据 1979～1980 年在南昌地区对相同立地条件的油茶林调查，不同花期类型的个体的花期与早霜寒潮相遇时机不同，其产量有较大的差异(表 3-12)。早花类型在林分中占总株数的 16.6%，而产量却占 29%；晚花类型占总株数 42.5%，但产量只占 18.5%。单株平均产果量，早花类型高于晚花类型 4 倍以上。因此，选择利用早花类型逐步更替晚花植株，是能够克服本区普通油茶花期气候不利因素的。因为早花类型的盛花期正处早霜期之前，油茶开花、授粉、受孕所要求的气候条件能够得到保证，是获得高产的重要因素。

表 3-12　普通油茶混杂群体中的各个花期类型产量情况

花期类型	株数		产果量(kg)						
	株数	占总株数(%)	产果量(kg)	占总产量(%)	平均株产(kg)	株产≤0.05kg		株产>5kg	
						株数	%	株数	%
早花型	127	16.6	194.5	29.0	1.53	28	10.2	9	32.1
中花型	313	40.9	350.6	52.4	1.12	68	24.7	17	60.7
晚花型	325	42.5	123.8	18.5	0.70	179	65.1	2	7.6
合计	765	100	668.9	100	1.75*	275	100	28	100

*为总平均单株产量。　　（邱金兴，1980）

影响油茶产量的因素是多方面的，而花期气候条件对本区油茶产量的影响往往构成主导因素。从湖南永兴县枣子村的10年油茶籽产量与气候因子年变化的情况，比较清楚地证实花期气候占有一定的主导作用(表3-13)。

表3-13 湖南永兴县枣子村历年(1970～1979年)油茶产量与气候变化关系

项目	年份									
	1970	1971	1972	1973	1974	1975	1976	1977	1978	1979
永兴县枣子村，丰产林12.71亩产籽量	521.14	321.0	334.9	136.9	281.0	123.1	44.34	223.32	196.5	270.6
永兴县枣子村产籽量(kg)	8 022.7	23 457.1	26 462.0	17 639.4	16 109.5	8 671.3	4 258.4	18 185.1	19 400.0	18 092.4
年日照(时数)	1 507.0	1 871.3	1 674.0	1 511.2	1 690.7	1 381.3	1 586.0	1 416.7	1 657.1	1 483.8
年降水量(mm)	1 736.6	915.3	1 522.2	1 986.8	1 236.7	1 954.6	1 566.9	1 201.8	1 256.6	1 027.4
≥10℃年积温	5 363.9	5 391.7	5 331.9	5 605.2	5 416.5	5 550.4	5 080.7	5 995.5	5 552.4	5 449.4
年均温(℃)	17.1	17.0	17.4	17.8	17.3	17.4	17.0	17.6	17.9	17.9
花期雨日(d)	5	4	11	4	2	7	1	5	2	0
花期日均温(℃)	10.07	9.55	10.85	10.23	9.77	7.83	9.15	10.93	10.92	11.38
极端最低气温(℃)	-5.2	-4.0	-10.3	-10.8	-5.5	-7.5	-5.6	-5.4	-3.4	-6.6

注：花期雨日指降水量≥10mm的天数；一般海拔高为160m左右，油茶林地土壤为红壤，花期11～12月。表中数据为湖南省永兴县油茶研究所提供。 (雷亚必，1982)

从表3-13 10年的油茶产量看，最高年份为1972年，而1971年的花期气候在10年中明显地表现出：花期雨日偏少，花期日平均气温与年极端最低气温偏高；同时全年日照时数最多，这就是决定第二年油茶增产的有利气候因素。日照时数多，表现光照条件充足，有利花芽分化；花期雨日少、日均温高有利开花和授粉受孕；年极端最低温偏高，减少幼果冻害，增加成果率。1977～1979三年都是高产年份，而1976～1978三年的花期雨日都是偏少。花期日平均气温和年极端最低气温也都是偏高，故能连续三年都获得高产。

油茶花期遭遇低温霜冻，除了冻伤正在生长的幼果外，对正在开放的花朵授粉，受精影响更为严重，①低温阴雨天气影响昆虫传粉活动。传粉昆虫如大分舌蜂和地蜂在天气晴朗，气温15℃左右的条件下，传粉活动能力很强。低于10℃，或阴雨天气便大大减少昆虫的传粉活动；②普通油茶的花粉囊开裂最适气温为15～25℃，8℃以下便受到抑制。花粉发芽的气温以10～20℃为宜，5℃以下发芽率为0%～5%。花期低温阴雨影响花粉不能正常开裂，抑制了花粉的散发；花粉不能正常发芽和伸长，影响了授粉孕果。这些都是导致油茶减产的重要原因。

(2)水分条件与普通油茶生长发育的关系　普通油茶虽具有一定程度的耐旱能力，但在其生长发育，特别是果实生长过程中，不仅需要足够的水分供应，而且必须保持合理均衡的水分条件，才能满足其生理活动和物质合成转化的需要。据测定，17年生、长势一般、产量中等的油茶林，平均每亩年周期生理活动所消耗的水分约为230t(表3-14)。

表 3-14　广东韶关每亩油茶林年耗水测定表*

生理活动	生物量	耗水量(t)	备注
蒸腾呼吸	叶面积 1 131m^2	220 449	每日每叶片耗水 751mg
	生成鲜物质 931kg	855	
生殖	开花 145 594 朵	581	每日每朵花耗水 1 112mg
果实发育	鲜果 273kg	8 369	每日每克果耗水 311mg
合计		230 254	

* 枝叶含水 62.51%，鲜果含水 58.53%，干物质由 56.67% 的水分参与组成。　（陈家耀，1982）

从本区各油茶产区年降水量多在 1 000 ~ 2 000mm 的水分条件来看，完全可以满足普通油茶生长发育的要求。但是，由于降雨季节分配不均与油茶需水时机不相吻合，而产生了供求不协调的矛盾。以南部的广东韶关市、中部的湖南怀化市以及北部的安徽黄山市为例：三地降雨最多的月份为 4 ~ 6 月，平均月降水 200 ~ 310mm 左右；而 7 ~ 9 月降水量很少，一般月降水只在 100mm 左右。韶关 7 月降水仅有 40mm，怀化 7 月为 80mm，黄山 10 年平均 7 月降水只有 6 月降水的 1/2。从油茶的年生育期生理需水来看，7 月份则是需求量的高峰。据测定每克鲜物质在 7 月份需水量高达 6 100mg。然而 7 月份正是全年月平均气温和蒸发量最高的时期。大自然水分的盈缺与油茶生理需水要求出现了突出矛盾，必然对油茶产量带来影响。近年来很多产区采取保水、保土、保肥的"三保地"工程措施，间种绿肥、覆盖林地，增加林地蓄水能力，减少地表水分蒸发，提高土壤肥力，对促进油茶增产起到最著效果。据广东韶关市林业科学研究所试验，经改造的 80 亩油茶林地，旱季土壤含水量为 26%，未经改造的为 17%，三年平均亩产茶油前者增产 48%。

本区通常在 7 月下旬至 9 月出现高温干旱现象。此时正是油茶果实增长和油脂形成时机，高温缺水，势必影响油茶果实的生长和油脂的转化。产区人们常说的"七月干球(果)，八月干油"，就是多年生产试验的深刻体会。因此，很多地方采取保水措施，对提高油茶产量是具有现实意义的。

(3)地形及土壤因子对油茶生长发育的影响　本区虽属丘陵为主，但其间海拔1 000m 以上的山地仍占有一定的面积。绵亘逶迤，峰峦叠障，复杂的地形构成该区域生态环境的差异，对山地油茶林的分布、生长、产量和经济性状的关系甚为密切。

①不同海拔高度与油茶生长发育的关系：随着纬度的升高，油茶林垂直分布，由南向北逐步下降。本区西南部的雪峰山油茶林垂直分布高达 1 000m 左右，据调查其适生高度，南坡达 960m，北坡 600m；东北部的黄山高为 900m，适生高度南坡 700rn，东坡 500m 以下。超过此范围的油茶虽能生长结实，但其结实周期的间隔期则很长，如雪峰山阴坡的黄芦坪 800m 以上的油茶林，其丰产间隔期达 15 年之久；黄山区三岔位于海拔 900m 的油茶林丰产间隔期达 10 年以上；江西兴国县福山林场，海拔 800m 左右的油茶林 3 000 亩，虽然生长较好，但产量极低。据该场 1959 ~ 1979 年连续 21 年统计：1965 年最高亩产油 2.3kg，有 12 年亩产 0.5kg 以下，1kg 以上的就有 6 年，1976 年滴油无收。

超越普通油茶适生海拔高度的油茶林，其丰产间隔期如此之长，产量如此之低，主要由于山高风大，气温低，花期多雨雾，日照少，授粉昆虫少，翌春幼果"脱衣"成长时又常遭晚霜冰冻危害，落花落果严重所致。

据各地调查资料证明，在油茶适生垂直分布范围内，由于海拔高度不同，造成油茶林地的气候、坡向、坡位以及土壤条件等生态环境的差异，其生产结实情况也不相同(表3-15)。在海拔600～800m之间产量最高，在此范围以上或以下均低；中海拔的阳坡油茶林产量明显高于阴坡。

本区北部的安徽黄山祁门县，不同海拔的油茶林的生产情况，也与雪峰山具有相似规律(表3-16)。

祁门的纬度较雪峰山高2°，油茶垂直适生栽培区的海拔约相应下降100m左右。从皖南调查资料看出：海拔500～700m的油茶林产量，也明显高于低海拔或高海拔地带的油茶产量；中海拔阳坡油茶林产量也同样高于阴坡。正如雪峰山产区农民的经验认为："北坡长树不长果，山脊和开阔地区出油多"。根据农民的经验和实际分析，两地高海拔地带的油茶含油率均高于低海拔地带；地形开阔、土层深厚地带的油茶产量和含油率，均较陡坡深谷和土层浅薄处为高。

表3-15 雪峰山不同海拔、坡向、坡位油茶林的生长结实情况

海拔(m)	坡向	坡位	新梢平均长(cm)	平均树高(m)	不结实株数占总株数(%)	亩产果(kg)	折亩产油(kg)
310	平坦地	山顶	3.0	2.5	13.8	35.5	2.13
310	北	山腰	3.2	3.0	15.7	33.2	2.0
300	南	山麓	4.4	3.6	28.0	20.0	1.2
425	北	山坡	4.5	3.4	41.9	13.7	0.8
550	南	山坡	4.6	3.0	31.5	21.1	1.3
526	北	山坡	3.0	3.6	67.8	5.6	0.33
660	南	山洼	4.5	3.7	5.4	38.5	2.3
810	南	山坡	3.9	3.7	4.0	71.0	4.3
950	南	山坡	5.3	2.4	11.0	18.1	1.12

（林少韩，庄瑞林等，1972）

表3-16 皖南祁门县不同立地条件的山地油茶林生产情况

海拔(m)	坡向	坡度(°)	土层深度(cm)	每亩株数	单株产果(kg)		二年平均每亩产油(kg)
					平均	最高	
390	西	30	40	127	0.55	3.3	3.5
390	南	23	30	100	0.9	2.4	4.6
395	东	45	50	140	0.65	1.2	4.6
480	西南	28	25	140	0.75	3.3	5.4
530	南	25	50	160	1.97	13.7	15.8
570	东南	25	70	180	1.6	13.0	13.1
670	西南	25	60	100	3.55	14.1	17.7
670	北东	28	60	153	0.31	3.1	2.37
680	南	33	30	127	0.5	4.9	3.0
720	西南	28	30	100	1.3	6.4	6.5

（赵德铭，1983）

此外，不同海拔高度油茶林的病虫危害情况也不相同。据调查观测：油茶炭疽病，海拔 400m 以下发病率为 28% ~58%；400m 以上为 5% ~7%，海拔越高，发病率越低，950m 发病率为 0。煤病在海拔 450m 以下，发病率为 1.3% ~11.1%，山脊低于山洼，阳坡低于阴坡；海拔 500m 以上发病率为 89% ~90%，越高越严重。果实象鼻虫危害。海拔越高越严重，500m 以上危害率为 100%。

上述规律性现象的存在，主要是海拔高度、地形导致了光、温、湿、风、土等生态环境对油茶林规律性综合作用的结果。

②不同土壤条件与油茶生长发育的关系：本区广大丘陵地带的土壤，多为红壤、黄壤和黄红壤地带，一般都能适应普通油茶生长。由于成土母质、土层深浅、理化性质、肥力高低的差异对油茶的生长，产量影响也十分明显。

A. 母岩：千枚岩、砂页岩风化的土壤优于花岗岩、片麻岩、砂砾岩，土壤孔隙大，保水保肥性能差，特别是风化初期的黄沙土，大都干燥瘠薄，肥力极低；石灰岩风化的土壤钙质成分高于紫色砂岩风化的紫色土，多呈中性反应。油茶喜酸性和微酸性土壤，其根部细胞缺乏磷酸盐，故不适宜中性或碱性土壤。

B. 土层深度：油茶根深，适生于土层深厚的土壤。山坡残积物发育的土壤，一般浅薄；山脚坡积物发育的土壤，一般深厚肥沃。故丘陵顶部土层不及下坡深厚，土壤肥力及水分也不及下坡高。油茶林生长结实，山坡、丘陵顶部均不及山脚和丘陵下坡地带。据中国林业科学研究院亚热带林业研究所经济林室在湖南邵东黄草坪林场及永兴县等地油茶高产林的土壤调查资料，油茶高产林的土壤，一般深度多在 1m 以上，有的超过 1.5m。

C. 土壤肥力：在其他生态因子基本相近的条件下，土壤肥力的高低对油茶产量关系极为密切。据浙江常山油茶研究所试验，在立地条件、油茶品种、树龄、培育措施基本相一致的情况下，由于土壤肥力不同，油茶产量具有明显差异(表 3-17)。土壤有机质、全氮、全磷的含量和一定的土壤含水量与油茶产量成正比关系。

表 3-17　土壤肥力与油茶产量关系

土壤	有机质(%)	全氮(%)	全磷(%)	速效氮(mg/kg)	速效磷(mg/kg)	有效钾(mg/kg)	pH 值	水分(%)	平均每亩产油(kg)
低丘红壤	5.92	0.250	0.150	161.1	7.4	160	5	18.9	>25
低丘红壤	1.38	0.120	0.064	66.1	0.6	55	4.7	15.0	10 ~15
低丘红壤	0.84	0.082	0.030	46.6	2.0	84	4.8	12.9	<10

（王芷虔、涛生，1980）

据在湖南有关油茶高产林分的土壤养分储存量的分析，高产林 1m 土层中都有较高的有机质、全氮和全磷的含量(表 3-18)。可以认为，油茶产量高低，不仅与气候、地形、经营管理有关，而且与林地土壤条件，特别是土壤肥力高低，具有密切关系。油茶高产林地土壤的共同特点是：土层深厚，一般深达 1m 以上；结构良好，多为壤质；土壤中养分含量较高，主要养分储存量多。

表 3-18　油茶高产林的产量与土壤养分储存关系

地点	茶油最高产量（kg/亩）	1m 土层中养分总含量		
		活性有机质(kg/亩)	全氮量(kg/亩)	全磷量(kg/亩)
长沙县美新丝茅塘	32.9	6 106.9	1 025.5	396.4
怀化市江平柳树乡	29.0	7 625.0	753.4	166.1
邵东县黄草坪茅竹山	26.8	5 422.1	839.1	396.2
永兴县枣子二冲	26.4	6 243.8	1 304.4	397.7

（中国林业科学研究院亚热带林业研究所，1974）

四、本区普通油茶适生生态条件

纬度：北纬 22°～31°30′。

地形：低山、丘陵；山地海拔 900m 以下(南部阳坡)，600m 以下(南部阴坡)；海拔 720m 以下(北部阳坡)为宜。

土壤：红壤、红黄壤、山地黄壤，土层 70cm 以下，有机质含量 1%～3% 左右；pH 值 4.7～6。

气温：年平均气温 16～21℃，≥10℃ 的年积温 5 000～6 000℃，1 月平均气温 5～12℃，极端最低气温 < -10℃；盛花期日平均气温≥10℃。

降水量：全年降水量 900～1 500mm。

日照：全年日照时数 600～1 900h。

第四节　北部边缘区

本区南接华中，华东区北界；北临江苏东台，安徽天长、定远、霍丘，河南固始、平顶山，陕西秦岭南坡，甘肃康县、文县一线以南；东至沿海；西抵四川松潘。

一、自然条件特点

本区西部由秦岭、大巴山组成山系，中夹汉水谷地和汉中盆地；鄂西北由大巴山、武当山等山脉组成；东部大别山蜿蜒于鄂、豫、皖边境，向东伸延构成广阔的江淮丘陵岗地。

属北亚热带湿润—半湿润季风气候，四季分明。年降水量 800～1 300mm(山区和东部偏多，丘陵和西部偏少)；年平均气温 14～16℃，1 月平均气温 0～4℃，极端最低气温 -23～-17℃(合肥、滁县)；无霜期 220～230d。冬季常有干冻，秋季偶有霜冻。常有旱涝出现。

土壤为黄棕壤、山地黄棕壤和部分黄壤。

森林植被为常绿落叶阔叶混交林。

二、本区油茶主要栽培物种的生长发育与生态环境的关系

本区为我国油茶分布和栽培的北缘地带，主要栽培物种为普通油茶。攸县油茶在陕西南部有少量栽培。

普通油茶在本区分布可分两大部分。东部以大别山区、桐柏山南坡为主，向东包括江淮丘陵及江苏南部。其主要产区有安徽的六安、舒城、霍山、金寨；湖北的罗田、麻城、红安；河南的新县、商城、固始，以及江苏宜兴等地。西部以武当山区的谷城、房县、竹山，以及秦巴山地的南郑、安康、汉阴一带。丘陵地带70年代引种栽培较多，最北的引种栽培区有江苏的云台山，居北纬34°35′左右；陕西的长安县内苑，位北纬34°03′。垂直分布大多在海拔100～300m之间。大别山区最高350m，陕西南部400～600m，湖北谷城最高达700m。

影响本区油茶生育与产量的主导因子是气温与地形。冬季的低温严寒危害幼果安全越冬，花期寒潮霜冻，影响授粉孕果；复杂的地形则能阻滞寒潮侵袭，改善生态条件，形成了较好的小气候区域，有利于油茶生长发育。

东部的江淮丘陵，由于地势平缓，丘陵起伏，北方寒潮长驱直入，冬春干风和低温冻害比较严重。70年代中期营造的大片油茶林，多因冻害而失败，但在一些高丘南坡栽培的小片油茶林，却生长好。如全椒县黄栗树林场，在一片避风向阳的山上栽植的4亩油茶林，也能获得亩产油2.5kg以上。

大别山区由于山脉绵延，地形复杂，许多地方因山体的屏障，阻滞了寒潮侵袭，构成比较优越的生态条件。同时，油茶林多寒露种群为主，花期约早一旬左右，可以避免早霜危害，故能获得较好的产量。但由于地形和坡向的差异，油茶林的生长和产量也有明显的差别。

大别山南坡的湖北麻城一带，地处山麓丘陵，由于北部的高山屏障，气温较高，年平均气温16.2℃左右，≥10℃的年积温4 980～5 100℃，极端最低气温－8℃，1月平均气温2～4℃，油茶林少受冻害，产量很好。如麻城县的五脑山林场，生长在海拔180m的油茶林，取得连续多年的大面积丰产，其中4 000亩油茶林连续9年亩产油5.9kg；12.6亩连续7年亩产油25kg，1984年亩产油最高达35.05kg。而北苑的河南新县、商城一带海拔200m以下的丘陵，虽然在小地形的影响下，小气候条件较好，年均温15℃左右，年降水量1 000mm上下，但冬季常有冻害和干风出现，油茶产量却远远不及南麓。一般亩产茶油3～8kg左右，新县的代咀乡，海拔150m的40亩生长较好的油茶林，连续10年平均亩产油仅达3.7kg。

大别山区的油茶产量，不仅南北坡差异很大，而且山腹与山麓由于海拔的差异，受到周期性寒潮袭击的程度不同，产量也有较大的差别。如东北坡海拔250～400m之间的霍山县山地油茶林，平均年产油茶籽25万kg。1965和1967两年，因周期性的寒潮袭击，低于－3℃的气温连续20余天，极端最低气温－14℃，这两年的油茶籽年产量仅有1.6万和3万kg，主要是冻坏幼果，造成大幅度减产。而东北麓海拔50～150m之间的霍山土地湾，舒城的河棚，六安的凤凰冲等地，60年代营造的油茶林，由于山地屏障，冬季风速较少，加之光照充足，海拔低，气温高等有利条件，虽然在周期性的严寒侵袭下有不同程度的冻害，但20年生的油茶林仍达到亩产油5～8kg。

本区西部的陕西南部和湖北北部的西北部，由于山体高大，构成较好的生态环境，对油茶生长有利。如汉中、安康一带，北有秦岭山脉横贯东西，南有米仓山、大巴山蜿蜒南缘，山岭海拔多在2 000m左右。构成地形开阔的汉中盆地，气候温暖湿润，年平均气温14.5～15℃，≥10℃的年积温4 350～4 600℃，极端最低气温－8℃，年降水量800～

1 000mm，山麓地带的油茶林生长良好。如南郑县塘口乡海拔400m的3 900亩油茶林，平均亩产油达到9. 1kg。

湖北西北部的谷城、房县一带，由于群山环抱，周围峰峦叠障，阻挡着寒潮侵袭，加之山地上部平缓开阔，光照充裕，构成了有利油茶生长的生态条件，分布高达海拔700m以上的油茶林，仍能获得较高的产量。如谷城县薤山林场，栽培在750m的6年生油茶林，1981年亩产油达到11. 5kg；而罗田观音山林场位于海拔600m处的油茶林，因孤山耸立，且居北坡，常受风霜雨雪危害，油茶落花落果严重，1977年因寒潮袭击，而造成严重的新梢冻害和成片死亡。

根据上述各地油茶林的生产情况，低温寒潮是影响本区普通油茶生产的主导因子，而地形则起到有效地控制寒流和改善生态环境的作用。在气候与地形的综合作用下，构成本区油茶生育相对有利的生态环境是：山地优于丘陵，南坡优于北坡，山麓优于山腹，中海拔地区的群山环抱地带，优于孤峰独峙山地的明显规律。

三、本区普通油茶适生生态条件

气温：年平均气温14～16℃，1月平均气温0℃以上，极端最低气温－17℃(短期)，盛花期日平均气温8～10℃，(寒露籽及霜降籽的早花类型)，≥10℃的年积温在4 800℃以上(东部)和4 300℃以上(西部)。

降水量：全年降水量800～1 000mm以上。

日照：全年日照时数2 000h(东部)，1 500h以上(西部)。

地形：东部大别山区海拔350m以下；西部秦岭南坡500m以下。在山区宜选择山麓的南坡；在丘陵宜选择避风向阳地带。

土壤：黄棕壤、山地黄棕壤和黄壤，土层80cm以上，有机质2%～3%，pH值5. 5～6. 5。

第四章　油茶形态特征及解剖结构

第一节　油茶的主要形态特征

油茶(*Camellia oleifera* Abel.)属山茶科山茶属(*Camellia* L.)，为常绿小乔木或乔木，树高一般为2~4m，基径为8~20cm，树龄100~200年，在条件适宜的地方，树高达6~8m，树径30~40cm，树龄可达400年。

树皮幼壮龄时为棕褐色，光滑。老龄时期为灰色或灰褐色。

小枝为棕褐色或淡褐色，有灰白色或褐色短毛。小枝有顶芽1~3个，一般紫红色为花芽，黄绿色为叶芽，中间一个为细长的叶芽，鳞片紧密。

叶一般为椭圆形，卵形，单生、互生、革质，长3.5~9cm，宽1.8~4.2cm，1年生叶柄上有较密灰白色或褐色柔毛，先端渐尖或急尖，边缘为较深的锯齿，上端密下部稀，幼叶齿端具黑色革质小刺，老叶脱落，中脉两边均稍突起，表面中脉有淡黄色细毛，侧脉近对生，叶表面显光泽。

花为两性花，白色，罕见有少数植株的花瓣有红色或红斑。花无柄。萼片4~5枚，彼此相等，呈覆瓦状排列，角质，萼的外面全被银灰色丝毛，花瓣倒卵形，脱落性，5~9枚，彼此分离，一般光端凹入；雄蕊多数为2~4轮排列，内轮分离，外轮2~3轮的花丝有部分联合着生于花瓣基部；雌蕊通常与花瓣相连脱落。花药黄色，罕见花药变成花瓣状，形成了重瓣花。雌蕊一般比雄蕊短，3~5裂，柱头稍膨大，子房密被银灰色或淡褐色绒毛，子房3~5室。

朔果圆形、桃形、橘形等不一，成苞背开裂。幼果被青色毛成熟时一般无毛。每果约有70%以上胚珠发育成种子，有1~16粒，一般4~10粒，每室有1~4粒饱满种子。种子茶褐色，黑色，种仁白色或淡黄色，胚微突与种子同色。

第二节　油茶的解剖结构

一、油茶营养器官的形成

实生油茶林是由种子繁殖的，所以，良种是油茶生产最基本的生产资料。种子是胚珠经受精作用后发育而成的。种子萌芽时，胚根由种孔处穿出种皮，剥去种皮可见发达的两枚子叶，在胚根、胚轴、胚芽的两侧。胚乳在种子发育过程中很早就消失。因此，成熟种子里无胚乳。一般种子里只有一个胚，但有少数种子内成熟的种子中有形成两个胚的多胚现象。

成熟的种子播种后，在适宜的条件下萌发，最初胚根生长穿过种孔，在土壤中形成主根和侧根；随后胚轴向上生长露出土面，成为幼苗。幼苗最初有几片不发育的叶，以后长出次生叶，从此植株开始进行独立生长。

二、根

根是植物极其重要的组成部分，它起着吸收和固定的作用。油茶为轴状型主根发达的深根性树种，根系在水平分布面上各级根呈扩散状分布，这种特点与油茶长期的系统生育过程中耐干旱的遗传性有关。油茶根系生长的特征：主根深入土壤随年龄和土层厚度不同而变化；有强烈的趋肥性和趋水性，在根系垂直面上，可见有偏斜特征；有较强的再生能力。油茶幼苗在2年生前为扎根期，先生主根，后生侧根。地上部分生长缓慢，3年以后，随年龄增长而根幅、冠幅同时扩大，但是根幅大于冠幅。

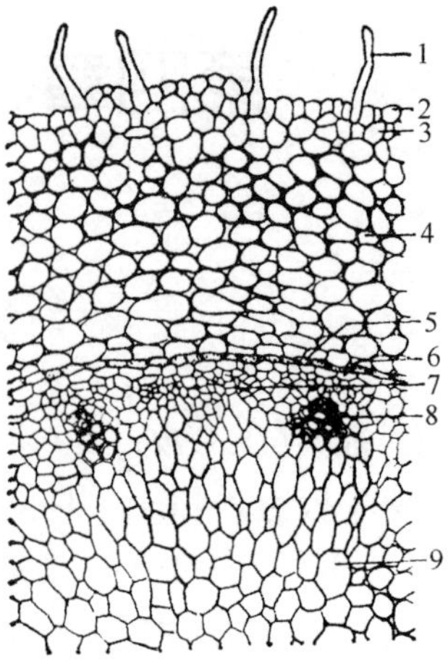

图4-1 油茶根的初生构造

1. 根毛 2. 表皮 3. 外皮层 4. 皮层薄壁组织 5. 内皮层 6. 中柱鞘 7. 初生韧皮部 8. 初生木质部 9. 髓

油茶根尖分根冠、生长点、伸长区和成熟区(或根毛区)四部分，但生长区较长，这与油茶根系有较强的趋水和趋肥性有关。胚根的伸长生长，称为初生生长，形成初生构造(图4-1)。包括表皮，皮层和中柱。

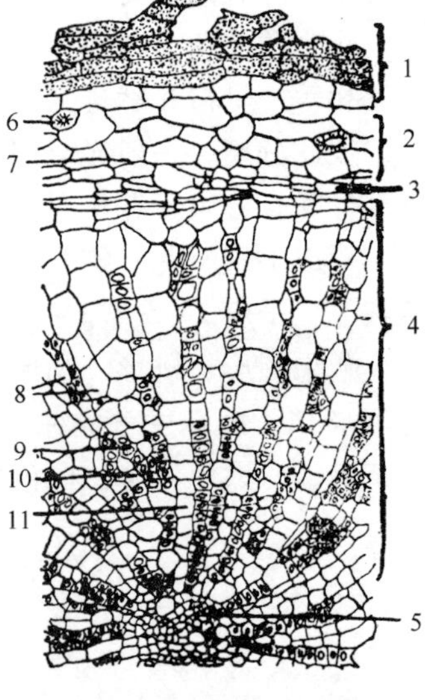

图4-2 油茶老根系次生构造

1. 周皮 2. 次生韧皮部 3. 形成层 4. 次生木质部 5. 初生木质部 6. 石细胞 7. 韧皮射线 8. 导管 9. 原壁细胞 10. 木薄壁细胞 11. 木射线

表皮是成熟区最外面的一层长方形细胞，排列紧密，细胞壁薄，在某些表皮细胞的外壁突出形成根毛。表皮和根毛都有吸收功能。皮层是表皮内约十几层薄壁细胞，约占根横切面的1/3，可分外皮层、皮层薄壁细胞和内皮层三部分。当表皮、根毛脱落后，外皮层细胞的外壁栓化可起保护功能。皮层薄壁细胞排列疏松，具间隙，有利于根细胞气体变换，它既是水分和无机盐类从根毛吸收运转到中柱的通道，又是储藏养料合成有机物质的场所。内皮层是皮层最内的一层细胞，排列整齐、紧密，细胞质丰富，并含有较多的内含物。中柱在内皮层中央部分，有中柱鞘、维管束和髓三部分。中柱鞘是中柱最外一层薄壁细胞，和内皮层紧接连，中柱鞘细胞具分生能力，形成侧根、形成层等。维管束包括初生韧皮部和初生木质部，二者为相间排列。在初生韧皮部和初生木质部间有薄壁细胞相隔，当根加粗生长时，这些细胞恢复分裂能力，产生形成层，由这种形成层分裂活动，再形成次生构造。油茶幼根髓部较大，约占根横切面的2/3，为437.94μm。根髓部的大小，不同物种有很大的差异，如浙江红花油茶髓部直径为1 297.6μm，而博白大果油茶却没有髓部。

在主根、侧根或不定根的根尖，有不断发生分裂形成侧根的能力，以便增大根的吸收机能。侧根发生于初生木质部辐射角对应的中柱鞘细胞，它最初以切向分裂使细胞层数增加，以后进行各个方向的分裂，形成新的生长点，为侧根原始体，由原始体继续分裂、生长和发育，产生侧根。侧根和主根的中柱输导系统是相通的，这样形成了强大的吸收和运输网。

根的次生构造(图 4-2 和表 4-1)，仅占根的一小部分，根的固着、支持地上部分及储藏养料等功能，主要靠根尖以上的次生构造来完成。根的次生构造包括周皮、次生韧皮部、形成层、次生木质部和髓等部分。周皮包括木栓层、木栓形成层和栓内层三部分，是次生保护组织。次生韧皮部位于周皮内及形成层的外方，除有筛管、伴胞等外，还含有石细胞和韧皮射线，它主要有韧皮部和木质部之间的横向运输的功能。形成层分布在次生韧皮部内方的几层扁形的薄壁细胞，围成圆筒状，次生木质部、次生韧皮部和木射线等细胞都是由形成层细胞分裂而来。次生木质部位于形成层的内方，与根的横切比例较大，包括导管、木薄壁细胞、厚壁组织和木射线等，它们相互间呈放射状排列，导管为长椭圆形，大多数木薄壁细胞中含油脂。

表 4-1　普通油茶、小果油茶等物种根的一般构造　单位：μm

物　种	导管形状	髓部直径	木纤维数/mm^2	木栓形成层长度比	维管形成层宽度	纤维细胞长度	直立射线细胞形状
普通油茶	长椭圆形	437. 94	295	$\frac{71.36}{29.20}$	55. 15	1 297. 60	近方形
浙江红花油茶	近长方形	1 297. 60	504	$\frac{48.66}{22.71}$	35. 68	1 135. 40	长方形
小果油茶	多边形	129. 76	576	$\frac{64.86}{30.82}$	29. 19	1459. 80	长方形
博白大果油茶	多边形	0	878	$\frac{51.90}{17.84}$	48. 66	1 044. 57	长方形

(庄瑞林等，1983)

三、茎

油茶幼苗的主茎是由胚芽发育而成，以后在主茎上分化出枝、叶和花，当芽发育时，幼叶展开长大，叶芽便逐步形成一个带叶的主枝和侧枝。因此，芽是茎叶的原始体。油茶主茎和侧枝的顶部都有生长点，由生长点细胞分裂产生新细胞，组成茎的各种构造。

茎尖构造包括分生区、伸长区和成熟区。分生区具有强烈分生能力，茎内的一切组织由分生区分化产生。伸长区细胞迅速生长，才使茎尖不断向高生长；在生长过程中开始有组织分化，在茎停止伸长时，该区细胞全部转化为成熟区。成熟区位于伸长区之下，该区组织分化成熟为初生构造。茎的高生长是通过茎的顶端生长来实现的。为了加强油茶新梢生长，调节枝、叶与结果的平衡，有必要采取营林技术措施，以达到高产的目的。

茎的初生构造(图 4-3 和表 4-2)包括表皮、皮层、中柱三部分。表皮是幼茎最外与外界接触的一层较厚细胞，厚度为 16. 22μm，排列整齐，细胞壁靠外方壁角化，有表皮细胞上有表皮毛，还有少量气孔，是茎内外气体交换的通路。不同物种表皮厚度有所不同，普通油茶表皮厚度为 16. 22μm，而浙江红花油茶只有 11. 35μm。皮层位于表皮内的数层排列疏松的薄壁细胞，有明显的胞间隙。皮层中有石细胞。在靠表皮的一、二层细胞为厚角组织，厚度在 25. 95μm 以上，起机械支持作用。在最内一层含淀粉的细胞称为淀粉鞘。

中柱是皮层以内所有部分的总称，包括中柱鞘、维管束和髓。中柱鞘在中柱最外面，由几层厚壁细胞围成筒形。小果油茶、博白大果油茶就没有中柱鞘。维管束呈圆筒形，是中柱主要组成部分，在初生韧皮部和初生木质部之间的长梭状扁平细胞，这类形成层细胞分裂能力较强，使茎不断增粗。髓在茎的中心，有胞间隙，含有石细胞、单宁，也有淀粉粒。

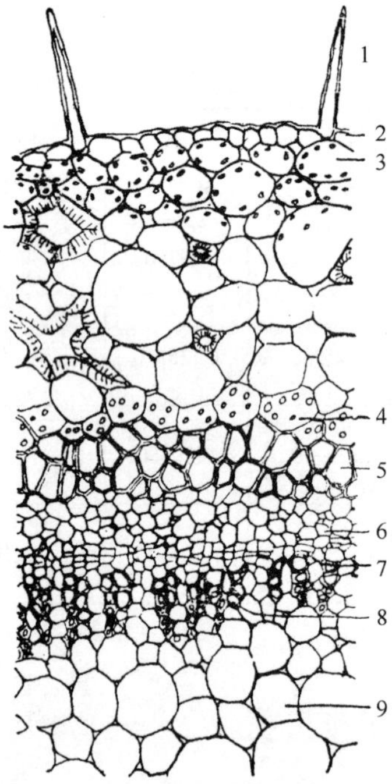

图 4-3 油茶茎横切初生构造

1. 表皮毛 2. 表皮 3. 厚角组织 4. 淀粉鞘 5. 中柱鞘 6. 初生韧皮部 7. 形成层 8. 初生木质部 9. 髓 10. 石细胞

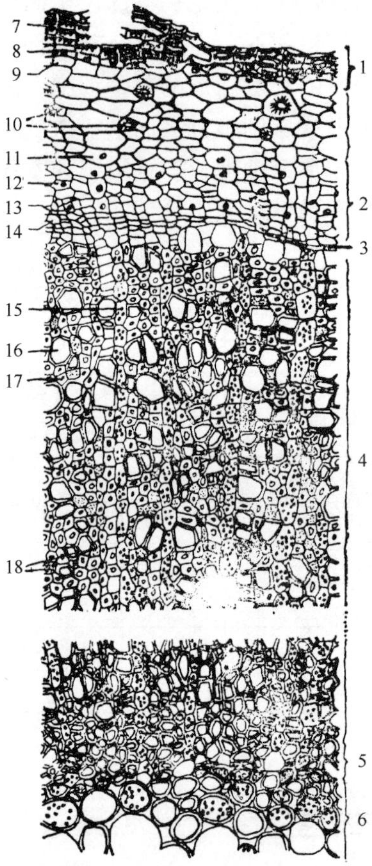

图 4-4 油茶茎的次生构造

1. 周皮 2. 韧皮部 3. 形成层 4. 次生木质部 5. 初生木质部 6. 髓 7. 木栓层 8. 木拴形成层 9. 栓内层 10. 石细胞 11. 韧皮射线 12. 韧皮薄壁细胞 13. 伴胞 14. 筛管 15. 木射线 16. 导管 17. 木纤维 18. 木薄壁细胞

茎的次生构造(图 4-4)包括周皮、次生韧皮部、形成层、次生木质部、射线和髓等部分。周皮是木栓层、木栓形成层和栓内层三者的总称。木拴层细胞排列紧密，细胞壁栓化呈马蹄形加厚；木栓形成层是木栓层内方一层扁形的具分生能力的细胞；栓内层是靠木栓形成层以内的薄壁细胞。次生韧皮部位于周皮和形成层以外部分，它包括筛管、伴胞、韧皮薄壁细胞、韧皮射线和厚角细胞，筛管与伴胞是输送营养物质的主要部分；韧皮射线是横向运输细胞；厚角细胞和石细胞是机械组织。茎在增粗生长中，由于组织成分的增加，使初生韧皮部被挤压，使其与次生韧皮部之间界限不清。形成层是一层扁形的分生细胞，它能使茎加粗和周围扩展增大。次生木质部位于形成层内，占茎横切面的大部分，其细胞

表 4-2　普通油茶、小果油茶等物种中柱的一般构造　　单位：μm

物种	初生韧皮纤维			木质部						木纤维			
				导管	单管孔			复管孔					
	形状	层数	排列方式	(个数/mm^2)	形状	直径	壁厚	复合数	复合方向	形状	排列方式	直径	壁厚
普通油茶	三角形、四边形	1~2	环状	360	三角形	20.84	1.92	2	向	扁平四边形	径向排列	13.34	5.00
浙江红花油茶	四边形	2	环状	503	长状形	21.07	1.20	2~3	向或斜向	近四方形	骤集排列	10.00	6.67
小果油茶	扁平椭圆形	2~3	骤和	431	多角形	25.01	1.23	2	向或斜向	扁平四边形	环孔状	16.67	4.17
博白大果油茶	三角形、四边形	1~2	环状	396	四角多角	26.67	1.67	2	向	近四方形	多数环孔状	13.34	4.17

（庄瑞林等，1983）

壁木质化是木质部组织的特点。它由导管、木薄壁细胞、木射线和木纤维等细胞组成。导管是导水组织；木纤维是机械组织，起支持与巩固植物体作用；木射线是木质部横向运输水分的细胞，粗短而排列稀；木射线中的直立细胞与横卧细胞在两头规则排列，但横卧细胞在中间较多。射线细胞中没有像金花茶那样有棱柱草酸晶体。髓在茎的横切中心，为含有储藏物质的薄壁细胞构成。茎的不断增粗生长，除吸收营养物质进行生理机能外，细胞的数量增加，主要靠形成层和木栓形成层共同活动来完成。

四、叶

叶是植物进行光合作用制造营养物质的重要场所。从幼小植物开始，随着年龄的增大，植株的叶片数量及叶面积迅速增长，以满足生长和结果的需要。

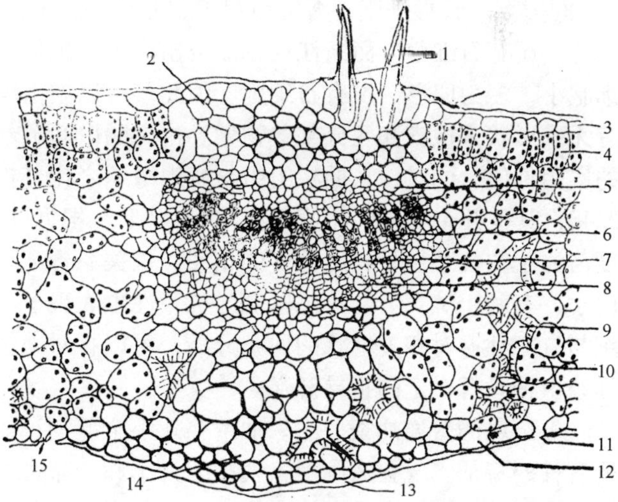

图 4-5　油茶叶横切面部分放大结构

1. 表皮毛　2. 厚角组织　3. 上表皮　4. 栅栏组织　5. 维管束鞘　6. 木质部　7. 形成层　8. 韧皮部　9. 石细胞　10. 海绵组织　11. 气孔　12. 下表层　13. 角质层　14. 厚角组织　15. 气孔

叶内部构造（图 4-5 和表 4-3、表 4-4）包括表皮、叶肉和叶脉三部分。表皮为叶片背腹面的外表部分，有上表皮和下表皮，由长方形细胞排成一层，没有细胞间隙，不含叶绿体，细胞外壁常具角化的角质层，厚度为 8.11μm，以防止水分的散失或避免病虫侵入。所有物种的气孔都分布在叶的下表皮，为植物体内调节蒸腾和外界气体交换的通道。气孔圆形，由两个保卫细胞组成。保卫细胞近气孔的细胞壁较厚与表皮细胞相连的壁较薄。气孔的大小和分布密度因物种而有所不同(图4-5)。气孔密度大的有浙江红花油茶、广宁红花油茶等物种。在南方和中高海拔生长的物种，一般气孔较多，这可能是长期适应一定生态条件的结果。

叶肉有栅栏组织和海绵组织两部分，它是同化组织。栅栏组织紧靠上表皮，细胞呈圆柱形排列成二层，第二层中细胞间隙最大可达4μm，内含大量叶绿体，是进行光合作用主要的场所。叶绿体在栅栏细胞中的位置，经常随着光照条件强弱而发生移动，在弱光下叶绿体将扁平的一面向着日光，接受最大的光量；在强光下叶绿体以窄的面对着日光，同时移向栅栏细胞的侧壁，避免强光对它损伤。海绵组织靠近下表皮，细胞较大，多为长形细胞，横向排列，最大直径为53.53μm，叶绿体含量少，细胞排列松，有较大的胞间隙，以便于气孔和叶肉之间的联系，构成植物内外气体交换系统。此外，在叶肉细胞内有散生不规则的石细胞，以加强叶的机械功能。

叶脉在叶肉中，外形呈网状排列，横切面叶脉呈束状分布。主脉由厚角细胞，维管束和维管束鞘组成。侧脉细弱，内无形成层。维管束鞘包括木质部与韧皮部。叶脉构造简单，只含少量管胞来担任输导机能。维管束包括木质部(含导管为主)、韧皮部(含筛管、伴胞为主)和形成层三部分。形成层在木质部与韧皮部之间，由于活动期很短，较早就失去作用。

叶片为绿色扁平，在叶肉内含大量叶绿体，便于进行光合作用制造有机物质。叶形态、构造和生理机能是相互联系的，从而使叶成为植物体构成的有机统一体。油茶叶片与环境的接触最大，是气体交换的主要通道，与油茶的抗寒性有一定的关系。油茶叶片的表皮、叶肉和叶脉的三部分，因物种不同，其表皮厚度，叶肉中的栅栏组织、海绵组织的层数和厚度、细胞类型等都有所差别(表4-3、表4-4)。表皮由薄壁细胞组成，上覆盖有厚的角质层，一般比茶叶、桉树等树种都厚。据观察，普通油茶细胞组织有3~4层，第1~2层间隙大，长形细胞；海绵组织细胞尤长形，横向排列，叶肉组织中除叶绿体、簇状晶体外，还有石细胞。而浙江红花油茶栅栏组织细胞方形，第1~2层没有间隙，海绵组织细胞小，多为卵形、没有石细胞。因此，可以据组织层数、细胞类型、排列方式和内含物有无或形状来检查和区分某些物种。这说明以叶解剖构造为辅助手段来区分物种具有一定的实用价值。同时，从栅栏组织与海绵组织之比分析看出，博白大果油茶的比值最小，为0.48，其他几个物种的比值都在0.80以上。根据叶片组织与抗寒性的分析，海绵组织厚度与油茶的抗寒性呈高度程度的相关，相关系数 $r=0.9416$(表4-5)。这表明海绵组织厚度小，有利于抗寒。叶片总厚度与抗寒性也表现了一定程度的相关关系。我们通过海绵组织与抗寒性这对相关性状的回归分析，可以相对地估计出油茶抗寒的程度，这对北缘地区油茶引种具有一定的指导意义。

山茶属的普通油茶、小果油茶等几乎全部物种的气孔都分布在下表皮，这是山茶属的所有种的特征。气孔为圆形，气孔的大小和分布密度因物种不同而有所不同，这也可作为检查物种叶解剖构造的一个内容。在我国南方的和中高海拔生长的几个物种一般气孔都较多，这可能是它长期适应一定生态条件的结果。此外，油茶叶片内部构造与外部形态特征存在着一致性，如博白大果油茶，叶片较大而薄，角质化程度低，侧脉明显，叶表面中脉向下凹成一条沟，反映在解剖上，如大小侧脉明显，直度较大，中脉长短轴相差很大，中

表 4-3　普通油茶、小果油茶等物种表皮、皮层、维管形成层一般构造　　单位：μm

物种	表皮厚度	厚角组织		皮层薄壁细胞		射线个数/mm	射线宽		射线高	维管形成层层数	维管形成层厚度	形成层细胞类型
		层数	厚度	细胞形状	细胞直径		木射线	韧皮射线				
普通油茶	16.22	1	25.95	圆或椭圆	76.23	21	14.60	19.46	437.44	3	17.07	长形薄皮细胞
浙江红花油茶	11.35	2	33.34	长圆	45.42	22	12.66	16.22	405.50	3	16.22	长形薄皮细胞
小果油茶	17.84	2	64.88	近圆形	71.37	21	13.67	16.22	814.00	3	17.07	长形薄皮细胞
博白大果油茶	14.60	1	24.33	近圆形	55.15	23	14.60	19.46	567.70	3	14.60	长形薄皮细胞

（庄瑞林等，1983）

表 4-4　普通油茶、小果油茶等物种表皮和叶肉的一般构造　　单位：μm

物种	上表皮			厚角组织层次	全叶厚度	下表皮		栅栏组织			海绵组织			栅栏组织/海绵组织	气孔密度(个/mm²)	气孔直径
	角质层厚度	单细胞长/宽	细胞厚度			角质层厚度	细胞厚度	厚度	细胞层数	单细胞长/宽	厚度	细胞形状	细胞数个/mm²			
普通油茶	8.11	32.44/25.95	25.95	2	468.20	6.49	19.46	178.42	2～3	64.88/22.71	185.45	长形近圆形	576	0.96	180	47.00
小果油茶	6.49	24.33/22.71	22.71	2	350.00	6.49	17.03	161.47	2～3	27.84/17.84	162.20	近圆形	936	1.00	194	37.31
浙江红花油茶	7.46	29.20/23.76	23.76	2	468.77	4.06	17.84	150.03	3～4	26.37/17.84	221.41	卵形圆形	957	0.92	324	37.3
博白大果油茶	2.92	37.25/27.90	27.90	2	417.93	1.62	17.84	136.25	1～2	60.64/12.17	174.31	长形不规则	899	0.78	394	32.4

（庄瑞林等，1983）

表 4-5　油茶叶片组织与抗寒性相关分析

相关项目	相关性质	相关系数	相关性值
叶片总厚度与抗寒性的关系	负	-0.7605	-1.6565
栅栏组织厚度与抗寒性的关系	正	0.4932	0.8017
海绵组织厚度与抗寒性的关系	负	-0.9416*	-3.9537
上表皮厚度与抗寒性的关系	负	-0.3226	-0.4820
下表皮厚度与抗寒性的关系	正	0.0840	0.1254
栅栏/海绵与与抗寒性的关系	正	0.8234	2.0519
栅栏/总比值与抗寒性的关系	正	0.7549	1.6279

*显著水平为 0.05。　　（庄瑞林，谢大显，1978）

脉近轴面下凹入成倒心形，这对从外部形态了解内部构造有一定参考作用。

五、木材特征

油茶木材为散孔材，或似半环孔材。干材与树皮难剥离，油茶的木材特征是很明显的，端面生长轮明显，圆形，轮间界为宽深色带，早晚材区分不明显。管孔数多甚小，分布均匀，管孔散生。材身表面平滑，镜下呈短小槽棱状。材质重，纹理直至微扭曲，木材微红浅褐色。

表 4-6　中国主要油茶物种木材显微特征

单位：μm

物种名称	木材类别	导管				木纤维				
		每平方毫米管孔数	穿孔类型	穿孔板横管数	穿孔弦向最大直径	长度		晚材管胞		
						范围	平均	胞腔弦向直径	双壁厚	胞腔弦向直径/双壁厚
茶梨	似半环孔材	145	梯状穿孔	10 ~ 22	41	1 232 ~ 1 665	1 432	4 ~ 10	7 ~ 10	0.77
博白大果油茶	似半环孔材	126	梯状穿孔	13 ~ 30	54	1 232 ~ 1 832	1 465	3.4 ~ 14	6 ~ 10	0.99
南荣油茶	似半环孔材	139	梯状穿孔	12 ~ 24	34	1 066 ~ 1 565	1 299	5 ~ 10	6 ~ 14	0.86
越南油茶	似半环孔材	74	梯状穿孔	20 ~ 23	58	1 166 ~ 1 717	1 440	7 ~ 12	7 ~ 14	0.77
尖叶山茶	似半环孔材	147	梯状穿孔	29 ~ 41	41	715 ~ 1 917	1 458	3.4 ~ 12	6 ~ 12	0.80
广宁红花油茶	似半环孔材	70	梯状穿孔、少数麻黄状	18 ~ 20	54	999 ~ 1 432	1 199	5 ~ 10	6 ~ 13	0.77
白花南山茶	似半环孔材	71	梯状穿孔	11 ~ 19	54	766 ~ 1 565	1 193	4 ~ 12	7 ~ 14	0.68
普通油茶	似半环孔材	89	梯状穿孔	15 ~ 16	40	1 232 ~ 2 320	1 660	4 ~ 14	6 ~ 13	0.82
宛田红花油茶	散孔材	111	梯状、中间似网状麻黄状	15 ~ 18	41	999 ~ 1 332	1 149	3.4 ~ 9	7 ~ 12	0.59
腾冲红花油茶	散孔材	147	梯状穿孔	12 ~ 30	41	1 265 ~ 1 765	1 565	6 ~ 14	7 ~ 12	0.82
浙江红花油茶	散孔材	148	梯状穿孔	12 ~ 17	37	666 ~ 1 166	999	4 ~ 10	4 ~ 8	0.96
小果油茶	散孔材	94	梯状穿孔	17 ~ 27	48	1 300 ~ 1 780	1 430	3.4 ~ 8.5	7 ~ 14	0.86
攸县油茶	散孔材	125	梯状穿孔	11 ~ 18	42	1 066 ~ 1 594	1 332	7 ~ 14	5 ~ 12	0.60
金花茶	散孔材	69	梯状穿孔	17 ~ 22	27	1 232 ~ 1 765	1 481	3.4 ~ 14	6 ~ 13	0.82
明月山红花油茶	散孔材	99	梯状穿孔	13 ~ 26	34	1 232 ~ 1 832	1 482	3.4 ~ 9	6 ~ 9	0.78
威宁短柱油茶	散孔材	155	梯状穿孔	14	39	1 066 ~ 1 399	1 232	4 ~ 10	5 ~ 12	0.82
皱果油茶	散孔材	91	梯状穿孔	10 ~ 21	37	999 ~ 1 332	1 109	3.4 ~ 10	6 ~ 13	0.62
西南红山茶	散孔材	103	梯状穿孔	17 ~ 26	41	940 ~ 1 847	1 458	3 ~ 10	7 ~ 16	0.63

（续）

物种名称	木射线												薄壁细胞射线细胞晶体	薄壁细胞排列
	每毫米条数	弦切面单列射线			弦切面多列射线					直立细胞最多层数	横卧细胞最多层数	横卧细胞端壁厚与边壁厚比较		
		射线细胞个数	宽度		细胞个数	宽度		长度						
			最宽	平均		最宽	平均	最宽	平均					
茶梨	6~8	2~8	27	18.6	6~22	40.5	26.3	932	624	4~8	4~9	近似	少	星散
博白大果油茶	7~10	2~6	27	21.9	12~79	54.0	34.8	1 323	652	2~11	2~13	近似	多	星散
南荣油茶	7~9	4~13	27	19.3	15~33	54.0	32.0	945	687	2~4	2~12	近似	多	星散
越南油茶	4~5	2~9	40.5	31.1	6~33	67.5	56.0	1 242	613	2~5	2~13	近似	多	星散
尖叶山茶	6~8	2~6	27	18.4	4~43	40.5	30.6	702	455	2~6	4~19	近似	不见	星散
广宁红花油茶	7~10	2~14	40.5	27.5	3~25	67.5	56.0	878	404	4~7	1~7	近似	多	星散
白花南山茶	5~8	2~7	28.4	21.9	5~17	67.5	47.3	702	291	1~7	3~8	近似	少	星散
普通油茶	4~8	1~7	27	18.0	10~41	51.3	30.8	608	407	2~7	4~15	近似	少	星散
宛田红花油茶	6~8	2~7	27	17.8	4~19	40.5	27.5	486	324	1~6	1~8	边壁略厚于端壁	少	星散
腾冲红花油茶	4~8	3~6	27	19.4	5~21	47.3	42.5	1 080	428	2~6	2~10	近似	少	星散
浙江红花油茶	6~9	2~4	27	21.5	4~15	54.0	27.1	405	259	4~6	2~5	近似	少	星散
小果油茶	5~7	2~7	40.5	29.3	10~32	43.2	35.5	783	388	2~5	3~11	近似	多	常斜列“人”字形
攸县油茶	6~8	2~14	27	17.8	2~23	29.7	26.6	716	433	2~5	2~9	近似	多	星散
金花茶	6~10	3~13	40.5	25.1	4~22	43.2	36.3	1 717	914	2~11	2~8	近似	多	弦切面常连成长链
明月山红花油茶	6~8	2~8	20.3	16.3	6~22	40.5	30.0	675	374	2~5	1~11	近似	少	星散
威宁短柱油茶	6~9	3~11	20.3	15.9	6~23	29.7	23.2	918	482	3~9	3~8	近似	不见	星散
皱果油茶	6~12	2~11	20.3	13.5	4~21	27.0	25.2	1 013	531	2~7	2~6	近似	极少	星散
西南红山茶	9~13	2~13	30.6	22.3	2~87	42.5	36.0	1 944	906	1~8	1~12	近似	少	星散

（冯科志等，1983）

木材显微特征(表4-6)：导管管孔呈不规则多角形，管孔小，生长轮始处管孔稍大，生长末处管孔稍小。管壁厚，单管孔为主，复管孔2~3个横列，径列或横列。导管梯状穿孔，横闩一般15~16个，低壁斜度大。木纤维呈不规则多角形、壁厚，生长轮始处较密，向外较疏，一般径向排列整齐，直径20~25μm，胞壁至厚，半具缘纹孔单列，圆形，斜列和直列，每毫米有木射线4~11条，射线1~4列，以单、双列为主，单列细胞2~7个，方形或长方形，尖端细胞圆锥形，多列者细胞4~41个，近圆形，端壁与边壁厚近似，端壁纹孔明显。木射线属异型射线，直立细胞2~7层，多数4层，方形，长方形，晶体少，呈长方体或菱形。横卧细胞4~15层，卵圆形或圆形。薄壁细胞星散不规则分布，细胞长方形，边壁与端壁同厚，纹孔不明显，不见晶体。

从木材切片看出，普通油茶为似半环孔材，最大管孔弦向直径在30μm以上，木射线粗短排列较稀，木射线中直立细胞排列规则，横卧细胞在中间较多，两头少；射线细胞中无晶体，而金花油茶最大，管孔弦向直径不超过30μm；木射线排列较紧，木射线中直立细胞排列较多，横卧细胞数量规则，射线中有棱柱晶体。因此，根据木材的显微特征，可以检查和区分各油茶物种，这在分类上很有现实作用。

(一)普通油茶

木材粗视特征：树皮茶褐色，干材树皮难剥离。端面早晚材颜色突变，生长轮明显，每轮宽1mm左右，心边材略明显。射线不甚明显，木材淡红淡褐色，材质重，纹理直至微扭，纤维可长条撕起。

木材显微特征：似半环孔材，木纤维为常见种中最长者，最长达2 300μm，其他种不超过1 832μm。射线横卧细胞层数较多，最多达15层(除尖叶山茶19层外，其他种不超过13层)。

(二)小果油茶

木材粗视特征：树皮红褐色，干材树皮可成片剥离。端面早晚材颜色突变，生长轮明显，每轮宽1mm左右，心边材略明显。射线不甚明显，木材淡红淡褐色，材质重，纹理直，纤维可长条撕起。

木材显微特征：散孔材，木纤维的长度比较均匀，在1 300~1 780μm之间(其他种最短的都在1 265μm以下)。弦切面单列射线细胞较宽，最宽的达40.5μm(除金花茶、越南油茶、广宁红花油茶外，其他种不超过31μm)，每平方毫米管孔94个左右，每毫米射线5~7条，横切面薄壁，组织常斜列成“人”字形(除茶陵红花油茶外，其他种这现象不很明显)。

(三)越南油茶

木材粗视特征：树皮褐灰色，干材树皮难剥离。端面早晚材颜色突变，生长轮略明显，每轮宽3mm左右，心边材不明显，木材淡红淡褐色，材质重，纹理微扭曲，纤维不能成条撕起。

木材显微特征：似半环孔材，导管孔最大，弦向直径最大的达58μm(其他种不超过54μm)。端面射线较稀，每毫米4~5条(其他种4~8条以上)。弦切面射线也较宽，最宽达67.5μm(除广宁红花油茶，白花南山茶同宽外，其他种不超过54μm)。管孔较稀，每平方毫米管孔74个左右(广宁红花油茶70个，白花南山茶71个左右，其他种都在89个以上)。

(四)浙江红花油茶

木材粗视特征：树皮灰白色，干材树皮可片状剥离。端面早晚材颜色突变，生长轮不明显，每轮宽1.3mm左右，心边材不明显，木材微黄微褐色，材质中至重，纹理斜至扭曲，纤维不能成条撕起。

木材显微特征：散孔材，木纤维长666～1 166μm，平均999μm(其他种最短纤维700μm以上，平均长都在1 100μm以上)。弦切面射线最长只有405μm(其他种最长的都在600μm以上)。单列射线细胞最多4个(其他种最多者都在5个以上)。径切面射线横卧细胞层数最少，只2～5层(其他最多层达7层以上)。

(五)攸县油茶

木材粗视特征：树皮褐黄色至土黄色，干材可大片抹下，干材树皮可小片剥离。端面早晚材颜色突变，生长轮不明显，每轮宽0.7mm左右，心边材略明显，木材微红微黄色，越近材心越红，材质重，纹理直，纤维可短条撕起。

木材显微特征：散孔材，每平方毫米管孔125个左右，管孔最大弦向直径42μm，穿孔板横闩11～18条，每毫米射线6～8条。弦面多列射线细胞2～23个，最长达700μm左右，单列射线2～14个细胞。

(六)腾冲红花油茶

木材粗视特征：树皮浅灰色，干材树皮可小片剥离。端面早晚材颜色突变，生长轮不明显，每轮宽1.5mm左右，心边材略明显，木材微黄微褐色，材质中至重，纹理直，纤维可短条撕起。

木材显微特征：散孔材，每平方毫米有管孔I47个左右。弦向最大管径41μm，穿孔横闩12～30条，每毫米有射线4～8条，单列细胞3～6个，多列细胞5～21个，弦切面最长多列射线1 080μm左右。

(七)广宁红花油茶

木材粗视特征：树皮褐灰色，干材树皮可成片状剥离。端面早晚材颜色突变，生长轮略明显，每轮宽1.3mm左右，心边材不明显，射线略见，木材淡红淡褐色，材质重，纹理直至微扭曲，纤维不能成条撕起，材身表面呈小槽棱状。

木材显微特征：似半环孔材，弦切面上单列射线细胞较多，最多的达14个(除攸县油茶也为14个外，其余种不超过13个)。弦切面上多列射线较宽，最宽者达67.5μm(越南油茶，白花南山茶同宽，其他种不超过54μm)，单列射线也较宽达40.5μm(金花茶、越南油茶、小果油茶同宽，其余种不超过29μm)，管孔最稀，每平方毫米70个左右，少数导管麻黄状穿孔。

(八)白花南山茶

木材粗视特征：树皮褐灰色，干材树皮可小片剥离。端面早晚材颜色突变，生长轮略明显，每轮宽1mm左右，心边材略明显。木材淡红淡褐色，材质重，纹理扭曲，纤维不能成条撕起，材身表面呈稀小槽棱状(除广宁红花油茶和本种外，其他种平滑镜下才呈短小槽棱状)。

木材显微特征：似半环孔材，本种与广宁红花油茶特征基本相同，不同者是纤维短者较广宁红花油茶短，只有766μm，单列细胞较少，仅2～7个，多列细胞亦较少，5～17个，导管无麻黄状穿孔。

（九）宛田红花油茶

木材粗视特征：树皮淡褐灰色，干材树皮可成片剥离。端面早晚材颜色渐变，生长轮明显，每轮宽1.7mm左右，心边材不明显。木材淡红淡褐色，材质很重，纹理斜至微扭曲，纤维可短条撕起。

木材显微特征：散孔材，导管多数为梯状穿孔，但少数的穿孔板中却像麻黄状或网状穿孔（除广宁红花油茶外，其他种均为梯状穿孔）。射线横卧细胞的端壁略厚于边壁（其他种端壁厚与边壁厚近似）。

（十）博白大果油茶

木材粗视特征：树皮被土黄色粉末，干后可成层抹下，干材树皮难剥离。端面早晚材颜色突变，生长轮明显，每轮宽3.6mm左右，心边材不明显，木材淡红淡褐色，材质中，纹理直，纤维不能成条撕起。

木材显微特征：似半环孔材，弦切面多列射线细胞较多的达79个（除西南红山茶最多达87个外，其他种最多不超过50个）。

（十一）茶梨

木材粗视特征：树皮淡茶褐色，干材树皮可小片剥离。端面早晚材颜色突变，生长轮略明显，每轮宽1.9mm左右，心边材不明显，射线不明显，木材微黄淡褐色，材质中至重，纹理直，纤维不能成条撕起。

木材显微特征：似半环孔材，导管穿孔板横闩10～22条（除皱果油茶外，其他种最少11条以上），管孔较密，每平方毫米14个左右，最大管孔弦向直径41μm左右，弦切面多列细胞6～22个。

（十二）南荣油茶

木材粗视特征：树皮微红淡褐色，干材树皮可片状剥离。端面早晚材颜色渐变，生长轮不明显，每轮宽1.6mm左右，心边材不明显，木材淡红淡褐色，材质重，纹理直，纤维可短条撕起。

木材显微特征：似半环孔材，管孔较小，弦向最大管孔34μm左右，单列射线细胞较多，4～13个。

（十三）皱果油茶

木材粗视特征：树皮微黄淡褐色，被土黄色粉末，干材树皮难剥离。端面早晚材颜色突变，生长轮略明显，每轮宽0.7mm左右，心边材不明显，木材微红淡褐色，材质中至重，纹理直，纤维可长条撕起。

木材显微特征：散孔材，横切面射线较密，每毫米有射线6～12条（除西南红山茶9～13条外，其他种最多7～10条）。弦切面上射线较窄，多列射线平均宽25.2μm（威宁短柱油茶为23.2μm，其他种26.6μm以上），单列射线平均宽13.5μm（其他种15.9μm以上），每平方毫米有管孔91个左右。

（十四）金花茶

木材粗视特征：树皮淡黄灰色，干材树皮难剥离。端面早晚材颜色突变，生长轮不明显，每轮宽0.8mm左右，心边材不明显。木材微褐白色，材质重，纹理直，纤维能成条撕起。

木材显微特征：散孔材，导管管孔最小，弦向直径最大的只27μm（其他种34μm以上)，径切面上射线直立细胞最多者达11层(其他种不超过9层)，径切面上射线断面也较瘦长，最长者达1 717μm(除西南红山茶达1 944μm外，其他种最长不超过1 323μm)。弦切面上射线旁的木纤维几乎都伴有长串链的薄壁细胞。

(十五)威宁短柱油茶

木材粗视特征：树皮淡黄灰色，干材树皮可小片剥离。早晚材颜色突变，生长轮略明显，每轮宽1.5mm左右，心边材不明显，木材微红淡褐色，材质重，纹理直，纤维不能成条撕起。

木材显微特征：散孔材，弦切面上射线较窄，多列射线最窄，平均宽15.9μm(皱果油茶为13.5μm，其他种16μm以上)，横切面管孔最密，每平方毫米有155个左右。

(十六)西南红山茶

木材粗视特征：树皮淡黄灰色，干材树皮可小片剥离，端面生长轮略明显，每轮宽1.1mm左右，早晚材颜色突变，心边材不明显，射线不明显。木材微黄微褐色，材质纹理直，材质重，纤维不能成条撕起。

木材显微特征：散孔材，弦切面上多列细胞最多达87个(其他种不超过79个)，弦切面上多列射线最长，最长达1 944μm(其他种不超过1 717.2μm)，平均905.6μm(除金花茶913.7μm外，其他种不超过687.2μm)，射线最密，每毫米有射线10～12条。

(十七)尖叶山茶

木材粗视特征：树皮微红褐色，干材树皮可小片剥离。端面早晚材颜色突变，生长轮明显。木材微红淡褐色，材质重，纤维可短条撕起。

木材显微特征：似半环孔材。导管穿孔板的横长数最短者达41个(其他种不超过30个)，径切面上射线的横卧细胞层最多的达19层(其他种不超过15层)，薄壁细胞和射线细胞未见晶体(除威宁短柱油茶外)。

(十八)明月山红花油茶

木材粗视特征：树皮褐灰色，干材树皮可小片剥离。端面早晚材颜色突变，生长轮不明显至隐约可见，每轮宽0.5mm左右，心边材略明显。木材淡红淡褐色，材质重，纤维不能成条撕起。

木材显微特征：散孔材，每平方毫米有管孔99个左右，最大管孔弦向直径34μm，穿孔板横关13～26个，每毫米有射线6～8条，直立射线细胞2～5层，横卧射线细胞1～11层，单列射线最宽20.3μm。

中国油茶物种木材粗视特征检索表

1. 端面早晚材颜色渐变
  2. 端面生长轮不明显 ………………………………………… (1)南荣油茶
  2. 端面生长轮明显，木材纹理斜至微扭曲 ………………………… (2)宛田红花油茶
1. 端面早晚材颜色突变
  3. 端面生长轮不明显
    4. 心边材略明显
      5. 纤维不能成条撕起材质纹理直 ………………………… (3)明月山红花油茶
      5. 纤维能短条撕起
        6. 生长轮平均宽1mm以下 ………………………………… (4)攸县油茶

6. 生长轮平均宽1mm以上 ……………………………………………………… (5)腾冲红花油茶
4. 心边材不明显
7. 纤维能长条撕起，树皮淡黄灰色、木材微褐白色 ……………………………… (6)金花茶
7. 纤维不能成条撕起
8. 材质纹理直，树皮淡黄灰色 ……………………………………………… (7)西南红山茶
8. 材质纹理微扭曲，树皮灰白色 ………………………………………… (8)浙江红花油茶
3. 端面生长轮明显或略明显
9. 心边材略明显
10. 纤维不能成条撕起
11. 木材纹理扭曲 ……………………………………………………………… (9)白花南山茶
11. 木材纹理直、树皮黄灰色 ……………………………………………… (10)威宁短柱油茶
10. 纤维能长条或短条撕起
12. 干材树皮难剥离 ……………………………………………………………… (11)普通油茶
12. 干材树皮可大片剥离，树皮红褐色 ………………………………………… (12)小果油茶
9. 心边材不明显
13. 纤维能短条撕起 ……………………………………………………………… (13)尖叶山茶
13. 纤维不能成条撕起
14. 材质纹理直
15. 平均生长轮宽3mm以上 ……………………………………………… (14)博白大果油茶
15. 生长轮平均宽2mm以下
16. 生长轮平均宽1mm以下，干材树皮难剥离 ……………………………… (15)皱果油茶
16. 生长轮平均宽1～2mm，干材树皮可小片剥离 …………………………………… (16)茶梨
14. 材质纹理微扭曲
17. 干材树皮难剥离，生长轮平均宽2mm以上 ……………………………… (17)越南油茶
17. 干材树皮可大片剥离，生长轮平均宽2mm以下，端面射线略明显 ……………………
…………………………………………………………………………………… (18)广宁红花油茶

中国油茶物种木材显微特征检索表

1. 似半环孔材(显微镜下早晚材管孔有明显区别，且生长轮始处略成环)
2. 每平方毫米管孔不超过100个
3. 平均每毫米射线不超过5条 ………………………………………………… (1)越南油茶
3. 平均每毫米射线超过5条
4. 最大弦向管孔直径不超过50μm，最长纤维超过2 000μm ………………………… (2)普通油茶
4. 最大管孔弦向直径超过50μm，最长纤维不超过2 000μm
5. 弦切面单列射线细胞最多不超过10个，宽度不超过30μm …………………… (3)白花南山茶
5. 弦切面单列射线细胞有超过10个，宽度超过30μm。导管少数呈麻黄状穿孔 ………………
…………………………………………………………………………………… (4)广宁红花油茶
2. 每平方毫米管孔超过100个
6. 最大管孔弦向直径不超过40μm，单列细胞有超过10个的 ……………………… (5)南荣油茶
6. 最大管孔弦向直径超过40μm，单列细胞不超过10个
7. 横卧射线细胞有超过15层的，射线细胞不见晶体 ……………………………… (6)尖叶山茶
7. 横卧射线细胞不超过15层的，射线细胞有晶体
8. 最大管孔弦向径不超过50μm。弦切面多列射线细胞最多可超过60个 … (7)博白大果油茶

8. 最大管孔弦向直径不超过 50μm，弦切面多列射线细胞不超过 30 个 ………………（8）杂梨
1. 散孔材
9. 每平方毫米管孔不超过 1000 个
10. 最大管孔弦向直径不超过 30μm，直立细胞最多可超过 10 层 …………………………（9）金花茶
10. 最大管孔弦向直径超过 30μm，直立细胞不超过 10 层
11. 横卧射线细胞可超过 10 层，每毫米射线不超过 10 条
12. 横切面薄壁组织常斜列成“人”字形，单列射线最宽可超过 30μm，最大管孔弦向直径超过 40μm …………………………………………………………………………（10）小果油茶
12. 横切面薄壁组织星散，单列射线最宽不超过 30μm，最大管孔弦向直径不超过 40μm …… ………………………………………………………………………（11）明月山红花油茶
11. 横卧射线细胞不超过 10 层，每毫米射线可超过 10 条，弦切面多列射线最宽不超过 30μm …………………………………………………………………………（12）皱果油茶
9. 每平方毫米管孔超过 1 000 个
13. 最大管孔弦向直径不超过 40μm
14. 最短纤维不超过 800μm，弦切面单列射线细胞不超过 5 个，多列射线细胞不超过 20 个，横卧射线细胞不超过 5 层，直立射线细胞多晶体 ………………………………（13）浙江红花油茶
14. 最短纤维超过 800μm，弦切面单列射线细胞有超过 10 个，横卧射线细胞可有 8 层，直立射线细胞不见晶体 ………………………………………………………………（14）威宁短柱油茶
13. 最大管孔弦向直径超过 40μm
15. 每毫米射线超过 10 条，弦切面多列射线细胞最多者超过 8 个 ………………（15）西南红山茶
15. 每毫米射线不超过 10 条，弦切面多列射线细胞最多不超过 30 个
16. 导管穿孔板一般梯状穿孔，少数中部略似网状或麻黄状纤维胞壁薄，胞腔弦向直径与双壁厚之比 0.6 左右，射线横卧细胞边壁略比端壁厚…………………………（16）宛田红花油茶
16. 导管穿孔板梯状穿孔，纤维胞腔弦向直径与双壁厚之比 0.6 以上，射线横卧细胞边壁与端壁厚近似
17. 穿孔板横关可达 30 条弦，切面最长多列射线 1 000μm 左右，单列射线最长不超过 10 个细胞 ……………………………………………………………………（17）腾冲红花油茶
17. 穿孔板横关不超过 20 条，弦切面最长多列射线 700μm 左右，最长单列射线超过 10 个细胞 ……………………………………………………………………（18）攸县油茶

第五章 油茶的生物学特性

第一节 油茶的生命周期与发育阶段

油茶是常绿小乔木，寿命长达几十年至数百年。从种子萌发开始至植株开花、结实、衰老死亡为止，是它的个体发育过程，也是它的生命周期，在整个发育过程中要经过几个性质不同的发育阶段，各个阶段都表现出它的固有形态特征和生理特点，既包括新结构的形成和增长，又包括准备产生新结构的生理变化。因此，把油茶的个体发育过程划分为童期(幼年)、壮年、衰老三个阶段，不仅有其理论意义，而且具有实践价值。在栽培上可根据各个阶段的特点，分别制定相应的农业技术措施，并提出各阶段管理的中心任务，达到速生、早实、丰产、稳产的目的。

一、童期阶段(幼年阶段)

油茶的童期阶段，指种子播种后，从胚芽萌动开始至植株进入开花结实这一阶段。包括胚芽期、幼苗期和幼年期。

(一)胚芽期

油茶种子分种皮和种胚两部分，种胚由胚根、胚茎、胚芽和子叶四部分组成，子叶特别肥硕。播种后，当满足发芽条件后种子吸水膨胀，种胚开始萌动生长，种皮胀破，胚根从种脐珠孔处伸出，子叶柄伸长，把胚轴推出种子外侧，便于胚根往下伸长，胚茎直立，失去了种子的形态，成为直立于土中的个体，但胚芽尚未出土形成绿叶，此时的营养物质完全靠子叶供应，过着胚性生活方式，形态上的变化和发展只是为过渡到自营光合作用建立基础。上胚轴继续伸长，突出地面，标志着胚苗期结束，幼苗期开始。

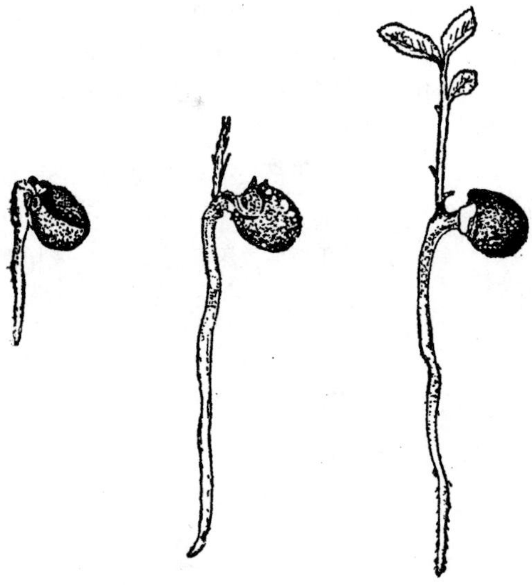

图 5-1 油茶种子萌发过程

油茶发育完全的胚苗，如图 5-1 所示，可分上胚轴与下胚轴，上胚轴顶端具幼芽，下胚轴末顶有根尖，上、下胚轴的连接处有节，两侧着生子叶，子叶柄宽扁，长 6 ~ 8mm，宽 3mm 左右，黄白色，基部有腋芽。认识油茶胚苗期的形态发生特点对培育芽苗砧有实际指导意义。

(二)幼苗期

当胚苗的上胚轴不断伸长突出地面，长出茎叶形成正常油茶植株起至当年生长停止，这一阶段为幼苗期。油茶幼苗期主要特点是由胚苗期的胚性生活方式逐渐过渡到独立生活方式的阶段，在形态上建立营养器官，特别是绿叶的形成、芽叶的原始性状明显。油茶在幼苗期一般主干不分枝，不开花结实。这个时期幼苗生长依靠子叶储藏的养料，同时又要靠幼叶进行光合作用制造养分，有着双重营养方式。胚芽出土时红色，幼茎淡绿色后变紫褐色，密被淡黄色粗毛，具初生不育叶3～5片，互生、披针形长4～6mm，背淡红色且边缘有细锯齿，这种发育不全的小叶是胚苗期形成的叶原基发育成的磷片。幼苗的绿叶是胚苗出土后重新分化出的叶原茎发育而成的，当幼茎长至4～5cm处生长育叶——第一片真叶，常为卵圆形或广圆形、较小，接着又形成第二、三片叶，一般幼苗具3～4片叶后形成顶芽，展叶即自行停止。在展叶期间幼苗的主干也相应生长，因而形成两叶之间有一定距离，称为节间。随着顶芽出现展叶的自行停止，主茎生长也自行停止，这时出现了油茶幼苗期的第一次休眠。油茶幼苗的生长是有节奏性的，一年内有3～4次生长与休眠的交替期。由图5-2看出，自5月至11月间苗高与苗径生长各出现三次生长高峰期，一个高峰期过后即出现一个生长缓慢的休眠期，所以休眠是幼苗生长一阶段后发生的。生长与休眠是幼苗生长过程中的必然现象，休眠是生长的准备阶段，生长又是休眠的基础。

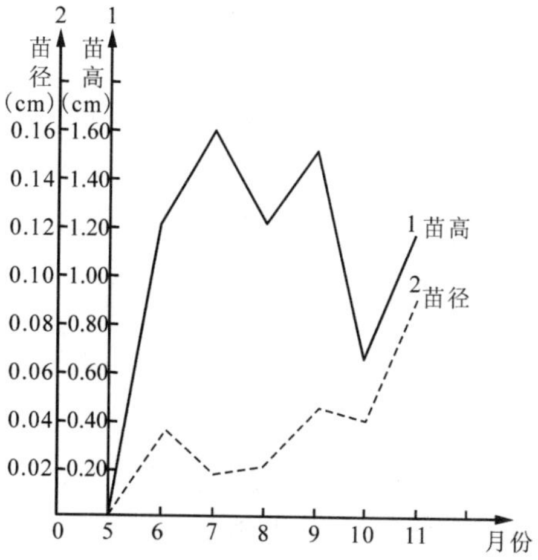

图5-2 油茶苗高与苗径生长的关系

1. 苗高 2. 苗径

(三)幼年期

油茶幼苗于翌年初春结束生命周期中的第一次冬眠后，即进入了幼年期。幼树开始开花、结实，标志着已向成年阶段过渡。

油茶幼年期的主要特点是：①在营养方式上子叶已脱落，幼树已完全脱离胚性的营养方式，靠光合作用进行独立的营养生活；②在形态发生上，根系由直根系类型发展为枝根系类型的阶段，主干不断分枝，树冠由单轴分枝发展到合轴分枝；③油茶幼年期主要是营养生长，不能进行生殖作用。

油茶童期阶段的存在，限制了结果年龄的提早。但是童期阶段是壮年阶段的基础，如果不能在幼年期间进行一定程度的旺盛的营养生长，使结实期有良好的骨架，则树势脆弱，进入衰老期也早，所以要使油茶有良好的树体结构，必须从童期开始培育。

油茶童期阶段的长短因物种、品种而有所差异。山茶属不同物种的童期阶段，所经历的时间各不相同，攸县油茶最短，仅1～2年，广宁红花油茶，南山茶童期阶段长达7～9年。普通油茶不同品种(类型)在同一区域试验点，也表现出不同品种童期阶段有长短差异。

油茶扦插和嫁接苗上山定植之后，也需要一定的时间才能开花结实，在外观上往往难以和实生苗的幼年阶段相区别，扦插和嫁接苗一般多用成年阶段的枝条作插(接)穗，虽然有诱导开花的能力，但在定植初期，因为旺盛的营养生长不能形成花芽，或者因环境条件的影响使花芽的形成受到阻碍。但经过一个时期就能形成花芽并开花结实，这与实生苗性的成熟，即从幼年阶段向成年阶段转变有本质上不同。

二、成年阶段

油茶实生苗经过旺盛的营养生长的童期(幼年)阶段，地上和地下部分达到一定大小之后，才能转变为有开花能力的成年阶段，这并不意味幼年阶段一结束就立刻转入成年阶段，中间还存在一定时间的过渡阶段，因为随着实生苗的生长从幼苗阶段向成年阶段发展是顺着树干逐渐发生的，是从顶端分裂最旺盛的部分开始的，所以有一段时间幼年阶段和成年阶段是同在一个树体内混合存在的。因此，可把成年阶段划分为生长结果期和盛果期两个时期。

(一)生长结果期

油茶从童期阶段进入成年阶段即由初果至盛果期，中间有一过渡阶段，这一时期的实质是树体结构基本构成，从营养生长占优势逐渐与生殖生长趋于平衡的阶段，即树龄 6 ~ 10 年生这一阶段。此时树体生长旺盛，大量分枝，树冠迅速扩大，开花结实量逐年增加，产量处于持续上升阶段(表 5-1)。油茶幼林进入结实阶段(成年阶段)以后，随着年龄增大，产量逐年提高，表现为年龄与产量呈显著正相关，显著水平达 0.05。

(二)盛果期

盛果期是油茶大量结果时期，也是获得最大经济效益的时期，此时树冠与根系已扩展到最大限度，产量达到高蜂，油茶盛果期新梢集中到树冠外层生长，郁闭于树冠内部的小侧枝，发生自疏现象，自下而上逐步地发生干枯。这种自疏作用，使营养物质集中到树冠外层，形成顶端优势，结果部位外移。

表 5-1　6 ~ 13 龄油茶历年产量　　单位：kg/亩

年龄	栽植 1 区		栽植 2 区		直播区	
	平均亩产果	折油	平均亩产果	折油	平均亩产果	折油
6	29.5	2.07	25.92	1.81	16.25	1.14
7	43.1	3.01	32.27	2.26	29.92	2.09
8	56.4	3.95	33.44	2.34	15.46	1.08
9	69.6	4.87	40.70	2.85	128.11	8.97
10	216.0	15.12	133.75	9.36	143.56	10.05
11	76.7	5.37	54.62	3.83	59.32	4.15
12	160.6	11.24	233.03	16.31	210.40	14.73
13	218.0	15.26	177.75	12.44	191.70	13.42
总产($\sum X$)		60.89		51.21		55.63
平均(X)		7.61		6.4		6.95
标准差(S)		10.90		11.00		11.10
变动系数(C)		0.716		0.858		0.799

油茶进入盛果期后，生殖生长占优势(图 5-3)，对光温、水肥的需求也多，如管理当，每年的产量波动很大，形成结实的大小年，有时情况非常突出，还会出现早衰现象。栽培油茶是为了在较长的时间内获得较高的产量和经济效益，因此，防止大小年结果，延长盛果期的年限以夺取稳产高产，

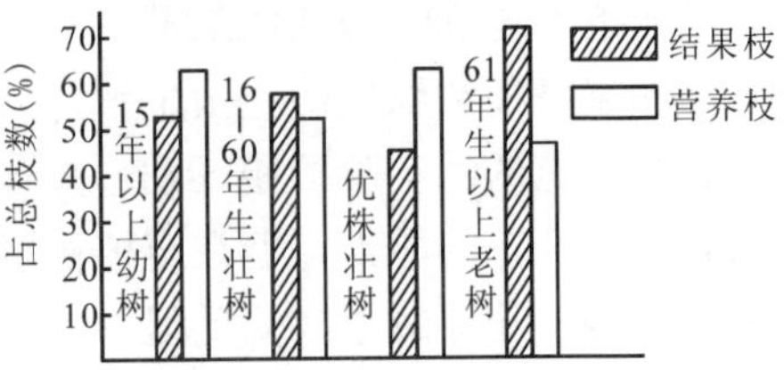

图 5-3　不同树龄的营养枝与结构枝比枝

是该阶段栽培管理的主要任务。油茶盛果期的长短与立地条件、经营管理水平和栽培物种、品种有关，在正常情况下，普通油茶10年后开始进入盛果期，可以延续40～50年，博白大果油茶、广宁红花油茶、宛田红花油茶的盛果期比普通油茶晚，一般在15年以后，但它们的盛果期要比普通油茶长10～20年。

三、衰老阶段

衰老是指油茶组织走向死亡过程中的自然变化，是与生命终结有关的老化过程，生长速率的降低是一切衰老过程的共同特性。油茶进入衰老阶段最突出的一个标志是骨干枝衰老或干枯，吸收根大量死亡并逐渐波及骨干根，根幅变小，根颈处出现大量的不定根。衰老的另一方面表现周期性的花果负荷繁重，大小年非常明显，落蕾落花现象严重。开花结实之后引起末梢的衰亡，树冠出现大量枯枝，萌芽力显著衰退，芽小而少。值得注意的是，油茶骨干枝的衰老，不是在同一时期发生的，在一植株中有先后之分，这就使树冠的衰老期可以延长很多年，这也是衰老油茶林中为什么还有一定的产量的原因，对这种衰老的油茶林尽管加强抚育管理，但仍不能挽回产量下降的趋势，在实际生产中对这种老残林的改造不可能获得较好的经济效果。

总之，油茶的个体发育由幼年到老年的生物学年龄的变化，是有规律的，有严格顺序的动态发展。因此，人们采取的农业技术措施，必须符合这一系列有规律性的变化要求，使农业技术措施在环境条件的综合影响下发生良好的作用。

第二节　油茶的年发育周期

油茶在长期的系统发育过程中形成的遗传适应性与年周期中环境条件互相作用的结果，表现出有节奏的形态和生理机能的变化，一年中随着季节的变化，油茶根、茎、叶、花、果实等器官的生长发育与休止相对不变，形成一定的规律性，这就是油茶的年发育周期。认识油茶的年发育周期，掌握年生育规律，是正确制定各项农业技术措施的基础。

一、油茶的物候期

油茶每年的生长发育都有与外界环境条件相适应的形态和生理机能的变化，这种与季节性气候变化相适应的器官动态时期，称为油茶的物候期。

油茶是广生态幅树种，分布于全国18个省区从北纬18°30′至34°40′含多种类型的气候生态区，但其各个器官的顺序变化规律是一致的，只是因为当地的气候因素的影响，使物侯期的发生有迟早的差别(表5-2)。研究油茶的营养循环(枝叶变化周期)和生殖循环(从芽到开花结果)，找出营养循环对生殖循环的影响和关系，对选种是有现实作用的。

二、油茶新梢的年长规律

油茶的新梢是指当年在树冠外层侧枝上发出的嫩枝，根据萌发季节可分为春梢、夏梢和秋梢三种。油茶当年的新梢，主要发生在骨干枝和侧枝末梢的冬眠芽，这种冬眠芽，孕育着新稍的一切组织器官，经过冬季的低温休眠，到翌年春季首先萌发为春梢，春梢的每片叶腋都着生有腋芽，是夏梢的原始体，夏梢的每片叶腋也有腋芽，是秋梢的原始体，但春、夏、秋梢的腋芽不一定都能萌发，有一部分为潜伏芽。管理水平低的成年油茶林，多数旺盛的幼林一年才能抽梢二、三次。

在南昌地区，春梢从3月下旬开始萌发，到5月初生长基本结束，历时45～50d(表5-3)。油茶春梢生长速度前期比较慢，抽梢12d后，生长达到高峰，连续6d的生长量占总生长量的43.1%，到4月下旬生长趋于缓慢，5月初新梢逐渐增粗，颜色由淡绿转为红褐色，腋芽逐渐充实，枝条日趋木质化。

油茶春梢长度一般为5～10cm，粗0.2～0.3cm，幼龄期和林地土壤肥力水平较高的壮年油茶的春梢可达15cm，利用大砧嫁接的采穗圃，抽长的春梢长且粗壮。春梢生长与气象因素关系密切，气温和降水量对春梢生长发育的影响较明显，在春梢抽长前，必须有温度和降水量的积累阶段，特别是气温的积累尤其重要，当年均气温稳定在10℃以上时，春梢才开始萌动。春梢的生长不仅关系到当年花芽的分化，而且还关系翌年油茶产量(图5-4)。春梢又是嫁接和扦插繁殖的主要材料，插(接)穗的粗壮程度和芽的饱满与否，直接影响着扦插和嫁接的成活率。

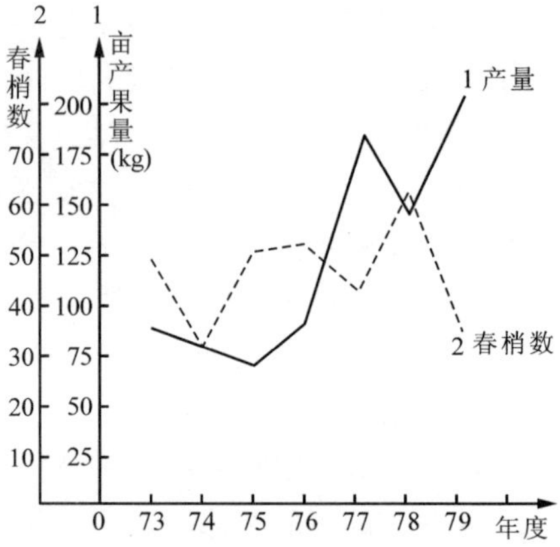

图5-4 春梢数量与历年产量的关系

从图5-4看出，春梢数量与翌年产果量成正相关，油茶当年的产量是在上一年春梢生长基础上产生的，若头年春梢抽长不但数量多而且枝粗芽壮，当年花芽分化良好，花量多，一般在正常情况下翌年的产果量也相应提高。因此，掌握春梢的抽长规律，采取相适应的农业技术措施，促进春梢生长，是提高油茶产量的重要途径。

表5-2 不同经纬度油茶混杂群体的物候期

地点		经纬度		芽萌	展叶抽梢期		花芽分化期	花期			果实生长期	果熟期
省份	地名	经度	纬度	动期	初期	盛期		初花	盛花	末花		
广东	阳春	117°47′	22°10′	1月下	2月中	4月中	5月上	10月中	11月上	12月下		10月中旬
广西	南宁	108°20′	22°50′	2月下	3月上	3月中	5月下～6月上	10月下	11月中	12月上		10月下旬
云南	广南	105°02′	24°02′	2月下	3月上		5月下～8月上	9月中	10月	12月上	3月上～8月下	9月上～10月下
广东	韶关	113°35′	24°48′	3月上	3月中		5月中～10月下	10月下	11月下	12月下	3月下～8月中	10月中、下
福建	闽侯	119°18′	26°08′	2月下	3月上	3月中	5月下～7月下	11月上	12月上	12月下	3月下～9月中	10月下
贵州	贵阳	106°42′	26°35′	3月上	3月中		5月下开始	10月上	10月下	12月上		10月下
江西	宜春	114°23′	27°48′		3月中	4月上	6月上开始	10月上	10月中	12月下	2月下～7月下	10月中*
湖南	长沙	113°0′	28°12′	3月上	3月下	4月上	6月上开始	10月下	11月中	12月下	2月下～9月上	10月下
江西	南昌	115°58′	28°40′	3月上	3月下	4月上	6月上开始	10月下	11月上	12月下	2月下～9月下	10月中
浙江	巨县	118°53′	28°58′		3月下	4月上	6月下～8月下	10月下	11月中	12月下	3月中～9月上	10月下
安徽	歙县	118°20′	29°45′	3月上	3月中	3月下	6月上开始	10月上	10月下	11月下		10月下
浙江	富阳	119°58′	30°05′		3月中	3月下	6月～8月	10月上	10月中下	12月下	3月～8月下	10月下
湖北	武汉	114°04′	30°38′	3月上	3月下	4月上	5月下开始	10月上	11月中	11月下		10月中、下
江苏	南京	118°45′	32°03′	3月下	4月上	5月下		10月中		1月下	3月中～9月下	10月下
陕西	南郑	106°58′	33°04′		3月下	4月中		9月下		12月上	3月下～9月中	10月中

*为宜春白皮种子。

(庄端林等，1984)

表 5-3　油茶春梢生长进程表

单位：cm

生长量(cm) ＼ 日期 项目	4月4日	4月7日	4月10日	4月13日	4月16日	4月19日	4月22日	4月25日	4月28日	5月1日	5月4日	5月7日	5月10日	5月13日
生长累进值(cm)	0.23	0.52	1.01	1.64	1.94	3.30	5.36	6.13	6.73	7.36	7.56	7.78	7.88	7.88
每3天生长量(cm)		0.29	0.49	0.63	0.32	1.34	2.06	0.77	0.60	0.63	0.20	0.22	0.12	0.00

（江西省林业科学研究所，1962）

夏梢一般于春梢停止生长后一个月左右，即5月下旬或6月初开始萌发，历时30～35d。夏梢多数由春梢顶端抽生；部分由春梢侧芽抽生，也常见春梢折断或被茶梢蛾危害后，由侧芽抽出；还有大约1%～5%的夏梢是由2年生枝条侧芽抽生的[表5-4(1～4)]。正常抽长的夏梢，前十天和后十天生长较慢，中期生长迅速，十天的生长量占总生长量的45%。同时，由顶芽抽长的春梢长度要比侧芽萌发的长2倍多，比2年生枝侧芽萌发的春梢长4倍左右。

树龄不同夏梢所占的比率也不同，幼年树夏梢比率较高，成年树次之，老年树最低，仅占0.5%左右。幼龄树的夏梢长而粗，这对形成树冠有较大的作用。在一年中抽发较早的夏梢，大部分当年能分化花芽，成为翌年的果枝。秋梢一般于9月上旬开始萌发，10月中旬基本停止生长，秋梢数量少，多为营养枝。

表 5-4(1)　油茶夏梢生长进程

单位：cm

生长量(cm) ＼ 日期 项目	5月23日	5月26日	5月29日	6月1日	6月4日	6月8日	6月12日	6月15日	6月18日	6月21日	6月24日
生长进程	0.4	0.8	1.4	2.2	2.9	4.1	5.1	6.2	7.1	7.2	7.2
每3天生长量		0.4	0.6	0.8	0.7	1.2	1.0	1.1	0.9	0.1	0

表 5-4(2)　油茶春梢顶芽萌发的夏梢生长进程*

单位：cm

生长进程	0.5	0.8	1.3	2.4	3.2	4.7	6.3	7.9	9.1	9.2	9.2
每3天生长量		0.3	0.5	1.1	0.8	1.5	1.6	1.6	1.2	0.1	0

*测定日期同表5-4(1)。

表 5-4(3)　春梢顶芽受损后侧芽萌发的夏梢生长进程*

单位：cm

生长进程	0.3	0.9	1.8	2.4	3.0	3.7	4.0	4.2	4.4	4.4	4.4
每3天生长量		0.6	0.9	0.6	0.6	0.7	0.3	0.2	0.2	0	0

*测定日期同表5-4(1)。

表 5-4(4)　从老枝上萌发的夏梢生长进程*

单位：cm

生长进程	0.3	0.5	1.0	1.3	1.6	2.0	2.2	2.3	2.4	2.4	2.4
每3天生长量		0.2	0.5	0.3	0.3	0.4	0.2	0.1	0.1	0	0

*测定日期同表5-4(1)。

三、芽的生物学特性

(一)油茶芽的种类及特性

油茶新梢生长和新叶展现的同时出现了顶芽和腋芽，顶芽一般1~3个着生在一起，有时出现丛生芽，有5~6个或十几个，中间一个为叶芽。腋芽一般1~2个着生在一起，多的可达5~6个，其中1~2个为花芽。

顶芽和腋芽初形成时体积很小，腋芽长约1mm，径0.5mm，顶芽比腋芽大，长约2mm，径约0.8mm，凡3个以上着生一起的顶芽，中间的芽比较粗大，两侧者较细，开始难于用肉眼区别花芽与叶芽，到5月中旬方可识别，凡圆而粗、呈红色的为花芽；细扁而尖、呈青绿色为翌年萌发新梢的叶芽。花芽和叶芽原本是由同一分生组织分化而成，只是当芽发育到一定时期，花芽才表现出与叶芽不同的内部结构，这就是花芽分化。

(二)油茶花芽分化规律

花芽在春梢上的分布量与林龄、经营水平、树冠和枝条的不同部位有关。据调查，在林龄相同的条件下，经营水平较高的丰产林，顶芽和腋芽分化为花芽的比率高达33.2%，对照者17.1%，而且分化时期比对照早5~10d。又据浙江林学院调查，施肥区的油茶花芽分化率为24.7%，未施肥区只有18%。在同一植株上，树冠中部的花芽多；在一根枝条上以顶端的花芽较多，有2~3个，多的达7~8个。叶腋间普遍有花芽出现，多分布在枝条的第4~5节，也有的延伸到7~8节。据赵树慎调查，成年树花芽分化率高达47.9%，幼年树为为35.2%，老年树最低。同一植株树冠上、中、下层的分化率是逐渐递减的，树冠南向较北向分化率高。

枝条类型不同，花芽分化的时间和分化率也有差异(表5-5)。花芽分化率以长果枝为最高约占38%，但从整个植株而言，中果枝的花芽数所占的比例最高，短果枝次之，长果枝最少，这是因为中果枝、短果枝占全树的比例大。

表5-5 果枝类型与花芽分化的关系

果枝类型	果枝数		单枝花芽数		全株花芽数		花芽分化率(%)		
	绝对值	%	绝对值	%	绝对值	%	顶芽	腋芽	合计
长果枝	84	14.5	1.3	44.8	100	21.7	65.2	11.0	38.1
中果枝	248	41.7	1.0	34.5	242	48.1	52.6	7.9	30.3
短果枝	254	43.8	0.6	20.7	152	30.2	48.9	2.0	25.5

(江西省林业科学研究所，1962)

(三)油茶的花芽分化过程

油茶的营养生长与生殖生长，处在一种互相对抗、又互相依赖、相互制约的关系之中，生殖作用的发生必须在营养生长减弱的时候，同时生殖作用又要求一定的营养生长作为基础才能进行，在一个枝条上花芽的分化也必须在生长停止之后才开始，所以油茶的花芽分化是在春梢基本结束生长后开始的，各地因气候条件不同，云南广南从5月上旬开始，江西、浙江是在5月下旬起至8月底基本结束，但也有少数花芽于9、10月分化的，这是不正常的现象，这种晚发育的花芽大部分发育不健全，容易落芽落花。花芽分化最盛时期，在云南广南是6月中旬至7月上旬，约占70%以上；江西南昌是7月初至7月底占

67.7%；浙江衢县是6月下旬至7月上旬占74.1%，其余25.9%分散在7中旬至10月初陆续分化，这也是油茶花期长的原因之一。

油茶花芽形态分化可分六个时期：

(1)前分化期　5月上旬至5月中旬，为期10d左右，初期花芽的生长点稍尖，外表形态与叶芽无明显区别，后期生长点分生组织分裂较快，体积显著增大，顶端呈半球形，与叶芽有明显区别。

(2)萼片形成期　从5月中旬至5月下旬，约10d右，前期在生长点两侧开始出现原基，接着花萼原基伸长，并向内弯曲，后期生长变得扁平，萼片继续伸长并完全覆盖生长点，同时在生长点上出现花瓣原基。

(3)花瓣形成期　从5月下旬至6月中旬，约15~20d，在萼片形成的后期，花瓣开始分化为前期，花瓣原基以不同的速度向上延伸进入中期，每片花瓣外侧长出一个突起，顶端较圆，到后期花瓣全部形成。

(4)雌雄蕊形成期　从6月中至7月上旬，约20d，在花瓣形成的后期，雌雄蕊也开始出现，生长点变得更宽，并微向内凹，生长点出现一些小突起，中央3~5个较大的为雌、雄蕊原基同时出现，后期明显地形成许多层雄蕊，围绕着中央的雌蕊。

(5)子房与花药形成期　自7月上旬至7月下旬，约20d，在雌、雄蕊形成的后期，雌蕊的下部膨大，形成"V"字形的子房，雌蕊的上部伸长，并靠拢形成柱头，雄蕊也开始形成花药。

(6)雌雄蕊成熟期　自8月中旬到9月中旬，约20d以上，这一时期柱头继续伸长，子房膨大呈囊状形、三室，每室2~3个胚珠，此时花药已全部形成。油茶花芽分化过程中，芽的外部形态也发生相应地变化，人们可以根据这种形态变化，利用肉眼在实地作花芽分化时期的粗略观测，如在萼片形成期，芽的外形较尖，鳞片紧包，鳞片数为5~6个，外部棱角较清楚。在花瓣形成期，鳞片逐渐张开8~10片。雌、雄蕊形成期，鳞片9~11个，外形棱角暂消，内部器官分化完成，芽体外形饱满圆润。

花芽分化与气温等关系密切(表5-6)。当平均气温升高到27.0℃时，花芽分化率为24.7%，28.9℃时为49.6%，说明花芽分化最适气温为27~29℃。

表5-6　花芽分化与气温关系

项目	6月12日	6月26日	7月12日	7月27日	8月10日	8月25日	9月8日	9月25日	10月14日
花芽分化数	0	18	72	7	5	3	3	2	1
分化率(%)	0	24.7	49.4	8.2	5.9	3.5	3.5	2.4	2.4
阶段平均气温(℃)	25.8	27.4	28.9	31.6	31.5	31.5	30.4	25	24

(江西省林业科学研究所，1962)

四、果实的生长发育

当花粉粒落到柱头上后，几个小时便能萌发长出花粉管，沿着花柱内腔伸入胚珠，油茶的精细胞是在花粉管内形成的。由一个生殖核分裂为两个精子，一个精子与胚囊内前端的卵细胞合并；一个精子与胚囊中央的次级细胞合并，完成受精过程。受精次级细胞与反足细胞经过反复分裂，形成胚乳母细胞，胚乳母细胞继续分裂成为胚乳，供给幼胚营养，在进一步的发育中受精卵形成种胚。

据观察，油茶受精卵的分化多在翌年 3 ~5 月进行，受精卵首先横裂成两个细胞，靠近珠孔的一个细胞再进行连续分裂，形成胚柄，使其上端一个细胞伸入胚囊中部，然后这两个细胞反复分裂，形成原胚，此时胚乳细胞迅速分裂，外胚珠向外种皮分化，内胚珠向内种皮分化，子房壁向果皮分化。6 ~7 月胚乳陆续吸入子叶，因而使子叶体积膨大，内种皮为适应这种变化，亦迅速延展并出现输导组织。通过胚柄输送母体营养，外种皮的细胞壁逐渐石质化，使种皮硬度加强，向固有的种子形态过渡。这时果皮生长也很迅速，8 ~9 月份子叶吸收所有的胚乳，种子内部再无游离胚乳存在，外种皮变为黄褐色，10 月份外种皮转为黑褐色，子叶脆硬，幼胚具有发芽能力，果实成熟。

油茶果实生长发育过程根据其特点可划分为四个阶段：

(1)幼果形成期　3 月初以前子房膨大幼果形成，生长缓慢，从受精开始约 4 个月的时间果实纵横径生长量占总量的 24% 左右。

(2)果实生长期　自 3 月份起直至 8 月下旬，生长逐渐加快，这一时期主要是体积增长，约 6 个月的生长量占总生长量 76% 左右，在该阶段出现三次生长高峰(图 5-5)。

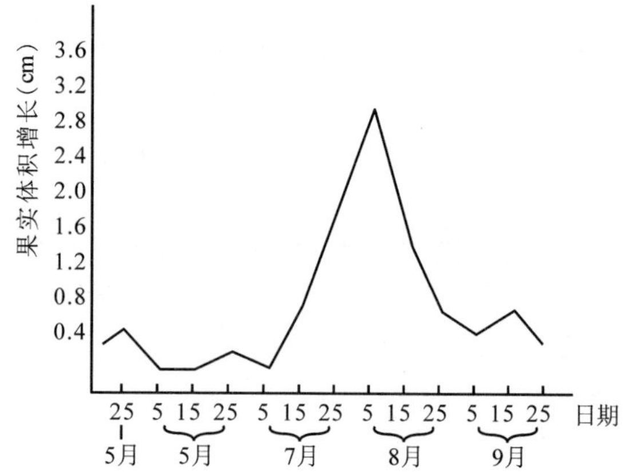

图 5-5　油茶果实体积增长曲线图

(3)油脂转化积累期　8 月下旬至 10 月果熟前，体积不再增加，而油脂积累直线上升(图 5-6)。油茶果实油脂的形成与积累主要是 8 ~9 月。据中国林业科学研究院亚热带林业研究所尤海量测定，8 月 6 日油茶种仁含油率为 2.37%，含水量 83.63%，还原糖 10.75%，淀粉 21.0%，10 月 4 日种仁含油率增至 45.22%，而含水量降至 44.35%，还原糖降为 2.65%；淀粉降为 12.84%。据湖南省林业科学研究院测定，油茶种仁含油率、鲜籽含油率

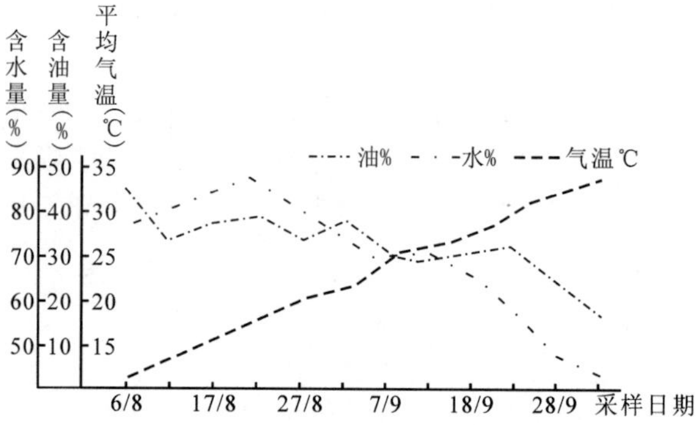

图 5-6　油茶种仁成熟过程中油、水、平均气温相关图

和鲜果含油率均随果实生长逐渐增加，按趋势线均拟合于 3 次方的二项式(图 5-7 至图 5-9)。种仁含油量、鲜籽含油率和鲜果含油率在年周期内均分别存在两个增长高峰期，第一个在 8 月中、下旬至 9 月上旬，第二个在 9 月下旬至 10 月下旬采收前。其中，种仁含油率在 8 月 15 日至 8 月 30 日，9 月 27 日至 10 月 20 日两个阶段中增幅分别达种仁含油率的 29.2% 和 39.0%。鲜籽含油率在 8 月 23 日至 9 月 6 日，9 月 20 日至 10 月 20 日两个阶段中增幅分别达鲜籽总含油量的 28.3% 和 50.1%。鲜果含油率在 8 月 23 日至 9 月 6 日，9 月 20 日至 10 月 20 日两个阶段中增幅分别达鲜果总含油量的 27.2% 和 68.9%(表 5-7)。

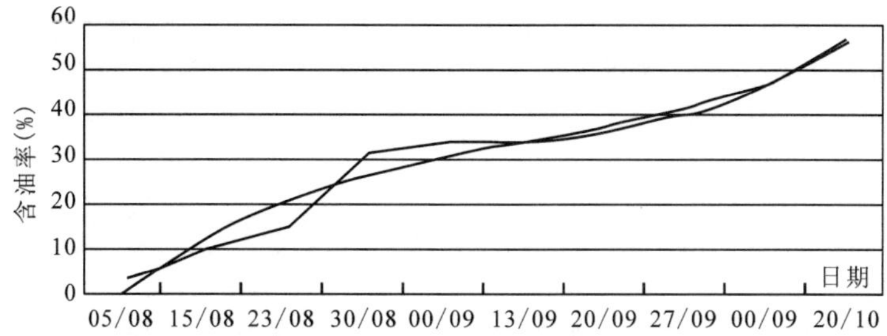

图 5-7　油茶种仁含油量变化

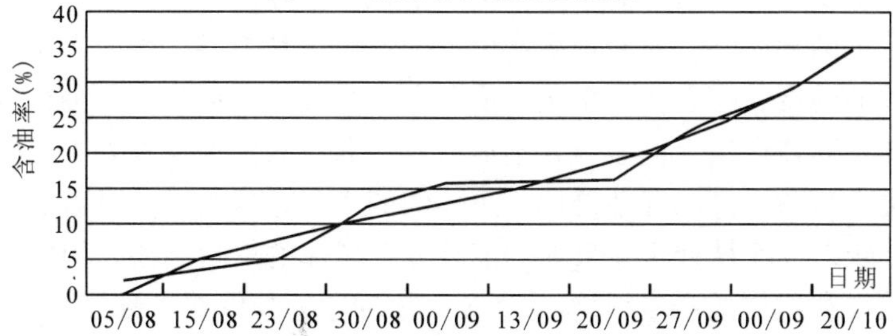

图 5-8　油茶鲜籽含油率变化

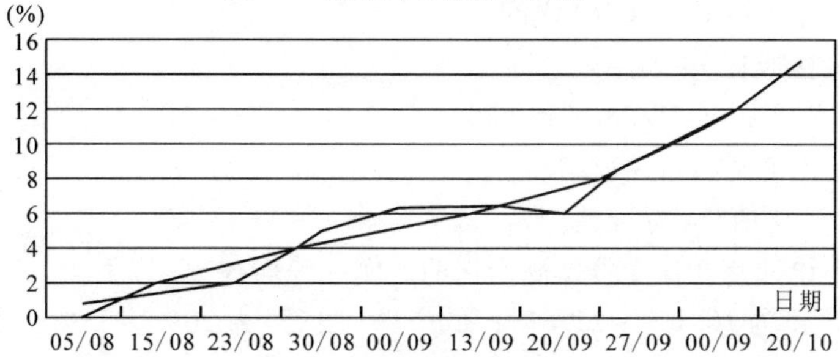

图 5-9　油茶鲜果含油率变化

由此可见，油茶果实油脂含量增加主要来自9月下旬至采收前的时期。提前采收会大幅度降低果实含油量，对产油是个极大的损失。

在油茶油脂形成过程中，受多种外界因素的影响，其中温度和湿度尤为重要。油脂的合成不是单一的生理过程，而是与油茶的生理、生态条件有关。了解油脂形成与外界环境条件的关系，可以人为制订出合理技术措施来提高种子产量和含油量。

表 5-7　油茶果实含油量主要经济指标

日期(日/月)	干仁含油率(%)	鲜籽含油率(%)	鲜出籽率(%)	鲜果含油率(%)
05/08	2.82	1.58	38.3	0.6
15/08	9.42	3.77	36.4	1.4
23/08	14.252	5.94	36.7	2.2
30/08	30.65	12.93	37.6	4.9
06/09	33.41	15.67	40.2	6.3
13/09	33.07	16.04	39.7	6.4
20/09	35.00	16.18	37.4	6.1
27/09	38.91	23.32	40.4	9.4
08/10	45.35	27.76	42.1	11.7
20/10	56.26	34.44	43.8	15.1

（陈永忠，2004）

(4)果熟期　种子由生理成熟转入形态成熟，果皮刚毛大量脱落，果实充分成熟，种子充实饱满，种壳乌黑，有光泽或古铜色，油脂的积累达到高峰，种子无后熟作用，休眠期不明显。

第三节　普通油茶群体产量结构与结实习性

产量是衡量一切栽培植物经济效益的标志，产量是在特定的栽培条件下综合因素作用的结果。群体产量是由相当数量的个体产量所组成，个体产量是群体产量的基础。在群体中由于个体遗传上的异质性，而表现出产量上的差异，其差异程度的大小，取决于栽培的集约水平和品种的纯度，像农作物水稻，由于在一个栽培群体中，品种纯度高，栽培水平高，因此，个体之间在产量上的差异并不显著。然而，对油茶这种处于半野生状态且经营粗放、种质杂乱、良莠不齐的混杂群体，个体间的产量差异是十分显著的。江西省林业科学研究所连续6年对635株处于盛果期的油茶混杂群体的产量结构，用标准差划分产量等级，剖析了油茶混杂群体的产量结构(表5-8、表5-9)。其单株产量划分标准为：

一等(H)：株产大于 $\bar{x}+2\delta x$

二等(G)：株产在 $\bar{x}-\bar{x}+2\delta x$ 之间

三等(M)：株产在 $\bar{x}-\delta x-\bar{x}$ 之间

四等(L)：株产在 $\bar{x}-1/2\delta x-\bar{x}$ 之间

五等(Le)：株产小于 $\bar{x}-1/2\delta x$

其中：$\bar{x}$ 为平均值，x 标准差。

在6年中不论何年在这个群体高产株的比例一等均在7%以下，二等在10%以下；平产株(三等)的比例为16.1%～25.6%；低产株(四等)为20%～35%，五等在37%以上，由此看出油茶混杂群体的产量结构不属常态分配，而是“头”小“尾”大，低产株占60%～70%，高产株只占7%～10%。所谓油茶林分产量是由三分之一的植株分年轮流结实的说法是不正确的。实际情况是混杂油茶林的确存在少数的高产株和大量的低产株，而且是相对固定的，说明我国目前大部分的油茶林，由于良种化水平低、良莠不齐、种质混杂，劣者居多，这是当前低产的主要原因之一。反之，证明在混杂群体中开展选优的可能性和改造低产林的必要性。

我国油茶群体产量，年度间的差异显著，表现出结实的大小年现象。对经6年单株测产处于盛果期的混杂群体，按产量的标准差，划分群体和个体的产量(结实)的大小年，即：$>\bar{x}+1/2(x$ 为大年，小于 $\bar{x}+1/2(x$ 为小年；介于大小年之间的为平年。结果见表5-10。

在6年中群体出现二次(1981年和1985年)大年；二次(1980年和1982年)小年；二次(1983年和1984年)平年，其群体结实的基本规律是：小年——大年——小年——平年——平年——大年——小年(1986年属小年)。

对群体中的635棵单株的结实习性按上述标准划分大、小、平年的结果，正如表5-11所列，证实在混杂群体中每年都存在着大年、小年、平年的植株。群体的大小年结实现象是由林分中当年大、平、小的植株所占的比例而定，当大年植株占30%以上，小年植株小于20%时，林分出现大年；当林分中70%以上的植株为小年、大年植株只占10%以下时，林分即出现小年的产量。当群体出现小年之后，林分中的大年植株比例又会有规律性的逐年增加。即由 2.99%—12.6%—20.94%—30.55%，当比例超过 30% 时，林分就出现大年产量，一般间幅时间为 2～3 年。根据油茶的结实习性与产量大小年的规律，要正确测算各项试验因子的效果，必须经 3～5 年的测产才能得出比较可靠的结论。

表 5-8　各年度产量等级划分表

年度		1980	1981	1982	1983	1984	1985	6 年平均
产量范围		0～11.1	0～22.2	0～15.1	0～11.0	0～22.9	0～30.8	0～20.2
平均株产		0.94	5.37	0.68	2.38	3.24	4.33	2.82
标准差		1.63	5.29	0.68	1.64	3.06	4.87	2.33
一等(H)	产量范围	>4.21	>15.94	>2.04	>5.65	>9.36	>14.07	>7.48
	株数/比例	33/5.20%	32/5.0%	24/3.8%	43/6.8%	37/5.8%	36/5.7%	
二等(G)	产量范围	2.57～4.21	10.66～15.94	1.36～2.04	4.02～5.65	6.48～9.36	9.20～14.07	5.15～7.48
	株数/比例	34/5.4%	61/9.6%	24/3.8%	54/8.5%	52/8.2%	50/7.9%	
三等(M)	产量范围	0.94～2.57	5.37～10.66	0.68～1.36	2.38～4.02	3.24～6.48	4.33～9.20	2.82～5.15
	株数/比例	106/16.7%	162/25.6%	102/16.1%	110/17%	137/21.6%	151/23.8%	
四等(L)	产量范围	0.13～0.94	2.74～5.37	0.34～0.68	1.56～2.38	1.72～3.24	1.89～4.33	1.62～2.82
	株数/比例	222/35.0%	127/20.0%	485/76.4%	151/23.8%	143/22.5%	138/21.7%	
五等(Le)	产量范围	<0.25	<5.44	<0.68	<3.12	<3.44	<3.78	<3.3
	株数/比例	240/37.8%	253/39.8%	无	277/43.6%	266/41.9%	260/40.9%	
备注		1. 群体有效总株数为 635 株；2. 株产量单位 kg						

（邱金兴，1986）

表 5-9　划分等级结果与多变量分析结果比较表

分计等级结果		多变量分析结果					小计	备注		
								划分为Ⅴ类者中		
年数	（等级）	Ⅰ类	Ⅱ类	Ⅲ类	Ⅳ类	Ⅴ类		全部为 4 或 5 级	5 年为 4、5 级	4 年为 4 或 5 级
5	（5）					50	50	50		
4	（5）				2	80	82	60	16	4
3	（5）	2		4	13	47	66		37	12
2	（5）	1					1			
6	（4）					2	2	2		
5	（4）				2	4	6	4		
4	（4）		1	7	16	25	49	14	10	1
3	（4）	2	2	13	40	66	123	38	22	4
2	（4）	1	2	8	7	2	20			2
5	（3）			2	1		3			
4	（3）	1	1	11	6		18			
3	（3）	7	1	24	3	4	69			

（续）

分计等级结果		多变量分析结果					小计	备注 划分为Ⅴ类者中		
年数	（等级）	Ⅰ类	Ⅱ类	Ⅲ类	Ⅳ类	Ⅴ类		全部为4或5级	5年为4、5级	4年为4或5级
(2)	(3)	6	2	12	18	13	51			13
4	(2)	1					1			
3	(2)	6	3	1			10			
2	(2)	17	4	14	6		41			
4	(1)	1	1				2			
3	(1)	11	6				17			
2	(1)	9	13	2			24			
合计	65	36	97	144	293	635	168	85	36	

（邱金兴，1986）

表 5-10　各年度株产平均数及标准差

年度	平均数 $\bar{x}$	标准差 $\delta\bar{x}$	备注
1980 年	0. 938 7	1. 632 1	小年
1981 年	5. 364 2	5. 289 3	大年
1982 年	0. 679 2	0. 679 2	小年
1983 年	2. 378 0	1. 635 6	平年
1984 年	3. 234 7	3. 061 0	平年
1985 年	4. 325 3	4. 870 7	大年
六年株产平均	2. 813 6	2. 331 0	

（邱金兴，1986）

表 5-11　群体中各产量群的株数比及产量分布

年度		指　标			
		株数	占群体的百分比(%)	总产果量(kg)	占群体的百分比(%)
1980 年	大年	38	5. 98	169. 8	28. 94
	平年	150	23. 62	238. 13	39. 96
	小年	447	70. 39	188. 17	31. 57
1981 年	大年	227	35. 75	2 451. 13	71. 96
	平年	337	53. 07	927. 59	27. 23
	小年	71	11. 18	27. 56	0. 81

（续）

年度		指　　标			
		株数	占群体的百分比(%)	总产果量(kg)	占群体的百分比(%)
1982 年	大年	19	2. 99	122. 50	28. 41
	平年	109	17. 17	158. 03	36. 65
	小年	507	79. 84	150. 75	34. 96
1983 年	大年	80	12. 60	565. 29	37. 44
	平年	304	47. 87	808. 89	53. 57
	小年	251	39. 53	135. 87	9. 00
1984 年	大年	133	20. 94	1 086. 43	52. 90
	平年	366	57. 64	851. 03	41. 43
	小年	136	21. 42	116. 56	5. 67
1985 年	大年	194	30. 55	1 907. 00	69. 43
	平年	318	50. 08	773. 55	28. 16
	小年	123	19. 37	66. 03	2. 40

（邱金兴，1986）

第二篇　油茶良种选育

第六章　中国山茶属主要油用物种种质资源

第一节　种质资源的意义和作用

种质(gern plasm)是决定生物“种性”，并将其丰富的遗传信息从亲代传递给后代的遗传物质总体。小至提供个别性状，大至一个遗传原种的综合体，都可以称为种质。它包括分类学中的种、亚种、变种和栽培品种、品系、类型。所以，种质资源是泛指已用于或可用于育种的各种栽培、半野生、野生植物的总称。

种质资源是良种选育的物质基础，良种是在某一生产水平阶段相对比较好的种质。现今的良种随着生产水平的提高可能因不适应生产的需要而变成“劣种”。植物种质资源的保存，首先是为了植物育种的需要，各类种质资源是有效的作物改良的基础，为品种的进一步改良提供了必要的物质基础。如果要继续维持高水平的生产力，遗传的多样性是必不可少的一环。所以，育种工作者必须充分注意到栽培植物的野生或半野的亲缘种，这些野生种质与目前的栽培种(品种)相比，在农艺性状，特别是在丰产性方面，不免相形见拙。但由于它们具有遗传的多样性，对一些自然灾害具有特殊的抵抗力，或在某一性状方面具有特殊价值的种质，这些“零金碎玉”有时正是品种改良求之不得的东西。所以，人们调查发掘、搜集、保存野生种质资源，往往是因为它能以一个或几个性状提供潜在的经济价值。例如，1980 年在巴西亚马孙河大森林中发现了野生的、被称为“奇迹橡胶树”，单株年产胶达 100kg，比现在世界栽培的高产品种产胶量要高 10 倍，可见，野生种质有巨大的生产潜力。又如，山茶花已有近千年的栽培历史，培育了许多花色品种，但还没有开黄花具香味的品种。开黄花的野生金花茶和具香味的长瓣短柱茶(攸县油茶)的发现，将为人类培育具有较高观赏价值、开黄花具香味的山茶花新品种提供了基因资源。而这种具有很大利用价值的基因综合体，是很难期望应用现代育种技术加以重新构成的。目前，还有许许多多仍处于深山野岭，还没有被人发现利用的种质资源，一旦被人们发现了解之后，就有发展成为新的栽培物种的潜力，甚至能在人类生活中发挥重大作用。因此，人们对自然种质资源的发现、搜集、保存所付出的代价，也就是人类对今天、明天的美好未来所付出的努力。

世界各国对种质资源的调查、收集、保存、利用极为重视，有些国家很早就设立了植物遗传资源中心，建立基因库。联合国粮农组织和澳大利亚、美国等都专门组织过植物种质资源调查，并成立了“植物遗传资源国际委员会(IBPGR)”。日本对山茶属的基因资源调查、收集、保存、利用的研究做了大量工作。如日本山茶花已定名收集的就有 5000 多个品种，茶梅约有 450 个品种，欧洲第一次在我国发现山茶后，就不遗余力地加以移植，当时还是 18 世纪，海上航行需绕过好望角，航期需 4 个月，他们在船上盖起温室，把我国的山茶运入英国，用实生和无性繁殖等方法，大量栽培。目前，美国栽培了 32 个物种，仅马里兰州的格兰代尔山茶引种站就栽了 29 个物种，引种和栽培的品种达数千个。

我国山茶属物种种资源极为丰富，据中山大学张宏达教授统计，全世界共196种（1981年），近年来又有新种发现。山茶属特产于亚洲，约东经85°~150°，北纬37°至南纬10°之间。大部分分布在中国，我国西南部和越南北部之间的带状地区是中心分布区，这些物种大部分都是具有油用和观赏价值。

据云南昆明植物研究所冯国楣研究员1980年调查统计，云南省的山茶属物种达40种。近几年江西省组织了山茶属种质资源调查组，对山茶属物种和普通油茶的农家品种进行了比较系统的开发性调查，经张宏达教授鉴定，该省有近30个物种，发掘的普通油茶农家品种有10多个。多年来各省一直致力于山茶属基因资源的收集保存。目前仅桂、湘、赣、浙四省建立的省级山茶属基因库就收集了2000号，其他各省和相当部分的地区，也建立了以栽培物种为主体的山茶属基因库。这些工作将为今后培育新品种，研究山茶属物种、品种分类、起源发生与演变，了解它们之间的历史渊源和系谱关系，提供了物质基础。

第二节　主要栽培物种

油茶是泛指山茶属中具有生产价值的油用物种。

一、普通油茶（*Camellia oleifera* Abel.）

又名油茶、中果油茶等。它是我国目前第一位的主栽物种，亦是本书主要论述的对象，其形态特征和特性详见第四章（图6-1）。它的栽培面积和产量均占全国第一位，是我国主要木本油料树种。新中国成立后，各省都从各方面开展了试验和研究。

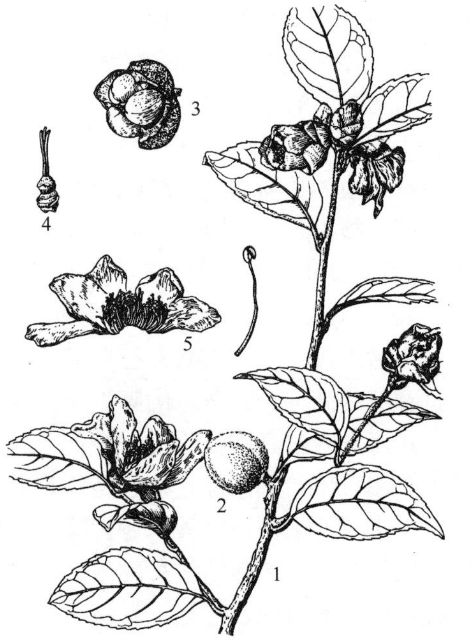

图6-1　普通油茶

1. 花果枝　2. 果实　3. 花瓣　4. 雌蕊　5. 雄蕊

二、小果油茶（*Camellia meiocarpa* Hu）

又名江西子、小茶、鸡心子等。灌木或小乔木，嫩枝有细毛，节间短，叶片小而多，分枝角度小，因此，全株枝多叶密，显然与普通油茶不同。叶椭圆形居多而较小，长2.5~5.5cm；叶缘锯齿比普通油茶浅；顶芽与腋芽苞片为绿色或浅绿色，长0.5~0.7cm；10月下旬至11月中旬开白色花，花冠平展，花径2.5~4.0cm，花瓣5~8枚，倒披针形，雄蕊与花瓣分离，花瓣脱落后，雄蕊长期留存。柱头稍膨大，子房3~5室，披褐色短毛；朔果于10月上旬成熟，通常为球形、桃形、近橄榄形，果皮极薄，每果有1~3粒种子。小果油茶与普通油茶的形态特征相比较，明显的区别在于果小、叶小、芽小，芽苞片没有毛（图6-2）。

小果油茶主要分布在福建闽侯、南平；江西南康、赣州、兴国、遂川、宜春、萍乡；

湖南浏阳、靖县、道县；广西兴安、阳朔、三江、龙胜、临桂、融安；广东乳源、乐昌、饶平和贵州玉屏、锦屏、铜仁一带。浙江仙居、江苏宜兴亦有栽培。

小果油茶栽培面积和年产量仅次于普通油茶，为全国第二位。果实的出籽率和含油率较普遍油茶为高，但产果量一般不及普通油茶。单果平均重为8.2(3.4～16.0)g，果径平均为2.2(1.8～2.8)cm，鲜出籽率44%～58%，出仁率66%～70%，种仁含油率40.02%～48.52%，全籽含油率20.5%～31.6%。

图6-2　小果油茶

1. 花枝　2. 果枝　3. 种子　4. 果实

小果油茶适应性，抗油茶炭疽病较强，产量较稳。在中亚热带的中、高山区，通常造林后5～6年开花结果，盛产果期为50～60年，亩产油15～25kg。例如，江西省宜春县有70多万亩油茶，基本上是小果油茶，宜春油茶林场的试验林平均亩产油达40kg。广西龙胜县小果油茶的面积占油茶总面积的70%以上。在南亚热带，平均气温在22℃以上的地区，生长发育不良；在北亚热带南部能正常生长、开花结果，故小果油茶作为中亚热带中山地带扩大造林是很有生产潜力的。

三、越南油茶(*Camellia vietnamensis* Huang ex Hu)

又名大果油茶、华南油茶、高州油茶、陆川油茶。乔木，高4～8m，小枝较粗壮，灰褐色，表皮纵裂有皱纹；叶多为椭圆形，叶较普通油茶为大，长5～12cm，叶缘锯齿上部较密，齿端有不明显的骨质小黑尖，叶缘和叶柄有毛；顶芽1～5枚，苞片为复状排列，背面有绒毛。花期在11月下旬至翌年1月，花白色，冠近平展，花径6～10cm，背面有绒毛，雄蕊多数4～5列，花谢时，花瓣先于雄蕊脱落；子房披黄色有光泽长毛。10月底至11月初果熟，蒴果呈球形，中等大，直径4.6～6.0cm，平均果重38.0(25～140)g，最大达300g，果皮较厚，一般在0.4～0.8cm(图6-3)。油脂组成和理化性质各物种有所不同(表7-1)。它的特点是树体大，枝叶茂密，单株产量较高。但大小年明显。

越南油茶适宜夏热冬暖，多雨高温有较明显的热带季风气候性质的南亚热带低纬度、低海拔丘陵地区生长。平均气温在20.3～22.7℃，冬天月平均气温在10℃以上，极端最低气温为0℃以上。月温持续≥10℃时间达290d以上，降水量在1 600mm以上的温暖季节较长的条件下生长较好，为南亚热带主要栽培种。在广东、海南、广西低山丘陵地区发展较适宜。目前，越南油茶的栽种面积占第三位。主要分布在广东的阳春、徐闻、湛江、高州，香港和广西的宁明、防城、上思、玉林、陆川、容县、灵川、柳州、北流、博白等地，其产量占全国第三位。

广东高州县有20多万亩越南油茶，如在长坡区1.1亩30年生的越南油茶，亩产油超过70kg，说明在适宜的生态条件下能获得高产。但引种到新兴、云浮、广宁等地后，其主要经济性状则随纬度的增高而变差。广宁县洲仔区1976年直播的2 050亩越南油茶，1983年收果仅2 000kg，平均亩产果还不到1kg，且出籽率亦低；而该地同时引种的普通油茶平均亩产果达220kg。

图6-3 越南油茶

1. 花枝 2. 果实 3. 种子 4. 雌蕊 5. 雄蕊

20世纪80年代，湖南、浙江、江西、四川、湖北、安徽、河南和陕西等省的科研单位相继引种试验，试验说明在南方几省虽能生长，但开花结果不多，且果实变小，出籽率降低。有的地方，如浙江富阳、安徽歙县，虽生长良好，但只开花不结果。因此，不宜在中亚热带发展。

四、攸县油茶(*Camellia yuhsienensis* Hu)

又名长瓣短柱茶、野茶子、薄壳香油茶。芳香短柱茶(*C. odorata*)的植物学性状与攸县油茶没有明显的区别，所以，它应该被认为是攸县油茶的异名。常绿灌木，树皮灰白色或黄褐色；分枝角度小，排列紧密，冠幅狭窄；叶多为宽卵形、椭圆形，叶质粗糙较厚，先端渐尖，边缘密生细锯齿，叶背有明显散生腺点；芽长锥形较小，鳞片质硬。2月中旬至3月底开花，花白色，柱头一般较短，花瓣5～7枚，亦有9～12枚，子房有白绒毛，开花时有栀子香味；朔果10月底成熟，中等大小，直径2～4cm，果皮极薄，麻褐色，粗糙无光泽。平均果重6.0(3.4～18.0)g，每果有籽1～12粒。鲜出籽率和干出籽率很高(图6-4)。油质好，挥发性物质含量小于0.05%。

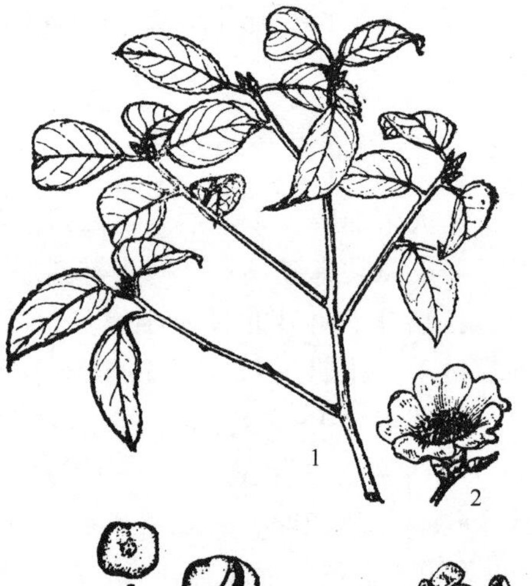

图6-4 攸县油茶

1. 枝叶 2. 花 3. 果实 4. 种子

攸县油茶首先发现于湖南攸县，处野生状态。由中国林业科学研究院亚热带林业研究所育种组经过选种，于1963年引种到浙江富阳，15年的试验证实，它是一个早实、高产、抗油茶炭疽病和经济性状优良的春花秋实物种。据贤德乡查口村6.3亩试验林1980～1984年连续5年测产，年均亩产油29.3kg，其中有1.12亩，1981～1985连5年测产，年均亩产油50kg。它的特点是植株矮小，树冠紧凑、萌生力强、适宜密植。据经9种不同造林密度试验看出，每亩以500～660株为宜。据测定，攸县油茶虽然树体矮小，但单株平均叶面积却比普通油茶高30%～50%。从富阳试验林得知，直接造林，五年生攸县油茶，每亩220株的亩产油为29.9kg，每亩375株的为34.4kg。因此，攸县油茶造林应适当密些，各地可根据地形和土壤状况选择适当密度，以达到高产的目的。

攸县油茶主要分布在湖南攸县、安仁、桂阳、郴州、衡阳和湘潭等地，江西的黎川，陕西的汉中、安康，湖北的恩施、来风和贵州的赤水，云南的广南亦有分布。这些年，从云南、广东、广西、福建、江西、浙江、湖北、安徽、江苏、河南和陕西等14省份200多个单位引种来看，在云南的广南、广西南宁、福建闽侯等地能开花结果，但生长较差，结果少；而福建南平、尤溪，广东韶关，江西赣州，广西桂林以北地区生长结果正常；在浙江富阳、陕西南郑、湖北麻城、安徽歙县等地，表现生长良好、早实丰产，可在中亚热带及北部发展。全国各地已先后发展攸县油茶数万亩。

攸县油茶在浙江富阳等地生长，2月中旬至3月中旬为盛花期，这时的平均气温为10～13℃，花期长达100多天。从试验林定株观察，可分为早、中、晚三种花期类型，不同花期对坐果率有很大的影响。早花类型（1～2月上旬）约占全林23.80%的植株，平均坐果率为22.22%～44.18%；中花类型（2月中旬至3月中旬）约占全林的68.13%，平均坐果率为58.16%～72.25%；晚花类型（3月下旬）约占全林8.07%，平均坐果率为60%左右。其中，中花类型的平均坐果率高于早花类和晚花类。因此，选种时要选择中花类的单株为好。攸县油茶的单花性状与普通油茶基本相同，但攸县油茶花的正常发育的花粉约占83.6%，其花粉败育率达16.4%，这一特性说明攸县油茶是一个比较原始的物种。

从花的大小与果实大小的关系研究中看出，攸县油茶群体中，花的大小差异很大，一般是花大果大，花小果小。根据作花径与单果量的相关分析得出：两者为极显著正相关$r=0.9172$。分析单株产量等主要性状的变异情况和各个性状之间相关发现：攸县油茶单株产量的变异系数为24.44%，比普通油茶单株产量的变异系数41.8%～68.7%要小，说明攸县油茶单株产量比普通油茶稳定。果皮薄、鲜出籽率、鲜出仁率较高，而且变异幅度不大。单株产量与冠高、冠幅呈显著正相关，这说明提高树冠体积，是提高产量的关键因素之一。单株产量与单果量、每果籽数、每果籽重呈不显著正相关，就是说增加单果重、每果籽重，也能提高单株产量。种仁含油率与多种性状呈负相关，尤其与单果重、每果籽重呈显著负相关，与单株产量呈不显著负相关，这说明随着产量的增加、果实增大而种仁含油率下降的趋势。各性状相关系数中，值得注意的性状——分枝角度与单果重、每果籽数、每果籽重等呈显著正相关，说明植株的分枝性状应引起重视。在91对性状相关系数中，有23对性状相关系数达到极显著水平（$P>P_{0.01}$）。依经济性状的重要性及代表性，选择冠高x_1(cm)与单株产量y(kg)，冠幅x_2(cm)与单株产量y(kg)两对性状进行回归分析，其回归方程为：$y=0.048x_1-4.537$；$y=0.034x_2-2.24$。

从不同造林密度试验，产量差异显著性测定看，根据1985～1989年5年各密度4次重复总产量的平均值方差分析结果表明，不同密度之间产量差异极为显著（$P>P_{0.01}$），总产量有随着密度的增大而增加的趋势。从最小显著差测验结果表明，就各密度处理组分析，即每亩1 902株以上和每亩394株以下，属过密或过稀，从长远和近期产量看是不可取的。从短期经营、提早收益、林地管理来看，以500～660株/亩为宜，可达到矮、密、早、丰的目的。从浙江富阳白石、大坞等地200亩扩大试验林，1987～1989年3年测产的结果情况与密度试验的结果趋势基本一致，即每亩500株和660株的产量最高。它的鲜出籽率、鲜出仁率和干出籽率，在各种不同密度中没有显著的差异；但种仁含油率有差异，密度过大的种仁含油率略低于密度小的，这可能与密度大，林内光照少有一定的关系。

此外，据翁月霞在中国林业科学研究院亚热带林业研究所建立的攸县油茶基因库，对攸县油茶主要性状的种内变异进行连续 8 年的观测计算发现，湖南居群的攸县油茶与江西居群的攸县油茶花大果大，结果量多；始花始实年龄湖南居群早于江西居群，但后者花期长，随年龄增长，结实量上升迅速。贵州居群攸县油茶植株分枝角度窄，枝叶粗大，至今未始花。陕西居群攸县油茶的花小叶小果小，植株也矮小，始花始实年龄迟，但抗炭疽病性强。4 个居群上述性状和烘干种仁含油率上难以区分，但上述性状，以及叶氨基酸分析揭示，湖南居群的叶含色氨酸，而江西群居不含，均说明了该两居群因地理隔离，遗传上亦已分化。这些居群均是有园林利用价值。

在预试验基础上，我们通过与上海医科大学、中国科学院上海脑研究所和解放军 85 医院合作，据对攸县油茶茶油油质和保健效用研究发现，该油的脂肪酸组成合意；富含 α－维生素 E 和 Mn、Fe、Zn、Cu、Se、Ni、Mo 和 Sn 8 种人体必需的微量元素，尤其是硒；其与橄榄油、普通油茶主要成分比较见表 6-1。

攸县油茶的茶油有延缓细胞和动物衰老、增进老年学习记忆，改善动物和人体血脂状况的功效。研究还揭示了在胚肺成纤细胞(2BS)培养中，加入橄榄油和攸县油茶酶解产物的两个组，2BS 细胞的寿命比普通油茶组长 2 代，比纯三油酸甘油脂组长 5 代；并且，当纯三油酸甘油脂组的细胞培养液中加入攸县油茶毛油的非皂化部分后，该组 2BS 细胞的寿命延长了一代。各油组第 46 代细胞膜过氧化脂质(LPO)水平，细胞生长速度、各代 2BS 细胞贴壁能力和外观形态变化也均与传代数的顺序一致。

攸县油茶的果壳经简单预处以后，可以代替全量木屑，用于袋栽灵芝、金针菇和平菇，可获得不低于棉籽壳袋栽的产量，效果良好。废菌棒和沤制后的苦枯，可作为有机肥还山，实现栽培利用该树种的良性生态循环。

表 6-1　攸县油茶等三种油脂主要成分比较

主要成分	橄榄油(%)	普通油茶油(%)	攸县油茶(%)
硬脂酸	11.4	1.83	1.64
棕榈酸	1.1	6.67	11.7
棕榈油酸	0.2	0	0
油酸	81.6	85.3	71.2
亚油酸	7.7	6.7	14.6
亚麻酸	0.8	0.4	2.2
α－维生素 E(mg/100g 油)	17.4	30.2	80.1

五、浙江红花油茶(*Camellia chekiangoleosa* Hu)

又名浙江红山茶。常绿小乔木，树皮灰白色、平滑；叶长椭圆形，两面光滑无毛，边缘疏生短锯齿；花芽单生枝顶，花艳红色，2 月中旬至 3 月下旬开放，花径 6～9cm，苞片 5 枚，有丝状短毛，覆瓦状排列，花瓣 5～7 枚，顶端二浅裂，雄蕊多数成二轮，花药与花丝呈丁字形，二室纵裂，子房三室无毛；朔果皮木质，直径 4～6cm，果实基部有萼片宿存，果柄极短，果皮厚0.4～0.8cm，每果有7～10粒种子，9月中旬果熟，多为红色，球形或桃形，一般果重26～160g(图6-5)。

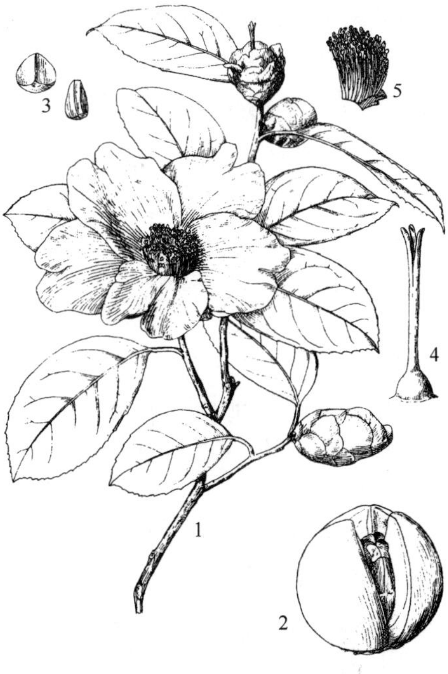

图6-5　浙江红花油茶

1. 花枝　2. 果实　3. 种子　4. 雌蕊　5. 雄蕊

浙江红花油茶分布在浙江的青田、龙泉、开化、常山、遂昌、庆元、松阳、云和、缙云、仙居；福建的拓荣、霞浦等县；江西玉山、德兴、永丰、宜春；湖南的宁远、衡山、武冈；湖北的恩施、来凤、利川等地呈间断性分布。一般喜生长在海拔600～1 200m 的温暖湿润地区。

浙江红花油茶的产量为全国第四位。含油率比普通油茶高出5%～10%。如浙江遂昌县每年茶籽5万kg以上。境内有400多亩浙江红花油茶，每年平均亩产茶油15kg。油质好，花可入药。本种由于年生育期较短，花期较长，花色美丽，是较好的庭园绿化树种和育种的好材料，宜在中亚热带一些高海拔地区推广。从各地引种情况看出，在上述的条件下一般能正常生长；在低山丘陵通常生长可以，但有时软腐病严重，造成后期大量落果。

通过刘子雷、姚小华等人对浙江红花油茶不同地点果实经济性状变异的研究看出：浙江红花油茶果实性状在不同的产地间差异也都达到了显著水平，其中果重、果高、果径、果皮厚的差异均达到了极显著水平，果形指数、鲜出籽率、单果籽数、千克籽数的差异则均达到了显著水平。通过对各产地不同的果实性状进行系统聚类分析发现，黄金村与郑地村的果实性状归为同一类，黄檀和应村乡的归为同一类，而大洋山的则与黄金村和郑地村的较接近。分析表明，这个归类结果与对各产地不同的果实性状进行多重比较的结果是一致的。

浙江红花油茶各产地内株间果实性状也存在着极显著的差异，其变异的程度也基本遵循果重、单果籽数、千克籽数>鲜出籽率、果皮厚>果高、果径、果形指数的规律，但各产地内的变异程度也不完全一致。以5个产地作为总体进行分析发现，浙江红花油茶株间果实性状变异程度的顺序为果重>千克籽数>鲜出籽率>单果籽数>果皮厚>果高>果径>果形指数。浙江红花油茶各产地内株内果实性状存在不同程度的变异，其变异的程度遵循果重、单果籽数、千克籽数>鲜出籽率、果皮厚>果高、果径、果形指数的顺序，但其主要性状变异程度产地间相近但并不完全一致。

六、广宁红花油茶(*Camellia semiserrata* Chi)

又名红花油茶、南山茶。乔木，直立性强，树皮光滑，小枝粗壮光滑无毛。叶大，长10～20cm。叶缘硬质背卷，上半部有稍锯齿，顶芽1～3枚，花芽红褐色，全部密披黄褐短绒毛。花艳红色，2～4月盆状或杯状开展，花瓣6～9枚，顶端凹入，雄蕊多数3～5

裂，内裂离生，外裂与花瓣合生，花柱3～5裂，子房长7～10cm，密披银白色短毛。无柄萼片11枚，木质化。朔果大，直径6～12cm，果重200～1 200g，果皮较厚，为1.3～2.7cm，鲜出籽率12%～15%，每果有10～21粒种子，种子大(图6-6)。它的特点是树体高大，树形、花、果美观，既是育种的材料，又是庭园绿化的树种。

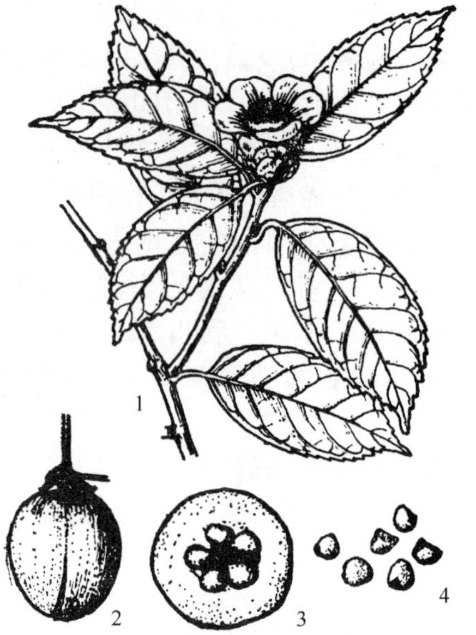

图6-6　广宁红花油茶

1. 花枝　2. 果实　3. 果实横切面　4. 种子

本种有两个变种：一是苍梧红花油茶，主要区别在于子房秃静无毛；另一是白花南山茶，主要区别在于花瓣白色。目前，白花南山茶面积较大。

广宁红花油茶分布于广东的广宁、封开、清远、郁南、高要、怀集等县；广西的苍梧、贺县、藤县、钟山；福建的闽侯等县。广宁红花油对生长条件的要求与越南油茶相近，喜高温高湿的南亚热带气候，年平均气温在20℃左右，自然分布比越南油茶偏北一些。

广宁红花油茶虽然产量和出籽率低，但含油率高。广宁县现有该种油茶76 000多亩，1979～1980年年产籽122万kg。在该县食用油中占居一定的比重。目前，从湖南、江西、浙江、安徽和湖北等省引种的情况看，江西赣南尚能正常结果外，其他地区虽能开花，但结果不多。

七、腾冲红花油茶(*Camellia reticulata* Lind1.)

又名滇山茶、野山茶、红花油茶等。常绿乔木，嫩枝黄绿色披毛，叶长椭圆形，长4.0～9.7cm。芽长卵圆形，苞片7～9枚，覆瓦状排列，表皮披白色绒毛，花单生于小枝顶端，呈艳红色，花径7.6～9.0cm，最大可达14cm。花瓣5～6枚，两面披白色绒毛，雄蕊多五轮排列，花凋谢时整个花瓣与雄蕊完全脱落，柱头3～7裂，深裂至花柱的一半，子房上位披毛。朔果壳厚木质，果大，果径3.4～6.0cm，平均果重60～100g，最大达250g。每果有种子4～16粒(图6-7)。

图6-7　腾冲红花油茶

该种分布在云南的腾冲、龙陵、保山等县。腾冲县打云山、大鹿丛山周围的云华、古永、中和、固东、沙坝等地最为集中，滇中地区亦有栽培。

腾冲红花油茶播种后8～9年才能开花结果，15年进入盛果期，花成果率高，种仁含油率高，油质好。近几年腾冲县由原来的 1 万亩发展到 5 万多亩，最高亩产油达 15kg 以上，是高寒山区的油用物种。同时，花大红艳，冬春开花花期长，具有较高的观赏价值。据冯国楣研究员研究，腾冲红花油茶是云南山茶花的原始种，有许多自然类型，如七月早、金花、尿泡茶、柿饼茶、柳叶茶等十几种，由它可以选育出大批的云南山茶花。近几年，从各地引种试验来看，由于生态条件的关系，大部分地方生长不良，有的地方虽然开花结实，但果实变小，结果率低。在湖南长沙、江西南昌等地将它嫁接在普通油茶上以后，生长良好，开花旺盛，培育了许多云南山茶多品种的植株。在云南省西南山区海拔 1 800 ~ 2 400m缓坡地带应大力地发展，作为育种的原始材料应重视和深入研究。

20 世纪 80 年代初，中国林业科学研究院亚热带林业研究所的同志深入云南省腾冲县腾冲红花油茶产区采取定点观察和广泛深入调查研究，经过几年的工作，从腾冲红花油茶中选择出十几个云南山茶花品种(见庄瑞林主编的《中国山茶》，1989 年海南人民出版社出版)。中国科学院昆明植物研究所是我国开展云南山茶花研究最早和最全面的单位，他们在腾冲红花油茶林中，经多年的观察筛选，从中已选出像“童子面”、“雪娇”等 50 余个云南山茶花品种。昆明植物研究所从 1973 年开始，与腾冲县林业局、沙坝林场合作，从大面积野生红花油茶中选育品种。该地区红花油茶花主要有 3 种类型：①以产油为主的单瓣类型：花小单瓣，结实率高。此类型约占 99% 左右。②半重瓣类型：该类花较大，雌雄蕊发育好，花瓣较多，约 8 ~ 18 枚，能结果，既能观花又能产油。该类型只占 1% 左右。③重瓣类型：当地群众叫仙叶茶。此类在整个油茶林中只有少数单株。所以选择的重点是在半重瓣类型中。其中最具特色、最珍贵的品种为“雪娇”。该品种为纯白色中透一点粉红色。因为在传统的云南山茶花品种中，色彩单调，主要以红色系列为主，仅有“童子面”一个品种为白色微带红晕，但花小，花期晚。“雪娇”品种的选育成功，填补了云南山茶花色单调的缺点，深受广大茶花爱好者的青睐。

茶花多为异花授粉植物，亲本的遗传基础不同，通过自然杂交或人工授粉，可提高结实率，所获得的种子后代分离大，各个体间性状差异明显，多样性突出。无论是在野外自然群体和栽培群体中，花瓣的数量、花型、花色、花径大小、叶片大小、形状、树形等均有较大的差别。因此，从现有自然群体和栽培群体中选育新品种，仍然是茶花育种的重要手段。昆明植物研究所从他们的茶花园的自然杂交种子实生苗后代中，每年不断选择一些花大、色艳、能结果的品种，如大理茶、早桃红等的种子进行播种育苗，经多年的培育，开花后从中选择具有优良性状的植株，再进行培育，性状稳定后进行繁殖。经多年的播种选择，从中选育出早牡丹、大红袍、玉带红等一批新品种。

在染色体上，我们在腾冲等地采样观察腾冲红花油茶染色体都为六倍体($2n=90$)。昆明植物研究所在四川的米易、会理和云南的禄功、华坪的部分地区为六倍体($2n=90$)。在西昌、德昌、宁南、会东、延边等地发现云南山茶的四倍体($2n=60$)。在延边和华坪小部分山地中出现了二倍体类型($2n=30$)。而现有栽培的云南山茶及所有腾冲分布的云南山茶都是六倍体($2n=90$)。这是云南山茶起源方面的一个重要发现。我们在攸县油茶观察中同样发现，不同地方发现了由四倍体($2n=60$)、五倍体($2n=75$)和六倍体($2n=90$)三种染色体数的攸县油茶，但它们的花粉形态、大小相差并不很大，比较接近，花粉败育率都较高。这种地理上的不同反映在染色体数上的不同，还有待进一步研究。

八、宛田红花油茶(*Camellia polyodonta* How. ex Hu)

又名多齿红山茶、宛田油茶籽。小乔木，小枝粗短，叶前端突尖呈短尾状，叶缘锯齿密而均匀分布，齿尖骨质黑色，两面中脉明显。花芽苞片多披有灰褐色绒毛，花深红色，2~4月开放，呈杯状，无柄。萼片多呈3~5裂，外裂扇形，内裂近倒心脏形，萼片中外裂部分宿存，内裂随花谢脱落。花瓣5~7枚，瓣基彼此相连，雄蕊多数分为2~4裂，内裂离生，外裂部分连生，花药椭圆形直裂，柱头黑褐色，子房3室。朔果球形或梨形，褐色，果径5~10cm，果皮厚1~2cm，果重30~120g。鲜出籽率12~20。每果有种子9~16粒(图6-8)。果实比浙江红花油茶大些，红色茶果挂满树，非常美丽。

宛田红花油茶在广西临桂县宛田分布最为集中，平均亩产油15~17kg，有一定生产潜力，为当地群众的食用油树种。湖南、江西、浙江、安徽和湖北等省一些地方县引种后，能开花结果，但有的地方产量很低，是作为育种材料和庭园绿化的好树种。

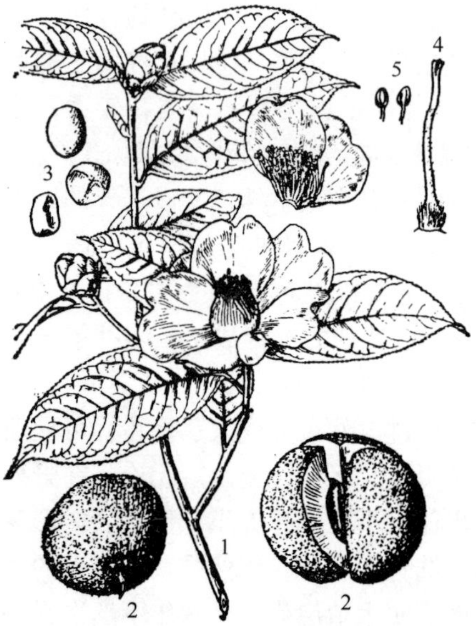

图6-8 宛田红花油茶

1. 花枝 2. 果实 3. 种子 4. 雌蕊 5. 雄蕊

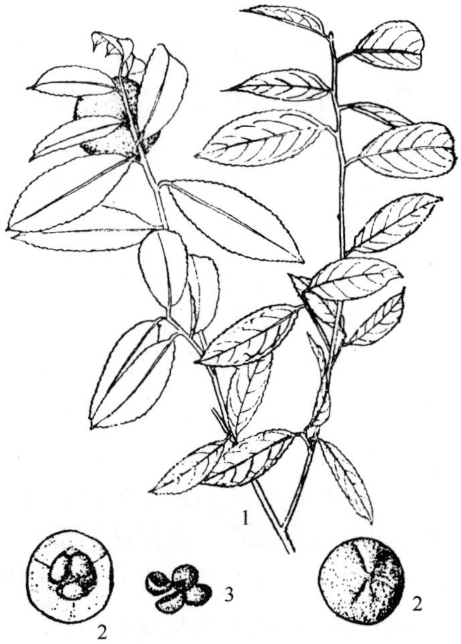

图6-9 茶梨

1. 果枝 2. 果实 3. 种子

九、茶梨(*Camellia octopetala* Hu)

又名梨茶、八瓣油茶。常绿乔木，小枝黄褐色无毛。叶长椭圆形，长8~13cm，表皮细胞角质层厚有光泽。顶芽1~3枚，苞片覆瓦状排列，背面脊部有灰褐色丝毛，子房4~5室。朔果梨形或球形，果皮深黄色粗糙，厚0.4~1.0cm，果实大，直径5~8cm，一般重95~170g，每果有6~14粒种子(图6-9)。

茶梨分布在浙江龙泉、庆元、建德、杭州；福建霞浦、建阳、三明、尤溪；江西龙南、定南、上饶等地，呈间断分布。

茶梨结实率中等。油橘黄色稍带涩味。在浙江建德县有一片茶梨，平均亩产茶油

15kg，当地群众作为食用油树种。近几年，各地都进行了引种，能正常开花结果，可在中亚热带低山丘陵生长。

十、博白大果油茶(*Camellia gigantocarpa* Hu et Huang)

又名赤柏子。高大直立的常绿乔木，树高8～12cm。小枝粗短无毛，有少数皮孔，叶革质椭圆形，长8～19cm，锯齿由叶尖至叶基逐疏，齿尖骨质黑色，仅基部反转。顶芽1～2枚，苞片前缘有灰白色或淡黄色细毛。花白色，直径8～9cm，无柄平展，花瓣基部肉质肥厚，萼片10～12枚，分3裂，外裂小于内裂，外裂角质栗褐色，背面脊部有黄褐色短毛。雄蕊多数，成5～6轮排列，内轮在20根以下，外轮多。花形，花谢时，雄蕊连花冠一起脱落，柱头一般3裂，乳白色，子房3室，每室有胚珠5～9个。朔果皮粗糙，呈黄褐色，球形或梨形。果大，直径7～12cm，重400～1 000g，果皮厚1.0～2.5cm，鲜出籽率12%～18%，每果有9～24粒种子(图6-10)。

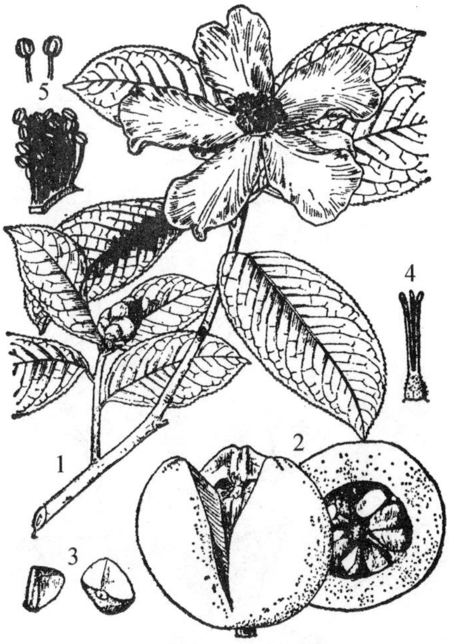

图6-10　博白大果油茶
1. 花枝　2. 果实　3. 种子　4. 雌蕊　5. 雄蕊

博白大果油茶适宜在高温多雨的南亚热带地区生长，从各地引种的情况来看，博白大果油茶生长快、抽梢发叶早，但耐寒性比越南油茶、广宁红花油茶和南山茶都差，即使开花，但结果不良，该种不宜在中亚热带地区栽培。

十一、白花南山茶(*Camellia semiserrata* var. *albiflora* Hu et Huang)

图6-11　白花南山茶
1. 花枝　2. 果实　3. 果横切面　4. 种子

广宁红花油茶的变种。常绿乔木，树皮淡绿褐色光滑，嫩枝圆形，淡褐色无毛。叶长椭圆形，厚革质，长10～18cm。花芽在顶部1～5个簇生，无柄，花苞片4枚，萼片8枚，内侧披银白绢毛，边缘有淡绿色角质层。花白色，花冠钟状，萼片宿存，雄蕊多数五轮，外二轮花丝基部连生，内三轮花丝连生，雌蕊比雄蕊长。子房上位，花期12月。朔果橘形、球形，果轴为枝柱型，五室，果大，直径8～10cm，平均果重500～1 000g，果皮木质化五瓣裂，皮厚2cm(图6-11)。

白花南山茶分布于广东封开县和广西苍梧县，属南亚热带气候。在主产区封开县南丰乡利水村1976年以来，每年收籽3万kg，每人平均口油有15kg以上。如今，从各地引种所知，在江西、浙江尚能生长，但结果很迟，较少，故宜在南亚热带发展。

十二、南荣油茶(*Camellin nanyongensis* Hu)

灌木，一年生枝褐色无毛，叶披针形，先端渐尖，表面下凹，叶柄多紫褐色。顶芽1～3枚，苞片背面脊部披稀疏的淡黄色短毛，花白色，10～11月开入，雄蕊多数，果多生于枝顶。假果柄(苞片和萼片着生的部位)长4mm左右，朔果小，平均果重1.5～4.2g，3室，每果有种子1～5粒(图6-12)。

南荣油茶主要分布在广西韶平县南荣乡一带，适于中亚热带低丘谷地生长，当地群众用果实种子榨油食用。它也是较好的庭园绿化树种。

前几年，湖南、江西、浙江、安徽等地引种，生长结果正常，在浙江富阳5年即开花结果，产量尚好。

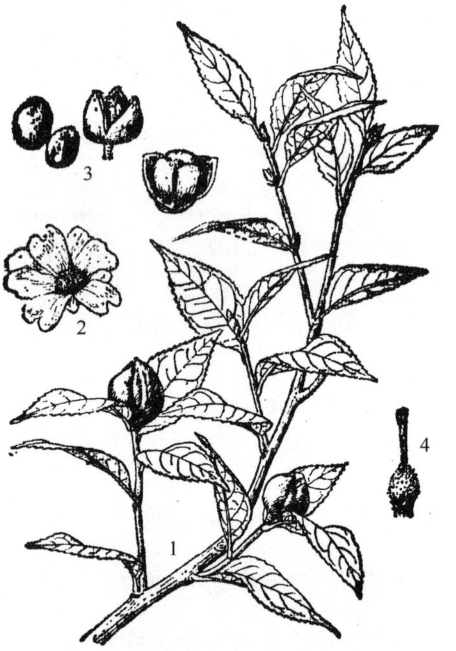

图6-12 南荣油茶

1. 果枝 2. 花 3. 种子 4. 雌蕊

图6-13 明月山红花油

十三、明月山红花油茶(*Camellia subintegra* Huang)

又名全缘红山茶。常绿小乔木，小枝褐色。叶宽披针形，革质、长5.0～8.5cm，叶全缘或上半1/3有疏小锯齿，叶面深绿有光泽，先端尾尖，基部楔形。芽长锥形绿色，花芽1～2个顶生。花红色，无柄，10～12开放，雄蕊多数成二轮排列，花瓣5～7片，萼片宿存，子房上位，无毛。朔果10月初成熟，有桃形、球形，果中等大小，果径平均2.5～4.5cm，每果有1～4粒种子，鲜出籽率12%～20%，出仁率40%～51%，种仁含油率67.04%，油质好(图6-13)。

明月山红花油茶目前处于野生状态，由于种仁含油率高，秋冬开花，是一种有价值的育种材料和庭园观赏树种。现在，只有在江西武功山脉明月山支脉发现，零星块状分布于海拔800～1 400m的山谷、湿度较大的环境条件下生长。20世纪70年代后，引种到浙江富阳、江西南昌、广东韶关等地，生长良好，开花较多，花色鲜艳，但结实一般。当把明月山红花油茶嫁接在普通油茶上以后，生长旺盛，开花更多，非常美丽。

十四、皱果茶(*Camellia rhytidocarpa* Chang et Liang)

又名皱皮茶。小乔木，一年生枝带棱，光滑无毛，表皮片状剥落。叶互生披针形，长7.4～10.5cm，先端渐尖，基楔形。叶表中脉隆起背面凹下，锯齿上密下疏，叶柄长。顶芽1～2枚。花白色，苞片和萼片栗褐色，宿存，雄蕊多数，内轮离生，外轮 花丝与花瓣连合，子房3室，每室有胚珠4～5个，花柱3条彼此分离。朔果表面有密集瘤状小凸起，成奇异果形。每果有3～9粒种子(图6-14)。果实中等大小，由于果实奇凸形，出籽率低，为18%～24%，出仁率40%～50%，含油率38～49.5。

图6-14　皱果茶

1. 花枝　2. 果实　3. 种子

皱果油茶主要分布于广西龙胜、三江县；湖南永顺、黔阳和四川宜宾县，呈间断性分布在中亚热带低山谷地生长，全混生于次生林中，处野生状态。90年代，湖南、江西、浙江等地引种后均能生长，结果很少。

十五、威宁短柱油茶(*Camellia weiningensis* Y. K. Li)

该种为李永康教授定名。闵天禄教授(2000)认为是怒江山茶，但其他专家不认同。常绿灌木或小乔木，小枝无毛。叶互生，边缘有密而细的锯齿，中脉两面隆起，两面无毛，花无柄而小，1～2朵顶生，有红色和白色，苞片和萼片6～7枚，无毛，宿存，内侧一枚呈花瓣状，长约1.7cm，花瓣6～8枚，顶有凹缺，雄蕊2～3轮，内轮花丝分离，花柱短而无毛，柱头3裂，子房3室披白色绒毛。朔果球形或扁球形，成熟时红色或黄色，无毛，果皮木质(图6-15)。

图6-15　威宁短柱油茶

1. 花枝　2. 果实　3. 种子

威宁短柱油茶主要分布在贵州威宁县一带，海拔1 700～2 600m，约有5万亩，群众采果榨油，为当地群众的食用油树种，对高寒山区解决群众吃油问题有着现实的作用。

据贵州省植物园邹天才等人对威宁短柱油茶光合特性的研究，在几个物种中，光补偿点及光饱和点差异较大，变异系数分别为48.12%

和32.31%。其中威宁短柱油茶的光补偿点和光饱和点均较高，分别为2 350lx和41 000lx，小黄花茶的光补偿点和光饱和点较低，分别为867和16 250lx。两者差异极显著($t=11.69$；$t_{0.01}=7.97$。)威宁短柱油茶的光合曲线类似于抛物线，而小黄花茶较为特殊。这几种物种的CO_2补偿点均为60μL/L。

威宁短柱油茶的净光合速率达14.41CO_2mg/(dm^2·h)，小黄花茶为9.00 CO_2mg/(dm^2·h)。光呼吸速率和暗呼吸速率都是威宁短柱油茶最高，分别为4.68和3.55 CO_2mg/(dm^2·h)，达到差异极显著。这几个物种叶绿素a及叶绿素b含量均以小黄花茶最高，威宁短柱油茶最低，它们之间的变异系数较小。分析它们的净光合速率与叶绿素(a+b)的关系看出，它们是呈正相关。

威宁短柱油茶具有抗寒、抗旱的特性和良好的经济性状，在育种上有一定价值，适应高寒地区发展，是解决当地群众食油的最好途径。

十六、金花茶(*Camellia chrysantha* Hu Tuyama.)

常绿灌木或小乔木。叶薄革质，长椭圆形，边缘锯齿细尖，基部圆形或楔形，叶背密披柔毛，叶柄密披粗毛。冬春开金黄色花，腋生或顶生，单朵近无梗，苞片和萼片10对左右，自内向外渐增大，广卵形至近圆形，外面披贴短柔毛。雄蕊多数，花丝有短柔毛，外轮的基部连生，内轮离生，子房3～4室，密披短柔毛，花柱3～4裂。朔果圆球形到扁球形，果径3.5～5.0cm，皮褐色、青褐色(图6-16)。

图6-16 金花茶
1. 花枝 2. 果实

金花茶喜生长在南亚热带温暖湿润的次生林下的溪谷地带。由于山茶属中开黄花种不多，故金花茶具有极高观赏价值，以及培育新品种的宝贵基因资源。金花茶于1960年在我国广西首次发现，并于1965年正式发表后，引起了国内外植物学界和园艺学界的关注，特别是国际山茶学会对它的高度重视，国内将金花茶誉为“茶族皇后”，“植物界中的大熊猫”，国外则称之为“幻想中的黄色山茶”。由于金花茶是一种黄色色泽能够遗传的种质资源，其花梗下垂，形态美观，花瓣为蜡质金黄色，花朵千姿百态，鲜润艳丽，是世界上的珍稀观赏植物。因此，国内外植物学、园艺学、遗传学、育种学等学科的专业工作者和业余爱好者都想得到和利用金花茶的种质来培育黄色系列的山茶花新品种，从而成为当今国际性山茶花研究的新课题。

金花茶不仅观赏价值高，而且具有一定的营养价值和药用价值。广西防城县的民间常用金花茶的叶煮水洗身，可以治伤风感冒、治疥疮，是散毒良药。邕宁和隆安等县的民间常用金花茶的花和叶经风干后作茶饮用，除止渴外，叶可治痢疾，花可治败血症，也可提取供食用的天然黄色染料。据广西林业科学研究院、广西农学院中心实验室和广西壮族自治区分析测试研究中心的分析测定，金花茶的花、果、叶中含有锗、硒、钼、钒、锰、锌等多种微量元素，对治癌、抗癌、抗衰老、保护心脏和细胞膜、增强机体免疫功能、降低胆固醇等方面有显著效果。20世纪90年代，广西北海市鸿发有限公司利用金花茶研制成功的金花茶袋泡茶、金花茶口服液和金花茶精等一系列高级保健饮料，并推向国际市场，远销东南亚各国。

金花茶不仅药用价值高，而且是一种野生木本食用油料的经济林树种。据广西林业科学研究院、广西植物研究所和中国科学院昆明植物研究所的分析，金花茶的种子含油量为15.16%，种仁含油量为17.6%，其油的理化性质是：折光率(28℃)为1.4502，比重(25℃)为0.9291，碘值为83.5，皂化值为191.1，酸值为5.631。脂肪酸组成是：棕榈酸为33.9%，硬脂酸为6.1%，十六碳烯酸为2.2%，油酸为43.4%，亚油酸为36.7%，亚麻酸为2.6%，葵酸和月桂酸均含微量，未鉴定酸为3.2%。由于金花茶油中的饱和酸含量低，不饱和酸含量高，故可作为工业用油，也可作为食用油，且食后比较容易消化，是一种耐储藏而不易酸败变质的食用油，因而具有一定的经济价值。

金花茶的花期较长，一般自11月始花，翌年4月终花，盛花期在1～2月，既是一种很好的观赏植物，又是一种很难得的冬季蜜源植物。

金花茶组植物已知的有24种5变种，其中除黄花茶(*Camellia flava*)、五室茶金花茶(*Camellia aurea*)产于越南北部和簇蕊金花茶(*Camellia fascicularis*)产于我国云南河口外，其余21种5变种均产于我国广西南部和西南部的亚热带南缘和热带北缘地区，地处热带季风气候区，主要受太平洋东南季风的影响，植被属于热带森林类型，即季雨林和雨林，但主要是北热带季节性雨林，既有向亚热带常绿阔叶林过渡的特点，又具有雨林的某些特征。金花茶组植物都是下层组成成分而出现于林下。目前金花茶分布区的现状植被以灌丛、草丛为主，天然森林植被保存较少，在海拔700*m*以下的岩溶地区，季节性雨林的代表植物种类，常见生长有蚬木(*Burrtiod endron hsienmu*)、金丝李(*Garcinia paucinervis*)、肥牛树(*Crphalomappasinensis*)、假肥牛树(*Cleistanthus petelottii*)、网脉核实(*Drypetes perreticulata*)等林木；沟谷雨林常见的种类有海南风吹楠(*Horsfieldia hainanensis*)、人面子(*Drcontomelon duperreanum*)、东京桐(*Deutzianthus tonkinensis*)、火焰花(*Saraca asoca*)和假肥牛树等林木；在海拔700*m*以下的土山地区，季节性雨林的代表植物种类，常见生长有白榄(*Canarium album*)、山枇杷(*Eberhardtia aurata*)、米老排(*Mytilaris laosensis*)、见血封喉(*Antisris toxicaria*)、黑榄(*Canarnium pimela*)、华南坡垒(*Hopea chinensis*)、人面子等林木组成各种不同成分的群落。

金花茶种类的分布区，主要在北回归线以南，向北可分布到我国广西平果和田东两县，南达广西防城和越南的和平省，西至广西龙州县、云南河口和越南的凉山、和平等，东至广西邕宁、天等、武鸣、平果和田东等县。广西成为金花茶的现代地理分布中心，被誉为金花茶的故乡。金花茶组植物的地理分布范围约在北纬20°52′～23°30′，东经104°～108°56′。垂直分布主要在海拔50～650m的丘陵低山。台地和山间的沟谷两旁或溪边处，以及石灰岩峰丛谷地，尤以海拔120～350m的常绿阔叶林下较为常见，有时形成群落；还有极个别种类可出现于900m以下的林下或灌丛中。

金花茶组植物生长在不同的土壤环境里而分布有不同种类的金花茶，可区分为两大类。

(1)土山类型　该类型的金花茶，一般只能适生于土山的酸性土上，土壤多为砖红性

表 6-2　金花茶组植物的种类分布表

分布地区 种类	中国															越南		生境及海拔高度(m)
	广西(县、市)														云南			
	邕宁	龙州	防城	宁明	扶绥	崇左	平果	田东	武鸣	隆安	大新	天等	南宁	凭祥	河口	凉山	和平	
金花茶	+		+	+	+		+			+			+					土山 50～650
防城金花茶			+															土山 50～650
小果金花茶	+																	土山 120～250
显脉金花茶			+															土山 150～480
东兴金花茶			+													+		土山 180～650
薄叶金花茶		+																土山 100～250
夏石金花茶				+										+				土山 150～250
小花金花茶				+										+				土山 190～350
小瓣金花茶				+										+				土山 180～900
凹脉金花茶		+									+							石山 130～480
大金花茶		+				+												石山 240～350
弄岗金花茶		+				+												石山 150～290
柠檬黄金花茶		+		+		+												石山 120～300
武鸣金花茶									+									石山 190～370
平果金花茶							+	+										石山 250～620
顶生平果金花茶												+						石山 130～450
多瓣金花茶					+													石山 150～250
直脉多瓣金花茶					+													石山 130～250
四季金花茶				+														石山 190～230
淡黄金花茶		+												+				石山 120～370
多瓣淡黄金花茶		+																石山 120～350
细叶金花茶		+																石山 150～230
龙州金花茶		+																石山 230～350
簇蕊金花茶																		石山 360～485
毛瓣金花茶										+	+							石山 190～370
五室金花茶																+		石山
广西五室金花茶					+													石山 120～250
黄花茶																	+	石山
扶绥金花茶					+													石山 120～230
陇瑞金花茶				+														石山 230～350

(梁威业，1993)

红壤和砖红壤，呈酸性反应，pH 值 4.5～5.5，土层深厚，质地黏重至疏松，土壤有机质含量和土壤含水量都较高，结构稍良好。分布有金花茶、显脉金花茶、东兴金花茶、小花金花茶、夏石金花茶、薄叶金花茶、小瓣金花茶、小果金花茶、防城金花茶等物种(表 6-2)。

(2)石山类型　该类型的金花茶，通常只能适生于石灰岩石山的钙质土上，土壤多为黑色石灰土和棕色石灰土，呈微酸性或微碱性反应，pH 值 6.5～7.5，土层浅薄，质地较黏重，土壤有机质和其他营养物质含量都比较高，结构良好，保水保肥性强。分布有凹脉金花茶、四季金花茶、毛瓣金花茶、平果金花茶、顶生平果金花茶、广西五室金花茶、多瓣金花茶、直脉多瓣金花茶、弄岗金花茶、大金花茶、陇瑞金花茶、扶绥金花茶、细叶金花茶、淡黄金花茶、武鸣金花茶、柠檬黄金花茶、龙州金花茶等物种(表6-2)。在自然分布的金花茶种类，到目前为止，尚未发现有同一种类的金花茶，既能适生于土山的酸性土上，又能适生于石灰岩石山的钙质土上的类型。但在人工引种栽培下，原生于石灰岩石山的钙质土上的种类引种到土山的酸性土上也能正常生长发育，开花结实，并能耐短期的-5.5℃的低温天气而未受到冻害死亡。金花茶当引种到湖南长沙、江西南昌和浙江富阳以后，夏季要遮荫，冬季要保暖，采取防冻措施后，生长尚好。当将它嫁接到油茶大树上后，生长好，提高了抗性。这给人们进行引种金花茶提供了重要依据。

现在，通过挖取野生金花茶大苗、高接压条和高接嫁接换头等方法，已收集和人工栽培了21个种金花茶基因库12亩多，有大树1 500多株，一般树高1～2m，有一半以上植株已经开花。

目前，金花茶在美国、日本、澳大利亚等许多国家已有引种栽培，特别是日本，通过扦插、嫁接等方法繁殖较快，1984年就已出售金花茶苗木，每株扦插苗售价20美元，每株嫁接苗售价65美元。这就说明了金花茶在国外引种栽培已获得成功的经验。

十七、西南红山茶(*Camellia pitardii* Coh. St.)

又名匹它山茶、野茶树、红花茶。有一种白花变种叫西南白山茶(*Camellia pitardii* var. *alba* Chang)

常绿灌木或小乔木。一年生小枝深褐色有毛。叶长卵形或狭椭圆形，长4.5～8.4cm，叶面主脉稍突出，先端渐尖，叶缘具胼胝锯齿。花单生于叶腋，红色较大，春天开放，花冠6.7～13.6cm，凋萎时呈白色，花萼圆形，雄蕊多数，花丝常连生至2/3处呈杯状，子房3室，密披长毛。朔果圆形或桃形，多为红色，中等大小，平均果径3.15～4.40cm，每果有5～12粒种子。鲜出籽率34%～45%，出仁率45%～64%，种仁含油率52%。油脂理化性质：酸价2.84，皂化价185.85，碘价83.90(图6-17)。

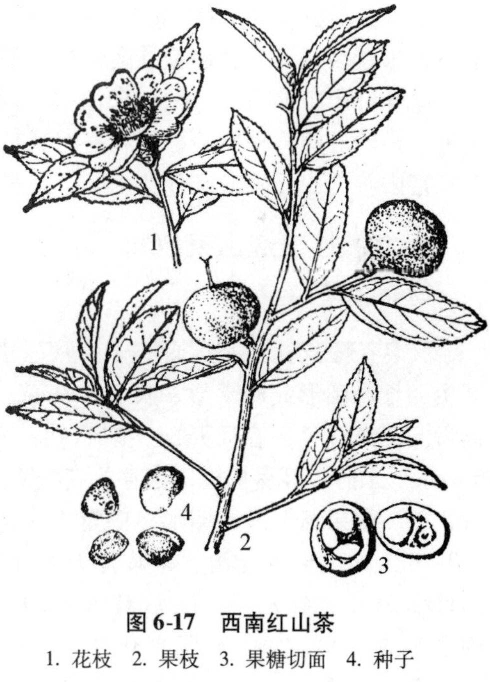

图6-17　西南红山茶

1. 花枝　2. 果枝　3. 果糖切面　4. 种子

该种主要分布于贵州盘县，约有60万株，以海拔1 800～2 400m的民生、羊场、坪地、西冲、乐民等地。此外，湖南的古丈、龙山、大庸、保靖等，四川的凉山、会理、会东；广西资源和云南亦有成片的分布。

西南红山茶油质清香，出油率23%～30%。目前，已有成片林子，是高海拔地区可利用的食用油料树种；同时，花大鲜艳夺目，是很好的观赏树种。

十八、厚叶红山茶(*Camellia crassissima* Chang et Shi)

常绿灌木或小乔木。叶厚革质，长椭圆形或椭圆形，长9~13cm，先端渐尖，基部宽楔形，边缘上部具疏生尖锐小锯齿，叶背面中脉显著隆起。花芽卵圆形，腋生或顶生，有的3个簇生枝顶，花浅红、深红或紫红色，2~3月开放，杯状、无柄，苞片革质8~9片，外侧披贴黄色绢毛，花瓣倒卵形，6~8枚，雄蕊142~230，呈3~4轮排列，外轮花丝联生无毛，子房3室、无毛，每室含胚珠4~6个。朔果球形、梨形，较大，直径5~7cm，果皮厚1.0~1.5cm，木质，每果有3~20粒种子。鲜出籽率16.59%~21.16%，出仁率58.12%~66.61%，种仁含油率63.5%~71.98%。脂肪酸组成：16:0为10.96%，18:0为3.13%，18:1为71.43%，18:2为11.48%。油脂理化性质：酸价3.0，皂化价182.54，碘价81.16(图6-18)。

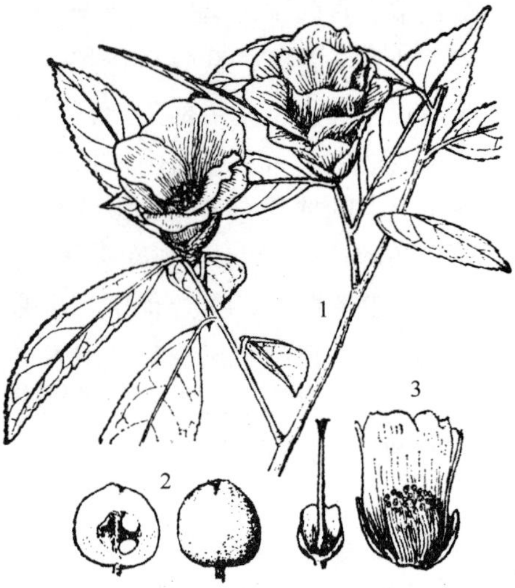

图6-18 厚叶红山茶

1. 花枝 2. 果枝 3. 雌、雄蕊

本种自然分布在北纬26°43′~27°17′，东经113°32′~113°58′，主要在江西宁岗县东上乡，永新县三湾乡，莲花县南村乡一带，海拔400~900m的山地。

厚叶红山茶油质好，种仁含油率一般为65%~67%，最高可达71%。花期长，花大色艳，是较好的育种原始材料和庭园观赏树种。引种到江西吉安、江西南昌、湖南长沙、浙江富阳等低山丘陵亦已开花结实，生长良好。

十九、栓壳红山茶(*Camellia phellocapsa* Chang et Lee.)

又名茶陵红花油茶、野茶子。常绿小乔木。叶互生，长椭圆形或椭圆形，长9~19cm，上半部有锯齿。花鲜红色，春天开放，喇叭状，直径4.5~6.7cm，无柄，萼片9枚，宿存，花瓣6~7枚，柱头3裂。朔果球形或倒卵形，中等大小，平均果径4.0~6.5cm，果皮光滑，果皮厚0.8~1.3cm。鲜出籽率38%~46%，出仁率48%~60%，种仁含油率54%~64.7%。油脂理化性质：比重(15℃)0.9217，酸价2.1，皂化价191.73，碘价81.29，折光率(25℃)1.4693(图6-19)。

图6-19 栓壳红山茶

1. 花枝 2. 果 3. 种子 4. 雄蕊花瓣

本种主要分布在湖南茶陵、安仁、攸县等县。目前处于野生状态，零星分布在海拔300~700m陡坡，与杉、松及灌木混生。

栓壳红花山茶含油率高，可以开发利用。前几年广西南宁、桂林，江西南昌，湖南长沙，浙江富阳等地引种，5 年生树高 1 ~2m，生长尚好，且已开花结果。

二十、短管红山茶(*Camellia brevituba* Chang et Zeng)

常绿灌木或小乔木。叶披针形，长 6.2 ~ 8.5cm，先端渐尖或钝尖，中脉下面明显突起，被褐色短毛，叶缘微向内卷，齿尖具黑褐色骨质小刺，芽纺锤形，外缘有稀疏短毛，花单生于枝顶，膜质，粉红色或白色，花冠直径 6 ~8.5cm，无柄，苞及萼片 7 ~9 片，中部被银白色绢毛，花瓣 6 ~8 枚，倒卵形，基部连生，外被白色短毛，雄蕊排列成 4 ~5，外轮花丝中、下部连成管状，基部与花瓣连生，内轮花丝离生，均无毛，子房 3 室，密披灰白色绒毛。朔果球形或桃形，直径 3.2 ~4.3cm，果实基部罕见宿存萼片。果皮被白色丝状毛，成熟后脱落。每果有 1 ~5 粒种子(图 6-20)。

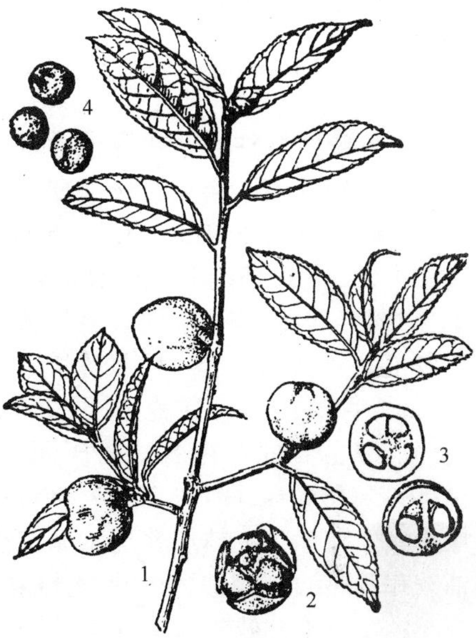

图 6-20　短管红山茶

1. 果枝　2. 果实　3. 果横切面　4. 种子

该种分布于云、贵、川三省交界的乌蒙山区，在毕节和赫章两县境内有 20 多个乡，面积约有 4 万亩。一般生长在海拔1 480 ~1 860m 的高山上。短管红山茶含油率高，春天开花，红白相间，秀丽雅致，是可以利用的油用物种和观赏树种，应该开发和利用。

二十一、小黄花茶(*C. luteaflora* Li *ex* Chang)

常绿灌木或小乔木。一年生枝灰褐色，无毛。叶长椭圆形或椭圆形，长 6.5 ~12.0cm，先端渐尖或突尖，下面突起，边缘反卷，芽圆锥形，密生银白色毛，花单生于叶腋或近顶生，金黄色，常向叶背方向开放，直径 1.0 ~1.8cm，无柄，未分化苞及萼顶端凹缺深达 2.5mm，雄蕊约 60 枚，排成二轮，外轮花丝合生成短管状，子房卵形 3 室，被白色柔毛，花柱长 5mm，顶部 3 裂，约 2mm，朔果球形或椭圆形，多红色，直径 1cm，每果多为 1 粒种子(图 6-21)。

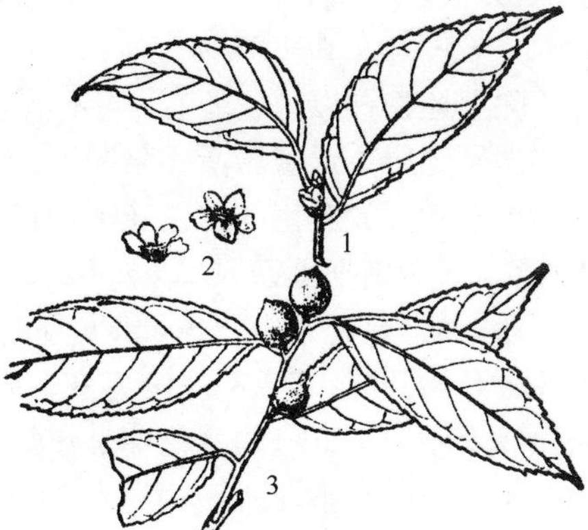

图 6-21　小黄花茶

1. 花枝　2. 花　3. 果枝　4. 种子

小黄花茶与金花茶的区别在于，金花茶的花比它大而有柄，雄蕊四轮排列，而比它多二轮，花柱离生，而小黄花茶中下部连生，顶部 3 裂。

该种主要分布在贵州赤水县境内，常散生在

偏僻的次生林中，海拔 900 ~1 060m 陡坡、河谷土层深厚的山地黄壤上。该地年平均气温为 18.1℃，最热月（7 月）平均气温 28℃，最冷月（1 月）平均气温 7.8℃，年降水量 1 322.1mm，主要集中在 4 ~7 月，相对湿度 85%，气候特点：气温日差较大，积温有效性较高，属无霜期长的中亚热带温暖和湿润气候型。

该种花小金黄色，是一个可贵的杂交育种原始材料，又具很高的观赏价值。

二十二、泰顺粉红油茶（*Camellia taishunensis* Hu）

又称粉红短柱茶。常绿小乔木或灌木，小枝银灰色或棕褐色，当年新枝前期多为紫红色。叶多为长椭圆形或椭圆形，长 3 ~5cm，叶缘有浅锯齿，花芽绿色，卵圆形，芽鳞光滑或银白色茸毛，单个着生当年枝顶，个别腋生，秋冬开花，花多粉红色，个别白色，果实较小，直径 2.0 ~ 3.0cm，每果有 3 ~8 粒种子（图 6-22）。

图 6-22　泰顺粉红油茶

1. 果枝　2. 花　3. 果实横切面　4. 种子

本种主要分布在浙江的庆元、龙泉、泰顺、遂昌和云和等县，海拔 200 ~500m 山地，常与马尾松、栎类等次生林或普通油茶混生。泰顺粉红油茶和普通油茶相似，但叶片比普通油茶小，花亦小；在分布上处于浙江红花油茶与普通油茶的中间地带。而染色体数目为两物种之和的一半。因此，推测该种很可能是浙江红花油茶和普通油茶的天然杂种。

当地农民用它的籽榨油食用已有 100 多年历史。据遂昌县湖山乡调查，每 50kg 干籽可榨油 16.5kg，比普通油茶高出 2.5 ~ 4.0kg。据测定，泰顺粉红油茶出籽率、含油率高，抗炭疽病能力较强，是可开发利用的物种。

除上述物种以外，还有一年四季开花的山茶，如 20 世纪 80 年代初，我们在广东省林业科学研究所项跃威副所长陪同下，调查发现了“杜鹃红山茶”（*C. azalea*）的物种，它能一年四季不断开放鲜艳的红色花朵，在夏天，它们依然红花满树（气温在 38℃左右），真令人称奇。“越南抱茎茶”（*C. amplexicausis*）的物种也是四季开花的，其水粉红的迷人花朵常年不断。而“金花茶组”（Sect. *Chrysantha*）中的“毛籽金花茶”（*C. ptilosperma*），5 月份黄色的花朵开始开放，7 ~8 月份盛花，9 月到翌年 4 月均有少量花开放。另外，“长尾红山茶”（*C. longicaudata*）的盛花期是在 7 ~8 月份。由上可知，现在我们可以大胆地说，茶花是全年开花的木本花卉。用这些物种作为杂交亲本，相信可以培育出花色花型丰富多彩的、能全年开花的茶花新品种。

有更为特别的叶片山茶，一般看到的山花，叶片边缘大多有明显的叶齿。可是，我们在山茶物种调查中发现，仅红山茶组（Sect. *Camellia*）中就有 3 个种的叶片边缘是全缘的。如“全缘红山茶”（*C. subintegra*）、“连山红山茶”（*C. lienshanensis*）和“杜鹃红山茶”。这些物种边缘十分光滑，在阳光下可以看到透明一线白边。这种与传统茶花不同的叶片性状，增强了它们的观赏魅力。特别值得一提的是，“杜鹃红山茶”的叶片形状、密度、着生角度及位置与杜鹃花十分相似，开花时十分酷似杜鹃花，这说明茶花已拥有了杜鹃花的某些特性。通过育种家的努力，利用这些种质资源，在不远的将来会出现杜鹃花的密叶性与茶花的耐久性兼备的新品种。另外，“凹脉金花茶”(*C. impressin - evervis*)的凹凸不平的叶片和“越南海棠”似琵琶叶大小的叶片也给我们带来了无限的美感。

有抗逆性超凡的山茶。我们在贵州省海拔 1 800*m* 的山地，发现了红山茶组中的“赫章红山茶”(*C. hezhangensis*)和“美丽红山茶”(*C. delicata*)，冬季是在大雪覆盖下度过的。它们有点像日本的“雪山茶”(*C. rusticana*)物种，具有很强的抗寒性。园林上广泛应用的“美人茶”(*C. uraku*)是众所周知的抗寒茶花。可是，据初步观察，“赫章红山茶”和“美丽红山茶”的抗寒性会超过“美人茶”、“宛田红花油茶”(*C. polyodonta*)、“广宁红花油茶”(*C. semiserrata*)、“厚叶红山茶”(*C. crassissima*)等物种，在原产地多是在强阳光下生长的，具有很强的抗日灼性。瘤果茶组(Sect. *Tuberculata*)中的多数物种，叶片具有特别的质地，病虫很难入侵。上述物种的抗逆性为我们提供了培育抗性茶花品种的宝贵育种材料。

具有芳香、矮冠、密花、小叶的山茶。除了专家学者之外，很少有人认为连蕊茶组(Sect. *Theopsis*)和毛蕊茶组(Sect. *Eriandria*)中的物种也是山茶。这些物种矮冠枝小、叶片小、花密、具浓香。我们在湖南、江西、广东、广西、贵州等地看到的“尖边蕊茶”(*C. cuspidata*)、“岳麓山连蕊茶(*C. handelii*)、“毛柄连蕊茶(*C. fraterna*)、“心叶毛蕊茶(*C. cordifolia*)”等物种，是很诱人的。它们不仅可以直接用于绿化和盆栽，而且也是培育迷你型密花品种的好亲本。例如：“乳熊(Baby Bear)和“童柳”(Baby Willow)等品种，就是用连蕊茶组中的一些物种亲本杂交得到的。连蕊茶组的物种在澳大利亚和新西兰很受欢迎，不仅因为它们很芳香，更重要得是它们有非常又美丽的树型。此外，短柱茶组(Sect. *Paracamellia*)中也有几个叶片非常小而密集的物种，如“细叶短柱茶”(*C. microphylla*)和“窄叶短柱茶”(*C. fluviatilis*)，适合制作盆景。

有更为珍贵的茶族皇后。“金花茶”(*C. nitidissima*)特有的黄色被誉为茶族皇后，已为世界所公认。遗憾的是它的叶片太大，花瓣数太少，到目前为止已定名的多达 30 个物种中只有几个叶片小花瓣多更为珍贵的物种。如“东兴金花茶”(*C. tunghinensis*)、“平果金花茶”(*C. pinggaoensis*)、“黄花茶”(*C. flava*)等物种。这些物种无论从栽培还是从育种角度考虑，都有利用价值。

有能制作茶叶的珍贵物种。我们在原产地发现，当地少数民族“茶组”(Sect. *Thea*)和“秃茶组”(Sect. *Glaberrima*)中的一些物种用于制作保健茶，据说有清热解毒健体的功效，比传统的茶叶要好得多。广西凭祥大青山的“膜叶茶”(*C. leptophylla*)，广东高州的“秃房茶”(*C. gymnogyna*)、龙门的“毛叶茶”(*C. ptilophlla*)，贵州丹寨县的“丹寨秃茶”(*C. danzaiensis*)等，不仅花大叶大，而且制作的茶叶味道清香浓郁。

此外，广西上思县叫安乡还有成片的山茶原始林。四川有成片的西南山茶(*C. pitardiic*)、峨眉红山茶(*C. comeiensis*)。山东青岛崂山沿海还有原始的“耐冬”山茶林。总之，我国山茶资源丰富，有待于我们去开发、研究和利用。

除上述物种外，还有桂峰山油茶，又名长尾红山茶，昭平油茶、苍梧白花油茶、尖叶山茶，又名尖叶连蕊茶，柳叶山茶又名柳叶连蕊茶，毛种茶、大果南山茶又名苍梧红花油茶，瘤果茶、隐叶红山茶、扁果红山茶、红山茶、柃叶山茶又名柃叶连蕊茶，心脉山茶又名心叶连蕊茶等，这些物种分布于南方各省地，大多处于野生状态。作为基因资源，我们应加以保护和利用。

我国的栽培物种可分为白花油茶、红花油茶和黄花油茶三大类。白花油茶类各物种在生态上有较大的差异，普通油茶是栽培历史悠久、分布面积最广、利用价值最高的一个物种，生长在南、中、北亚热带低山丘陵，对气候、土壤有广泛的适应幅度。小果油茶亦有较大的适应范围。攸县油茶适宜中、北亚热带低山丘陵。越南油茶、博白大果油茶是窄生态幅物种，适应夏热冬暖，多雨高温的南亚热带低山丘陵。引种实践表明，这两个物种不能适应低温和年温差较大的气候条件。红花油茶类大多生长在中、高海拔地区。浙江红花油茶、腾冲红花油茶在高温低海拔地区生长发育不良，而广宁红花油茶在北亚热带有冻害。因此，在引种时，应根据不同物种的特性和对生态条件的要求进行选择(表6-3)。还应指出，许多物种种内还有不同类型，它们具有不同的形态特征和生理特性。每一生态型都与特定的生境条件相联系的，遗传上是稳定的。

20 世纪 80 年代，我国各地广泛进行了油茶物种资源的调查，收集和利用的研究，取得了一定的成绩，积累了大量有价值的材料，这将为今后的育种和理论研究打下了物质基础。

通过对主要栽培物种生育动态的研究看出：第一，南方生长的物种，如越南油茶、博白大果油茶等物种的抽梢展叶一般都早于普通油茶和小果油茶。

第二，各物种的抽梢展叶和开花的早迟与当年气温密切相关，如当气温达到某种抽梢展叶或开花所需气温时，该种就进入其生育阶段，反之，气温过低或提前来临时，则发生推迟和提早抽梢展叶和开花的现象。

第三，普通油茶在南亚热带地区抽梢展叶早于北亚热带，而开花却迟于中、北亚热带。这主要是由于地理位置的不同和气温高低的影响。因此，每年抽梢展叶和花期的具体日期就有所差异，但总的趋势是一致的。

第四，处于同一地的不同物种，抽梢展叶、花期和果熟期是不同的，这由种的生物学特性所决定的。

第五，由于海拔高度不同造成气温的差异，以致同一物种在生育动态出现的早迟上，低海拔比高海拔来临得早。

总之，油茶不同物种的生育特性是受遗传基因所控制，但它的阶段发育受当地气候的影响，而气候又制约于该地区所在的纬度、海拔和地形地貌等因素的影响。故表现出物种的共性和种内个体的多样性。

植物个体的每个性状均受遗传基因所控制。自 19 世纪末染色体被发现，且证明它是遗传信息的携带者，促进了实验性进化的研究。对某一个物种来说，都具有比较稳定的染色体组成。山茶属(*Camellia* L.)以拥有东方最重要的饮料——茶(*C. sinensis*)，木本油料——普通油茶(*C. oleifera*)及大型木本花卉——滇山茶(*C. reticulata*)著称于世，历来受到农学家、园艺学家、分类学家的关注。1958 年 Sealy 提出了第一个完整的山茶属系统，20 世纪 80 年代张宏达(1981，1996)、闵天禄(1996，1999)先后提出了另外两个系统。三者对该属的种类、系统演化、起源及扩散存在不同的，甚至相反的观点。上述 3 个系统所阐明的观点都只是以形态地理资料为依据，迫切需要从不同的角度研究上述问题。早在 20 世纪 20 年代 Moraga(1929)就开始了山茶属的细胞研究。半个世纪以来，J. Ammal(1953)，

表 6-3　各油茶物种对生态条件的要求

项目／气候带	气温(℃)			年降水量(mm)	年日照时数(h)	无霜期(d)	物种
	年平均	绝对最高	≥10℃的积温				
北亚热带	15～17	-7	4 500～5 000	750～1 500	1 800～2 000	200～270	普通油茶、浙江红花油茶、攸县油茶
中亚热带	17～21	-10 左右	5 000～6 000	1 200～2 000	1 600～1 750	270～320	普通油茶、小果油茶、攸县油茶、昭平油茶、南荣油茶、茶梨、宛田红花油茶、明月山红花油茶、泰顺粉红油茶、厚叶红山茶、威宁短柱油茶、浙江红花油茶、腾冲红花油茶、栓壳红花油茶
南亚热带	21	0～2	6 500～7 000	1 400～2 000	2 000	357～360	普通油茶、越南油茶、广宁红花油茶、博白大果油茶、金花茶、宛田红花油茶、腾冲红花油茶
	22	2～5	7 000～8 000	1 500～3 000	200	仅 1～2d 轻霜	越南油茶、金花茶、博白大果油茶

（庄瑞林等，1978）

Arckerman(1980，1971)等许多学者作了大量的工作。到 1990 年为止，一半以上的种已有染色体数目的报道，近一半的种已具核型资料，即 14 组 119 种山茶属中，有染色体数目记载的 10 组 62 种，有该型报道的 54 种，超过或接近总数的一半。

山茶属内，组比较容易区分，但组内种间关系复杂，有时候很难划分种和变种，再加上种内多倍性现象较多，不同的变种常具有不同的倍型。因此，在分析比较时以组为单位，在计算组的平均值时，把种内不同倍性的类群及不同的变种作为独立的单元来处理。

从目前已知的种来看，山茶属植物的染色体基数无一例外都是 $x=15$。在山茶亚科的其他属中还有另一个常见的基数 $x=18$，目前在山茶属中还未发现。虽然还不能肯定 $x=15$ 就是山茶属的唯一基数，但已知基数的 10 个组都只发现一个基数。这一事实说明山茶属的基数十分稳定。虽然山茶属的基数稳定，但倍性变化很大，从 $2x$ 到 $8x$ 都有。①以 $2x$ 种最多，每一个组都有 $2x$ 中；多倍体以 $4x$ 和 $6x$ 为主，$8x$ 的种只有 3 个，出现在 Sect. *Camellia* 和 Sect. *Paracamellia* 中，奇数多倍体($3x$、$5x$ 和 $7x$)为人工栽培品种；②多倍体在不同组中出现的频率不同，排除 $3x$、$5x$、$7x$ 的品种，主要出现在 Sect. *Camellia*、Sect. *Theopsis* 和 Sect. *Paracamellia* 3 个组中，已知的 Sect. *Archecamellia*、Sect. *Thea*、Sect. *Tuberculata* 和 Sect. *Stereocarpus* 的自然分布种类全是 $2x$ 种；③种内多倍性现象突出，特别是在 Sect. *Paracamellia* 中，按闵天禄(1999)的修订，该组有 7 个种，其中 5 个种就是多倍体复合体；④多倍体分布不均匀，排除人工引种的 *C. oleifera* 和 *C. sasangua* 等种的影响，在山茶属分布区的西部、北部和西北就具有较多的多倍体，分布区的南部则多倍体较少。

由于多倍体的进化几乎是不可逆的(Stebbins，1971，1950)，因此，上述特征说明山茶属内组的分化是在二倍体水平上进行的，进一步可以推测组的分化可能在多倍化开始前就完成了，或者是新生的多倍体不利于大的分化。结合特征可以看出分布中心靠西、西北和北部的组要比靠南的组拥有更多的多倍体。这一特征一方面可能反应了南北之间在历史环境上的差异，因为白垩纪晚期到第三纪早期我国大部分地区处于热带或亚热带气候，第三纪后气候发生了很大的变化，这种变化在南部波动小，北部波动较大，而环境变化大的地区有利于多倍体的生存和发展(Ehrendofer，1982；Stebbins，1950)。另一方面可能指示出山茶属扩散的重要方向是从南向北。多倍化是一个复杂的问题，除了外部的环境，自身的遗传结构是重要的原因。Parks(1986)的研究表明山茶属内种间杂交是很普遍的，从 Kondo(1977a，1977b，1978)的研究可以看出山茶属的多倍体常是异源多倍体或节段异源多倍体。这说明杂交在多倍化的关键作用。山茶属具有较稳定的染色体基数和多变的倍性，多倍体主要表现出 Sect. *Camellia*、Sect. *Paracamellia* 和 Sect. *Theopsis* 这些分布中心靠北的组中，位于热带和近热带的 Sect. *Thea* 和 Sect. *Archecamellia* 无自然的多倍体。山茶属的核型从对称向不对称进化，南部的组具有较对称的核型；已知核型的组中 Sect. *Archecamellia* 最为原始，Sect. *Camellia* 最为进化。现在的分布中心不是它的起源中心，而是分化中心，其起源地应在这一中心以南，最可能在中南半岛。

从整体看，DNA 分析结果与山茶属物种的分类相关性很有趣。含有形态相似的物种的组成 DNA 分析中聚在一起。金花茶组、短柱茶组和茶组在形态上、DNA 链的相似性以及其他方面都聚在一起。DNA 分析认为连蕊茶组和毛蕊茶组可以合并。形态上不同的离蕊茶组、红山茶组和古茶组中的物种在 DNA 分析中它们不能相聚。山茶属其他组在 DNA 分析并没有很好地呈现出可以作出关于相关方面结论的迹象。可以看到，形态上的相似性与 DNA 键的相似性有很强的相关性。

澳大利亚西部悉尼大学奥利西先生用分子遗传方法评定东南亚开黄花的山茶品种的演化关系，研究了中国东南部和越南的 32 个山茶物种的种间关系。研究结果表明，热带和寒冷地区山茶物种之间似乎不存在遗传上屏障问题。山茶属在植物分类中是一个比较大的属，据张宏达教授的研究，分为 4 亚属 19 组约 200 种以上。对山茶属植物染色体的研究，我国研究开展较迟，仅十几年的时间现已完成了普通油茶、小果油茶等 16 个物种的染色体计数和普通油茶、浙江红花油茶等 8 个物种的核型研究。所见的不同物种的染色体，次端部着丝点的大型染色体及中部着丝点的小型染色体。还发现带随体或副缢痕的染色体。此外，多倍体中见到小型的超数染色体是相当普遍的。如在茶梅、冬山茶中都曾发现。但这小型的超数染色体，究竟是 B 染色体，还是由于缺失、易位等染色体结构变化造成的部分常染色体？尚不清楚。

从所观察到的山茶属各物种中，染色体存在从二倍体(2n = 30)到八倍体(2n = 120)的倍数性系列，其中包括 2n = 30、2n = 60、2n = 75、2n = 90 和 2n = 120 等 5 种倍数体。但没有观察到三倍体和七倍体的物种。从观察的材料中已知攸县油茶种内存在四倍体、五倍体和六倍体及南荣油茶种内存在二倍体、四倍体和五倍体的倍数性分化现象。这与阿克蔓所观察的茶树种群中存在的倍数性分化相类似。攸县油茶所产生的倍数性分化可能是由四倍体自交或杂交产生的。据福岛荣二等人研究认为，山茶属倍数性系列建立过程中三倍体显示了主要作用。在黄少甫等观察到的物种中，二倍体占比例最大，其次是六倍体，四倍体最少。从我国主要油用物种取材所做试验结果与福岛荣二等人的结论并不完全一致。通过二倍体和多倍体的观察，可以推断，不少的种是由杂种起源。因此，山茶属中五倍体和四倍体的发现，对于倍数体水平的山茶属的常规育种寄予了很大的希望。

我们从不同地方采集来的普通油茶、越南油茶、广宁红花油茶、宛田红花油茶和博白大果油茶等物种，其染色体是稳定的，不存在种的倍数性分化现象。

从不同物种花粉大小、正常花粉比例研究看出(表6-4)，野生种比经长期选育的栽培种，其花粉形状更趋一致。同样，二倍体比多倍体花粉形状更为一致。我国山茶属主要油茶物种花粉粒大都是中等大小，平均直径为 35.52 ~ 55.90μm。正常花粉比例平均为 94.15%(变化幅度为 83.6% ~ 99.6%)。败育率很低，除攸县油茶败育率较高(达 16.4%)外，其他物种平均败育率只有 5.85%(变化幅度 2.0% ~ 13.6%)；而国外观察的 30 个物种(或群体)正常花粉比例平均只有 75%(幅度为 3% ~ 98%)，一般败育率都较高，最高达 97% 左右。根据对花败育率的观察，从进化角度分析，败育率高的一些物种较原始些。同时，没有观察到像 *Camellia japonica* L. 的一些栽培品系中，随着花粉粒增大，正常花粉减少的现象；也不像香港毛蕊茶(*Camellia assimilis* Champ. et Benth.)那样，花粉粒大小的平均值与败育花粉有密切的相关性。此外，尚未发现这些物种的染色体与花粉粒大小有相关性，而只发现红花油茶类的花粉粒一般均大于白花和黄花油茶类，这说明花粉粒的大小与果实大小有一定的关系。

此外，不少单位还从同功酶的变异倾向探讨山茶属各物种中野生种及栽培种之间的亲缘关系，以区别一些种，发现酸性磷酸酶在种间及种内均未见有明显的差异；而过氧化物酶显示了多种多样的差异。通过染色体和同功酶测定分析，认为泰顺粉红油茶是浙江红花油茶和普通油茶的自然杂种是正确的。总的说，电泳酶不仅显示了物种之间差异很大，而且在同一物种不同品种之间也存在着明显的差异，没有什么规律性。但是，在普通油茶、小果油茶、越南油茶、浙江红花油茶、广宁红花油茶、攸县油茶、腾冲红花油茶、博白大果油茶、茶梨、南荣油茶、茶陵红花油茶和泰顺粉红油茶等这 12 个物种中都有第 4、7、18、19、20 和 22 等 6 条。虽然规律不明显，但从酶带的活性、带数中能说明一些生态学的问题。如长期生长在高原气候环境的腾冲红花油茶，缺少第 20 带，但其第 15、16 两条的活性特别强，这种现象在其他物种中没有发现，不论根部酶谱或幼芽酶谱都是如此，这很可能是起源于高原山区，长期适应那里的气候条件所形成的独特的生化反应的结果。腾冲红花油茶具此独特的酶带，是否与抗逆性有关，有待今后研究。如确实如此，则对有性杂交与选择适合于高原地区种植的品种，有着重要的意义。同时，对染色体工程和遗传工程的研究也是一个比较理想的材料。小果油茶、越南油茶出现的酶带数均多。有人认为细胞质的环境因素能影响不同基因的活动，因而在一定环境下，能够诱导产生新的同功酶谱带。小果油茶出现多酶谱现象，除了与其遗传特性有关外，也可能与其生态条件有关，结果表现抗寒性较强。

表 6-4 我国主要山茶物种的染色体数、花粉大小、直径变化范围和正常花粉比例

组别	种 名	染色体数	花粉直径				正常花粉比例（%）	花粉的形状
			长径（μm）		短径（μm）			
			平均	变化范围	平均	变化范围		
油茶组	普通油茶	90	38.24	±2.46	37.20	±2.77	90.40	多为圆球形
	小果油茶	60	39.26	±5.38	37.54	±5.59	94.80	圆球状近三角形
	越南油茶	120	46.40	±2.60	46.32	±2.57	90.00	圆球状近三角形
	茶梨	60	41.28	±6.59	39.84	±5.78	98.00	球状、三角形、长圆形等
	南荣油茶	30	32.52	±4.46	31.98	±4.03	92.20	圆球形
	博白大果油茶	30	39.48	±4.20	37.60	±4.42	98.40	圆球形
	昭平油茶	90	41.40	±3.40	40.52	±4.04	90.80	圆球形
	茶梅	90	45.48	±4.34	43.48	±4.85	94.00	圆球形
短柱油茶组	攸县油茶	60	35.60	±2.59	33.46	±2.91	83.60	圆球形
	攸县油茶	75	35.60	±2.59	33.46	±2.91	86.60	圆球形
	攸县油茶	90	35.60	±2.59	33.46	±2.91	83.60	圆球形
	威宁短柱油茶	30	40.40	±2.48	39.90	±3.10	89.00	圆球形
红山茶组	浙江红花油茶	30	50.98	±3.34	50.82	±3.28	99.60	圆球形
	广宁红花油茶	30	51.48	±4.42	49.98	±4.43	92.40	圆球状三角形
	宛田红花油茶	30	48.82	±2.67	47.36	±2.87	97.80	圆球形
	腾冲红花油茶	90	54.52	±1.22	50.88	±4.38	86.40	圆球状三角形
	栓壳红山茶	—	54.76	±8.30	52.32	±8.56	95.80	圆球状三角形
毛蕊茶组	尾叶山茶	30	55.90	±5.22	51.24	±4.20	97.00	圆球状三角形
	尖叶山茶	30	47.86	±3.34	44.46	±4.15	97.00	圆球状三角形
	柃叶山茶	—	39.00	±2.58	54.76	±4.16	97.00	圆球状三角形
金花茶组	金花茶	30	44.62	±4.69	40.44	±3.23	96.70	圆球形

（庄瑞林，董汝湘，1983）

在同功酶谱聚类分析的树系图中，首先，看到的是许多物种按果实大小分三个类群，出现这样的归类，很可能是与酶的分布有关。过氧化物在形态建成过程中的重要性不仅在于它具有吲哚乙酸氧化酶活性，可能参与激素调节，而更重要的是，它是唯一参与木质素合成的酶。另外，从我国20年来引种实践看，广宁红花油茶、博白大果油茶等物种属于窄生态幅种，这种特殊性通过酶谱树系图反映出来，在特殊生态环境生长的树种，经过漫长的自然选择后对环境产生一种适应能力，必然是通过其内部的遗传因素经过外界环境的相互作用而反映在形态上。通过再深入对酶带的测定，发现它们都有一些特殊酶带，如广宁红花油茶在第27带是特有的，博白大果油茶在第5带是特有的，而腾冲红花油茶在第15、16两带中则显示其特别强的酶活性，这样特殊的酶也许是其生态环境对植物自然选择的结果。其次，在树系图上看出，在浙江省境内采集的普通油茶、浙江红花油茶、茶梨和泰顺粉红油茶的酶谱相似性比较大，可以推测其亲缘关系也较其他种密切。而小果油茶和攸县油茶的原产地相距也不远，树系图上也可归并在一起，从这些现象可以看到它们的亲缘关系在一定程度上与地理分布有关；同时说明生态环境因子对它们内部的生理生化过程起着一种选择作用，使其对所处环境的适应能力达到更高的程度。

目前，在油茶主要栽培种中，由于生态条件的差异和种的不同，其含油量高低亦不同。表 19－1 清楚看不同油茶物种间含油量的差异是相当大的，竟可达 2～3 倍。据测定各种油茶物种种子均得到 5 种脂肪酸：棕榈酸(16∶0)、硬脂酸(18∶0)、油酸(18∶1)、亚油酸(18∶2)、亚麻酸(18∶3)。从测定的 14 个油茶物种脂肪酸含量看出，油茶脂肪酸的主要特点是饱和酸的含量低，仅 15% 左右；在不饱和酸中，油酸是主要成分约占 80% 左右，还有少部分的亚油酸及量很小的亚麻酸，正因为这样，茶油在各种食用油中，其营养价值属优等食用油。从单个油茶物种来说，各种脂肪酸最高值与最低值不一样(表 19-2)。说明我国油茶物种的资源丰富，利用前景大。

从不同油茶物种种子脂肪酸成分来看，同一属各个物种之间是相似的，主要都是由五种脂肪酸组成，但是各个组分的含量存在差异。研究这些油茶种子脂肪酸成分的分布规律，可以看到与果实的植物学性状存在一定关系(表 6-5)。我们按平均果径大于普通油茶平均果径(即大于 3cm)的和平均果径小于普通油茶平均果径(即小于 3cm)分别作为大果类和小果类油茶物种，比较他们种子中脂肪酸含量，发现存在着明显的差异(表 6-6)。大果类种的油酸含量低，而棕榈酸含量高，亚油酸含量也略高于普通油茶和小果类物种。我们将油酸含量和各个物种果实平均果径进行相关性测定，得到 $r = -0.859$，呈明显的负相关(图 6-23)，其回归方程为 $y = 83 - 2.616x$。棕榈酸含量和各个物种果实的平均果径的相关测定，得出 $r = 0.663$，呈明显的正相关。而各个物种的果实重与油酸呈明显的负相关 r 值为 -0.804。油茶物种含油量与果径、果实重量的相关不明显($r_{径} = 0.237$，$r_{重} = 0.350$)。

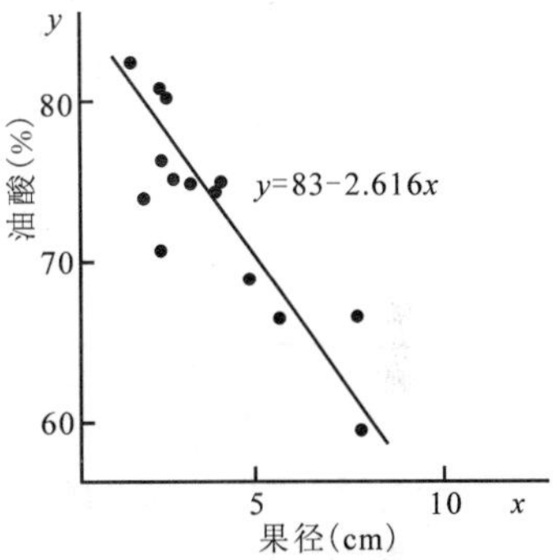

图 6-23　油茶物种油酸含量与果径关系图

表 6-5　不同油茶物种果实的主要植物学性状

物种		果皮颜色	种子色泽	果径(cm)		果实重(g)	
				平均	幅度	平均	幅度
小果类	小果油茶	红	棕黑	2.00	1.8～2.8	8.2	3.4～16.0
	攸县油茶	棕	棕黑	2.30	1.5～3.8	6.0	3.4～18.0
	南荣油茶	红青	棕黑	1.84	1.5～2.5	2.8	1.5～4.2
	泰顺粉红油茶	红青	棕黑	1.99	1.5～2.5	3.8	2.2～5.0
	威宁短柱油茶	红青	棕黑	2.10	1.6～3.0	5.0	3.0～9.0
	小果红花油茶	红	棕黑	1.40	1.0～2.0	1.7	1.2～4.0
	昭平油茶	红青	棕黑	2.60	2.2～4.0	18.0	8.0～25.4
普通油茶		红	棕黑	3.00	2.1～4.2	20.0	9.9～44.0

（续）

物种		果皮颜色	种子色泽	果径(cm)		果实重(g)	
				平均	幅度	平均	幅度
大果类	越南油茶	红青	棕黑	3.90	3.2～5.2	38.0	25～140
	宛田红花油茶	红青	棕黑	4.00	3.3～7.1	40.0	30～120
	茶梨	棕	棕黑	5.50	5.0～7.4	102.0	95.1～170
	浙江红花油茶	红	棕黑	4.70	3.4～6.0	42.0	26～160
	白花南山茶	绿红	棕黑	7.80	6.2～11.5	200.0	180～1 200
	广宁红花油茶	红	棕黑	7.80	6.0～11.0	180.0	140～1 000

（庄瑞林，1984）

表 6-6 不同果径种子脂肪酸含量比较表

项目	供试物种数	棕榈酸（%）	硬脂酸（%）	油酸（%）	亚油酸（%）	亚麻酸（%）
大果类物种	6	12.75～18.25	31.67～6.43	59.40～74.84	8.52～14.89	1.03～1.77
普通油茶	1	11.73	1.81	75.08	10.51	0.87
小果类物种	7	7.17～14.53	1.90～3.09	71.29～82.50	5.24～12.02	0.36～1.59

（庄瑞林，1984）

前面已经证实，不同物种有不同脂肪酸组成，同一经济林不同种脂肪酸也各不相同。从分析数据中可以明显看出：①油酸和棕榈酸、亚油酸含量的关系。油酸含量与棕榈酸含量 r 值为 -0.898，呈明显的负相关，油酸含量与亚油酸含量 $r=-0.859$，也是明显的负相关；②棕榈酸含量和亚油酸含量的关系，棕榈酸含量高于亚油酸含量。18 种共试物种样品平均含量比为 1∶0.8809，同时经相关测定 $r=0.627$，两者含量呈正相关；③含油量和油酸、亚油酸、棕榈酸的关系，含油量与油酸含量 r 值为 -0.565，含油量与亚油酸含量 r 值为 0.643，含油量与棕榈酸含量 r 值为 0.399。含油量与这三种脂肪酸均未表现出明显的相关。

据丛玲美对“油茶脂肪酸组成的地理经纬度的关系”的研究，油茶种子的样品采自油茶产区的，湖南的怀化、永州、衡阳，江西的宜春、萍乡、贵溪、永丰、樟树，广西的梧州、玉林、柳州、百色、凌云，广东的东莞、东源、广州，福建的长泰、三明、安溪、宁德，浙江的常山、建德、丽水、淳安，贵州的锦屏、黄平、丛江，湖北的麻城、大悟、咸宁，安徽的歙县、金寨、太湖，河南的商城等共 10 个省份的 34 个点。测定结果为：

(1)茶油主要脂肪酸组成与地理经纬度的相关分析　把油茶脂肪酸中的棕榈酸、硬脂酸、油酸、亚油酸、亚麻酸、花生酸的含量和各采样地的地理经度、纬度进行相关分析看出：茶油 6 种脂肪酸与地理经纬度之间的相关系数中，只有硬脂酸与地理纬度呈显著相关关系，相关系数 $r=-0.4134$；茶油 6 种主要脂肪酸之间的相关系数中呈极显著负相关关系有：油酸与棕榈酸、花生酸与棕榈酸、亚麻酸与硬脂酸、油酸与亚油酸、花生酸与亚油酸，相关系数 r 分别为 -0.6495、-0.4985、-0.4612、-0.8128、-0.5686，呈极显著正相关关系有：亚油酸与棕榈酸、花生酸与油酸，相关系数 r 分别为 0.5205、0.5100；亚麻酸与油酸呈显著负相关关系，相关系数 $r=-0.3500$。

(2)茶油硬脂酸含量与地理纬度的聚类分析　可将全国油茶主产区分为二大类：第Ⅰ类是：①湖南怀化、福建三明、江西贵溪、贵州锦屏、湖北大悟、浙江淳安、福建长泰、湖南衡阳、浙江丽水、河南商城、浙江建德、广西郴州、安徽歙县13个点；②湖南永州、江西宜春、湖北麻城、广西凌云、浙江常山、湖北咸宁、江西萍乡7个点；第Ⅱ类是：①广西梧州、广西百色、安徽太湖、贵州黄平、广东广州、江西樟树、广西玉林、江西永丰、安徽金寨、贵州从江、广东东源、福建安溪12个点；②广东东莞、福建宁德2个点。对聚类分析结果的4类之间进行方差分析的结果是：油茶硬脂酸含量与地理纬度聚类分析结果的方差分析看出：硬脂酸4类间均方明显大于类内均方，并且硬脂酸含量的F值达到1%的极显著水平，说明类间差异大，聚类结果是合理的。

通过对茶油的油酸、硬脂酸含量与地理纬度聚类分析结果，可以将油茶主要分布区分为四大区域：即湖北、安徽、浙江及江西北部地区为1区，该区硬脂酸含量较低，为1.78±0.12%；湖北南部、江西南部及浙江南部为2区，该区硬脂酸含量最低，为1.52±0.10%；贵州、广西北部、江西及福建主要地区为3区，该区硬脂酸含量较高，2.15±0.21%；广东和福建南部地区为4区，该区硬脂酸含量最高，为2.73±0.06%(图6-24)。

图6-24　茶油硬脂酸含量地理区域划分

通过对全国普通油茶分布区内随机取34个点进行采样，并对其油茶籽抽提油脂肪酸进行相关分析和聚类分析，得出茶油硬脂酸含量与地理纬度的关系为：地理纬度高，硬脂酸含量低；地理纬度低，硬脂酸含量高。同时，从全国各测点看，其他脂肪酸与地理无关联。

山茶物种的抗寒性问题，在1975～1976年，世界范围内的低温出现以后，美国华盛顿地区的山茶遭受严重冻害，许多25年生茶梅大树冻死。日本也有相似的情况。我国中亚热带地区不少地方，1975年出现了－13.7℃，1976年出现了－14.3℃的低温。因此，山茶不同物种遭受了严重冻害，如位于浙江富阳中国林业科学研究院亚热带林业研究所山茶园的广宁红花油茶、博白大果油茶等物种就是如此，博白大果油茶地上部分全部冻害。1992年12月下旬，我国南方突然而来的降温，并持续了数天，气温在一天内极差达30℃左右，即白天为15℃，而夜间突然下降至－14～－16℃，这是过去从来没有的，冻害现象比1975～1976年更为严重。中亚热带地区的山茶科的物种，如越南油茶、广宁红花油茶、博白大果油茶、云南油茶、红山茶；樟科中的香樟；桃金娘科中的夹竹桃；芸香科中的柑橘等都遭受严重冻害和冻死。我们调查看到，不少植物对温差极度变化反映不一样，不少常绿树种在这种温度差突然变化时遭受严重冻害和死亡。但是，同样的树种，在背风向阳、水面周围的特殊条件下，却安然无恙。我们采用差热分析技术，于1990～1992年对浙江红花油茶、广宁红花油茶、明月山红花油茶、宛田红花油茶、攸县油茶、厚叶红山茶、栓壳红山茶、遂昌大果茶（浙江红花油茶变种）等9个物种；小桃红、十八学士、白宝珠、吉祥红、胭脂牡丹、绯白牡丹、花叶粉球、白嫦娥彩等10个茶花品种进行了抗寒花芽致死温度测定，发现山茶单花原基的越冬花芽有多次低温放热现象。同时发现离体的花瓣、雌蕊和雄蕊也具有低温放热现象，而鳞片无此现象。

花芽的冻害变褐观察表现：当降温至－18℃时，花瓣、柱头、子房和雄蕊都没有变褐；降温至－20℃时，花瓣、子房和5%的雄蕊首先变褐，柱头为绿色；降温至－22℃时，变褐的雄蕊增至50%左右，柱头仍为绿色；降温至－24℃时，所有的花器全部变褐冻死，花器官抗寒能力强弱次序为：柱头＞雄蕊＞子房和花瓣。这是以攸县油茶为实例测定的全过程抗寒性的反映。不同山茶物种、山茶花品种在测定过程中，花芽冻害变褐的降温的起点是不同的，但过程完全是一样的。不同物种和茶花品种花芽致死的温度是不同的：如攸县油茶花芽平均致死温度为－19.8℃（即－19.6～－20.2℃）、浙江红花油茶平均致死温度为－16.9℃（即－15.2～－18.6℃）、明月山红花油茶平均致死温度为－15.9℃（即－15.2～－16.5℃）、白宝珠平均致死温度为－9.5℃（即－9.4～－9.7℃）。

山茶花芽不少种和品种全部基部具有连生的大量雄蕊，我们首次发现，离体的带有全部雄蕊的组织块降温时出现许多次降温放热现象，带有子房的离体的雄蕊或者单花瓣也具有单次低放热现象，而离体的鳞片没有发现过冷现象。在整个花芽DTA图谱的40多个低温放热小峰，可能分别来自雄蕊、雌蕊和花瓣内过冷组织水的结冰，已发现带有一个花原基花芽在缓慢低温过程中，通常只出现一次低温放热，多原基的花芽才出现多次放热，低温放热次数与小花个数相同。因此认为，每次低温放热对应于每个小花内过冷水结冰。花原基内的水分由于水晶被突破，每一个小花的花芽出现多次结冰现象，因而花芽降温时水晶分别在花芽组织的不同部位相互独立地形成，它的花数决定了低温放热的个数。

此外，研究山茶花芽过冷现象，进行差热分析测定时，实践证明当花芽未进入冬眠或春花芽采自温室，因温室环境不同，植物没有休眠状态，进行低温锻炼，或采样测定时间太晚，植株花芽已经含苞待放，植株已解除了冬眠，这是所采集花芽，不可能有过冷现象。因此，低温过冷现象是某些植物进入冬休眠的一种生理现象，未进入冬休眠或已解除休眠的植株都不存在过冷现象。

这次特大严冻以后，我们于1月中旬采取的山茶种作过冷抗寒测定，几乎大部分山茶种和全部茶花品种冻死变褐，像花在开水中煮泡过一样。从观察和实践证明来看：①一般野生种比栽培品种抗寒性强；②当地生长的种比引进生长的种和品种抗寒性要强；③单瓣和半重瓣抗寒性强于重瓣类；④云南山茶的抗寒性要差些，但用普通油茶物种作砧木大树嫁接以后的云南山茶，抗寒性大大提高，可达－14℃；⑤用红山茶与山茶花杂交后的杂交种，抗寒性强；⑥还作了叶内部组织结构与抗寒力解剖观察，叶片内组织结构与抗寒力有一定的关系，抗寒力与花的形态也有关。

山茶主要油用物种叶片解剖特征观察的情况看：①叶表皮：仅在下表皮具气孔器，异型气孔和表皮毛(表6-7)。②表皮细胞：根据上下表皮细胞的形状和垂周壁的式样，各物种的表皮细胞分3种类型。上表皮细胞为多边形，垂周壁平直或弓形，下表皮细胞不规则形，垂周壁浅波纹，如红山茶、厚叶红山茶、博白大果油茶；上下表皮细胞均为无规则形，垂周壁浅至深波纹，上下表皮垂周壁均为浅波纹，如越南油茶、广宁红花油茶、短管红山茶；上下表皮垂周壁均为深波纹，如攸县油茶、宛田红花油茶、腾冲红花油茶，上下表皮垂周壁均为浅波纹和深波纹均有的，如攸县油茶×普通油茶、普通油茶、小果油茶。③气孔器：不同物种的气孔器的密度(125～366个/mm^2)和大小(23.8μm×29.0μm～36.4μm×34.7μm)均有一定的差异(表6-7)。有分类价值是：不同物种的气孔器有单型和多型之分。在一种植物的叶表皮中，只有一种气孔器类型为气孔单型。而有两种以上的气孔器类型为多气孔多型。普通油茶、博白大果油茶、广宁红花油茶、厚叶红山茶、短管红山茶、攸县油茶、攸县油茶×普通油茶为多孔单型。它们的气孔器为不等型，3个保卫细胞围绕着气孔，其中一个明显比其他两个小。而小果油茶、越南油茶、皱果油茶、红山茶、浙江红花油茶为气孔多型。它们除具不等型气孔外，还有少数为环列型。其气孔器较周围的气孔器稍大，保卫细胞4～8个或一环围绕保卫细胞。不少物种具异型气孔，异型气孔在同属植物和野生茶中曾有报道，在形态学上，它叫“腺鳞”，其解剖结构就是在它的中央，有一个下陷在活瓣状角质层下的气孔，而周围有数圈成环状围绕气孔的保卫细胞。镜检时，博白大果油茶、攸县油茶、攸县油茶×普通油茶，可见大而密的异型气孔。而浙江红花油茶、红山茶、普通油茶的异型气孔较小而稀。部分物种具双气孔。通常气孔的分布，相互之间有一定距离，但在红山茶、厚叶红山茶、攸县油茶×普通油茶、浙江红花油茶、宛田红花油茶中，可以看到双气孔。它们的保卫细胞互相贴靠在一起，中间无保卫细胞，而周围有一圈共同的保卫细胞。观察中可见，两对保卫细胞大多并列在一起，也有互成直角排列，或直线排列，双气孔在其他种子植物中是非常少见的。表皮毛：仅皱果油茶、宛田红花油茶在下表皮具表皮毛。即使毛已脱落，在表皮上还留有毛的基细胞可以识别。它与异型气孔的区别是：基细胞的中央不是气孔，形态也小。

从叶的横切面观察，上下表皮细胞均为1层，叶肉有栅栏组织1～3层，具有石细胞和簇晶，维管束为外韧型。不同的物种叶的厚度(205.3～471.4μm)，上表皮角质层厚度(1.7～10.9μm)等均有一定的差异(表6-8)。

(1)表皮 ①按上表皮内表面的整齐度分为：A. 整齐型，上表皮能较严格地保持1 层细胞，表皮内表面排列整齐的，如博白大果油茶、浙江红花油茶、攸县油茶。B. 不整齐型：上表皮相间有较多的横列双细胞，使表皮的内表面呈不整齐状态，如普通油茶。②按上下表皮的厚度分：A. 等厚型：上下表皮的厚度两者相差不大，如攸县油茶。B. 上厚下薄型：两者相差较大，上表皮明显要厚于下表皮，如广宁红花油茶。

表 6-7 山茶属油用物种叶表皮性状观察统计表

种名	表皮细胞				气孔器			异型气孔	表皮毛
	形状		垂周壁式样		类型	密度(个/mm^2)	长(μm)×宽(μm)		
	上表皮	下表皮	上表皮	下表皮					
普通油茶	无规则	无规则	深波纹	浅波纹	不等型	176	31.1×31.1	有	无
小果油茶	无规则	无规则	深波纹	浅波纹	不等型环列型	218	32.1×30.4	无	无
越南油茶	无规则	无规则	浅波纹	浅波纹	不等型环列型	139	35.9×31.7	无	无
高州油茶	无规则	无规则	浅波纹	浅波纹	不等型环列型	228	30.9×32.4	无	无
博白大果油茶	多边形	无规则	平直和弓形	浅波纹	不等型	229	26.1×25.1	有	无
攸县油花×普通油茶	无规则	无规则	浅波纹	深波纹	不等型(有双气孔)	182	33.6×29.5	有	无
红山茶	多边形	无规则	平直和弓形	浅波纹	不等型环列型(有双气孔)	186	27.6×24.8	有	无
浙江红花油茶	多边形	多边形	平直和弓形	平直和弓形	不等型环列型(有双气孔)	366	23.8×29.0	有	无
厚叶红山茶	多边形	无规则	平直和弓形	浅波纹	不等型(有双气孔)	139	36.4×34.7	无	无
广宁红花油茶	无规则	无规则	浅波纹	浅波纹	不等型	125	31.7×25.8	无	无
腾冲红花油茶	无规则	无规则	深波纹	深波纹	不等型	127	32.1×32.4	无	无
宛田红花油茶	无规则	无规则	深波纹	深波纹	不等型(有双气孔)	191	27.3×23.9	无	有
短管红山茶	无规则	无规则	浅波纹	浅波纹	不等型(有双气孔)	222	33.6×31.1	无	无
攸县油茶	无规则	无规则	深波纹	深波纹	不等型	144	35.7×29.9	有	无
皱果油茶	多边形	多边形	平直和弓形	平直和弓形	不等型环列型	161	32.4×29.5	无	有

（邓六中等，1992）

表 6-6　山茶属油用物种叶横切面性状观察表

种名	叶的总厚度(μm)	上表皮		栅栏组织		海绵组织厚度(μm)	栅栏/海绵	中　脉		
		角质层厚度(μm)	表皮细胞厚度(μm)	层数	厚度(μm)			外形	厚度(μm)	脉厚/叶厚
普通油茶	410.8	10.5	37.4	2	170.4	179.4	0.95	双凸型	709.1	1.72
小果油茶	376.6	6.9	31.1	3	151.2	182.9	0.83	下平上凸	543.9	1.44
越南油茶	371.8	7.6	41.4	1	116.4	197.9	0.59	上平下凸	778.0	2.09
高州油茶	340.4	5.4	32.2	2	128.8	150.1	0.86	双凸型	654.1	1.92
博白大果油茶	290.7	1.4	27.2	1	67.7	180.7	0.37	上凹下凸	833.1	2.87
攸县油茶×普通油茶	335.1	7.5	28.5	2	107.0	184.0	0.58	双凸型	633.4	1.89
红山茶	440.3	10.9	24.2	3	142.7	254.0	0.56	双凸型	1039.6	2.36
浙江红花油茶	471.4	7.5	31.1	3	148.5	276.7	0.54	双凸型	1021.1	2.17
厚叶红山茶	459.7	6.3	42.8	3	142.8	239.2	0.60	双凸型	773.0	1.69
广宁红花油茶	330.6	5.8	38.0	1	78.8	185.2	0.43	双凸型	1315.1	3.98
腾冲红花油茶	317.4	2.4	22.4	1	105.8	169.1	0.63	双凸型	840.0	2.65
宛田红花油茶	284.1	3.1	21.3	2	85.1	153.0	0.56	双凸型	915.7	3.22
短管红山茶	293.7	5.2	26.7	2	110.4	152.7	0.72	双凸型	750.5	2.56
攸县油茶	248.8	1.7	23.5	2	95.9	115.9	0.83	双凸型	640.0	2.57
皱果油茶	205.3	1.7	27.6	1	58.2	99.2	0.59	双凸型	764.2	3.72

(邓六中等，1992)

(2)叶肉　根据栅栏组织的层数和海绵组织的排列状况，可分为3种类型：栅栏组织为3层，1~2层细胞等长，排列紧密，第3层较短较稀疏；海绵组织排列较紧密，且横列成层较有规律，如浙江红花油茶、小果油茶、红山茶、厚叶红山茶。栅栏组织为较明显的2层，海绵组织排列较紧密，大多无规则，如普通油茶、攸县油茶、宛田红花油茶、短管红山茶、攸县油茶×普通油茶。栅栏组织仅1层，或其下尚不明显的一短层，海绵组织排列疏松，无规则。如广宁红花油茶、博白大果油茶、越南油茶。

(3)石细胞　由于石细胞的形态多种多样，不同物种叶片中石细胞的形态非常复杂。根据石细胞形状，主要分：石细胞(短石细胞)大致成等径或略有伸长，为多数物种所具有，大多分布于叶缘，如普通油茶。柱状石细胞(长石细胞)，主体呈长柱形，表面大多平滑，或者有时成树带状，甚至带上带有刺，但主体及两端基本上不分枝，如越南油茶。如主体具有其他明显特征时，再另作分别。如骨状石细胞，主体两端膨大如骨头状，如攸县油茶。纺锥状石细胞，主体两端尖细如纺锤，如浙江红花油茶。锥状石细胞，主体一头粗，一头细，形成锥子，如广宁红花油茶。带刺状石细胞，主体表面呈树带状，带上具有伸入细胞间隙的针刺，如博白大果油茶。树状石细胞(枝状石细胞)为大型的异细胞，主体呈圆柱形，但有明显的分枝，有的分枝多集中在一端，形如树蔸、树梢，分枝集中在两端，形如带根的树，分枝多在主体，形如树枝，均称树状或枝状石细胞，如小果油茶。树状石细胞的分枝缩短就简化为柱状石细胞。所以，这两种石细胞有时会在同一叶片中同时存在，或者其中间类型。星状石细胞具有从中央体分散出的分叉或呈臂状，如普通油茶。无定型石细胞形状不规则，有的呈块状，如广宁红花油茶。

物种不同，石细胞的起源和分布也有差异。石细胞原始体为紧贴在上下表皮的第一层薄壁细胞。它形成的石细胞顶端就像吸盘或鹰爪似的紧贴上下表皮，而主体就像梁柱似的支撑着叶肉，有的直达上下表皮，如攸县油茶。有的仅紧贴上表皮，如越南油茶、广宁红花油茶。有的紧贴下表皮，如博白大果油茶。有的石细胞不仅紧贴表皮，而且与表皮呈平行排列，如广宁红花油茶。石细胞原始体为海绵组织的薄壁细胞，有它形成的石细胞，多散生在海绵组织之中。也有穿插到栅栏组织中的，但不与表皮紧贴。如普通油茶。

(4)晶体　叶肉中，除厚叶红山茶外，其他物种都发现有簇晶分布。它们一般散生于海绵组织之中，如广宁红花油茶、仅博白大果油茶的簇晶分布于近表皮的栅栏组织中。

(5)叶脉　不同物种主脉隆起的方向和程度有所不同，造成脉的外形和脉叶比均有差异。其次，主脉维管束的形状，木质部和韧皮部所占的比例，维管束鞘的分布和发达程度均有一定的种间差异。

除普通油茶外，上面介绍的21个物种中，在产区都有一定的面积，当地群众都采取种子榨油食用，在当地人民生活中有一定的重要地位。除普通油茶开展了全面广泛、而深入的研究之外，像攸县油茶、浙江红花油茶、广宁红花油茶等一些物种亦不同程度的开展了一些研究，对油茶的发展都起到了促进作用。

中国山茶属主要物种检索表

1. 苞和萼不分化，萼片脱落，花通常较大，直径5 ~ 10cm，无柄
  2. 花丝离生或基部稍连生，不形成花丝管，花瓣离生，或稍连生，白色
    3. 花较大，直径 5 ~ 10cm，雄蕊长 1 ~ 1.8cm，朔果较大，8 ~ 5 室
      4. 小枝无毛
        5. 叶长圆形、倒卵形或长椭圆形、长 8 ~ 19cm，宽 5 ~ 9.5cm，朔果球形、倒卵形较大，直径 5 ~ 12cm
          6. 叶长椭圆形，长 8 ~ 13cm，苞片覆瓦状排列，背面脊部有灰褐色丝毛，朔果直径 5 ~ 8cm ……………………………… (1)茶梨 *Camellia octopetala* Hu
          6. 叶长椭圆形、圆形、倒卵形，长 8 ~ 19cm，苞片前缘有灰白色或淡黄色细毛，花大直径 8 ~ 9cm，果大直径 7 ~ 12cm ………………… (2)博白大果茶 *C. gigantocarpa* Hu et Huang
        5. 叶披针形，先端渐尖，表面凹下，果小 2 ~ 3cm，多生于枝顶，有假果柄，长 4mm ……………………………… (3)南荣油茶 *C. nanyongensis* Hu
      4. 叶倒卵状椭圆形、长 3 ~ 6cm，宽 1.5 ~ 3cm，先端短尖，基楔形，芽鳞片鲜时绿色，边缘暗红色无毛，有时被绿毛或芽鳞尖端具簇生毛、花瓣 5 ~ 6 片，倒披针形，长 2 ~ 2.5cm，顶端浅凹缺，子房密生淡黄色丝状毛、果薄，革质厚约 1mm …………… (4)小果油茶 *C. meiocarpa* Hu.
        7. 叶椭圆形较大，叶长 5 ~ 9cm，宽 2 ~ 4cm，先端渐尖，基部渐窄，上面光亮；芽鳞片鲜时黄绿色，密披银灰色或黄褐色丝状毛。花中等径约 4cm，朔果球形、桃形、橘形等，直径 2.5 ~ 4.5cm ……………………………… (5)普通油茶 *C. oleifera* Abel.
        7. 叶矩圆形、倒卵形或披针形，长 6 ~ 8cm，宽 2.5 ~ 4.5cm，上面暗绿，芽鳞鲜时黄绿色，密披白色丝状毛干时密披黄色丝短毛，花单生于枝顶叶腋，直径约 9cm，朔果球形径 4 ~ 6cm ……………………………… (6)越南油茶 *C. vietnamensis* Huang ex Hu

3. 花小花瓣近离生，雄蕊及花柱长 2～8mm，朔果小常为 1 室，直径 1.5～3.5cm
8. 叶宽卵形、椭圆形，边缘有细锯齿，叶背有明显散生腺点，花白色，春天开花具栀子香味，柱头较短，朔果 2～4cm，外皮麻褐色…………………………………（7）攸县油茶 *C. yuhsienensis* Hu
8. 叶卵圆形，中脉两面隆起无毛，小苞及萼片 6～7 枚无毛，长约 1.7cm，花有红或白色，花瓣 6～7 枚顶有凹缺，子房被白色绒毛，果熟呈红色或黄色 …………………………………………………………………………………………………（8）威宁短柱油茶 *C. weiningensis* Y. K. Li
2. 花丝连合成短管，花瓣基部高度连合
9. 花白色，花瓣长圆形，子房有沟，花柱 3～5 条离生，朔果表面多瘤或皱褶，种子常有毛。叶长圆形，先端渐尖，叶无黑腺点，子房 8 室，花柱 3 条无毛 ………………………………………………………………………………………（9）皱果油茶 *C. rhytidocarpa* Chang et Liang
9. 花红色，有时淡白，花柱连生，先端 3～5 浅裂
10. 子房有毛
11. 外轮花丝或花丝管有毛，叶大椭圆形，长 8～12cm，先端突长尖，锯齿尖钝，苞及萼片 15 枚 ………………………………………………（10）宛田红花油茶 *C. polyodonta* How. ex Hu
11. 外轮花丝及花丝管无毛，子房 8 室，花柱 3 裂
12. 花白色，有时浅红色
13. 叶披针形，长 6.2～8.5cm，宽 1.1～2.8cm，叶缘微向外卷，具浅锯齿，齿尖具褐色骨质小刺，朔果小于 7cm 果皮披白色丝状毛，成熟脱落 …………………………………………………………………………………（11）短管红山茶 *C. brevituba* Chang et Zeng
13. 叶缘上部 1/3 有锯齿，叶长于 15cm，果大于 10cm ………………………………………………………………（12）白花南山茶 *C. semiserrata* var. *abliflora* Hu et Huang
12. 花红色
14. 叶椭圆形或卵形，长为宽的 2 倍；叶边缘上部 1/2～1/3 有锯齿；苞及萼 9～10 枚
15. 朔果每室有种子 3～5 粒，果皮厚 1～1.5cm 木栓质，果宽 4.5～6cm，萼片被灰白色毛 …………………………………………（13）栓壳红山茶 *C. phellocapsa* Chang et Lee
15. 朔果每室有种子 1～2 粒，果宽 6～9cm，果壳硬种子无毛 …………………………………………………………………………（14）广宁红花油茶 *C. semiserrata* Chi
14. 叶边缘全部有尖锐锯齿，至少上部 2/3 有锯齿，叶基楔形，苞及萼片 10 枚，革质
16. 萼被黄褐绒毛，花长 5～6cm，叶长达 10cm …………………………………………………………………………（15）腾冲红花油茶 *C. retculata* Lindl.
16. 萼被黄褐绒毛，花长 3～4cm，叶长 5～7cm ……（16）西南红山茶 *C. pitardii* Coh. St.
10. 子房无毛，果皮硬木质
17. 苞及萼片 14～16 枚，种子每室多至 8 粒，叶面光 ………………………………………………………………………………（17）浙江红花油茶 *C. chekiangoleosa* Hu
17. 苞及萼 7～10 枚，外轮花丝连生或成短管，种子每室 1～5
18. 叶长椭圆形，椭圆形长 10cm，宽 5～5.5cm，叶光，中脉下面显著隆起，上半有锯齿，叶片较厚，苞及萼片 9～10 枚，花大 3.5～5.7cm 排列，果径宽 5～8cm，每果种子较多 ……………………………………………………（18）厚叶红山茶 *C. crassissima* Chang et Shi
18. 叶披长圆形或狭长圆形，全缘，苞及萼片 7～10 枚，花大 3.5～5.7cm ………………………………………………………………………（19）明月山红花油茶 *C. subintegra* Huang
1. 苞和萼片明显分化，萼片宿存，花有柄或极短，花较小黄色，雄蕊离生。叶长 11～16cm 或更长，花柄长 7～10mm，花瓣长 3cm，果实中等皮厚 3～5mm ………（20）金花茶 *C. chrysantha*（Hu）Tuyama.

第三节 油茶优良无性系和高产新品种

从栽培油茶的经济效果看，普通油茶比其他物种有较多的优良性状。因此，在悠久的栽培历史中，使它成为我国分布最广、栽培面积最大的一个物种。油茶是异花授粉树种，后代性状的分离现象普遍而明显，在形态、物候、生产力和抗病力等方面都有显著的差异性。早期对油茶群体进行了粗放分类，根据果实成熟期的早迟，可分为四个品种群：秋分籽、寒露籽、霜降籽和立冬籽。在这四个品种群中，秋分籽和立冬籽较少，大部分地区的油茶是霜降籽，少数地方也有多品种群呈块状混生。品种群是一个类的统称，是混合群体，为研究和生产上的需要而分的，它不同于品种。品种是指在特定区域和一定条件下，具有比较一致的特性和相对一致的遗传基础，而且在生产上具有经济价值的群体。一个品种是指具有相同的植物学特性和经济价值的同一株的无性系或有性繁殖的后代。它是要经过表型选择、当代测定、全国性区域性鉴定等几轮测定后而选育出的优良无性系，才能称为品种。目前，我国油茶的农家品种，虽然在一定地区条件下，经过长期自然选择和人工选择出来的，但往往都是复杂群体，具有很大的异质性，所以，只能称农家品种，而不能称优良农家品种，更不能叫品种。新品种命名，根据世界（国际）林业经济林和我国林业部有关经济林新品种命名规定，即是按选种目标，经实验测定选育出的优良无性系，并经过全国性区域性鉴定，从中选育出的最佳优良无性系，其主要性状具有稳定遗传特性的并具有生产力的群体。

60 年代，我国油茶农家品种和类型较多，全国油茶科研协作组从各省（自治区）上报的农家品种中，选出了岑溪软枝油茶（由广西壮族自治区林业科学研究所选出）、衡东大桃（由中国林业科学研究院亚热带林业研究所育种组选出）、永兴中苞红球（由湖南永兴县林业科学研究所等单位选出）、葡萄茶（由广西壮族自治区桂林地区林业科学研究所选出）、阳春油茶（由广东阳春县林业科学研究所等单位选出）、巴陵油茶（由湖南省林业科学研究所、岳阳地区林业科学研究所选出）、龙眼茶（由福建省林业科学研究所选出）、宜春白皮种子（由江西宜春市油茶场选出）、望谟油茶（由贵州省林业科学研究所选出）、鄂东大红果（由湖北省林业科学研究所选出）、石市红皮油茶（由江西省林业科学研究所选出）和安徽大红（由安徽省徽州地区林业科学研究所选出）等 12 个农家品种，在我国的福建闽侯县，浙江富阳市，安徽歙县，广东韶关市，广西南宁市、桂林市，江西南昌市、宜春市、分宜市，湖南长沙市、永兴县，贵州贵阳市，湖北麻城市，河南新县等 18 点，按统一设计方案布置试验，进入开花结果以后，又经过连续四年测产和品质及适应性等多项考评测定，历时 12 年，最后，选出了岑溪软枝油茶、衡东大桃、永兴中苞红球三个农家品种较好，达到了预定的指标，这三个农家品种，不但适应强，而且结果多、品质好，因为它经过全国性区域性鉴定，可认定为优良农家品种。但从当前油茶生产发展要求和提高油茶生产潜力来看，不应当只选用这些优良农家品种造林，而应重点提倡和推广油茶优良无性系和高产新品种，以实现油茶良种化。

70 年代初，我国各地按全国油茶科研协作组制定的油茶优良家系和优良无性系鉴定标准与方法，广泛深入开展了优株选择，经过 4 ~ 5 年的努力，全国由表型选择出的优树达 11 000 多株，随即各省份又进行了优株实生子代测定和当代测定，选择出了一批优良农家和200多个优良无性系，推广和应用生产。如江西省林业科学研究所的赣林无2、赣林无4等16个优良无性系，江西赣州市林业科学研究所赣林无3号等7个优良无性系，广东韶关地区林业科学研究所的韶关林无72-1等5个优良无性系，福建省林业科学研究所的闽林无3、闽林无6等7个优良无性系，湖南省林业科学研究所的湘林无1、湘林无5等30个优良无性系，广西壮族自治区林业科学研究所的桂林无50、林无桂5等14个优良无性系，浙江省林业科学研究所的16个优良无性系，浙江常山油茶研究所的16个优良无性系和中国林业科学研究院亚热带林业科学研究所的亚林无6等14个优良无性系等。这些优良无性系连续4年测产，平均亩产油均超过参试无性系平均值20%以上，大部分达到亩产油40kg以上，比一般丰产林高出3~5倍。这些优良无性系的产量、分枝角度、枝下高、分枝数等性状的遗传力较高，都在60%以上。这些优良无性系在生产上应用以后，都获得显著的增产效果。

在林业部科技司的领导下，1983年由中国林业科学研究院亚热带林业研究所牵头、江西省林业科学研究所和广西壮族自治区林业科学研究所、湖南省林业科学研究所等单位参加成立了国家油茶科技攻关组，统一计划、设计方案，开展了山茶种质资源搜集和利用；优良无性系测定；优良无性系全国性区域性测定等几项研究。油茶新品种的选育是按全国统一方案，经过区分和全国统一布置试验，进行区域性鉴定，对生长、冠形、开花、结果、抗病性和适应性等20项性状做田间观测，对多年份、分次多点的材料做方差、相关分析，以及稳定性和适应性分析；最后从全国区域性试验的40个优良无性系中选育出19个高产新品种。形成了亚林、赣无、湘林、桂无四大系列无性系品种。它是我国首次经三轮选择而选育出的油茶新品种。该项成果获得1998年国家科技进步三等奖。据5省48个示范点和中试林四年连续测产，年平均产油487.5~859.5kg/hm^2。据全国区域性试验的4个点测产证明，在19个高产新品种中，亚林品4、湘林品5、赣林品1和赣林品3，不但产量高，而且品质优良，抗病性强。亚林品4、湘林品5等5个品种属广普型品种，适宜我国产区各地发展，而赣4只适合在江西、浙江一带发展。通过对60个优良无性系和19个高产新品种授粉生物学特性和可配性测定，通过对139个组合交配系间测定证明，优良无性系自然着果率高；首次发现无性系自花可孕性，无性系间有较高的可配性；并筛选出11个可配性高达70%的组合，为优良无性系和新品种造林，无性系和新品种所需数量和搭配等技术问题提供了科学依据。

（一）优良无性系和高产新品种的共同特点

1. 丰产性

按全国规定的丰产技术指标（产油60g/m^2）来衡量，这些新品种和优良无性系每平方米产油均在75g以上；亩产油30kg以上；最高的品种如赣林1、湘林3等达到亩产油46kg以上。

2. 果实品质

果实大、果皮薄，鲜出籽率、种仁含油率和果油率高。这些品种平均鲜出籽在40%以上；种仁含油率在42%以上，果油率在6%以上。如赣林3，鲜出籽率47.85%，种仁含油率51.65%，果油率为10.10%。又如亚林4，鲜出籽率46.04%，种仁含油率50.99%，果油率为9.23%，表现优良，在适应性表现方面为广普型。

3. 生长势和抗病性

各品种生长表现强，平均树高为1.55～2.4m、冠幅平均为1.52～2.99m^2。如除亚林4为广普型外，湘林1、湘林3、湘林7和桂2等4个品种亦均属广普型品种。在抗病性上，除湘林2等个别品种炭疽病发病率在1%～2%外，其他品种均没有发现炭疽病。

4. 生物学特性

(1) 花期　从湖南、江西、广西和浙江等省几个区域点上分析成花始期虽有所不同，但基本上集中在10月中下旬至11月下旬，而11份进入盛花期为主，约占60%。同一品种在各点上表现是基本稳定的。同时，尽管各品种花期历年有所不同，但只要在早霜前来临(即在11月底至12月初)，其自然成果率都是较高的。

(2) 自然坐果率　不同品种的自然坐果率是不同的。如亚林8自然坐果率高达74.44%，湘林10自然坐果率为63.8%，赣林7自然坐果率达77.8%. 不同年份各品种的自然坐果率亦有高低的差异。高产新品种和优良无性系的平均自然坐果率都在46.4%以上。自然坐果率高是获得高产的重要因子，也是品种内在遗传特征之一。

5. 可配性高

通过人工控制授粉测定，各品种间的可配性是很强的。不过各品种间不同组合的受孕率高低是不同，平均在50%以上，最高的可达70%，这说明各品种在自然情况下，可配性是高的。油茶新品种造林中为获得高产稳产，必须注意品种搭配，在造林时选可配性高、花期又较接近的10～15个品种造林为好。

(二) 适宜发展的优良无性系和高产新品种

1. 优良无性系

按全国规定的丰产技术指标(产油60g/m^2)衡量，在参加全国区域性测定的40个无性系中，经在4个区域点连续4年测产后，达到每公顷产油450kg以上的有30个无性系。对参试无性系每平方米产油量平均值作方差分析看出，无性系间存在显著差异。在多重比较中，按接近平均值的区9(75g/m^2)为对照，有区$_{15}$、区$_{18}$、区$_{3}$、区$_{4}$等19个优良无性系显著地高于参试其他无性系的平均值，每平方米产油量达75g以上。因此，亚林4、亚林9、亚林1、湘林1、湘林3、湘林5、湘林6、湘林10、赣1、赣3、赣2、赣6、桂2、桂4、湘林2等19个优良无性系应称为新品种。而其他的，如湘林4、湘林9、亚林5、亚林6、亚林8、赣林5、桂3、桂5、桂6和桂7等(表6-9)11个其他虽在方差分析和多重比较中没有超过平均值，但仍称之为优良无性系，应在当地在生产上推广。近期各地选育出的优良无性系还有长林40、长林4号、长林3号、长林53号、长林18号、长林23号、长林27号、长林166、长林55号、长林21号、桂无5号、赣无1号、赣永6号、赣抚20号、赣兴48号、赣石84－8号、桂普32、桂普34、桂普38、桂软1、桂软11，等等。各自分点测定后而选出的优良无性系，全国总共有120多个优良无性系，通过审定的可在生产上推广。

2. 高产新品种

(1)亚林4　树势旺盛，冠形开张；分枝力强。自然坐果率为45.23%。果大皮薄，红球形。抗病性强。产量高，平均每平方米冠幅产油97.6g，每亩产油45.6kg。鲜出籽率46.04%，种仁含油率50%，果油率为9.23%。

(2)亚林1　树势旺盛，冠形开张，分枝力强。自然坐果率为43.5%。果大皮薄，红色桃形。抗病力强。产量高，平均每平方米冠幅产油75.0g，每亩产油35.0kg。鲜出籽率为45.98%，种仁含油率47.35%，果油率为8.63%。

表6-9　参试无性系产油量　　单位：kg/hm²

区试号	浙江	湖南	江西	广西	平均	区试号	浙江	湖南	江西	广西	平均
1(湘林1)	704.7	605.4	651.5	665.1	656.7	21(桂7)	809.9	432.2	404.9	365.7	503.1
2(湘林2)	977.3	541.7	612.3	208.8	585.0	22(桂8)	522.6	578.4	384.6	574.4	515.0
3(湘林3)	1301.6	591.6	741.2	463.8	774.5	23(亚林3)	748.2	445.8	224.1	193.4	402.9
4(赣1)	1178.3	649.7	942.9	275.3	761.5	24(亚林4)	991.2	777.5	876.3	910.5	684.0
5(赣2)	680.9	1185.3	686.6	275.3	707.0	25(亚林5)	594.8	432.2	626.9	341.1	498.7
6(桂1)	552.8	340.1	303.3	444.9	410.3	26(湘林8)	432.9	386.0	680.9	231.8	432.9
7(桂2)	505.1	471.9	414.0	1078.8	617.4	27(湘林9)	385.2	404.9	921.9	198.9	477.7
8(桂3)	626.3	209.9	552.0	485.4	468.4	28(湘林10)	620.0	517.5	1127.9	299.9	641.3
9(亚林1)	596.1	669.5	481.2	353.7	525.1	29(湘林11)	538.1	240.9	760.8	171.6	427.8
10(亚林2	588.5	256.8	325.8	337.7	377.2	30(赣6)	708.9	579.3	1434.0	192.6	728.7
11(亚林4)	403.5	558.9	630.5	392.3	496.3	31(赣7)	774.8	437.9	881.7	174.5	567.2
12(亚林5)	667.7	826.8	717.3	717.3	732.3	32(赣8)	720.8	729.9	1310.7	288.6	762.5
13(亚林6)	823.1	603.2	809.9	183.6	604.9	33(桂9)	456.0	325.8	727.2	443.4	488.1
14(亚林7)	482.7	839.7	580.7	778.5	495.2	34(桂10)	475.7	461.7	440.6	224.9	400.7
15(赣3)	1111.7	645.5	1291.8	309.6	839.6	35(桂11)	507.9	492.5	499.8	281.0	445.3
16(赣4)	498.0	272.3	965.3	216.5	488.0	36(亚林6)	497.4	332.1	874.2	156.6	465.1
17(赣5)	804.2	435.5	363.5	626.3	557.3	37(亚林7)	455.4	248.0	673.2	247.4	406.0
18(桂4)	1296.1	1395.0	254.3	505.1	860.1	38(亚林8)	643.1	449.7	658.5	307.5	514.7
19(桂5)	392.3	567.9	480.6	310.4	437.8	39(亚林9)	440.6	851.1	894.6	241.1	606.8
20(桂6)	586.4	520.1	299.1	436.4	460.5	40(亚林10)	450.5	193.4	546.5	241.7	358.0

注：①选种途径均为实生选种；②亚林代表中国林业科学研究院，赣代表江西林业科学研究所，桂代表广西林业科学研究所，湘林代表湖南林业科学研究所选育出的。

(3)亚林9　树势旺盛，冠形开张，分枝力强。自然坐果率为45.5%。果大皮薄，果实红球形，抗炭疽病强。产量高，平均每平方米冠幅产油86.6g，每亩产油40.45kg。鲜出籽率49.45%，种仁含油率48%，果油率为8.89%。

(4)湘林10　树体中等型，树冠圆头形紧凑。自然坐果率63.8%。果实达，红色球形。产油高，平均每平方米产油91.6g，每亩产油42.7kg。鲜出籽率为46.1%，种仁含油率51.8%，果油率为8.09%。

(5)赣林1　树势旺盛，树冠圆头形，分枝力强。自然坐果率为48%。果大皮薄红桃形，产量高，平均每平方米产油108.7g，每亩产油50.76kg。鲜出籽率55.96%，种仁含油率54.44%，果油率为13.41%。

(6)赣林3　树势旺盛，树冠圆头形，分枝力强。自然坐果率为48%。果大红球形，抗病性强，产量高，平均每平方米产油120g，每亩产油55.9kg。鲜出籽率47.85%，种仁含油率51.65%，果油率为10.10%。

(7)桂4　树势旺盛，树冠圆头形，分枝力强。自然坐果率为46.2%。果大皮薄，抗炭疽病强，产量高，每平方米产油122.8g，每亩产油57.34kg。鲜出籽率43.69%，种仁含油率49.94%，果油率为7.93%。

(8)赣林6　树势旺盛，树冠圆头形，分枝力强。自然坐果率为62.64%。果实红球形皮薄。产量高，每平方米产油104.0g，每亩产油50.84kg。鲜出籽率47.87%，种仁含油率49.14%，果油率为8.13%①。

其他的不在此一一介绍，其高产新品种及其特性见表6-10。

这些油茶高产新品种和优良无性系，是在我国油茶主要产区范围内进行试验测定而选育出来的。从调查所究资料表明，影响油茶生长发育，完成生命周期的主导因子是气候。首先是温度，年均温、积温、花期气温、冬季月平均气温和极端最低气温等，必须能达到和满足油茶的年周期生长最起码的要求。其次是水分，即年降水量和月降水量的分布。河南省是油茶分布的最北带，有些地方，如南阳的洛宁、卢氏和北部的一些县，年平均极端最低气温在 -10℃以上，日平均气温 <0℃的天数为30d左右；冬季又受寒潮影响较大，并带有干冻现象等，像这些地方不宜发展油茶。

在油茶低产林改造过程中和新造油茶林时，优良无性系和高产新品种，可以选择花期较一致，可配力高的10个以上，成行排列造林，效果较好。

表6-10 19个油茶高产新品种及其特征

品种	综合评分(名次)	特性	四年平均产值		鲜出籽率	种仁含油率	果油率
			(g/m²)	(kg/hm²)	(%)	(%)	(%)
亚林4(区24)	62.3(9)	树势旺盛，冠开张，分枝力强，果实红球形。抗病性强	97.6	684.0	46.04	50.99	9.23
亚林9(区39)	61.2(10)	树势旺盛，冠开张，分枝力强，果实红球形。抗病性强	86.6	606.8	49.45	48.0	8.89
亚林1(区9)	56.0(16)	树势旺盛，冠开张，分枝力强，果实红桃形。抗病壮强	75.0	525.1	45.98	47.35	8.63
湘林1(区1)	58.5(14)	树中型，树势旺盛，花期较晚，果实橄榄形、皮薄。丰产性能好	95.9	656.7	42.40	42.60	5.14
湘林3(区3)	67.8(3)	树形小，枝叶疏，树势旺盛。果实青球形。有大小年现象	110.6	774.5	47.26	44.29	4.72
湘林5(区12)	62.7(8)	树体中大型，枝叶浓密，树冠圆头型。果实青黄，果皮厚	104.5	732.3	45.18	50.30	9.38
湘林6(区13)	59.0(12)	树体中大型，枝叶较大粗糙，树冠开张，果实青红色、皮厚。果实成熟晚	86.4	604.9	46.10	48.96	8.39
湘林10(区28)	54.9(19)	树体中型，树冠圆头型紧凑。果实红桃形，果皮薄	91.6	641.3	46.60	51.88	8.09
赣1(区4)	69.9(1)	树势旺盛，冠圆头形，分枝力强。果实鸡心形、红色，果皮薄	108.7	761.5	55.96	54.44	13.41

① 注：为区别优良无性系与新品种，在写时应写成：湘林无9(即湖南优良无性系9)、韶关无8(即广东韶关优良无性系8)，亚林4(即亚林所新品种4)，桂林4(即广西新品种4)、湘林6(即湖南新品种6)等，以作区别。

（续）

品种	综合评分	特性	四年平均产值		鲜出籽率	种仁含油率	果油率
	（名次）		(g/m²)	(kg/hm²)	(%)	(%)	(%)
赣2(区5)	62.8(7)	树势旺盛，冠圆头形，分枝力强。果实红橘形	100.9	707.0	47.11	49.37	8.09
赣3(区15)	68.8(2)	树势旺盛，冠圆头形，分枝力强。果实红球形、果皮薄。抗病性强	120.0	839.6	47.85	51.65	10.10
赣6(区30)	66.8(4)	树势旺盛，冠圆头形，分枝力强。果实红球果形皮薄。抗病性强	104.0	728.7	52.18	48.67	8.38
桂4(区18)	63.4(6)	树势旺盛，冠圆头形，分枝力强。果大皮厚。抗病性强	122.8	860.1	43.69	49.94	7.93
桂2(区7)	50.7(27)	树势旺盛，冠圆头形，分枝力强。树冠开张，抽梢早。抗病性强	88.2	617.4	36.33	45.43	5.10
湘林2(区2)	56.3(15)	树形矮小紧凑，分枝力强。果实红球形，籽粒大	83.6	585.0	45.6	41.82	5.18
赣8(区32)	64.1(5)	树形圆头形，分枝力强，果实红皮球形，皮薄	108.9	762.5	47.87	49.14	8.31
湘林7(区14)	61.0(11)	树体大，枝叶直立茂盛，分枝力强，果实红球形、较小	80.7	495.2	50.38	47.54	7.95
赣4(区16)	51.8(24)	树势旺盛，冠开张，分枝力强，果实红球形。抗病性强	84.3	488.0	39.84	61.42	6.15
赣7(区31)	55.9(17)	树势旺盛，冠开张，分枝力强，果实红球形。抗病性强	80.9	567.2	44.97	49.26	8.23

（三）关于可配性测定研究

普通油茶优株无性系间，同样存在着可配性的问题。福建省林业科学研究所熊年康等对10个无性系相互间的可配性进行了连续二年的测定，共90个组合，控制授粉3555朵。结果表明，10个无性系间的亲和力有明显的差异，在被测的90个组合中成果率在50%以上的只有22个组合，有21个组合成果率低于10%，如优43、优48、优50各自与其他9个无性系交配，都表现出较高的亲和力。其中优62×优46坐果率高达86.7%，但优62×优48及优62×优53可配性低，坐果率只有7.3%和10%。

随着油茶科研工作的深入，油茶选种由实生向优株无性系方向发展，在良种选育过程中给我们首先发现个别油茶优株，具有较强的自花授粉可孕性，它们的受孕坐果率达80%以上。在无性系测定林中，发现绝大多数无性系都具有自花受孕的能力，但受孕坐果率的高低差异较大。1987年和1989年，随机选择15个无性系，进行人工自花授粉，共处理花8 458朵，最后收果2 003个。从结果看出，参试的15个无性系都具有自花受孕成果的能力，只是差异不同，其着果率为12%～50%，平均为24.97%。

在无性系测定和区域性鉴定中，又布置了10个、15个、25个、30个、50个和70个等6种不同数量的无性系测定林共17块进行优良无性系可配性测定比较。同时，对28个无性系的139个杂交组合和21个区域无性系的61个杂交组合进行了测定，获得了理想的效果(表6-11、表6-12)。

表6-11　全国区域参试无性系可配性测定(全双列杂交着果率)　　单位：%

♀ ♂	区26	区27	区28	区29	区30	区31	区32	区33	区34	区35	区36	区37	区38	区39	区40
区26	10	100/90	90/80	100/90	100/70	100/100	100/80	100/100	100/100	100/90	90/100	80/100	80/100	80/100	70/60
区27		10	90/100	70/80	100/100	100/100	100/100	90/100	90/80	100/100	100/100	100/100	100/100	100/100	70/70
区28			0	100/60	100/100	70/90	100/80	90/100	90/100	100/100	70/80	100/100	100/100	80/100	100/100
区29				20	80/100	90/90	100/90	90/90	90/90	40/100	90/90	80/100	70/100	60/100	100/90
区30					10	100/90	100/100	100/100	90/100	100/100	90/90	100/100	100/100	60/100	90/70
区31						0	100/80	100/80	100/100	100/100	70/90	80/80	70/100	60/100	90/70
区32							0	100/80	90/100	100/90	100/80	100/90	100/90	100/70	100/90
区33								10	80/100	90/90	70/100	90/70	90/80	100/100	100/100
区34									0	90/90	100/60	100/100	90/80	100/100	100/50
区35										10	90/100	90/80	100/100	90/100	70/90
区36											10	90/80	90/100	100/90	80/10
区37												0	80/100	100/90	80/100
区38													10	100/100	100/80
区39														10	90/80
区40															10

注：①此表为区试林中15个优良无性系1989年控制授粉120d之后的调查数据(浙江富阳)；②表内横线上的数据为正交着果率，横线下的为反交着果率。

表6-13　高产无性系自花授粉成果率测定　　地点：长沙

顺序	无系	自交花数	成果数	成果率(%)
1	湘林1	600	130	21.70
2	湘林27	1 000	392	39.20
3	湘林34	372	80	21.50
4	湘林15	30	15	50.00
5	湘林17	30	7	23.30
6	湘林25	60	21	35.00
7	湘林18	1 000	125	12.50
8	湘林11	1 000	120	12.00
9	湘林14	1 000	171	17.10
10	亚林16	118	32	27.10
11	亚林25	260	57	21.92
12	桂无5	1 000	367	36.70
13	桂无1	658	266	40.40
14	桂无2	826	134	16.20
15	桂无3	504	84	17.10
平均		8 458	2 003	24.97

(王德斌等，1990)

表 6-12　各无性系间可配性(控制授粉)测定表

母本	湘林1	湘林2	湘林5	湘林7	湘林15	湘林16	湘林18	湘林20	湘林21	湘林22	湘林23	湘林26	湘林27	湘林28	湘林29	湘林30	湘林31	湘林32	湘林33	湘林34	湘林35	湘林36	湘林37	湘林38	合计	平均
湘林 1			66.7		30.0				60.0		50.0	33.3			33.3	36.7									310.0	44.3
湘林 2			43.3				36.7			30.0	40.0				46.7										196.7	39.34
湘林 4														65.1				56.7							121.8	60.9
湘林 5					53.9						43.3	60.0		63.3		63.3		50.0							333.8	55.6
湘林 7			66.7		66.7									63.3	51.6						46.7			63.3	358.3	59.7
湘林 14	74.7	46.7	70.0		56.7					40.0		43.3			60.0	40.0	44.0			46.7	89.0	80.0	73.3		764.4	58.8
湘林 15			71.8					53.3				46.7						63.3			46.7				284.8	56.96
湘林 16			43.3		46.7				70.0		36.7		50.8		30.0							70.0	86.7	36.7	470.9	52.3
湘林 19	43.3	36.7	83.3		38.7					60.0		40.0		66.7							33.3		43.3		445.3	49.5
湘林 20			76.7						70.0			63.3		50.0						73.0			73.3	63.3	469.6	67.1
湘林 27			56.7		73.3	54.4			50.0		53.3			53.3	36.7	56.7				46.7	60.0			70.0	611.1	55.6
湘林 29	76.7	63.3	33.3	61.9	60.0						60.0			70.0					83.3				50.0		558.5	62.1
湘林 34			58.4		70.0			53.0	56.7		33.3			50.0	50.0	66.7		90.0			40.0				568.1	56.8
平 均	64.9	48.9	61.2	61.9	55.11	54.4	36.7	53.15	61.34	43.3	45.2	47.8	50.8	60.2	44.04	52.7	44.0	65.0	83.3	55.5	52.6	75.0	65.3	58.3		

注:横栏为父本.此表为99个杂交组合的着果率(湖南长沙)。

(王德斌,1990)

从各无性系间的组合来看，用湘林5为母本，用湘林15和湘林23等无性系为父本，进行人工控制授粉，着果率为43.3%和53.9%，当用湘林15做母本，用湘林5为父本时，着果率为74.8%。

通过对无性系测定林和区试测定林不同无性系花期观察和授粉生物学特性的研究，可以认为，油茶优良无性系不但自然着果率高，而且各无性系间的可配性亦是很强的，各无性系间的正反交组合的成果率都是较高的，没有发现无性系间不可孕的现象。同时，还发现有部分无性系内的自花授粉有一定的可孕性(表6-13)。在优良无性系测定中，参试的15个优良无性系都具有系内自花受孕成果的能力，但只是差异较大，成果率为12.0%~50.0%。

通过人工控制授粉可配性的测定，各无性系之间的可配性都是很高的，最低在36.7%以上，平均在51%以上。这说明优良无性系之间在自然情况下，可配性是很强的。从各无性系组合来看，以湘林5无性系为母本，湘林15、湘林25等为父本进行杂交，着果率为53.9%和60.0%。相反，如用湘林15作母本，湘林5作父本，进行杂交，着果率为74.8%；当用湘林5作父本，分别授到湘林1、湘林2、湘林7、湘林14、湘林15、湘林16、湘林19、湘林20、湘林27、湘林29、湘林34等11个无性系上时，平均着果率为61.2%，最高达83.3%。这说明优良无性系间正、反交的着果率是高的。在99个控制授粉杂交组合中，可配率在70%以上的有湘林15×湘林5等21个组合，这些可配性高的组合可以作为高产优良无性系用于造林。过去有文章提出，油茶单株之间对花粉是有选择性的，即有的单株只能接受某些单株的花粉，而不能接受另一些单株的花粉。从以上对49个无性系200个杂交组合测定，没有发现哪个组合有不孕或有选择的现象。因此，可以认为，高产优良无性系在授粉问题上，不存在对花粉有选择性问题。

通过对6种无性系数量造林后效果的测定，着果率和产量上差别不是明显的。同时，又对几个无性系的单位冠幅平均产油量进行遗传力的测定，如亚林8(区25)、亚林13(区23)在无性系测定林中的遗传力为54%和60%，而在区域性测定林中的遗传力，区25(亚林8)、区23(亚林13)分别为53%和66%。这证明了同一无性系无论在无性系测定，还是在区域性测定中，其遗传力是一致的。因此，在油茶优良无性系和高产新品种造林时，选用10个花期较接近、可配性高的组合造林，是有科学依据和很大的现实意义的。

第四节 种质资源的调查收集与保存、利用

一、种质资源的调查收集内容

对育种工作都来说，只有掌握了丰富的种质资源，并对它有较深入的观察，掌握其性状表现，才能比较有把握地在较短的时间里达到预期的目标，否则会造成失败和盲目性的浪费，所以种质资源的调查收集是育种工作者的一项重要任务。

从良种选育的要求来看，调查收集鉴定保存的种质资源应包括如下几方面：

(一)摸清当地的主栽品种(类型)

从农业的角度看，所谓主栽品种是指经现代育种技术改良的优良品种，是当前生产上所欢迎的品种。例如，广西许多地方都推广岑溪软枝油茶，因为软枝油茶是经过多代选育

的地方品种，受到群众的欢迎，尽管遗传改良的水平不及农作物品种高，但从林木品种改良的要求来看，把它列为当地的主栽品种是可行的，对于像软枝油茶这样的主栽品种，在现阶段一般不强调保存的问题，但为了防止在连续栽培下出现变劣，也有长期保存的必要。

（二）发掘地方品种

地方品种或称农家优良品种，是指在一定地区，通常是在较少的范围内的栽培品种（类型），而这些品种大多是未经现代育种技术改良的，其中有些虽明显的缺点，但往往保持一些特殊的性状和特性，如适应特定地方的生态条件，抗性强为当地群众所欢迎，宜春白皮种子，它的明显缺点是果小采摘困难，但由于它适应性强、出油率高，所以一直受到江西宜春群众的欢迎，是当地的主栽品种。近几年，各省（自治区）陆续发掘了一批地方品种，全国油茶协作组负责组织了全国性的区域化试验，以进一步测定各地方品种的适应范围和生产能力。应该看到，现阶段继续调查发掘地方品种，是当前油茶良种选育一条主要途径，它能较快地为生产提供经初步改良的良种。

各地发掘出来的地方品种，应该进一步做好选择提纯改造工作，发挥群体选择的增产效益，并做好种质的保存。

（三）调查收集原始种和野生近缘种

具有原始农业性状的类型，大多是现代栽培种的原始种或参与种，是遗传多样性的源泉，是数千年系统发育的产物。这些原始种往往在人们不易达到的地区、深山才能搜到。

油茶的近缘资源丰富，山茶属现已定名的200多个物种中，目前已列入主栽物种还不到20个，还有大量的近缘种是培育新品种，实现多用途育种目标和研究山茶属系统发育的物质基础。

野生原始材料是在一定地区范围内长期自然选择所形成的，野生种质的某此性状，可以通过驯化加以利用，可以通过杂交综合到栽培物种中去，扬长避短。

（四）杂交育种材料

在搜集保存基因资料中，不应忽视在杂交育种中所获得的 F_1、F_2 代杂种，因为这些经过基因重组的杂种及其后代是多种基因的复合体。

在一个地区，调查收集的重点，应以本地区为主，但对外地区的栽培种和野生种也可列入收集范围，尤其对那些经过试种，适宜于本地栽培引进的域外种。

在基因资源调查收集中，还须注意下列方面：

（1）必须考虑到地理生态型　普通油茶栽培面积达5 000多万亩，分布于15个省（自治区）的不同生态环境，有不同的品种类型相适应，形成了许多地理生态型。因此，在一个省（自治区）调查收集基因资源，一定要全面了解不同的生态环境因素，才能较全面地把不同的地理生态型收集起来。

（2）既要抓重点产区，也不能忽视一般产区　重点产区或重点分布区，在历史上可能种质资源丰富、品种类型多，但也可能因推广某些优良品种（类型），淘汰一些种质资源而产生单一化。反之，非重点产区或分布区，倒有可能保存了不少宝贵的种质资源。同时，既要注意收集边缘产区和偏僻地区的，也要注意交通方便地区的。

（3）注意收集的广泛性　种质资源的调查收集有广泛性，不能以现在的认识水平和生产能力决定判别其“好”与“坏”，取与舍，特别是野生物种类型，由于对它们的性状还没有系统地了解，只有经过长期的观测之后，才能评定其优缺点。

(4)注意收集材料的代表性　油茶不同类型本身是一个复杂多样性的群体，要尽量按原来的面貌收集保存，不能按主观意识加工，应避免各种人力的选种，才能使该品种(类型)或物种保存遗传的整体性，保留基因频率。

二、种质资源的调查收集方法

种质资源的调查收集方法，有直接调查收集、交换和转引等多种形式。直接调查收集是最基本的方法，要广泛发动群众，把识别知识，考察线索交给群众，调查要有的放矢，顺藤摸瓜，通过查阅有关森林植物调查材料、地方志等，找经常在山林内活动的老农、护林员，当地林业干部座谈了解线索，然后深入实际调查采集。采集分花期、果熟期两次进行，当发现是山茶属的物种品种类型时都要按群体的大小、分布特点设立标准地或选择标准株进行全面调查，分别不同生育季节分次采集具叶花果的标本 10～15 份和成熟果实1～2kg，供考种用，拍摄株型及枝叶、花果的照片，还要采集一定数量的供繁殖保存的种子或枝条，并进行室内考种。

在调查采集时，只有对遗传种质的广泛取样，才能把变异性保留下来，避免某些种质的流失，所以对野生种质种子或繁殖枝条的采集，取样应该在较广泛的分布区和在较多的植株上取样，当然遇上稀有的物种类型，即使是少量样品也要收集。

对山茶属种质资源的调查收集地点，不要忽视对古寺庙、陵园、公园、古老庭院的调查，这些地方常有古树名木、许多古老的山茶花品种都在这类地方发现。

三、山茶属种质资源的保存和利用

山茶属种质资源可以采用室内保存和种植等方法保存。室内保存目前主要是采用组织培养和储藏种子，山茶属的许多物种、品种的组织培养技术都已解决，并已在生产中发挥作用，因此，可以利用组织培养法来保存种质，其优点是保持基因型不变，节约土地与空间，在很小的范围内，可以保存大量的种质，便于繁殖，在短期内可大量增殖，试管苗还可免除病毒的感染。采用种子低温储藏也是比较简便的方法，但其生活力在储藏期中会逐渐下降，必须在一定时期内重新换种继续储藏保存。以上两种方法都有它的局限性，反映不出种质与环境的互作，许多性状表现不出来，不利于进一步观察研究种质的性状。

从开发利用的角度来看，山茶属种质资源的保存，主要应采用种植法建立基团库，以保存活标本，便于对保存基因资源作系统的研究测定和繁殖。目前，我国已在中国林业科学研究院亚热带林业研究所、江西、广西、湖南建立了国家级的山茶属基因库，共收集基因资源 2 000 号。此外，广东、福建、云南、浙江、安徽等地也建立了一定规模的省级基因库，还有许多地、县也建立了基因库，形成了国家、省与基层三结合的山茶属基因库网。省、地两级基因库一般以收集保存本地区特有的基因资源为主。并根据本单位育种的需要，确定资源保存的种类，不要贪多求全，要有自己的特色。种质圃要全面规划，即要从实际出发，又要照顾到今后发展的需要。有的珍稀物种，如属国家一级保护的金花茶和二级保护的闽鄂山茶以及普洱茶，可以就地建立保护区保存利用；有的地方品种，已形成一定面积的栽培群体，可以通过改造，结合建立采种(采穗)母树林，建立单一物种或品种(类型)的基因库。

利用普通油茶和越南油茶大砧嫁接是一种经济有效的建立基因库的途径，能在短期内取得建库的效果，并能把繁殖和性状测定有机的结合起来。

江西省林业科学研究所自1983年起利用20年生的普通油茶大砧营建山茶基因库，到1986年底已收集嫁接包括油茶组、金花茶组、红山茶组、糙果茶组、连蕊茶组、短柱茶组等41个物种、116个山茶花品种，以及270多个普通油茶优良单株、无性系，株成活率85%以上，接口愈合良好，尚未发现不亲和的表现，部分物种、品种已开花结实。

采用改良拉皮接、撕皮嵌接、插皮接和切接嫁接山茶花，成活率均在85%以上，是快速繁殖多品种山茶大苗的有效方法。

由此可见，利用大砧嫁接方法营建基因库，既能得到保存基因快速增殖的目的，又能在短期内对保存的基因资源的各种性状作出评价，为杂交育种选择亲本和对野生资源进一步开发利用提供科学依据。中国林业科学研究院亚热带林业研究所、广东韶关市林业科学研究所单位等采用这种方法营建基因库也取得了同样良好的结果。目前，这几个单位已收集山茶物种、变种和品种共360个以上，对种质资源的保存和今后的杂交育种都将起到重要的作用。

四、我国山茶种质资源搜集、保存和利用情况

利用普通油茶大砧木发育较成熟和根系较强大的特性，嫁接一经成活，当年就能抽梢，能明显地加快嫁接株的生长发育进程。这是建立山茶基因库的最好方法和有效途径，也为缩短育种周期，提早获得经济效益起了重要的作用(表6-14)。

表6-14　不同物种实生与嫁接繁殖的开花结果年龄　单位：a

物种名称	实生树		嫁接树	
	原产地	引种长沙	砧木	嫁接后
普通油茶	3～4	3～4	18～20	2～3
攸县油茶	2～3	2～3	20	2
南荣油茶	4～5	5	18～20	2～3
浙江红花油茶	10～12	10～12	20	2～3
腾冲红花油茶	8～10	10	20	3～4
宛田红花油茶	9～10	10	20	3～4
栓壳红山茶	8～10	8	20	3～4
扁果红山茶	8～10	—	18	3～4
短管红山茶	8～10	—	5	2
越南油茶	8～10	6～8	18	3～4
广宁红花油茶	15	15	20	4～5
山茶花	—	—	6	1～2
茶梅	—	—	4	当年

（庄瑞林，王德斌等，1988）

利用这种方法已搜集、保存山茶种质资源约 2 263 个号，其中山茶物种、变种 161 个，山茶花品种 340 个，油茶优株、优良无性系等 1 600 个。将不同纬度、海拔高度和生态条件下的物种、变种和品种集中在同一地进行研究，提高了种质对环境的适应性和抗性，发挥了基因库的多种作用和效益。现已掌握了主要物种的生物学特性和经济性状，为杂交育种和新品种选育提供了丰富的育种材料。把保存与利用，选择、测定与繁殖相结合，为生产提供了一大批良种穗条和种子；培养了大批的山茶花采穗母树和绿化用的大山茶花树，充分显示了基因库的科学价值和经济效益。

1. 提高了种质的适应性，加快了繁殖速度

普通油茶是分布广、适应性强的物种，以它作砧木，从而提高了物种、变种和品种的适应性，扩大了种源的搜集区域。山茶种类繁多，分布区域广，水平分布从热带到北亚热带，纬度相差 16°；垂直分布从低丘岗地到海拔 2 800m 以上的高寒山区，生态条件特别是温度差异大。试将生长在不同生态条件下的物种，用实生繁殖的方法引种到基因库，经多年的实践是不能成功的。如腾冲红花油茶、云南山茶、明月山红花油茶、金花茶等都经不起夏季高温干旱和冬季严寒而都死亡。实践证明，大树嫁接以后，无论是低海拔、低纬度，还是高海拔、高纬度采来的种条都能正常生长发育，在同一地方，而且提前开花结果（表 6-14 至表 6-18）。

表 6-15　山茶不同物种嫁接成活情况

砧木	接穗	成活率（%）	砧木	接穗	成活率（%）	砧木	接穗	成活率（%）	砧木	接穗	成活率（%）
普通油茶	红山茶	100	普通油茶	杜鹃红山茶	85	普通油茶	尖萼红山茶	100	南荣油茶	隐脉红山茶	100
普通油茶	小果油茶	100	普通油茶	毛桃茶	85	普通油茶	怒江山茶	100	南荣油茶	闽鄂山茶	100
普通油茶	浙江红花山茶	100	普通油茶	浙江连蕊茶	85	普通油茶	尾叶山茶	90	南荣油茶	金花茶	85
普通油茶	南荣山茶	100	普通油茶	抱茎茶	85	普通油茶	大果红山茶	90	南荣油茶	广宁红花油茶	80
普通油茶	茶梨	100	普通油茶	西南红山茶	85	普通油茶	柃叶山茶	90	南荣油茶	云南山茶	75
普通油茶	攸县油茶	100	普通油茶	舌笔木	85	普通油茶	桂峰山茶	80	南荣油茶	美国山茶	90
普通油茶	越南油茶	100	普通油茶	大头茶	85	普通油茶	东兴糙果茶	60	浙江茶红花油	红山茶	100
普通油茶	广宁红花油茶	100	普通油茶	柳叶山茶	85	普通油茶	遂昌大果茶	100	浙江红花油茶	扁果红山茶	100
普通油茶	广东山茶	100	普通油茶	瘤果茶	80	普通油茶	张家界山茶	100	浙江红花油茶	广宁红花油茶	100
普通油茶	广东白花茶	100	普通油茶	云南山茶	80	普通油茶	南山茶	80	浙江红花油茶	闪光红山茶	85
普通油茶	厚叶红山茶	100	普通油茶	耐冬	90	普通油茶	黄牛茶	80	浙江红花油茶	缙云山茶	85
普通油茶	宛田红花油茶	100	小果油茶	柃叶山茶	100	普通油茶	金花茶	85	浙江红花油茶	钱叶山茶	85
普通油茶	明月山红花油茶	100	小果油茶	尾叶山茶	100	普通油茶	细叶连蕊茶	85	浙江红花油茶	窄叶山茶	95
普通油茶	栓壳红山茶	100	小果油茶	明月山红花油茶	100	普通油茶	连蕊茶	85	浙江红花油茶	北茶	85
普通油茶	威宁短柱油茶	100	小果油茶	红山茶	100	普通油茶	尾叶山茶	100	浙江红花油茶	江西糙果茶	85

（续）

砧木	接穗	成活率（%）	砧木	接穗	成活率（%）	砧木	接穗	成活率（%）	砧木	接穗	成活率（%）
普通油茶	叙浦大红花茶	100	小果油茶	广宁红花油茶	80	普通油茶	泰顺粉红油茶	100	浙江红花油茶	美国山茶	100
普通油茶	皱果山茶	100	小果油茶	云南山茶	90	普通油茶	隐脉红山茶	100	浙江红花油茶	短管红山茶	90
普通油茶	重庆山茶	100	南荣油茶	红山茶	100	普通油茶	闽鄂山茶	100	浙江红花油茶	尖叶山茶	60
普通油茶	毛籽红山茶	88	南荣油茶	怒江山茶	100	普通油茶	扁果红山茶	85	越南油茶	红山茶	95
普通油茶	尖叶山茶	85	普通油茶	显脉金花茶	85	普通油茶	闽光红山茶	90	越南油茶	美国山茶	95
普通油茶	窄叶山茶	95	普通油茶	大叶金花茶	85	普通油茶	短管红山茶	90	普通油茶	防域金花茶	80
普通油茶	钱叶油茶	85	普通油茶	凹脉金花茶	80	普通油茶	江西短柱茶	85	普通油茶	金花茶	85

（庄瑞林，王德斌等，1988）

表 6-16　普通油茶作砧木嫁接云南山茶成活情况

砧木	接穗	成活率（%）	砧木	接穗	成活率（%）
普通油茶	赛桃红	90	普通油茶	靖安茶	80
普通油茶	宫粉	80	普通油茶	菊瓣	85
普通油茶	枚红桂叶	87	普通油茶	赛芙蓉	90
普通油茶	尖叶银红	80	普通油茶	粉红蝶翅	80
普通油茶	小桂叶	80	普通油茶	珠砂紫袍	70
普通油茶	大桂叶	60	普通油茶	锦袍红	70
普通油茶	品红	85	普通油茶	童子面	20
普通油茶	柳叶银红	80	普通油茶	狮子头	75
普通油茶	鹤顶红	87	普通油茶	醉娇红	75
普通油茶	早桃红	85	普通油茶	银粉牡丹	80
普通油茶	印叶银红	50	普通油茶	早牡丹	70
普通油茶	玉带红	60	普通油茶	大桃红	80
普通油茶	大红袍	75	普通油茶	小银红	80
普通油茶	紫袍	90	普通油茶	麻叶银红	90
普通油茶	松子鳞	80	普通油茶	细桂叶	80
普通油茶	大叶银红	77	普通油茶	粉牡丹	80
普通油茶	大理蝶翅	85	普通油茶	大百合	80
普通油茶	风山茶	80	普通油茶	菊片	85
普通油茶	大玛瑙	75	普通油茶	大理茶	90
普通油茶	赛牡丹	80	普通油茶	牡丹茶	90

（庄瑞林，王德斌等，1988）

表 6-17 普通油茶作砧木嫁接山茶花品种成活情况

砧木	接穗	成活率(%)	砧木	接穗	成活率(%)
普通油茶	凝红	90	普通油茶	深桃宝珠	100
普通油茶	白并子	70	普通油茶	红台阁	85
普通油茶	正五保	85	普通油茶	赛金光	85
普通油茶	紫并子	60	普通油茶	珍珠茶	85
普通油茶	白三学士	100	普通油茶	红石样景	95
普通油茶	东洋茶	88	普通油茶	六角银红	90
普通油茶	石榴红	90	普通油茶	花槟榔	80
普通油茶	茶梅	90	普通油茶	依兰娇	60
普通油茶	芙蓉五保	100	普通油茶	花十样	80
普通油茶	松子	90	普通油茶	白十样	75
普通油茶	大百合	75	普通油茶	鱼鳞白	85
普通油茶	黑牡丹	88	普通油茶	红十八	100
普通油茶	四喜笑	100	普通油茶	松子	100
普通油茶	宫粉	100	普通油茶	红花钱	80
普通油茶	大红绣球	80	普通油茶	花芙蓉	85
普通油茶	胭脂莲	100	普通油茶	白芙蓉	100
普通油茶	状元红	85	普通油茶	吉祥红	80
普通油茶	雪塔	90	普通油茶	赤丹	100
普通油茶	大红牡丹	80	普通油茶	黑牡丹	100
普通油茶	大五保	100	普通油茶	玫瑰莲	90
普通油茶	五彩	89	普通油茶	大东方亮	80
普通油茶	六角宝珠	80	普通油茶	海云霞	90
普通油茶	白宝珠	80	普通油茶	金丝玉蝶	90
普通油茶	粉牡丹	100	普通油茶	白嫦娥彩	80
普通油茶	五色	100	普通油茶	白心牡丹	90
普通油茶	粉红六角	100	普通油茶	绯白牡丹	80
普通油茶	七星球	100	普通油茶	小五保	100
普通油茶	皇冠	90	普通油茶	亮叶金心	100
普通油茶	花牡丹	80	普通油茶	洋尾头	80
普通油茶	大红花	80	普通油茶	紫重楼	100
普通油茶	金奖牡丹	80	普通油茶	美人茶	80
普通油茶	永福红	100	普通油茶	金心茶	100
普通油茶	七星红牡丹	100	普通油茶	风仙	90
普通油茶	大朱砂变种	80	普通油茶	花牡丹	70
普通油茶	花叶雪塔	100	普通油茶	提笼	75
普通油茶	花宝珠	100			

（庄瑞林，王德斌等，1988）

表 6-18　普通油茶作砧木嫁接美国、日本等国山茶花品种成活情况

砧木	接穗	成活率（%）	砧木	接穗	成活率（%）	砧木	接穗	成活率（%）	砧木	接穗	成活率(%)
普通油茶	小玲珑	80	普通油茶	撒金	100	普通油茶	乙女	90	普通油茶	毛绿黑玛瑙	90
普通油茶	鹤顶红	100	普通油茶	花风尾	85	普通油茶	笑颜	90	普通油茶	首演	85
普通油茶	白镶边	100	普通油茶	白宝塔	85	普通油茶	傲笑颜	90	普通油茶	道温的曙光	90
普通油茶	花佛顶	90	普通油茶	五湖灯宝	80	普通油茶	富十之峰	60	普通油茶	帕克斯先生	90
普通油茶	花十八	95	普通油茶	桃李争春	85	普通油茶	立寒	90	普通油茶	埃尔西朱瑞	90
普通油茶	六角红	100	普通油茶	冬梅	80	普通油茶	韩食	90	普通油茶	牛西奥转马	90
普通油茶	白牡丹	90	普通油茶	水粉胭脂	80	普通油茶	花叶彐塔	90	普通油茶	快乐王	85
普通油茶	小桃红	100	普通油茶	喷砂	85	普通油茶	玉楼春	100	普通油茶	武办大牛西奥	85
普通油茶	胭脂牡丹	100	普通油茶	花凝红	95	普通油茶	龙船载宝	90	普通油茶	夏威夷	90
普通油茶	红牡丹	100	普通油茶	夺锦	95	普通油茶	狄芍药	90	普通油茶	皱叶奇花	90
普通油茶	四面景	100	普通油茶	紫蝴蝶	85	普通油茶	挂钱	90	普通油茶	琼克莱多	90
普通油茶	和尚	100	普通油茶	优雅	100	普通油茶	灰枝牡丹	90	普通油茶	新凯蒂	90
普通油茶	杨妃	100	普通油茶	花鸟	100	普通油茶	彩五星牡丹	80	普通油茶	艳口红	90
普通油茶	大白	100	普通油茶	金鱼椿	100	普通油茶	福建墨牡丹	80	普通油茶	克瑞墨大牡丹	90
普通油茶	六角大红	85	普通油茶	紫花茶	80	普通油茶	花叶牡丹	75	普通油茶	朱红宽彩带	90
普通油茶	花鹤令	80	普通油茶	舞女	80	普通油茶	白棉球	90	普通油茶	午夜魔幻	90
普通油茶	狩衣	80	普通油茶	伯尼斯鲍地	80	普通油茶	仙留影	90	普通油茶	太阳神	90
普通油茶	大玫瑰	85	普通油茶	红衣大皇冠	80	普通油茶	红蝴蝶	100	普通油茶	皇家天鹅绒	85
普通油茶	紫翡翠	80	普通油茶	白衣大皇冠	80	普通油茶	鸡血牡丹	100	普通油茶	花展时节	85
普通油茶	武瓣肥叶茶	80	普通油茶	美国黄	85	普通油茶	金顶大红	100	普通油茶	春天夜礼服	85
普通油茶	早花鹤顶红	85	普通油茶	林肯	80	普通油茶	粉蝴蝶	80	普通油茶	丝纱罗	85
普通油茶	墨球	85	普通油茶	大卡特	80	普通油茶	北茶	90	普通油茶	玛丽安	85
普通油茶	大金盘托荔	90	普通油茶	玫红大玛瑙	90	普通油茶	红荷花	90	普通油茶	毛绿大黑红	90

注：以上为基因率中 2150 株大树嫁接组合调查的部分成活情况。　　（庄瑞林，王德斌等，1988）

（二）建成了基因库，保存了丰富的基因资源，挽救了濒危珍稀物种

由于坚持长期、广泛的搜集，又承多方的支持，到 1990 年，已营建 4 个基因库共计面积 263 亩；另有测定林 350 亩。搜集保存基因资源共计 2 267 个号，其中物种变种共 161 个，山茶花品种 340 多个，普通油茶农家品种、优株、家系、无性系等共 1 604 个号。

搜集的物种变种分属于山茶、茶、后生茶三个亚属中的油茶、红山茶、短柱茶、糙果茶、茶、金花茶、小黄花茶等七个组，其中油茶组、金花茶组、小黄花茶组的中和变种已基本搜集齐全。我国特有种和珍稀的一、二级保护物种，如各种金花茶、小黄花茶、杜鹃红山茶、长柱红山茶等数十种，都已搜集保存。上述物种、变种中开黄花的有 30 个；开红花的有 50 个，开白花的有 78 个。山茶花品种共搜集 349 个，红山茶的地方品种基本齐全；云南山茶品种 30 个。在搜集中十分注意选育良种和生产相结合，对各省(自治区)经过复决选的 740 个优株、20 多个农家品种及经过鉴定的优良家系、优良无性系都基本搜集。它是目前我国最大的山茶种质资源基因库(表 6-15 至表 6-18)。

1. 大树嫁接砧穗组合成活情况

以富阳点为主，结合长沙、南昌和南宁 4 个点来分析，普通油茶、浙江红花油茶、南荣油茶、小果油茶和越南油茶等 5 个物种作砧木与其他山茶种、山茶花品种嫁接，一般亲和力较强，故成活率都较高。茶梨和博白大果油茶差些。从调查看出，成活率、保存率的高低，与嫁接者技术和当年天气有很大的关系，嫁接当时如遇雨或高温天气，成活率就受到一定的影响。当年冬季早霜提前来临并降温幅度大，保存率就会受到一些影响。保存率的高低，抽梢率强弱，这还又与嫁接的品种有关，有的品种成活率高，但抽梢率低，不但当年不抽梢，就是第二年，抽梢的数量亦较少，抽梢强度大小，既与品种有关，又对树冠形成的早吃有很大的关系。像六角银红、十八学士、和尚等品种，3 ~ 4 年后就形成了较大的树冠，可以满足城市绿化、美化的要求。要形成好树冠，一般一株树最好要均匀嫁接 4 ~ 6 个砧穗才行。利用油茶大砧嫁接，不但可以提高种质的适应性，扩大栽培区域，而且可以在短期内培养出多品种的绿化美化用山茶大树，具有较好的经济价值和现实作用。

2. 嫁接植株的生长

由于是利用油茶大砧嫁接，充分利用它的发育成熟和强大根系的特点，当嫁接成活以后，就能很快生长，短期内养成大树。调查看出，一般品种比名贵品种生长快，抽梢强的品种比抽梢弱的生长快，国内品种一般比国外品种生长快。在国外品种中不少品种生长亦较慢，一般 4 ~ 5 年才能形成完满的树冠。

3. 抗寒性

用油茶大砧嫁接后的品种植株，都提高了它的适应性和抗寒性。当年嫁接成活以后，抽梢旺盛的植株抗寒性差些，生长慢的要强些，国内品种比引进品种强些。一般品种比名贵品种抗寒些。像金花茶在本地区冬天还必须采取套塑料罩等保护措施，否则还会受冻害。云南山茶不但能适应，生长良好，而且提早开花，非常喜人，像紫袍等品种就是这样。

4. 嫁接的变异

从我们多年的实践看，嫁接以后砧穗双方或多或少会发生一些变化。在这方面，接穗尤其明显，在大数量的组合中，当年或翌年抽梢后，表现出枝条粗壮，叶片增大、肥厚，这些现象经过 2 ~ 3 年以后就会正常起来。有的品种花朵数增多，花色亦有些变化，这些有待进一步观察研究。

(三) 观察研究主要物种的生物学特性和经济形状

搜集保存基因资源的目的在于利用，利用是否有成效又取决于对种质资源的研究深度和广度。我们在建基因库的同时，从良种选育需要的角度，对已搜集物种的特性和形状进行了观察研究。掌握了主要物种的生育动态，对已搜集的山茶花各品种又进行了物候观察。对从不同温度和海拔高度引入的物种、变种、品种，还注意它们的原产地的物候差异及其性状表现。同时，做了种间杂交亲和力，不同物种染色体形态，核型大小、形态，主要物种脂肪酸组成及其含量，不同物种营养器官的解剖测定，主要物种的同功酶谱和不同物种抗寒性测定的研究。根据叶片组织厚度与抗寒性的分析，海绵组织厚度与油茶的抗寒性呈高度的相关，相关系数 $r=0.9416$，海绵组织厚度小，有利抗寒。叶片总厚度与抗寒性也表现有一定程度关关系。这些研究成果对深入开展科学研究和利用具有科学价值。

（四）为整理我国山茶花地方品种提供了条件

我国山茶花地方品种十分丰富。各地有同名异种、异名同种现象不少，造成混乱，这给茶花品种整理带来许多困难。将各省的地方品种全部搜集到同一生态条件下栽培，进行规范化的性状观察，在此基础上进行比较分类、整理和鉴定。这样的工作比分散整理更具有时间上的优势和更具科学性。

（五）发挥了基因库多种作用，经济效果明显

围绕建立基因库的主要目的，把建库与建圃(园)，选择、测定、与繁殖紧密相结合进行，既是基因库，又是采穗圃、种子园，同时也是按正规设计的测定林和示范林，发挥了基因库的多种作用。

通过多年的测定，已选出优良无性系 100 多个。同时完成了全国区域性鉴定，选出高产新品种 19 个。作为良种繁殖基地，每年可以从采穗母树上采穗 200 万根以上，培育出优良无性系和高产新品种苗木 200 万株。如 1985 年为联合国的油茶低改工程提供优良家系种子，造林 200 亩，开花结果后的第 4 年，平均亩产油达 27. 5 ~33. 5kg，比一般种子造林增产 35% 以上。又如福建省利用基因库提供的穗条生产的苗木营造的 800 亩丰产林，进入盛果期后，亩产油达 30kg 以上。培育了 2 000 多株 150 多个品种的茶花采穗母树，嫁接后第 5 年产穗条 200 ~250 根。每年可生产穗条 50 万根。培育出大批品种、花色的绿化大树，深受生产部门的欢迎。基因库的经济效益还随着时间推移而不断提高，具有较好生态效益和社会效益。

第七章　油茶的选择育种

第一节　选择育种概述

一、选择育种的概念和意义

从栽培植物中选优去劣，育成性状优良的品种或品系，是选择育种的目的。选择是达尔文学说的重要组成部分。选择并非机械地过筛，而是具有积极的创造性作用。生物有机体受外界环境条件的影响，可以发生某些变异，如果引起此种变异的条件继续起作用，就可通过定向的选择使后代变异朝着人们需要的方向发展，并积累、加强和巩固，最终形成明显的质的变异，形成了与原始类型不同的新类型，从而使生物有机体不断地进化和演变。达尔文关于自然选择和人工选择的理论对生物科学研究的进展和农牧业品种改良都起了重大的作用。通过选择来培养良种，是树木品种改良的重要手段之一。

油茶是异花授粉树种，长期的天然杂交繁殖，导致了同一物种和同一品种类型杂种后代的性状分离，植株个体间差异显著，例如，有的单株结果累累连年生产，有的单株挂果疏落或者"大小年"，结实性很不稳定。在油茶炭疽病严重的林分中，能发现某此类型或单株具有较强的抗病力。这些无疑都与种质的遗传特性有关，通过长期人工选择，形成了许多地方品种和农家品种，无论是经济性状、形态特征、生态特征、物候期、抗病性等方面都表现出明显的差别。例如，在同样的栽培条件下，岑溪软枝油茶比一般栽培品种结实早1~2年，增产1~2倍，经济效益好。选择育种对实现油茶速生、丰产、提高油茶林分的生产力有着重要意义。

二、油茶选择育种的历史和现状

我国油茶选择育种工作，大约经过这样几个阶段：第一阶段，即新中国成立以后到20世纪60年代末期，各省(自治区)先后开展了油茶科研项目的研究。1960年10月中国林业科学研究院南京林业科学研究所(中国林业科学研究院亚热带林业研究所前身)代表中国林业科学研究院在湖南永兴召开了第一次全国油茶科研协作会，会后各省(区)广泛开展了农家品种的调查、收集；群众经验调查和总结，并设点开展各项试验研究。第二阶段，即70年代初，全国油茶科研协作组召开了全国油茶科研协作会，提出了任务，开展协作研究。通过十多年的努力，解决了油茶科研和生产中许多重大问题。如全国广泛而深入的开展了表型优株选择；优株实生子代测定和当代测定，选育出100多个优良家系和优良无性系。开展了油茶繁殖技术的攻关，通过3~4年的努力，解决了油茶芽苗嫁接和大树嫁接技术等。这段时期，我国油茶科研和生产出现了欣欣向荣的景色，形势很好。全国各地生产上出现了许多高产的典型，推动了我国油茶生产的大发展。第三阶段，即1983年开始，油茶列为国家经济林重点攻关项目，由中国林业科学研究院亚热带林业研究所主持，江西省林业科学研究所、广西壮族自治区林业科学研究所、湖南省林业科学研究所等单位参加的油茶科技攻关组，开展了山茶种质资源搜集，建立基因库，油茶优良无性系的选育，油茶高产新品种的选育，油茶农家品种全国区域性测定，优良无性系全国区域性鉴定，油茶双系杂交育种和优良无性系推广等多项研究，取得了很大成绩，受到“三委”一表彰，获得国家科技进步奖 1 项，部、省级科技进步奖二等奖 4 项，三等奖多项。在全国建立了山茶种质资源基因库；选出了 100 多个优良无性系和 19 个油茶高产新品种；建立了大批示范林，繁殖优良无性系和新品种苗木 1 000 多万株，良种和优良无性系在全国油茶低产林改造中发挥了重要的作用，造林和改造低产林几十万亩，推动了全国油茶科研和生产的发展。90 年末期，随着油茶国家科技攻关项目的结束，新中国成立以后成长起来的大批油茶科技人员的退休离岗，油茶研究项目开始有所减少，有的地方没设项目。“十一五”开始，中国林业科学研究院亚热带林业研究所又承担了国家“十一五”科技支撑专题“高产优质油茶、香榧新品种选育”的研究，在国家林业局林造发[2006]274 号文件的影响下，浙江、安徽和江西等省又先后召开了全省性的发展油茶产业会议，贯彻国家林业局文件精神，现在一个以发展油茶产业，提高油茶效益的形势正在兴起，这必将进一步推动我国油茶科学研究和生产的发展。

（一）种质资源的调查研究

中国是山茶属植物种类最多的国家，油用类、观赏类、油用兼观赏类的种达 200 种以上，除几十个物种有栽培利用外，大部分尚属于野生或半生状态。为了弄清它们的分布、生长习性和经济价值，从新中国成立以后至今，各地都先后开展了山茶种质资源的调查研究，取得了可喜的成绩。

1955 ~ 1956 年广东省林业厅对广宁红花油茶进行了较全面的调查研究。1959 年中国林业科学研究院林业研究所树木改良室和广西农学院对 15 个油茶物种提供了可供榨油食用的报告。到 60 年代中期，对栽培面积较大的普通油茶、小果油茶、越南油茶、广宁红花油茶、浙江红花油茶、腾冲红花油茶、宛田红花油茶和攸县油茶等物种提出了调查研究报告。通过对各物种的生育习性、生态特征和经济性状的研究，确认普通油茶为我国主要的栽培优良物种。广西壮族自治区林业科学研究所在南宁建立了油茶物种园，经过对比观测，证实在相同条件下，普通油茶比其他物种速生丰产；各种红花油茶的种子含油率明显的高于白花油茶。中国林业科学研究院亚热带林业研究所在进行物种对比试验中，发现攸县油茶具有植株矮小，开花结果早，单位面积产量高，出籽率高，抗油茶炭疽病力强等优点，是一个很有希望的油茶物种和育种材料。各物种的经济性状和抗病力有所不同（表 7-1）。

（二）品种与类型的调查研究

品种与类型是两个不同的概念。品种是具有某些特定的经济价值和形态特征，在栽培条件下能够稳定遗传的作物群体；类型是指在同一物种之内，某些形态特征或生育习性有显著差别而经济性状和遗传能力尚难确认的那部分植株群体。从遗传学的观点来讲：品种是经过人工栽培选育而成，类型则是自然变异存在的不同表现形式，从类型中也可以选育出品种。

以往油茶栽培较为粗放，同一林分各种类型混杂。为此，各地进行了大量调查研究普遍发现：各种类型虽有一定的遗传能力，但也伴随着较为复杂的性状变异。对于异花授粉

表 7-1　中国油茶主要物种经济性状表

项目＼物种	普通油茶	小果油茶	越南油茶	浙江红花油茶	攸县油茶	广宁红花油茶	腾冲红花油茶	宛田红花油茶	博白大果油茶	茶梨	白花南山茶	栓壳红花油茶	西南红山茶	厚叶红山茶
始果年龄	4 ~ 6	5 ~ 6	7 ~ 8	7 ~ 8	3 ~ 4	9 ~ 10	8 ~ 10	9 ~ 10	8 ~ 10	7 ~ 8	9 ~ 10	7 ~ 8	10 ~ 12	8 ~ 10
盛产年龄	8 ~ 10	8 ~ 10	12 ~ 15	10 ~ 13	7 ~ 9	15 ~ 18	14 ~ 16	12 ~ 15	14 ~ 15	10 ~ 12	15	12 ~ 14	15	15
盛产期(年)	30 ~ 40	30 ~ 40	40 ~ 50	30 ~ 40	25 ~ 30	50 ~ 60	30 ~ 40	40 ~ 50	50 ~ 60	30 ~ 40	50 ~ 60	20 ~ 30	20 ~ 30	20 ~ 30
亩产油(kg)	15 ~ 25	15 ~ 25	15 以上	10 ~ 15	15 ~ 25	15 ~ 20	10 ~ 15	15 ~ 17	13	10 ~ 15	10	10	7 ~ 10	7 ~ 10
出籽率(%)	25 ~ 30	30 ~ 40	18 ~ 30.5	20 ~ 30	65 以上	12 ~ 15	15 ~ 25	12 ~ 20	12 ~ 18	12 ~ 20	12 ~ 20	38 ~ 46	34 ~ 45	16.59 ~ 21.16
出仁率(%)	65 ~ 75	66 ~ 70	54 ~ 60	48 ~ 68	68 ~ 74	45 ~ 56	45 ~ 56	56 ~ 68	48 ~ 57	45 ~ 56	45 ~ 56.8	48 ~ 60	54 ~ 65	58.12 ~ 33.61
干仁含油率(%)	41.73 ~ 56.20	34.02 ~ 46.52	37.96 ~ 46.78	50.4 ~ 56.6	37.06 ~ 52.19	56.15 ~ 64.19	54.25 ~ 58.94	50 ~ 56	36 ~ 44.00	37 ~ 48	28 ~ 48.5	54 ~ 64.7	52.0	63.5 ~ 71.98
全籽含油率(%)	21.47 ~ 33.73	20.5 ~ 31.6	21 ~ 30.61	27 ~ 34.1	20.5 ~ 26.4	20.5 ~ 29.4	25 ~ 32	21 ~ 28	19 ~ 29.54	-	20.30	24 ~ 31.5	-	22 ~ 28.0
酸价	0.8 ~ 1.2		0.24 ~ 1.70	1 ~ 2	1.20	1.20	0.70	2 ~ 4	2.5	1.0	80 ~ 86	2.1	2.84	5.65
碘价	91.4	76 ~ 90	75 ~ 88	-	85.89	85.89	83.70	81	80	8239	496 ~ 496.9	84.29	83.4	81.16
皂化价	205	195.4 ~ 197.0	194.5 ~ 200	-	191.50	191.50	191.8	195	189	199.2	1.4691	191.73	185.58	182.54
折光指数 25℃	1.4717	1.4683	1.4669	-	1.4690	1.4690	1.4687	1.4679	1.4667	-	1.4691	1.4693	-	-
抗病性	较差	中	差	中	强	强	强	较强	很强	强	强	中		强

的油茶来说实际上只是一个群体品种，尚无任何模式的标准品种，除某些混合的农家品种之外，多数仍属自然类型的范畴。综合各地的研究结果，我国油茶的自然类型有以下几类：

(1)花期类型　分特早花类型、早花类型、中花类型、晚花类型和春花类型等。

(2)成熟期类型　我国历史上根据茶果成熟时期的不同，将普通油茶划分为秋分籽、寒露籽、霜降籽、立冬籽四大品种群。应该说这与品种的概念是相悖的，实际上成熟时期相同而经济性状不同的群体应该是有的，犹如水稻中，早稻、中稻、晚稻各类均有大量栽培品种一样，上述四大油茶品种群应属于生育习性不同的四大成熟期类型或种群。

(3)茶果形态类型　茶果是栽培油茶的期望产品，茶果的形态特征与经济性状最为人们所重视。根据茶果形状和颜色的差异而划分不同的形态类型，与地方品种，农家品种区别开来，这一概念在较长时期的选择研究过程中逐步明确，克服了以往对品种、类型划分的紊乱。尽管各种类型都有遗传的表现，但在各地的油茶林分中则是普遍独立存在的。即我国普通油茶的形态类型没有地区性、各地均有红、黄、青 3 种基本果色和球、桃、橘、脐、榄五种基本果形，二者互相组合，即形成了红球、青球、红桃、青桃、红橘、青橘(橘形即扁圆形)、脐形、橄榄种基本类型。

云南省广南油茶站对不同形态类型油茶的研究表明，含油率、出籽率和出仁率的变异系数不大，也就是说这些性状受遗传基因控制，在家系内呈现较强的一致性；而单株产果量的变异系数很大，都超过 50%，这证明产果量虽受到一定程度的遗传基因控制，但受外界环境条件影响很大(表 7-2)。大量的研究表明油茶的花期和果实成熟期是较为稳定的，主要是由遗传基因控制的，而且遗传力较强。虽然每年气候的变化和外界环境条件的影响会使花期和成熟期发生一定程度的波动，但它不可能超越基因控制的限度。

果实形状与炭疽病的关系不明显，但是对出籽率影响较大，球形、橘形果皮厚薄均匀，出籽率高，而脐形、橄榄形出籽率低。从各方面的性状看红球、黄球、红桃、黄桃是比较好的形态类型。

表 7-2　普通油茶不同果型若干性状的变异情况

性状	单株产量(kg)			种仁含油率(%)			鲜出籽率(%)			鲜出仁率(%)		
类型	$\bar{x}$	S	CV(%)	$\bar{x}$	S	CV(%)	$\bar{x}$	S	CV(%)	$\bar{x}$	S	CV(%)
红球	3.6	4.7	68.7	47.7	4.6	9.6	43.7	6.9	15.8	75.3	4.7	5.7
红桃	3.4	4.5	66.2	50.0	3.1	6.2	44.0	5.6	12.6	73.3	4.3	5.9
青球	3.4	3.8	56.0	47.0	5.2	11.1	38.4	7.3	19.2	75.5	3.9	5.2
红草果	2.5	3.4	68.3	46.8	5.2	11.8	40.6	4.0	9.9	74.1	4.4	5.9
红皱	2.6	2.8	55.3	46.9	3.9	8.1	41.0	9.8	23.9	75.6	5.7	7.5
黄球	2.3	1.9	41.8	48.8	4.1	8.4	40.3	4.8	12.0	75.4	6.5	8.6
黄桃	2.2	2.5	59.9	51.4	3.7	7.6	39.6	5.7	14.5	68.3	10.6	15.5
红倒印	3.6	3.6	50.6	39.7	4.5	13.3	42.0	4.1	9.7	69.5	6.0	8.6
红橘	4.3	4.4	51.1	46.8	2.9	6.3	38.1	4.8	12.7	70.7	5.6	7.9

注：$\bar{x}$——为平均数；S——为标准差；CV——为变动系数。　（沈宝莲，1980）

（三）地方品种、农家品种的发掘、整理和鉴定

我国油茶栽培区域广阔，气候地理差异较大，一些地区长期栽培同一品种类型，形成了某些特异的经济性状，如某地的品种类型产量高，另一地区的含油率高或油质特异，某些地区的抗病性强，等等，这些品种类型可能是混杂的群体，也可能是某些较单一的类型，我们称之为地方品种。油茶地方品种的形成大多与农家选种有关。根据油茶遗传变异的表现及其群体结构的相对稳定性，油农从混杂群体中选取某此优良性状（主要看经济性状）的品种类型或单株进行混合造林，经过多代的培植和繁衍，其优良性状稳定下来，这就产生了一个农家品种。以后，该品种的栽培范围不断扩大，适应了某一地区气候与环境，成为这地区的主栽品种，即地方品种。因此，油茶的地方品种与农家品种关系渊源，同属人工选择的混合品种范畴，二者仅在时间和空间方面有所差别而已。

为了比较鉴定现有油茶农家品种和地方品种的优良性状及其适应性，1982 年在南方 12 个省份 18 个点统一布置了全国油茶农家品种比较及区域性试验。据贵州省林业科学研究所对贵阳点上 12 个品种 3 年来的生产情况测定表明：所有供试品种不仅均能适应该省中部地区的生境条件，而且在树高、干粗和冠幅等生长量方面，大多数品种优于当地对照品种。其他一些点的观测材料也看出有些供试品种确具一定的优良性状。最后，通过 4 年连续测产，综合经济性状的测定，综合考评，岑溪软枝茶、衡东大桃等 3 个农家品种最为优良，可称为优良农家品种。

（四）优树调查选择和优良无性系的筛选

优树，是指在产量和质量方面均表现优良但尚未经子代鉴定确证其遗传品质是否优良的那些优良单株。一旦通过鉴定，判明其遗传品种优良可靠，比对照品种或对照优株有明显的遗传增益者，即可作为一个优良家系或优良无性系加以培育扩大繁殖。所谓家系，是指从一个优良单株上采集种子而繁衍出来的实生后代及这一原始母株为一个家系。如果是从一个优良单株上采集枝条或穗芽通过嫁接、扦插、组织培养等无性繁殖方面而培育出来的无性后代及该原始单株即为一个无性系。当一个家系或无性系，具有独特的优良经济性状，并且这种优良性状能够通过扩大再生产推广到一定的区域，形成新的生产力，就可成为新的品系或品种。

为了获得油茶优良家系和优良无性系，我国从 20 世纪 60 年代起开展了以普通油茶为主的优树选择工作，对优株的标准与方法进行了对比研究，并提出了单位冠幅面积产量为主要标准的产量选择法，经 1973 年全国油茶科研协作会议讨论，制订了《全国油茶优树选择的标准与方法》。实践证明，所订标准切合实际情况，所取的方法科学可靠，简便易行。短时期内，全国油茶选优工作获得可喜成绩，到 1981 年，全国经 3 ~ 5 年观测各项指标符合标准的中选优树为 1 240 株。其中广西普查总株数 1 500 万株，初选优树 3 722 株，选择机率约为 1/4 000。经过复选、决选，中选优树为 350 棵，占初选优树的 9. 4% ，也就是说每初选十株约有一株中选。湖南省优树选择强度亦大致与广西相同。从各省对优树的收集、鉴定的情况看，湖南约有 1/4，广西约有 1/5 的优树每平方米冠幅乘积的产油量达 0. 1kg 以上（全国标准是 0. 06kg）换算为每亩产油量的理论值应为 66. 5kg，与湖南、广西两省一般亩产茶油 5kg 相比，增产几倍，可见选优的经济效益十分明显。

从优树中选育优良家系和优良无性系的工作在各省进行。主要的成绩有：第一，优树的实生子代鉴定：广西于 1979 ~ 1981 年先后在南宁、柳州、桂林、钦州四个点统一布置

143 和 196 个两批优树进行测定。湖南于 1981 年在长沙、攸县两个点对 60 个优树进行测定。中国林业科学研究院亚热带林业研究所于 1979 ~ 1981 年先后在浙江富阳、安徽广德两个点对 120 个优树进行鉴定；至 1989 年，各点大部分植株已进入结实阶段。第二，优树的当代鉴定；1979 年，湖南、广西将经济性状表现较好的优树用大树嫁接或扦插苗定植进行优良无性系的鉴定；1983 年，中国林业科学研究院亚热带林业研究所，广西、湖南、江西的林业科学研究所又统一布置优株无性系的当代测定。统一采用大树嫁接方法，选择 40 个优良无性系进行全国性区域性鉴定，经过 4 年测产及果实品质测定，选育出亚林品 4(区 24)、赣林品 1(区 4)、湘林品 1(区 1)等 19 个高产新品种。这是我国首批选育出的新品种。

三、良种推广概况

70 年代中期，广西推广了岑溪软枝油茶，其他一些地区鉴定和推广了当地优良农家品种，使我国油茶生产进入了应用良种造林的新阶段。

(一)大力推广岑溪软枝油茶成效显著

岑溪软枝油茶被确认为油茶良种后，已在广西自治区推广。1974 ~ 1983 年，全区推广造林面积已达 43 万亩。至 1989 年，26 万亩已结果有收益，幼林一般亩产茶油 7.5kg 左右，相当于中上水平的一般成林产量，仅此部分每年可增产茶油约 200 万 kg，产值约 800 万元，成效显著。此外，南方 13 个省许多个单位引种栽植，普遍反映良好。

(二)攸县油茶引种成功，为推广生产增加了一个新的栽培种

野生的攸县油茶引种到浙江省富阳县获得成功，经 15 年调查和定点观察证明，该物种具有抗炭疽病强，春花秋实，树体紧凑适于密植，果皮簿、出籽率高、油质好等优良性状。在一般的立地条件栽培能获得较高的产量。该县贤德乡查口村试种的 6.3 亩试验林，1980 ~ 1985 年连续六年平均亩产油 28kg，其中 1.12 亩五年每年产果量都超过 700kg，亩产油达 50kg 以上，是一个有发展前途和高产潜力的物种。

浙江富阳县已引种营造攸县油茶林 2 000 亩，在原产地攸县以及我国中、北亚热带的一些地区已发展攸县油茶几万亩。

(三)亚林 8、湘林 4 等优良无性系造林

这批 40 ~ 50 个优良无性系已在江西、湖南、广西、浙江、福建、湖北等省份油茶低产林改造和新造林中大力推广，面积达几十万亩。如湖南攸县用大树嫁接改造的 200 亩，生长良好，高产稳产，获得了显著的增产效果。又如，浙江省常山油科所，1984 年大树嫁接换冠 16 个优良无性系共 1 194 株，穗成活率高达 87.9%，保存率 99.3%。由于林地间套作，管理较好；由于穗成活率高，当年就抽梢生长，树冠形成早而好，嫁接第 3 年即投产，平均亩产 11.2kg，第 4 年达到 23.6kg，第 5 年亩产油高达 50kg，五年平均亩产油为 23.6kg，为不嫁接不管理的茶林产量的 4 倍以上，获得大面积增产。当地干部和群众都认为，低产油茶林，只有通过优良无性系大树嫁接换冠的办法，才会提高油茶的产量，实现良种化。该项成果已通过省级鉴定，优良无性系在全国各地推广了 3 万亩，效益显著。

(四)亚林品 4、湘林品 10、赣林品 3 等 19 个高产新品种

这些品种现已在江西、广西、湖南、福建、浙江、湖北等地新造幼林和低产林改造中

推广应用，造林面积20万亩以上。新品种推广以后，从各省(自治区)调查来看，已增加产值1 000万元以上，取得了显著的经济效益和社会效益。在新品种和优良无性系推广中，根据林业部的要求，中国林业科学研究院亚热带林业研究所与江西省宜春市油茶局合作，在宜春油茶林场用亚林品4、亚林品1、湘林品10等19个新品种和一些优良无性系大树嫁接换冠100亩，经3～4年的管理，植株生长良好，90%开花结果，果挂满树，增产效益明显，受到当地干部和群众欢迎。1996年，温家宝同志视察宜春地区时，市领导陪同温家宝参观了油茶良种低产林改造，受到了首长的肯定和表扬。

第二节　油茶实生繁殖下的遗传与变异

油茶是异花授粉树种，借助于昆虫传粉实现植株个体间广泛的天然杂交以繁殖后代。同一物种植株个体间不仅形态特征上有差异，而且生育特性和经济性状也有不同，长期自由授粉的结果，后代表现了各种各样的遗传变异。60年代以来，我国油茶选种工作者对此开展了广泛的调查研究，云南省林业科学研究所广南油茶试验站，中国林业科学研究院亚热带林业研究所、浙江省常山油茶研究所等单位经过较长时期的定位观测和研究，找出了一些实生繁殖下遗传变异的规律，为选择育种和人工杂交育种提供了科学依据。

应当指出，所有这方面的研究，只限于单亲本(母本)自然杂交的遗传变异，而在人工控制控粉条件下的双亲本遗传变异，尚缺乏系统的研究。

一、普通油茶主要形态特征的遗传变异

各地对普通油茶单株和不同形态类型遗传变异的所有研究，都说明在实生繁殖下变异不仅普遍存在，而且后代分离十分复杂。

(一)果形与果色

油茶的果形和果色是两类不同的性状，受两类独立的遗传基因所控制。茶果表皮细胞是各种色素的载体，不同的色素由不同的基因所控制。果形也是由特定的基因所控制。这两类不同的基因，在有性繁殖过程中遵循独立分配定律产生复杂的基因重组现象，使后代分离出形形色色的茶果，形成果形与果色不同组成的类型。虽然油茶果型复杂，但比例最多的是红球、青球、红桃、青桃等4种类型，其他都是少数。在自然状态下红球占14.05%，青球占24.92%，红桃占19.06%，青桃占29.76%；总的来看球形占39.97%，桃形占48.82%，红色占33.11%，青色占54.68%，其余果形果色只占12.21%。虽然各地情况有一定差别，但果型结构状态最相似(表7-3)。

油茶果型包括的果形和果色是两个独立遗传的性状，在实生繁殖下不但显示出它们之间没有什么必然联系，而且遗传力也有差异。果色遗传有一定的规律性，一般以红色遗传力最高，黄色遗传力最低，红对青是显性，黄色亲本的后代表现为青色杂融合型。因此，油茶果色可能是由二对等位基因控制的。油茶亲本与子代在果形上有一定的相关，除球形遗传力较高外，其余各种果形遗传力较低。同一母树同一果型的实生后代，其变异是十分复杂的。例如，青黄球母株单株的88棵子代中(表7-4)，球形果出现50株，占56.82%，可见球形的遗传力很强，但是果形和果色完全与母本相同的仅10株，占11.36%，而指望在实生繁殖下能完整地保持母株果型的可能性是较小的。

综上所述，凡母本果型是红球型的，其家系内实生后代果型便表现出很强的一致性。不同家系果型遗传力有很大的差异，这取决于构成果型的果形和果色的遗传力的高低，同时也不排除父本的影响。这些性状的遗传特性在优良单株选择中值得注意。

表 7-3　普通油茶自然状态下茶果类型结构情况（株）

地点＼性状	球形		桃形		橘形		绉头	
	红色	青色	红色	青色	红或青	红或青	红或青	红或青
湖南怀化	5	14	12	37	3	9	1	1
江西宜春	11	32	16	35	10	4	1	0
浙江武义	13	11	20	25	0	0	2	3
贵州锦屏	18	24	12	14	2	1	1	0
安徽歙县	16	13	19	20	4	3	1	1
湖北麻城	11	27	21	28	0	0	13	0
河南新县	10	28	14	19	0	0	13	0
频率(%)	14.05	24.92	19.06	29.76	3.18	2.84	5.35	0.84
	39.97		48.82					

注：除湖南怀化为固定样地外，其余均为一亩地样地。（庄瑞林，1980）

表 7-4　油茶单株 164(青黄球) 实生后代果形果色变异动态

子代果型	出现株数	频率(%)	子代果型	出现株数	频率(%)
青黄球	10	11.36	黄桃	21	23.86
红黄球	1	1.14	青桃	1	1.14
黄球	10	11.36	褐桃	2	2.27
黄青球	6	6.81	青黄橘	2	2.27
青球	1	1.14	青橘	1	1.14
青黄球	9	10.23	青黄脐	1	1.14
红黄球	6	6.81	黄青脐	1	1.14
黄红球	4	4.55	黄脐	1	1.14
黄青球	2	2.27	青脐	1	1.14
青红球	1	1.14	青梨	1	1.14
红桃	6	6.81	合计	88	100

（周启仁，1978～1980）

（二）茶果的大小

通常以果径、果高来衡量果实的大小。油茶果实的大小与其经济性状有关。从母树与子代的各类型变异系数来看（表 7-5），红桃类型母本的果径和果高的变异系数分别为 12.47% 和 11.10%，与其相似的红桃类型子代的相应变异系数为 12.67% 和 11.59%，二者相近。这说明果实大小的遗传性较稳定。同时，果实大小的遗传与果形、果色有一定的相关性，以红色、球形的遗传力最高。

表 7-5　油茶果实大小遗传变异测定

母树					实生后代				
果实类型	果径/果高(cm)				果实类型	果径/果高(cm)			
	变幅	$\bar{x}$	S	CV%		变幅	$\bar{x}$	S	CV%
红球	2.4~4.5/2.7~4.1	3.742/3.368	0.5206/0.3104	14.90/9.21	红球	2.6~3.5/2.7~3.7	3.18/3.06	0.3470/0.3163	10.91/10.35
红桃	2.6~4.5/3.1~4.8	3.456/3.952	0.4308/0.4390	12.47/11.10	红桃	2.4~4.0/2.8~4.2	3.188/3.340	0.4040/0.3872	12.67/11.59
					红球	3.1~4.7/2.7~4.0	3.711/3.470	0.5900/0.5114	15.90/14.74
					红梨	2.5~4.2/3.1~4.4	3.480/3.823	0.392/0.333	11.26/8.71
红橘	2.1~4.3/2.0~3.3	3.468/2.796	0.5408/0.3056	12.99/10.93	红桔	3.2~4.5/2.8~4.0	4.150/3.300	0.570/0.460	13.73/13.90
					红球	2.5~4.2/2.4~3.8	3.180/3.290	0.518/0.410	16.29/12.46
青球	2.6~4.6/2.4~3.9	3.264/3.044	0.548/0.363	16.73/12.09	青球	2.8~4.7/2.5~4.7	2.620/3.130	0.499/0.390	19.05/12.56
					红球	2.2~4.8/2.3~4.4	3.540/3.324	0.625/0.526	17.66/15.80

（云南省广南油茶试验站，1980）

二、性状、特性的遗传与变异

（一）油茶枝、叶的变异情况

1. *枝条的软硬程度*

树木枝条的软硬程度与其生长发育有一定的关系，如软枝油茶比硬枝类型速生丰产；软枝杉生长较快而干形较好；油桐枝叶下垂类型比直立类型结果多，广西引种的阿尔巴尼亚油橄榄生长好结果较多的 2 号品种枝条亦多柔软下垂。现有油茶林不论树龄的大小，1~2年生小枝都有柔软下垂和坚硬直立两种类型（表 7-6）。小枝柔软下垂的相似于母树的为 66.66%；小枝坚硬直立的，相似于母树为 71.67%，说明枝条软硬程度具有较高的遗传能力。

2. *分枝角度*

分枝角度这一性状是受遗传基因控制的。油茶分枝角度的大小与树冠的形状、疏密等有关，侧枝与主枝的交角大，树形较开张，枝条疏密度较适中，透光性较好，一般育芽能力较强，结果较多。分枝角度小则树冠直立，枝叶密集，透光性差，开花结实少。据研究，油茶各种类型分枝角度的遗传变异，6 个类型的亲本的子代分枝角度，有 50%~70%保持了母本的分枝性状，可见分枝角度有较高的遗传力。

3. 叶形及大小

遗传学上通常以叶形指数即叶长与叶宽之比来表达叶形，以叶面积来衡量叶的大小。叶形指数可以直接测定叶长、叶宽而算出。叶面积的求法有多种，比较常用的是“剪纸秤重法”间接算出。从各类型的油茶其实生后代叶形指数与叶面积的遗传性都比较稳定，而各种类型的叶面积则变异性较大，表面在同一类型的亲本与子代间叶面积大小值多数均超过1% ~4%，因此，今后在叶片性状选种上应侧重叶形指数。

表 7-6　油茶枝条软硬程度的遗传变异

母树枝条	实生后代之枝条					与母树相似性(%)
	调查株数	柔软下垂		坚实直立		
		株数	(%)	株数	(%)	
柔软下垂	12	8	66.66	4	33.34	66.66
坚硬直立	60	17	28.33	43	71.67	71.67

（赵树慎，1980）

（二）油茶花器官某些性状及花期的遗传

根据对5株母树及其相应的60株实生子代测定结果说明，无论母树与其实生子代的果实类型是否相同，它们的花器官在颜色、形状、着生方式等方面的特征均表现一致。如开花时的萼片颜色为黄褐色，花瓣白色、形状倒卵形、花丝、花柱、柱头均为淡黄色，花药金黄色，着生方式均为子房上位等形态特征，亲本与子代间完全相似，说明这些性状的遗传力较高。在开花上油茶母树与其实生子代的花期差异不大，也是遗传力较强的一种表现。

三、油茶经济性状的遗传与变异

油茶的单株结实量、果皮厚度与单果重、种仁含油率是油茶的主要经济性状，它们的遗传与变异同油茶良种选育有密切关系。

（一）单株结实量

在同一油茶林分中，品种类型相同，年龄相同，立地条件和栽培措施基本上一致的情况下，油茶个体间的结实量是大不相同的。由于单株间冠幅大小、冠层高低、树形树势各不相同，难于比较各株的产果量。因而可采用单位冠幅面积结实量比较法。各地对此都作了大量的调查研究，从几种自然类型亲本与子代间每平方米冠幅面积结实量的变异看，红球的遗传力高于其他类型。从优株的子代测定中可以看出，油茶产量虽然遗传力较低，而且受自然因子影响较大，株间差异极大，但是优良家系产量的遗传力一般有60%以上。

（二）果皮厚度、单果重量的遗传变异

油茶的果皮厚与出籽率成反比，单果重量与总产量成正比，二者都是油茶选种上十分重要的经济性状。从对14种果型的500株子代单株考果结果（表7-7）看，一是油茶单株果皮厚度和单果重量的变异系数都相当大，说明这两个性状都属于数量性状遗传变异的范畴。二是各类型间此二性状的变异系数缺乏规律性，有待作进一步研究。但是，果皮厚度的遗传力表现出大于单果重量的遗传力。

表 7-7 油茶果皮厚度、单果重量的遗传变异

果实类型	果皮厚度的变异系数(%)	单果重量的变异系数(%)
红球	16.47 ~ 23.95	44.64 ~ 63.16
黄球	12.82 ~ 55.28	36.22 ~ 47.88
青球	0.37 ~ 62.51	1.18 ~ 39.72
黄红球	9.99 ~ 100.70	11.82 ~ 52.36
红黄球	15.97 ~ 24.27	38.27 ~ 57.95
青红球	9.05 ~ 92.18	10.22 ~ 68.31
青黄球	13.23 ~ 84.18	33.94 ~ 45.88
青褐球	12.89 ~ 19.40	25.96 ~ 38.42
红脐	24.93 ~ 25.32	43.83 ~ 49.13
黄脐	1.47 ~ 17.26	8.36 ~ 30.90
青脐	9.26 ~ 19.18	49.44 ~ 51.52
青黄脐	18.17	51.92
青橄榄	17.24 ~ 33.06	27.87 ~ 43.90
青黄榄	12.89 ~ 47.73	25.90 ~ 53.91

（周启仁，1983）

(三)鲜出籽率、干出籽率的遗传变异

果实性状是衡量油茶的质量指标。果实含油率的高低取决于基因型。对计算理论产油量具有决定的作用。据福建省林业科学研究所熊年康等人对果实进行鲜出籽率、干出籽率、干籽出仁率、种仁含油率、全果含油率测定分析，经方差分析估算遗传力与 F 检验差异都为显著与极显著水平。其遗传力分别为：鲜出籽率 47%、干出籽率 57%、干籽出仁率 57%、种仁含油率 31%、全果含油率 59.4%，而且，还证明了果实性状的质量指标遗传力比形态指标具有更加相对的稳定性。

(四)种仁含油率的遗传变异

油茶种仁含油率是一个相当稳定的遗传性状，不论品种、类型、单株、其亲本与子代间的差异很小。如岑溪软枝油茶母本的种仁含油率为 51.37% ~ 53.60%，其子代林的种仁含油率为 51.47% ~ 53.66%，亲本与子代间相差仅 0.04% ~ 0.1%；红球类型母树种仁含油率为 32.13%，其子代为 31.47%，相差 0.06%；青球母树种仁含油率为 32.87%，子代为 32.61%，相差 0.76%。因此，种仁含油率作为种质遗传的一个重要性状，在油茶个体选择和群体选择以及杂交育种上都是一项重要的经济性状。从熊年康同志测定的遗传力来看，以全果含油率高低来衡量，比用种仁含油率更为准确、合理，因冠幅乘积每平方米产油量的性状更有相对的稳定性。

四、抗病性的遗传变异

油茶炭疽病是普遍而严重的病害，造成大量落花落果而减产。长期以来，各地作了大量的调查研究，结果表明，不同类型抗病的能力有所不同，红皮类型抗病性强，青皮类型则易感病。通过对母树及其自由授粉子代的人工诱发测定看出：母树属抗病力强的，其子代感病率就低；母树对炭疽病敏感的，子代发病率也就高。前者感病率为5% ~13%，后者达1.3% ~36.8%，这说明母本种质的抗炭疽病能力有较强的遗传力。

第三节　油茶实生选种的原理

选种的目的，在于获得遗传性状优良的品种，故需进行综合性状的选择育种。所谓综合性状，是指单株产果量、出籽率、含油率、果油率和抗病性。同时，亦要考虑一些特殊的优良性状。油茶生产是以单位面积计算产量的。因此，必须考虑品种类型和单株的特性能适应密植等问题。从我国油茶的生产及现有林分产量水平来看，选种首先是选择单株产量和单位面积产量高的优良类型和优株。局部地方的选种目标可根据当地的自然条件和其他因素来确定。

一、速生、早实性状的选择

油茶生长比较缓慢，进入结果初期要5 ~6 年。但也有的品种比较速生、早实。例如，在相同栽培条件下，四年生的软枝油茶树高1.82m，基径3.52cm，冠长1.73m，冠幅1.63m，其树高生长比同龄的一般普通油茶快1.12 倍，冠幅大22.3%，冠长也以它为最大。树冠高大，是多结果的良好基础。由于树体生长旺盛，软枝油茶表现了早实的特性，比一般普通油茶提早1 ~2 年开花结果。有的品种虽不算速生，但却有早实的特性，如攸县油茶一般种后2 ~3 年即有不少植株开花、结果。因此，应该而且可以选择到具有速生、早实特性的品种类型或生长虽不太快但早实性状突出的品种类型。

二、高产、稳产性状的选择

高产、稳产是油茶选种至关重要的经济性状。二者必须尽可能相对地统一，即既要有高产种质基础又要有相对稳定的性状。高产而缺乏相对的稳定性并非真正的良种，反之，虽有稳产的性状而无高产的种质亦非选择的目的。例如广西选出的软枝油茶，它的高产、稳产优良性状就比较明显：连续五年平均亩产油32.63kg，最高达56kg，并且连续18 年连年增产。再如攸县油茶从湖南引种到浙江富阳后，连续6 ~7 年也表现出高产稳产，油茶的高产、稳产性状是以成林盛产期为准。普通油茶的盛产期为种后10 ~12 年开始至30 ~40 年，软枝油茶因具有速生、早实的特性，种后7 年即进入盛产期。油茶产量如果连续三年变幅不超过30%者为稳产的标志。从现有油茶林的结实状况看，往往在某一丰年之后翌年产量锐减。只有通过选择高产、稳产的良种才能控制和改变这一状况，使其产量变幅缩到最小，以达到高产、稳产的目的。一般情况下，丰收年之后的小年产量不低于丰年产量的三分之一，即可认为是比较稳产了。油茶虽在总体上目前并不高产、稳产，但是高产、稳产的性状若以一定的标准去衡量，客观上一些优良品种类型是具有这些优良的遗传品质的，因此，在选择育种工作中必须紧紧掌握这一对重要的经济性状。

三、生育习性与花期选择

(一)成熟期选择

普通油茶的成熟时期可分为早熟、中熟、晚熟三大类型或类群。早熟类型称寒露籽，中熟类型称霜降籽，晚熟类型称立冬籽或交冬籽。有些类型的成熟期比早熟类型更早，如湖南、浙江有秋分成熟的叫秋分籽。近年来湖南发现有在白露节成熟的类型，云南发现有处暑时成熟的“八月熟”类型。此外在一些油茶产区还有一种在寒露与霜降节之间成熟的类型叫中降籽如永兴中苞红球。

成熟期与茶果的形态和经济性状有较密切的关系。一般来说，早熟类型的茶果较小，多属桃形，果皮较薄，出籽率、含油率较高；中、晚熟类型的茶果较大，球形为主，果皮较厚，出籽率、含油率稍低，但总产量高于早熟类型。如以成熟期的一致性看，则早熟类型优于中、晚熟类型。因此，不能单以成熟期的迟早来评价一个品种类型，而应以含油率和总产量的高低来考虑其与成熟期的关系，选择出成熟期一致而含油率高、总产量高的品种类型。

(二)花期选择

植物的开花、授粉、受精等生殖生长的过程受气候因素的影响较大。普通油茶在秋冬开花，正值冷暖气候的交替时节，如遇不良气候(低温、阴雨、霜冻等)往往造成大量枯蕾、落花。通过研究油茶的开花及其与气候因素的关系，选出在当地气候条件下能保证植株顺利开花结果的适宜花期类型，对生产很有现实的意义。

为了便于反映花期、花期气候、产量三者之间的关系，把普通油茶按其盛花期出现先后划分成：早花、中花和晚花三个类型，在个别林分中有特早花期类型出现。根据南昌地区初霜期和月平均气温≥10℃终止日，把盛花期在10月底以前的列为早花类型；盛花期在11月中旬末以前的列为中花类型；盛花期在11月下旬中以后的列为晚花为型。在混杂的油茶林群体内，由各个花期的个体组成不同的花期类型，最早的9月中旬始花，最迟的12月初始花，相差两个多月。不同花期类型之间产量差异很大(表7-8，表7-9)

表7-8　普通油茶混杂群体中各类花期与产量关系

类型花期	株数		产果量		
	株数	占总株数(%)	产果量(kg)	占总产量(%)	平均株产(kg)
早花	127	16.6	194.55	29.1	1.53
中花	313	40.9	350.6	52.4	1.12
晚花	325	42.5	123.8	18.5	0.35
合计	765	100	668.95	100	0.875

(邱金兴，1981)

表7-9　固定林准地上不同花期类型单株8年产量统计

花期类型	株数	8年果产量合计(kg)	平均单株果产量(kg)	备注
特早花类	5	35.85	7.17	10月中旬进入盛花
早花类	85	1 040.45	12.24	10月底至11月上旬进入盛花
中花类	111	1 098.85	9.90	11月中旬进入盛花
晚花类	45	314.3	6.845	11月下旬进入盛花
合计	246	2 472.95	10.055	

(黎章炬，1983)

中花类型占林分中总株数的40.9%，产果占总产量的52.4%，是影响林分产量的主要花期类型，应作为花期选择的主要对象；早花类型植株虽比晚花类型少，但单株产果量较高，故其总产量高于晚花类型，可作为选种第二选择对象。由于早花类型的单株产量最高，故在选种中应予重视。

油茶的花期选择有一定的地理区域性。在我国中亚热带至北亚热带的油茶产区，油茶开花期常遇低温、阴雨或霜冻，而对授粉受精不利，以致坐果率低，因此，应选择花期在当地始霜期之前而经济性状优良的品种类型或单株用于生产。而处南亚热带的广东、广西（两广中南部地区），油茶开花期的气温较高，气候对花期的影响不像西南、西北等地那样明显。花期选择还应注意到当地油茶授粉昆虫的习性。

就整个山茶属植物来说，对"春花秋实"的物种资源的选择利用不容忽视。如白花类中的攸县油茶、柃叶山茶，红花类中的浙江红花油茶、广宁红花油茶、腾冲红花油茶，黄花类中的金花油茶等大多早春开花、晚秋果熟，花期避开了严寒的冬日是一个可贵的种质性状应注意加以选择利用。

四、树体结构与枝条习性的选择

（一）树体大小与分枝角度

油茶树体结构是遗传上的一个重要性状，直接与产量性状有关。理想的树体结构应该是树冠体积大而受光性能好，形成立体结果的模式。油茶的树体结构比较紊乱，小乔木状，大灌木状兼而有之。因此，油茶树体大小应以树冠体积的大小来表示。主干过高，则树冠小，冠下空，树冠体积小，冠表面积亦小，结实层薄。主干低矮则树冠体积大，结实面积多。油茶主干高矮与树冠体积大小呈反比（表7-10），而产量则与树冠体积、冠幅面积呈正比。从测定结果看，树体结构的表型性状，如地径粗、树高对油茶产量的影响不大。

表7-10　油茶主干高矮与树冠体积大小比较

株数	主干高（cm）	平均树高（cm）	平均树冠半径（cm）	树冠体积（m^3）	树冠体积比
20	20~60	342.0	133.70	13.00	257.0
20	61~130	348.0	97.60	3.89	100.0
10	131~210	390.8	94.20	3.49	89.71

（雷亚必，1980）

油茶的分枝角度包括主枝与骨干枝的交角、小枝与主枝的交角两种。研究结果肯定：分枝角度大的品种比分枝角度小的品种高产。如软枝油茶，主枝与骨干枝交角为60°，小枝与主枝角度为40°~50°，而三门江普通油茶和凤山普通油茶的主枝与骨干枝交角均为40°，小枝与主枝交角均为35°，它们的产量均不如软枝油茶高。通过对树冠内外光照强度的测定来研究分枝角度的大小与通风透光的关系可以看出：主枝角度大树冠开张，受光条件好，侧枝生长旺盛，结果枝多。据测定，凡主枝角为40°~50°、小枝角40°~60°的树冠呈上疏下密，外疏内密，透光条件好，秋季晴日测定其光照强度，冠外3.8万~4.0万lx，冠内0.8万~1.03万lx，有利于营养物质制造和分配，能抑制顶端优势；凡主枝角度在40°以下稍角更为狭窄的树冠则出现上密下疏，外密内疏，冠内光照强度只有0.1万~0.23万lx，临近于光补偿点，成为上饱下饥的树体结构。

综上所述，在选种中应注意选择树冠结构合理，树冠体积大的品种类型或单株优树。

(二)枝条质地与春梢生长

油茶枝条可分为软枝类型与硬枝类型，都有相对稳定的遗传性。经长期研究证明：软枝类型较硬枝类型速生丰产。这是由于，软枝类型的骨干枝分枝角度大向外伸展形成“自然开心形”的枝冠；小枝条较长而软韧向倾斜使每片叶子能均匀接受阳光而且有利于通风透光，使内层叶子增加了吸收漫射光的机会。漫射光对油茶生理活性起加成作用，特别是有利于油茶的开花结果枝—春梢的生长。因此，在选择育种工作中，应注意发现和选取各种经济性状良好的软枝类型品种。

五、果实、种子主要经济性状的选择

油茶果实、种子的经济性状包含质量性状与数量性状两个方面，主要是：果实形状及大小，果皮厚度与出籽率，果实成熟时期，每千克种子粒数或千粒重，种皮厚度与出仁率，种子含水率，种仁含油率与油质(包括酸价、碘价、皂化价、折光指数和脂肪酸成分等)。这些性状是选择育种的重要指标。我国对油茶的这些性状已作过大量的研究并已取得明确的结论。油茶的果实以中等大小的红球或红桃型为最佳。这种果型一般属于中花期和中成熟期类型，较为适应我国油茶栽培区的气候条件。油茶种子的大小因品种类型不同而有较大差异，但其各项经济性状遗传力较高，选择时以种粒大、含水少、出仁率高、含油率高为好。茶油的油质已经证明不但符合我国食用油标准而属于优质植物油之一，只要采摘、加工、储藏过程符合技术要求，一般不会产生有害物质。

六、抗病性能的选择

油茶的抗病性能主要是指抗油茶炭疽病的能力。可以通过在炭疽病发病区内的油茶林中，选择历经考验且有天然抗病力强的优良单株进行定向培育；也可以通过人工接种诱发试验，逐步筛选出抗病力强的优株或品种类型。例如，湖南的油茶高抗病优株175号经过6年连续观察，没有出现病果，又经连续3年人工接种炭疽病菌作诱发试验，仍表现出高度的抗病性，证明是一个优良抗病单株。它的主干矮、分枝角度大、树冠开张、树体结构好、花期早、花芽分布均匀、6年平均每平方米树冠产油量为0.12kg，高出油茶优树标准一倍。

第四节　油茶实生选种的方法

油茶实生选种的方法分群体选择和个体选择两大类。按照一般选种程序，应该先经群体选择而后进行个体选择。由于林木生长周期长，两种选择可同时进行，以缩短选种年限，尽早发挥各种选择的效益。

一、群体选择

我国油茶长期以来基本上未经选种栽培，各地油茶林分普遍是类型混杂的群体结构，

为选择育种提供了大量的机会，少数地方有的群众通过原始的选种方法培育了一些比较优良的农家品种群。因此，首先通过群体选择，把良种发掘出来用于生产；紧接着在比较优良的种群中再进行单株性的混合选择，达到优中选优，不断提高遗传效益。这是群体选择的两大步骤。通过群体选择，便可评选出达到一定标准的优良品种类型扩大繁育推广种植。

(一)优良品种类型的选择标准

(1)在经济性状特征或生理特性的某些方面有别于其他的品种类型　这种特点在当代表现明显，实生后代能够遗传的。

(2)高产、稳产　分选择阶段与试测阶段两个指标。

①选择阶段　被选优良品种或类型2~3年的平均产油量比当地相同或相似林分对照品种的平均单位面积产油量高30%，小年亩产油茶7.5kg以上。

②测试阶段　被选优良品种或类型要通过后代测定，造林后进入盛果期时，连续四年平均亩产油量要比测试区内的对照种(当地农家品种或引入的其他品种)高15%以上。

(3)品种优良　鲜果出籽率40%以上或干出籽率25%以上，种仁含油率40%以上，油脂酸价在1以下。

(4)生长快　进入盛产期早，盛产期长。

(5)抗逆性强　对气候、土壤具有一定的适应性。

(6)抗病性强　油茶炭疽病等发病率明显低于当地的主栽种或引入的新品种。

(二)品种类型选择的方法

分外业调查与内业整理的两个阶段。一个省，一个地区，一个县都可以组织专业人员开展3~4年的品种类型资源调查，具体做法是：

1. 基础调查

根据文献资料或群众的反映，到主要产区进行概况调查和选出定位观察的标准地。时间在茶果已定型的7~9月。采取座谈、采访与实地考察相结合的办法，初步摸清当地油茶品种类型的特点和分布范围以及品种来源、栽培历史、生产管理水平等情况。然后在历来经营水平较高的林分中，选定有代表性的对比观测样地。样地不要设在山脚或林缘之处。如果林分中品种类型彼此混杂，则样地中的优良品种类型植株要占30%以上。对于这种混杂的林分，所选优良品种的面积与产量的折算方法必须统一，可用优良品种类型在样地中所占株数根据整个样地的密度来折算面积，或以每平方米冠幅面积来计算产量。

油茶品种关系的基础调查是一项综合性的工作，为标准地调查打基础，关系到以后几年的调查质量，故是一次实质性的调研研究。

2. 标准地调查

根据不同的要求，分一次性调查和多年度(至少连续三年)重复性调查等内容。

一次性调查的内容有：

(1)立地条件　包括纬度、经度、地形、地势、海拔高度、坡度、坡向、坡位、土壤情况(按土壤调查记载表内容)、共生植物种类和气象情况等。

(2)林分结构　包括品种、类型的组成，品种、类型的主要形态特征(树形、叶形、分枝角度、枝条质地等)，株行距和种植密度、单株或丛生、树高、地径、冠幅、冠高等。

(3)栽培情况　造林时间、造林方法、造林前林地情况及前作种类、整地方式、基肥种类数量、种苗来源、抚育管理措施，等等。

重复性调查的内容有：

(1)结果量实测　单株产果量、果树、果实大小、单果重、果形、果色、果皮厚度、鲜干出籽率、种子大小、种子形状、种壳颜色、单籽重、出仁率等。结果量在标准地内逐株实测，然后按不同品种类型合并，用随机抽样法取得进行各项考种分析的样品。

(2)一年生主、侧枝生长发育调查　分品种类型各随机标定10个标准株。每个标准株按东、南、西、北四个方向各标定0.5m长的标准枝，测定各标准枝的一年生小枝(分主枝、侧枝)的数量、长度、中径、节间长、叶片数、结果数、花芽数。

(3)感病率测定　先在林中分品种逐株调查油茶炭疽病感染情况，然后在各品种的混合果堆中随机抽取100个果检定果实炭疽病率，重复3次。

(4)含油率及油脂理化性质的测定　按照《中华人民共和国进出口商品检验标准》中植物油脂的检验方法，测定各品种类型的种仁含油率、油脂水分含量、比重、酸价、碘价、皂化价和折光指数等。

(5)物候期的观察记录　分别品种类型观察抽梢期、花芽分花形成期、果实成熟期、初花期、盛花期、末花期等主要生育期的年度变化

(三)品种类型的鉴定方法

经过三年调查分析选择出来的优良品种类型(包括农家品种和地方品种)在投入扩大生产之前必须经过科学的鉴定和品种比较试验，以确定其优良性状可以稳定遗传程度，群体选择育种的任务才算完。

1. 良种的当代鉴定和子代鉴定

(1)当代鉴定　采用嫁接换冠或芽苗砧嫁接或扦插育苗造林进行当代鉴定。嫁接、扦插在夏季六月进行。从30～50株标准树上采集混合接穗，嫁接在8～20年生的成林树砧木上，每个品种至少接10株，重复3次，用当地的主栽种或从外地引进的优良品种作对照，排列方式块状或分行对比排列。测定林进入盛产期后，按照标准地调查的方法和内容连续四年进行调查测定，统计分析，总结评定。

(2)子代鉴定　在初选出来的优良品种类型群体中标定30～50株采种母树，混合采种育苗造林，种植面积每小区20～30株，重复3次，对照品种和试验排列方式同当代鉴定。测定林进入盛果期后连续四年调查记录各项鉴定内容，并与母本原群体的各种性状对比分析，确定该品种优良性状的遗传力。

2. 品种比较和区域性试验

通过当代或子代鉴定、符合选择标准的无性系，一方面可就地繁殖推广，一方面组织区域性试验以确定适宜推广的范围。油茶生长周期长，可以把当代或子代鉴定与区域性试验同时结合进行，以缩短选种年限。

区域性试验以省或全国为单位组织进行。在不同气候、不同立地条件的地方设置3个以上的试验点。在每一个试验点按排3个以上的试验品种类型，分3个重复，每个种试验面积共1亩，每一个小区面积为0.33亩，与本地品种作对照。

造林株行距除攸县油茶为1.5m×1.5m或1.5m×1m外，其余为3m×3m，每个小区种25株，正方形配置。每个重复为一大区，大区之间距离5m，四周另种一行保护行。

供试种子的采集、储藏、检验、育苗及造林抚育等方面均按规定进行。各试验点要有专人负责，严格建立各项技术档案。经连续3~4年测定产量，按小区统计分析，进行评比鉴定。

（四）优良农家品种的混合选择法

异花传粉的油茶林，自然杂交而形成许多异质结合的个体，致使初选出来的优良品种类型多是遗传品质杂合者，故需再经选择以不断提高选择效益。

混合选择法，就是从已选出的优良品种群体中，按照选育目标，在林分中观察选出那些生长旺盛、结果多，花芽也多，没有病虫害的优良单株分别采种，经考种分析，再淘汰一部分不良个体，然后混合播种育苗造林，以原品种为对照进行比较鉴定。通常所说的油茶"四选法"即片选法、株选法、果选法、籽选法，实质上就是混合选择法。"四选法"中，片选是基础，株选是关键，果选籽选属于补充选择手段。混合选种法较为简单省事，故较常用。对于一些纯度不高的品种类型，采用此法选种，往往易见实效，可以较快地从混杂型品种中分离出较理想的优良类型来。

应用混合选择法的原理，还可以对某一品种类型进行多代连续混合选择，不断改良原品种的遗传品质，提高遗传效益，最后选育成高纯度的优良品种。

二、个体选择

个体选择又叫单株选择或系统选择，也称强度选择。个体选择是在群体选择的基础上，从优良农家品种群体之中，按照一定的选择标准选出的一些优良个体（优树），分别单株进行采种、育苗、造林，作子代鉴定以确定优树的遗传性是否稳定。同时，可通过与对照品种的比较以及优树之间互相比较，优中选优，淘汰不良的品系（个体），这是混合选择难以做到的，所以个体选择的效果优于群体选择。

油茶的个体选择包括优树的选择与鉴定两大步骤，最终要以筛选出优良家系和优良无性系为目的。

（一）油茶优树的选择标准

普通油茶优树的标准是：

（1）树龄在15年以上。树形完整，生长良好，没有或极少病虫害（果实炭疽病病率3%以下）。

（2）果实大小、分布均匀。按冠幅乘积计算1~2年平均每平方米茶果1kg以上，每m^2产油量0.06kg以上。

（3）鲜果出籽率40%以上，干出籽率25%以上。

（4）种仁含油率42%以上，茶油酸价在3以下。

小果油茶，越南油茶的选优标准是：

（1）小果油茶　按冠幅乘积计算，每平方米产果为1.2kg以上，鲜出籽率55%以上，其他按普通油茶优树标准。

（2）越南油茶　按冠幅乘积计算，每平方米产果量1.5kg以上，鲜出籽率30%以上，其他按普通油茶优树标准。

（二）油茶优良家系和无性系的选择标准

（1）产量高　单亲子代测定和当代测定（嫁接或扦插）从开花结果后起连续4年平均亩

产油在 30kg 以上，比对照高 30%，或比参试家系或无性系的平均产量高 20% 以上。

(2)果实经济性状优良　鲜、干出籽率，含油率达到优树标准，遗传力在 0.7 以上。

(3)抗油茶炭疽病能力强，病果率在 3% 以下。

(三)优树选择的方法

1. *初选*

在茶果形态特征基本稳定的 7～9 月进行。首先调查当地油茶栽培历史和基本情况、优树的线索。然后实地普查，目测树形，病虫害情况，果实大小和分布情况，剖视果皮厚薄，花芽分布情况，估计产果量。若每平方米树冠挂果 1kg 以上，春梢枝数不少于挂果枝数，80% 以上的春梢有花芽且分布均匀者，即作为初选优株。

2. *复选*

在初选当年茶果充分成熟时期(即寒露、霜降、立冬)，单株采果测定重量并随机测定 100 个果实的炭疽病率。

3. *决选*

当年采果时可进行决选，按要求测定各项指标，进行决选。如来不及时或者第 2 年继续实测单株产量及炭疽病率后，随机取果实样品密封包装，作好标记，每样品茶果 0.5kg。两天内测定单果重、鲜果出籽率。然后将鲜籽晒干后测定其干出籽率、含水率、出仁率和种仁含油率、茶油酸阶等。各项标准都合格者即为中选优树。按株产油量的高低对优树进行分类、利用。

优树选择也可以用相对指标法进行选择。方法是在一亩地内(半径 14.6m)用 5 株高产株对比法评选优树。凡单株的产量高于 5 株高产株的平均株产量 1 倍以上或是产量差异达到极显著者入选为优树。

对个别抗性特强、含油率特高或具有其他特别优良性状的单株虽然产量不达到规定指标，但也可作为一种特优性状的优树在育种中加以利用。孤立木、林缘木一般不能选为优株，但个别特好的也可选作优株。一株树上一半结果一半不结果的不能作为优株。特大自然灾害造成油茶普遍减产时，当年的产量不作评选依据，可延长一年决选。

(四)优树的考核和保护

经决选出来的合格优树，应以地区为单位组织有关行政领导和科技人员到现场考核；由上一级的科研单位及生产领导部门。组织相应的小组重点抽查。凡经考核认可的优树应上报县、地、省(区)林业局备案，由当地政府宣布作为国家的优树资源加以保护，不得损坏，未经批准不得随意利用。同时委托优树所在地的有关部门对中选优树加强护理、追施肥料、促进生长。尚未决选的优树则不得单独施肥。头一二年内不得大量剪枝。如需试验时，每年剪枝也不得超过 10 条。

第五节　优树的鉴定和优良无性系的评选方法

优树是从不同立地条件按表现型选出的，表现型既受遗传基础即基因型的影响，同时也受外界环境的影响。为弄清入选优树的优良性状是否确属遗传基因所控制，必须进行相应的鉴定。按鉴定性质可分当代鉴定和子代鉴定两类。前者又叫无性系测定，主要是测定入选优树所表现的遗传性优劣程度，方法较为简便，时间较短；后者又叫后代测定，主要目的是研究入选优树的配合力和遗传力，方法较繁杂，时间也较长。因此，可首先着重进行当代鉴定，以期早日鉴定出一批优树无性系用于生产，同时也要开展实生子代鉴定，以达到如下目的：

(1)了解亲本与子代间各种性状的相似程度，以便估测亲本遗传力的大小。一个性状的遗传力越大，说明该性状个体之间差别受遗传的制约作用越大，选择的准确性则愈高。

(2)对主要性状的遗传性进行测定，观察性状之间在遗传上的关系。两个性状的遗传相关性愈大，说明它们之间的遗传关系密切，将为提高选种效果提供依据。同时，借助于相关分析的方法，探索早期鉴定的途径与方法。

(3)通过优树鉴定可以对优树与优树之间、家系与家系之间、家系内部子代单株之间的相互比较，优中选优，把遗传品质更好的油茶优树评选出来，用于建立采穗圃和第二代种子园。

一、优树当代和子代鉴定的方法

油茶优树当代鉴定的方法与优良品种类型的当代鉴定基本相同，但应注意，在优树当代鉴定中每一号参试穗条必须是来自同一个优树单株原树。可以采用成林树嫁接换冠方法，也可用芽苗砧嫁接育苗或扦插育苗造林方法。但前者可省去造林工序，而且嫁接后生长快，开花结果早，见效快，是最常用的方法。

油茶优树子代鉴定分为自由授粉和人工控制授粉子代鉴定两种。前者即单亲本子代鉴定，母树在自由异花授粉的情况下，只能鉴定母本与子代间的性状遗传关系，而不能确认父本对子代性状遗传的影响；故还需作人工控制授粉的子代鉴定，即双亲本子代鉴定，以确知父、母本遗传品质的传递能力。子代鉴定的方法与优良品种类型的子代鉴定方法基本相同。不同点是：单亲本子代鉴定中每一号参试的种子必须采自同一个优树单株原树；双亲本子代鉴定中每一号参试种子则必须是同一个杂交组合的种子。

为了取得提供给双亲本子代鉴定用的种子，则必须进行人工控制授粉。即人工采集特定父本花粉传授到母本花朵的柱头之上，受精后发育形成的茶果，种胚内必然掺进了已知父本的遗传种质。人工控制授粉的方法也就是常规的人工杂交育种的方法。测定的方法可视优树株数的多少，采用互交法或测交法进行。

1. *互交法*

即所有参试优树，均彼此配对交互授粉，是最彻底的鉴定方法。但是优树多了则难以做到，一般在10株左右可以采用。设有A、B、C、D、E、F、G、H、I、J共10个优株作互交法测定，则A优树必须与B、C、D…J等9个优树分别杂交组合，B优树必须与A、C、D…J等9个优树分别杂交组合，余类推，因此，10个优树号的互交组合数共有$10 \times (10-1) = 90$个。计算公式为：

$$P = N \times (N-1)$$

式中　P为杂交组合数；N为参试优树株数。

如果每个组合的授粉花数为30朵计算，则10株优树互交总的授粉花数为$90 \times 30 = 2\ 700$朵。可见相当费工，故10株以上时，要采用测交法。

2. *测交法*

即所有参试优树均与同一株被指定的优树进行人工控制授粉。被指定的优树，一般是经过遗传品质鉴定的优树单株。这种方法精确度高而又大大减少了杂交组合数，工作量少，比较实用。为了提高双亲本子代鉴定的精确度，则可以选用4个优良单株分别与各参试优树进行人工控制授粉。若参试优树有10个，则可配成40个单交组合和40个正反交组合，共有80个杂交组合，工作量仍然很大。因此，可将这四个优良单株的花粉等量混合进行测定，则只有10个单交组合和20个正反交组合，共30个组合，每组合30朵花，总杂交量为20×30=600(朵花)，比互交法减少3/4的工作量。

二、试验地的选择

优树鉴定的试验地点应布署在油茶的主要产区，试验地要求地形、坡向一致，地势开阔的缓坡地带。坡度最好在15°以下，土层深厚，土质疏松肥沃，排水良好的地段。采用成林嫁接换冠法进行当代鉴定者，所选林分除具备上述立地条件外，还要求林相整齐，株行距一致，密度适中(每亩80~100株)，没有炭疽病或寄生枝，生长较好的8~20年生(最好10年生左右)的正常林分。

三、参试优树数量和试验排列

因各油茶优树开花时期不一定相同，花期长短不齐，而且各个单株授粉有一定的选择性，如果测试的优树数量太少，将影响到试验的精度。因此，对参试优树数量规定为：子代鉴定不少于30个优株号，当代鉴定不少于10个优株号，如果某一测试单位拥有优树数目太少，则可与邻近的选优单位联合进行或由各省(自治区)组织分片协作进行。

参试的优树数量是10~30株时，林地区划可采用完全随机区组排列，每一区组为一大区，每号优树为一小区，小区株数1~4株，重复3~5次。重复次数可与小区株数灵活配置，这样既可保证试验精确度，又可减少用地和工作量，原则是：重复次数多，则小区株数少(单株或双株小区)；重复次数少，则小区株数多(3株或4株小区)。对照占一个小区。

参试优树数量超过100株号时，宜采用平衡不完全区组设计。也可以根据林地的实际情况，将参试优树分为2~3大群，分别套用相应的田间试验BIB设计表式排列。例如，参加优树当代鉴定试验的优树有146个，可分为两大群，其中的121株为一大群，采用11×11的BIB设计方案排列，另25株为一大群，采用5×5的BIB设计方案排列。同样，当优树数量大于100个株号时，也可以分为2~3群，采用随机区组排列的方式。当每个共组优树数在50个以上时，对照小区可增至2~3个。对照必须是当地的优良品种或主栽品种，或由外地引进的优良品种的若干(为参试优树株数的1/10~1/20)个丰产株的混合种苗或混合穗条，作为一个编号(一个小区)参与随机区组排列。

所有测试林地四周要用优树或对照株的混合苗栽植1~2行保护行。造林、抚育、管理等技术措施必须一致。

四、性状的测定

油茶优树当代和子代(包括单亲本和双亲本)鉴定必须对各性状的遗传能力和优劣程度作出综合性的评定。因此，在整个鉴定过程中必须依据试验设计方案、油茶的生育特性作好各项主要性状的调查测定和统计分析。

（1）生长发育情况　用标准株法测定各年度周期的生长发育情况，如树高、地径、冠高、冠幅、一年生枝（分主、侧枝）长度、中径、节间长、叶片数、结果数、花芽数，等等。

（2）单株产量及经济性状　包括单株产果量、出籽率、出仁率、含油量、单株产油量以及果形、果色、果皮厚度、果实大小、每千克鲜果个数、每千克鲜籽粒数、种子形状和颜色、单籽重、种皮颜色，等等。

（3）油脂理化性质的检验　包括水分含量、比重、酸价、碘价、皂化价、折光指数，等等。

（4）主要物候期观察　用各优数的抽稍期，花芽分化期，开花期，果实成熟期等。

（5）抗病性观测　抽样测定果实、叶片的炭疽病自然发病率。采用人工接种诱发试验，测定各优树的抗病能力。

（6）生理、生化指示测定　测定各优树的光合作用强度、呼吸作用强度，同功酶等。

五、优树配合力的测定

这是测定优树结实能力、确定优树最佳搭配的方法，做法与人工控制授粉双亲本子代鉴定基本一样，不同之处是必须在优树原株之间进行，在各优树的原株上进行互交或测交。以某一母本优树上总成果率的高低，表示该优树结实能力的强弱；以不同优树组成的杂交组合成果率来表示该组合优树之间的配合力，并据此评定出最佳配合力的杂优组合和结实力最高的优树，达到优中选优，然后利用优树双亲本控制授粉获得的种子作子代鉴定，除可测定母本的遗传力外，还可测定父本遗传力的大小。为了准确测定父本遗传力，可按表 7-11 进行杂交授粉。

表 7-11　优树控制杂交授粉测定表

♀ ♂	A	B	C	D	E
A	不授粉	A×B	A×C	A×D	A×E
B	B×A	不授粉	B×C	B×D	B×E
C	C×A	C×B	不授粉	C×D	C×E
D	D×A	D×B	D×C	不授粉	D×E
E	E×A	E×B	E×C	E×D	不授粉

从对部分软枝油茶优树配合力测定的结果（表 7-12）可以看出，在控制授粉情况下优树之间结实力的差异是很大的，最高是 7－49 号优树（成果率 58%）、最低是 7－6 号优树（成果率 24%）。在不同优树之间的配合力也有明显的差别，最好的组合是 7－49 号 ×7－26 号（成果率 58%），最差的组合是 7－4 号 ×7－44 号（成果率 10%）。这表明在优树投入生产使用之前进行配合力测定是十分重要的。

表 7-12 软枝油茶优树结实力的测定

母本号×父本号	授粉朵数	座果个数	坐果率(%)	成果个数	成果率(%)
7-4×7-44	41	20	48.78	2	10.0
7-4×7-49	52	15	28.85	3	20.0
7-6×小25-6	53	12	22.64	2	16.67
7-6×小25-6	23	6	26.09	2	33.33
7-11×7-26	30	15	50.0	4	26.67
7-24×7-26	29	10	34.48	1	10.1
7-24×小25-6	23	1	4.4	1	100.0
7-26×小18-10	93	35	38.04	17	48.57
7-26×小25-6	47	17	36.17	5	29.41
7-49×7-26	48	43	55.13	7	16.28
7-49×7-26	66	23	34.85	8	34.78
7-64×小18-10	35	20	57.14	16	80.0
7-64×小25-6	25	5	20.0	5	100.0
小18-1×7-26	92	25	27.17	4	16.00
小25-6×7-26	72	10	13.89	10	100.0

（周启仁，蔡肖群，1982）

第六节 选择效果的估计

油茶优良单株或类型选择出来以后，通过和当地主栽品种或优株无性系作对照在相同的环境立地条件下进行比较试验，然后测定其平均值，计算差值和比值，肯定是否增产或增产多少(通常用%表示)。但这并不说明如果用这些入选种繁殖的下一代会有多大的遗传改进。

选育的效果，是根据遗传增益来估算的。遗传增益通用的计算公式为：

$$\Delta G = S \cdot bop/\bar{x} \cdot 100\%$$

$$\Delta G = S \cdot h^2/\bar{x} \cdot 100\%$$

$$\Delta G = i \cdot \sigma_p \cdot h^2/\bar{x} \cdot 100\%$$

$$\Delta G = i\frac{\sigma_A^2}{\sigma_p^2} \cdot \frac{1}{\bar{x}} \cdot 100\%$$

式中 ΔG——遗传增益(%)；

S——选择差；

i——选择强度；

bop——子代对中选亲本值的回归系数；

h^2——遗传力；

$\bar{x}$——群体平均值；

σ_p——表型标准差；

σ_A^2——加性方差。

从以上计算式里可以看出，影响遗传增益的因素主要有两方面：

一、选择差

它是在一个群体中某一数量性状的平均值与入选亲本的平均值之比。选择差是绝对值，可以直接计算。如越南油茶单果重群体平均值为40g，而入选的单株平均果重为60g，则选择差为20g。当群体的大小固定时，选择差的大小受入选率和群体的标准差所左右。

入选率指入选个体占被选群体的比例。在一个标准差已定的群体里，入选率越小，选择差越大，如降低标准，使入选率达50%时，入选个体的平均值必然小于入选率20%的平均值，在一般的优株选择中，我们常采用0.1%～0.05%的入选率。

标准差是指受选群体的标准差。在不同标准差的群体里，以相同的入选率进行选择，其结果必然是标准差大的群体比标准差小的群体能提供更大的选择差。

要增加选择差，就要减小入选率，这就意味着要在更大的群体里，投入更多的人力和时间去进行选择。

选择差是绝对值，如果用群体标准差去除，就使选择差标准化。标准化的选择差就叫选择强度(i)。可以认为，选择强度越小，入选率就越大。在群体无限大，标准差为1的正态曲线中，可以算出i的标准理论值(表7-13、表7-14)。

表7-13　不同入选率的选择强度(群体含量大于50)

入选率	0.00	0.01	0.02	0.03	0.04	0.05	0.06	0.07	0.08	0.09
0.0	∞	2.66	2.42	2.27	2.15	2.06	1.98	1.92	1.86	1.80
0.1	1.75	1.71	1.67	1.63	1.59	1.56	1.52	1.49	1.46	1.43
0.2	1.40	1.37	1.34	1.32	1.30	1.27	1.25	1.22	1.20	1.18
0.3	1.16	1.14	1.12	1.10	1.08	1.06	1.04	1.02	1.00	0.98
0.4	0.97	0.95	0.93	0.91	0.90	0.88	0.85	0.85	0.83	0.81
0.5	0.80	0.78	0.77	0.75	0.74	0.72	0.70	0.69	0.67	0.66
0.6	0.64	0.63	0.61	0.60	0.58	0.57	0.56	0.54	0.52	0.51
0.7	0.50	0.48	0.47	0.45	0.44	0.42	0.41	0.39	0.38	0.36
0.8	0.35	0.33	0.32	0.30	0.29	0.27	0.26	0.24	0.23	0.21
0.9	0.19	0.18	0.16	0.14	0.13	0.11	0.09	0.07	0.05	0.03

注：$i(0.005)=2.9$，$i(0.0005)=3.6$，$i(0.001)=3.4$，$i(0.0001)=4.0$，$i(0.00001)=4.5$。

表7-14　对小样本选择时的选择强度

入选数	样本数							
	9	8	7	6	5	4	3	2
1	1.49	1.42	1.35	1.27	1.16	1.03	0.85	0.56
2	1.21	1.14	1.06	0.96	0.83	0.67	0.42	
3	1.00	0.91	0.82	0.70	0.55	0.34		
4	0.82	0.72	0.62	0.48	0.29			
5	0.66	0.55	0.42	0.25				
6	0.50	0.38	0.23					
7	0.35	0.20						
8	0.19							

二、遗传力

遗传力的大小直接影响选择的效果。性状的遗传力高，选择效果就大；性状的遗传力低，选择的效果就小。任何一个性状的遗传力是一个相对稳定的参数。在其他因子相同的情况下，它对遗传增益的影响是相对不变的。因此，我们是不能在短期内改变遗传力的，而只有根据遗传力的大小，来考虑我们选择的目标和手段。精力应该集中在遗传力高的性状上，以便能得到更好的改良。对于遗传力低的性状，如果经济价值高，也不能放弃，而应考虑把这种性状再分裂成若干个小的性状，把选择工作集中到那些遗传力高的小性状上，则可提高遗传增益。如油茶的主要几个性状中，以产油量这个性状遗传力最低，这个性状是由几个因素组成的，它决定于单株的总果数 A，果实大小 B，出籽率 C，出仁率 D 和出油率 E 等 即：

$$\text{单株产(油)量} \backsimeq A \times B \times C \times D \times E$$

虽然单株产油量遗传力较低，但出籽率、出仁率、含油率等性状遗传力较高，因此，应集中在这几个性状以及与这几个性状相关的一些性状上进行选择，便能较快地取得预期效果。

第八章 油茶的育种

第一节 育种目标与育种计划

育种目标是指培养新品种所要达到的目的或要求。油茶和其他树木育种一样，是一项费时费力的工作，因此，从开始就要有一个周全的计划、可行的策略措施和科学的程序。

制订油茶育种计划，首先要对它的进化历史、现状，交配系统，改良性状，种内的变异与遗传，以及繁殖系统等做尽可能详尽的了解。此外，育种的目的不外是提高其在经济上、社会上的效益，这就必须了解其经济及栽培上的现状和发展趋势。当然，在工作开始阶段对其生物学的背景特别是遗传变异的资料不可能很完备。对生产发展的预测也不可能十分确切，因此，开始提出的育种目标和程序应随着情况的变化而有所修改。

但是，任何育种计划有两条相互联系着的原则必须注意：一是保持栽培群体生产上的稳定性；二是讲求生产上的实际效果。这两条原则对油茶等多年生而每年都有收获的树种来说，尤其重要。因为油茶在其整个生长和收获期间的几十年中，经常受到气候条件、人为因素及病虫害的影响，它比多年生一次收获和一年生当年收获的农作物更需要在生产及产量上的稳定，因此，提高油茶栽培群体生产上的稳定性是油茶育种目的之一。油茶的地理分布广，在其长期的进化(天然的及人为的)过程中分布形成了许多适应各地特定地理环境和耕作习惯、经营水平的农家品种类型。因此，在育种初期适用的基础群体必须是以当地主栽品种的群体为材料，对生长的异地气候条件差别大的群体，农家品种或类型，只有经过试验证明能适应当地环境条件后，才能纳入育种的基础材料，这是育种中必须遵循的原则。

在制定的育种计划中，必须十分注意保持栽培及育种群体有广泛的遗传基础。油茶现有林都是异质杂合的自由授粉群体，群内变异很大，遗传基础十分广泛。但是，随着育种工作的进展，其趋势是：以表型一致的群体代替变异大的群体，以经过选择培育的少数亲本代替大量的随机交配亲本。以无性系取代自由授粉的实生后代群体，结果会使育种群体的遗传基础越来越窄，这意味着栽培群体适应能力的下降，不利于生产的长期稳定，为此，在整个育种过程中，一方面要考虑育种群体的个体含量及亲本的亲缘关系；另一方面要广泛收集各地方品种、类型及无性系作为补充扩大育种群体遗传基础的基因资源材料。

高产、稳产、优质、高抗等是现代农林业生产对品种的基本要求也是育种的主要目标，育种工作归根到底是为了提高生产；培育的新品种必须在生产上能起到实际效益。就油茶而言，提高产量是首要育种目标。但是产量是受多个因素控制的。它既是品种各遗传因素的综合表现，又是品种与外界条件共同作用的结果。油茶的产量受环境的影响很大，尤其是在单株水平上产量的遗传力一般是很低的。因此，必须考虑高产的遗传性和品种对不良环境的抗逆性。

产量是受多种基因控制的数量性状。构成高产的产量因素是由与产量有关的多个表型性状所组成的。这些与产量有关的表型性状可以根据数理统计来确定，也可以根据长期的育种实践来选定，一般用与产量关系密切的2～3个表型性状来表示：

油茶理论产量＝产果量×出籽率×含油率

从上式看，要获得高产，就是培育新品种的丰产潜力或丰产性。因此，高产育种落实于提高品种的丰产潜力，即具体落实到构成产量的三个因素上。在这三个因素中，产果量的变化很大，遗传力低，因此，在决定所依据的性状指标时，除考虑产量本身的表现外，还要对与产量有密切相关的而遗传力又较高的性状进行选择。例如，花期物候，以及生物量分配上有利于生殖生长的性状，如分枝和着果习性、新梢数量和长度、果皮厚薄等。中国林业科学研究院副院长、树木遗传育种家侯治溥研究员指出："在初选时，无须对产量作过高的要求，而把更精确的选择寄于后代鉴定的基础上"。总的来说，油茶育种的目标是提高个体与群体的产果、产油量；在育种计划中应着重挖掘和加强与产果、产油量密切相关且遗传力强的性状的研究和解决，这样才会缩短育种周期。

第二节　油茶育种性状的研究

一、油茶育种性状的遗传与变异

遗传和变异是油茶育种的基础，遗传稳定是相对的，变异是绝对的，有变异，才能产生无数的育种材料，有相对稳定，遗传才能出现性状相对稳定的优良品种。一个油茶新品种的形成过程，是其进化的三个因素——遗传、变异和选择综合作用的结果。

我国油茶育种基础工作和必要的理论研究已有一定基础，但存在着一定的局限性，为此，还必须运用先进技术手段提高基础理论研究，加强对各种主要经济性状的遗传控制和传递规律及育种新方法等方面的研究。

自20世纪50年代开始，我国许多单位都开展了油茶的育种工作。油茶是多年生的木本植物，从一个种子代，到下一个种子代需要多年的时间，要获得完整和系统的研究材料并不容易，但在一些性状遗传与变异的研究方面已有一定进展。

(一)油茶的年生育性状

油茶的年生育性状主要包括春梢萌发、花芽分化、开花和果实成熟等，也就是物候性状。整个油茶群体中包含有多个物候型(秋分、寒露、霜降、立冬)。不同物候型之间各个性状出现的时间(物候期)是绝然不同的，而在同一个物候型内各品种类型之间是相对稳定的。尤以花期又是最稳定的物候期之一，而且与油茶产量的关系密切。据多点的观测，在相同年份，相似的环境条件下，绝大多数的自由授粉实生子代的主要物候期与母树物候期差异不大，这说明油茶的年生育性状是由稳定的遗传基因控制的，不易发生变异。

(二)油茶的形体性状

油茶是一个活的有机体。它的形体由枝、干在空间的着生姿态控制。而枝、干的生长习性又与油茶的产量有关。据研究，分枝高、分枝角度小、枝条直立、树体紧凑的形体产量低；分枝低，主枝角度开张，受光条件好，侧枝生长旺盛，结果多。许多研究结果证明：油茶枝条的分枝角度在自然授粉的实生后代中遗传力较高。据赵树慎测定，红球类型的分枝角度在子代中有78%相似于母树，青皮类型也有61%；同时指出枝条的质地(柔软下垂与坚实直立）也有较高的遗传传递能力，变异性不大。

（三）油茶的营养体性状

油茶的叶子，尤其是老熟春梢上的当年生新叶是油茶进行光合作用生产有机物质的营养体。油茶生物产量的高低除与生理功能有关外，与叶面积的大小有密切关系。叶面积的大小与叶片的几何图形有关。油茶群体中，叶片的大小及形状有所不同，叶形有椭圆形及披针形两种基本类型，以椭圆形为主。一般将叶面积大于 $14cm^2$ 的称为大型叶，$7cm^2$ 以下的为小型叶，居中者为中型叶。椭圆形的叶型指数（长与宽之比值）为 1.5～2.5 之间，披针形为 2.5 以上。测定结果表明：叶片形状为椭圆形的，其自由授粉实生后代有 93.66% 相似母树的叶型；而披针形实生后代的叶型只有 41.66% 相似母株。这说明椭圆形叶型的遗传力较高，可变性不大。油茶叶片大小的遗传力较低，可变性较大，如红球母株叶型指数为 1.985，叶面积 $13.720cm^2$，其自由授粉的实生后代红球的叶型指数 1.927，叶面积只有 $9.745cm^2$，差异较大。

（四）油茶的生殖体性状

油茶的生殖体指的是油茶的果实。茶果活体的性状主要表现在形状和颜色两方面。在自然状态的油茶群体中有较大的变异。茶果形状与出籽率有关。一般分球形、桃形、倒卵形、橘形、脐形、橄榄形等。不同果型在其实生后代中的遗传变异程度不同（表 8-1）。

球形果型的变异程度小，遗传力较高，在实生子代中有 88.3% 相似母本果形；橄榄形的遗传传递能力最差，只有 15% 相似于母树。严碧瑞等对普通油茶的不同果型，果色类型进行了 15 个组合杂交试验看出，不论正反交、其 F_1 代杂种的果形遗传 80% 以上趋向母本，果色与双亲没有出现显著的变异。如红黄球 × 黄桃 F_1 代果为球形黄色，反交为桃形青黄色。这说明油茶的果形、果色的遗传性状是相对稳定的。在杂交亲本选配时，对果形、果色的要求只要加以注意，是比较容易达到育种目的的。

表 8-1　油茶果形遗传变异

母树	实生后代果形遗传变异的（%）						同母本果形
果形	球形	桃形	倒卵形	橘形	脐形	橄榄形	相似性（%）
球形	88.30	2.90	4.40	4.40			88.30
桃形	46.60	35.80	8.80		2.20	6.60	35.80
倒卵形	57.10		30.20			11.90	30.20
橘形	72.70			18.20	9.10		18.20
脐形	57.80	15.80		10.50	15.90		15.90
橄榄形	70.30	11.10	3.60			15.00	15.00

注：以株数统计。　（赵树慎，1980）

（五）油茶的生物产品性状

油茶是经济林木。它给人们提供的生物产品是茶果，而最主要的终端产品是种仁中的油脂。从茶果到茶油受到单果重、出籽率、单子果、出仁率、仁含水率和含油率等性状的控制。在自然油茶群体中，这些性状有很大差异。

许多单位对单果重、出籽率、单子重的研究表明，总的趋势是：同一个品种类型内其母本与实生子代之间无多大变化（表 8-2）。说明这些性状的遗传力较高。

表 8-2 油茶实生子代单果重、出籽率等性状与母树的相关性

相关系数 相关性状 品种类型	单果重	出籽率	单籽率
红球	0.686 0**	0.562 0**	0.587 5**
红桃	0.449 4*	0.461 9*	0.312 1
红皱	0.539 8*	0.458 3*	0.573 0**
红橘	0.126 8*	0.207 7	0.227 2
青球	0.379 5	0.544 6*	0.501 4*

注：*表示相关显著，为5%显著水准；（赵树慎，1980）

**表示相关极显著，为10%显著水准。

在表8-2的5个品种类型中，除红橘外，各品种类型的单果重、出籽率、单籽重、母树和它的自由授粉实生后代都呈一定的相关性。其中红皮球形的三个性状都呈现极显著相关，而红橘形三个性状都达不到显著性水平。这说明这些性状在不同品种类型之间其遗传力是有一定程度不同的差别的。

油茶种子出仁率、种仁含水率和含油率三个性状在自然群体的不同品种类型之间有明显的不同。但在同一个品种类型的家系内实生子代与母本之间则差异不大(表8-3)。也就是说，这三个性状是比较稳定而且遗传力较高，不易发生显著性的变异。

表 8-3 实生子代与母树种子出仁率、种仁含水率和含油率比较

品种类型	母树			实生子代		
	种子出仁率(%)	种仁含水率(%)	种子含油率(%)	种子出仁率(%)	种仁含水率(%)	种子含油率(%)
红球	65.25	6.97	32.13	66.19	7.86	31.47
红桃	78.07	7.42	32.62	76.40	8.57	31.12
红橘	73.46	8.72	30.68	69.98	9.35	20.52
红皱	61.19	7.88	31.10	58.95	8.64	28.90
青球	72.96	7.01	32.87	71.02	6.12	31.34

（赵树慎，1980）

综上所述，油茶的物候性状中的开花期、形体性状中的分枝习性、营养体性状中的椭圆形叶、生殖体性状中的球形果和生物产品性状中的种仁含油率都是由稳定的显性基因控制而具遗传力高的性状。在育种中应着重发掘和利用。果实的大小、种粒的大小在实生繁殖中有较大的变异，遗传力不太高，在选择育种材料时应予注意。其他一些遗传变异大的性状，一般与育种目标关系较少。

二、杂交育种的亲合力研究

杂交育种在油茶育种中占有重要位置，在有性杂交中以每一个杂交组合的成功率表示其亲合力。有性杂交分种内、种间、组间、属间杂交，即从近缘至远缘杂交。其亲合力一般同亲缘关系的远近成反比，即亲缘越近，亲合力就越高。

（一）种间杂交育种的亲合力

我国大量栽培的山茶物种（包括油用和观赏两大类）有近 20 个，正在收集开发利用的有 40 多个。油茶育种工作者对这些物种的种内和种间杂交作了大量的杂交组合试验（表 8-4）。在 13 个物种，41 个组合中，从杂交孕性不同可以看出亲合力的高低：

（1）亲合力较高　坐果率 20% 以上的组合有普通油茶 × 小果油茶正交（坐果率 43% ~ 80%）和反交（坐果率 51% ~ 68.75%）亲合力都较高。其次有普通油茶 × 越南油茶的正交，小果油茶 × 越南油茶的正反交，南荣油茶 × 茶梨，宛田红花油茶 × 浙江红花油茶等。攸县油茶 × 越南油茶，南荣油茶 × 博白大果油茶，南荣油茶 × 越南油茶，浙江红花油茶 × 腾冲红花油茶等，它们正交的亲合力较高，而反交则表现不孕或孕性很差亲合力低或没有。

表 8-4　山茶属种间杂交不同组合的坐果率

杂交组合		授粉花朵数（个）	座果数（个）	坐果率（%）		备注
母本	父本			变幅	平均	
普通油茶	小果油茶	882	580	63 ~ 80	65.77	△
	博白大果油茶	550	13	0 ~ 13	2.40	▲
	越南油茶	3579	2593	26 ~ 91	56.4	△
	广宁红花油茶	350	32		9.1	▲
	宛田红花油茶	492	40		8.0	▲
小果油茶	普通油茶	438	296	51 ~ 70.8	67.57	△
	博白大果油茶	264	1		0.38	√
	广宁红花油茶	57	0		0	√
越南油茶	普通油茶	238	42	8 ~ 70	17.6	△
	攸县油茶	136	0		0	√
	小果油茶	322	118	19.8 ~ 43.3	36.6	▲
	南荣油茶	148	3	0 ~ 2	2.0	▲
	宛田红花油茶	78	6		7.03	√
	广宁红花油茶	59	5		8.5	√
	博白大果油茶	4.2	0		0	√
攸县油茶	越南油茶	336	114		33.31	√
	浙江红花油茶	897	126	8 ~ 14.1	14.1	▲
	广宁红花油茶	598	53		8.7	√
	腾冲红花油茶	374	64	6 ~ 67	17.11	▲
	宛田红花油茶	240	14		5.9	√
	博白大果油茶	84	1		1.1	√
	金花茶	220	40		18.18	▲
	日本山茶	200	40		20.0	√

（续）

杂交组合		授粉花朵数（个）	座果数（个）	坐果率（%）		备注
母本	父本			变幅	平均	
南荣油茶	越南油茶	243	82		33.71	▲
	茶梨	160	77		48.13	√
	博白大果油茶	139	20		14.3	√
	广宁红花油茶	90	2		2.9	√
宛田红花油茶	越南油茶	57	0		0	√
	攸县油茶	200	0		0	√
	浙江红花油茶	24	7		29.7	√
	南荣油茶	28	0		0	√
	金花茶	12	3	25		√
博白大果油茶	普通油茶	137	0		0	√
	攸县油茶	138	0		0	√
	小果油茶	115	1		0.87	√
	南荣油茶	73	0		0	√
浙江红花油茶	腾冲红花油茶	150	22		14.6	√
	日本山茶	150	20		13.30	√
	攸县油茶	100	0		0	√
腾冲红花油茶	浙江红花油茶	120	0		0	√
	攸县油茶	20	0		0	√

注：△4 个单位的数据；▲2 个单位的数据；1 个单位的数据。

（2）亲合力不高　坐果率低的组合有攸县油茶×广宁红花油茶，越南油茶×广宁红花油茶，普通油茶×广宁红花油茶，普通油茶×宛田红花油茶，越南油茶×宛田红花油茶正交有一定的亲合力，但反交不孕表现没有亲合力。

（3）表现不孕的组合　攸县油茶×宛田红花油茶，攸县油茶×博白大果油茶，小果油茶×博白大果油茶等，这几个组合不管是正交还是反交都表现不孕，这说明它们之间没有亲合力。

此外，还有宛田红花油茶×南荣油茶，小果油茶×广宁红花油茶，越南油茶×博白大果油茶等组合也表现不孕。

利用金花油茶的特殊性状进行山茶杂交育种风靡世界，广西桂林地区林业科学研究所于 70 年代中期便已对金花茶作了杂交孕性的试验。结果是广宁红花油茶、浙江红花油茶、腾冲红花油茶与金花茶杂交都表现不孕，只有宛田红花油茶、攸县油茶×金花茶表现有一定的孕性。日本也有人以日本山茶、日本山茶变种、云南山茶以及怒江山茶×日本山茶的杂交种作母本与我国的金花茶进行杂交育种，共杂交 473 朵花，得到 124 粒种子，结实率为 26%（相当高的）。其中红山茶产生种子 86 粒，不过发芽的只有 2 粒；红山茶变种产生 34 粒种子，只有 1 粒发芽，其原因有待进一步研究。

山茶属不同物种间的杂交，是远缘杂交，之所以出现上述孕性程度的不同，即可孕、部分可孕、完全不孕的现象，这主要取决于亲本间亲缘关系的远近和两亲本互相之间的亲合性有关。亲合力是受基因控制的、比较复杂的生殖生理、生化现象；山茶属植物种间杂交由于亲本遗传性的显著差异，生理、生化上的不协调，从而导致受精、结实过程常会出现种种障碍而出现孕性差以致不孕。

在山茶种间杂交中，虽然同一杂交组合，但各授粉株之间表现的孕性却不同。例如，广西植物所在进行越南油茶×普通油茶时发现其中一株母本坐果率为70.37%，而另一株母树坐果率为零。正如许多研究者指出的一样，在远缘杂交中母树虽是同一个种，立地环境和发育情况亦相似，但由于个体之间内在差异的存在，各单株结实率不同是常常会出现。油茶是高度的杂合体，植株间的差导尤其在开花、坐果方面的差异更明显。同一植株因结实大小年周期性的影响，各年之间的坐果率也有所不同。因此，在进行杂交时，应在一定数量的植株上进行，并在不同年份连续进行，得出的结果才比较可靠。

美国华盛顿树木园从20世纪60年代开始对所栽培的山茶物种作了较为系统的种间和属间杂交育种试验。共用了20个能大量开花的物种作母本，用了25个物种作父本，做了256个组合，人工授粉12 645朵，产生了1 453个种间杂种，总的成功率为11%。用石笔木×米亚山茶的属间杂种有105个染色体，是山茶的七倍体。他们用参与"杂交的种的数目÷组内杂交授粉的总数目"得到组内的亲合力。他们计算出：

(1)红山茶组的亲合力为0.09。该组的物种包括：香港山茶、日本山茶、云南山茶、西南山茶和怒江山茶等。

(2)短柱茶组的亲合力为最高0.29，杂交最易成功。该组物种包括普通油茶、茶梅、落瓣山茶等。

其他一些茶组组内亲合力从0.01至0.19不等。但总的看来组内亲合力大于组间亲合力，但有个别例外。组间杂交亲合力以图8-1表示。图中组间连线的粗细表示亲合力越大，连线越粗亲合力越大，杂交则最易成功，虚线表示不亲合。

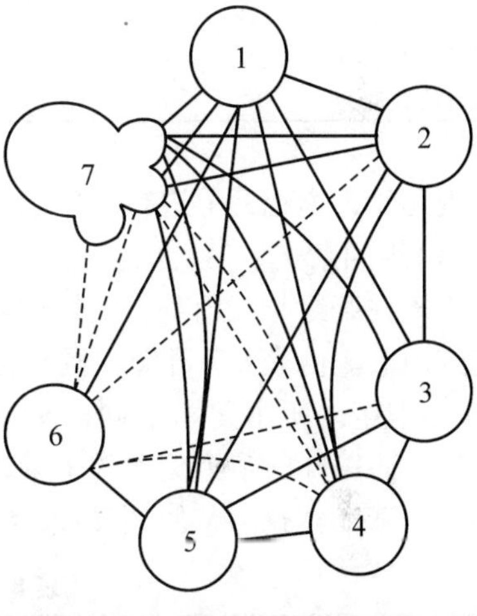

图8-1　山茶属组间亲合力

1. 短柱油茶　2. 茶树组　3. 毛蕊茶组　4. 连蕊茶组　5. 红山茶组　6. 混合组　7. 未定组

印度托克来茶叶试验场为研究种间的亲缘关系，试图给茶叶移入人们所希望的某些基因，曾用威尔逊山茶、落瓣山茶等和茶梅同茶树(阿萨姆变种)进行种间杂交(表8-5)。5个组合亲合力各异，茶树×茶梅表现不亲合力。

表8-5　山茶种间杂交的结实率

杂交组合	授粉花数	结实数(个)	结实率(%)
茶树×威尔逊山茶	2 308	406	17.60
茶树×山茶花	30	9	30.00
茶树×尾叶山茶	20	2	10.00
茶树×落瓣山茶	480	13	2.70
茶树×茶梅	140	0	0

(二)种内杂交和自交亲合力

大量研究结果证明，普通油茶种内不同品种类型间的杂交均有极高的孕性，而且正反交无多大差别。广西植物研究所用5种不同果形、果色的自然类型进行杂交，8个正反交组合中有6个组合坐果率80%以上，最高94%，最低61.22%。

油茶自交的孕性，因自交的程度(自花授粉、同株异花授粉、异株异花授粉)的不同而异，孕性随着亲缘关系的疏远而提高(表8-6)。

从6个物种的人工控制自花授粉、同株异花、异株异花授粉和自然授粉方式进行自交孕性测定结果表明，被测的6个物种，其坐果率都是随着亲疏程度，而有规律的变化：自花授粉呈明显的不孕或孕性极低(0~2.9%)。同株异花授粉各物种都表现了一定程度的孕性(10%~33.3%)；人工授粉的异株异花授粉的坐果率与自然授粉基本相同(20%~50%)。

表8-6 油茶不同物种自交孕性

物种名称	自花授粉			同株异花			异株异花			自然授粉		
	套袋花数	座果数	座果率(%)	套袋花数	座果数	座果率(%)	套袋花数	座果数	座果率(%)	挂牌花数	座果数	座果率(%)
普通油茶	34	1	2.9	40	7	17.5	30	15	50	760	410	55.1
越南油茶	20	0	0	20	3	15	20	4	20	804	144	20.1
小果油茶	20	1	0.67	30	3	10	20	8	40	7012	1856	26.4
攸县油茶	148	1	0.67	90	30	33.3	88	42	47.92	220	90	44.80
腾冲红花油茶	20	0	0	40	6	15	20	10	50	607	401	65.8
浙江红花油茶	20	0	0	20	2	10	40	16	40	263	112	42.6

(庄瑞林，1981)

近几年，李纪元等进行了山茶属组间及物种间杂交亲和性研究，由结果看出：

(1)组间杂交

①短柱茶组与红山茶组：短柱茶组的母本为攸县油茶，红山茶组的父本为浙江红花油茶与红山茶。由表8-7可知，攸县油茶与红山茶的平均坐果率为6.1%，变幅为4.5%~7.5%。但组内所用父本不同，坐果率未出现不同。以浙江红花油茶为父本的坐果率为4.76%，而以红山茶为父本的坐果率则为7.6%。这表明攸县油茶与红山茶的杂交亲和性要强于与浙江红花油茶的亲和性(表8-7)。

表8-7 山茶属组间亲和力比较

组型	杂交组合	杂交数量	座果数	组合坐果率(%)	组间平均座果率(%)
短柱茶组与红山茶组	攸县油茶×红山茶(爱玉浦)	39	8	20.5	7.5
	攸县油茶×红山茶(达婷)	7	1	14.28	
	攸县油茶×红山茶(香神)	72	9	12.5	
	攸县油茶×红山茶(圣火)	127	12	9.45	
	攸县油茶×红山茶(白斑康乃馨)	282	22	8.54	
	攸县油茶×红山茶(山茶之都)	39	2	5.13	
	攸县油茶×浙江红花油茶	42	2	4.76	
	攸县油茶×红山茶(阿兰)	85	4	4.71	
	攸县油茶×红山茶(梦女)	134	4	2.99	
	攸县油茶×红山茶(复色阿兰)	28	0	0	
短柱茶组与金花茶组	攸县油茶×防城金花茶	40	5	12.5	4.5
	攸县油茶×金花茶	72	0	0	

(李纪元等，2003)

在攸县油茶与红山茶9个品种的杂交中，坐果率随品种而有较大差异。攸县油茶与爱玉浦、达婷、香神杂交后，坐果率分别为20.5%、14.28%、12.5%，表现稍强的亲和性；而攸县油茶与圣火、白斑康乃馨等5个品种杂交坐果率都在10%以下，亲和性稍差；攸县油茶与夏色阿兰授粉28朵，无一坐果。这一试验结果似乎与前人的杂交试验结果有所不同。这可能与杂交母本的个体结果能力、花粉质量、授粉时间及天气等因素有关，有待今后进一步研究。

②短柱茶组与金花茶组：攸县油茶与金花茶、防城金花茶分别杂交，试验结果有明显差异。与金花茶杂交的坐果率为零；而与防城金花茶杂交的坐果率高达12.5%。攸县油茶与金花茶极低的亲和性，与前人研究的结果有明显不同。分析其中的原因可能与授粉期的气温低影响有较大关系。用金花茶授粉时期为元月30日至31日，这时气温4℃左右，授粉后又遇阴雨和低温天气，直接影响到金花茶花粉的萌发。而用防城金花茶授粉的时期为2月下旬和3月中旬，气温已升高(10.5～15.5℃)，空气湿度也较高(70%～76%)。这种气候条件有利于防城金花茶花粉的萌芽和花粉管的伸长。从表8-8中可以看出，随着气温的回升，攸县油茶与红山茶品种间坐果率逐渐提高。由此可见，气温高低是攸县油茶杂交成功的重要影响因子。综合前人的研究，一般在2月下旬以后，气温在10℃以上，杂交才能进行，否则，会影响花粉的发芽和生长。

表8-8　气候对攸县油茶×红山茶坐果率的影响

授粉时期	气温(℃)	湿度(%)	坐果率(%)
1月下旬	4.0	83.9	0～2.99
2月下旬	8.3	71.8	5.67
2月下旬	9.0	69.8	5.71～8.54
2月下旬	10.5	84.9	9.45
3月下旬	10.6	74.8	12.50
3月下旬	15.5	76.0	14.18

(李纪元等，2003)

(2)组内种间杂交　种间杂交以红山茶组内杂交结果进行统计，共计43个组合。杂交母本包括4个物种，分别是宛田红花油茶、浙江红花油茶、广宁红花油茶、红山茶；父本为红山茶起源的28个品种。

从表8-9可知，组内平均坐果率达19.48%，变幅10.78%～38.01%。但不同的物种组合，坐果率差异较大。宛田红花油茶花期较早，在与红山茶5个品种杂交时，平均坐果率达28.25%，尤以圣火、阿兰、粉香变为父本杂交的坐果率较高，在34%～70%以上，表现出较高的亲和性；而与复色阿兰、塔卡泥泥杂交的坐果率较低，在13%以下。广宁红花油茶花期与宛田红花油茶相近，集中在2月中旬，平均杂交坐果率达38.0%，尤以红山茶的阿兰、达婷、圣火品种为高，在20%～42%之间。

浙江红花油茶花期较宛田红花红茶、广宁红花油茶晚一些，集中在3月中旬。以浙江红花油茶为母本，平均杂交坐果率为27.01%。但品种间杂交坐果率同样差异明显。坐果率30%以上的杂交父本有乳婴、皇家天鹅绒、毛缘黑玛瑙；坐果率低于20%的父本有香神、艳口红、达婷。

表 8-9 红山茶组内种间杂交坐果率

杂交组合	杂交数量	座果数（个）	坐果率（%）	种平均（%）
宛田红花油茶×红山茶(圣火)	23	16	69.37	
宛田红花油茶×红山茶(阿兰)	30	13	43.33	
宛田红花油茶×红山茶(粉香变)	32	11	34.38	28.25
宛田红花油茶×红山茶(复色阿兰)	58	7	12.07	
宛田红花油茶×红山茶(塔卡尼尼)	34	3	8.82	
浙江红花油茶×红山茶(乳婴)	67	24	35.28	
浙江红花油茶×红山茶(皇家天鹅绒)	17	6	35.29	
浙江红花油茶×红山茶(毛缘黑玛瑙)	21	7	33.33	27.01
浙江红花油茶×红山茶(香神)	21	4	19.05	
浙江红花油茶×红山茶(艳口红)	15	2	13.33	
浙江红花油茶×红山茶(达婷)	33	4	12.12	
广宁红花油茶×红山茶(阿兰)	166	70	42.17	
广宁红花油茶×红山茶(达婷)	31	10	32.26	38.01
广宁红花油茶×红山茶(圣火)	15	3	20	
广宁红花油茶×红山茶(复色阿兰)	9	1	11.11	
红山茶(金盘荔枝)×红山茶(施那特)	41	23	56.01	
红山茶(白斑康乃馨)×红山茶(施那特)	4	1	25	
红山茶(赠奉)×红山茶(阿兰)	8	2	25	
红山茶(黑骑士)×红山茶(窄彩带)	5	1	20	
红山茶(赠奉)×红山茶(皇家天鹅绒)	20	4	20	
红山茶(皇家天鹅绒)×红山茶(帕克斯先生)	12	2	16.37	
红山茶(赠奉)×红山茶(艳口红)	36	6	16.67	
红山茶(赠奉)×红山茶(达婷)	13	2	15.4	
红山茶(白斑康乃馨)×红山茶(帕克斯先生)	41	6	14.63	10.78
红山茶(赠奉)×红山茶(乳婴)	45	5	11.11	
红山茶(赠奉)×红山茶(香神)	217	24	11.06	
红山茶(孔雀椿)×红山茶(施那特)	82	7	8.54	
红山茶(上海女士)×红山茶(塔卡尼尼)	12	1	8.33	
红山茶(毛缘黑玛瑙)×红山茶(比尔大齿轮)	96	3	3.13	
红山茶(孔雀椿)×红山茶(帕克斯先生)	48	0	0	
红山茶(赠奉)×红山茶(白斑康乃馨)	35	0	0	
其他组合 15 个	88	0	0	
总计	1 370	267	19.48	

（李纪元等，2003）

红山茶 31 个杂交组合的平均坐果率为 10.78%，明显低于上述 3 个物种的平均坐果率，但不同品种间同样存在明显差异。国内品种金盘荔枝的可孕性较强，坐果率高达 56%。引进品种白斑康乃馨的可孕性较高。坐果率达 20% 以上的杂交组合有金盘荔枝 × 施那特、白斑康乃馨 × 施那特、赠奉 × 阿兰、黑骑士 × 窄彩带、赠奉 × 皇家天鹅绒 5 个组合。坐果率在 20% 以下有 9 个组合。还有 17 个组合间坐果率为零。

从种间杂交来看，可孕性较好的母本有浙江红花油茶、宛田红花油茶、广宁红花油茶、金盘荔枝、白斑康乃馨、赠奉、黑骑士、皇家天鹅绒等；父本有圣火、粉香变、阿兰、乳婴、黄间天鹅绒、毛缘黑玛瑙等。

综上述试验看出：

（1）山茶属 3 个茶组的 2 个组间杂交坐果率在 6.1%，红山茶组内 4 个物种间 43 个组合的杂交坐果率为 19.48%。红山茶 38 个品种间 31 个杂交组合的杂交坐果率为 10.78%。这表明茶属组内亲和率明显高于组间亲和率。但物种内品种间的亲和率较复杂，其平均亲和率还低于组内亲和率，然而明显高于组间杂交亲和率。在本次试验中仅有 8 个品种的 4 个杂交组合的亲和力高于组内物种间的杂交亲和率，而有 84% 品种间组合的坐果率低于物种间平均亲和力。因此，在开展山茶属杂交且要获得适量杂交种子时，要特别注意杂交亲本的选配。品种间杂交组合的亲和力并不一定会高于物种间的杂交组合的亲和力。

（2）杂交授粉期的气候因素对杂交坐果率有较大的影响。在北纬 30°地区，元月下旬至 2 月上旬正值一年中的最冷期，影响到山茶花粉的萌发和杂交坐果率。在有条件下的地方，可在温室内完成杂交。在田间杂交时，要选择晴朗少风的天气。另外，也可考虑通过选育保温性较好的材料做包扎材料，保护花粉在柱头上能完成萌发以及进入子房内完成受精过程。

（3）根据杂交组合的亲和性，推荐适宜作母本的物种或品种有长瓣短柱茶、宛田红花油茶、浙江红花油茶、广宁红花油茶以及红山茶品种（白斑康乃馨、赠奉、午夜飘云、金盘荔枝、皇家天鹅绒、皱叶奇花、毛缘黑玛瑙、毛缘大黑红）等。适宜作父本的物种或品种有金花茶、防城金花茶以及红山茶品种（阿兰、达婷、生活、香神、复色阿兰、皇家天鹅绒、艳口红、施那特）等。

三、油茶花器结构及开花过程

山茶属物种的花均为两性完全花；多数着生在当年生枝条的顶端和叶腋；由花托、花萼、花冠、雌蕊（柱头、花柱、子房），雄蕊（花药、花丝）五部分组成。不同物种和不同品种类型的花器形态有明显的差别。普通油茶的花萼 5 ~ 9 枚，花冠 5 ~ 9 枚，雄蕊数不一，从 79 ~ 168 枚，花丝长 1 ~ 1.4cm；雌蕊柱头长 1.1 ~ 1.4cm，3 ~ 4 裂。越南油茶花花冠平展，径 6 ~ 10cm，萼片 5 ~ 7 枚，大小不一，外小内大，雄蕊 120 ~ 160 枚，雌蕊长 1.5 ~ 2.0cm，柱头 3 ~ 5 裂。据对普通油茶、小果油茶、越南油茶、攸县油茶、腾冲红花油茶、浙江红花油茶等 6 个物种花器构造的测定结果表明：物种间的雄蕊数差异甚大。浙江红花油茶平均每朵花有雄蕊 234 枚，而攸县油茶仅有 38 枚，相差几倍。一般雄蕊数多，花粉量也多，取粉比较容易。6 个物种花柱的平均长度，柱头深裂长度，子房长度差异较大。腾冲红花油茶的柱头长度达 3.3cm，超过其雄蕊长度（3.1cm）。攸县油茶的柱头最短，只有 0.4cm，低于自身雄蕊的长度（1.04cm）。越南油茶的柱头为针尖状，其余 5 个物种均呈乳头状。乳头状的柱头有利于人工授粉。

油茶开花习性的一般规律，已在第五章阐述，这里仅介绍与杂交育种关系密切的单花开放过程。

一般情况下油茶花的开放顺序是：从整个植株而言，树冠中部的花比上、下部的先开，东南面的比西北面的先开；从不同枝条而言，短枝上的花比长枝上的先开；从同一枝条而言，着生中下部的花比上部先开，同一叶腋内着生的花，两侧的比中间的先开。

油茶花朵一般是早上 7：00 ~ 8：00 为初开，9：00 ~ 14：00 盛开，晚上合拢，每朵花开放历时 172h 左右。油茶单花开放过程通常会有四天。第一天早上开花，晚上能合拢封闭成圆锥形。第二天早上又展开，晚上再合拢成元宝形。第三天早上又展开，晚上一般收拢成圆筒形或喇叭形。第四天早上仍展开，晚上只收拢成大喇叭形，个别收拢成圆筒型。第五天到了凋谢时间一般不再收拢。

单花总的开放时间，随花期型和当时的气温不同而不同。10 月份的早花类型单花开放历时 4 ~ 7d，11 月份的中花类型历时 5 ~ 9d，12 月份的晚花类型历时 9 ~ 12d。

油茶单花的开放过程，一般可划分为松蕾、初开、半开、盛开四个阶段。每一朵花一般外面都有三片花瓣包裹着，在开花前，花蕾逐渐膨大，并在第一个花瓣与花体之间的上端出现小缝，而后逐渐相继向外突出，这是松蕾阶段。接着第二、三个花瓣向外伸展(外层花瓣此时已全部松开)；里面的花瓣一起向外伸展上端出现“小口”可以看到花蕊，此为初开阶段。然后，花瓣由卷曲状逐渐舒展继续向外伸展，成圆筒状或喇叭形，这是半开阶段。进入半开阶段之后，花瓣又继续向外展开，直至各花瓣平展继而向下反卷，此时为花的盛开阶段。当天(5：00 ~ 16：00)以后，随着日照的减弱，温度下降，平展的花瓣互相折叠包住花蕊，内外花瓣紧贴合成圆锥状，此时，花朵已全部收拢。处于完全封闭状态。

同一花朵开放过程各天展开的时间不同。第一天因为花瓣紧包，要经历向外膨胀、破蕾阶段，因此展开的时间较迟。第二天以后逐天加快，展开的时间每天提早一些，而下午收拢的时间则相反。油茶花朵开放之初，雄蕊紧抱着雌蕊，然后花丝才相互分开成直立状态，雌蕊立于雄蕊之中，花瓣第一天展开后一般经 1 ~ 2h，雄蕊便开始散粉。在高温、强光下散粉来得更快，有的当天就能达到散粉盛期。所以花粉生长的快慢与植株所处的立地条件(如坡向、温度等)、花朵着生部位(上部、下部、冠外、冠里)、开放时间有关。温度低散粉来得慢，花粉量少。傍晚开放的花朵往往当天不散粉，要第二天才有。柱头一般在开花后第二天成熟便可接受花粉，行受精作用。柱头 4 ~ 5d 枯萎。

油茶花朵处于松蕾阶段时，花虽然尚未开放，但花药已呈金黄色，此时的花粉发育阶段为二核期。花粉粒的两个核一大一小，镜检可见有一萌发孔突出，一个核细胞已靠近萌发孔，另一个留在中央，此是二核期花粉成熟的标志。花药的颜色是判断花粉发育阶段的重要标志。在 10 倍的放大镜下观察，开始时花粉处于母细胞时，花药是无色透明的，当花药颜色为淡绿略带淡黄时，花粉母细胞处在减数分裂阶段；当花药颜色加深变成黄色时，花粉细胞处在单核阶段；当花药颜色再加深呈橙黄至金黄色时，花粉细胞已进入二核阶段——成熟期。

了解花器结构和掌握单花开花习性对杂交育种有重要作用。

四、杂交育种亲本的选择

正确地选择杂交亲本，是油茶杂交育种能否取得成功的关键之一。亲本选配得当，其后代可能出现较多的优良类型，也就比较容易选育出较多的优良品种。因此，在选择亲本时必须做到以下几点：

1. 性状选择

父母本都要具有较多的优点而没有突出的缺点。在主要性状上相互间能取长补短，这是选配亲本的首要原则。由于油茶的遗传组成是杂合的。按照孟德尔的基因分离和独立分配规律，杂种第一代出现综合亲本优良性状的材料较多。因此，育成新品种的可能性比较大。当代育种目标要求在产量上有新的突破。因此，关于双亲性状互补，应着重于出籽率、含油率、抗病能力等遗传力高的与产量密切相关的性状方面。

2. 适应性选择

父本或母本之一，对当地的环境条件应有良好的适应性。品种对外界条件的适应能力是影响高产稳产的重要因素。育成的新品种能否在当地条件下大规模推广，主要取决于品种对当地环境条件的适应性，杂交亲本对环境的适应性，是可以通过杂交传递给后代的。

3. 花期选择

选作杂交育种的父本和母本，其开花期要比较一致，才有利于人工采粉和授粉的进行。一般情况下父、母本的开花期至少要有 1/2 ~ 1/3 是重叠的。否则必须做好花粉的收集和长时间储藏。用作母本的开花量要大。

4. 亲缘关系选择

在杂交育种中，宜用亲缘关系疏远、不同生态型的材料作亲本。达尔文早就指出："经历不同条件的植物之间相互授粉，在很大程度上对于后代会产生良好的影响"。K・E・巴赫达兹通过长期对茶树育种的研究，也认为地理上的远缘杂交更具有实践意义，获得杂种的可能性更大。叶培忠教授认为，在当地混杂的油茶群体中进行品种或类型间的杂交意义不大，因为这些选作父母本的油茶早已含有多种不同的遗传因素。如果要进行这种杂交，要先行自交几代，把不良遗传因素排除后再进行杂交。因此，最好是在当地油茶林中选择生长、结实最好的优树作母本，与在地理上隔离较远的优良父本进行杂交。

此外，在进行种间杂交育种时，必须选用花粉量大的植株作父本；选用开花多、结实多、种子发育良好发芽率高的单株作母本。在山茶属的种间杂交育种中，有一些物种互相配对时交配的亲合力，往往因作为母本种不同而有很大的变化。例如，用广宁红花油茶作母本与日本山茶杂交比较成功，而与小果油茶杂交时，则用广宁红花油茶用父本为好。格兰丹山茶不宜作母本，因为它的种子发芽率很低，不易成苗，不过用它作父本与广宁红花油茶、日本山茶杂交却较理想。实验证明，染色体倍数相同的物种进行杂交容易成功；二倍体与多倍体杂交，以多倍体为母本杂交亲合力高。因为多倍体的卵细胞易于成活，座果机会多，取得杂交变异的可能性大。

第三节　油茶的杂交育种技术

一、花粉的采集和储藏

为了防止异质花粉的混杂，在父本开花前做好套袋和加罩隔离。初花期，每天开花量不多不便大量收集花粉，可于每天早上摘除处于松蕾阶段的花朵。3～5d后开花进入盛期时便可开始收集花粉。每天早上剪取父本树冠上发育好、处在松蕾阶段的花朵多的花枝，在隔离的情况下带回室内插在盛有干净清水的瓶里进行水培，置于有隔离装备、有阳光的地方等待花朵的完全开放，在阳光下，一般经1～2h花朵开放，花药散粉时将花粉抖落在干净的白纸上收集花粉。符合隔离要求、条件许可时也可直接在野外从正在开放的花朵上收集花药。山茶花在散粉时同时有大量花蜜分泌，在收集花粉时要注意防止花蜜沾染。收集到的花粉盛装于干净的容器里。采集到的花粉除立即用于授粉外，必须及时储藏。

所有油茶物种、品种、类型的花粉，在自然条件下，其生活力均容易丧失。湿的花粉在几天内就完全丧失生命力，而把干花粉储藏在低温冰箱里，可以储藏一年之久。在杂交育种中，特别是在远缘杂交中，用秋季开花的物种的花粉作父本和春季开花的母本杂交，它们之间的花期相差几个月；若用春季开花物种的花粉作父本与秋季开花的母本杂交；花期相差半年多；或者到外地采集花粉，都需要将花粉储藏一段时间。在储藏期内，保持花粉生活力的主要关键是控制温度、湿度，在低温干燥的条件下，能减弱花粉的新陈代谢，延长花粉寿命(表8-10)。短期(5～10d内)储藏的花粉，经干燥直接储藏于-5～-2℃的

表8-10　物种花粉采集时间、储藏方法对发芽率的影响(%)

项目		花粉发芽率(%) 测定时间						
			4月29日	6月28日	7月30日	8月29日	9月24日	11月3日	12月18日
储藏方法	室温储藏		90.43	0	0	0	0	0	0
	室温干燥储藏		90.82	10.70	3.40	0	0	0	0
	低温干燥储藏		89.17	68.9	54.84	46.23	42.12	18.20	8.30
花粉采集时期	攸县油茶	松蕾	88.20	65.28	53.22	49.40	—	28.78	9.03
		初开	60.40	31.42	24.3	23.80	—	12.98	2.10
	浙江红花油茶	松蕾	89.17	68.70	54.84	46.23	—	18.20	8.30
		初开	64.12	34.28	26.46	24.90	—	16.79	1.80
物种	普通油茶		68.62	50.30	46.20	30.40	26.9	19.66	11.42
	茶梨		61.14	45.18	38.24	27.3	19.38	11.22	0.75
	浙江红花油茶		89.17	68.70	54.84	46.23	42.12	18.22	8.30
	攸县油茶		89.64	67.66	53.92	48.14	40.10	28.90	9.03
	宛田红花油茶		85.45	66.40	54.40	40.60	34.25	14.20	2.74

注：1. 普通油茶、茶梨为前1年11月初采于蕾期，浙江红花油茶、攸县油茶、宛田红花油茶为当年3月初采于松蕾期；2. 花粉粒萌发后花粉管长度超过花粉粒直径的三倍以上者为萌发；3. 储藏条件：除室温常规储藏外，其余均置于-5～-2℃冰箱里干燥储藏。

(庄瑞林，1981)

冰箱里需长期储藏或无低温设备时，收集到的花粉必须立即进行干燥，然后储藏于密封的干燥器或有吸湿剂的密封容器内，但此法储藏时间不宜超过60d。超过60d的必须在低温干燥条件下储藏，有效储藏期8个月以上。干燥花粉的方法最好是将花粉置于有足量有效吸湿剂的干燥器内，常温下经3～5d即可；无此条件时可将花药置于阳光下(20～26℃)晒3～4h。

二、花粉的发芽条件

在有性杂交中，父本花粉生活力的强弱，直接影响杂交效果。为了提高杂交的结实率，必须在授粉前检查父本花粉的生活力。尤其对亲本花粉生活力不了解或经过储藏的花粉，更有必要进行发芽率的测定。常用的花粉发芽率测定有直接发芽法和染色法两种。测定花粉发芽时所用的培养基种类与浓度对发芽率有很大影响(表8-11)。大量试验结果表明，以10%蔗粉溶液或2%琼脂+10%蔗糖培养基为好；20%的蔗糖溶液浓度过高，花粉发芽率降低，含葡萄糖的培养基花粉发芽率相对比蔗糖培养基差。蔗糖培养基优于葡萄糖，这与针叶树中的松类和阔叶树中的杨、柳、桦、板栗等树种的试验结果相同。

表8-11 不同培养基对油茶花粉萌发率的影响

项目		培养基成分									
		含蔗糖(%)			含葡萄糖(%)			2%洋菜+10%蔗糖	2%洋菜+20%蔗糖	2%洋菜+5%葡萄糖	2%洋菜+10%葡萄糖
		5	10	20	5	8	10				
播种数	a	1B0	120	90	214	110	108	189	91	105	104
	b	108	77	110	121	143	110	74	109	118	109
萌发数	a	78	75	110	75	84	109	82	52	64	68
	b	65	83.3	51.87	68.18	81.73	56.60	90.22	51.42	61.53	52.36
萌发率(%)	a	68.52	84.42	59.09	76.24	86.71	59.09	87.83	50.46	62.71	55.06
	b	66.72	83.86	55.48	69.21	84.22	57.84	89.02	50.94	62.12	53.68

注：1. 以普通油茶新鲜花粉为材料，培养24h后观察；2. a、b为组别油茶花期都在冬、春低温季节，由于长期的自然选择的结果，使油茶花粉产生一定的适应性，在气温低于10℃时仍有一定的发芽率。

（庄瑞林，1981）

表8-12 不同温度对油茶花粉发芽的影响

发芽率(%) 树号 / 温度	17	4	101	2	69	100	61	1	14	3	备注
30℃恒温	74.00	81.25	70.15	73.33	41.91	29.89	87.15	82.30	70.00	76.00	培养箱内
20℃恒温	77.92	84.74	91.05	84.34	63.76	56.52	92.12	81.23	84.30	82.10	培养箱内
15℃恒温	70.00	82.58	88.76	85.86	64.11	54.28	91.31	81.21	79.60	78.88	培养箱内
5～10℃	14.43	—	39.10	27.40	—	11.70	44.30	29.70	16.60	34.12	二楼向阳室内
4～7℃	8.97	—	21.66	9.02	—	1.40	28.50	30.13	6.16	13.05	二楼背阳室内
2～6℃	0.78	0.00	4.27	4.08	3.51	0.17	7.80	5.30	0.00	0.00	冰箱内

（浙江林学院，1976）

油茶花粉发芽需要一定的条件，其中最主要的是温度、湿度和养分。在自然条件下，除花粉发芽所需的养分可以自行解决外，而温度和湿度完全取决于花期气候。油茶花在10℃以上就能正常发芽，最适宜的气温是18～22℃。花粉播种后1.75h就开始发芽，3h后大量发芽，12h后发芽基本完毕，但在低温的情况下，发芽时间相对较长。在20℃时花粉管伸长的速度是5℃时的20倍。花粉囊开裂的最适气温是15～25℃，8℃以下受到抑制。花粉处在气温20℃以上的条年下，要有足够的湿度才能正常发芽，否则由于温度高而失水快、发芽差。若连续8h高温缺水，花粉就会丧失发芽力。此外，花粉播种密度对花粉萌发试验效果有一定的影响，如密度太低，花粉不易萌发；当密度过高时，花粉管在培养基上挤成一团，不易测准发芽率，一般在160倍的视野内有花粉80～120粒较好。

在油茶的混杂栽培群体中，植株之间对低温的适应能力有所不同，在同一温度、湿度条件下，其花粉的发芽率相差几倍。这种株间所表现的异质性，是选育抗寒品种的基础。

在冬、春油茶开花季节里，虽日平均气温低于花粉条件要求，但是日夜温差大，花粉在这种变温条件下，由于其具有发芽快的特点，只要每天中午有几个小时的温暖条件，就可以满足发芽的需要(表8-13)。

表8-13 变温条件对油茶花粉发芽的影响

日期		12月17日						12月20日			
日温度		7～17℃ 平均12℃						7～16℃ 平均11.5℃			
最高温		12：00～14：00，17℃						12：00～14：00，16℃			
树号		11	2	14	1	101	4	107	4	2	1
发芽率(%)	24h	16.66	68.00	90.37	74.00	46.98	73.69	65.53	34.85	41.82	60.00
	48h	17.24	68.81	90.83	75.89	46.98	73.69	66.44	37.14	41.82	60.00

（浙江林学院，1976）

三、杂交操作方法

1. *去雄*

油茶虽是异花授粉植物，但还不能排除自交能孕的可能性，所以杂交时进行去雄还是必要的。尤其在着重研究杂交后代的遗传与变异规律时，更需要严格去雄。去雄是一项十分细致的工作。去雄的适当时机是母株的盛花期，花蕾全白含苞欲放时进行。小规模的杂交试验一般选择枝条顶端的花朵便于套袋。每个枝条上最好只选一朵花进行杂交，其余除掉。去雄前将叶片上的污物清除干净，并将叶片尖端剪去少许，以免叶尖刺破纸袋。

去雄时先用拇指和食指捏出花蕾基部，另一只手拿摄子轻轻将花瓣拔开露出雄蕊，然后用镊子或剪刀将雄蕊清除，由于雄蕊多，花丝又密生在一起，而且长短不一，花药容易遗落在花丝及花瓣间，所以要求既要去雄干净，又不损伤花朵，特别注意不伤及雌蕊。去雄后用放大镜检查一次，观察雌蕊是否粘有花粉或受伤。如发现此种情况，应予放弃。去雄后，如不立即授粉，须套袋隔离。

2. *授粉*

油茶授粉，必须是在雌蕊可以接受花粉的时候，一般是在去雄后1～2d之内。当柱头上分泌出一种特殊黏液时，是授粉的最适宜时间。柱头接受花粉的难易与柱头分泌黏液的时间有一定关系。据测定，去雄当天及去雄后2天之内柱头的生活力强最宜进行授粉，受精率较高，3天以后受孕率明显下降，不宜再授粉。因此，只要抓准了时机，就可以不必进行重复授粉，力争一次成功。重要杂交组合，可在第一、二两天内各授粉一次，提高受精机会。

授粉最好是选择在母本盛花期无风的晴天8：00～16：00进行，早上8：00前有露水，操作不便。

油茶授粉方法简便，用毛笔蘸着花粉，轻轻涂在柱头上(大量授粉时可用授粉器授粉)，至肉眼看到柱头上粘着金黄色的花粉，这时，柱头上大约有500～600粒花粉，就完全保证了受精的可能性。授粉操作力求精细而迅速，授粉完毕立即套袋挂标牌，注明编号、授粉日期、父本名称等。授完一个组合改换另一种花粉时，所有用具都要用95%的酒精涂抹，清除和杀死附着在用具上的花粉，以防混杂。

作隔离用的纸袋，要用质地比较坚韧又有一定透气性的透明纸或牛皮纸制成(长23×宽17cm两头开口)，切勿使用塑料袋，因它透气性差，湿度大，容易升温，损害花粉活力，灼伤花朵。

3. 授粉后的管理

授粉后约7～10d，当花瓣凋谢，柱头干枯，即可去袋(如授粉是逐日进行的，去袋也需逐日去除)以利受精后的幼果在自然条件下正常生长发育。受精后形成的幼果能否正常发育，往往受到许多内外因素的影响，一般幼果的脱落率最高，要采取相应的保果措施，才能得到比较理想的结实率和成果率。当茶果快要成熟时，要做好保护措施，防止成熟后脱落混杂，遭受损失。成熟后按不同组合及时采收、统计杂交结实率，并进行室内考种，鉴定种子品质。种子要严格地分别储藏，经常检查，防止霉烂和鼠害，适时做好播种育苗，注意标记防止混乱。

第四节　油茶杂交育种的展望与杂种后代的选育

山茶属种间的杂交育种，始于1942年。英国学者J. C. Willam用怒江山茶与日本山茶杂交，育成的许多新品种就是山茶属内种间杂交得到的最早的品种，并以此为开端，进行了许多的种间杂交，培育出前所未有，变异丰富的新品种。

总结山茶属种间杂交的历史，有以下几个特点：育种周期长，从播种到开花结实至少需要3～5年，至今对某些必须的重要性状的遗传方式还不清楚，影响有计划的杂交育种；山茶属有200余种，基因资源丰富，进行种间杂交可以导入许多优良性状；无性繁殖技术已基本解决，培育的杂种即使花粉败育，也可以用嫁接和扦插繁殖，大多数物种的花粉用低温储藏，半年以上仍能保持比较理想的发芽率，解决了不同花期的种间杂交困难，于3月份收集的花粉，完全可用于8～11月的授粉。综上所述，山茶属的种间杂交是很有前途的，虽然还有许多问题需要进一步研究解决。但其有利因素多，很可能从中培育出适应人们不同需要的新品种。如在培育抗寒性、矮化品种等方面都已取得了初步的成效。据W. L. 阿克曼等报道，1976～1977年开始，美国华盛顿地区连续三年大部分茶梅遭受冻害。在华盛顿国家树木园68个茶梅代表种中，共120株，除少数以外，几乎全部冻死或严重冻伤，包括28年生树高约4m的大茶梅树都被冻死，但当地的普通油茶则不受严冬的危害。因此，他们为了培育出一个既有普通油茶的抗寒性，而且在花型大小，色彩鲜艳上可与目前所种植的茶梅或冬红山茶相媲美的杂种，进行了大量杂交试验，找出了30个含有普通油茶亲本产生的生命力的杂种杂交组合，如被称为“傲霜天子”(frost prince)第一个抗寒杂种就是由冬红山茶品种与普通油茶杂交而成的。

在矮性遗传育种方面已获得了矮生的杂种苗，美国国立华盛顿树木园W. L. 阿克曼在60年代，用从中国南京引去的普通油茶，和日本福冈县引入的茶梅，进行相互杂交而得到的两个种群的杂交苗，在34株杂种苗中，有9株证明是遗传性矮化。25株正常植株和9株矮生植株显示了3∶1的比率，这说明矮生是单性的稳性基因，各亲本都是杂合的。矮生植株的叶色与正常同胞叶色差不多，矮生是由于节间短所造成的，最高矮生植株的高度不到最矮正常同胞植株高度的50%。这说明用普通油茶与茶梅杂交，所获得的矮化杂种是符合遗传规律的。但经测定，矮化植株的花粉是败育的，而嫁接和扦插繁殖成活率又不高，需要进一步研究其无性繁殖方法。

山茶花目前有各种花型颜色，品种数千之多，唯独还没有开黄色花又具香味的山茶品种，我国金花茶的发现为培育金黄色的山茶品种提供了基因资源。近年来国外利用从我国引进的金花茶为父本与日本山茶、广宁红花油茶等杂交，已获得了种子和幼苗，认为与金枝花茶杂交最有成功希望的配偶是腾冲红花油茶。我国也已开始此项工作，有的选用我国的特有种，攸县油茶做母本，利用它花香的基因与金花茶杂交，已获得了杂种苗木。也许在不很长的时间内有可能培育出既开黄花又具香味的山茶新品种。

为了培育出果大、皮薄出籽率高、含油率高的油茶新品种，我国油茶育种工作者作了一些探索，看出一些有希望的遗传规律。如在杂交育种中油茶鲜果重在F_1代中，约有1/3的组合超亲，有1/2左右的组合保持或接近亲本值，即正向超亲和显性组合共占83.3%(表8-14)，有16.7%的组合，鲜果重比亲本显著下降，出现负向超亲优势。在F_1代多数杂种种子的籽粒变小，百粒重下降，出现负向超亲和负向显性的组合共占66.6%，鲜出籽率的遗传是正向超亲和负向超亲各为33.3%，正负部分显性各占16.7%。从上述测定数据看出，油茶种内杂交其鲜果重、出籽率、种子百粒重等几个经济性状，在F_1代中表现正负超亲或显性的组合约各占1/2，就此结果来看，试图通过种内杂交来提高普通油茶的鲜果重、出籽率、种子百粒重是比较困难的。但是，通过种间杂交能取得比较理想的结果，如普通油茶×越南油茶种间杂交。其鲜果重、出籽率、种子百粒重，均表现正向超亲优势。在多数杂交组合中，父母本的优点能集中在子一代中显示出来，有75%的组合鲜果重表现正向超亲优势，12.5%的组合为正向完全显性，说明越南油茶果实大的性状相对遗传率较高，通过杂交，这一性状在大部分的F_1代中显示出来。同样，种子的百粒重正向超亲的组合达87.5%，也倾向于越南油茶粒大而重的性状。鲜出籽率在F_1代中同样表现正向超亲优势，而这个性状却趋向于母本普通油茶，这是很有利的，这一结果展示了培育出果大、籽重、皮薄、出籽率高的新品种的前景。

杂种种子获得后，并不意味杂交过程的终结，而只是杂交育种走完了第一步。接着是按预定的育种目标，对杂种进行培育与选择。

按杂交组合采回来的种子，采用沙藏越冬，早春用层积催芽或用温水浸种催芽，如种子数量少，宜用营养袋育苗，每袋播种一粒，如种子数量较多，可以直接播于圃地，用行状点播，行距 20cm，株距 10cm；若组合较多，又有足够数量的种子，可以采用随机区组，1～3 行为一小区，多次重复，这样可以消除圃地土壤条件的差异。在育苗期间要有专人管理，满足肥水要求，严防人畜践踏，及时防治病虫害，力求最大限度地提高出苗率和成苗率。

表 8-14　油茶杂交种 F_1 代几个经济性状显性强度百分比(%)

项目	种内杂交			种间杂交		
	鲜果重	种子百粒重	鲜出籽率	鲜果重	种子百粒重	鲜出籽率
正超亲优势	33.3	16.7	33.3	75	87.5	62.5
正完全显性	16.7	0	0	12.5	0	0
正部分显性	33.3	16.7	16.7	0	0	37.5
负超亲显性	16.7	33.3	33.3	12.5	0	0
负完全显性	0	0	0	0	0	0
负部分显性	0	33.3	16.7	0	0	0
无显性	0	0	0	0	0	0

（广西林业科学研究所，1984）

杂种是具有亲本双方遗传性状的个体，这种复杂性的发育及其方向，常取决于后来对杂种苗木培育的条件，因为杂种的可塑性大，所谓杂种的定向培育，实质上就是创造相应环境条件，控制杂种的新陈代谢类型，以加强优良性状和特性的发育，削弱或清除不良性状或特性的发育。为了育成一个高产优质的品种，可以从杂交种子播种开始，就给予最良好的条件，使其性状能充分发育。

杂种苗一年生即可上山造林，按一定的试验设计方案进行对比试验。定植的株行距可以密些，经过选择淘汰，最后保持 2.5～3.0cm 的株行距为宜。

杂种后代的选择方法可采用单株选择的方法，从苗期开始就要注意观察测定。由于目前还没有比较可靠的鉴定方法，加上栽培油茶是以取果榨油为主要目的，杂种的鉴定可以嫁接在大树上，提早开花结果，比正常早 2～3 年，对其产量和主要经济性状作出比较正确的评价。

第九章　油茶的良种繁育

第一节　良种繁育的意义和任务

良种繁育是在保持原种优良品质的前提下，研究如何尽快地繁殖和推广良种的科学，以求尽快和有效地为林业生产服务。

油茶优良品种选育出来，经过试验证明具有广泛的适应能力和增产作用之后，就是如何加快繁育、推广应用于生产，一个优良品种的选育成功，就是良种繁育工作的开始。良种繁育的任务是：既要繁育良种种苗，又要保持和提高良种的特性，防止品种混杂和退化。因此，油茶的良种繁育实质上仍属育种学的范畴，是选择育种的继续和发展，具有不断选择和优中选优的重要意义。

一、建立良种繁育基地

新选育出来的优良品种一开始在数量上总是比较少的；优良的无性系，也远不能满足生产的需要，解决的办法只能靠积极建立新的良种繁殖基地(包括母树林、种子园、采穗园)尽快地生产出大批量良种和穗条。必须及时建立各种类型的采穗圃，扩大优树的种条资源。通过实生、嫁接和扦插育苗大量繁殖良种苗木。

二、去杂除劣保持良种纯净

早期我国各地选出的优良品种都是地方群体品种，在种源林分中均有劣种掺杂，因此，必须认真查证采种母树是否属于优良品种的个体植株，去杂除劣以保证良种的纯度。良种的提纯繁育是一项十分重要的基本任务。

三、不断选择提高优良种性

优良品种群的个体之间仍然存在着差异，要应用混合选择的原理和方法，从种群中选择中上水平的优良类型单株采种，再按果选、粒选的方法留种繁育。做到优中选优，不断提高优良特性。如岑溪县的软枝油茶良种繁育林，经过混合选择育苗选林，子代一些经济性状表现了明显的超亲现象，如原母树林种子的百粒重平均为227.17g，良种子代林增至283.24g，t值为8.6566，达到了极显著的水准；种仁含油率母树林为44.59%，子代林为48.23%，t值为2.7176，亦达到了显著的差异(表9-1)。由此可见，在良种繁育中仍有选择育种的功效。

四、防止品种退化提高良种生命力

经过选择鉴定而得到的优良家系和优良无性系，数量少，如果单株繁育或少数几个系繁育，可能由于基因比较纯合，导致品种生命力的衰退，如育芽能力或抗炭疽病能力的降低，某些丰产性状的减弱或消失等，所以在良种繁育时要多系混栽配置好最佳的杂优组合，有利于优良异质结合，防止品种退化保持和提高良种生命力。当前研究的重点，除分离出优良的个体外，关键是如何稳定优良性状。

表 9-1　混合选择良种繁育子代与母树林经济性状比较

因子	名称	样本平均值	t 值
百粒重(g)	子代	283.24 ±5.8974	8.6566**
	母树	227.17 ±2.6666	
鲜出籽率(%)	子代	40.59 ±0.4699	7.2876**
	母树	36.32 ±0.5857	
干出籽率(%)	子代	24.72 ±0.3289	6.0884**
	母树	22.22 ±0.4117	
干仁率(%)	子代	63.46 ±0.4817	-0.3432
	母树	63.48 ±0.4229	
全籽含油率(%)	子代	29.63 ±0.4754	0.8935
	母树	28.62 ±1.0164	
种仁含油率(%)	子代	48.23 ±0.5527	2.7176**
	母树	44.59 ±1.2206	

（广西林业科学研究所，1981）

第二节　良种繁育的途径和基地

油茶良种繁育的途径，可以是实生繁殖，也可以无性繁殖。从当前迫切需要良种造林的形势看，实生繁殖仍然是一种补充，主要采用无性繁殖方法；从长远的发展规划着想，为了保证良种的优良性状，应该走无性繁殖的道路。无性繁殖主要是通过嫁接和组织培养等方法。

良种繁育与良种选育紧密相连，因而良种繁育的程序也应与良种选育的程序相呼应(图 9-1)，同时也要适应于油茶生产良种化的发展进程。油茶生产良种化的进程(图 9-2)。

图 9-2 表示的是油茶良种繁育从低级到高级的阶段。实现这个阶段的主要途径如图中所示是从群体选择到个体选择，再进到无性系的繁育和利用，实现高级良种化。也就是说主要是采用无性繁殖的方法进行良种繁育。

无性繁殖是直接利用母本一部分的器官(嫁接、扦插)或细胞团(组织培养)等营养本通过简单的细胞丝分裂培育成完整植株的过程。在这个过程中遗传特性和发育阶段上新植株与母本无多大差异，比实生繁殖要稳定可靠得多。但是，在良种繁育制度不严格和技术措施不科学的情况下，无论是有性繁殖或无性繁殖都不能确保优良品种不发生混杂或种性退化现象。因此，按一定的技术要求和科学方法建立母树林、种子园和采穗圃是必要的。

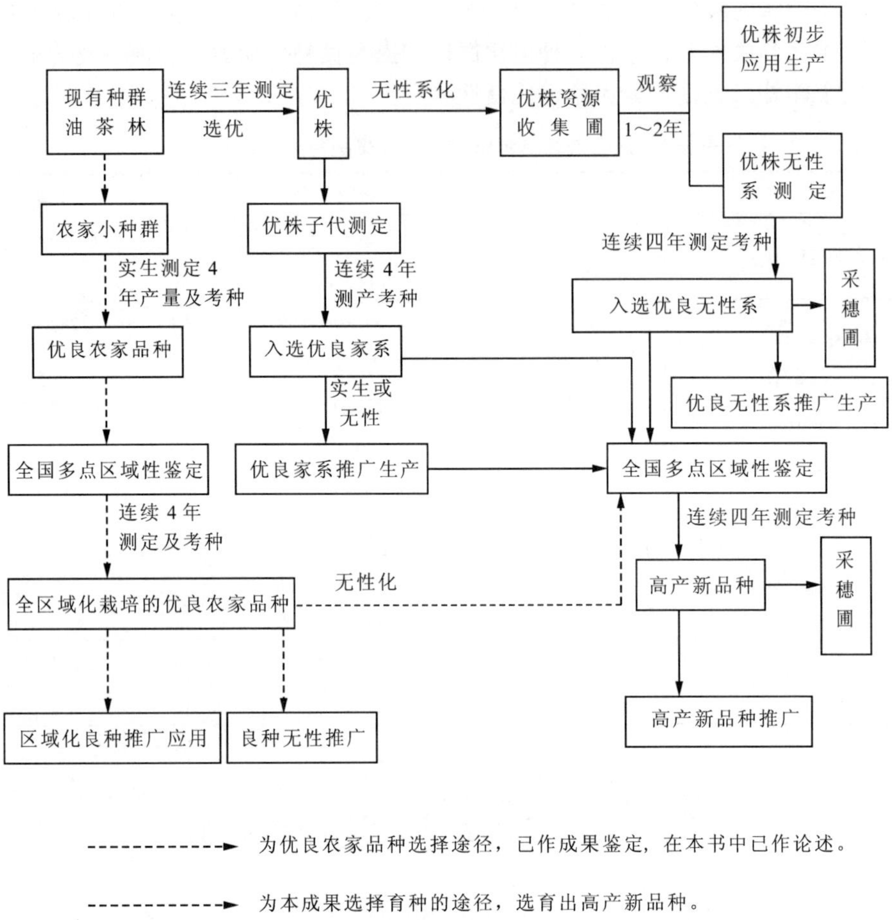

图9-1 油茶选择育种的程序

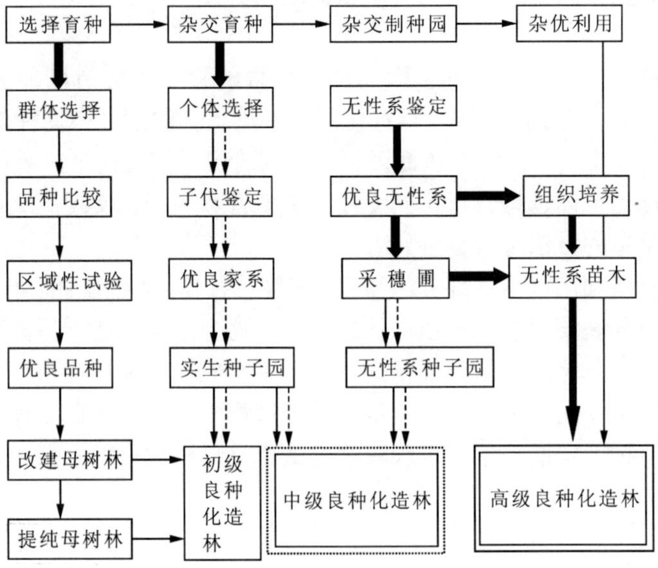

图9-2 油茶树种改良与良种繁育程序图

母树林、种子园和采穗圃统称为良种繁育基地。目前母树林、种子园为生产砧木种子用为主。建立良种繁育基地的目地在于为生产提供必要数量的优良种子、穗条和苗木，同时实行严密和科学的技术措施防止良种混杂和种性退化，提高良种的优良程度和生命力。因此，在良种基地的规划设计和布局中应遵循以下原则。

(1)良种基地应设在该品种的中心产区或主产区内立地条件优越的地方，以保证生态条件能满足该品种系统发育的需要，才能充分显示品种的优良性状。

(2)良种基地应设在交通方便的缓坡地带，以利于贯彻科学的技术措施，实现集约经营，便于保护管理及产品和生产资料的运输。

(3)良种基地的规模应能满足该品种推广范围内生产对种苗的需求。一般每亩良种基地可供应100亩造林用种苗。宜适当集中，每一个点50～100亩。

(4)建立良种基地应本着科研与生产结合原则，进行科学设计、科学施工、科学管理，既能满足生产良种的需要，又能实现试验、示范和进一步选种、育种的需要。

(5)良种基地周围要有足够宽度的隔离带，在昆虫或风力可及的传粉距离内清除劣质油茶树，以防止劣质花粉传入良种基地。

第三节　良种母树林的建立

应用群体选择方法选择出来的优良品种类型或农家品种，经过区域性品种比较试验测定证明其确具优良性状，并通过鉴定被确认为优良品种之后，便可正式把该品种原有的林分改建为采种母树林。进而建立提纯母树林。

母树林是为生产提供初级良种的良种基地。建立母树林是在短期内获得品质较为优良、具有增产效益的种子的现实途径。我国从20世纪70年代中期到80年代初期已建立了25 240亩良种母树林。对提高造林效益，起到了很好的作用。此外，还建立了人工提纯母树林6 000亩，已逐步为生产提供较纯净的优良种子。母树林种子主要用于砧木培育和部分实生造林(如防火林带)。

一、改建母树林

优良品种类型所在的成年林分经过人工改造而建成的母树林称为“改建母树林”。用于改建母树林的林分应具备的条件除上节所述良种基地应具备的五个条件外，还应具备下列条件：面积较为集中连片，每块一般有50亩以上。林分内优良品种类型植株无论在数量上或长势上都处于优势，非优良品种植株少于1/3。树龄15～30年，林相整齐，密度适中(每亩60～100株)。病虫害少，生长旺盛。

母树林经选定之后，要加强科学管理，促进优良母树开花结实，提高产量和提高林分种子的优良度。

(一)林地改造和抚育管理

母树林的林地坡度在10°以下的要进行全垦，10°～20°的要改造成水平梯级形，在水平行间开挖环山保水沟。每年压青施入有机肥，以达到改善林地水肥条件，促进母树生长。

每年铲草松土1～2次，施肥1次。每株施钙镁磷肥0.5～1kg或麸饼1kg，每3～4年进行一次全面的修枝整形。认真做好病虫害防治。

每一块母树林都应建立技术档案，把每一年的抚育管理技术措施、每年林分的生长情况、产量情况等原始数据记录在册，以利于总结提高，改善管理。

（二）除劣留优和疏伐补稀

为了使母树有良好的空间条件和充分发挥林地的效益，凡原有林分疏密度不均匀或不适宜的都必须进行株行距调整——疏伐补稀，除劣留优照顾均匀。

疏伐时，首先砍除在不适宜位置处的非优良品种植株。在适合位置处（指要保留植株地方）劣种植株要采用大砧高接换冠方法嫁接改造成为良种母树。经过合理疏伐或嫁接改造后的林分中各个母树单株有充分的空间条件，能有效地提高开花结实量增加种子产量，同时种子的遗传品质也得到了改善。

每亩株数少于60株的林分应当进行补植。补植用的苗木最好使用2~3年生的良种嫁接接苗，这样经过补植的母树林3~4年后由于土地得到充分利用，单位面积产量会显著提高。

二、提纯母树林

在经过改建的母树林中，优良品种类型群体里各个个体间在经济性状方面仍然是差异较大的。因此，有必要再进行人工提纯，也就是在优良母树中进行集团式的单株选择。在单株选择基础上再进行果选、籽选。从丰产性状突出，果型遗传力高，出籽率、含油率高的单株上采集种子进行混合育苗，混系造林，营建新一代的母树林。这样的母树林便是提纯母树林，也称作实生母树林。这种母树林的遗传品质比改建母树林又提高一些。

早期建立的提纯母树林已初步显示出良好的效果。安徽徽州地区林业科学研究所和歙县岩寺林场1975年共同营建92亩安徽大红提纯母树林，1979年结实植株已占47%，最高单株产果4.95kg，1980的平均亩产量53.65kg。结果株中大红类型的单株占60%，比原母树林增加了1倍。1976年，广西岑溪县在诚谏乡用容器育苗造林的400亩软枝油茶提纯母树林，第4年开始开花结果，从1980年至1986年平均亩产果116kg，比23年生的原母树林亩产只少6%。可见提纯母树林比改建母树林不但遗传品质能提高而且产量也会提得更高，对推广良种提高造林效益是很有意义的。

提纯母树林的育苗造林技术要求同油茶丰产林一样。即采用容器培育壮苗，梯级化整地，撩壕施基肥造林。加强早期抚育、施肥管理。

在提纯母树林里，一开始就应注意单株生长发育的差别，开展早期单株选择，定株记录观察，为优株选择打好基础。

第四节　种子园的建立

应用单株选择法选择出来的优良单株，经过当代和子代鉴定证明母本的丰产优良性状能稳定传递给后代，能获得较高选择增益的优树便可用于建立种子园。到20世纪年代初期，我国已建立油茶种子园2 000余亩。从种子园生产茶果5.8万kg。6年生的扦插苗无性系种子园，平均亩产茶果112.5kg，初步发挥了种子园的作用。

与提纯母树林不同，种子园是用优树或优良无性系的枝条或种子培育的苗木为材料，按一定的田间设计营造的具有优良遗传品质，能生产优质种子的林分。因此，它比提纯母树林能更有效地提高种子的产量和品质，使后代能获得更大的遗传增益。种子园培育种子主要用于砧木培育和部分实生苗培育(如防火林带造林)。

一、种子园的种类和特点

油茶种子园按繁殖方式、育种方法及功能等方面的不同区分有不同种类。

- 种子园
  - 实生种子园
  - 无性系种子园
    - 普通(初级)种子园
    - 单测定种子园
    - 双测定种子园
  - 引种种子园
  - 杂交种子园

(一)实生种子园

实生种子园是用优树种子(半同胞)培育的实生苗营建的。它有繁殖易、成本低、建园快的优点。结合进行子代测定，在测定的基础上进行1～2次家系间和家系内的淘汰选择达到较大的遗传增益。由于构成实生种子园的家系是自由授粉的后代，因此会受到早期选择水平的限制，一般不宜多用。但优良家系遗传基础比优良无性系广泛并有更大的适应性。

(二)无性系种子园

由于无性繁殖在保持性状稳定方面独具的优点，故无性系种子园被普遍应用。

无性系种子园是用优树或优良无性系为材料，通过扦插苗或嫁接建立起来的。其特点是能保持母本的优良性状，开花结果早，树冠相对矮化，便于经营管理，这类种子园，现已建立了800余亩。

按种子园产生的遗传品质水平或根据其母树的鉴定及选择强度可分为：

1. 普通种子园(初级种子园)

它是以表型选择未经后代测定的优树枝条为材料，用无性繁殖方法，按一定配置建立起来的种子园，因此，这种种子园亦称为初级无性系种子园(或称未经测定的无性系种子园)。目前，各地建立的无性系种子园大多数属于这一类。

这类种子园所生产的种子在遗传品质上有一定的提高，能较快地解决当前生产用种，但由于其后代未经测定，用种价值尚不清楚，只能是遗传品质得到初步改良，有待子代测定后再作改造提高。

2. 单测定种子园

指用于建园的优树经过单亲本(半同胞)子代测定而建立起来的无性系种子园。这类种子园因单亲本子代测定和建园时间的先后又可分为“并建”和“迟建”两类无性系种子园。

①并建种子园，是指子代测定和建园这两项工作同步进行。当子代测定结束，便依据子代测定的结果对种子园中的无性系进行去劣留优间伐。②迟建种子园，则是在子代测定结束之后，经过家系选择再进行建园的。这两类种子园在建设过程中花费的成本和时间是不相同的。

在油茶来说，进行单亲子代测定时，实生苗从种植到开花需要的时间(YS)约为4年，评价实生苗需要的时间(YE)定为4年；无性系嫁接苗从种植到开花需要时间(YG)约为3年。

并建无性系种子园，其建园成本比单亲本子代测定的成本高两倍，在较少的时间(当YG < YS时)、或相同的时间(当YG = YS时)、或更长的时间(当YG > YS时)里，种子园产生的有遗传优势的种子约相当于单亲本子代测定的2倍。

迟建无性系种子园，其建园成本稍高于单亲子代测定的成本，在同样时间(当YG = YE = YYS时)，或两倍的时间(当YG = YE = YS时)，或多于两倍的时间(当YE > YS时)里，种子园产生有遗传优势的种子约相当于单亲本子代测定的二倍。

从油茶的情况看，在效益相同的情况下，并建种子园比迟建种子园花的成本高些，而需要的时间则少一些。

3. 双测定种子园

指用于建园的优树经过双亲本(全同胞)子代测定而建立起来的无性系种子园。选择强度高，遗传增益大，故称高级种子园。

这种种子园的遗传增益，来源于全同胞家系的选择。种子园里的亲本都是有高度配合力的无性系。用其生产的F_1代种子造林，可获得两倍于经过疏伐的单亲本子代测定种子园种子的遗传优势。

(三)引种种子园

是引进外地选择和经子代测定的优树的家系或无性系，经过在当地试种能适应当地当地的自然条件并获得良好效益时，按需要建立起来的无性系种子园。建园用的材料直接从外地多个(或一个)地区取得。这类种子园生产的种子对当地条件会有更好的适应性，为当地扩大生产提供方便。

(四)杂交种子园

通过双亲本子代测定发现的有特殊配合力的杂交组合，这种组合产生的F_1代杂种有特殊的杂交优势可以用于生产时，便可利用这两个亲本建立杂交种子园，也可称为杂优种子园。这种种子园一般只有两个无性系。这种F_1代种子的优良性状不要求较高的遗传力，种子园建园技术简单，规模也小。只要在大量的杂交育种和F_1代测定中发现了这种组合，建立这样的油茶杂交种子园是很有前途的。

二、建园技术和管理

油茶种子园生产寿命长的特殊林分，它既可生产优良种子，又具有明显丰产林性质。因此，种子园的规划设计，要有长远打算和统盘安排。技术措施、设置、规划是否合理，直接关系到种子数量和质量以及今后的经济效益。

1. 优树的数量

油茶的异花授粉树种，当自交或近交时，不利于优良基因的集合和固定，会产生不同程度的近亲衰退现象，即结实量低或完全不结实，种子后代生活力下降，生长衰弱。因此，在营建无性系种子园时，投入的无性系或家系的数量十分重要。若无性系过少，植株个体间不能充分地异花授粉，难以保证有正常的结果量和强大生活力的后代；若再伐除不良无性系后，就更难保证充分异花授粉了。

种子园最适宜的无性系或家系数目，在性状遗传力(n^2)和显性遗传方差对加性遗传方差的比值(R)低的情况下，最好是尽可能增加种子园初期的无性系数目，譬如 $n^2=0.05$，$R=0.3$ 时，种子园的无性系数量应大于 50 个，以 60～80 人最佳；若 $n^2=0.3$，则以 50～60 个最好；如果 $n^2=0.5$，$R=0.3$ 时，则以 50 个最理想。目前，若油茶无性系之间花期较为一致，可配性较高时，一个小型种子园需 15～30 个无性系，较大的种子园要 50 个左右。

2. 无性系配置方式

能使各无性系之间能充分自由授粉，又能防止近交，在去劣疏伐后又较为均匀的间距为准。凡相同的无性系必须彼此隔开，以防近亲交配引起退化或低产。

(1)完全随机区组排列法　无性系或家系在 50 个以内宜采用此法。区组的数目 3～5 个或更多，每个区组为一大区，每个无性系为一小区，小区无性系以单株最多双株为宜，家系以 3 株或 4 株为宜，块状排列或成行排列。

(2)完全不平衡区组排列法　无性系或家系数目在 50 个以上或者更多时，用完全随机区组排列有许多实际困难，故可采用完全不平衡区组排列方式(即 BIB 排列方式)套用各种 BIB 设计模式表，先绘制好参与建园的各无性系或家系的田间配置图表，然后在林地对照实施。

3. 种植密度

控制密度，合理密植是提高种子园单位面积产果量的一项重要措施。最合理的密度是既能保证母树生长发育好，又能使母树能充分地授粉，在单位面积上达到最高产量。以普通油茶为例，一般实生种子园的株行距 3.0m×3.0m～3.5m×3.5m；无性系种子园以 2.5m×2.5m～2.8m×2.8m 为宜。最好以三角式方式种植，使各植株的位置互相错开，有利于获得充足的阳光促进结实。需间伐的可适当加大密度。

4. 无性系种子园的建立

油茶无性系种子园以优树的嫁接苗或扦插苗建立为好。

(1)先培育嫁接苗而后定植　先在苗圃或温室内培育好参与建园的各无性系嫁接苗，翌年早春或十月小阳春挑选合格苗，按配置图栽植。定植前要细致整地，施足基肥。

(2)先造林定砧而后嫁接　在经过认真区划和细致整地的种子园土地上，按照设计的株行距挖穴 、施肥，用实生苗定植造林，加强抚育管理。2 年后采集参与建园的全部无性系枝条，按设计配置图在林地进行嫁接。

(3)现有成林嫁接建园　选择生长良好的油茶成林中、林相整齐、株行距或一符合种子园的林分，按规划设计和无性系配置方式在林内标号，然后进行嫁接改建成园。这种建园速度快，是满足生产急需的有效方法。湖南林业科学研究所自 1979 年以来用此法已嫁接 250 亩，成活率 95% 以上，生长良好。

5. 实生种子园的建立

实生种子园建立的方法较为简单。按设计要求收集足够数量的家系种子，分别进行播种育苗。选用 1 年生的超级苗，按家系配置图定植于经过细致整地，施足基肥的园地上，然后加强抚育管理，促进幼林生长。

由于实地种子园得到的遗传增益大部分取决于本园内的再次选择。因此，一开始就要注意把注重点落在家系间和家系内的选择上，这对提高实生种子园的遗传增益是很重要的。

建立油茶实生种子园时，在家系数目上要比无性系多些；初植密度应该大些，以便将来筛选疏伐。

6. 种子园的经营管理

（1）水肥管理　加强种子园的水肥管理工作，有利于促进母树开花结果，提高种子产量和品质。建园初期，由于株行距较大，可采用林药、林肥等间作，以耕代抚，促进油茶生长。当进入开花结果期后，合理施肥是一个有效的措施。从栽植到采收，按不同发育阶段进行不同抚育管理是很重要的。

（2）树体管理　树体管理是对母树进行必要的修剪，以利于母树的结实。

（3）提高坐果率　去除园中可配性极低的而花粉量大的少数无性系或家系，并通过放养油茶地蜂、饲养蜜蜂扩大异株授粉范围，增强授粉几率可以大大提高坐果率，增加产量和改善种子的遗传品质。

第五节　采穗圃的建立

无性繁殖是油茶良种繁殖的主要方法。进行无性繁殖必须有足够数量和优质的穗条。这些穗条无法直接从数量有限、分布分散的优树上得到满足。因此，建立采穗圃是十分必要的，它是油茶生产良种化工程中极其重要的一环。

油茶采穗圃是原优树在数量上的扩大和在分布地域上的集中。在优树决选后就要立即建立采穗圃，以能及时地、方便地提供穗条进行当代测定；为了缩短良种选育时间和收集广泛的基因资源，可在选择的初期阶段建立小规模的（每个单株号 2～3 株）收集圃（初级采穗圃）。

采穗圃是为生产提供大量优质良种穗条的繁殖基地。但在完成穗条生产任务后，同样是油茶生产中的一种良种丰产林分。此外，采穗圃也可以是山茶物种收集圃、种质资源收集圃，在采穗之前也可作为当代鉴定的试验林。我国在 20 世纪 70 年代中期以来，已建立各种性能的采穗圃 2 000 余亩，在油茶科研和良种生产中起到了很大的作用。例如，早期在广西的临桂，广东的韶关、高州，浙江的常山，湖南的邵东等地建立了一批采穗圃，除为后来建圃提供成功经验外，还为各地提供了大量穗条。湖南省邵东县黄草坪林场的 5.6 亩有 23 个无性系的采穗圃，第三年开始开花结果，第五年平均亩产油 10.25kg。

一、采穗圃的种类和特点

油茶采穗圃都是用无性繁殖方法建立的。根据使用的方法不同分为 3 种：

1. 扦插苗采穗圃

用扦插育苗方法培育无性系苗木，然后选用 2 年生的一级苗，按 2m×2m～2.5m×2.5m 的株行距定植于细致整地、施足基肥的造林地上。由于扦插苗生长较慢，短期内无法大量采穗，故不多用。

2. 嫁接苗采穗圃

用芽苗嫁接法培育无性系苗木，然后选用 1～2 年生的一级苗定植于良好的造林地上。这种苗木在短期内也无法提供大量穗条，也不多用。

3. 成林嫁接采穗圃

用大树嫁接换冠的方法，在现有林里嫁接优良无性系建立采穗园。这种采穗圃建圃快、生长快、穗量大，一般2～3年即可生产大量穗条。比用扦插苗或嫁接苗采穗圃快4～5年。这种采穗圃的繁殖速度在第一至第四年里，每年以10～20倍增加；第五年进入结实阶段后，每年增加的速度为3～5倍。因此，已被普遍采用。

在采穗圃里优树号的配置视其兼负的试验内容而不同。以采穗为主兼负低产林改造的，用简单的单行排列，每个优树号连续5～10株排成一行；若以当代鉴定、互交、测交为主兼为采穗的，则按试验设计排列。采穗圃要编绘优树排列田间图和做好标记，以防错乱。

二、采穗圃的营建技术

利用成年树作砧木，用优良无性系的当年枝条作接穗，进行嫁接换冠；这种技术称为"大树嫁技术"。这是营建油茶采穗圃，改造油茶低产林，进行山茶物种收集，建立无性系山茶园最成功的嫁接技术。20世纪70年代中广东韶关地区林业科学研究所用这一技术建立的山茶物种园和山茶花品种园，均生长茂盛，繁花满树，成为很好的优良品种繁育基地。80年代以来江西、湖南、浙江等地相继运用这一技术建立了相当规模的山茶种质资源收集圃，更进一步证明这一技术在油茶良种繁育中有广阔的前景，能产生更大的社会效益和经济效益。

1. 砧木林及砧木的选择

为使良种穗条生长快、产量高、质量好，应选择生势旺盛的中年林(普通油茶15～20年，越南油茶10～15年)作为砧木林，选用每株有3～5根开张形主枝(粗3～5cm)的油茶树作砧木。砧木林林地肥沃，株行距整齐，密度适中(每亩80～100株)。

2. 接穗的选择

选用需要嫁接的优良无性系、优良物种母树树冠中上部发育健全、无病虫害、叶片正常、粗0.25～0.3cm的木质化或半木质化枝条作接穗；阴枝、徒长枝、纤弱细枝、嫁接成活率低，不宜作接穗。

3. 嫁接的方法

应用于大树嫁接的主要嫁接方法有切接、拉皮接、皮下枝接和撕皮嵌接等。前两种为断砧嫁接，后两种为接活后再断砧。这些嫁接方法都具有操作简便，容易掌握、成活率高，接穗生长快等特点。现以撕皮嵌接法为例，此法适用性广，效果好。湖南省林业科学研究所1981年用此法嫁接大树5.06亩，仅3年时间，冠幅达2.6m×2.0m，平均亩产果357kg，折油21.5kg，比接前增产3～5倍，已大面积应用于嫁接改造油茶低产林。此法操作方法如下：

(1)削穗　将穗削成长2～3cm两端成马耳形的一叶一芽短穗，然后在叶柄的对面一侧撕去或用刀削去宽为0.2～0.3cm的皮层，深及韧皮部，露出木质部。剪去叶片1/3～1/2。

(2)削砧　在嫁接部位先用擦去表皮灰尘，再用刀尖刻成"I"形，深达木质部，长同接穗(2～3cm)，宽0.2～0.3cm，自下而上撕开皮部。

(3)嵌穗包扎　将削好的接穗嵌入砧木皮槽内，把砧木的皮条盖在接穗上，用塑料薄膜条包扎。包扎不宜过紧，以防伤接穗。

(4)加罩保湿　在包扎后加绑一个塑料薄膜罩。成活后当接芽抽梢长 3 ~ 5cm 时便可去罩。解罩尽量在阴天或傍晚进行。

(5)截砧和管理　接穗芽抽出后就可断砧。第一次可与解罩同时进行，一般在接穗上方 10 ~ 15 cm 处剪截；剪口处尽量保留一个弱枝，以控制当年枝不要过分徒长。第二次截砧在翌年 2 ~ 3 月，在接口上方 1 ~ 2cm 截除。成活后要加强管理，防风折，除倾倒，防虫害，适当修剪，以利于后期冠形的形成。随时抹除砧木萌蘖，但接口附近的砧木萌蘖暂时保留，以促进次生韧皮部生长，有利于砧木截口愈合。

保湿遮荫是嫁接成活和提高成活率的关键。夏季光照强，温度高，湿度低，对成活率影响很大。为防止接穗水分蒸发，控制温湿度十分重要。据测定，适宜的光照强度约 10 000lx，最适气温为 25 ~ 28℃，最适湿度为 80% ~ 85%。保湿遮荫就是使接穗保持滋润，有利于形成层活动，尽早愈合。因此，嫁接时要注意保留上方枝叶，防止强烈光照，起遮荫保湿作用。

4. 嫁接时间

进行油茶嫁接宜在春梢、夏梢或秋梢萌发前 15 ~ 20d 进行。具体时间依嫁接方法而有所不同，如撕皮嵌接法和皮下枝接法要在树液流动能剥开树皮时进行，嫁接成活最适宜的温、湿度在这三个时期中，尤以夏季(6 月)嫁接成活率最高(图 9-3)。这时期的气温为 28 ~ 30℃，湿度为 80% ~ 85%，油茶的形成层活动最为剧烈，利于愈合，因此成活率高。

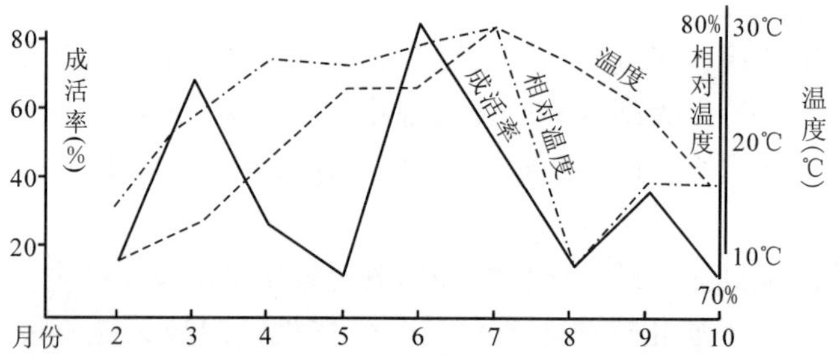

图 9-3　不同月份嫁接成活率变化情况

三、砧木情况与接穗生长的关系

砧木是接穗赖以生长的基础。砧木的状况对接穗的抽梢生长和开花结果有直接的影响，这是因为土地的水肥因素必须通过砧木才能作用于接穗。它与砧木的粗细程度及接口的高度有密切的关系，但最明显的是砧木的粗度。

砧木粗度对接穗生长发育的影响：在同立地条件、砧木树龄相同的情况下，砧木粗度对接穗生长发育的影响是明显的(表 9-2)。第一，接穗基径生长量与砧木粗度成正比，而春梢长度及粗度则与砧木粗度成反比；第二，接穗的其他各项生育指标，在中等粗度砧木(即 2 ~ 4cm)上随砧木粗度增大而递增，在小砧(即 <2cm)和大砧(即 >4cm)上都不如在中等粗度砧木上。可见，最理想的砧木粗度是 2 ~ 4cm。在同龄林里细砧木是生长不良的象征，而大砧木虽属生长良好，代谢作用旺盛，但嫁接后叶部营养面积骤减，引起生理失调，抑制了皮层及根部分生细胞的活性，因而便影响了接穗的生长和生育。

在嫁接中嫁接部位距地面的高度视接口处砧木的粗度而定，以保持接口处砧木的粗度在 2 ~4cm 为宜。因此，大砧木嫁接部位应高些，小砧木嫁接部位低一些，这样有利于接穗的生长和接口的愈合。否则会影响到接穗的生长和生育。

表 9-2　砧木粗度对接活苗生长的影响

砧木粗度	平均生长量						平均育芽能力及结果情况	
	树高（m）	基径（m）	东西冠幅（m）	抽梢支数	一般梢长（cm）	一般梢粗（cm）	全树发芽数(枚)	结果数（个）
<2.01	0.80	0.70	0.25	46.00	23.13	0.31	14.05	0.2
2.01 ~3.00	1.24	1.36	0.76	156.00	16.54	0.28	41.52	3.1
3.01 ~4.00	1.18	1.53	1.06	235.00	15.10	0.27	65.06	4.5
4.01 ~5.00	0.99	1.66	0.53	120.00	8.92	0.22	34.40	1.0

（周启仁，1980）

四、影响穗条产量的因子

建立采穗圃目的在于获得数量多、质量好的良种穗条。除了加强经营管理外，更重要的是取决于嫁接树体的生物学基础，因此对现有的嫁接换冠采穗圃中作调查分析，从中找出有关规律，具有生产和理论的重要意义。通过对湖南邵东县黄草坪林场、零陵地区林业科学研究所和广西临桂县凤凰林扬采穗圃的调查，并对影响穗条产量的生物学因子(主要是采穗树年龄、树体结构、新梢质量和生殖生长等)的实测数据进行统计分析，初步结论是：

(1)由于采穗圃中各无性系的遗传基础不同，嫁接采穗树的分枝习性，发枝率亦各有不同，表现出各无性系间穗条产量差异很大(有的相差 2 ~3 倍)。因而影响单位面积的产穗量，此种差异主要靠选择高产无性系而又具分枝良好的树性来解决。

(2)采穗圃嫁接植株的穗条产量、质量与其年龄有关，在一定年限内，穗条产量随树龄增大而增加，穗条质量却随树龄增大而降低。穗条的质量是指新梢的长度和粗度，对于嫁接成沽有很大影响。

(3)树体结构也是影响穗条产量的重要因子，从主干高度、主枝数目和树形等方面反映出来。它们之间是互相联系、互相制约的。调查结果证实，主干高度以不超过 40cm 为佳，主枝数目以 3 ~4 个为好，树形以自然圆头形为理想。

(4)穗条质量的高低决定于新梢的长短、粗细、节间长短和腋芽的饱满度。这些又与嫁接成活率的高低、穗条利用系数的大小有关。据观察测定，新梢长度以大于 10cm，节间长 3 ~4cm 的春梢、夏梢为好。

(5)结果树的生殖生长和营养生长在养分分配上存在着矛盾，开花结果影响到新梢抽发的数量的质量。故专用采穗圃应摘除花蕾避免开花结果以利多发新梢提高穗条质量。

五、采穗圃的产量和管理

产穗早迟和多少与嫁接的管理关系很大。嫁接成活后应及时断砧和加强施肥管理。第二年是培养树型和冠型的时间，只可结合修剪提供少量穗条。正式采穗从第三年开始，采穗量为春梢量的 1/3。在每次采穗后，应进行施肥。随着树龄增加，采穗量可以加大，在

4～5 年以后可为当年春梢数量 50% 左右。采穗必须用枝剪剪取，剪穗时春梢基部要留下两节。

接后第三年的采穗树，平均每年可剪穗条 50 根，可以繁殖 100 株无性系苗木，可供造林 1 亩。每亩采穗圃生产的穗条可供造林 60～70 亩。5 年以后采穗量，每年均递增 3～5 倍。

树体管理是采穗圃管理的中心环节。它是以油茶生物学特性为基础，结合不同生态条件，生产技术水平，控制和促进油茶营养生长和生殖生长的一种手段。油茶嫁接树具有顶端和根系强大两个优势，如任其自然生长，必须形成疏密不匀，结构紊乱的树冠，影响对光能和土地的利用，导致穗条产量低、质量差。因此，加强树体管理，培养理想的树体结构和冠型才能达到采穗树高产、稳产和优质。

油茶采穗圃的树型以自然圆头型和自然开心型为好；其体积相当于乱头型的 1.5～2.5 倍，枝梢数多 50% 以上。因此，前期树体管理的任务是采用修剪造型手段培养自然圆头型和自然开心型的树冠。这是采穗圃今后获得高产稳产的关键。采穗树主干高矮、主枝多少，分枝角度与树型有很大的关系。一般主干以 40cm 为好，主枝以 3～4 个为合理，分枝角度以 30°～50°为适当。因为这样的树体结构，可以调整树体养分和水分的分配，提高水分和养分的输送效率，可以扩大树体对光能的利用率，从而提高了光合作用的强度，这就是修剪的生物学效应。

合理的树形只有在人为修剪控制下才能形成和保持。因此，修剪应贯穿整个树体管理的过程。

油茶采穗圃多是通过大树嫁接建成的，其遗传性稳定。因此，管理的重点不在遗传性状的控制，而在于生理功能的调整，主要是营养生长与生殖生长的调整。采穗圃以生产穗条为目的，故要求营养生长旺盛。但是采穗树是要用发育阶段高的砧木和接穗嫁接而成的，一般 3～4 年便大量开花结果，以后更是成倍增加，因而导致每年抽梢量和枝条质量明显下降。营养生长和生殖生长矛盾十分突出。

根据油茶的生物学特性，春梢是育花枝，春梢在夏梢萌发前先分化出花芽，便抑制了夏梢的萌发，而夏梢提早 15～20d 萌发又可抑制花芽的形成。因此，可以采取抹花芽促夏梢，或春梢基本木质化，尚未大量分化花芽时大量进行采穗、施肥、灌溉来促进夏梢的萌发生长。以达到调整营养生长与生殖生长矛盾，保持树势旺盛，穗条高产优质的目的。

圃地要经常除草松土。春梢萌发前，春梢采穗后应当及时施肥。同时，还应做好排水、灌溉和病虫害防治。

第六节 遗传增益的估算

在不同的良种繁育基地里，由于其遗传背景和繁殖体系不同，所以，估算遗传增益的公式也不尽相同，现列举如下：

一、母树林的遗传增益

油茶本身即是母本，也是提供花粉的父本。因此，由母树林产生的混合子代，论其关系实际上是子代与中亲的关系，其回归系数：$bop = h^2$。所以，通过母树林产生的子代，其可能得到的遗传增益是：

$$\Delta G = i \cdot \frac{V_A}{\sigma_p} \cdot \frac{1}{\bar{x}} = i \cdot h^2 \cdot \frac{1}{\bar{x}}$$

二、优株选择的遗传增益

优株选择只在中选优树上采种，只涉及一个母本，而且各个母本之间的间距较大，彼此不能互相授粉，所以属于子代与一个亲本的关系，子代在一个亲本上的回归系数 $bop = h^2/2$。因此，优株选择的增益为：

$$\Delta G = i \cdot \frac{h^2}{2} \cdot \frac{1}{\bar{x}} = i \cdot \frac{1}{2} \cdot \frac{V_A}{\sigma_p} \cdot \frac{1}{\bar{x}}$$

式中　ΔG——遗传增益以%表示；

i——选择强度；

σ_p——表型标准差；

bop——子代对亲本的回归系数；

h^2——遗传力；

V、V'、V_A、V_A'……——某种选择率下遗传力的变化指数；

$\bar{x}$——群体平均值。

三、实生种子园的遗传增益

自由授粉子代进行测定，选留优良家系中最优个体。

(1)在优株上采收自由授粉的种子后，按半同胞子代测定，同时在优良家系中对最优个体进行补充选择时的遗传增益：

表 9-3　不同入选率(P)时的遗传力变化指数(V')

P	V'	P	V'
0.95	0.1903	0.25	0.7583
0.90	0.2879	0.20	0.7813
0.85	0.3595	0.15	0.8051
0.80	0.4169	0.10	0.8308
0.75	0.4653	0.075	0.8453
0.70	0.5071	0.050	0.8619
0.65	0.5442	0.025	0.8833
0.60	0.5777	0.020	0.8888
0.55	0.6083	0.0125	0.8989
0.50	0.6366	0.0100	0.9031
0.45	0.6631	0.0050	0.9142
0.40	0.6881	0.0010	0.9322
0.35	0.7121	0.0005	0.94(近似)
0.30	0.7354	0.0001	0.95

$$\Delta G=\left(i_1\cdot\frac{1}{2}\cdot\frac{V_A}{\sigma_{p5}}+i_2\cdot\frac{1}{4}\cdot\frac{V'_A}{\sigma_{p2}}+i_3\cdot\frac{3}{4}\cdot\frac{V'_A}{\sigma_{p2}}\right)\cdot\frac{1}{\bar{x}}$$

式中第 1 项是在优树上采收自由授粉的种子，分家系繁殖时得到的遗传增益，即选优所得增益；第 2 项是在这些优树的半同胞家系中选择所得的遗传增益，其中的 $V_A'=V_A(1-BV')B$ 代表狭义遗传力，V'为某种入选率下遗传力的变化指数，可通过查表得来(表 9-3)；第 3 项是在优良的半同胞家系内进行最优个体的再选择时的遗传增益。V_A''是已经过半同胞的子代测验，经过选择，又通过了有性世代发生了遗传重组后，重新产生的加性遗传方差，为此，可以把它看作 $V_A''=V_A$。

(2)在优树上采收自由授粉种子后，子代进行混合栽植，并在此基础上进行疏伐，保留优良个体时的遗传增益：

$$\Delta G=\left(i_1\cdot\frac{1}{2}\cdot\frac{V'_A}{\sigma_{p1}}+i_4\cdot\frac{V'''_A}{\sigma_{p4}}\right)\cdot\frac{1}{\bar{x}}$$

式中第 1 项等于在中选优树上采收自由授粉的种子，混合繁殖的遗传增益部分；第 2 项等于中选优树上采下自由授粉的种子后，混合在一起，建立实生种子园，之后再进行个体选择时的遗传增益部分。由于家系选择与优良家系内最优个体的选择一并进行，所以：

$V'''_A=\frac{1}{4}V_A'$(家系间) $+\frac{3}{4}V_A''$(家系内)

$i_4=i_2+i_3$　即两次合并的选择强度。

四、无性系种子园的遗传增益

无性系种子园与母树林是相似的，嫁接植株本身既是母本，又是父本。不同的是所有无性系都是优树的无性后代，选择强度较大，所以其遗传增益肯定比母树林高，其遗传增益为：

$$\Delta G=i\cdot h^2\cdot\frac{1}{\bar{x}}=i\cdot\frac{V_A}{\sigma_p}\cdot\frac{1}{\bar{x}}$$

五、无性系混合繁殖的遗传增益

这是根据表型选出无性系后，不再进行无性系选择，而直接将无性系混合繁殖的一种选择措施。许多树的无性系繁殖植株常常保持无性系原株的成熟性状，所以，其增益按理应为：

$$\Delta G=\left(i_1\cdot\frac{V_A}{\sigma_{p1}}\right)\cdot\frac{1}{\bar{x}}$$

但有时由于枝条在原株上的位置不同，原株本身的生理年龄不同等，对无性系后代产生一定的影响，因此，混合繁殖的增益还得附加一个常数加以校正，它是“平均繁殖效应”，即等于无性繁殖和实生繁殖时的平均差异，应根据试验来决定：

$$\Delta G=c\%+\left(i_1\cdot\frac{V_A}{\sigma_{p1}}\right)\cdot\frac{1}{\bar{x}}$$

六、按一般配合力进行多次选择的遗传增益

进行再选择的无性系种子园，即改建或重建无性系种子园的遗传增益。

1. 用标准测交系进行控制授粉

$$\Delta G=\left(i_1\cdot\frac{V_A}{\sigma_{p1}}+2i_2\cdot\frac{1}{4}\cdot\frac{V_A'}{\sigma_{p2}}\right)\cdot\frac{1}{\bar{x}}$$

式中第1项为一般无性系种子园的遗传增益部分，i_1 是选择优树的选择强度；第2项为经子代测定再选择之后，在重建或改建无性系种子园的遗传增益部分。因为是测定后代，实际上是半同胞子代的选择，所以乘1/4。另外，无性系种子园进行改建或重建时，将来生产种子的两个亲本，都经过了再选择的，两个亲本都有相同的增益部分，所以这部分增益必须乘2。

2. 多系测交试验或自由授粉

$$\Delta G=\left(i_1\cdot\frac{V_A}{\sigma_{p1}}+2i_1\cdot\frac{1}{4}\cdot\frac{V_A'}{\sigma_{p2}}\right)\cdot\frac{1}{\bar{x}}$$

此法与自由授粉实生种子园比较，因为在无性系种子园阶段耽搁了一段时间，所以加长了生产改良种子所需的时间，因此，就得增加家系间和家系内的选择强度来加以弥补，不过家系间和家系内的选择强度要受供试的家系数目和家系内株数所限制。

七、杂交种子园的遗传增益

用两个具有特殊配合力高的无性系建种子园时的遗传增益：

$$\Delta G=\left(i_1\cdot\frac{V_A}{\sigma_{p1}}+i_2\cdot\frac{1}{2}\frac{V_A'}{\sigma_{p2}}+i_2\cdot\frac{1}{4}\frac{V_A'}{\sigma_{p2}}\right)\cdot\frac{1}{\bar{x}}$$

式中第1项是无性系种子园的增益；第2项为选择优良全同胞家系的增益；第3项为取决于显性的附加遗传增益。如果显性方差比较大，则通过这种途径所取得的附加增益是相当可观的。

在原有的工作基础上，20世纪70年代后，我国广大研究工作者在油茶良种选育方面做了大量的工作。90年代以来，这项工作取得了重大的突破，选育出了19个新品种和一批优良无性系，取得了重大的成果。进入21世纪，黄永芳、陈锡林等人进行了“油茶种质资源RAPD分析、DNA提取和PCR扩增条件建立”研究；张智俊进行了“油茶优良无性系组织培养，RAPD分子鉴别和CDNA文章构建的研究”；陈永忠、张智俊、谭晓风等人的“油茶优良无性系的RAPD分子鉴别”等方面的工作。分子标记技术开始应用于油茶技术研究。张国武、钟文斌等人进行了“油茶优良无性系ISSR分子鉴别”的研究。其目的是建立油茶不同体系的分子鉴别体系，并从中筛选与主要经济性状相关的特殊基因片段、有利于辅助选择育种。

ISSR(inter-simple sequence repeat polymophism)分子标记与RAPD原理相似，不同之处在于ISSR所用引物来源于简单序列区域，比随即扩增的多态DNA(RAPD)引物序列长，退火温度较高，具有稳定性优于、敏感性低于RAPD的特点。ISSR操作简单，成本低，快速灵敏，检测多态性能力强，所需DNA模板的量少而倍受青睐，已成功地运用于居群生物学的研究、品种鉴定、物种的分类系统学比较，并作为构建遗传图谱的工具。

选用中国林业科学研究院亚热带林业研究所等单位选育的10个油茶优良无性系及1个普通油茶实生苗对照为材料(表9-4)，采用ISSR分子标记分析各材料之间的遗传差异，旨在探索各个基因型之间的亲缘关系，为开展油茶良种选育提供较可靠的理论依据。

(1)油茶无性系 ISSR 扩增结果　用 99 条引物对各材料进行了 PCR 扩增，选取出 16 条稳定性强、重复性好、多态性丰富的引物。然后利用筛选出的 16 条引物对 11 个供试材料进行 PCR 扩增，PCR 扩增产物经电泳得到指纹图谱。结果表明：不同基因型之间具有不同的谱带类型，这说明不同供试材料在 DNA 水平上存在遗传差异。

(2)油茶基因组 DNA 的多态性　由实验结果可以看出，扩增带数量最多为 900 号引物，平均 11 条扩增带；最少的为 851，平均 2 条扩增带。多态性最好的是 857 号引物，扩增出 12 个位点具有多态性。在扩增出的 135 个位点的条带中，其中有 21 条为各个基因型所共有，这为 11 个材料的同源性提供了依据。此外，不同引物扩增的带数不同，而且同一引物不同基因型的扩增的带数也不一样，这充分体现了油茶基因组 DNA 的多态性，从而说明了不同供试材料之间的遗传差异。

表 9-4　用于 ISSR 分析的供试材料及相关经济性状

编号	名称	原产地	球果产量 (kg/hm^2)	成熟期	种仁含油率(%)	球果数(个/kg)	干出籽率(%)
1	GLR 长油 3 号	江西进贤	12 039	早	35.73	69	31.3
2	GLR 长油 4 号	江西进贤	11 129	中	35.02	82	26.4
3	GLR 长油 18 号	浙江安吉	9 379	早	50.05	72	27.6
4	GLR 长油 21 号	浙江安吉	19 318	早	49.69	91	32.0
5	GLR 长油 27 号	浙江安吉	18 968	早	41.18	67	20.6
6	GLR 长油 40 号	浙江安吉	16 938	早	39.32	90	25.2
7	GLR 长油 53 号	浙江安吉	24 148	早	43.58	40	32.0
8	GLR 长油 56 号	浙江安吉	15 678	早	42.96	56	33.0
9	GLR 长油 59 号	湖南衡阳	18 758	早	39.96	60	25.7
10	实生苗对照(CK)	湖南长沙	/	/	/	/	/
11	GLR 长油 166 号	江西进贤	13 887	早	51.40	84	24.0

(3)遗传差异　为了确定油茶各供试材料基因之间的遗传关系，利用每个材料的扩增条带按有或无记录，扩增条带存在赋值 1，否则赋值 0 的数据分析方法，建立了 11 个材料的 ISSR 识别卡(表 9-5)。

表 9-5　11 个材料 ISSR 鉴定识别卡(引物 899)

编号	ISSR 鉴定标记												识别号
	1	2	3	4	5	6	7	8	9	10	11	12	
1	0	0	1	0	0	0	0	0	1	0	0	0	001000001000
2	0	1	0	0	0	1	0	0	0	0	0	0	010001000000
3	1	1	1	1	0	0	1	0	0	0	1	1	111100100011
4	0	1	1	0	0	0	1	0	1	0	0	1	011000101001
5	0	0	1	0	1	0	1	0	0	1	0	1	001010100101
6	0	0	0	1	0	0	0	1	1	0	0	0	000100011000

（续）

编号	ISSR 鉴定标记												识别号
	1	2	3	4	5	6	7	8	9	10	11	12	
7	1	0	1	1	1	0	1	1	0	1	0	0	101110110100
8	1	0	0	1	0	1	0	1	1	1	0	0	100101011100
9	1	0	1	1	1	0	1	1	0	0	0	0	101110110000
10	0	0	0	0	1	1	1	1	0	0	0	0	000011110000
11	0	1	1	0	1	0	0	1	1	0	0	1	011010011001

（张国武等，2007）

由各材料基因型间的遗传距离(表9-6)可知，油茶基因型间的平均遗传距离(GD)为0.419，基因型之间GD值范围为0.167 1～0.773 2，其中优良无性系与实生苗的遗传距离GD相对较大，平均为0.58，说明这二者存在明显差异。而无性系3号和18号，27号和56号，21号和40号之间的GD值较小，说明它们之间的亲缘关系较近。

表9-6 ISSR标记的11个材料的遗传距离即相似性

编号	1	2	3	4	5	6	7	8	9	10	11
1		0.692 3	0.923 1	0.769 2	0.769 2	0.769 2	0.846 2	0.923 1	0.769 2	0.538 5	0.769 2
2	0.367 7		0.615 4	0.461 5	0.769 2	0.615 4	0.692 3	0.769 2	0.615 4	0.538 5	0.615 4
3	0.080 0	0.485 5		0.846 2	0.846 2	0.846 2	0.923 1	0.846 2	0.846 2	0.615 4	0.846 2
4	0.262 4	0.773 2	0.167 1		0.692 3	0.846 2	0.769 2	0.692 3	0.846 2	0.769 2	0.846 2
5	0.262 4	0.262 4	0.167 1	0.367 7		0.846 2	0.769 2	0.846 2	0.846 2	0.615 4	0.846 2
6	0.262 4	0.485 5	0.167 1	0.167 1	0.167 1		0.769 2	0.692 3	0.846 2	0.769 2	0.846 2
7	0.167 1	0.367 7	0.080 0	0.262 4	0.262 4	0.262 4		0.769 2	0.769 2	0.538 5	0.769 2
8	0.080 0	0.262 4	0.167 1	0.367 7	0.167 1	0.367 7	0.262 4		0.846 2	0.461 5	0.692 3
9	0.262 4	0.485 5	0.167 1	0.167 1	0.167 1	0.167 1	0.262 4	0.167 1		0.615 4	0.692 3
10	0.619 0	0.619 0	0.485 5	0.262 4	0.485 5	0.262 4	0.619 0	0.773 2	0.485 5		0.769 2
11	0.262 4	0.485 5	0.167 1	0.167 1	0.167 1	0.167 1	0.262 4	0.367 7	0.367 7	0.262 4	

（张国武等，2007）

(4)聚类分析　为了确定各供试材料之间的遗传关系，通过ISSR遗传距离矩阵按UP-GMA进行了聚类分析，构建各材料基因型之间的亲缘关系(图9-2)。

聚类分析中，把材料基因型间的遗传距离作为材料聚为一类的依据。由聚类图可以看出，取GD=0.65时，可将11个供试材料划分为3大类群。类群I为油茶实生苗对照，与所有无性系划分在不同的类群中，这和实生苗与无性系苗在形态、生理等特征方面的较大差异性相吻合，如实生苗苗木分化严重，无性系苗普遍成熟期早；类群II为GLR长油4号一个无性系，这可能与表9-4记录的该无性系相对其他无性系果实成熟晚、种仁含油率低的特征相对一致，4号无性系果实成熟期为“中”，种仁含油率仅35.02%，其他9个无性系成熟期均为“早”，种仁含油率除了3号无性系较4号略高外，其他平均为44.76%，高出了近12个百分点；类群III为其他9个无性系，这可能与它们普遍成熟相对较早、种

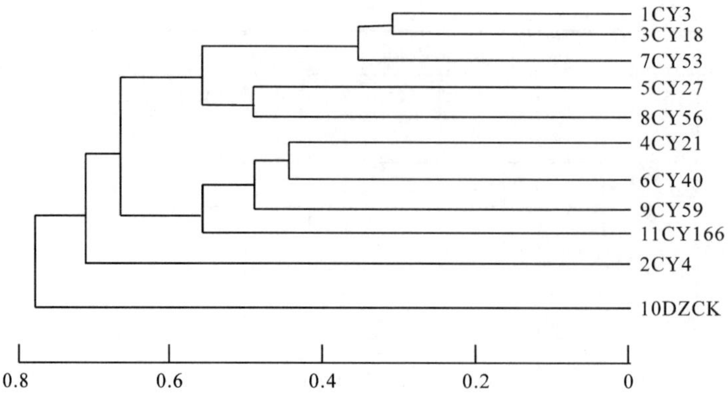

图 9-2 油茶优良无性系及对照聚类分析图

Y 代表 GLR 长油 DZ 代表普通油茶实生苗对照

仁含油率相对较高相关。同时，聚类分析也显示出各优良无性系间存在一定的差异，可以从分子水平上将它们进行鉴别。

① 利用 ISSR 分子标记的方法，从 99 条引物中筛选 16 条具有多态性的引物进行扩增，得到 135 个位点，其中 114 个具有多态性，说明油茶各供试材料间存在较大的遗传差异。

②利用 16 条引物对供试材料进行 ISSR 分析表明，油茶优良无性系与普通油茶实生苗之间，长油 4 号无性系与其他 19 个无性系之间的遗传距离大，与其在生理、性状表现上的差异分析基本一致，说明了遗传本质差异对外部表型特征的对应反映。同时 ISSR 分析实现了对各供试材料的分子鉴别，较准确地确立了它们之间的亲缘关系。对彼此间的亲缘关系较近的无性系，如长油 27 号与长油 56 号具有第一分枝较高的共性，长油 166 号为小果红色，类似差异性和相似性的表现特征有待在实践中作进一步研究探讨。

③ISSR 分子标记可建立油茶优良无性系的分子鉴别体系，进行油茶更多品种的分类鉴定和遗传关系研究，并为油茶的选择育种提供理论基础。

由此说明，生物技术育种将在油茶的物种分类系统比较、品种鉴定、群居生物学的研究和遗传图谱构建等方面的研究中得到广泛应用。

现代生物技术育种为加快油茶良种化步伐提供了强有力的手段。美国洛克菲勒基金会的植物首席专家 Toneeson 于 1999 年在 *Science* 上撰文指出：现代生物技术育种的两大支柱是基因工程育种和与分子标记相结合的加倍单倍体育种（DH 育种），后者效率高，成本低，特别适合与发展中国家的国情。由于基因工程育种（转基因）的安全性受到了质疑，欧洲、加拿大、澳大利亚等国家十分重视 DH 育种技术。DH 育种最有效的途径是离体条件下培养花药或花粉，获得单倍体或纯合二倍体花粉植株。

目前，对木本植物雄核发育机理的认识相当肤浅。有关油茶雄核发育的途径及其机理尚未见报道，张日清等人正在进行此项工作。本项目在前期研究的基础上，以我国 8 个主要油茶物种为研究对象，离体培养花药并诱导雄核发育、观察雄核发育细胞学事态并确定其发育途径；分析雄核发育过程中关键生理生化因子的动态变化，研究雄核发育的生理生化机制，并寻找雄核发育的生化标记；利用 mRNA 差异显示技术，从分子水平上研究雄核发育不同阶段及不同诱导条件下基因表达的差异；在上述研究的基础上探讨细胞程序性死亡在雄核发育过程中的可能作用。项目研究旨在阐明油茶雄核发育的途径和机理，以期为油茶雄核发育诱导体系的建立、雄核发育的调控提供理论依据和技术措施，并为进一步研究雄核发育的分子机理、雄核发育基因的克隆与利用提供基础，对于基于花药(花粉)培养的油茶细胞工程育种具有重要的理论意义和应用价值。

20世纪80年代初，颜慕勤、隆振雄、卢天玲、程金水等人先后进行了油茶、金花茶、山茶等山茶科一些物种的胚离体培养的研究，并取得了完整的植株，同时初步解决了组培苗的移栽和造林等技术问题。这些技术和经验，值得重视和运用。

第三篇　油茶栽培技术

第十章　油茶的栽培区划

油茶的栽培区划是我国油茶生产和科学研究的新课题。随着木本油料生产的发展，油茶栽培区域不断扩大，山茶属的一些物种不断被发掘利用，油茶的栽培区划逐步受到有关方面的重视。

20 世纪 70 年代中期以后，我国的油茶科学技术工作，除了广泛深入地开展油茶良种选育和丰产栽培技术的研究外，还进一步开展了油茶林地生态环境、地理种源以及油茶的生物学特性等方面的研究。上述的研究成果，为油茶栽培区划提供了理论依据。

第一节　栽培区划的意义

我国油茶广泛栽培的亚热带地区，地域辽阔。自秦岭、淮河以南至海南岛，纬度相差 16°左右；由东南沿海丘陵至云贵高原，经度相差 20°以上，海拔高度相差 2 000m 左右。经度、纬度的差别，地形地貌的变化，形成了复杂的生境条件。油茶的各个物种长期受到不同的气候、地形、土壤、生物以及人类生产活动等因子的综合影响和自然选择，从而产生了各自的生理机制和适应潜能。即使是同一物种，也因其栽培区的地形地貌和地带性、非地带性气候条件的作用，而产生不同地理区域的适生能力和生态习性。所以，一个物种的自然分布和适生的栽培区域，无疑地反映了该物种的生态习性与其所在的生境环境相一致的客观自然规律。

在生产实践中，如果忽视上述自然规律，盲目地调引物种或品种，往往造成不良后果。20 世纪 70 年代以来，各地在油茶生产的发展过程中调购种子比较频繁。有些北缘地区从南方调入越南油茶、广宁红花油茶种子造林；有的将云南西部海拔 2 000m 以上的腾冲红花油茶引种到海拔很低的丘陵地带；有的从亚热带南部调进普通油茶种子，到亚热带北部造林。许多地方由于超地理区域引种栽培，导致幼林生长不良、产量很低，甚至失败。如岑溪软枝油茶是普通油茶中一个优良的农家品种，在广西栽培具有很高的丰产性。1974 年，安徽省引进一批种子在皖南进行栽培试验，其花期比当地安徽大红约迟 10d 左右。盛花期常受早霜危害，明显地降低了丰产性能。

实践证明，各个物种因其生境条件的突然改变或同一物种因地理种源的不同，其生长发育、开花结实和丰产性能都要受到很大影响。为了有效地开发利用油茶的种质资源，必须在总结各地实践经验的基础上，根据各个物种的生态习性与适生环境条件，进行合理的栽培区划，适地适种地发展油茶生产，以便更好地发挥其增产潜力，获取最佳的经济效益。

第二节　栽培区划的原则和方法

油茶分布区的山地面积很广，经、纬度的变化，直接影响着油茶的水平分布，各地山体有大小、海拔有高低，也使油茶形成明显的垂直分布。在同一气候带内的山地离海岸有远有近，因季风环流的影响，沿海与内陆的降水时期和降水量截然不同，也关系着油茶的分布和生长发育。

油茶的各个物种都具有各自最适生的分布范围和最适宜的生长条件；分布上也具有地带性或不连续的间断性。不论是自然分布和适生栽培区域，都具有和生物气候因素相一致的客观规律性。在相同的生物气候区域内，可以出现相同物种的分布；不同的生物气候区域内，由于地形对微气候的影响，也能出现一些物种的间断分布。如江苏北部的千里平原没有油茶的分布和栽培，而在平原的北端，北纬34°35′左右的云台山麓栽培的普通油茶，则能正常开花结实。主要是有海拔625m高的山体阻挡减弱了来自华北平原的寒潮袭击，使油茶免受冻害，幼果能够安全越冬。

从各地调查研究资料分析，影响油茶生长发育、完成生命周期的主导因子是气候。首先是温度，表现在年均温、积温、花期气温、冬季月均温和极端最低气温等，必须能够达到和满足油茶的年周期生育最低要求；其次是水分，即年降水量和月降水量的分布，也必须能够满足果实的生长发育和油脂形成的需要。当然，地形、土壤、生物以及人类生产活动，对油茶的生长发育也有密切的关系。

因此，油茶的栽培区划必须遵循客观自然规律，坚持以生物气候为主导因素，结合考虑地形地貌、土壤等生态因子，作为划分标准。根据我国油茶分布、生产现状和研究资料分析，将油茶物种的栽培区划分为带、区二级。区域划分的原则和依据是：

(1)根据油茶物种的生态幅和分布区域生境条件的特点，划分带、区，过窄的局限生态幅物种仅划分栽培区一级。

(2)带的划分，主要以该物种分布范围的生物气候带为划分依据，以反映物种的生长发育与其生境的自然地带相应的特点为主；区的划分，主要以该物种在其分布带内的地形、季风影响、气温、降水量等地理景观的差异为划分依据，以反映物种的生长、产量及其生境的地区特点为主。

(3)带的划分应保持其统一性、完整性和连续性；区的划分既要体现其独特性、完整性，又不出现同区跨带现象。我国亚热带地形复杂，因地形、海拔的影响，局部气候条件变化较大，为保持划区的完整性，区内的油茶垂直分布不予划分，仅在分区叙述中予以阐述。

(4)油茶分带气候的有关指标为：≥10℃积温、最热月平均气温、最冷月平均气温、年平均极端最低气温等。参考指标为：农业生产特点，常绿落叶阔叶混交林的代表树种的分布等。

栽培区的区划采用不同的气候要素作指标，即油茶生长发育期间的降水、花期气温、天气和幼果越冬的安全气候条件等。参考指标为地形、季风环流、光照条件。

第三节　主要物种的栽培区划

我国山茶属物种资源极其丰富，其中经济价值较高，有一定栽培面积和栽培历史的油用物种主要有：普通油茶、小果油茶、越南油茶、浙江红花油茶、攸县油茶、广宁红花油茶、腾冲红花油茶、茶梨、宛田红花油茶、博白大果油茶以及金花茶等十几个种。根据上述油茶物种的地理分布和自然条件，将全国油茶林划分为三个带、九个区(图10-1、图10-2)。

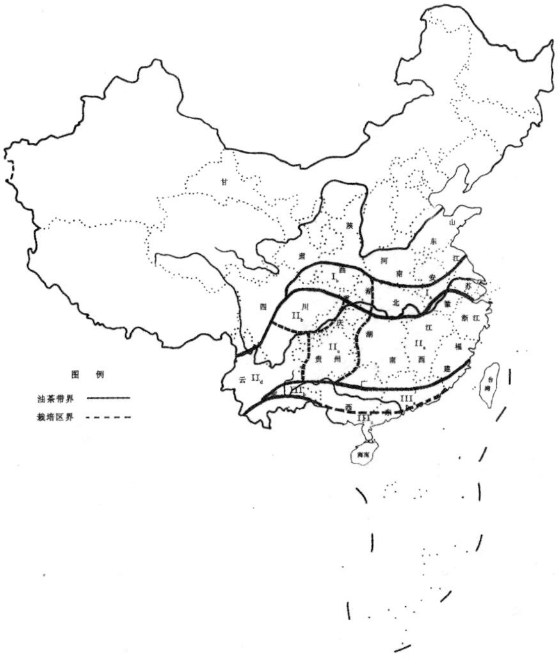

图 10-1　中国油茶栽培区划示意图

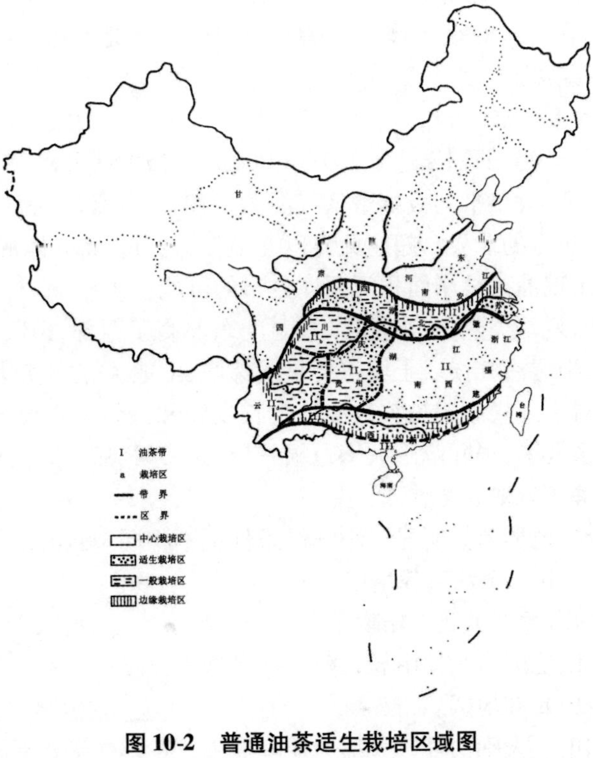

图 10-2　普通油茶适生栽培区域图

一、油茶带、区的划分

Ⅰ油茶北带
Ⅰa 北带东部桐柏山，大别山低山丘陵区
Ⅰb 北带西部秦巴山地区
Ⅱ油茶中带
Ⅱa 中带湘赣浙闽低山丘陵区
Ⅱb 中带川东盆地区
Ⅱc 中带贵州高原区
Ⅱd 中带滇北川南高原区
Ⅲ油茶南带
Ⅲa 南带桂粤闽南低山丘陵区
Ⅲb 南带滇东南桂西高原山地坝区
Ⅲc 南带桂粤沿海丘陵区

二、油茶带、区概述

(一)油茶北带

1. 北带范围

本带北界自江苏东台，安徽天长、霍邱，经河南固始，秦岭南坡，甘肃文县一线以南；南界由杭州湾、安吉，安徽广德、安庆、太湖，经湖北罗田、武汉、宜昌，过大巴山，至四川的松潘一线以北。

2. 北界气候指标和特点

划界的主导指标≥10℃的积温达4 800～4 900℃；辅助指标为10℃的终日至20℃终日达170d，有80%的保证率；年平均极端最低气温为－10℃，日平均气温<0℃的天数为30d，也就是普通油茶自然越冬的北界。超越此界以北地带，只有在特殊地形的作用下，构成优越的小气候条件，方能出现油茶林小面积间断性分布的可能性。

该地区冬季温暖、夏季炎热，降水量适中，湿度东部高于西部，山区高于丘陵；无霜期较长，属北亚热带湿润、半湿润气候。土壤主要是黄棕壤、山地黄棕壤、黄壤。属暖温带与亚热带过渡性气候，地形对小气候影响是关系油茶生长发育和产量的重要因素。在适宜环境和土壤条件下，油茶根系发达，根际范围大于冠幅三分之一，树势旺，生长和结果好。

3. 北带油茶栽培区的划分与特点

本带东西两部分的地形差异明显，小气候条件也不相同。自河南的邓县，经湖北的谷城至宜昌划分为Ⅰa，Ⅰb 二个油茶栽培区。

Ⅰa 北带东部桐柏山大别山低山丘陵区

本区包括河南信阳地区，桐柏山麓丘陵；鄂东低山丘陵；大别山北坡皖东丘陵，苏南丘岭；以及浙江莫干山北部地区。

上述地区除桐柏山、大别山外，大部为丘陵地带，冬季受华北平原寒潮影响较大，常有干冻现象。年降水900～1 000mm，大别山为多雨中心，年降水量可高达1 500mm。丘陵地带光照条件好，冬季风大，相对湿度低，喜温植物越冬条件较差。

本区为普通油茶分布的北缘，其他物种不适栽培。桐柏山北麓及皖东丘陵，受低温霜冻危害，产量低而不稳，只宜利用小地形条件进行小面积栽培，不宜大面积发展。桐柏山南坡及大别山区园地形作用，风速小，水热条件好。油茶在海拔300m以下的山脚阳坡和山麓丘陵阶地，土层深厚地方生长良好。这一地区历史上习惯选用普通油茶的寒露品种群造林，生产效果很好，如采用霜降品种群，则应当选择早花类型的种为宜。

Ⅰb 北带西部秦巴山地区

本区包括湖北的郧阳地区；陕西秦岭南坡的汉中地区、安康地区，甘肃武都地区南部；四川的米仓山、大巴山北坡，河南的南阳地区西南部。

本区为全国地形第二级阶梯部分，主要由秦岭、大巴山、武当山、荆山、巫山等构成崇山峻岭，峡谷相间的复杂地形。山间许多小型平坝和汉水谷地中的盆地，形成优越的小气候条件。一般地区年均温14～15℃，1月平均气温2～3℃，极端最低气温-8.4℃，年降水量800～1 000mm，6～8月降水比较集中，但冬、春易旱，有风沙、寒潮侵袭。平坝和盆地周围的坡谷间有油桐、漆树、棕桐等喜温树种的广泛栽培，也是油茶的主要栽培地区。

本区油茶主要栽培物种为普通油茶。攸县油茶在汉阳、安康一带有间断分布。普通油茶寒露品种群占有一定数量。宜选霜降品种群的早花类型，在海拔600m以下的盆地周围坡谷地带向阳背风、土层深厚的缓坡造林。

（二）油茶中带

1. 中带范围

东自浙、闽沿海；南自福州，经广东英德、广西梧州，沿黔江、红水河、南盘江，至云南的通海、景谷一线以北；西界云南的腾冲、大理，四川的九龙、泸定、松潘一线以东；北接北带南线。包括华东、华中丘陵、四川盆地和云贵高原。

2. 气候特点

本带属中亚热带季风湿润气候。东部温暖湿润，四季分明，年平均气温16～21℃，最冷月平均气温5～12℃，最热月平均气温28～29℃，≥10℃的有250～280天，≥10℃的年积温5 000～6 500℃。油桐、柑橘、毛竹、杉木、樟树、枇杷等可普遍栽植，是油茶的主要产区。

西部因海拔较高，少受冬季寒潮侵袭，冬暖夏凉。海拔2 000 m的云南高原，年平均气温15～16℃，最冷月气温9℃左右，最热月气温9℃左右，最热月平均气温20℃左右。柑橘等常绿果树分布于坝区、谷地。

中带油茶栽培区的划分及概述：本带地形差异明显，按丘陵、盆地、山池、高原划分为四个油茶栽培区。

Ⅱa 中带湘赣浙闽低山丘陵区

本区包括浙闽山地、大别山南麓沿江丘陵、江南丘陵（长江以南至南岭之间）、桂中北及粤北丘陵。

全区除黄山、幕阜山、雪峰山、武夷山等绵亘成山脉及孤峰独峙的庐山、衡山等海拔1 000m以上的中山外，则是一片广大的丘陵。中、低山多为古生代变质岩系的千枚岩、板岩及中生代末期侵入的花岗岩；丘陵多为第三纪红色砂岩。主要土壤类型有红壤、黄壤、山地黄壤、紫色土等。大部分红壤有机物质分解迅速，营养元素缺乏，自然肥力较低。

本区属太平洋季风湿润气候，春夏多雨，4～6月降水集中，年降水量900～1 200mm以上，中北部有寒潮入侵，秋有干旱出现，为典型的亚热带常绿阔叶林区。是我国油茶的主要栽培地区，油茶林面积约占全国油茶总面积80%左右。

本区油茶栽培物种主要有普通油茶、小果油茶，其次为攸县油茶、浙江红花油茶、茶梨及宛田红花油茶。

(1)普通油茶　在本区栽培不仅历史悠久，而且极为普遍，为了获得高产稳产，对于地形和土壤的选择还是十分重要的。在南部的中、低山宜选海拔800m以下，北部600m以下的阳坡山腰，山脚缓坡、土层深厚地区造林，丘陵红壤地带当选土层深厚地段栽培。以霜降品种群为主，北部应适当选择早花类型或寒露品种群为宜。

(2)小果油茶　在本区分布仅次于普通油茶。性喜湿润凉爽，宜在本区中部夏无酷暑，冬无严寒、空气湿润的中海拔400～600m向阳缓坡、土层深厚的地带栽培，

(3)攸县油茶　在本区自然分布较广，湖南、江西、湖北和陕西均有生长。本种适宜在早春温暖、少雨、土层深厚、肥沃的丘陵地区栽培。

(4)浙江红花油茶　喜温暖湿润气候，宜在本区中、低山海拔600～1 000m(中部)；400～800m(北部)山区，早春温暖少雨，夏季凉爽湿润的谷地阳坡，土层深厚的山地黄壤和黄红壤地带栽培。

(5)茶梨　茶梨适宜在本区东北部温暖湿润的低山山腰、山脚阳坡栽培。浙江红花油茶、攸县油茶和茶梨在南亚热带春雨连绵地区栽培，结实性差。

(6)宛田红花油茶　为局限性分布物种，喜温暖湿润，在本区西南部山地造林为宜，东北部结实性差，不宜造林。

Ⅱb 中带川东盆地区

本区包括四川盆地及其周围的山地。盆地四周山脉环绕，海拔多在1 000～3 000m之间，盆地底部海拔300～700m，其中丘陵、低山约占90%，覆盖着白垩纪深厚的红色砂页岩。

盆地因地形影响，具有春旱、夏热、秋雨、冬暖和湿度大、云雾多、日照少的特点。最冷月气温多超过6℃，年降水量1 000mm左右。本区气候温暖，土壤肥沃，农作四时不辍，盛产柑橘。

本区为普通油茶分布的西北部边缘地区，由于盆地云雾多。日照少，对油茶生产具有一定影响。宜选择盆地中的丘陵、山地或开阔谷地、坝区，海拔300～700m的阳坡，土层深厚的地带栽培。

Ⅱc 中带贵州高原区

本区包括贵州东部、四川南部、湖北恩施、湖南武陵山西北、广西十万大山等山地。

本区为我国大地构造第二级阶梯的南部东缘地带。地面分割剧烈，除一些山间盆地和宽谷、坝区外，高山峻谷，甚为崎岖。石灰岩地区广泛发育为喀斯特地形。

属亚热带湿润季风气候。年平均气温15～16℃左右，1月平均气温1～10℃，7月平均气温17～28℃，夏季甚凉，冬季阴寒。年降水量900～1 500mm，4～8月降水量集中，10～11月出现降雨第二高点，湿度大，云量多。

该区以普通油茶为主。由于地形、气候特殊，营造油茶林一定要注意地形和土壤条件

的选择。应在红壤、黄壤分布区海拔 300～600m 坝区，开阔的阳坡栽培。石灰岩分布区和喀斯特地带不适宜栽培。

Ⅱd 中带滇北川南高原区

本区包括云南中北部、四川南部及贵州西部高原地区。全区大部为山地、高原地区，海拔多在 1 500m 以上。地形错综复杂，中部河流发源的地方，多为顶部平坦宽广的山地；西部高山太河平行排列，河流强烈割切成深谷，东部为滇东高原，岩溶地貌分布很广。地面波状起伏，坝区广泛分布。为高原主要农区，也是油茶生产的较好地带。

高原气候因地形影响西北部与东南差异很大，前者年平均气温不到 10℃，后者可达 20℃左右，大部分坝区在 15℃左右。分别受印度洋、太平洋季风影响，冬暖夏凉，四季如春。年降水量一般在 1 000mm 左右，5～10 月为雨季，春季干旱。

本区油茶主要物种有普通油茶、腾冲红花油茶和威宁短柱油茶。

(1)普通油茶　该种在本区有一定的面积，昆明、楚雄一带，引种的普通油茶，多栽培1 800m以上平缓地带，生长良好，产量尚高，是该种在我国垂直分布最高的适生栽培地区，是气候、地形和土壤综合作用的结果，应注意选择红壤土层深厚的向阳缓坡地带栽培。

(2)腾冲红花油茶　性喜春暖晴朗，夏凉多雨。为高山峻谷，高海拔地区局限性生态幅物种。在腾冲一带海拔 1 400～2 300m 的坝区，已有一二百年栽培历史，面积达十余万亩，是本区西部高原坝区很有发展前途的油用物种。以向阳缓坡、土层深厚处造林。

(3)威宁短柱油茶　为本区东北，贵州西部高原的局限生态幅物种。贵州威宁县的自然分布和人工栽培的威宁短柱油茶大都在海拔 1 000～2 700m 的高原上。本种宜在高寒地区、山地黄棕壤的高原面上或梁面上生长，中、低海拔地区不适栽培。

(三)油茶南带

1. 南带范围

北接油茶中带南沿，东至福州以南沿海及台湾北部，西至云南文山，南达海南北部。包括南亚热带及北热带一部分。

2. 气候特点

本带属亚热带—热带湿润季风气候。为亚热带常绿阔叶林、热带半常绿季雨林带。沿海地区终年不见霜雪，夏季长，高温多雨。年平均气温 19～24℃，最冷月平均气温 12～18℃，最热月平均气温 29℃左右，西部Ⅲb 区略低。日均温≥10℃全年有 300d 以上，年积温 6 500～8 000℃。年降水量常在 1 800mm 以上(Ⅲb 区 1 000mm 以上)，多集中在 5～10 月，为全国降水最多地区之一。

3. 油茶南带栽培区范围及特点

按地形、气候特点，本带划分为Ⅲa、Ⅲb、Ⅲc 三个栽培区。

Ⅲa 南带桂粤闽南低山丘陵区

本区包括闽南沿海丘陵、广东中部、广西中东部低山丘陵，以及台湾西北部。

全区以丘陵为主，海拔大都在 500m 以下，北部有少量低山，迎风坡雨水较多。全区以红壤为主，分布在丘陵及高阶地上，自然肥力较差。油茶主要栽培物种有：

(1)普通油茶　本区为该物种分布的南缘，以选择海拔 100～500m 之间的阳坡中下部或阶地土层深厚的缓坡造林为宜，南部气温高，且常受台风侵袭，应选背风地带。

(2)广宁红花油茶　分布在本区北缘地带的中部，宜在南岭南坡选择低山谷地向阳缓坡地带栽培，本物种在中亚热带不宜发展。

(3)博白大果油茶　喜温暖热湿气候，抗寒能力较差，只宜在本区南部，选择低山河谷两侧山脚土层深厚肥沃地带，利用小地形条件局部地区栽培。

(4)越南油茶　喜高温湿润气候，本区南缘亦是该物种的栽培北界，宜在沿海避风地区栽培，向北不宜发展。

Ⅲb 南带滇东南桂西高原山地坝区

本区包括广西百色地区山地、云南文山壮族、苗族自治州的坝区。

本区地处云贵高原东南部边缘，山地割切剧烈，除小型的山间盆地、坝区外，多为高山峻谷，海拔多在 1 500m 以上。本区属南亚热带湿润季风气候，受印度洋、太平洋季风影响。年平均气温 16℃左右，1 月平均气温 8～9℃，7 月平均气温 22℃以上。年降水量 1 000mm左右，5～9 月降雨集中。

土壤为黄壤和红壤，云南松、杉木及多种杜鹃为坝区主要植被，是普通油茶的适生栽培地区。油茶果实生长发育期间湿润多雨。盛花期天气温暖晴朗，是对普通油茶生长发育，增产丰收十分有利的自然条件，宜选择海拔 300～1 300m，之间的坝区周围或开阔谷地，向阳缓坡，土层深厚地区栽培为宜。

Ⅲc 南带桂粤沿海丘陵区

本区包括广东、广西南部沿海丘陵，雷州半岛及海南北部地区。大约在北纬 22°以南，20°以北范围。

本区地面起伏缓和，丘陵占地很广，河流出口地带有广阔平原。属热带雨林气候，气温高雨水多。年积温常在 8 000℃以上，年降水量在 1 800mm 左右，7～9 月降水最多，6～10 月常受台风侵袭。土壤为砖红壤、红壤。发育于花岗岩的红壤富含砂粒，侵蚀严重，发育于玄武岩上的砖红壤，矽铝铁率很低。天然植被为季雨林，椰子、橡胶、胡椒、油棕、芒果等热带果树能正常生长。

本区仅适宜越南油茶生长，其他油茶物种不适栽培。

本章的油茶栽培区划属全国区域性的一级区划。各油茶物种在其适生的栽培区域内发展生产时，仍须在此区划的基础上进一步根据各物种的生态特性、当地自然条件特点和生产实践经验，进行立地条件类型的划分和造林规划设计(表 10-1)。

表 10-1　油茶栽培区域的主要生态环境及普通油茶的适生立地条件要览表

带	栽培区	气候特点	土壤
I 油茶北带	Ia 北带东部桐柏山大别山低山丘陵区	年平均气温 14～16℃，≥10℃的积温 4 800～4 900℃，极端最低气温 -17～-4℃，年降水量 900～1 000mm，冬天干风冻害，越冬条件差	黄棕壤、山地黄棕壤
I 油茶北带	Ib 北带西部秦巴山地区	年平均气温 14～15℃，≥10℃的积温 4 350～4 800℃，极端最低气温 -17～-4℃，年降水量 800～1 000mm，冬春干旱，有风沙，寒潮侵袭	山地黄棕壤
II 油茶中带	IIa 中带湘浙赣闽低山丘陵区	年平均气温 16～21℃，≥10℃的积温 5 000～6 500℃，极端最低气温 -10～-5℃，年降水量 900～1 000mm 以上，中北部偶有寒潮，秋有旱象，沿海均台风	红壤、红黄壤、山地黄壤
II 油茶中带	IIb 中带川东盆地区	年平均气温 16～19℃，年降水量 1 000mm 左右，冬暖夏热，湿度大，云雾多，日照少	黄壤、紫色土
II 油茶中带	IIc 中带贵州高原区	年平均气温 15～16℃，≥10℃的积温 4 700～5 000℃，年降水量 900～1 500mm，夏凉，冬寒，湿度大，云雾多	红壤、黄壤
II 油茶中带	IId 中带滇北川南高原区	年平均气温 15℃，≥10℃的积温 4 900～5 000℃，年降水量 1 000mm，冬暖，夏凉，四季如春，夏秋多雨，春季旱	红壤、黄壤
III 油茶南带	IIIa 南带桂粤闽南低山丘陵区	年平均气温 18～21℃，年降水量 1100～1800mm，4～9 月降水集中，冬季偶有寒潮，南部有台风冰雹	红壤
III 油茶南带	IIIb 南带滇东南桂西高原山地坝区	年平均气温 16～17℃，年降水量 1000mm 左右，≥10℃的积温 5 300～5 800℃，极端最低气温 -5～-1℃，偶有寒潮霜冻	红壤、山地红黄壤
III 油茶南带	IIIc 南带桂粤沿海丘陵区	年平均气温 20～24℃，极端最高气温 40℃，全年无霜、夏热，冬暖，年降水量 1 500～1 800mm，有台风危害，年积温 8 000℃左右	砖红壤、红壤

带	地形特点	油茶主要栽培物种	普通油茶适生立地条件
I 油茶北带	除大别山、桐柏山为海拔 1 000m 以上的中山和低山外，余均为丘陵地带	普通油茶(寒露种为主)	海拔 300m 以下山麓向阳，土层深厚的缓坡丘陵地带，选避风向阳坡地，利用小地形构成的小气候
I 油茶北带	为中国地形第二阶梯地，除海拔 2 000m 以上的山地构成崇山峻岭外，其余为盆地坝区	普通油茶、攸县油茶	海拔 600 以下，盆地周围山坡向阳背风，土层深厚的缓坡地带
II 油茶中带	除少数海拔 1 000m 以上的中山外，大都为低山丘陵、山地崎岖、丘陵波状起伏	普通油茶、小果油茶、茶梨、攸县油茶、浙江红花油茶	北部山地海拔 600m 以下，南部山地 800m 以下阳坡土层深厚的缓坡、丘陵宜土层深厚的酸性紫色土，黄壤
II 油茶中带	盆地四周山地，海拔 1 000～3 000m 左右，底部海拔 300～700m，90%是低山、丘陵	普通油茶	海拔 300～700m 的盆地丘陵和开阔的宽谷，坝区缓坡地带，土层深厚的酸性紫色土，黄壤
II 油茶中带	为中国大地构造第二级阶梯，南部东缘，高山间盆地、坝区间	普通油茶、威宁短柱油茶、小果油茶	海拔 300～600m 坝区开阔阳坡红壤，黄壤，土层深厚的缓坡
II 油茶中带	云南高原主体，海拔多在 1 500m 以上，顶部平坦，地面波状起伏，多坝区分布	普通油茶、腾冲红花油茶	海拔 2 000m 以下，顶部平缓，地势开阔和坝区周围缓坡向阳，土层深厚的红壤和黄壤地带
III 油茶南带	西北部为海拔 1 500m 山地，地形复杂，中部、北部为低山丘陵，地形开阔起伏，北高南低	普通油茶、广宁红花油茶、博白大果油茶	海拔 100～500m 阳坡下部，除地丘陵，土层深厚的红壤和背风地带
III 油茶南带	高原边缘，山地割切剧烈，海拔 1 500m 以上，山间坝区盆地间，海拔 1 300～1 500m	普通油茶、南荣油茶	海拔 300～1 500m 之间的坝区开阔向阳缓坡，土层深厚的山地红黄壤和红壤
III 油茶南带	多为海拔 300m 以下，花岗岩残丘、地形开阔，岗峦错落	越南油茶、金花茶	海拔 100m 以下，避风土层深厚肥沃，排水良好地带(越南油茶适生条件)

第十一章　油茶采种和育苗

选用良种壮苗是获得油茶早实丰产的物质基础。我国油茶生产历来采用有性繁殖，只有个别地方如广东省清远县、广宁县有用插条造林的习惯。自20世纪70年代以来，在油茶良种繁育研究中，无性繁殖方法有了很大的进展，并得以推广应用。目前生产上主要采用无性繁殖苗木造林。油茶无论用什么方法繁殖，都要选用良种，培育壮苗。

第一节　油茶种子的采收处理和储藏

油茶种子特性与一般树种不同。因此，在采种处理和储藏技术上要有特殊的措施。

一、产量预测

通过种源调查，了解物种，优良品种和类型的产量，对于编制种子生产与调运计划是重要的一环。种源调查可在茶果基本定型的7～9月进行。调查步骤和方法：第一，根据经营者、科研或者业务单位提供的原始资料，在种源区母树林内按总面积5%设置样地。第二，统计母树株数和目测标准地内单株结果差的极差估计标准差，求得变动系数，按精度要求算出应调查株数。如果单株间结果量差异大，则调查株数占的比例就大，若株间结果均匀，则调查株数占的比例就少。计算方法如下：

$$N=\left(\frac{T\times C}{E}\right)$$

式中　N——调查株树；

T——可靠性(定为90%，即$T=1.7$)；

E——允许误差(精度定为95%，即$E=0.05$)；

C——变动系数。

C可按下列方法计算：

$$C=\frac{S}{\bar{X}}\times 100$$

式中　S——标准差$=R/5$；

R——极差$=X_1-X_2$；

$\bar{X}$——平均单株结实$=(X_1+X_2)/2$；

X_1——最高单株结果数；

X_2——最低单株结果数。

如果N等于标准地内母树株数，则进行每株调查。如N为母树株数的1/2，如则每隔一株调查一株。调查内容有，单株结实量、每千克果平均个数。然后算出每株结实量和平均单株结实量。若树冠高大，可设标准枝调查计算。第三，计算总结实量，根据各标准地的平均单株结实量算出母树平均结实量，乘以母树总株数即得母树林总结实量(c)。第四，计算产种量，从油茶果实采收取得供作种用的种子必需经过选果，去果皮，风干，选籽四道工序，在较大规模的种子生产过程中，由于不可避免的损耗，不能按通常的计算方法来计算茶果的出种率，在油茶种源调查时计算种率，应按各个油茶物种的特性和油茶种子生产的共同性求得各物种的出种率(表 11-1)。这样，可以求得比较准确的产种量。

一般油茶种子的鲜种含水量 45%，风干后的种子含水量为 25%，故干种率定为 55%，一般油茶的果选率为 60%，籽选率为 70%，故选种率定为 42%。用鲜出籽率乘干种率乘选种率便得出产种率(B)，用总结实量(c)乘以出种率即得产种量(A)。综上所述得到以下计算公式。

$$产种量(A)=总结实量(c)\times产种率(B)$$

表 11-1　油茶主要物种、品种产种率

项目	普通油茶	小果油茶	越南油茶	攸县油茶	广宁红花油茶
鲜出籽率(%)	43	54	35	65	13
产种率(%)	9.93	12.47	8.09	15.02	3
项目	浙江红花油茶	腾冲红花油茶	宛田红花油茶	岑溪软枝油茶	阳春油茶
鲜出籽率(%)	21	18	15	45	44
产种率(%)	4.85	4.16	3.47	10.4	10.16

二、采种

油茶物种和品种不同，果实成熟期不一样。由于生长的立地条件和当年气候的影响，同一物种在不同年份，果实成熟早迟也有差别。普通油茶中的霜降种群一般在 10 月 20 日前后成熟，寒露种群在 10 月上旬成熟；浙江红花油茶于 9 月中旬成熟；攸县油茶则在 10 月底至 11 月初成熟；越南油茶在 11 月中旬成熟。我国大部分的油茶物种和品种的果实成熟期都是在 9 月中旬到 11 月上旬。普通油茶种子成熟有二个阶段；9 月上旬至 10 月上旬，种壳坚硬，呈黑或褐色，种仁淡黄，胚已发育完善，具备发芽能力时为生理成熟，但此时果实尚未充分成熟，种仁含油率只有 30% ~35%。10 月上旬以后，种仁含油率达到最高峰，即 40% ~60% 至自然脱落，为完全成熟期，即种子已经完全成熟。油茶的采种期一般在生理成熟和种子成熟之间，即种子已经成熟而果实未开裂之前进行。果实的成熟期，常因当年气候的影响而提早或推迟 5 ~ 10d。一般高温干燥提早成熟，低温阴雨推迟成熟，低纬度、低海拔地区较之高纬度、高海拔地区迟熟。

茶果成熟的特征是油茶果皮上的茸毛自然脱落，变得光滑明亮，红色茶果嫣红鲜艳或红透变黄，黄色茶果橙黄柔和或黄色变褐，青色茶果褪去原来的深青色素转为淡黄或青黄色，树上少量茶果微裂，容易剥开，种子乌黑有光泽或呈深棕色，剖视种仁呈乳黄色。当树上多数茶果开裂，种子落地，则已充分成熟。

油茶果实充分成热，体现在其种子油脂含量达到最高值的时期。这一时期到来的先后与当年的气候变化有关。油脂的形成规律，一般分两个阶段。前期是形成糖(6 ~ 8 月)，而后期转化为油脂(9 ~ 10 月)。在此转变时期，气温高，昼夜温差大，有利于油脂的转化形成。尤其是夜间的低温条件，有利于不饱和脂肪酸的积累与形成，此时，降水均匀，空气较湿润，既有利于同化作用的进行，也有利于细胞液的各种生化反应。水分是细胞液的主要成分，在油脂转化过程中，细胞液呈弱碱性到中性，水分适宜，pH 调节适当，有利于油脂的转化。反之，气候干旱，细胞水分不足，使细胞液酸性增大，抑制了酶的作用，对油脂转化不利，导致油脂降低，形成茶果“先天不足”而提早干落，亦即未达到充分成熟就落果。可见，只有适宜的气候条件，才能使茶果充分完成油脂转化的过程，达到充分成熟。因此，如遭长期干旱，最好引水灌溉或喷灌，以保证油脂转化过程能够顺利进行，使茶果能真正达到充分成熟。

采收茶果必须在其充分成熟的时候，方能获得最高的含油率和较优的品质。据各地试验，采收的时间不同，茶籽含油率和油脂酸价大不一样(表 11-2、表 11-3)。

表 11-2 普通油茶不同时期采果含油率的变化

品种	采收日期	出仁率(%)	水分(%)	种仁含油率(%)	酸价
霜降红球	9 月 23 日	60.90	12.06	30.906 3	7.297 9
	9 月 28 日	63.94	10.89	35.892 5	2.067 8
	10 月 1 日	65.62	10.02	42.499 5	1.379 5
	10 月 17 日	66.93	9.31	44.112 2	1.230 2
	10 月 24 日	70.22	9.22	50.616 9	1.212 7
软枝油茶	10 月 9 日	60.20	11.30	43.581 7	2.003 2
	10 月 18 日	64.60	10.45	44.494 1	0.748 9
	10 月 23 日	66.00	9.42	49.296 7	0.772 0
	10 月 30 日	67.73	9.36	50.711 3	0.253 2
	11 月 7 日	68.13	8.68	50.473 9	0.250 5

（广西林业科学研究所，1980）

表 11-3 三个油茶物种不同时期含油率的变化

品种	采收日期	出仁率(%)	水分(%)	种仁含油率(%)	酸价
越南油茶	10 月 9 日	44.80	11.739 8	33.525 2	1.626 0
	10 月 15 日	49.00	11.376 4	42.957 7	0.649 9
	10 月 23 日	48.00	11.014 4	43.944 8	1.413 1
	10 月 30 日	43.40	10.939 8	44.207 9	0.907 5
	11 月 7 日	47.33	9.036 8	47.334 2	1.078 6
博白大果油茶	10 月 9 日	37.00	11.698 5	35.272 9	2.073 4
	10 月 15 日	38.63	14.530 1	35.925 4	1.786 0
	10 月 23 日	42.00	12.372 1	39.731 3	1.158 2
	10 月 30 日	42.02	10.716 7	42.726 9	0.855 2
	11 月 7 日	41.43	10.426 7	42.073 5	0.916 6
广宁红花油茶	10 月 9 日	45.00	9.424 7	54.499 6	2.054 9
	10 月 15 日	54.17	8.828 2	60.925 5	1.762 2
	10 月 23 日	60.00	6.623 3	61.466 5	0.767 8
	10 月 30 日	56.20	7.876 2	61.759 7	1.784 8
	11 月 7 日	57.00	7.755 8	62.078 8	0.401 0

（广西林业科学研究所，1980）

从表 11-2 和表 11-3 可以看出，采种的时间前后虽不过 1 月，但含油率的差异却非常显著，其变幅可达 6.80% ~20.52%，其中博白大果油茶为 6.80%，广宁红花油茶为 7.58%，越南油茶为 13.81%，普通油茶霜降种为 20.52%。所以，掌握茶籽达到最高含油率的时期采收，就能获得最大的经济效益。同时，油脂的形成有很强的季节性，从茶果的自然成熟期开始到采摘后的 7 ~14d 之内，是油脂形成与转化的高峰时期。此时茶籽出仁率高，水分含量低，含油率高，酸价低，油质好。因此，茶果的采收适宜期应该是该物种或品种自然成熟开始到下一个节气之间，例如，普通油茶霜降种和岑溪软枝油茶的采收适宜期是由霜降到立冬，寒露种是由寒露到霜降，其他几个物种与普通油茶霜降种相同。若过早采摘，则含油率低，造成浪费；若太迟采摘，茶籽受日晒雨淋，使油酸水解、酸败，酸值增高，品质下降，有的甚至会沤烂变质。

三、种子处理

果实采收以后，应及时妥善处理。尽快从果实中取出种子。清除杂物，及早储藏，以免热变质，降低种子质量。

刚采回的茶果一般含水量达 45% ~55%。为加速茶果开裂，缩短晒果时间，可先将茶果堆放在室内，后熟 2 ~4d，然后摊晒或晾干，在通风干燥的室内 2 ~3d，茶果失水便自然开裂。此时未开裂的果多半是不成熟的，其种子不宜作种用。刚出壳的种子含水量高达 47%，而维持种子生命力的安全含水量为 25% ~30%，补偿含水量不能低于 14%。所以茶果采回要尽快处理，一般不宜超过 3 ~5d(表 11-4)。

表 11-4　油茶晒果时间对种子含水量的影响

晒果天数	刚采未晒	1	2	3	4	5	6	7	8
种子含水量(%)	47.0	41.1	31.2	22.3	12.0	10.9	9.2	8.1	7.0

（浙江省常山油茶研究所，1978）

油茶果在日晒的头四天里，平均每天失水率为 10% 左右。当种子含水量降到 12% 以下时，每天平均失水率为 1%，也就是说，种子含水越高失水就越快。因此，为保持种子的生命力，在种子处理中尽快晾晒取出种子，并使种子含水量保持在 30% 左右安全含水量的范围内。一般作造林用种子，只能露晒 1 ~2d。种子取出后应进行粒选、过筛风净，去掉小粒、空粒、果瓣等杂质，使种子的纯度达到 95% 以上。

四、储藏

种子是活的有机体。储藏期间的种子的生命力，主要表现在有微弱的呼吸作用。它吸收空气中的氧气，分解自身内部的有机化合物，放出二氧化碳和热能。随着储藏时间的延长，种子内部储藏的营养物质消耗增加，其生命力会降低。储藏期间种子生命力的强弱与种子含水量、储藏温度、湿度和通气条件有关。如种子含水量高，呼吸作用旺盛，种子容易发霉变质，甚至丧失生命力。

油茶是脂肪型种子，含水量高则难以储藏，含水量过低易降低发芽率。冬季在室内自然风干 50 ~60d，含水量由 47% 降到 14%，发芽率从 90% 降到 60%，再过 50d 含水量下降到 6% ~10% 时，发芽率将从 60% 降到 13%。这说明油茶种子失水后生命力很快地大幅度降低。油茶种子的呼吸强度与温度成正比。当温度在 20～25℃时，含水量 50% 的比含水量 10% 的种子呼吸强度大 7～8 倍，含水量 50% 的种子在 25℃时，呼吸强度比在 0℃时大 10～12 倍。当种子处在 38℃时，呼吸强度比 0℃时大 24 倍。因此，油茶种子不能在常温常态下长期储藏，由于储藏方法不同，其效果很不一样(表 11-5)。

表 11-5 不同方法储藏油茶种子的效果(%)

年	月	时间(d)/方法	木箱沙藏		箩装干藏		密封果藏		保湿冷藏		不保湿冷藏	
			含水	生命力	含水	生命力	含水	生命力	含水	生命力	含水	生命力
当年	10	原水平	46	90	46	90	46	90	—	—	—	—
	11	60	26	80	22	75	46	90	—	—	—	—
	12	61	19	73	14	70	46	90	43	94	43	94
第二年	1	92	18	63	13	62	46	88	—	—	—	—
	2	120	16	46	11	36	46	84	—	—	—	—
	3	151	26	26	9	13	—	全发芽	43	94	40	93
	4	181	36	15	11	3	—	—	—	—	—	—
	5	212	10	7	4	0	—	—	—	—	—	—
	6	242	15	4	—	—	—	—	39	88	38	71
	9	274	10	0	—	—	—	—	38	85	33	71
	12	305							39	86	29	51
第三年	3	395							40	94	20	35
	6	486							41	94	18	10
	9	573							42	85	17	10
	12	670							44	75	16	10

（中国林业科学研究院亚热带林业研究所，广东省韶关地区林业科学研究所，1980～1983）

1. 常温干藏法

适用于 50d 以内的短期冬季储藏。种子用箩筐盛装，每筐 25kg 左右，在气温 10～18℃，不超过 20℃散热良好的室内存放。每 3～5d 翻动一次，防止内部种子发热。此法储藏的种子，在安全期间内种子含水量不应低于 18%，生命力不应低于 75%。

2. 常温湿沙藏法

适用于 120d 以内的中期储藏。将含水量 40% 左右的种子和含水量 5% 左右的中粒湿沙，按体积 1∶1 的比例混合平铺于散热良好的室内。种子及沙层厚度不超过 20cm。每 15～20d 淋水一次，保持湿润。气温控制在 10～18℃，不能超过 20℃。此法储藏到期时种子含水量不应低于 30%，生命力不应低于 75%。

3. 带果储藏法

适于保存少量鲜度要求高的良种作中期储藏。将未开裂的鲜果约 2.5kg，装入小容器中密封，置于通风散热温度不高于 20℃的地方。储藏期 120d 左右。用此法储藏种子含水量保持在 4.5%～4.7%，生命力保持在 90%～95%。

4. 冷库储藏

是较长期储藏种子的最佳方法，期限可达 1～2 年。储藏期末种子的含水量可保持在 40% 左右，生命力保持在 90% 左右，发芽势 90% 左右。冷藏温度控制在 0～2℃范围。南亚热带的物种宜用 1～4℃。所有油茶种子，不宜在 -20℃的低温冷藏，否则会完全失去发芽力。带果冷藏150d的种子会在果内发芽。

刚处理出来的种子，不宜立即进入冷冻，需经15～20d常温室内存放，使种子有一段后熟时间和散发部分水分，含水量降至30%左右。然后用保湿散热良好的容量为2.5kg左右的中型密封容器，置于冷库架上或单列式推放。由于种子含水量高，在0～2℃环境下仍有0.2～0.8mg CO_2/(100g·h)、小时的呼吸作用强度，因此呼吸作用放出的热量会使种子堆内部升温，致使部分种子发芽。若带果密封冷藏，由于湿度大，果壳散热难，尽管在冷库内，储藏6个月后仍全部发芽。因此，在冷库内种子也不能大堆存放。

油茶种子的安全含水量为30%左右，在干式冷库中储藏种子会失水。长期失水会使种子含水量低于补偿点，致使失去生命力，在湿式冷库中储藏种子将会逐渐吸水，使种子的含水量提高，呼吸作用就强，放出的热能更多，种堆升温更高，以致霉菌滋生，导致种子失去生命力。因此，在冷库内部种子需要使用保湿散热良好的容器包装，不宜用开敞性容器；密封的容器可使呼吸放出来的 CO_2 积累，增加种子周围空气中 CO_2 浓度，在湿度温度较低的情况下可以起到抑制种子的呼吸作用，降低呼吸强度，减小热能的释放，有利于保持良好的储藏条件。但是，油茶种子是含水量高的油脂性种子，虽在冷藏中但仍在进行最低限度的呼吸作用，若种子在缺氧条件下长期进行缺氧呼吸，便会产生醇类物质积累，引起种子中毒，降低以致失去生命力。因此，油茶种子冷藏时间不宜超过二年半。

五、调运

由于油茶种子含水量高，调运时必须保持湿度，务使种子安全含水量在30%以内，以防发热，降低品质。因此，包装要有一定保湿能力而又散热良好的箩筐盛装。调运时间应尽量缩短，一般不宜超过7～10d，途中要防止日晒雨淋。

长途运输以果实调运为好。在采果后立即装运，到达目的地才处理种子。广东省林业厅曾用此法船运大量广宁红花油茶至全省各地，效果很好，种子的发芽率在90%以上，种子含水量在45%左右。对一些供出口远途运输或要求保湿和保鲜度高的良种，在种子处理出来以后(种子含水量在35%左右)，经筛选和表面消毒后，装入容量5 kg的坚固保湿容器内，在冷库(0～2℃)存放，并用冷藏车(0～4℃)调运。种子运抵目的地时，仍放入冷库存放。

六、种子检验

鉴定油茶种子生命力的方法有外部性状鉴定法、染色法和发芽试验等方法。

外部性状鉴定法是以外部解剖特征为依据判定生活力。染色法是通过活细胞和死细胞对染料的不同反应来测定生命力。凡是失去发芽力的死细胞膜失去半透性，原生质易于染色，而有生命力活细胞的原生质则染色慢或不染色。发芽试验法是把种子放在恒温箱中，使其发芽，观察发芽状况，确定生活力的高低。

油茶种子在调运前和储藏之后都必须进行品质检验，以确定种子的使用价值，作为制定合理价格和用种量的依据。在每批种子(约2 500kg)中抽取原始试样，并按对角线法抽取平均试样，以供试验用。

1. *纯度*

将平均试样用对角线法取1份作纯度检验，称量精度1/100g，绝对误差不大于

1.5%。纯度计算为：

$$纯度(\%)=\frac{纯净种子量}{试样量}\times 100$$

在测度中已受病虫危害的种子作为废种剔出，以粒计算出种子受害率，并注明害虫种类。

$$虫害率(\%)=\frac{受害种子粒数}{试样种子粒数}\times 100$$

2. 千粒重

将经过纯度检验的纯净种子分为四份，各取250粒称重，计算平均千粒重和每千克种子数。因种子含水量大，试样检验的过程应在半天内完成。

3. 含水量

将纯净种子分为四份，在每份中随机称50g作为含水量测定试样。按检验规程将种子放入烘箱内从60℃逐步升至105℃烘干，直至前后两次重量之差小于1%视为恒重，称量精度1/1000g，绝对误差不大于2%。

4. 优良度、发芽率、发芽势

在纯净种子中随机取8组种子，每组20粒，分别浸24h，取其中4组作解剖观察。凡种胚子叶色乳黄饱满，新鲜无臭味，为具有生命力的优良种子。凡种仁干硬蜡黄，有腐臭味为坏种。按下列公式计算优良度，绝对误差不大于5%。优良度只是外观检验，只能作为收购或调出种子生命力的指标使用，不能作为计算播种量的依据。

$$优良度(\%)=\frac{优良种子粒数}{试样种子粒数}\times 100$$

另4组种子作发芽试验，方法是用解剖刀切除子叶的1/2，将带胚的1/2粒种子用紫药水、红汞水或漂白粉表面消毒，用无菌水冲净后置于26℃(±1.5℃)培养箱中培养，经5~7d后逐步发芽，计算发芽率和发芽势，绝对误差不大于3%。

$$发芽势(\%)=\frac{15天的发芽种子粒数}{发芽种子总粒数}\times 100$$

$$发芽率(\%)=\frac{发芽种子总粒数}{试样种子粒数}\times 100$$

5. 实用价

根据以上各项检验结果计算出被检验种子的实用价(%)和每千克种子的实用种粒数。

实用价(%)=纯度×优良度(或发芽率)×发芽势×100

实用粒数=每千克种子粒数×发芽率×发芽势

各项测定结果填写入检验证书，发给用种单位作为定价和种子使用的依据。新鲜种子各项指标不应低于表11-6规定的数值。

表11-6 油茶种子基本质量标准(%)

品种 \ 项目	纯度	优良度	发芽率	发芽势	含水量	实用价
普通油茶	95	95	90	80	25~30	72~68
红花大果油茶	98	96	93	85	25~30	80~77
白花(大果)油茶	96	95	90	85	25~30	73~69

第二节 油茶苗木培育

油茶苗木培育技术在我国已有很大发展。已由过去单一实生苗发展到容器苗、扦插苗和嫁接苗。苗木的培育技术关系到造林的成活率，幼林的生长速度和林分的生产能力。因此，培育壮苗非常重要。

一、实生苗培育

由于油茶种子种壳坚硬，含水量高，油脂丰富，故在育苗中对圃地条件，催芽技术，管理措施应有较高的要求。只有满足这些要求，才能达到出苗齐、生长快、苗木壮、产苗率高的目的。

(一)圃地的选择

油茶幼苗期为偏阴性，需要充足的水分和肥沃的土壤。圃地宜选设在东南向排灌良好的坡地，pH 值 5.5～6.5 的沙质壤土为宜。根据幼苗生理特点，从培育优质苗和经济效益考虑，圃地要冬可避寒，夏可免酷热，气温年较差不大的地方(日均温大于 15℃，小于 31℃)，这样可大大增加苗术生长期的有效积温，而使年光合效率最大，达到苗木生长期长、生长快的目的。

强烈的直射光会使叶面温度过高而不利于光合作用，导致“光合作用午睡”现象。故苗圃地应设在东面无障碍物、上午有充分光照，中午能避开烈日直射又有充足漫射光的地方，即以早到晚照度保持在 3 000～15 000lx 的时间最长的位置。

油茶不宜在高湿排水不良、黏重板结或干燥的沙土生长，耕作层土地含水量宜保持在 26% 左右，最低不能低于 13%，最高不宜高于 50%。以土壤中速效 N: P: K 含量之比至少达到 20: 15: 30，有机质含量 10% 左右的地方作圃地为最好。

(二)圃地育苗

将种了直接播丁苗床，苗木培育 1～2 年。以裸根苗出圃，这是常规育苗方法。

初冬翻耕圃地后，均匀施入腐熟厩肥，然后耙碎作畦。播种时间因地理区域而定，北回归线以南宜在 11 月份播种，北回归线以北宜在 3 月播种为主，也可进行冬播。冬播则要防鼠害。春播前 25d 浸种 2～8d，沙床催芽 18～22d，然后播于圃地。油茶以条状点播，株行距为 10cm×20cm 为宜。每亩播种约 20 000 粒，相当于普通油茶种子 40kg 左右。覆土厚 1.5～2.0cm，稍加镇压。苗高 10cm 左右施氮肥(1/12 000)一次，当长出 3～5 片真叶时用铁铲在地表下 10～15cm 呈 45°斜插切断主根，以促使侧根生根。然后再施复合肥(1/1 000)一次。春雨期用半量的波尔多液防治叶软腐病，高温多雨季节用 1/1 000 托布津防治叶炭疽病。注意松土锄草，使土壤含水量保持 26% 左右。一年生苗高达 30cm，根茎粗 0.25～0.3cm，一级苗数量每亩可达 9 000～11 000 株。

圃地苗地上部分较高，侧根较少，因此，起苗运输中尽量勿损伤根系。改变全裸根运苗方式，苗木用塑料薄膜包裸根际宿土或打泥浆。起苗和运输途中直至定植都要防止日晒，以提高造林成活率。

(三)容器苗培育

容器育苗是一项技术改革，它可以避免裸根苗的诸多弊病，造林不受季节的限制，时间灵活，成活率高，生长发育快，是一种高效的育苗方法。因此，已广泛推广应用。

1. 培养土的配制

培养土对幼苗的生根和生产影响很大，因此，要配好培养土。其配方一般是：1 份腐熟厩肥加 1 份酸性壤土，缺乏速效肥分的壤土应加入 10% ~15% 含 1/500 复合肥或含 1/100腐熟麸的水肥。培养土容量为 0.9 ~1.10g/cm^2，孔隙度为 21% ~25%，水容量 27% ~63%，pH 值 6 左右。

2. 容器的制作

容器有多种，可因地制宜选择使用。第一种是塑料袋，用长 15 ~20cm，直径 5 ~6 cm 的塑料薄膜制成，底部不密封，侧面不打孔，然后装土而成。此法填土容易，栽植时脱袋也容易。第二种是用硬塑料铸成，厚 0.10 ~0.05cm，高 15cm，口径 6 ~8 cm，上宽下细，侧面有排水孔的塑料杯。此杯可反复使用，成本较高。第三种是用稻草泥制成，用稻草与黏土浆混合成黏稠的草泥，以 6 cm 左右木棒作内模型制成有底稻草杯。此法成本低，易取材，但易破碎，不宜长途运输。

3. 催芽播种

种子一般储存在冷库待用。播种时间依造林季节而定。我国除海南、云南的春季和内陆的秋旱之外，其余时间一般都可造林。

在造林前 3 ~4 个月播种育苗，播种前应进行浸种催芽，胚根长出后取出播入装好土的容器，覆土 1cm，稍压，然后淋水。

4. 管理

播种容器可放在长方形硬塑盆上，每盆 100 株左右，必须及时、均匀地淋水。当苗木长出 2 ~3 片叶后每 15 天施复合肥一次。3 ~4 个月后即可上山造林。

造林前要淋透水分，分层装运，以提高造林成活率。

二、无性苗木的培育

长期以来，油茶一直采用实生繁殖，这是造成品种类型混杂，良莠不一，管理不便，产量较低的原因。为了保持油茶优良特性，实现高产稳产，采用无性繁殖是非常有效的。20 世纪 70 年代以来，广大科技工作者协同攻关，解决了油茶无性繁殖的技术难关，为油茶生产走向良种化开辟了道路。

目前，各地已营造近千亩油茶实验林，并已陆续投产，初步显示了无性繁殖实验林的各种优点，保持了母本的优良性状，开花结果林龄提早 2 ~3 年；树型较为低矮，易于经营。实践证明，凡使用经严格选择的良种或优树繁殖的无性系都具有相应的丰产优良性状，相关系数选 0.7 以上。

(一)扦插育苗

扦插繁殖属于无性繁殖的范畴，由于它排除了雌雄两性配子的异质结台，故其后代能完全再现母本植株的优良性状，因而是良种繁育的重要途径之一。扦插繁殖是无性繁殖中最简便易行的方法，能在较短期间繁育出大量的良种苗木供应生产，因而被广泛采用。但我国油茶生产，长期以来实行有性繁殖，可谓“根深蒂固”。应用扦插繁殖技术育苗造林七八十年代仍处于试验、示范和倡导阶段，除广西、广东、江西和浙江有千亩试验林外，就整个生产来说，扦插繁殖育苗造林还未形成一个新的格局，较之杨树，杉木或其他果树相差很远。

油茶良种繁育工作中出现的这些迟滞状态，其原因有三：一是前10年对油茶扦插的技术未有突破；二是扦插苗上山造林适宜的时间和技术没有很好掌握，因而造林成活率不高；三是在相当一段时间内有部分人员对扦插繁殖的作用和意义持不同的观点。

我国油茶产区如贵州锦屏，湖南靖县、会同、怀化等地，历史上有用大枝扦插成功的先例，在土壤深厚、疏松，水分条件较好的林地直接插大枝，成活率好，林相也较整齐。可见油茶扦插造林在生产上也曾有所应用。可惜未能很好调查总结群众经验，找出大枝扦插成功的关键因子，以致在20世纪50年代后期，各地所作油茶长技扦插育苗的试验均未获得成功。至60年代，借鉴于茶树短穗扦插的原理和方法，对油茶扦插技术要领有所认识，试验相继成功。江苏省林业科学研究所在溧阳县社渚农场首先获得相当数量油茶扦插苗，移植上山长成大树开花结实，证实了油茶扦插繁殖是可行的。70年代后期，广东佛冈县林业科学研究所试种200多亩扦插苗造林成功，广西岑溪县油茶种子因营造500亩扦插苗油茶林长势喜人，展示了油茶扦插繁殖苗造林的诱人前景，从而坚定了采用扦插繁殖技术繁育油茶良种的信心。

1．*扦插繁殖的原理*

在一定的条件下，植物体的各部分都具有再生成新的完整的植物体的能力，这是植物特有的一种极为有用的生理特性。不同种类的植物，再生能力的强弱有所不同，油茶是再生能力较强的树种，因而扦插繁殖从本质上讲不是十分困难的。

从母树上剪取下来的插条，在一定的条件下又可培育成能够独立生活的一个完整植株，是依从于植物的极性现象。不论是一个完整的植株或是从植株上剪下来的一段枝条，都有着相同的极性现象。对一个植株来说，地上部分的尖端不断生出枝条，地下部分则不断发出根系。对一段插条来说，新枝仅在其上端形成，而根系则在其下端发生，这一现象并不受插条长短的影响，即使插条再短，根系仍然是在下端发生，上端长出新枝叶。根据这一现象，可以灵活掌握插条的规格质量，以获得最好的扦插育苗效果。

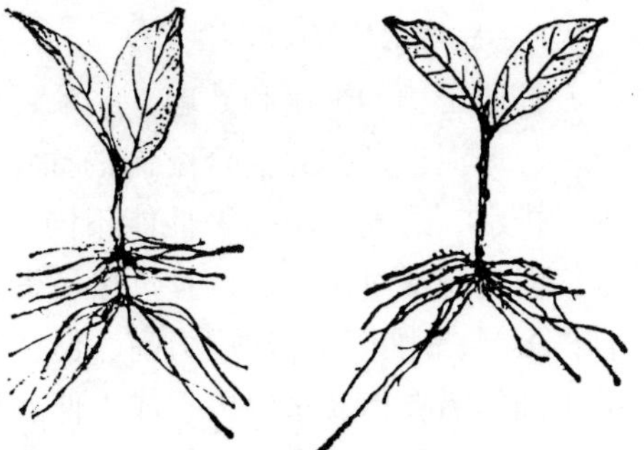

1　　2

图11-1　油茶扦插生根类型

1. 皮部生根型　2. 愈合生根型

扦插繁殖的生根和发枝，要靠根原体和腋芽与不定芽长出。通过油茶解剖学的观察，根原体大都在髓射线、形成层处形成，亦可在韧皮部和皮层等组织内产生，插条在适宜的环境条件下，首先在下端切口部位形成一层薄壁细胞保护伤口，同时薄壁细胞继续多次分裂，形成愈伤组织，然后从愈伤组织分化出不定根或在愈伤组织相近的部位长出不定根。这种由愈伤组织分化出不定根的方式叫愈合生根类型，油茶插条生根主要是这种类型(图11-1)。但也有另一种方式长出不定根，即插穗首先在其下端切口处上方周身的皮部长出不定根，多数位于髓射线与形成层的结合点上，外端通向皮孔，形成几乎是水平并列的不定根，这种方式叫皮部生根类型(图11-1)。像攸县油茶等物种就有一定数量的皮部生根。皮部生根类型的根原体，早已在插穗内形成，插后在适宜的条件下，根原体生长伸长而从皮孔处长出不定根，故皮部生根类型的速度比愈合类型发根稍快些，大约快

7～10d。

油茶插条的上端一般带有腋芽，当插条下端长出根以后，腋芽就萌发抽生出新枝，如果未带腋芽，则由维管束鞘或韧皮部发生不定芽生长发育而成新枝。这就是油茶扦插繁殖可以成功的生物学基础。

2. 插穗选取及处理

插穗的生活力对扦插成效影响很大。试验证明，母树年龄对扦插成活无显著影响，但插穗最好选取优良品种类型。优良单株或优良无性系树冠中上部外围的枝条。枝条要求是粗壮通直、腋芽健全、叶片完整的1年生以内的春梢、夏梢。尤以当年生刚木质化的春梢最好。2年生以上的枝段没有叶片和腋芽，愈合生根困难，一般不采用。

采集穗条必须用锋利的枝剪剪取，翦截的部位宜在枝条基部的弱芽(一般是第一或第二片叶以上)上方1cm左右，使剪下的枝条能充分利用健壮的腋芽作繁殖。采下的穗条应立即放入避光保湿的容器内，挂上标签，注明品种、株号、日期和地点。如要远途运带，则分别株号捆扎，用脱脂棉浸湿后置保湿容器内。放在阴凉处，并根据情况适当喷水加湿，防止枝条挤压和发热。如运带处理得当，穗条可维持7～10d，仍有较高的生活力。

扦插前细致削穗。插穗有长穗和短穗两种。长穗每穗带3～5个芽叶，长约8～10cm。长穗因叶面积大，光合产物多，生根容易，常规扦插成活率较高，但用穗量大，繁殖系数低，故少采用。短穗则每穗带1～2片叶，长3～5 cm，繁殖系数比前者高2～3倍，因此，已广泛应用，但要求较优越的环境和管理条件。削穗时用单面刀片从腋芽上方2mm左右处呈45°角切断，穗的基部末端切口亦削成斜面，切口要平滑，不能伤芽、叶。削穗的过程要注意保湿，防止风吹日晒。

削好的插穗可以马上扦插，也可以用生长素处理后再插。据试验，插穗经激素处理可提高发根率10%～30%，提高皮部生根型比率5%～10%，生根早5～10d，生根较为整齐。较有效的激素有“802”4 000倍水溶液；200～400mg/kg萘乙酸液。将切好的插条每20支捆成一束，切口在激素液中浸12～16h，取出洗净便可扦插。

3. 插壤的准备

扦插土壤的配制和处理，关系到插穗发根的快慢和成苗率的高低。黄泥、沙、蛭石、肥土、塘泥以及彼此混合配制的插壤都可以扦插，但效果大不一样。原因是各种插壤保水、排水、通气、防病等性能不同。纯沙虽然疏松，通气，但保水力弱；纯蛭石保水性好，但过湿或过于松软，且价格昂贵；纯黄泥保水力弱，不带菌，但黏性重，透气性差，容易板结，肥土和塘泥肥力高，但往往带菌或过湿，插穗易感病霉烂而死亡。根据油茶扦插生理的需要以及来源广、成本低、易推广等要求，通过各地多年的试验，摸索了适于油茶扦插的插壤。其主要方法是：插壤分两层，表层为1:1或2:1的黄心土加沙泥混合(比例视黄心兴黏度而定)，厚6～10cm。这种混合配制的表土，既有一定的保水能力，也比较通气，便于排水，又不带菌，扦插的发根率，成活率比一般圃地高30%～50%。下层为肥沃土壤，约10cm，以便插穗成活不久就能及时吸取到较丰富的养分，使根系生长粗壮、发达。分层、混合的插壤结构，适应油茶插穗不同阶段的需要，使萌发生根和促进根系发达得到统一而协调。密封插床、自控喷雾插床和营养土容器直接扦插都可以用这种配制方法。一般插壤pH值不超过6，下层土壤速效N:P:K=20:15:30为宜。为利于排水，下层土之下再垫上一层碎石。在大田苗圃里扦插，底层插壤可采取施基肥的办法解决。

插床及插壤准备好以后，最好用1/1 000的高锰酸钾液喷洒消毒，待1～2d后扦插。

4. 扦插育苗的方式

油茶扦插育苗的方式分3种。

(1)常规扦插　在条件较优越的地方作成一般苗圃式的苗床，床高约15cm。上面铺2∶1的黄泥混沙，以作扦插层。扦插后必须设置荫棚，棚内温度不超过30℃，透光度30%左右。这种方法宜在日照较短，空气湿度较大、冬暖夏凉、水源方便，土壤为富含有机质的砂壤地上采用。一般成活率达90%以上。如广东的广宁、佛冈等县春插和秋插的成活率80%左右，但夏插和冬插的效果较差。一般情况下，只要能经常用浇水来调节小环境的温度和湿度，就能达到很好的效果。

(2)封闭式扦插　封闭式扦插就是用塑料薄膜或玻璃等材料装置成一个扦插后能密封保温而透光的小环境。其形式多种多样：在降水量不多或地下水位低的地方采用畦式插床，插后用塑料薄膜覆盖密封，在多雨地区用砖围砌成北高30cm、南高20cm的长方插床，填土扦插后以玻璃或薄膜密封；也有用木盆填土，以竹片作架，扦插后用薄膜包封，并根据需要可随时搬动。

封闭式扦插在夏季高温时必须上方遮阴，一般控制在30℃以下，最高不超过33℃。这种方式既能保持湿度，节省淋水用工，又能在低温季节增加温度，还可提高空气中CO_2的浓度，对促进生根、成活十分有利，成活率达95%以上，但操作管理和观测不够方便。

(3)自动喷雾装置扦插　应用水电联合装置，为油茶插床提供自动控制的喷雾系统，较科学地满足油茶扦插生理的要求。目前，自控装置主要有连续式、计时器式和电子叶间歇式等。其中应用较广、效果较好的是自动控制间歇喷雾。它可以在露天设置，也可以在温室或塑棚中安装使用，而后者的效果更佳。

电子叶自控间歇喷雾装置，主要由电子叶、继电器、自控仪、电磁阀和供水，排水水管以及喷管、喷头等构成(图11-2)。这种装置是利用水位差产生压力(1.5～3kg/cm)，通过喷头将水雾化，以保持插穗和插床经常化的湿润。在水压低的地方要在供水管上接上加压电动水泵，电机接通自动控制仪，以达到电机开启与喷雾同步进行。电子叶的干湿通过继电器自动跳火或断电而启动或停止喷雾。如此循环往复，就保证了喷雾间歇、持续地进行，使整个扦插过程能维持插穗细胞正常膨压的小气候，为促进愈合生根创造了良好的条件。所以，它的优点不仅是解决了常规扦插经常浇灌耗费大量劳力的问题，而且从根本上满足了插穗愈合生根所必需的生理条件，同时，室内的自控喷雾能减少或调节不良气候的干扰和影响，因而一年四季扦插育苗都能获得较好的效果，发根率除冬插稍低(66.7%)以外，其他季节都在90%左右，而发根速度一般比常规扦插快1～2倍。总之，这种扦捕育苗方式，对于生根的速度，数量和质量，苗木繁殖的数量和规格，以及施工操作、

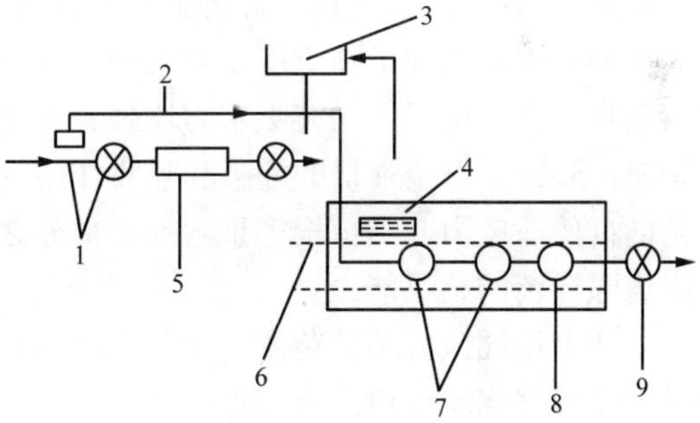

图11-2　电子叶自控间歇喷雾装置及插床示意图

1. 开关　2. 排水管　3. 继电器(自控仪)　4. 电子叶　5. 过滤管　6. 排水暗沟　7. 喷头　8. 插床　9. 排水开关

管理和观测，都是比较理想的。但是，开始要有一定的投资，又要水电的配合，因此，要具备一定的条件才有可能推广应用。

温室自控喷雾扦插水分比较充足，在插床下面还要设置排水沟，以免插床积水。此外，夏季温度较，通风条件较差，所以插床上方要设置活动的遮荫帘，透光度30%左右。温室的周围和顶部要有相应的通风活动窗门，使温度能及时得到调节。

5. 扦插及其管理

扦插的时间应根据当地的气候、扦插育苗的方式、物种品种特性等因素而定。常规扦插以夏、秋为宜，但夏插最好。大量试验证明，扦插时机以5月底至6月为好，其次是8~9月。由于中国油茶分布区域广泛，气候、地形条件复杂，油茶物种、品种特性不同，各地生产设备和管理水平不一。必须因时、因地制宜地掌握适宜季节，方能取得良好的效果。气温的日变化较大。尤其是高温季节的中午，光照强、蒸发量高，枝条容易失水。故扦插宜在10：00以前，15：00以后光照较弱的时间进行。

油茶扦插可以直插，也可以斜插，入土深度以达叶柄为止，但均以便于叶片进行光合作用和避免插壤沾污为准。插后稍上压实穗周插壤，并浇透水，使穗条入土的部分与插壤密接。

扦插后的管理，总的是提供适合光合作片用的温、光、水、气、肥等生态条件，尽可能提高光合效率和增加光合时数。其中最关键的是水分应及时地供给。

(1)水分管理　初插的穗条由于没有根，主要靠切口吸水来维持生理平衡，其吸水面积与叶面积之比只有1/92~1/123，而正常油茶植株根吸收面积与叶面积之比为1~1/3，差异很大。因此，加强水分管理是扦插成败最重要的环节。在电子叶喷雾装置的苗床，喷雾应日夜连续进行，使叶片不失水不升温，空气相对湿度达到85%~90%，土壤含水量保持在30%~40%。在人工淋水的苗床，每天淋水3~5次，保持土壤湿润(雨天阴天适当调整)，还要进行遮荫，以降低叶面温度和蒸腾量。在插后的20~25d内，主要是降低插穗的蒸腾作用和增加土壤、空气的湿度，以达到保持插穗水分的平衡。20~30d后，切口逐步愈合、生根，插穗吸水力增强，可适当减少喷雾和淋水次数，使土壤含水量保持在20%~30%，以增强根的呼吸和吸收作用，使插穗逐步转为主动生理水分平衡，增加扦捕苗的自然适应力。当苗根鲜重与地上部分之比达到1:1时(2~3个月)可视天气情况淋水，以增强插苗的抗旱能力。

在专用插床扦插的苗木，生根后1~2个月，要及时移植到圃地或营养土的容器中，并继续做好浇水，遮荫等工作。

(2)光照管理　扦插苗必须维持最高的光合效能，才能顺利地培育出壮苗。因此，光的控制是很重要的措施。油茶扦插初期对光的要求特殊。如光照不足以维持高于消耗的光合量，约7d，鲜绿的叶子就会自然脱落。若光照过强，蒸腾量大，叶温很快升高。当叶温超过光合的温度饱和点时，光呼吸量大于光合量，插穗消耗的能量大于获得的能量也会使叶子脱落。故前期通过光的调节来达到“保叶”的目的，据试验，扦插前期每天要维持8~12h，照度为3 000lx左右的光照。如照度低于500lx或高于15 000lx都会引起落叶。因此，前期应采取有效和适量的人工遮荫。插穗生根后，吸水能力加强可增加光照强度，一般为6 000~30 000lx。9月中旬后宜揭去荫棚，以增强光照。

(3)湿度管理　插穗在扦插过程对温度是敏感的。温度适宜，则光合作用旺盛，苗木生根快,成苗率高,温度包括气温、地湿和叶面温度三个方面。气温可通过遮荫进行调节,但一般受气候的控制而变化。地温和叶温除受气候影响外,主要受光照和水分的影响。为此,温度主要通过调光和调湿来控制。油茶光合作用适宜的叶面温度为 15 ~ 28℃,过高或过低光合效率都明显下降,其补偿点是 8 ~ 10℃,其饱和点为 30 ~ 34℃。正常植株在烈日下,叶温比气温高 1 ~ 2℃,在阴天有风时约低于气温 0. 5 ~ 1℃。面对没有生根或根系不发达的插穗来说情况则不同,在烈日下叶温约比气温高 2 ~ 4℃,甚至更高。故扦插前期不仅要测定气温,更重要的是对叶温的测定,并注意及时喷雾或进行叶面淋水予以调节。

插床的土壤温度应维持在 15 ~ 25℃ 为宜。炎热夏季时土温比气温低 5 ~ 10℃，冬季土壤应比气温高 5 ~ 10℃，土温过高或过低都不利于油茶根系的正常生长。插苗根系一般大量分布在 3 ~ 5 cm 的土层中，容易受气温的影响，尤其用深色插壤(如蛭石、火土等)，吸热性强，烈日之下地温猛升，造成苗木吸水困难，难以满足蒸腾需要，导致叶温上升过高而落叶死亡，这是生根后的插苗在盛夏大量死亡的主要原因。故在夏季应十分注意遮荫和淋水以调节土壤温度。

(4)土肥管理　土壤是提供插苗水分和无机盐的源泉，也是根系发育的场所。一般要求容重 0. 99 ~ 1. 27g/cm^3，孔隙度 25% ~ 28%，饱和含水量 50% ~ 60%，即保水性、通气性都要良好。凡是过于松散或长期积水，都不利于插穗愈合和生根，有时仅形成一个瘤根，但不能分化出根系。要适时除草松土，防止土壤板结。苗木生根后可施 1/1 000 速效氮肥，亦可用 l/5 000 尿素加磷酸二氢钾喷洒，每 15 ~ 20d 喷一次，立秋后可施适量磷肥，以促使根系发达健壮和增强适应能力。

此外，扦插育苗较长时间处于相对高温高湿的条件，插穗容易感染炭疽病或软腐病，除做好土壤消毒、和调节水分以外，可用半量波尔多液及时防治。

(5)苗木标准及出圃　油茶插苗应达到一定的技术指标，电子叶自动喷雾装置的温室或苗圃，要求每年育苗 3 ~ 4 批，每批 2 ~ 3 个月达到发根率 90%，萌发率 80% 以上；8 ~ 12 个月平均苗高 20cm，根深 12cm，根径粗 0. 3cm 左右，成苗率 80% 以上。

扦插苗出圃，都要带土或半带土，绝不可全裸根。长途运输应装在容器中进行。

(二)嫁接育苗

1. 嫁接繁殖的作用和意义

与扦插繁殖一样嫁接繁殖也是属于营养繁殖即无性繁殖的范畴。二者不同之处。扦插是依靠植物的极性现象，从插条的下端分化长出新根，因而叫自根营养繁殖，嫁接则是由于砧穗愈合为一体，依靠砧水的原有根系而生长，因而又称为异根营养繁殖。由于砧本具有完整而强大的根系，能够供给接穗足够的水分和无机盐，因而嫁接植株的生长发育远比扦插株为强，树体较大，早实丰产。因此，尽管嫁接技术较之扦插技术复杂且难度大，却始终作为果树栽培、花卉园艺和许多经济树种所特别重视采用的主要方法。我国油茶栽培，就充分体现了嫁接繁殖的功效，表现为。

(1)保持母树的优良性状　油茶是异花授粉树种，从优良母树上采集的种子也含有未知父本的遗传种质，其后代往往产生较大的变异和分离，使母树的优良性状难以保证重现。嫁接繁殖采用的是营养器官的一部分，排除了父本不良的种质遗传掺入，因而能完全再现母本的各种优良性状。如母树为红色球形茶果，嫁接苗不会变为其他果色、果形，母树是软枝油茶，嫁接苗不会变为硬枝类型等。因此，嫁接在油茶良种选育中，对于提纯种性，确保所选良种的遗传增益、保存优良品种类型和优良单株的基因资源等方面均有重要的意义。

(2)提早开花结果　由于接穗是采自已经进入盛果时期的成龄母树，已达到生殖生长完全成熟的阶段，所以嫁接成活后很快就开花结果。实生苗一般需要5～6年时间才能开花结果，嫁接后只需2～3年，甚至有当年嫁接当年开花结果的情况，这是嫁接时所采接穗已具有花芽分化的能力，接活后继续进行生殖生长的必然结果。

(3)改造低产林，提高油茶产量的有效措施　由于种质低劣，正当结果龄期的油茶林分产量很低，是油茶生产中一个突出的问题。选用优良品种和优良无性系的枝条进行嫁接换冠，就可迅速提高产量。广西临桂凤凰林场原有一片15年生的普通油茶林,平均亩产油5 kg左右,1977年采用优树进行嫁接换冠,到1989年测产,6年生的嫁接单株产果量最高达10. l0kg,平均5. 5kg,折成亩产果410. 7kg,折油24. 64kg,比原来的亩产油量提高近4倍。浙江常山县新昌乡轨辂村对低产林嫁接换冠,接后3年结果,5年生单株产果6 kg,增产效果十分明显。可见利用嫁接技术改变我国油茶的低产面貌有着重要的作用和现实意义。

2. *嫁接成活的生物学原理*

砧木与接穗两者接在一起即能愈合生长一个新的植株，主要靠形成层细胞的分生能力。双子叶植物的根、茎、枝条等营养器官的维管束中，整齐地排列着几层具有分生能力的薄壁细胞组织，称作形成层。嫁接就是使砧木与接穗二者的形成层紧密相接，借助于形成层细胞的分裂作用，产生愈合组织而使砧穗之间输导系统沟通连成一体。如果嫁接时失误，接穗与砧木之间形成层不能对靠，细胞分裂不能互相愈合便失去了成活的生物学基础，当然不能成活，这就是嫁接中强调砧穗之间形成层削面必须平整吻合的道理。

整个砧穗愈合的过程，也就是彼此间细胞联合、沟通、输导组织连为一体的创伤愈合过程。砧木与接穗被切削以后，首先，在切伤面形成隔层以保护自己。由于细胞的分裂，隔层随即消散，接穗与砧木的细胞壁互相靠紧，并以细胞间质联结起来，形成壁孔和胞间联系的孔道，由于胞间联系使二者的原生质互相连接，进而将砧木与接穗的导管细胞和筛管细胞沟通，建立起统一的输导组织，同时，愈合组织外部的细胞分化成新的栓皮细胞，与砧木和接穗原有的栓皮细胞相连通，从而保证了水分和养分的上下输导，于是一个新的植株就成长起来。

影响嫁接成活的因素是多方面的。砧木与接穗的生物学机理是最主要的关键。其中，形成层细胞层次的多少，关系到细胞分裂能力的强弱，直接影响到嫁接成活率的高低。据解剖观察，不同的树种其形成层细胞排列的层次有所不同。一般容易嫁接成活的树种，形成层薄壁细胞常有7～8层，甚至更多，因而分生能力较强；而油茶只有3～4层，或2～3层，故分裂能力较弱，这是嫁接难成活的内在因素，也是油茶树体茎干生长缓慢的生物学机理。

砧穗之间亲和力的大小也是影响嫁接成活的内在因素。所谓亲和力，是指接穗与砧木之间在解剖结构、生物特性、生化反应等方面彼此相同或接近，因而能互相结合成为一体的能力。不言而喻，砧穗之间亲和力越强，嫁接愈容易成活新植株成长愈旺，亲和力愈小，成活就愈困难。

亲和力的强弱与亲缘关系和组织结构有关。树种的亲缘关系越近，亲和力就越强，嫁接就愈易成活，这是一个普遍性的规律。所以采用“本砧”嫁接较之异砧嫁接容易成活。

如普通油茶优株的枝条嫁接在普通油茶砧木上，比嫁接在其他物种砧木上的成活率要高得多。接穗与砧木的形成层细胞虽然都能分生生长，产生愈合组织，但是不同的物种和单株之间，形成层分生细胞的排列和大小彼此不尽相同，以致在砧穗结合部位细胞排列紊乱，输导组织不能形成统一的整体，接穗终致枯死。这也是异砧嫁接难以成活的因素之一。

3. 芽苗嫁接育苗

将油茶优良母树的枝条，嫁接到具有主根的油茶苗砧上，并通过砧、穗切口接面的形成层细胞产生愈伤组织，使互相接合成为统一的新植株。这种方法操作简便，容易掌握，成活率高，生长好，繁殖快，工效高，适于工厂化育苗。中国林业科学研究院亚热带林业研究所自 20 世纪 80 年代发明了油茶芽苗嫁接方法，并经完善和提高，为油茶大量繁殖无性系苗木提供了行之有效的方法。实践证明，油茶芽苗嫁接无论成活率，成苗率都比其他方法高，一般成活率达 90% 以上．但由于油茶形成层薄，分生组织细胞只有 2 ~ 4 层。厚度仅 1/300 ~ 1/400μm，故在操作技术上应有较严格的要求，嫁接的砧，穗接口的形成层务必对齐、紧接，并掌握好一系列的嫁接技术。

(1) 芽苗砧的培育　砧木是嫁接的物质基础，砧木的选择和培育关系到嫁接的成效。

①砧木亲和力的选择：砧木的亲和力是影响嫁接成活的首要因素，它取决于植物体的生理生化特性和结构。砧木与接穗亲缘关系越近，亲和力就越高，嫁接容易成活；反之，亲和力弱，成活就低或不成活。据试验，普通油茶，越南油茶以及红花油茶各物种的亲和力较强；茶梨、博白大果油茶作砧木与普通油茶及其他物种亲和力都较差。因此，以普通油茶实生苗作砧木，对大多数物种来说是较为适宜的（表 11-7）。

表 11-7　油茶物种嫁接亲和力表

砧木 接穗	普通油茶	越南油茶	广宁红花油茶	博白大果油茶	攸县油茶	小果油茶
普通油茶	+++	++	++	-	++	++
越南油茶	+++	+++	+	-		
广宁红花油茶	+++	++	+++	-		
博白大果油茶	++	+	-	+++		
攸县油茶	+++	+	-	-	+++	+
南荣油茶	+++	++	-	-	+	+
宛田红花油茶	++	++	+	-		
腾冲红花油茶	++	++	++	-		
茶梨	+	-	-	+		
浙江红花油茶	++	++	++	-	+	
小果油茶	++	+	+	-	+	+++
明月山红花油茶	++	++	+	-		
西南红山茶	++	+	-		+	
尾叶山茶	++	+				
柃叶山茶	++	+				
毛叶山茶	+++	+				
昭平油茶	+++					
泰顺粉红油茶	+++					

注：+++ 亲和力最强，++ 亲和力中等，+ 可亲和，—不亲和。

以普通油茶为砧木嫁接茶梨或以博白大果油茶作砧木嫁接其他物种，其不亲和的表现不完全反应在成活率上，而是成活之后由于输导组织不畅通，造成接口部位产生大量瘤状组织，导致砧、穗养分供应不足，生长不良，逐渐枯死。在选择砧木时，还要考虑物种适应的生态范固。在北回归线以北的地区，砧木以普通油茶为好；北回归线以南则可用越南油茶，因为越南油茶在适生环境下具有生长快、长势旺、愈合能力强等优点，作砧木是比较理想的。

②砧木的培育：用作芽苗嫁接砧木的种子，宜在冰库或冷藏柜储藏，保持0~2℃。在一年以内可随时取出培育砧木。冬春嫁接或夏初嫁接可用一般沙藏法储藏。播种的时间根据嫁接时间而定，可以分批播种。在播种前10d适当淋水催芽，待大部分种子裂口露白时即取出播于沙床或营养土容器之内，深约3cm，覆沙后稍加压实，以利于胚茎生长粗壮。如果覆沙太薄而松软，则胚茎长出地面后急剧变细而老化，对嫁接不利。一般在嫁接前35d(夏秋)至45d(冬春)浸种后要注意保湿。用塑料薄膜封盖沙床或容器，并及时喷淋适量的水分，以保持充分湿润，促进胚茎粗壮生长。裸根苗可用芽苗培育或沙藏单层培育，待苗木出土后长出2~3片叶时进行嫁接。一般来说，发芽出土后15d至半年生的幼苗，种仁养分尚未完全消耗，嫁接比较适宜。

(2)接穗的采集与处理　接穗的选取和处理一般同扦插育苗。夏接采用半木质化或基本木质化的春梢，春接则用一年生健壮的枝条，但腋芽必须饱满，而穗条不宜过粗，以免头重脚轻，影响愈合。最好随采随接。采下的穗用脱脂棉裹住茎部，浸水后置塑料袋密封保湿。长途运穗每天要打开塑料袋换气，湿水一次，放在阴凉湿润处。一时接不完的，最好放入0~5℃的冰箱中储存。

(3)嫁接技术　芽苗嫁接的时间，除了8月中旬至5月中旬油茶抽梢期以外，其余时间均能嫁接。但以3月上旬、6月中旬和8月下旬的春梢、夏梢和秋梢萌发前15~20d嫁接成活率高，萌芽快，管理时间短而成苗率高。嫁接苗可根据需要和可能，确定上山造林或入圃继续培育大苗。

芽苗嫁接的方法实际上是劈接法，其嫁接程序如下。

①起砧、洗砧：将沙床育苗的裸根苗细心取出后，用清水洗洗沙土，盖上湿布；容器育苗的苗砧去表土露出根茎，用毛笔洗净根茎。苗砧放在室内操作台上备用。

②断砧、劈砧：用利刀或剪刀在芽苗种子的上方1~1.5cm处切断，随即用单面刀片从砧木正中髓心劈开，开口长约1cm。

③套砧：用口径略大于砧木直径的铝薄片(牙膏皮)裁成长约3 cm，宽lcm，或空心莲子茎段将砧木套住。

④削穗：用单面刀片在接穗下节叶柄下方1~2mm处的左右两侧，各削一个15°、长约lcm的双斜面，正交会于髓心，形成30°尖削度的楔形。再从上节叶柄上方2~3mm处截断，成为带一芽一叶的接穗，然后置清水中待用。每削30~50个穗随即接完。

⑤接合：把削好的接穗插入砧木切口，叶柄一侧皮层对齐，再将套筒轻轻一提，务使砧穗紧接。接后即淋水保湿。

(4)嫁接后的管理　嫁接后的保湿，是成活的关键之一。裸根苗嫁接后可栽入密封的保湿容器内，也可直接栽于密封的苗床里。密封的材料一般用塑料薄膜，既透光，又保温保湿，但光不宜太强，宜置于照度为6 000~20 000lx漫射光的环境，罩内湿度85%~

90%，温度 25 ~ 28℃，最高不超过 33℃。每 3 ~ 5d 淋水一次，及时除去砧木萌条。当大部分接穗萌芽开叶，便可拆除保湿罩。20 ~ 30d 愈合以后，即移栽到搭有荫棚的圃地，亦可将接苗直接栽于圃地，用塑料布套盖保湿，以形成封闭的条件，可省去移栽的手续。透光度夏季少于 40%，冬季 60% ~ 70%。施肥、除草等管理同扦插育苗。

裸根苗砧嫁接操作容易，但嫁接及移栽过程中有一、二次损伤根系，因此，嫁接成活率及萌发速度均比容器苗砧约低 30% 左右。

4. 撕皮嵌合接法

具体操作详见第九章第五节。

此外，还有拉皮接法、皮下枝接法等方法。拉皮接法是将砧木接口部位的皮层拉起随即放入接穗的一种嫁接方法，其基本方法与撕皮嵌接法相似，所不同是开接口呈“H”形。皮下枝接近似拉皮接，只是砧木接口皮层不是上下拉开，而是用刀切成“7”状轻轻撬开将接穗扦入。由于这几种方法适用于幼树或大树，而且都是在嫁接成活以后再断砧，因此适用性较广。

5. 影响油茶嫁接成活的因子

(1)接穗的质量与新鲜度　接穗的质量是指穗条的粗细，节间的长短，腋芽有否及饱满度。油茶的营养生长与生殖生长常处于相互制约的矛盾之中，年年结实丰产的中龄植株，其春梢抽出多是细弱，节间短，腋芽并非各节都有，这种枝条嫁接成活率一般较低，而处在生长旺盛期的壮龄树上的春梢则茁壮粗实，节间较长，腋芽饱满几乎节节都有，这种枝条嫁接成活率一般较高. 因此，枝条应选粗 0.25 ~ 0.3cm、节间长 3 ~ 4cm 为好。接穗的新鲜度与成活率的高低关系密切，接穗愈新鲜成活率愈高，反之则低。一般采后 1 ~ 2d 内的接穗，成活率达 90%，3 ~ 4d 以后只有 80% 左右。

(2)保温遮荫　保湿遮荫是影响油茶嫁接成活的关键。油茶嫁接以后，接穗亦如扦插繁殖的插穗一样，脱离母体以后，即处于失水干枯的威胁之中，在其嫁接成活之前，如何减少水分蒸腾，保持水分平衡，是成活的生理基础，加罩封闭保湿后，使苗床形成湿润小环境，蒸腾强度弱，有利于保持接穗水分平衡，同时在遮荫后不仅可防暴晒，且保持一定温湿条件有利于砧穗形成层细胞的分裂活动，促进愈合生长，成活率高，一般可达 90% 以上。因此，保湿遮荫成了嫁接成活的关键条件。

(三)油茶的组织培养苗木

1. 组织培养的原理和意义

从细胞遗传的研究而逐步发展起来的植物细胞培养和组织培养，20 世纪 80 年代在国内进展迅速。其理论根据是：“植物细胞是在生理上、发育上具有潜在全能性的功能单位”，这一理论已为无数的成功事例所证实。所谓潜在的全能性，就是说植物体的细胞，且从母体上分离出来，在特定的环境条件下，可以激发其分化发育成为一个完整的新的植物体。因此，组织培养也是一种植物无性繁殖的方法，而且是比扦插、嫁接等更有意义的繁殖方法。它不仅能保持母体植株的优良性状，而且通过继代培养，一小块组织细胞就能诱导出成千上万棵幼苗，是良种繁殖的重要手段。世界各国愈来愈重视应用组织培养的方法，在粮食、糖料、棉花、果树、花卉、药物、橡胶、烟草和茶叶等领域都已获得明显的效果。毫无疑义，任何造林树种尤其是实生繁殖下变异性大的主要造林树种如油茶等，采用组织培养的方法，迅速而大量繁殖优良无性系苗木造林，具有重要的实践意义。

2. 油茶组织培养的进展和方法

20世纪60年代以来，世界各国用植物组织培养的方法，诱导产生了许多植物的类胚体。70年代中期，我国开展了油茶的组织培养试验研究，大部分试验单位只进入到胚状体成苗阶段。广西林业科学研究所颜慕勤从1978年以来，对岑溪软枝油茶的优树组织培养进行了系统试验研究，1979年获得了油茶体细胞胚状体。1983年在对植株的成苗过程及其细胞组织学上的观察，油茶腋生枝快速繁殖小苗的发生，组培苗滤纸桥生根与生长索、培养基物理状况，组培苗移栽的方法和上山造林等进行了生长观测，取得了可喜的成绩，探索了有关规律和机理。试验表明：用组织培养快速繁殖法获得的油茶组培小苗生长健壮、分枝多、开花早，已能进一步用于生产性试验造林。目前，已在广西林业科学研究所、柳城县林业科学研究所和融安县西山林场生产性造林100多亩，生长良好已开花结果。据调查，无性系植株与母树表现出很强的一致性。

组织培养基本方法：7~9月采用接近成熟的油茶种子或2~3月采优树的腋芽，剥去外壳或鳞片，用75%乙醇浸泡12s，0.1%氯化汞消毒12~15min，然后用无菌水冲洗4~5次。在无菌条件下剥离内外种皮，切取子叶基部0.3~0.5cm。的组织小块；腋芽则剥去最后几层鳞片，切成2~3mm长的小段，接种在附加有不同种类、不同浓度的植物生长调节物质的改良ER固体培养基中进行培养。

培养基的pH值调至5.6~5.8，含糖量在分化时为50%，生根时用2%。培养室温度保持在25℃±1℃之间；人工辅助光照每日14h，光照2 500~3 000lx。经过20~30d培养，油茶子叶基部开始形成胚状体，腋生被丛生苗开始分化。对油茶组培苗的诱发生根，可用吲朵丁酸、吲哚乙酸、萘乙酸等植物生长素；生根培养基可采用固体的、液体的、蛭石及滤纸桥等多种不同物理状态的培养基。

为了解油茶组培小苗移栽成活的适宜温湿度及光照条件，曾用人工气候进行试验，温度范围为25~32℃，湿度范围80%~100%，光照范围3 600~7 000lx。

第十二章　油茶栽培

油茶造林的成败与栽培技术的优劣密切相关。首先要了解油茶种性和生态、生物学特性，才能采取相应的栽培技术措施，实现以最少的投资，获取最大的生态效益和经济效益。

油茶栽培技术措施主要包括造林地的选择与区划，造林地的整地，造林的方式方法及经营的方式等几方面。

第一节　造林地的选择与区划

一、造林地的选择

生长在土壤深厚肥沃地上的油茶，经济年龄可长达百年以上，生长在瘠薄地的油茶会出现早衰低产。因此，要选择适宜的林地造林。

(一)土壤

由砂岩、页岩、变质岩、花岗岩和石灰岩母质发育而成的山地红壤、黄壤、黄红壤均可造林。土层厚度应在 1 m 以上，少于 40cm 不宜作造林地。

土壤含水率旱季应不低于 15%。含水量过低，油茶根系得不到足够的水分造成光合效率低，植株生长不良；含水量过高，根系因缺氧而窒息死亡。土壤中石砾含量以不超过 20%，孔隙度应在 50% 以上，以壤土、轻壤土、轻黏土为好。在降水量低于 1 000mm 以下地区，表土层疏松，表土的渗水力每小时应不低于 20cm。若表土渗水力过低，雨水在未渗入土壤下层时便从地面流走或蒸发完，根系不能得到充足的水分，使光合作用效率降低。油茶不耐水渍，在沼泽地，土层 50cm 处有难于透水的黏结层或有未风化的硬盘母质的造林地里，会因雨季积水而导致油茶根腐死亡。

土壤中氮、磷、钾元素的含量高低是衡量土壤肥沃程度的主要指标之一。实践证明，土壤肥力与油茶产量有密切关系。土壤中有机质、速效氮、速效磷和有效钾的含量高。油茶产量亦高，反之则低。一般说来肥沃的标准是：每千克土壤中应含氮 1.00 ~ 1.50g，每千克含石灰 10% 的土壤中含 P_2O_5 应不低于 60g，每千克土壤含 K_2O 不低于 0.4 g。

油茶是喜酸性的树种，一般宜在 pH 值 5 ~ 6.5 的土壤中生长。当 pH 值大于 7，土壤呈碱性时，油茶生长受到抑制；当 pH 值在 4 以下的强酸性土壤中，则土壤里的镁及其他微量元素易于淋溶，油茶便出现微量元素缺乏症。植物与环境是一个有机的统一体。在酸性土壤上只生长着喜酸的植物，如铁芒箕、映山红、乌饭树、盐肤木、白茅等，这些植物便是酸性土的指示植物。通常这类植物生长繁茂的低山丘陵，便可作为油茶的造林地。

(二)海拔高度

海拔高度是山地地形诸因子中变化最为明显的因子之一。在山地条件下，温度与海拔高度呈负相关，通常海拔每升高 100m，气温下降 0.5 ~ 0.7℃。这说明海拔的高度直接影响着温度的变化。油茶物种不同，对海拔的要求也有差异。普通油茶适应性较强，对生态要求幅度较宽，由海拔30.5m的广东高州县到海拔1981m的云南昆明市，均能正常生长发育。越南油茶对生态幅度的要求较窄，以海拔60～600m之间较为适宜。我国油茶主要栽培种对海拔高度的要求是不同的(表12-1)。因此，既要考虑它的迁生范围，又要考虑它的海拔等条件，以发挥它最大生产效益。

表12-1 油茶主要栽培种对海拔的要求

物　种	中心分布区(m)	边缘生长区(m)	引种栽培区(m)	生长情况
普通油茶	200～800	1 300	1 890	生长良好结果正常
小果油茶	200～800	1 000	1 250	较好
越南油茶	60～500	1 000	1 250	生长中等
攸县油茶	100～300	850	630	较好
浙江红花油茶	800～1 200	1 400	400	生长中等落果严重
腾冲红花油茶	1 700～2 300	2 800	110	生长中等结果不良
广宁红花油茶	200～400	600	200	生长中等结果不良
宛田红花油茶	300～600	600	200	生长中等能结果
博白大果油茶	200～400	400	200	生长中等结果不良

(三)坡向、坡度和坡位

在山地条件下，土壤厚度、土壤肥力、土壤湿度和各气象要素如光照、温度、湿度等因子均随坡向、坡度、坡位等地形的变化而不同，从而直接或间接地对生长于不同坡向、坡度和坡位上的油茶产生不同的影响。

坡向与太阳辐射强度和日照时数有关。根据太阳对各坡面辐射的强弱，可将坡向分为南坡(阳坡)、北坡(阴坡)、东坡(半阳坡)、西坡(半阴坡)。在一定的坡度范围内，南坡所获得的辐射量比水平面多，其获得的总光量平均为北坡的1.6～2.3倍(阿里索夫，1952)。油茶是一种在个体发育过程中，逐步从半阴过渡到喜光的树种。在幼树阶段(1～5年生)主要是营养生长，对直射光的需要不甚强烈，表现出一定的耐阴性。进入成年阶段(10年以后)，由于大量结果，营养生长与生殖生长交替进行，对直射光的需要十分迫切，如光照不足，对油茶产量影响极大(表12-2)。种植油茶以多结果、多产籽、多出油为主要目的，故造林必须选择阳光充足的阳坡和半阳坡。特别是在峰峦重叠的山区，尤其要注意林地坡向选择，宜选南向、东向或东南向。

表12-2 不同坡向与油茶生长发育的关系

地点	物种	树龄	坡向	坡度(°)	新梢长(m)	发芽数(个)	果数(个)	出籽率(%)	其他
三江古宜乡	小果油茶	32	阴	28	3.24	462	193	60	
	小果油茶	34	阳	28	3.80	520	330	62	
柳州市林场	普通油茶	28	阴	24	5.90	761	134	42	
	普通油茶	28	阳	28	6.00	983	221	42	

(广西林业科学研究所，1960)

坡度是指坡面的倾斜程度。按坡面倾斜度可分平坦坡(5°以下)、缓坡(5°~15°)、斜坡(16°~25°)、陡坡(26°~35°)、急坡(36°~45°)和险坡(45°以上)。坡度除对光照有一定影响外，主要是对水土流失强度影响较大。试验证明，水的流速与坡度、坡长成正比，即坡度越大，坡面越长，径流水的流速也越大，它所带走的泥沙数量也越多。由于土壤受侵蚀严重，使土壤变贫瘠，严重时成为不毛之地。

油茶要经常中耕抚育，在各生育阶段需要对林地土壤进行不同程度的挖垦。坡度越大，挖垦将越加速水土的流失。为了保持水土，涵养水源，油茶宜选择25°以下的斜坡或缓坡造林。

坡位有上坡、中坡和下坡三个部位；从坡的外形上可分凸形坡、凹形坡和直形坡三种类型。凸形坡的水是外排的，坡度越陡，冲刷越严重，土壤越贫瘠，凹形坡多为汇水地，土壤较深厚湿润。在一个山坡上，上坡和山脊多为凸形坡，中坡一般为凸凹相同的复式坡，下城通常为直形坡。坡位的变化，实际上也是光照、水分、养分和土壤条件的生态变化。坡位不同，土壤厚度、有机质积累与含量均存在差异，直接影响油茶的长势及开花结果(表12-3)。生长在山坡中下部的油茶，无论长势、产量等均优于山坡上部。因此，造林地宜选择下城和中坡。

表12-3　坡位与油茶产量的关系

山坡部位	单株平均产量(kg)	速效N(mg/kg)	速效P(mg/kg)	速效K(mg/kg)
山顶	0.73	2.5	3.0	15
中部	2.62	7.0	1.5	20
山脚	6.02	10.0	7.0	20

(卢世品，1980)

二、油茶立地条件类型的划分

立地是气候和土壤等许多外界环境条件组成的复合体。凡影响油茶林分生产能力的自然环境因素，统称为立地条件。同一物种，在不同立地条件下，其生长好坏，产量的高低主要是由于在不同或立地条件下，立地因子的质和量之间的差异所造成的。因此，必须对油茶的立地条件类型进行划分，以便在土地利用上做到“适地适树”，在经营管理上做到“经济合理”，在经济效益方面实现速生丰产、高产、稳产。

对油茶立地条件类型的划分，湘、赣、浙、桂、鄂、豫等省份作了大量工作。中南林学院经济林研究室对湖南省的调查，用逐步回归分析方法，筛选出母岩、坡位和土壤肥力三个主要因子，每个因子又划分成三个等级，共组成27个立地条件类型(表12-4)。在生产中，可根据划分出的不同立地类型，进行相应的造林技术设计，在很大程度上可避免营林工作中的盲目性。

表12-4　湖南省湘南地区油茶立地条件类型表

<table>
<tr><th rowspan="2">编号</th><th colspan="3">划分依据</th><th rowspan="2">立地类型名称</th><th rowspan="2">果数
冠幅预报值(m²)</th></tr>
<tr><th>母岩</th><th>坡位</th><th>土壤肥力</th></tr>
<tr><td>1</td><td>砂岩</td><td>上部</td><td>肥沃</td><td>砂岩发育的坡上部土壤肥沃类型</td><td>25.3802</td></tr>
<tr><td>2</td><td>砂岩</td><td>中部</td><td>肥沃</td><td>砂岩发育的坡中部土壤肥沃类型</td><td>30.3077</td></tr>
</table>

（续）

编号	划分依据			立地类型名称	果数/冠幅预报值（m^2）
	母岩	坡位	土壤肥力		
3	砂岩	下部	肥沃	砂岩发育的坡下部土壤肥沃类型	35.4753
4	砂岩	上部	肥沃	砂岩发育的坡上部土壤肥沃类型	18.2374
5	砂岩	中部	中等	砂岩发育的坡中部土壤肥沃类型	23.1649
6	砂岩	下部	中等	砂岩发育的坡下部土壤肥沃类型	28.3325
7	砂岩	上部	瘠薄	砂岩发育的坡上部土壤瘠薄类型	15.0192
8	砂岩	中部	瘠薄	砂岩发育的坡中部土壤瘠薄类型	19.6476
9	砂岩	下部	瘠薄	砂岩发育的坡下部土壤瘠薄类型	24.8152
10	页岩	上部	肥沃	页岩发育的坡上部土壤肥沃类型	20.0503
11	页岩	中部	肥沃	页岩发育的坡中部土壤肥沃类型	29.9778
12	页岩	下部	肥沃	页岩发育的坡下部土壤肥沃类型	30.1454
13	页岩	上部	中等	页岩发育的坡上部土壤肥力中等类型	12.9075
14	页岩	中部	中等	页岩发育的坡中部土壤肥力中等类型	17.8350
15	页岩	下部	中等	页岩发育的坡下部土壤肥力中等类型	23.0026
16	页岩	上部	瘠薄	页岩发育的坡上部土壤瘠薄类型	9.3902
17	页岩	中部	瘠薄	页岩发育的坡中部土壤瘠薄类型	14.3177
18	页岩	下部	瘠薄	页岩发育的坡下部土壤瘠薄类型	19.4853
19	石灰岩	上部	肥沃	石灰岩发育的坡上部土壤肥沃类型	21.8893
20	石灰岩	中部	肥沃	石灰岩发育的坡中部土壤肥沃类型	21.8168
21	石灰岩	下部	肥沃	石灰岩发育的坡下部土壤肥沃类型	31.9858
22	石灰岩	上部	中等	石灰岩发育的坡上部土壤肥力中等类型	14.7465
23	石灰岩	中部	中等	石灰岩发育的坡中部土壤肥力中等类型	14.6740
24	石灰岩	下部	中等	石灰岩发育的坡下部土壤肥力中等类型	24.8428
25	石灰岩	上部	瘠薄	石灰岩发育的坡上部土壤瘠薄类型	11.2292
26	石灰岩	中部	瘠薄	石灰岩发育的坡中部土壤瘠薄类型	11.1567
27	石灰岩	下部	瘠薄	石灰岩发育的坡下部土壤瘠薄类型	21.3257

（何方等，1983）

三、造林地的规划设计

林地确定后，造林前必须对林地进行规划设计。根据油茶物种品种特性及经营目的不同，油茶造林地规划可分为油茶速生丰产林和油茶种子园的两种类型。规划设计主要内容包括：自然社会经济概况，施工技术方案，经济效益预测等项目。

（一）自然社会经济概况

包括造林地离地条件，气象因素，交通状况，资金的来源及劳动力来源等方面。

（二）施工技术方案

1. 物种选择与经营方式的确定

物种的选择主要是根据经营的目的、立地条件、物种特性来选择的。经营方式应从经营目的和所取得较大经济效益的原则出发而确定。

2. 造林地区划

根据地形和造林面积大小，采用1:5 000比例尺将造林地范围、面积及大区、道路等测绘成图。大区顺其自然，小区面积为20～50亩。大区与小区间要合理配置道路。小区林地两侧，从上至下开设纵坡林道、排水沟，水平方向开设水平林道和横向排水沟，纵横相通，形成一个良好的交通和排水系统，以利经营管理，避免暴雨水灾。在降水量不均，干湿明显的地方，除考虑排水措施外，还应考虑林地的灌溉和蓄水设施，每行开设水平保水沟能起到很好的作用。

3. 种植点的配置和丰产栽培措施

主要内容有造林密度、混交方式和丰产的主要技术措施等。

（三）经济效益预测

1. 生产费用的预算

生产费用包括种子、苗术、整地、造林、抚育管理、果实采收加工和肥料、农药资金、劳力、材料费的开支等。生产费用的预算必须考虑投资的时间价值，应用以下公式进行计算：

$$S = \sum_{i=1}^{n} \frac{1}{f}\left[\frac{C_1 + E_1 K \pm W}{(1+e)^1}\right] + \sum_{i=1}^{n} \frac{1}{f}\left[\frac{C_2 + E_2 K \pm W}{(1+e)^2}\right] + \cdots$$

式中　S——总生产费用；

c——劳动消耗费用（c_1 第一年；c_2 第二年）；

E——单位部门的利润率（国家规定，亦可部门自定）；

f——质量系数；

w——经济上获得的收益或损失；

K——某年度（本年度）生产占用资金量（流动或固定资金）；

E——利率率（在一般情况下国家统一规定时，$E=e$）；

$E_1 K$，$E_2 K \cdots$——某年度平均占用资金量。

2. 生产效益估测

由资金投放到资金回收，需经过一定的时间，油茶生产约15年左右。在这期间，资金的积压会出现由收益小于支出（产生亏损），到收益等于支出和最后达到收益大于支出（产生盈余）的情况。社会生产的目的主要是为国家创造财富，积累资金，讲究经济效益，提高劳动效益。故生产过程中应避免和减少亏损，并在比原计划较短时期内将国家和集体投放资金全部或部分收回。

3. 经济效益的评价

经济效益是由劳动成果与劳动消耗之比来衡量的，即经济效益＝劳动成果/劳动消耗。其比值大于1，经济效益高，如比值小于1，则经济效益低。油茶具有生产周期长，用工多，成本较高的特点。但是，只要加强管理，油茶种后5年便有收益，10年左右进入盛果期，每亩可产油10～15kg，其产值与劳动消耗之比的比值山初期的小于1，而逐渐等于或大于1。中国林业科学研究院亚热带林业研究所经济林室曾对湖南邵东县黄草坪林场的200亩试验山的收支作了核算。这块试验林19年用去的总投资为2.3万元，总收入为49 892元，盈利26 892元。

第二节　造林前的整地

整地是油茶造林的重要环节。通过翻松土壤，加深土层厚度，改良林地土壤结构，提高土壤蓄水能力和通气状况，改善微生物活动条件，提高土壤肥力，为油茶根系的生长发育创造良好的条件。

在山地栽培条件下，整地应与水土保持相结合。据甘肃天水水土保持试验站测定，9°坡较3°坡平均每年每亩地的土壤流失高一倍多。20°坡较9°坡水土流失量高一倍多。养分随着水土向下流动迁移。坡上较坡下的有机质减少0.15%，含氮量减少0.0418%。

整地工作应在造林前三四个月进行，这样有利于土壤充分分化。江西、湖南、广西、浙江等省份群众素有秋季整地。冬季造林；冬季整地，来春造林；夏伏整地，十月“小阳春”造林的习惯，效果较好。

油茶整地方法有全垦、带状和块状整地三种，可根据林地条件，经营水平高低，劳力等情况因地制宜选用。不同整地方式都要考虑水土保持措施。

一、全垦整地

适用小于15°的缓坡，不易造成水土流失的造林地。凡坡度大、土层浅薄以及土壤结构松散的山场不宜采用。

南方山区对全垦整地素有炼山习惯。凡采用炼山全垦的地方，一定要在周围开好8～10m宽的防火线。选择早晨或傍晚无风时机，组织人员做好防火工作，而后由上坡点火。沿上坡防火线烧至一定宽度，再自下方分块点火，直到全部熄灭不见火星时方可离开现场。

凡不采用炼山的全垦整地。可将整地时挖取的树根或砍下的柴茬集中堆放，待整好地以后，集中燃烧，作为肥料。

整地时可顺坡由下而上挖垦，并将土块翻转使草根向上，减少再发能力。挖垦深度视土壤情况而定，一般30cm左右。挖垦后按规定的株行距定点开穴。

为了减轻地表径流，防止水土流失，全垦后可沿水平等高线每隔4～5行行距挖开一条30cm左右的拦水沟。暴雨时可以降低流速，雨后可使贮水渗入土中，增加土壤湿度。全垦整地有利于间种经济作物，获得“一地多用，以短养长”的经济效益。

二、带状整地

适用于旱林地坡度在16°～25°的山场使用，有利于水土保持、也可进行短期间作。整地方式有以下几种：

（一）水平阶梯整地

先自上而下顺坡拉一条直钱，而后按行距定点；再自各点沿水平方向环山定出等高点开带。垦带采取由上向下挖筑水平阶梯。本着“上挖下填，削高填低，大弯顺势，小弯取直”的原则，筑成内侧低，外缘高的水平阶梯，俗称“反坡梯地”，坡面约3°～5°。阶梯内侧挖成深宽各20cm左右的竹节沟，以利蓄水防旱和防止水土流失。

水平阶梯整地应在土层较厚的山坡上修建。修建水平梯地时可先将表土堆于上坡，或分小段修建时将表土堆于两侧，待一段建成后，在梯带的中部开沟或挖穴，将表土挑回填入穴中，应避免将表土堆于下坡，而将苗木栽于心土的缺点。

水平阶整地的梯阶宽度视坡度、造林的油茶物种和营林目的而定。一般生产性的普通油茶林，带基宽度为3m左右。树体高大的越南油茶、广宁红花油茶等可宽一些；树体紧凑、树冠狭小的攸县油茶，可窄些。计划长期间作的可以适当宽些。

水平阶梯整地虽然用工多，却是一种一劳永逸，保水、保土、保肥的整地方式。20世纪70年代初期，浙江、湖北和湖南等油茶产区，修建“三保地”的水平梯地，栽植油茶、间作农作物或生产“三油”(油茶、油菜、花生)，都取得良好的水土保持与增加收益的效果。广西采取先撩壕再进行阶梯整地，是水平阶梯整地的另一好方式。即按造林行距，沿等高线挖掘深30～60cm、宽45～60cm的横山沟，填入表土，再筑成阶梯造林。

(二)斜坡带状整地

即在坡度较陡，土层较浅，易遭水土流失的山坡上采取隔行保留水平草带的整地方式。按造林的行距要求，横山划分水平带，带宽随坡度和造林行距而定。较陡的坡地，每2～3行造林带挖垦一带，缓坡每5～6行造林带挖垦一条宽带。每条挖垦带的下方保留1m宽的非垦带，并将垦带内挖出的草根树桩堆散于非垦带面上，用以拦蓄水土。挖垦的方法与全垦相同，只是每隔一定距离留有一条不垦的草带而已。

(三)块状整地

在坡度较陡，坡面破碎，以及“四旁”宜植树均可采用。先拉线定点，然后按规格挖穴，表土和心土分别堆放，先以表土填穴，最后以心土覆在穴面。此法虽然省工，但因整地范围小，改善林地条件的作用不如全垦和带状整地效果好。

第二节　造林的方式方法

一、造林方式

按造林材料不同，分为植苗造林和播种造林两种。营造油茶种子园、速生丰产林都应植苗造林；在交通不便，造林面积大，坡度较陡，劳力缺乏的地方，可采取直播造林。

(一)植苗造林

用圃地、温室或容器培育的实生和无性繁殖的苗木造林，称为植苗造林。通过人工培育的苗木，一般都具有完整的根系和旺盛的地上部分。对外界环境的抵抗力较强，比直播造林成活率高、生长快，形成树冠也快，并可提早1～2年开花结实(表12-5)。造林的苗木规格、苗龄，因育苗的方法不同而有差别。实生苗营造林以1～2年生为宜，1年幼苗起运和栽植都较方便且省工，但往往因育苗粗放，苗木质量差，造林成活率不高；2年生实生苗根系发达健壮，造林成活率较高。其他无性繁殖的苗木，应该根据苗木的长势而定。总之，用于造林的苗本一定要根系发达，长势旺盛，苗茎粗壮，苗高20cm左右为宜。

表 12-5 不同造林方式的幼林生长情况

造林方式	造林时间	造林条件	地上部分				地下部分			
			平均树高(cm)	平均根茎(cm)	平均冠幅(cm^2)	平均单株结果(个)	主根深(cm)	侧根深(cm)	主要侧根数(根)	全根重(g)
直播	1957年春	东南坡坡度小紫沙土	131	2.47	145	21.4	92	49.0	5	68.0
植苗	1957年秋	西南坡其余相同	156	3.68	150	62.1	81	64.5	7	159.0

(浙江农业大学经济林组，1964)

植苗造林的成活率与苗木本身是否能维持水分平衡有密切关系。试验证明，植苗造林以随起随造成活率高。苗本如经暴晒，成活率显著下降(表 12-6)。为了保证造林成活，需要长途运输的苗木，应适当修剪主根和密集的枝叶，尽量多带宿土或用黄泥浆，然后包装运输。植苗旱林一般不栽隔夜苗，当天栽不完的苗木，应分散假植在阴凉处。假植苗要排得松、埋得深、踩得实，千万不能将苗根暴晒。在条件许可时，最好使用容器苗。

表 12-6 不同造林方式的幼林生长情况

苗木处理	株数	成活株数	成活率(%)
随起随栽	120	100	91.7
苗木晒 1h	88	62	70.5
苗木晒 2h	100	57	57.0
苗木晒 4h	80	26	62.5

(浙江农业大学林学系，1964)

植苗造林季节，主要根据各地气候条件、苗木培育情况而定。一般在雨季或雨季前夕，选择阴天或小雨天气造林为宜。湖南、江西、湖北、浙江等地，春季多雨，空气湿度较大，土壤湿润，在“立春”至“惊蛰”之间，芽将萌动之前造林最为适宜。西南地带，特别是云南春旱严重，不宜春季造林。以夏季雨水充足，油茶夏梢即将抽发之前造林最为适宜，造林成活率一般都可达到 80% 以上。

油茶为常绿阔叶树种，幼苗主根长而侧根少，晴天和旱季起苗造林最易引起苗木失水，导致造林失败。油茶造林成活率的高低，与空气湿度和土壤水分关系十分密切，晴天与雨天造林成活率大不一样(表 12-7)。从浙江临安苗圃的造林试验对比资料证明，在其他条件基本相同的情况下，阴雨天气造林成活率明显高于晴天。

表 12-7 造林天气对造林成活率的影响

地点	苗岭	造林天气	苗木处理	造林时间	调查苗木株数	成活株数	成活率(%)
临安苗圃	2 年生	阴雨	随起随造	1964.3.5	200	160	83.0
		晴天	随起随造	1964.3.12	300	49	16.33
	2 年生	阴雨	随起随造	1965.2.8	286	273	95.47
		晴天	随起随造	1965.2.27	231	159	68.83
	2 年生	雨天	随起随造	1965.1.17	200	142	71.0
		晴天	随起随造	1964.12.14	213	101	46.33
	1 年生	雨天	随起随造	1964.3.5	50	46	92.0
		晴天	随起随造	1964.3.12	100	61	61.0

(浙江农业大学经济林组，1964)

随着生产的发展，近几年，湖南、江西、浙江等地一些地区，提倡和推广十月“小阳春”植苗造林，收到很好的效果。据试验，十月“小阳春”造林具有先生根，后抽梢的特点，从而增强了苗木的抗性，提高成活率。在广东、广西、福建等地，由于冬季温暖湿润，也适宜植苗造林。在相同的年份和季节里，油茶植苗造林最好选择阴雨天气进行，雨前栽植，栽后下雨，不需要淋定根水，且成活率高。

植苗造林根据“三埋一提三踩”的原则，一定要做到栽紧、踏实。平坡大穴，在栽植后要用松土将基茎部分堆成馒头形，防止雨季穴土沉陷积水，造成水渍死亡。苗木定植深度，以超过原圃地根际1～1.5cm为宜。

扦插苗、嫁接苗和容器苗造林的方法与要求基本与植苗造林相同。唯以塑料薄膜为容器的容器苗，在造林时一定要将薄膜破除，以免影响苗根伸展。扦插苗以2年生在十月“小阳春”天气带土造林为好。

（二）直播造林

这是大粒种子一般造林的方法。在整好地的前提下，油茶直播造林以冬、春进行为好。冬播可省去种子储藏手续，播后具有发根早、发芽快、出苗齐、抗旱能力强等优点。湖南、江西、广东、广西、浙江等地，“立冬”前后下种，一般在“清明”前后即长出胚根。在大地回春，水分、温度同步上升的气候条件下，对幼苗生长十分有利。春播宜在“立春”到“春分”期间进行，但种子需要经过湿沙储藏过程。冬播覆土要求稍厚，春播稍薄。陡坡冬播应防止上坡塌土覆盖穴面造成出土困难。播种后最好加覆盖物，既可保持土壤水分，又能防止土壤板结，对种子发芽出土有利。

（三）组培苗造林

利用油茶的营养体在试管中培育出的全苗称组培苗。据试验，用组培苗上山造林，必须严格按下列程序进行，造林成活率才高。

（1）试管苗移植　组培苗的根系在试管中生长到1.5cm左右，即可移植。在移栽前10d左右应将试管放置到塑料棚中，让试管苗经受自然光照和温度的锻炼。而后由试管中移植到蛭石苗床上，每天喷水5～6次，半月左右根系开始生长，小苗逐渐健壮。

（2）容器培育　试管苗经过蛭石苗床培养后，约1～3个月视苗木生长情况而将健壮的幼苗移入配有营养土的容器栽植。营养土由黄心土加化肥配制而成（黄心土pH值5.4，化肥含氮181mg/kg，磷40mg/kg，钾363mg/kg，钙232mg/kg，镁100mg/kg，硫282mg/kg（氮、磷、钾的比值为4.5∶1∶9）。

（3）组培苗造林　6月以后，当苗高达15cm，平均地茎0.3cm展出5～7片叶片时便可造林。

二、造林密度

造林密度根据油茶物种和经营目的不同而有区别。普通茶油以收果产油为目的，一般每亩栽植60～120株左右，过密将出现树冠拥挤导致光照不足而早衰，干枯现象严重，产量必然下降。浙江省常山县林场1959年营造了2亩油茶试验林，每亩286株（1.5m×1.5m），造林后精细管理，实现了2年开花3年结果，5年亩产油5.5kg，但随着年龄增加，由于密度过大，产量急剧下降，于1973年进行密度调整前一年，15年生油茶亩产油仅1.0～1.5kg，失去了生产价值。单位面积栽得过稀，如不实行间作，在幼林生长林内透光度大，林下杂草繁茂，消耗大量土壤养分，对油茶生长不利，同时又增加了抚育用工。由于株数较少，使油茶产量达不到应有的水平。为此，必须因地制宜，进行合理密植，才能实现高产稳产。

合理密植就是使油茶在整个生命周期的生存竞争中，始终形成一个合理的群体结构。这个群体结构，既能保证每个个体的正常生长发育，单株产量高，又能保证单位面积有足够的株数，从而获得较高而稳定的产量。油茶造林密度主要是根据物种生物学特性，立地条件及造林目的等来确定。湖南、江西、广西、浙江、广东等地群众有肥地栽稀，土瘦栽密，山脚栽稀，山顶栽密，缓坡栽稀，陡坡栽密，闻作栽稀，不同作栽密的经验，值得提倡。我国主要栽培种的造林密度(表12-8)，各地可掌握应用。

表12-8 油茶主要栽培种的造林密度 单位：株/亩

栽培种	密度	栽培种	密度
普通油茶	60～120	白花南山茶	41～84
小果油茶	73～166	腾冲红花油茶	41～84
攸县油茶	500～600	宛田红花油茶	41～84
越南油茶	41～84	茶梨油茶	41～84
浙江红花油茶	41～84	南荣油茶	84～160
广宁红花油茶	41～84	昭平油茶	60～120
博白大果油茶	33～74		

每穴种植株数的多少与油茶生长发育的好坏关系密切。据江苏省林业科学研究所1963年试验看出，4年生油茶树高生长量，每穴1株比每穴3株的大3～31cm，比每穴5株的大3～39cm；叶面积平均生长量每穴1株的为多株的1.639～1.642倍；3年生时每穴1株开花为50%，3株的为36.36%，5株的为35.13%。一穴多株的油茶，虽然早期产量高于单株，但随林龄的增加，造成群体密度不断增大，促使个体与个体，个体与群体间的矛盾加剧，导致产量下降。而一穴单株不但有一个良好的群体结构，而且能充分利用光能，可以实现高产稳产。因此，油茶造林应以一穴一株为好。

油茶地上树冠之间的密接程度与地下根群之间的密接情况是相一致的，但通常情况下，地下根群间的竞争早于地上树冠间的竞争。因此，造林时除考虑种植的株行距外，还应考虑种植点的配置，以协调植株地下、地上部分的矛盾。正方形种植的株行距，利于树冠的均衡生长，多适用于较平坦的林地；长方形的种植，行间空隙大，除有利光能的利用外，亦便于机械化操作；三角形的种植多适用平缓的林地，其特点是相邻的植株彼此错开，单位面积株数较正方形排列增加15%。

第四节 经营方式

根据山区特点和油茶生物学特性，经营方式除传统的纯林外，还可实行油茶与油桐，油茶与农作物间种及“四旁”种植等多种经营方式，效果很好。

油茶与油桐混交。主栽树种为油茶，混交树种为油桐中生长快、开花结果早的对岁桐和三年桐。其混交特点是利用三年桐生长快、衰老早的特点，初期有利于油茶的生长发育；7～8年以后，油桐衰败而油茶正开始大量结实，此时砍除油桐，促进油茶生产。从经济效益看，可以达到1～3年收农作物，4～7年收桐子，6～7年以后收油茶。它是一种“三年农、五年桐、七年茶果满山红”的一地多种、连年受益、值得推广的好经营方式。

油茶与油桐混交，应严格按混交方式进行，而不应随意栽植，更不能将油茶油桐同穴混种，否则，必然起到适得其反的效果。油茶油桐混交到一定阶段，当油茶被压或过荫，油茶产量上不去时，应及时砍去油桐，以保证油茶正常生长发育。

“四旁”种油茶也是一种好的经营方式。“四旁”土壤肥沃，光照充足，通风透气，有利油茶生长发育。生长在“四旁”的油茶一般树大冠宽，寿命长，产量高，高产期长，抗病力强。如陕西南郑县杉树湾有一株种植在地埂边的“油茶王”，树龄180年，树高7.1m，地径59cm，冠幅$64m^2$，最多年产果超过200kg，折油13kg，相当于一般水平1亩油茶纯林的产油量。利用“四旁”种植油茶是一种充分利用地力，集约经营的好方式，值得大力推广。

此外，实行林粮间作，以耕代抚，这对促进油茶生长发育，提早开花结果都有良好的效果。

第十三章　幼林抚育管理

油茶造林后到植株普遍开花结果这段时间称为幼林。幼林阶段的长短和立地条件优劣、经营强度高低、油茶物种和品种类型生物学差异有着密切的关系。通常立地条件好，水肥条件优越，集约经营的油茶林投产早；立地条件差，土壤干旱瘠薄，经营粗放的油茶林投产迟。攸县油茶幼林阶段比较短，一般 3～4 年就开始结果，而普通油茶为 5～6 年；越南油茶要 9～10 年；广宁红花油茶是 12～15 年。普通油茶中的岑溪软枝油茶和阳春油茶，都是在南亚热带自然条件下长期栽培形成的优良农家品种，投产较快，3～4 年就能开花结果。

油茶造林后及时抚育管理，创造优越的环境条件，以满足油茶生长发育对肥水的要求，是保证造林成活和早实丰产的一项关键措施。

第一节　土壤耕作

土壤是有肥力特征的一个自然体。土壤耕作，即通过人为的措施，提高土壤肥力，以满足植株生长发育的需要，达到高产的目的。因此，土壤耕作是油茶幼林管理的重要措施。我国南方低山丘陵，土壤以红壤、赤红壤和黄壤为主。由于气温高、降水量多，生物生命活动旺盛。由于矿质强风化，强淋溶，物质转化和迁移作用而具有三大特点：第一，它的成土矿物都经过强烈而彻底的风化，所以土中潜在的矿质养料很贫瘠。第二，土壤的富铝化和高岭化，即矿物风化释放出来硅酸、镁、钙、钾等盐基成分比较活跃，在南方多雨的气候下严重淋溶而损失；而游离的铁、铝氧化物相对的增高或富集，称富铝铁化。第三，这些土壤的阳离子交换量低。交换量是指被土壤黏粒表面负电荷所吸附的阳离子量。亚热带和热带土壤的矿质黏粒既然以高岭土和铁铝氧化物占优势，它的交换量很低，每百克纯高岭石的交换量只有 10～15mg 当量，仅为有机质黏粒的 1/30～1/20。这些土壤有机质很少，交换量极小，保肥作用很弱，这是亚热带山地丘陵土壤的严重缺点。因此，这个地区的红、黄壤除有机质含量很少外，速效磷奇缺（表 13-1）。此外，亚热带土壤中黏化作用是普遍存在的。它对植物生长和土壤改良利用，都有重要的影响。黏化，即是黏粒的迁移和沉淀作用的过程，土壤中的硅酸盐类等黏粒，发生了淋溶，因 pH 值的改变或因溶液中阳离子组成及浓度的改变而发生沉淀，造成土壤密度大，孔隙度小，黏性重，团粒结构差，干旱时容易板结，下雨时容易流失。

油茶幼林阶段主要是进行营养生长以便形成庞大的根系和完整的树体，为进入生殖阶段开花结果作好准备。所以栽后头几年的抚育特别重要。因为油茶从肥水条件优越的苗圃移到林地，根系受到不同程度损伤，幼苗对外界不趋环境抵抗力差。而这时幼苗还没有健壮的根系和粗壮的干茎，生活力很弱，易受杂草侵害。春夏季是幼林生长最旺的时候，也是杂草生长发展最快的阶段，及时进行抚育，既除草松土，又增加了肥料，为油茶幼苗生长创造良好的条件，从而保证造林成活和提早开花结果。

表 13-1　油茶产区低丘红黄壤肥力状况表

地点	土　壤	地形	位　置			土壤厚度(cm)			pH 值	有机质含量(%)	全 N(%)	全 P(%)	全 K(%)
			海拔(m)	坡位	坡向	A 层	B 层	C 层					
常宁	四纪红壤	低丘	128	上	东南	9	70	100 以下	5.1	2.740	0.086	0.088	1.220
	沙砾岩红壤	低丘	145	下	南	8	50	-	-	2.570	0.105	0.114	0.111
	红黄壤	中丘	255	下	东	30	85	-	-	2.720	0.211	0.117	1.374
衡南	四纪红壤	低丘	200	中	南	10	80	100 以下	5.5	3.430	0.213	0.075	0.132
	沙砾岩红壤	低丘	172	下	西	10	45	-	-	2.690	0.086	0.087	2.131
	红黄壤	低丘	141	下	南	19	80	-	-	1.970	0.148	0.101	1.501
衡东	四纪红壤	低丘	200	中	西北	10	100	100 以下	4.7	1.476	0.176	0.954	1.300
	沙砾岩红壤	低丘	80	中	东北	7	100	-	-	3.357	0.186	0.647	0.918
	红黄壤	低丘	180	中	北	14		-	-	1.938	0.180	0.049	0.813
衡山	四纪红壤	低丘	65	中下	东	7	80	100 以下	5.6	2.477	0.320	0.065	1.121
衡阳	红砂土	低丘	238	上	西北	33	80	-	-	0.762	0.276	0.043	0.830
永兴	红壤	低丘	200	下	东南	20	40	80 以下	6	2.700	0.174	-	1.550
安吉	红壤	低丘	50	下	南	15	30	80 以下	5	0.470	0.102	0.026	2.600
毕节	黄壤	低丘	100	中		8	10	30	4.4	4.1	0.54		

（庄瑞林等，1983）

耕作的主要作用是切断土层毛细管，减少水分蒸发，促进气体交换，给土壤微生物创造适宜的生活条件，提高有效养分的利用率，促进幼树生长发育，消灭杂草和减少病虫害。

油茶幼林土壤耕作方式有全垦、带垦和穴垦抚育。根据林地坡度和杂草生长及土地利用的情况，因地制宜采用不同的方式。实践证明，各种不同的抚育方法对油茶幼林的效果不一样。在坡度比较平缓的条件下全垦筑梯地的油茶林，当年新梢长度及根幅分别为局部抚育的200%和132.8%，为不抚育的340%和300%（表13-2）。经过全垦抚育，土壤通气度由8.9%提高到26.3%，密度由1.49降低到1.02，土壤含水率增加了2.0%～3.52%。抚育方法与整地方法的要求有所不同。抚育的要求比较细致，是在原来整地的基础上进一步改良土壤的理化性状。在土层较深厚，坡度比较平缓，不超过15°的林地，适宜套种或间作。坡度比较陡，可带状套种或带状抚育。在水土流失严重及不宜进行全垦，带状抚育和劳动力缺乏的地方，可采用穴状抚育。带垦和穴垦要随着幼树的长大逐渐扩大抚育范围。

凡是头年“小阳春”和当年早春造的林，均可在5～6月进行第一次抚育。南方低山丘陵区，夏季气温高，地表炽热。如果抚育时间不当，方法不妥，容易灼伤苗木，影响幼苗生长，甚至死亡。油茶幼苗根系少，而起苗时主侧根须根均受损伤。当抚育时幼苗的根系刚恢复生长。因此，抚育时在油茶苗四周20cm以内只能松碎表土，不要翻动根际土壤，靠近油茶苗的杂草用手拔除，防止松动或损伤根系，并用草皮土倒覆盖在幼苗周围，这样既可清除杂草，降低地表温度1～2℃，又能增加土壤含水量1%～3%，有效地提高造林保存率和促进油茶旺盛生长。第二次抚育一般可在8～9月间（立秋后）进行，这时幼树新梢开始木质化，大多数杂草刚好结籽，及时除草可减少当年杂草与油茶苗争肥水、争阳光，又可清除杂草种子，减少来年竞争，还可起到抗旱保苗的作用。由于各地气候条件，油茶物候和耕作习惯不尽相同，各地应根据具体情况，确定抚育的具体时间。一般造林以后，每年抚育1～2次。

表 13-2　不同抚育方法的油茶幼林生长的影响　　单位：cm

抚育方法		平均高	平均根茎	平均冠幅	新梢长	根系		
						根幅	支根	须根
全抚	修梯地	20.9	0.3	10.1	8.2	12.5	16	106
	不修梯地	22.6	0.3	10.4	6	12	12	98
局部抚育		20	0.25	8.3	4.4	8.4	7	82
不抚育		18.8	0.2	7.6	2.4	4.3	5	24

（广西柳州沙塘林场，1974）

近几年来，我国推行油茶扦插苗和嫁接苗上山造林。由于扦插苗没有主根，根系分布浅，特别是1年生扦插苗须根纤弱，在高温干旱季节里，抗逆性差。芽砧嫁接苗由于繁殖苗木过程中多次移植，根系受伤，适应外界环境变化的能力亦差。因此，这两种苗应提倡2年生大苗或容器苗在十月“小阳春”造林为好。造林后要特别加强抚育管理，有条件的地方还可引水自流灌溉或喷灌、滴灌。对这类无性系幼林的管理应比实生苗造林要求高些。

不论采用何种抚育方法,都要注意水土保持,防止水土流失。按照林地坡度,选用适合的抚育方法,是保持水土的重要环节。坡地抚育必须水平带状进行,坡面要求平整或内反斜向,在隔一定距离开一条竹节沟。水土流失严重的地方,也可修筑鱼鳞坑,增加截留雨水的能力。合理管理土壤和修筑保水蓄水工程,对油茶生长和形成强壮的树体是十分重要的。

为有效消灭杂草，节省用工，提高管理水平，可根据林地杂草种类和季节合理施用除草剂。油茶林一般以禾本科的黄茅、白茅、画眉草、狗牙草等宿根和1年生杂草为主，也有少量其他单、双子叶杂草。草甘膦是一种广谱内吸传导除草剂，对人畜毒性小，使用安全，灭草效果好。在杂草生长季节用3%草甘膦液或1%～5%草甘膦喷雾，可有效杀灭本科深根性杂草，如在草甘膦液中加乳化剂农乳6201-B或洗衣粉，可提高药液在杂草叶片上的附着能力，提高灭草效果。只要药液不喷洒到油茶上，对油茶是安全的，此外，还可选茅草粘(达拉朋)、拉索(Lasso)、扑草净等除草剂。

油茶造林后，应采取有效措施，禁止入林地割草、扒草、放牧和一切有损油茶幼林的活动。为形成丰产的林分，必须保证单位面积的株数，故造林当年冬或翌春要选用同龄的壮苗对缺株、病株进行补植，并加强管理，使补植苗与林地幼苗均衡生长。一穴多株的要及时选苗定株，只保留一棵生长健壮的幼苗。

第二节　整形修剪

整形是指油茶在幼林前期，通过整形修剪使枝干形成合理的树形，为丰产稳产奠定基础。修剪是在整形的基础上逐年修剪枝条，调节生长枝与结果枝的关系，培育均匀的坚强骨架，以达到速生丰产的目的，整形是互相联系的。整形是通过修剪的方法。培育和调整树冠内骨干枝，以形成良好的树体结构，使冠内枝条有充分生长的空间。但它又必须通过修剪来维持，所以它是相互联系又不可分割的整体技术措施。通过整形修剪，使树体结构能充分利用空间，更有效地进行光合作用，调节养分，防止结果层外移，这对油茶幼林提早结果起到重要的作用。

要达到整形修剪这一目的，必须对各物种的生物学特征、生长结果习性、环境条件和栽培管理技术等方面都有全面的了解，才能做到因地制宜，选定整形修剪技术。油茶整形与修剪是综合性的农业技术措施之一，它必须建立在肥水管理基础上才能见效。否则，单纯强调整形修剪，强度修剪，反而影响油茶生长发育，达不到预期的效果。

幼林应以整形为主，合理修剪对幼树树体可增强新枝的生长，所以只能轻度修剪，尽量多留枝，使主干尽量萌发新梢，扩大树冠，提早结果。

从树体结构分析，树冠的大小与形成快慢是幼树早实丰产，成年树高产稳产的基础。而树冠的大小、形状又与物种、干高有直接的关系，一般高干、冠幅小，结果面积小，产量低；相反，低干、冠幅大、树体矮，结果早、产量高。因为树干低矮，缩短了地上部分与根系的距离，有利于养分吸收和运转。同时，可以减少地面蒸发和管理费用，便于机械化作业。高干种和矮干种的选择应用要因地、因种和当地生产习惯而定。油茶的树型与油茶物种有密切关系，灌木和小乔木型的油茶，攸县油茶，小果油茶中的葡萄茶、龙眼茶，通常没有明显的主干，茎基萌芽力强，分枝角度小，侧枝多而密，冠形狭窄，呈圆柱形或塔形。普通油茶中的霜降种群一般有明显的主干，分枝角度在45°左右，树形大多是圆头形，自然开心形，它有低矮的主干，有良好的骨架结构，冠层较厚，是培育的理想树型。乔木类型的油茶，如广宁红花油茶、博白大果油茶主干比较高，有明显的中心主干，树冠呈塔形或圆头形。这些物种不论实生或无性系造林，由于野生性状明显，分枝角度小，节间长，枝条粗壮，虽然加以人工修剪，仍然顽强地表现乔木状态，不容易矮化。

油茶在幼林时期要轻度修剪，控制徒长枝，疏去细弱侧枝，促进侧枝生长，以形成低矮的圆柱形树冠。小灌木型油茶，植株矮小，要提高单位面积产量，就必须合理密植，增加单位面积树冠覆盖率，才能充分利用光能，达到最合理的群体结构。要实现早期丰产，必须提高初植密度，选用1.2m×1.5m，1.0m×1.5m的规格造林，以后可根据幼林群体生长情况逐渐调整植株密度。

油茶幼林整形修剪时，首先是根据林事活动抚育施肥的方便及将来的机械化作业的需要决定主干高度。主干过低，树冠紧贴地面，通风透光不良，难以形成厚而高大的树冠，也给耕作带来不便；主干过高，树冠和树干高度比例失调，冠体单薄，树体重心上移，以致植株抗风力差，导致结果少，同时采摘也不便。一般来说，油茶主干长到一定高度时，就应按预定的主干高度截顶梢，然后在主干上部选3～4个枝条作主枝，均匀导引主枝向外上方生长，可用支撑捆绑捆作调整，第二年主枝适当修剪、控制长势，使之均衡生长，并逐步培养成自然圆头和开心形的树冠。

油茶萌芽率很强，如果对幼树实行重剪，将会在剪口处萌发大量新枝，消耗大量养分，使树势生长平衡。因此，交叉重叠枝要全部剪去，基部萌生的徒长枝，宜短截控制，密生和细弱枝适当疏去，使养分合理调节。经过修剪的油茶，生理活动显著提高，过氧化酶的活动度、叶绿素含量、碳氮比均高于对照表(表13-3)。

油茶幼树妥善的修剪为幼林速生丰产奠定基础，不仅促进油茶初期生长发育，而且明显影响以后的产量。修剪后，油茶落果率下降，单果重增加。由于修剪调节了花果数量，增加了小年的结果量，缩小了油茶大小年产量的变幅。中国林业科学研究院亚热带林业研究所在浙江武义县林场对幼林修剪试验表明；修剪后的幼林油茶，产量连续8年计算，修剪的比对照高产，自然圆头型高40.32%，自然开心型高5.09%，变侧主干型高13.08%。

表 13-3 油茶生活理性指标测定

树 型	H_2O_2 酶的活动度[mL/(g·min)]	叶绿素含量(mg/cm^2)	C/N
自然圆头形	2.35	0.3113	0.2468
自然开心形	3.25	0.2595	—
变侧主干形	1.8	0.272	—
对照	1.7	0.2528	0.1986

(中国林业科学研究院亚热带林业研究所经济林室, 1978)

修剪的时间以油茶进入缓慢生长期到翌年春为宜，即 11 月到翌年 2 月为好。这段时间气温低，树液停止流动，不会产生伤流，伤口易愈台，同时，还可减少感染病害的机会。由于养分集中，修剪后萌发的春稍一般都比较粗壮。

总之，油茶幼林修剪要因树制宜，随枝作形，剪密留疏，去弱留强，弱树较重剪，强树稍轻剪，促使保留的基础枝萌发良好的新梢。

在方法上要掌握“剪阴少剪阳，剪下少剪上，小空不大空”的原则，全面考虑每个植株的情况，决定修剪程度。

油茶植株在较好的立地条件和良好的栽培管理下，栽种 3 ~4 年就陆续开花结果。但是过早开花结果，必然消耗树体营养，抑制树冠生长。为使树体迅速形成丰产型树冠，集中营养用于抽梢壮枝，未投产的幼林应及时将花蕾抹去。油茶花芽在叶芽基部呈桃形，生长粗壮；叶芽比较细长顶尖，抹去花芽时注意加以识别。人工抹蕾非常费工，在新叶老化，花蕾迅速发育时可施 600 ~800mg/kg 乙烯利作化学抹蕾，经试验有一定的效果。

第三节 间种与施肥

油茶幼林期间，可利用林地间隙种植绿肥、药材、油料等作物，以中耕施肥代替抚育，能有效地抑制杂草灌木生长，提高土壤蓄水保肥能力，改善林间小气候，降低地表温度，提高林间湿度，从而促进油茶幼林根系生长和树体的生长发育，达到速生、早实的目的。林地间作能使培育的植物群落充分利用光能和合理利用土地，创造更多的财富。油茶间作更是以短养长，长短结合，以农促林，以林保农，繁荣山区经济的有效途径。油茶造林后 4 ~5 年才有收益，合理间作短收获期的作物，可提高经济效益，尽快收回营林投资，在经济上是合算的。湖南省攸县春塘有一块 5 年生油茶,由于坚持年年间作花生、黄豆等,油茶树高 2 m,生长旺盛,已开花结果,而相连条件基本一致同时营造的另一块油茶,由于没有间作,5 年生树高仅 40cm 左右,生长不良,成了鲜明的对照。据调查,间作林地油茶植株的氮、磷及蔗糖含量均比不间作的高,氮高 0.37% ,磷高 0.15% ,蔗糖高 0.13% ,这既可改良土壤提高肥力,又使油茶增产,在幼林期间作比不间作产量提高 1 ~2 倍。

油茶幼林间作，主要目的是培育保护油茶幼林，其次才是抓早期收益，因此，间作时要注意在幼树周围留下一定的距离不要栽种，以免妨碍油茶正常生长。间作距树兜的直径，造林初期控制在 50cm 左右；随着油茶长大，根系扩展，间种与树兜间距应逐渐扩大。间作要及时施肥，花生、豆类的茎秆要堆沤还山，绿肥要压青，务必做到以山养山，提高林地肥力。各种降低油茶林地肥力的错误做法都要禁止。

幼林间作要注意选择和油茶没有共同病害、虫害的作物，以免形成新的中间寄主或新的传染病源。

间作绿肥应选耐干旱、瘠薄，生长快、长势旺而适于在酸性土壤生长的作物。紫云英、肥田萝卜、印度豇豆、四方藤、印尼猪屎豆、三叶猪屎豆、印尼绿豆、日本菁等。前后30d就可以覆盖地面，亩产鲜草1 000kg以上(表13-4)。豆科绿肥根系庞大。有根瘤簇生，其代谢活动固定了空气中游离的氮素，给土壤输送大量的氮素和有机质，一亩豆科植物一年固定的氮素相当于30～35kg硫酸铵，除供油茶生长外，还改善了土壤的物理化学性质。割草压青，给山茶施肥的效果非常明显。油茶间作花生、黄豆等作物对林地有良好的覆盖作用，可以防止土壤冲刷，降低地表温度，增加土壤有机质和含氮量有显著的提高(表13-5)。

表13-4 油茶间作的几种主要绿肥肥效分析表

绿肥种类	名称	鲜草重量(kg/亩)	分析部分	肥分含量(%)			每50kg鲜茎叶相当于		
				全N	全P	全K	硫酸铵(kg)	过磷酸钙(kg)	硫酸钾(kg)
冬季草本绿肥	红花草			0.43	0.12	0.59	4.8	1.46	2.06
	兰花草			0.44	0.15	0.31	4.4	1.81	1.28
	满园花			0.29	0.23	0.45	2.9	2.92	1.86
	蚕豆			0.58	0.15	0.49	5.7	1.82	2.02
	豌豆			0.51	0.15	0.52	5.1	1.82	4.14
	油菜			0.46	12	0.35	4.6	1.46	1.56
	荞麦			0.39	0.08	0.33	3.9	6.98	1.86
	苜蓿			0.55	0.11	0.4	4.5	1.34	1.66
夏季草本绿肥	日本菁	1531	茎叶	2.16	0.1926	1.182	24.9	2.34	4.86
			根	1.478	0.133	—	24.1	1.62	—
	印尼猪屎豆	1650	茎叶	2.46	0.1993	1.106	23.46	2.44	4.56
			根	1.464	0.1847	—	14.26	2.26	—
	印尼绿豆	1400	茎叶	1.675	0.1873	0.8048	16	2.26	3.37
			根	1.265	0.1554	—	12.6	1.9	—
	三叶猪屎豆	1500	茎叶	2.66	0.181	—	24.36	1.8	—
			根	1.129	0.1416	—	10.78	1.72	—
	印度豇豆	1400	茎叶	2.642	0.1841	—	25.2	2.24	—
			根	1.579	0.0944	—	15.6	1.16	—
	四方藤	1000	茎叶	1.823	0.2474	1.157	17.4	3.02	4.76
			根	0.795	0.1996	—	7.58	2.44	—
多年生夏季绿肥	紫穗槐	1500	鲜茎叶	1.32	0.36	0.79	12.6	4.4	3.2
	马桑		鲜茎叶	0.51	0.11	0.226	4.86	1.34	0.92
	黄荆		鲜茎叶	0.467	0.21	0.276	4.46	1.6	1.12
	大叶胡枝子		鲜茎叶	0.335	0.083	0.117	3.2	1	0.72
	圆叶胡枝子		鲜茎叶	0.59	0.14	0.75	4.72	1.7	3
	山青		鲜茎叶	0.41	0.08	0.16	4.1	0.96	0.66

表 13-5 间作紫穗槐提高土壤肥力的效果

项目	有机质(%)	全氮(%)	全磷(%)	速效氮(mg/kg)	速效磷(mg/kg)	速效钾(mg/kg)	pH 值	水分(%)
紫穗槐	2.13	0.14	0.076	86	0.8	162	4.8	12.1
不间作	1.09	0.058	0.036	46.6	2	70	4.7	12.9

(浙江省常山油茶研究所，1974)

幼林的间作物宜用短生育期的早熟品种，在干旱季节到来之前就能收获，否则常因不易实施大面积灌溉而减产，甚至颗粒无收。黄豆以早熟的“六月黄”比迟熟的“八月黄”可靠，它避所了干旱的伏天，产量稳定。花生要选择生育期 100～120d 的小籽花生。

目前，我国适合于油茶幼林间作的作物种类很多(表 13-6)。由于各产区的气候条件、栽培习惯和种质资源不尽一样，各地可根据情况灵活选择。凡是植株矮小，枝叶稀疏，不过分荫蔽幼林，地下根幅小，生长适中，吸肥不多的作物或者能提高土壤肥力的豆科植物，都可以在油茶幼林间种。

表 13-6 油茶产区适合间作的作物

适生地区	农作物	绿肥	经济作物
北回归线以南地区	冬小麦、高粱、黄粟、山芋、木薯、荞麦、芋头、花生、黄豆、绿豆、蚕豆、豌豆、竹豆、赤小豆、旱禾等	印尼猪屎豆、大叶猪屎豆、山百合、光萼猪屎豆、三尖叶猪屎豆、紫花灰叶豆、三圆叶猪屎豆、白花灰叶豆、马来亚木豆、印度豇豆、木豆、日本草、巴西苜蓿、桎麻、毛蔓豆、铺地木兰、野蓝靛、蓝靛、无刺含羞草、爪哇葛藤、望江南、柽麻、泰国黑绿豆等	生姜、砂仁、巴戟、蔬菜
北回归线以北地区	大麦、小麦、黄粟、高粱、玉米、荞麦、山芋、马铃薯、花生、油菜、黄豆、绿豆、豇豆、饭豆、泥豆、蚕豆、豌豆、芝麻等	印尼猪屎豆、三尖叶猪屎豆、印度豇豆、四方藤、日本菁、印尼绿豆、草木樨、紫穗槐、胡枝子、马棘、鸡眼豆、博落回、满园花、红花草、兰花草、苜蓿等	生姜、黄花菜、旱烟、凉薯、脚板薯、白术、苡米、太子参、丹皮、田七、附子、党参、垂盆草、香叶天竹、葵等

各种土壤的氮、磷、钾含量及其供应油茶需要的能力是不同的，这除与土壤中含有营养元素的多少有关外，还与气候、土壤 pH 都有很大的关系，如钾在土壤表层(15cm 以外)可能每亩含量达 3 300kg，但大部分以相对的不能为植物利用的形式存在，只有 0.1%～2%的速效钾能被植物吸收。因此，低山丘陵的油茶林施肥更显得重要。

氮素是油茶生长不可缺少的重要营养元素之一，因为它是所有蛋白质和核酸的成分，提高氮的供应水平可以增多叶片生长，有利于光合作用的进行。但氮过多会使叶子具有大而薄的细胞。叶色加深，延长营养生长或徒长，推迟成熟。浙江省安吉南湖林场一块油茶林，大量施放猪栏肥后，结果油茶树生长特别旺盛，叶大而深绿，枝条粗壮，但连续几年不结果，这是施氮肥过多而产生的后果。

磷是主要营养元素之一，是细胞核不可缺少的一个成分，而且也是细胞的分裂和分生组织的发育所必需的物质。磷能促进油茶花芽分化，提早开花结果、促进果实、种子成熟。缺磷时分生组织的分生活动不能正常进行，影响生长，使花芽分化较少，直接影响开花结果。

钾是植物的主要营养元素之一，它虽然不是油茶有机体的组成成分，但在铵离子合成氨基酸和蛋白质的过程中，都起重要作用。因此缺钾后油茶正常生理生化活动便不能进行，表现在叶子未老先衰。钾是土壤中常因供应不足而影响油茶产量的三种元素之一，所以要适当施钾肥。但钾肥过多会妨碍油茶对阳离子的吸收，不利于油茶生长的。

油茶还需要其他元素。钙对分生组织的生长，尤其对于根尖的正常生长和功能的正常发挥是不可少的，缺钙会使根系发育不充分，让其他物质在组织中累积，使植物受害。镁是叶绿素的成分。硫是蛋白质的主要成分，缺硫会使叶子出现黄化现象。此外，油茶还需要某些微量元素，如铁、铜、锌等，虽然需要量极少，但也是不可少的营养。

从研究油茶枝叶中营养的吸收状况看出；第一，春梢中含有大量的有机态氮和速效磷、钾，这是春梢生命力旺盛的缘故。这些类似蛋白质的物质多聚集在生命力最强的部位，以供给细胞分裂和生长发育的需要。第二，在同一枝条上、叶片上，速效钾与硝态氮成正比。钾和磷的含量以幼枝幼叶最高。到6～7月份是花芽分化的盛期，也是果实快速生长期，花芽中速效磷、钾含量高于叶芽和果实，其中花芽中氮、钾较多，果实中磷、钾较多。第三，无春梢的枝条的叶片中速效磷、钾较带春梢枝上的叶片为低，且无硝态氮存在。在增施肥料后，油茶树较不施肥的含氮量高20%，速效磷高140%，速效钾高16%。第四，春梢中速效钙较叶子中低，这主要是由于老叶中的钙不能转移到幼龄叶中，多储藏在老龄组织中。苏联莫斯科农学院A·P·舍斯塔科夫教授（1947）的实验曾证明：钙存在老叶中，幼龄叶中最少。这点与油茶分析结果是一致的。

实践证明，在春梢中，在花芽形成分化及果实生长中，都需要大量的氮、磷、钾元素。通过对油茶营养吸收的分析，可以作为施肥的参考之一，并结合土壤中各种养分的多少来确定如何适当施肥。

造林最初几年的施肥特别重要，因为油茶林地的土壤一般较为贫瘠，肥力很低，如不施肥幼树容易变成小老树。结合中耕给幼林施肥，增加有机质，改良土壤，从而使幼树的根系生长得更好。

油茶林常用肥料有有机肥、无机肥和菌肥三种，有机肥如厩肥（猪粪、牛粪）、堆肥、人粪尿等（表13-7）。无机肥有尿素、硫酸铵、过磷酸钙、钙镁磷、硫酸钾等。菌肥有固氮菌剂、根瘤菌剂等。无机肥料中，尿素含氮量46%，硫酸铵含氮量22%～24%，硝酸铵含氮量32.35%，过磷酸钙含磷量18%～20%，钙镁磷含磷量30%，磷矿粉含磷量20%～28%，硫酸钾含钾量48%，氯化钾含钾量50%～60%，草木灰含钾量11%，复合肥中含氮、磷、钾均在10%～15%。

幼林施肥应以腐熟的有机肥为主，有机肥不仅含有丰富的氮、磷、钾，而且还有其他微量元素，肥效长，对改良土壤结构，提高肥力有确很好的作用，而且来源广，成本低。化肥效果迅速、养分含量高，作为追肥，效果很好。实际上，各地都以农家有机肥为主，速效肥与迟效肥结合，有机肥与无机肥结合，获得了很好的施肥效果。

表 13-7 常用有机肥料中氮、磷、钾含量表(%)

名称	状态	氮	磷	钾
猪栏	鲜物	0.60	0.45	0.50
牛粪	鲜物	0.30	0.25	0.10
人粪	鲜物	1.04	0.36	0.34
堆肥	风干物	1.13	0.48	1.54
泥焦灰	风干物	0.114~0.262	0.06~0.09	0.134~0.158
河泥	风干物	0.27	0.59	0.91
菜饼	干物	4.60	2.48	1.40
棉饼	干物	6.50	2.29	1.63
桐饼	干物	4.78	2.44	0.58

施肥可结合幼林抚育进行，集约经营的丰产林和试验林一年可施肥 2~3 次。根据油茶幼林的生长特性，按生长发育的需要施肥。在冬季施有机肥，它是幼林整个生长期内营养的主要来源。一般每株施农家肥 10~20kg。在早春，春梢萌动之前增施一些氮肥，以供应抽梢展叶和花芽分化、果实生长的需要，可用人粪尿、过磷酸钙、尿素和硫酸铵等速效肥，每株 100~400g，氮、磷、钾的比例，以 2∶1∶1 为好。施肥用干施或湿施均可。如干施则将化肥稀释成水溶液，施入土中或掺入人粪尿中浇施。另外，还可在生长季节根外施化学肥料和植物生长激素，使养分直接被油茶叶片吸收，促使油茶生长发育，通常使用的化肥有尿素和磷酸二氢钾。尿素要选用不含二缩脲的尿素，因为二缩脲会使叶子灼伤，不宜用于根外追施；使用浓度尿素为 0.5%~1%，磷酸二氢钾为 0.1%~0.3%，单独喷洒或混合使用都可以。机动喷雾器人工喷洒要注意使叶片均匀喷到肥料溶液，并在晴天进行，喷后 6h 内不下雨肥料就能被吸收。用 20~30mg/kg 的赤霉素或 0.5~1mg/kg 的三十烷醇喷洒油茶叶片，能增强油茶对氮、磷、钾等元素的吸收能力，增强光合作用，促进根系发达，对促进油茶幼树抽梢发叶效果相当显著。施用三十烷醇的油茶高生长比对照高 16%。

为了及时了解油茶和土壤养分丰缺的情况，亦可用营养诊断法，对油茶幼林和林地土壤作科学分析。及时了解主要营养元素在植株内的含量和林地施肥状况，以便制订合理的油茶幼林施肥方案。在了解油茶和林地缺肥种类和多少后，做到缺什么补什么，缺多少补多少，达到最经济最有效的施肥效果。

第十四章　油茶成林丰产技术

第一节　丰产林的理论依据

实践证明，油茶在一定的条件下是能够丰产的。新中国成立以来，特别是 20 世纪 70 年代以后，江西、浙江、湖南、湖北、广东、广西、福建、安徽、云南等地都先后创造了亩产40～45kg，甚至更高的丰产纪录。大面积丰产的如湖南永兴县枣子村 8 100 多亩油茶，亩产油达 11.4kg，湖南邵东县黄草坪林场毛竹山 200 亩油茶，亩产 27kg；天心亭 30 亩试验林，亩产油 31.75k g，其中 10 亩，亩产油 55～65kg。然而，油茶成林并非在一般情况下都能获得丰产，只有在生态系统、遗传基质、栽培基础、群体结构、管理水平等方面都具备较优越的条件时才能丰产。也就是说，油茶林丰产，必须是一系列有利于丰产的因素的综合结果，根据各地油茶丰产的实践，总结出的理论依据有以下四方面。

一、适宜的生态环境和较好的立地条件

油茶栽培以早开花、多结果、多产油为主要目标。因此，适宜的生态环境和较好的立地条件应该能体现油茶林正常生长发育和速生丰产的性能，在一般的年份有较大的生产潜力。但是，适宜的生态环境和较好的立地条件既包括大的适生分布区域，也包括优越的栽培小环境。从全国来看，油茶适生的范围大，南北分布于北纬 18°21′～34°34′之间，东西分布于东经 98°40′～121°40′之间；垂直分布多是在 200～600m，特别是 400m 以下的丘陵地带，但在 2 000m 左右的地形开阔的云贵高原，油茶亦能正常发育，并获高产。我国油茶分布区最适宜油茶生长的气候条件是；年平均气温 14～21℃，最高日平均气温为 31℃；相对湿度 75%～85%；年平均降水量 1 000mm 以上，且四季比较均匀，日照1 400～2 000h。此外，还必须从生态环境方面和立地条件方面都要满足油茶生物学特性的要求。油茶喜光喜温，故适于温暖、湿润的气候，宜于深厚、疏松、肥沃、排水良好的酸性土壤，在避风、向阳、开阔、日照长的环境中生长发育良好，结果多、产量高。相反，在挡风、庇荫、日照短、易遭霜冻和北风危害的地方，油茶生长发育不良，结果少、产量低。从全国各地油茶丰产林的生态综合分析，都同时具有水、肥、光、温等优势，其小环境在一定程度上能避免风、霜冻等危害。湖北松滋县陈店乡石桥村油茶林场，1962 年营造的 68 亩油茶，1976～1979 年年平均亩产油为 20.7kg，其中有 1.48 亩 1977～1979 年三年平均亩产油 51.5kg，1977 年最高亩产达 68.15kg。另一块 1.1 亩，1976～1979 年四年年平均亩产油 46.5kg，1977 年最高达 67.2kg。该地油茶获得高产的主要原因是优异的气候、土壤条件，集约的经营管理，丰产的群体结构和较好的品种类型。其中土壤和气候这二个生态因子是比较根本的。该地位于江汉平原的西南，长江的南岸，林地靠近猪场，土壤深厚、疏松，肥沃、气候温和，年平均气温 16.5℃，最低月平均气温 4.2℃，极端最高气温 39.4℃，极端最低气温 -10.8℃，无霜期 269 d，日照 1 907h，年降水量 1 252mm。这样

的气象因子，对油茶整个生长发育，都能较理想的满足要求。油茶春梢上花芽分化的多少关系到产量的高低。但花芽的分化必须有适宜的气候条件，尤其是温度和日照的影响更大。当花芽分化盛期的6～7月份，气温在27～33℃，平均日照为11h，对花芽分化最有利。这与回归分析7月份平均气温越低越好，最适气温为25～30℃是基本相一致的。此时松滋县的气温为25～28℃，日照两个月共457.1h，日照时数比湖南株洲多22h，比江西宜春多41h，故该地温度和日照为花芽分化提供了较好的条件，1978～1979年花芽数占新梢数分别为123.7%和136.2%。这是丰产的基础之一。但是花芽前否在花期正常的开放及顺利地授粉受精，从而形成果实，这与花期天气关系很大。油茶开花的适温为16℃左右，要求少雨，过时松滋县的气温恰好12～10℃，花期10～11月的降水量为161mm，11月仅63mm。由于位于长江之边，空气湿度较大，10～11月的空气湿度为79%和81%，比株洲高3%～2%，比宜春高1%，比麻城高4%～7%。由于花期天气晴朗、温暖、湿润，有利于花蕾开放和昆虫授粉，故结果多。

油茶属异花授粉树种，而授粉的媒介主要靠昆虫。但昆虫授粉和花粉萌发生长的好坏，往往取决于当时、当地的天气和环境条件，并直接影响授粉受精的效果。油茶花粉发芽的适温是14～20℃，而花粉管的伸长则以20℃时最快，花粉的开裂适温为15～25℃，8℃以下受到抑制。如花期阴雨、低温、冰冻，则花药不能正常开裂，花粉不能正常发芽和生长，柱头黏液和其他物质被冲淡，因而造成授粉受精不良。如遇低温冰冻，使花器官冻坏萎缩，也失去了正常的功能，造成大量落花落果，严重影响油茶产量。同时，一些生物媒介，如大分舌蜂和各类地蜂，一般都喜温、喜光，在气温15℃左右的条件下访花采粉，活动频繁，为油茶异花授粉起了良好的媒介作用。这也是油茶丰产的重要保证。此外，油茶果实的发育，种仁糖分的转化和脂肪的形成，都与光、温有密切的关系。所以在其他条件相同的情况下，一般阳坡结果多，含油率高，而阴坡则相反。据此，适宜的生态环境，特别是较好的光、温条件，应该是油茶丰产必要的前提。

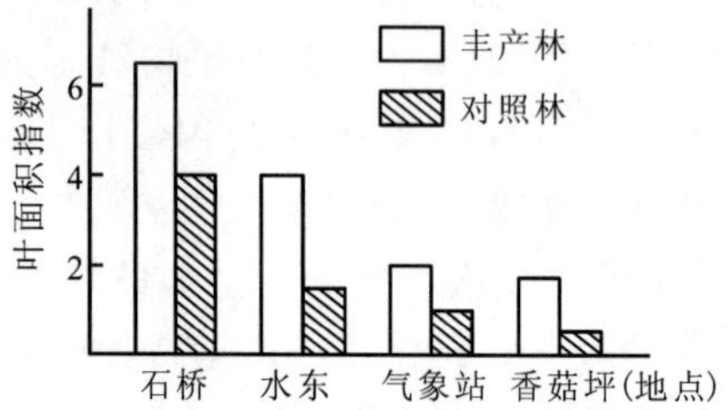

图 14-1 叶面积指数比较图

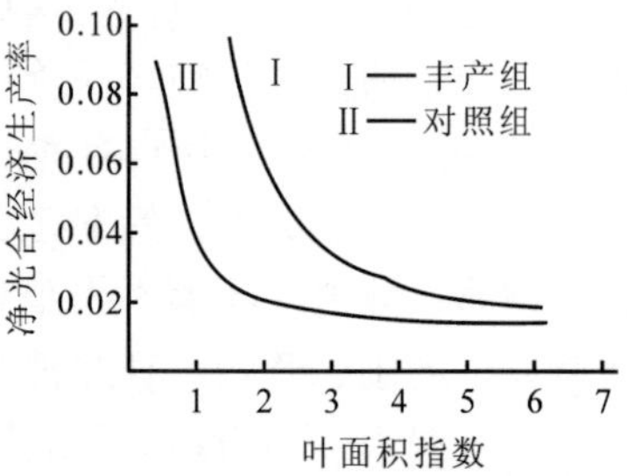

图 14-2 不同类型林分比较图

石桥村丰产林优越的土壤条件是丰产的重要保证，该地为沉积沙质土壤，透水性，保水性好，pH值5.05，海拔135m，地处缓坡，土层深超过100cm，故油茶根系庞大，分布深而广。据1979年冬调查，17年生的一株冠幅1.45m×1.8m，根幅2.4m×2.0m，侧根密集于0.5～0.6m的土层，吸收根总长317m，分布在2.88m^3的土壤内，每立方米有吸收根11 006.8cm。“根深叶茂”，庞大的根系形成了茂密的枝叶，所以这两块丰产林叶面积指数高达5.68和5.25。据研究，生态条件一致，管理水平不同的丰产林和对照林，其叶面积指数相差很大，充分显示了水肥管理对扩大叶面积的作用（图14-1）。一定的叶面积指数，如果净光合经济生产率越高，则群体产量越高。从叶面积指数与净光合经济生产率相关图(图 14-2)中看出，当叶面积指数在 2 ~3 时，丰产林的光合率比对照林高 2. 0 ~ 2. 8 倍，说明了营养条件较好的土壤有利于提高油茶光合效率。因而，叶面积指数比立地条件和管理水平一般的低丘红壤油茶林高 2 ~3 倍。由于叶片是光合作用的主要器官，在一定范围内叶面积指数(LAI)与产量呈正相关(图 14-3、表 14-1)。这说明不同立地条件下叶面积指数与产量有显著的正相关(图 14-3，直线 I)。因为叶面积大小与水肥条件相适应。据相关分析其关系呈现指数函数的关系(图 14-3，曲线Ⅱ)，说明在一定范围内随着叶面积指数的增大，产量大幅度上升，但当叶面积指数大刊到一定值时，产量上升平缓直至停止。因此，立地条件中等，管理水平一般的低丘红壤油茶林，平均亩产油超过 50kg 的理论产量是困难的。

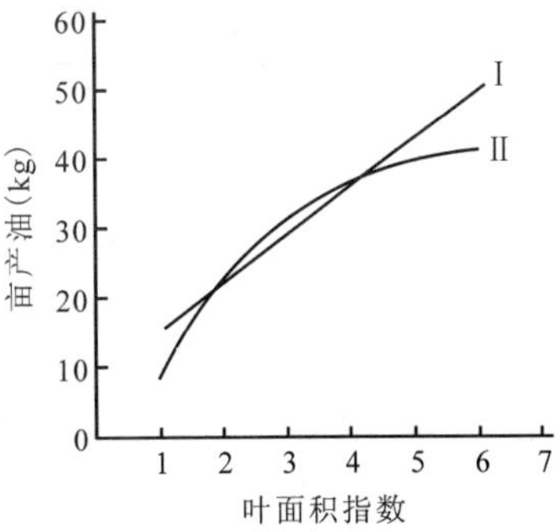

图 14-3　LAI 与产量的回归关系

目前，我国许多低产油茶林，由于立地条件不适，管理粗放，严重缺株，所以个体生长较差，群体株数不足，叶面积指数多在 1 以下。因此只有选良种补缺，提高管理水平，增加叶面积指数，才能提高产量。对立地条件和管理水平一般的油茶林，由于营养物质不能满足需要，导致叶面积指数停止在 2 ~4 水平，使每亩产量徘徊在 1 5 ~25kg。因此，只有进行集约经营，才能较大幅度增产。

由于庞大的根系能吸较多的水分、养分，以满足地上部分生长发育和光合作用的需要；而茂密的枝叶能充分利用光能，以制造更多的有机物质，从而为油茶丰产奠定了良好的物质基础。此外，温暖的环境、深厚肥沃的土壤，适于油茶各种地蜂的栖息和繁衍，土蜂比较多，油茶授粉效果好，产量高。据广东省韶关地区林业科学研究所试验，油茶地蜂集居的林分坐果率可提高 24%。

表 14-1　叶面积指数与产量关系

地名	石桥		香姑坪		水库		气象站		老猪栏	小茶坪	42 亩密林	二队丰产林	移出地	余洪
	丰产林	CK	丰产林	CK	丰产林	CK	丰产林	CK						
产油量(kg/亩)	64. 15	24. 85	49. 75	18. 76	25. 75	8. 85	26. 25	4. 75	30. 75	26. 05	19. 05	29. 90	23. 25	11. 00
LAI	6. 66	3. 97	7. 82	0. 72	3. 91	1. 40	2. 30	1. 01	2. 49	1. 69	2. 12	4. 16	2. 99	0. 86

(康志雄等，1984)

在气候适宜的前提下，土壤肥力对油茶丰产往往起主导作用，其中以有机质含量更为突出，氮、磷、钾含量影响出大。据测定，较丰产的油茶林地，土壤有机质达 2% 以上，氮 0. 1% 以上，磷 0. 02% 以上，钾、铜、锌、铁、锰、钙、镁都较丰富(表 14-2)。

表 14-2　低丘红壤肥力与产量的关系

亩产茶油	有机质(%)	全氮(%)	全磷(mg/kg)	速钾(mg/kg)	速磷(mg/kg)	有效钾(mg/kg)	铜(mg/kg)	锌(mg/kg)	铁(mg/kg)	锰(mg/kg)	钙(mg/kg)	镁(mg/kg)
>25kg	5. 92	0. 25	0. 15	161. 1	7. 4	160	2. 4	2. 75	130	70	1025	115
5 ~7. 5kg	1. 38	0. 12	0. 06	66. 1	2. 6	55	0. 9	0. 4	28	9	100	12
<5kg	0. 84	0. 08	0. 03	46. 6	2. 0	34	0. 6	0. 8	15	10	85	10

(浙江省常山油茶研究所，1980)

二、优良的品种类型

优良的品种类型是丰产的物质基础。但油茶由于长期自然杂交，过去又缺乏科学的人工选择，故形成了大面积良莠不一的混合群体，品种类型复杂，林分、单株之间产量悬殊，劣种、劣株居多，造成油茶林的低产。据各地调查，油茶林中结果少或很少的类型一般占50%以上。浙江安吉南湖林场的油茶林，较好的类型仅31%，产量却占总产的70%，而69%的劣种、劣株，产量只占30%。相反，一般较理想的丰产林，其优良类型都占优势。湖北松滋陈店乡石村两块亩产油超50kg的丰产林，80%的产量在74%的植株上，其优良类型较好的单株比一般林分大得多。贵州望谟县平绕村有块11.35亩速生丰产林，造林后三年，连续获得亩产油19.8kg、20.38kg和20.01 kg。其种源来自该省册亨县秧坝区，该区的油茶林相整齐，生长良好，林内优良类型占2/3，产量较高，造林后2～3年就开花结实，是一个自然选择的优良群体。由于望谟与册亨的生态条件基本相同，造林、经营措施较好，子代林的生长发育能保持母树林的一些优良性状。优良类型占到总株数的70.2%，产量占样地总产量的87.01%。可见，林分中优良类型和高产株的比重，对决定林分产量的高低起相当大的作用。据研究，在林中株间产量差异极大，株产高低相差15倍以上。这种差异，显然与配合力有一定的关系。影响油茶结实的主要是一般配合力，而特殊配合力影响很小。油茶一般亲合力差异极显著，有的植株与其他各亲本交配，其结实率一般都高；有的植株与其他各亲本交配，其结实率一般都低。所以同样条件下，油茶单株间结实往往与亲合力的不同而有显著的差异。同时，反交效应也达到极显著水平，其影响不亚于一般配合力。

反交效应主要是母本的影响。因此，对于一般亲合力和母本效应小的植株进行授粉是不能获得高产的。同时也说明，优良的遗传基质对于子代林的生长发育及其丰产，都有显著的影响。因此，在自然选择的基础上加以人工选择，是非常必要的。而将选出的优良品种类型用以营造新林，则速生丰产的潜力是大的。对于现有成林的劣种、劣株，如长势比较旺盛，用良种进行高接换冠，是大有可为的。湖南邵东县黄草坪林场，在一般的立地条件下，选择良种嫁接换种，4～6年就见成效。较好的单株获得高产油30～40kg，其中一个较理想的单株——天16于1971年嫁接，1977年(嫁接后3年)6株平均冠幅1.5m，共产油2.5kg。1981年5.6亩嫁接圃平均亩产油44.4kg。

我国地大物博，油茶资源丰富，物种、品种繁多，建国以来相继挖掘和鉴定了不少高产优质的物种、品种和优株，如攸县油茶、小果油茶、岑溪软枝油茶等，在适宜条件和加强管理的情况下，都能获得亩产油30kg，甚至50kg以上。如因地制宜地选择利用，则产量是高的。

三、林相整齐和合理的树体结构

群体结构和树体结构是油茶丰产的物质基础。在油茶栽培过程中，如水、肥、光、温、种、管都是具备比较优越的条件，林分能否丰产则取决于上述的物质基础，因为，只有整齐的林相，才能使单位面积上有合理分布的株数，以保证这个群体有足够的生产单位，而在等量和足够株数的前提下，其分布均匀与否又关系到光能和地力的利用，影响到单产的高低。丰产的林分应该是株行距整齐或相对整齐，密度适中，分布均匀；否则，过稀过密或稀密不均都会降低光能和地力的利用，就不可能丰产。

根据各省丰产林相的综合分析，凡丰产的林分，都有相当的株数(一般每亩 60 ~ 120 株)，有较高的叶面积指数(3 以上)，因而就有较大的光合面积。据研究，产量与密度、株高、地径和冠层总体积四个数量指标的相关关系都很密切，即在一定株数范围内，株高与地径、冠层总体积关系极显著，株高越高，地径越粗，冠层总体积也越大，产量也就越高(表 14-3)。在同一油茶林，各个体是相对独立，又密切联系而相互影响。由于大量单株聚集在一起，使群体内小环境的温湿度、光照通气等条件及土壤理化特性，都发生了很大的变化，只有在密度较为合理，叶垂直分布均匀，立体结果群体产量高时，才是群体和个体的协调统一。因此，在相同立地条件下，密度强烈影响到叶面积指数，一般立地条件及经营水平不高的低丘红壤类型油茶林，每亩以 60 ~ 120 株，叶面积指数可达最高值；当密度增大，群体内相互遮荫现象严重，于是在光补偿点以下的下层叶片会出现枯死，从而使叶面积指数必然降低(表 14-4)，图 14-4 叶面积指数的大小可以影响群体内光强分布。随着叶面积指数增大，群体内光强相对的必然大大下降。群体内的相对光强(I/I0 %)与叶面积指数(LAI)进行相关分析，它们呈现指数函数关系(图 14-5)。很明显，当叶面积指数过大时，群体内的相对光强降到补偿点以下，导致下层叶老化枯死。因此，只有处在最适叶面积指数范围内的林分，其群体中的光能利用才是最合理。实践证明，油茶林面积指数过大或过小都会影响群体产量。如果使群体内的相对光强在光补偿点的两倍左右，使下层叶足补偿昼夜呼吸消耗而有余，这时群体的相对光强应是 2.0% ~3.33%，与它相适应的叶面积指数是 4.0 ~5.22，我们将它定为油茶林最适密度最适的叶面积指数。由于经营水平可能在一定范围内影响光补偿点，因此，水肥条件较好的群体可适当高于此值。

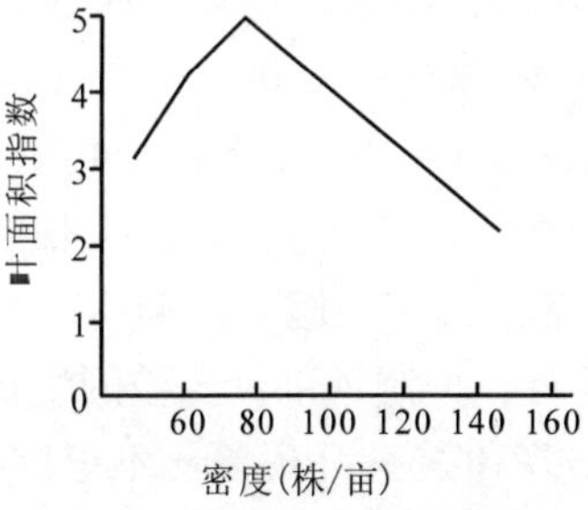

图 14-4　密度与叶面积指数的关系

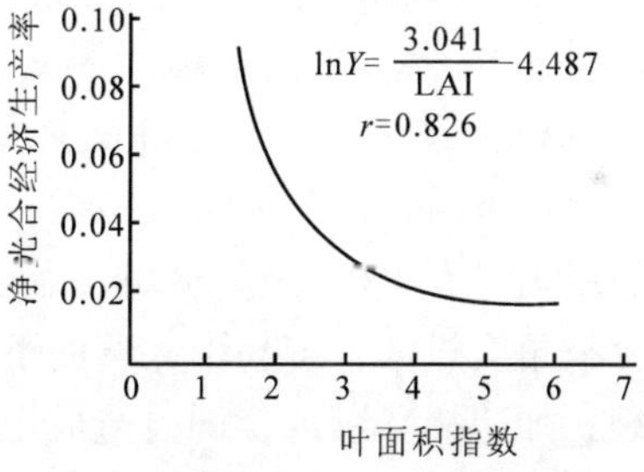

图 14-5　LAI 与净光合经济生产率回归关系

表 14-3　聚类分类后产量与树高、冠层总体积比较

类别	I 类(产量)	II 类(中等)	III 类(低产)
样地数与凝聚点	n = 18 (651.78，190.17)	n = 68 (33.84，130.87)	n = 102 (128.73，84.16)
产量(kg/亩)	16.47	8.42	3.43
排序图中样点位置	上部	中部	下部
密度(株/亩)	129	108	84
株高(m)	2.67	2.19	1.65
地径(cm)	10.72	8.64	6.45
表土层(cm)	8.72	8.16	6.18
冠层总体积	1149.9	572.7	203.9

(熊学军，1984)

表 14-4　密度与叶面积指数关系

地名	移出地	二队丰产林	上方片	48 亩密林
密度(株/亩)	46	61	75	143
叶面积指数	2.99	4.51	5.04	2.12

（康志雄，1984）

作为油茶群体来说，因为有了茂密的枝叶，并且分布较均匀，就能充分占领空间利用光能和地力，以获得较高的光能利用率，从而制造更多的光合产物，以满足油茶丰产的需要。然而，直接影响油茶丰产的是群体中的个体，亦即树体结构。理想的树体结构总的要求是：树冠完整，通风透光，受光面大，结果层厚。但是，由于油茶长期自然杂交和栽培条件的影响，却形成了各种各样的树体。特别是粗放管理情况下，往往造成树体高低参差不齐，树枝疏密不匀，树冠紊乱，甚至残缺不全，这都影响油茶产量，如主干过高，则冠幅小，冠下空，冠内各主枝基部互相挤压，树冠体积和冠表面积都小，所以，结果层薄，产量不高。

一般说矮干形的结构有利于丰产。因为，适度矮干既有利于光能利用，又有利于地上地下部分养分的运送、分配和利用，也便于经营管理，还可避免徒长过多枝干而消耗养分。据湖南永兴县油茶研究所测定，6 年选的 317 株油茶优株均属矮干型。不过，理想的树体结构最主要的还是干、枝、叶分布均匀，且通风透光。然而，对一株树来说，如枝干过分稀疏，虽然通风遮光，但树冠有效容积太少，相应叶面积少，光能利用率低，还是不能丰产。油茶主枝角度大小与通风透光密切相关。主枝角度稍大(基角在 40°～50°，梢角 40°～60°)，则树冠出较开张，受光条件好，侧枝生长旺盛，结果枝组多，树冠多呈现上疏下密，外疏内密。在秋季晴天测定光照强度，冠外 38 000～40 000lx，冠内 8 000～10 300lx,有利于营养物质分配和减少顶端优势。当主枝基角在 40°以下，梢角更为狭窄，树冠出现上密下疏，外密内疏的结构，此时外层光照强度与主枝角度 40°以上相同，但冠内光照强度则只有 1 000～2 300lx，临近于光补偿点状态，成为上饱下饥的树体结构。如果主枝分枝角度过大，容易引起弯曲下垂，影响树液运行，抑制顶部延长枝的生长或引起主枝折裂，加速树势衰老，同时造成主枝侧卧，势必出现树冠杂乱现象。不但削弱树势，而且扰乱树体结构，使结实能力显著降低。

按照油茶枝条在树上着生的状态可分为直立枝、斜展枝、水平枝和下垂枝 4 种。这些枝条种类的比重关系到树体结构好坏和产量的高低。因为油茶主要是长春梢，绝大部分花芽在春梢上分化出来，故春梢发育的好坏和花芽分化的多少，对产量的影响很大。所以在某种意义上说，春梢是丰产的基础。但春梢的数量和质量与树体结构密切相关。据调查，5～6 年生的幼树，尚未出现水平枝、下垂枝，斜展枝占 85%，直立枝占 15%。所以春梢多而壮，树势生长旺盛。当幼树进入壮龄阶段，由于结实量逐步增加，枝、叶、果都往外移，负重增加，部分枝条弯曲下垂。水平枝、下垂枝增加到 1 4.4%，斜展枝下降到 35.6%，当植株衰老时，水平枝、下垂枝增加到 54.7%，直立枝只占 9.7%时，春梢少而弱，生长势显著下降，结实能力降低。由此可见，斜展枝的多少，在一定程度上能反映植株结实能力的高低。因为这些枝条中，直立枝虽然光照时间长，光强也强，但到了夏秋季节，正值花芽分化，果实膨大长油，而光照强度却高达 40 000～70 000lx，最低也有

26 000lx,在相当长的时间里处于光饱和状态。斜展枝由于角度不同光照强度多处于13 100～24 000lx之间，叶背受光亦有2 000～4 000lx，从早到晚都有适度光照。至于水平枝、下垂枝，每当阳光呈垂直角度照射时，光强可达11 000～41 000lx，当背光时，光强度为1 700～22 000lx，叶背光强仅500lx，在光补偿点以下，远不如斜展枝好。从光能利用看，主枝数量不宜过多，否则会造成分枝角度狭窄，枝条直立，各侧枝的叶片互相重叠遮荫。据测定，不同叶层光照强度的透射能力不同：第一层42 000～52 000lx；第二层是12 000～21 000lx,第三层是1 000～5 000lx 。在光照强度上，第三层为第二层的1/5，第二层为第一层的1/3，第三层为第一层的1/16。这说明阳光通过叶后，其透射能力显著减弱。据此，选择分枝角度比较开张的品种类型进行栽培或通过修剪控制枝条的角度以促使枝、叶、果、花芽比较均匀地分布，这对充分利用光能是有利的。岑溪软枝油茶和阳春油茶，树形都比较开展，树体结构有利于产量的提高。

油茶丰产树体结构，除上述各类枝组合理分布以外，营养枝与结果枝的比例也要恰当。一般讲，幼树的营养枝比结果枝多，老树却相反，壮龄树则二者多少不一。但丰产性状好的壮龄树，营养枝多于结果枝，并均匀着生于骨干枝上，因而调节了营养生长与生殖生长的矛盾。在同一枝上，一般一个果要有2～3片叶以上，才能使果实正常生长，有3～4片以上的叶，花芽才能分化，一果一叶常常发生落果，有果无叶连枝条也会死亡。因此营养枝与结果枝要有适当比例，果、叶也要有一定的比例，才能保证油茶正常生长发育，有利于克服或缩小大小年，实现高产、稳产。

四、集约经营和科学管理

加强对油茶林的经营管理，是油茶丰产的重要保证。粗放经营的油茶，生长慢，开花结果晚，产量低，盛果期短，大小年显著，容易衰老，集约经营的油茶，丰产期早，产量高，盛果期长，大小年不太显著。油茶是“勤劳树”，秋冬之间果实成熟，接着开花，具有“抱子怀胎”的特点，所以一年到头生长发育循环不息，需要消耗大量的水分、养分。据分析，结50kg茶果，需要从土壤中吸取氮6. 55kg，磷0. 43kg，钾1. 71kg(表14-5)。而一般油茶林地有机质少，氮、磷、钾含量都低，远远不能满足油茶高产的要求。因此，加强油茶林的管理，实行集约经营，特别是做好土壤管理的前提下，要进行合理的施肥和间作，以保证油茶丰产所必需的水分和养分。

表14-5　油茶生长需从土壤中吸取的养分量

项目	所吸取的养分量(kg)		
	N	P	K
生长50kg的枝叶	0. 45	0. 11	0. 12
结50kg果实	5. 55	0. 43	1. 71
生长50kg茶油	$(NH_4)_2SO_4$ (硫酸铵)47. 16	CaH_2PO_3 (过磷酸钙)48. 5	K_2NO_3 (硝酸钾)209. 1

各地的油茶丰产林，由于坚持集约经营、合理垦复、施肥、间作，故林地肥力较高，土壤中的大量元素除供油茶消耗以外，还存有丰富的氮、磷、钾。湖北松滋县陈店乡石桥村油茶林场两块亩产超50kg的丰产林，在1977和1979年冬进行了土壤分析，除供当年

生长耗外，每亩土壤中还分别“库存”大量氮、磷、钾营养元素。特别是钾的“库存”量相当高。这样丰富的元素，通过根系的吸收，输送到地上部分，形成了茂密的枝叶，从而保证了油茶丰产的需要。该地 19 年生的 68 亩油茶林，1976～1979 年 4 年平均亩产油 46.5kg，最高年亩产达 65.0kg，正是集约经营的丰硕成果。

油茶集约经营的各项措施中，以施肥投资占的比重较大，这是否经济合算，能不能推广应用值得研究。据浙江省常山油茶研究所试验，每增产 0.5kg 茶油则需标准氮、磷肥各 0.5kg。他们于 1978～1979 年两年连续在浙江常山县钘辂村 50 亩试验林试验，每亩肥料费 7.6 元，两年平均亩产油 25.0kg，增产 44.78%，即每亩增产油 7.73Kg。由于施的是有机肥，所施肥料尚未完全消耗。这说明油茶施肥无论增产效果和经济效果都是可观的。如果条件适宜，在林内结合间作适当作物，会更加合算。

采取集约经营，用工、投资较多，在生产上能否推广？这要对林分的投资和收益作具体分析。如果林分在生态环境、立地条件、品种类型、林相和树体结构等方面都具优势，再加上集约经营，科学管理，给予良好的栽培条件，从而获得丰产，而这个丰产林在一定的年份能保持产量相对稳定，并收到较好的经济效益，那么，这种集约经营，不但能够推广，而且值得提倡。广东广宁县下碲寨 5.45 亩丰产林就是一例。1968 年栽植在立地条件较好，选用优良类型，采用带状整地，按 2.0m×2.0m 造林，每亩 166 株。造林当年种木薯及红豆，间作 6 年。间作结束后坚持每年抚育 1～2 次。1979～1980 年修枝整形，抚育成梯，搞“三保”山，进行施肥及防治病虫害，1980 年施肥后全部林地覆盖稻草。因此，林相整齐，树体结构良好，生势旺盛，1974 年至 1979 年年平均亩产油为 31.7kg(13.5～51.1 kg)。1981～1983 年亩产油分别为 20.1kg、23.9kg 和 21.5kg。9 年平均年亩产油为 29.2kg，据 16 年的统计(1968 至 1983 年，包括造林后 6 年间作和历年油茶的收入)，每亩历年的累计收入为 1 027.4 元，成本为 465.91 元，盈利为 561.49 元，平均每年盈利为 35.09 元。

在具备条件的林地，设置喷灌系统，于旱季进行喷灌，是集约经营中值得探讨的问题。据中南林学院经济林研究室及汉寿县林业科学研究所 1980 年在该所四纪红壤上试验，旱季喷灌的油茶老林比不喷灌的增产 27.62% 和 15.17%。通过喷灌，使油茶在“七月干球、八月干油”的情况下获得充足的水分，因而减少落果，从而增产。时间证明，旱季不喷灌的土壤平均含水量 11.95%，为该土类田间持水量的 64.2%。喷一次水的土壤平均含水量为 18.20%，为田间持水量的 65%。喷多次水的土壤含水量为 20.2% 和 18.59%，是田间持水量的 72.14% 和 66.39%。可以认为，油茶生长适宜的土壤湿度，应为田间持水量的 70% 左右。田间持水量的 65% 可作为喷灌下限。即土壤平均含水量为该土类田间持水量的 65% 时就要喷灌。

很明显，旱季喷灌对油茶生理作用是有利的，增产效果是显著的，但是否进行喷灌，要考虑以下几个条件：

(1)设置喷灌的油茶林，必须有较大的增产潜力，包括林相、密度、土壤肥力、年龄和经营水平都较好，使历年总产量的产值能补偿投资，在经济上合算。

(2)有充足的水源，以保证喷灌水分及时供应。

(3)喷灌系统及其有关装置既要考虑省水，又要使喷灌均匀，使最大限度地满足油茶旱季水分的需要，充分发挥其增产潜力。

油茶丰产林的构成，其因素是多方面的综合，但主要是具备适地、适树、适种，加以良种、良法，就能获得高产稳产。

第二节　丰产技术措施

“六五”至“七五”期间，林少韩等承担的油茶丰产栽培课题组，在主产区设立大量标准地，总结丰产技术措施和经验基础上，形成我国第一个油茶丰产林国家标准。油茶成林丰产技术措施，主要做好下列六个方面：

一、土壤耕作

土壤耕作是油茶增产的基本措施，它应该包括垦复、中耕、除草和水土保持等内容。其作用在于：清除杂草、灌木，改良土壤，增强抗旱能力，改变林地环境，增加光能利用，减少病虫害，促进生长发育，提高油茶产量。所以群众说：“当年垦复，头年得利，两年增产，三年丰收”。湖南桃源县泥头山村有一块20亩成林，垦复前1967年亩产油4kg。当年冬进行垦复，1968～1970年亩产油分别为5.0、7.5、11.5kg。土壤管理能使油茶增产，主要原因是调节了土壤水分、空气和温度，促进了微生物活动和有机质的分解，显著地改善了水肥条件。据观测，在干旱季节，15cm的表土层，垦复比不垦复的土壤含水量高5%～10%；30cm深的土层，含水量高10%～15%。垦复的土壤，有机质和有效氮、磷、钾含量，比未垦复的高1倍。林地土层0～29cm处，土壤总孔隙度为77.7%，而29～47cm处，(垦不到的深土)总孔隙度为82.6%。由于土壤条件的改善，促进了油茶地上地下部分的生长发育。垦复后油茶的水平根系总长度为荒芜油茶林的2～4倍，分布深度在10～30cm；而荒芜油茶林的根系细弱，仅分布在10～25cm处。因为垦复后的油茶，根系发达，有效地促进了地上各个部分相应的发展，垦复比未垦复的油茶，新叶数增加21.34%～50.9%，新梢数增加19.63%～44.07%，花芽数增加8.92%～42.30%。

油茶成林大面积增产，垦复是重要的手段。各省在长期实践中，积累了丰富的经验，归结起来，就是因地、因时、因树制宜进行垦复。在地势平坦、坡度15°以下搞林粮间作或荒芜的成林，可用全垦。全垦后，根据情况隔一定距离，沿水平环山作梯土带，外高里低，外缘作土埂，内开竹节沟，达到保水、保肥、保土。对于横行油茶不整齐的，可根据地形作鱼鳞式梯土带，在15°～30°和不搞间作的油茶林，用带垦或穴垦。带垦时挖一带留一带，逐年轮换垦完。超过30°容易引起水土流失的成林，可修山砍除杂草灌木。

在坡度较小、行距整齐的油茶山，最好撩壕垦复，作法是：先全垦，后在油茶行间水平环山挖壕，深宽70～85cm。壕沟覆土逐年完成。第一次覆表土至沟深的1/2，并在沟内种绿肥，绿肥成长后，第二次覆土，埋绿肥于沟内，2～3年内填平壕沟。

油茶垦复中耕，一般冬春进行，但深度应根据情况灵活掌握。做到：冬春稍深，夏秋稍浅；荒山稍深，熟山稍浅；成林稍深，幼林稍浅；平地稍深，坡地稍浅；冠外稍深，冠内稍浅。一般深挖23～26cm，浅锄10～13cm，三年一深挖，一年一浅锄。然而，在生产实践中，深挖和浅锄的周期，应根据林地杂草和树势的情况灵活掌握，既要保证抚育管理及时，又要节省用工，更要注意保持水土。

二、间作施肥

油茶成林的间作，施肥，是促进油茶高产稳产的有效措施：

（一）间作

间作就是在油茶林内因地、因时制宜地间种适宜的作物。油茶林地间作，以种代管，保证了油茶林经常性的抚育管理，是达到一地多用，以短养长，长短结合，熟化土壤，提高肥力，增加收入，促进油茶生长发育的好办法。据试验，一亩豆科绿肥的根瘤菌，一年能固定下来的氮素，相当于30～35kg的硫酸铵。种一亩满园花产鲜草1 000kg，等于11kg过磷酸钙、15kg硫酸钾、9.5kg硫酸铵。湖南长沙县五美乡美新村搞“一地三油”，在油茶林中间作花生、油菜，三种油料，总计亩产达50kg，比没有间作的产量高4～5倍。间作地的油茶亩产保持在10～19.5kg。间作油茶林叶片的氮、磷及蔗糖含量均比不间作的高：氮高0.37%，磷高0.15%，蔗糖高0.13‰。实践证明，在油茶林内进行合理的间作，也达到多收益的效果，因此，在有条件的地方是值得大力推广的。然而，间作要合理，特别要注意选择适宜在油茶林间种的作物，增施肥料和轮作，作物与油茶保持适当的距离。总之，作物的种类和间作的方法均以不与油茶争光、争水、争肥为原则，以促进土壤熟化和改良，达到油茶增产、高产为目的。

油茶成林间作作物的种类，一般以绿肥、豆类为宜，但杂粮、油料、药材等也可因地因时制宜地轮作套种，在坡度较陡的林地，以间作绿肥为主。春播紫穗槐、四方藤（日本草）、猪屎豆、山毛豆、印尼绿豆、饭豆、乌豇豆等；秋播红花苜蓿、苜蓿、满园花等。在比较平缓的林地，间作花生、油菜、黄豆、马铃薯、蚕豆、豌豆等粮油作物。在水肥条件好的地方，还可以种药材等经济作物。

为搞好油茶林的间作，讲求经济效益，还要注意几点：①注意间作林地的选择，不宜搞间作的不要搞，以免浪费资金；能搞间作的要因地因时制宜地选择作物，究竟当地搞什么最合算，而对油茶、作物都有利。②间作作物的选择及其培育方法要适应该油茶林的特点。例如，较疏的林地，阳光充足，宜种豆类、粮食等作物；在水肥条件好、密度稍大的林地宜种平术、砂仁等药材。在夏季干旱较早的丘陵地区，宜选早熟的花生、黄豆等间作，并适当提早播种。③为间作作物创造良好的栽培条件，包括栽植前适当的深耕（注意不伤油茶地上和地下部分）和增施肥料等。④实行轮作，以充分利用地力和提高地力，调节养分和减轻病虫危害。例如，冬种绿肥，夏种花生，或冬种油菜，夏种黄豆，或春种春荠、马铃薯，夏种甘薯穿播进行，在各地都获得较好的效果。

（二）施肥

油茶四季花果不离枝，有“抱子怀胎”的特点，每年都要消耗大量养分，仅靠垦复、间作还不能满足油茶高产、稳产对肥料的配方施肥对油茶成林的影响。

近年来，湖南林业科学研究院陈永忠等的实验结果表明施肥对油茶成林产果均有不同程度的促进作用，9个处理平均冠幅产果量为0.6791kg/m^2，比对照增产34.71%，其中增产最多的达到了58.69%。

通过正式交试验的直观分析结果表明油茶成林产果量的最大影响因子是施肥总量，其次是微量元素肥、施肥频率和施肥配比，并得到N∶P_2O_5∶K_2O，施肥总量因子中是200kg/m^{2}效果最好，在微量元素肥中则是施用Zn10g/株效果最好，在施肥配比因子中则是以N∶P_2O_5∶K_2O为5∶1∶5，最好，所以油茶成林中较合理的施肥配比组合应为：施肥总量（200kg/hm^2）+微量元素肥（Zn 10g/株）+施肥频率（连续三年施肥）+施肥配比（5∶1∶5），施肥总量是最大影响因子，反之说明油茶成林施肥的多少将决定油茶产果量，这正与油茶“抱子怀胎”的生长特点相吻合。

施肥要掌握好几个原则：就是看山施肥，看树施肥，看肥施肥，看季节施肥。一般早春多施点氮肥和适量的钾肥，以促进抽梢、发叶、壮果、保果，夏秋多施点磷肥和适量的氮肥，以壮果、长油、促进花芽分化，冬季多施钾、磷肥，以固果和防寒。看树施肥要分别大小年酌定肥料种类，一般要求大年多施氮、磷肥，以固果和促进花芽分化。施肥的种类、搭配和用量应根据具体情况而定。成林一般每株施有机肥 25 ~ 50kg，混合化肥 0.5 ~ 1kg，火土灰、草木灰 2.5 ~ 5kg。

为了较准确地指导油茶林的施肥，最好事先对不同物种、品种，不同林地作植株的营养诊断，确定施肥的种类和分量。油茶营养诊断，江西省赣州地区农业科学研究所等单位摸索了氮、磷、钾、钙、镁、铝、锰、铁的速测方法。我们通过进一步的实践、摸索、验证比较准确的方法以后，就可以选取有代表性的林分和植株，作各种元素的测定，并根据测定的结果，具体确定林分和植株的施肥种类和用量。

施肥的方法，应根据油茶水平侧根有明显提升和吸收根多集中在侧根尖端的特点，一般采取沿树冠投影内缘挖深宽 30 ~ 40cm 的环状断沟或穴，然后施肥，再覆土。以后逐年更换位置，适当加深和加宽施肥沟，以促进油茶吸收根层的增加和发展。在坡度较大的地区于树的上方挖半月形的沟，以类似的方法进行施肥。但在比较平坦、土壤已经熟化、肥力较高的林地，油茶在整个根幅范围内都能萌发须根，施肥用放射式的方法，即在树冠投影下从树干到树冠边缘之间等距离挖沟，施肥后覆土。在有条件的地方（主要是水源方便），特别是实行集约经营的林分，还可进行根外追肥和喷射生长激素。据试验，喷射 2% 的过磷酸钙，可同时加 1% 的硫酸铵或 0.5% 的尿素，或 10mg/kg 的赤霉素，或 20 ~ 50mg/kg 的萘乙酸，能减少生理落果 3% ~ 14%，对油脂转化、提高含油率也有一定作用。这种方法节省肥料，油茶吸收较快，四季均可进行，但以春夏更为适宜，最好连续使用 2 ~ 3 次，每次间隔数天。

油茶施肥方法和技术，还要注意几点：①掌握肥料性能，不要随便混施。如过磷酸钙、硫酸铵等酸性肥料，不要与草木灰、火土灰或石灰等碱性肥料混施，以免丧失或延迟肥效。②宜以农家肥为主，适当配合使用化肥，使林地土壤结构良好。③施肥与垦复、中耕、修剪结合起来，并做好水土保持，以充分发挥肥料的作用。④施用过磷酸钙经过堆沤与有机肥混合使用。⑤高温、干旱或多雨的季节不宜根外追肥或喷射激素，否则，会发生反渗透，导致枝、梢、叶的枯萎，或者失去或降低肥效。⑥人畜粪要腐熟后才能施用。

油茶成林大面积施肥目前尚有困难，但为实现油茶高产稳产，必须逐步解决肥源问题。首先是茶枯还山，绿肥上山，以及挖山埋青；其次是积极创造条件，增施农家肥料，合理利用化肥和菌肥。

三、调整林相

林相是否整齐，关系到光能和地力的利用，也会影响油茶的产量和质量。然而，现有大面积的成林，不是过稀、过密，就是分布不均匀，缺株相当普遍，林相极不完整。据调查，在立地条件、品种类型、栽培措施大致相同的情况下，每亩油茶株数多的 200 多株，少的 30 ~ 50 株，同样达不到高产。因此，调整密度、改造林相是提高单产的重要措施。

成林的密度应根据物种、品种、立地条件、经营水平、经营方式、林龄等因素综合分析，根据林分现状加以调整。密的适当间伐，留优去劣，疏的以良种壮苗补植。不论间伐或补植，都力求分布均匀，株行距整齐或相对整齐。普通油茶一般每亩保持60～120株，其中岑溪软枝油茶、阳春油茶等矮冠型的保持80～140株。越南油茶每亩保持40～60株。攸县油茶每亩保持400～500株。

四、修枝整形

油茶成林的修剪，包括修枝和整形。修枝是除去多余、无用或有害的枝条；整形是整理或调整树形。

通过适当的修剪，使油茶树体结构良好，通风透光. 养分集中，病虫减少，促进油茶生长发育，充分利用空间，使树冠上下内外立体结果，达到高产稳产。

油茶修剪的方法，应根据树形、树势、经营水平以及物种、品种生长习性灵活掌握。修剪成林以疏删轻剪为主，主要修去过密枝、下脚枝、重叠枝、病虫枝、干枯枝、寄生枝、衰老枝和徒长枝。一般成林修剪的要领是：浓密的适当重剪，稀疏的轻剪；树冠下部和内膛适当重剪，树冠上中部和外缘轻剪；生长势弱的适当重剪，生长势旺的宜轻剪。

修剪的季节以冬春为宜。这个阶段气温低、湿度小，树液流动缓慢，病菌活动弱，修剪伤口不易感染，容易愈合。果实尚小，修砍不易落果，此时花芽尚未化分，适当修剪，可以多萌发春梢，多分化花芽，多开花结果。

修剪的步骤是：先剪下部，后剪中部；先剪树冠内部，后剪树冠外缘。总的要求是：小空、均匀、通风、透光、增加光能利用，增大结果体积。

修剪注意的事项：①每次修剪的强度不宜过大，以免过多消耗养分和削弱光能利用。②油茶花芽多集中分布在枝梢顶端，故宜疏删，不宜短截。③修剪要与垦复、施肥、间作和防治病虫害等措施配合，以便尽快恢复树势，形成较理想的树体结构。④修剪的切口要平滑，因此，根据枝条不同部位和大小，分别用刀、剪、锯结合的方法修剪，但修剪工具要锋利。⑤修去的病虫枝尽快搬出林外妥善处理，最好烧毁。⑥修剪后要加强树体管理，及时除萌、抹芽、以防养分分散和干扰树形。

五、培育土蜂

油茶是异花虫媒授粉树种，自花和风媒授粉坐果率低，仅0～3%，异花授粉的坐果率一般也只有20%～35%。坐果率的高低与授粉昆虫的多少成正相关。因此，充分利用和保护有益昆虫，提高油茶授粉受精效率，是促进油茶增产的又一重要措施。据调查，浙江常山、安吉等县多蜂的油茶林比少蜂的坐果率高7%～20%，产量高出29.8%～113.6%。广东省韶关地区林业科学研究所采取保护胡蜂及其他昆虫，使坐果率从20%提高到33%，而人工辅助授粉的坐果率达60%～80%，引放油茶地蜂的坐果率比原来提高24%。

在油茶林中，授粉昆虫有蝇、蚁、虻、蛾、蝶、蜂等40多种，其中授粉效果最好的是土生野蜜蜂。这类蜂分布广，数量多，抗性强，在生理、生态、生活和繁殖等方面能适应油茶林环境和油茶开花授粉的特性。在野蜜蜂中，以大分舌蜂、油茶地蜂、坟地蜂、湖南地蜂为好。有些蜂种，如人工饲养的意大利蜂和中国蜂，虽有传粉作用，但由于油茶花蜜浓度大，皂素多，蜜蜂群采蜜后易发腹胀、腹泻、烂籽，雄蜂增加，削弱蜂群的现象，使放蜂受到影响。最新研究证明，通过对蜂群喂试人工配制的解毒灵，已获得很好的成果。目前，正在江西、湖南推广，试验效果很好。

土蜂之所以能为油茶传粉、提高产量，是因为它们在活动中要采大量的花粉，以制造蜂粮，为后代备饲。在采花粉时，将不同植株的花粉进行频繁地传递，起到多次多花混合授粉的作用。大分舌蜂是油茶授粉较好的蜂种，一只成虫在一个月内要从2 000～6 000朵花上采集0.6亿～1.4亿粒花粉，而一株冠幅9m^{2}左右的壮年树，开花4 000朵以上，这样，在林内平均每株树有1～2个大分舌蜂，授粉媒介就基本解决。

培育土蜂首先要调整它们的分布。目前，各地油茶成林的土蜂分布不均匀。在土层深厚、排水良好、避风隐蔽、山凹中部的梯埂上，适合大分舌蜂营巢，每平方米地面有蜂孔20～30个(浙江省南湖林场12中队)。而油茶地蜂每平方米多的达400个(湖南省永兴县枣子村蜂窝坪)，但不适合营巢的地方，连一个蜂孔也没有。为了充分利用土蜂，发挥其传粉授粉的作用，应调整它们的分布，有计划地放养，并创造条件使土蜂在新区安家落户，繁育开来，以促进油茶高产稳产。

为了充分利用土蜂，必须精心培育土蜂，注意做好几点：①保护好土蜂，土蜂在10～11月下旬羽化出土，这时，不要在油茶林内熏烟烧火或喷洒农药。②招引土蜂筑巢，土蜂巢一般在60cm下的土层，垦复对它们没有影响。在没有土蜂的林地，可通过垦复、筑梯田、挖竹节沟、埂上挖马蹄坑，以招引土蜂筑巢。③引放土蜂，在无蜂区，于适宜地点在梯埂壁上或土壤疏松的树冠下挖坑、洞，在其壁上打宽1～1.5cm，深30～40cm的引蜂孔，然后引放已交尾的雌蜂，每孔一只。每50亩集中引放30～50个孔，3～4年后就能满足油茶授粉的需要。黄泥土的林地，宜引放大分舌蜂，红壤土的林地，宜引放油茶地蜂。同时，掌握在土蜂羽化前期大量捕捉，及时引进新区，以帮助其繁殖。

插花小罩法是定点引放油茶地蜂的新方法，操作简便，效果好。定点筑巢率一般在60%以上(比吹送法高1倍，但用工省一半)。引放步骤和方法是：

(1)选择土壤深厚、松软的地段，挖表土，使成20～30cm深的土坑，坑底浇透水(一般100cm×60cm×30cm的土坑浇水约30～50kg)。待坑底吸干水后，把表土打碎，填入坑内，耙平整细，适当踩实。每坑泼面水30～50kg，使碎土层充分湿润，但不要搅成糊状。

(2)按约每头蜂1朵花的比例，剪取正在开放、泌蜜的油茶花枝，插于盛满清水的试管，小瓶或湿土中。花瓶、试管埋入碎土内。

(3)用3～4条竹片在土坑上弯成弓形，两端插入土中，然后罩上尼龙窗纱(孔眼1mm)，将朝光的三面(背光一侧不压土)用细土压实，作成长80cm、宽50cm、高20cm的半圆形小罩。白天将背光一侧打开，让蜂自由飞入。放蜂后，立即用细土将罩边压住。每个罩约放蜂100头。放蜂后3～4d，于清晨撤除小罩，残存花朵仍然保留。

这种方法效果好的原因是：①为油茶地蜂筑巢创造了适宜的条件，特别是保证土壤水分和疏松，是地蜂筑巢的必要条件。据观察，在土壤板结、坚硬、干燥的情况下，地蜂难以筑巢。所以，在自然情况下油茶地蜂总是选择土壤比较湿润、疏松的地方筑巢。据测定，旱季表土含水率不低于13%，底土含水率不低于26%。②为地蜂提供足够的食料，维持其正常的生命活动能力。同时，插花小罩法对于用吹送法引放不易成功的某些蜂种(如湖南地蜂)，也可达到部分定点筑巢的目的。

油茶林放蜂亦是一项有效的增产技术。湖南省林业厅经济林处于1985年开始，在油茶林中进行放蜂试验。当年在4个县放蜂700多箱；1986年在17个县放蜂6 000多箱，面积近 2 500 多亩；1987 年又在产区 5 个县放蜂 10 000 多箱，面积达 10 000 亩以上。每年进行各项试验测定和总结。据经济林处放蜂小组测定，放蜂丰富了冬季蜜源，提高坐果率达 23% ~40%，增产一倍以上。每朵茶花的流蜜量可产蜜为 0.28g 左右，一棵油茶如开花5 000朵，其流蜜量可达 0.6 ~1.5 kg，一亩茶林可产蜜 48 ~52 kg。同时，一箱蜂，一天还可收集到花粉 60g，每千克花粉价值 100 ~120 元。油茶花粉中，氨基酸丰富总量达 23% 以上，其中亮氨酸、赖氨酸、异亮氨酸等八种氨基酸含量更丰富；微量元素如锌、硼、镁、锰、钙、铁、硒等丰富，尤其锰含量更是普通植物的 10 倍，锌是 5 倍；在维生素含量中，烟酸含量高达 11.7%，对维护人体皮肤健康和加强神经系统功能都十分重要。如平江县黄发春同志放蜂 30 群，共收茶蜜 600 kg，平均每群蜂收蜜 20 kg，获得了较好效益，深受群众欢迎。

六、防治病虫

油茶病虫危害较普遍而严重，造成大量蕾、果、叶的脱落或干枯，甚至全枯死亡。据观察，油茶落花落果率达 70% ~80%，其中病虫害引起的约占 1/3。必须采取有效措施，积极进行防治。油茶病虫害的防治，应贯彻防重于治的方针，采取以营林技术为基础，与生物，药物防治相结合的综合防治措施，力求“治早、治小、治了”。主要抓好四个方面：

(一)加强经营管理，改善环境条件

病虫害的发生、发展与树势林相和环境关系密切。油茶炭疽病老残林发生严重，在高温、高湿季节蔓延最快；煤病、软腐病在雨多、湿润的季节和环境发生严重，象鼻虫多栖息于密林。因此，在防治的策略上，应创造一个有利于油茶生长发育的环境条件，以增强树势，从根本上提高抗病虫害的能力；同时形成一个不利于病虫害滋长和蔓延的环境条件，以减少病源、虫源，并抑制其发展。这样，在抓好土壤管理和改造林相、树体的同时，还要注意改善林地卫生状况。对于严重的炭疽病历史发病株，宜砍除烧毁。油茶尺蠖以蛹、象鼻虫以幼虫在土表越冬，冬季深挖有好处。施肥要注意用量和搭配，过多施氮肥易感病，适量搭配磷，钾能提高抗性和产量。

(二)抓好检疫工作，选育抗病品种

生产用种子实行检疫制度，严防带病种苗调进或调出。对于更新造林用的种苗，要选用高产、优质、抗性强的品种类型，特别宜选用抗炭疽病的单株，用以育苗造林。此外，还要运用各种育种手段，培育更理想的新品种，逐步更替劣种和劣株。

(三)保护利用天敌，进行生物防治

生物防治经济有效，副作用少，值得大力推广。煤病多由介壳虫和蚜虫引起和传播，保护和培育黑缘瓢虫、火红瓢虫等天敌，能抑制介壳虫的繁衍。从而减轻煤病的危害。油茶尺蠖可利用寄生蜂、寄生蝇、菌类、鸟等防治，如苏云金杆菌、杀螟杆菌、白僵菌、姬蜂等，防治效果均好。又如炭疽病可在花期用芽胞杆菌进行防治，也有一定效果。

(四)掌握病虫规律，及时进行防治

防治病虫害，首先要掌握其发生规律，才能抓住薄弱环节，适时有效地采取措施，起到事半功倍的效果。炭疽病的病源，主要在树上带病的器官中越冬，通过风雨和昆虫的活动而传播。因此，要注意清除病源，冬季垦复修剪，深挖、深埋或烧毁带病的枝、叶、蕾、芽和果实，同时要防虫，尤其注意防治带菌传播的象鼻虫、金花虫。还要抓住时机，在发病前和发病盛期进行药物防治。象鼻虫有假死性，在成虫大量出现时，可摇树震落捕杀，老熟幼虫出果入土越冬时，用土晒坪晒果，幼虫入土后用药杀灭，或在稻田晒果，待幼虫入土后引水灌田，淹死幼虫。

第三节　低产林的改造

低产林是与高产林相比较而存在的。各地低产林划分的标椎不一，若以林分生产潜力段有发挥或没有充分发挥来衡量，那么，目前我国油茶低产林的面积是相当惊人的。

低产的原因是多方面的，但不同地区，不同林分的原因有所不同。据各地油茶林分的综合分析，一般都不同程度地存在荒、老、残、疏、密、杂等问题，即：荒芜已久，年龄过老，残缺不全，疏密不匀，林相紊乱，品种混杂，生势衰弱，都影响了油茶的高产、稳产。而问题的焦点是管与不管或如何分别情况妥善管理的问题。因此，对现有成林应根据不同情况，逐步加以改造。

低产林的改造，总的作法是：综合治理，分别对待。因为我国油茶成林面积大，范围广，林分情况不一致。所以，在改造的做法上应该首先摸清底子，然后综合分析，加以全面规划，采取分类经营，从而确定与各类低产林特点相适应的改造措施。

(一)第一类：林龄一致、有株行距的成林

这类林主要是加强土壤管理，适当修剪，增强树势，争取较大面积的增产。

在立地条件较好，品种类型较优、林相比较整齐而密度不大的成林，可以施肥或间作，以便发挥原有基础的优势，获得高产稳产。

对于一穴多株的，可酌情逐步间伐，留优种去劣种，并适当修剪。每次间伐的株数和最后保留的株数，以少影响当前收益和减少劣种、劣株比重为原则，从而使冠层加厚，结果枝增多，达到高产、稳产。

(二) 第二类：株行距不均、疏密不匀、林龄不一的成林

这类林在我国占很大的比重，情况错综复杂，故应分别类型，逐步改造。

(1)改荒山为熟山　目前，各省油茶林荒芜的面积，至少占总面积一半以上。大面积的荒芜，是造成低产的重要因素。如能及时、合理垦复，大面积增产很快见效。但必须因地、因时制宜地采取与地形、地势、土质和经营方式相适应的垦复方法。

对立地条件较好、林相较整齐、密度较稀、阳光充足、地势平坦的成林，除垦复、修剪外，可间作和施肥，以争取较大幅度的增产。

(2)改混生林为纯林　在混生林中，油茶为主的，应砍除乔灌木，挖去树蔸，以良种壮苗补植，并加强管理，改为通风透光、密度均匀的纯林。

(3)改密林、疏林为密度适中林　密度应根据地形、地势、立地条件、物种品种、经营方式、经营水平而定。但以适中、均匀、充分利用地力和光能为前提。对株行距整齐而过密的成林，可酌情隔行或隔株逐步间伐。对株行距不整齐而过密的成林，可按预定的株行距水平环山垦复成带或梯，带或梯上的油茶保留，带梯外的油茶逐步砍除。对于间伐行或间伐株的好树，可以暂时保留，分批淘汰，对于保留行或保留株的劣树，如无保留价值，则一次挖掉，以优株大苗或较有希望的幼树补植，对于有保留价值的劣株，(如长势仍旺盛可作砧木者)，可采优树枝条，实行高接换种。

在林间空地大的稀林，则按规格化的要求，定点补植良种壮苗或移植幼树。栽植点上原有的好树保留，差的砍掉或换冠，空的补上。

(4)改老残林为新林　分三个类型分别对待：①品种类型较好、株行距较均匀、生长势不过于衰老的低产林，可用截干萌芽更新或用火烧萌芽更新。此法省工，2～3年就开花结果，恢复产量快。广东韶关市林业科学研究所火烧萌芽更新的油茶林，经全垦后当年萌条高50～70cm，第五年冠宽2m，亩产油7.8kg。浙江省常山、青田、文成等县，多数用这种更新方法，先将林地进行火烧(但要严格做好防火措施)，然后沿油茶树茎部5～10cm处截断，第二年有90%的伐根萌发新枝，第三年开始结实，5年亩产油10kg左右，比原来高1倍以上。②品种差、林相乱而尚有一定产量的林分，可选育良种壮苗，实行定点预栽，碰在点上的老残株或劣株砍除，不在点上的老残株分批砍去。但预栽的幼树必须保证必要的阳光，其上方遮光的老树枝条务必砍除，侧方庇荫的枝条需适度修剪，以利幼树茁壮成长。最好用3～5年生的大苗带土移植造林。③病虫严重、植株稀疏不齐、生产能力极低的成林，则全砍、全垦，良种化、规格化重新造林。此外，对于老、中、青三种油茶并存的林分，可以采用自然交替更新的方法，即在衰老株周围已有结实的新株时，可逐步将衰老株砍去。此法简便易行，对产量影响较少。

(5)改劣种为良种　油茶林中劣种，劣株不少，严重影响高产稳产，应分别情况逐步改造。在密林，结合调整密度，去劣留优；在生势较旺盛的成林，采取良种高接换冠或萌芽条嫁接良种，在老残林，结合老林更新，选育良种壮苗重新造林。

采取嫁接育苗更新造林及嫁接换冠，宜用多系配置，选取系间亲合力高的配组进行混系造林或配系嫁接换种，以获得成果率高的效果。但是注意选用适合当地的农家品种，通过试验，也可选用适于当地的外地良种。

(6)改低产树体为高产树体　按照油茶修剪的原则、方法，根据林分植株的特点，采用适宜的修剪技术，改善油茶树体结构，形成枝叶均匀、通风透光、结果面大而厚的好树冠。

(7)改粗放管理为集约经营　油茶成林产量的高低，决定于造林、经营的水平。要求油茶产量高而稳，管理就不能粗放，应该根据需要和可能，分别类型和情况，确定适宜的方式方法，逐步为良种化、园艺化、规格化创造条件，进而达到集约经营高产、稳产的目的。越来越多的实践证明，只要实行油茶林的分类经营，采取集约经营方向是大有可为的。

由于低产林改造效果好，林业部于1984年分别在湖南衡东县4 000亩低产林和湖北麻城市的5 200亩低产林中进行低产林改造，通过实施以后到1989年各地组织验收时，衡东县的产量，由改造前的亩产油4.02kg，改造后验收时亩产油为19.9 kg，为改造前的4.7倍。麻城市改造前为亩产油3.5kg，到1989年验收时为亩产油15.3kg，为改造前的4.3倍。同时，林业部又在湖南的常宁、来阳和永兴三个重点县又实施油茶更新改造15万亩，低产林改造9万亩，经过实施改造技术措施以后，更新改造林生长良好，低产林改造由1984年改造前的亩产油4.02kg，到1989年验收时达到亩产油20.24kg，为改造前的5倍。1988年以后这三个县产区群众自发进行低产林改造，辐射面积达80万亩。

1990年，国家和林业部又在湖南、江西、广西、浙江、福建和湖北等6省实施油茶低产林改造工程二期，面积为200万亩，获得了很大幅度的增产，效果较好，尤其是采用高产新品种和优良无性系大树换冠改造的低产林，3～4年形成树冠，生长良好，结果累累，增产潜力更大，获得显著的经济效益和社会效果。`

第四节 现有林的分类经营

一、分类经营的目的和意义

油茶分类经营就是根据各地油茶林的具体情况，综合分析各种因素，(包括地形、地貌、土壤、林相、群体结构、生产潜力，原有产量以及当地社会经济条件等)划分不同类型，提出不同经营方针、经营强度和管理方法，为经济、有效的经营油茶，大面积提高单产提供科学依据。

我国油茶分布于16个省(区)，地跨亚热带和热带，总面积达5 200万亩。在这辽阔的油茶产区，由于自然条件、社会条件、栽培历史、经营水平等不同，故油茶林的情况变化复杂，形成了种种不同的类型。这里，有林龄一致、有株行距的成林，也有无株行距、疏密不匀、林龄不一的成林；有集中连片大面积的造林，也有小块状或零星、分散的栽植，有生产潜力较大的壮林，也有产量极低或潜力不大的老残林，有集约经营的高产林，也有荒芜已久、管理粗放的低产林，有纯林，也有混交林，有品种类型较好的林分，也有品种类型混杂、良莠不一的林分。据此，从经济、有效地经营油茶的目标出发，对于各种不同情况的油茶林进行分类经营，加以区别对待是非常必要的。

由于各地油茶林的情况不一，在经营管理的做法上应首先摸清底子，全面规划，分类经营，从而确定与各类油茶林特点相适应的经营方法。否则，不因地制宜去采取经营措施，就会造成生产上的损失。据调查，广东省连县山塘，大路边两个乡，植被稀少，气候高温干旱，林地土壤贫瘠，水土流失严重。但当地习惯历年采用全垦，结果单产不高。这两个乡油茶林实收面积共34 757亩，1977～1981年亩产油徘徊在1.65～4.6kg，五年平均亩产油2.95kg，九陂、清水两个乡实收面积共18 629亩，由于采用因地制宜的抚育管理方法，注意水土保持，故同期亩产油达7.25kg。当然，这两个乡的油茶林自然条件稍为优越，也是单产较高的原因之一。然而，缩小到一个小范围来分析，油茶林的群体结构、地形、地貌、土壤质地、管理水平、群众习惯以及社会经济情况，都是有差别的。只有针对当地林相、林地的主要矛盾，采取正确的经营措施，才能事半功倍。连县清水乡清水村有15亩壮龄林，采取每年夏季全面铲草，水平作带的管理措施，1980～1981年平均亩产油12.3kg。该乡天明村205亩成林，虽然老林占90%，但用类似方法坚持抚育管理，连续多年获得较高的产量。抚育每亩用工3.5个，包括收果、晒籽、检籽每亩总共才7个工。总之，用这种措施经营油茶比较省工，并能较大面积保证油茶林经常性的管理，又不致引起水土流失，是经济合算的。过去有些地方经营油茶，缺乏经济观点，过分强调搞“高标准”，但标准一高，若不按照分类经营的原则去搞，在实践当中势必造成“高投资”，就算产量较高，但投资过多，经济上不合算，在生产上是推广不开的。清水村有550亩油茶，60%以上是老林，虽然新中国成立以来年年坚持抚育，但由于林分生产潜力太低，亩产油仅2.35kg。据此，油茶分类经营的目的，应该是运用经济的观点，园地制宜地确定合理的经营措施，以期用不太多的投资，在较短时间内获得较大的经济效果。

讲因地制宜，分类经营，并不排除经济合算的投资。对于有生产潜力的林分，采取适当的投资，获得较大的增产，仍然是合算的。据浙江省常山油茶研究所试验，1957 年营造的油茶林，原来 1 ~ 2 年抚育一次，亩产油一般 5kg 左右。1972 年以来，每亩每年施氮、磷肥各 5k g，并每年抚育一、二次，自 1973 ~ 1979 年平均每亩年增产油 5. 15kg 以上，如果能在良种选育方面加以改进，则增产潜力更大。

实践证明，油茶林实行分类经营，其经济效益是可观的。浙江常山县黄塘村 3 678 亩油茶林，过去经营比较粗放，2 ~ 3 年才劈山抚育一次，一般亩产油 2. 5 ~ 3. 0kg，后来实行分类经营，对土壤条件较好的低山油茶林，进行挖山、铲山和间作施肥，一般山地的油茶林采取 3 年一深挖，每年或隔年一浅铲，远山、高山、陡坡和土层较薄石头山的油茶林，则实行劈山抚育。这样，经过几年的经营管理，丰产年可比原来产量提高了 1 ~ 2 倍。该县新昌、芳村乡实行分类经营的 44. 4% 村，丰产年平均亩产油 10kg 以上，高的亩产油 17. 5kg。

二、分类的原则和依据

油茶林分类的目的，在于确定正确的经营措施。因此，分类的方法应该是从实际出发，面向生产，充分分析本地区有关因素和特点，使分类经营既有科学根据，又简易可行，既注意技术措施的先进性，又考虑生产推广的可能性，尤其要有明确的经济观点。这是油茶分类经营的总的原则。

至于油茶林分类经营的依据，是一个错综复杂的难题。但要分类，就得提出分类的科学依据。也就是说油茶林应按照什么标准或指标来划分类型的问题。据此，就有必要用一系列的指标进行综合分析，比较客观地反映出各种不同类型林分的生产潜力。

控制油茶林生产潜力的因素是多方面的，每亩株数多少及其分布均匀的程度，树冠大小、冠层厚薄及叶面积指数高低；立地条件和小气候的优劣；品种类型好坏的比重；病虫害危害的程度和衰老株的多少，等等，都会影响油茶林的单产。但是，在这许多因素中，能直接反映生产潜力、并影响较大，又便于用数量指标衡量观测的是每亩株数和叶面积指数。这两个方面基本上能反映出林分大体上的轮廓。广东省连县具有较高生产潜力的油茶林，都是林相比较整齐，每亩 80 ~ 100 株左右，而且冠宽叶茂，叶面积指数在 3 以上。相反，低产林，老残林每亩虽有一定株数，但枯枝多，叶量少，叶面积指数极低，仅 1 以下。湖北、浙江等地高产林的情况也大体相似。那里高产林，叶面积指数是 3 ~ 7。湖北松滋县陈店乡石桥村油茶林场两块亩产 100kg 油以上的高产林，叶面积指数为 5. 25 和 5. 86，郁闭度均为 0. 9，每亩 160 株。可见，反映油茶林生产潜力的指标，密度和叶面积指数是非常主要的。因为每亩株数的多少及其分布均匀与否，决定了每亩生产单位的多寡和地力利用的大小，而叶面积指数的高低又决定在地力利用基础上光能利用的程度，从而形成生产潜力的大小。所以，一般来说，油茶根深叶茂与结果累累是辩证统一的。但是，上述两个因素中，单纯每亩株数的多少，还不能决定林分的生产潜力。因为密度大致相同的情况下，由于立地条件和管理水平不同，叶面积指数差别很大，连县九陂乡爱民村水岩头一块 40 年生的油茶林，每亩 80 株，叶面积指数为 2. 3，亩产油 14. 8kg。而该乡白石村屋背一块同龄林，每亩 100 株，管理大致相同，但土壤干旱贫瘠，叶面积指数 0. 8，亩产油 2. 05kg。

至于长期荒芜的油茶林，有些立地条件不差，每亩株数不少，但因荒芜太久，树龄过老，已基本丧失了生产潜力。如连县清水乡龙池村冷水塘一带的老林，已荒芜20多年，虽然立地条件较好，每亩80株左右，但杂草灌木丛生，老残及严重病虫株占69.4%，植株普遍枯梢，叶面积指数只有0.32，亩产油一般年不到0.5kg。这块林不但反映了叶面积指数与生产潜力的相关性，而且说明尽管立地条件好，但群体基础差，就没有多大的经营价值。所以对于立地条件好的油茶林，还必需具备林相比较整齐、密度比较适当、生势比较茂盛、叶面积指数较高，才有增产能力和经营价值。

油茶林郁闭度的大小，一般能表达树冠大小和土地利用率的多少，但还不能反映出光能利用率的高低，特别是单株株叶面积指数的大小，这不可能成为划分类型的重要根据。连县西岸乡一块油茶林，每亩102株，林中空地占40%，但因长期间种作物，以种代管，以农促林，油茶普遍生势旺盛，枝叶浓密，树冠层厚，叶面积指数达3，1982年亩产油10kg。

油茶林内品种类型的组成，是分类经营值得重视的因素。据全国各地高产林分的分析，明显的劣种较少，优良的类型较多。然而目前各地划分油茶品种类型的标准，方法不一，在实践中不容易掌握。不过，根据地区特点，通过进一步的调查，鉴定和选择利用优良品种类型是非常重要的。

论述油茶林密度、叶面积指数与生产潜力的相关性，并不是主张凡是每亩株数多、密度大、叶面积指数高就越好。因为这两个因素超过了一定的限度，就会形成过分的营养生长，或造成枝叶过密，交叉重叠，反而影响光合作用，导致枝、干、叶徒长，因而结果不多，出油率也会降低。

总之，对于油茶林类型的划分，应该从多方面加以综合分析，但必须抓住影响较大，控制能力较强的主要因子。

三、具体类型的划分及其相应的经营措施

尽管各地油茶林的情况错综复杂，但从经济、有效经营油茶出发，我们抓住对生产潜力影响较大，控制能力较强的主要指标(如每亩株数、叶面积指数、老病残株比例、郁闭度、立地条件、优良品种类型比重等)作为分类的根据，综合划分为几个大的类型，以便在生产实践中应用。根据我国油茶林共同的特点，大体可划为四个类型，提出相应的主要经营措施(表14-6)。

表14-6　油茶林分类经营综合表

主要指标 类型	每亩株数	叶面积指数	老残病株(%)	郁闭度	立地条件	优良品种类型(%)	主要经营类型	备　注
Ⅰ	80至160	3以上	10以下	0.7以上	好或较好	50以上	实行集约经营，因地制宜做好水工措施，如水平梯土、竹节沟或环山沟、鱼鳞梯等；修枝整形；施肥或间种绿肥；防止病虫害；良种壮苗补缺蔸等。有条件的以良种优株搞嫁接换冠	如每亩少于80株，但叶面积指数2以上亦划入此类，林子空地多的可长期间作或以良种壮苗加密

续表

类型＼主要指标	每亩株数	叶面积指数	老残病株(%)	郁闭度	立地条件	优良品种类型(%)	主要经营类型	备　注
II	50以上	1.5以上	40以下	0.6以上	较好或一般	50以下	加强管理，因地制宜坚持抚育；用良种壮苗补缺蔸和适当增加密度；一般性的修枝；重点清除严重病虫株，并更替之	如其他指标较好，仅密度小而影响叶面积指数者，可加大密度并以良种更替劣株，加强管理，争取上升为I类林
III	40以上	1以上	50以上	0.5以上	一般或较差	50以上	一般性的抚育管理，补植和适当那个增加密度。陡坡易引起水土流失的林地宜穴垦或带垦，开环山沟，留出生草带不垦	
IV	40以下	0.5以下	60以上	0.4以下	差或一般	50以下	立地条件稍好的烧垦或全垦，重新造林，原有生产潜力的植株保留。立地条件差的封山育林或选适当树种造混交林	此类林多属长期荒芜，基本丧失生产潜力的老残林

表14-6说明：

(1)老病残株是指树体各个器官显示明显衰老特征，病虫危害严重，或残缺不全，基本失去生产能力的单株。

(2)立地条件的划分相当复杂，为便于现场观测鉴别和应用，立地条件好坏的分级主要以土层深浅、表层腐殖质土厚薄、土壤疏松或紧实、地被物繁茂或稀少、水土流失程度等综合衡量。

四、分类经营中值得注意的几个问题

油茶分类经营是一个新课题。过去对这方面研究不深，而各地油茶成林的情况错综复杂，故目前难以提出较完善的科学分类方法，在实践当中必然会遇到一些困难，所以，对于分类经营的应用，我们要注意如下几个问题：

(一)按生产潜力划分类型与林分、林地实际情况的关系

把一定的投资花在生产潜力大的林分是值得的。但按生产潜力划分类型就比较笼统，不能完全反映出当地林分、林地的特点实际及其存在的主要问题，也就难以“对症下药”，从而制定更切合实际的经营措施。例如，上述按生产潜力划分的四类林当中，Ⅱ、Ⅲ类林应该是占大多数，而这大部分的油茶林中，都有疏林和密林，陡坡和缓坡，一穴单株和多株，有同龄林，也有“几代同堂”，有株行距和没有株行距，都涉及经营方法和措施。因此，在以生产潜力划分类型的基础上，是否再按林分、林地的特点划分更细的类型，以便根据不同特点的类型，制定相应的经营技术措施。这种划分比较复杂，但生产上比较实用，这是今后应努力的方向。

(二) 分类经营与原来单位面积产量的关系

若以区别生产潜力为主要目标去划分油茶林的类型，对于原来林分单位面积的产量，固然是一个直接参考的重要依据。但是，在林分、林地等基础大致相同的情况下，管与不管或管的方法、水平不同，单产大不一样，所以，光以原来单产作为分类的依据仍然不能客观地透视油茶林分的生产潜力。同时，油茶林大小年产量变幅很大，而各地油茶林能准

确、系统掌握历年单产的不多，况且各地油茶林的基础、立地条件和经营水平不同，单产就有差别，甲地Ⅰ类林的单产，不一定等于或接近乙地Ⅰ类林的单产。因此．在划分类型时，原来的单产可以作参考，但还不是唯一的依据。

然而对于有些林分，如果原来历史比较清楚，在综合分析各种引素的前提下，以原来单产和预产作为分类经营的参考，也是可以试行的。据1980年8月在昆明召开的全国油茶学术讨论和科研协作会议讨论，曾提出油茶成林分类经营的三个大的类型：

Ⅰ类林——生产能力较高、亩产油10kg以上、劳力充足的地方，实行集约经营，要求5年左右平均亩产油25kg，最高超50kg。验收面积至少5亩。

Ⅱ类林——生产能力一般或较低、亩产油5~10kg、劳力可以解决的地方，实行中上水平的增产措施，要求5年左右平均亩产油15~20g，最高年达25kg以上。验收面积50亩以上。

Ⅲ类林——生产能力低或较低、亩产油5kg以下、劳力困难的地方，实行一般管理，要求5年后平均亩产油7.5~10kg。在立地条件较好，劳力尚可解决的地方，加强经营管理，使之上升为二类林；对于立地条件不好、林相组成差、增产潜力不大的，可量力进行改造或作“小秋收”处理。

(三)按生产潜力划分类型与大地形，大范围的关系

按生产潜力划分林分类型，往往局限于小地形、小范围。但是生产实践当中，从全局考虑经济投资时，就有必要着眼于大地形、大范围的分类经营。以广东省连县为例，全县可以按大地形大体上划分为三个类型：

(1)较好类型　九陂、附城、清水三个乡，立地条件较好，优良品种类型较多，林相比较完整，长势比较旺盛，群众有经营油茶的习惯和经验，是该县生产潜力较大的类型。据此，按理应优先授资，加强管理。充分利用地方优势，更好地发挥油茶大面积增产的潜力。

(2)较差类型　山塘、大路边乡，立地条件较差，优良品种类型较少，林相不够完整(稀疏林多)，水土流失严重，是该县生产潜力较差的类型。对此类型，更要因地制宜，避免千篇一律的经营方式，而且要考虑如何将投资、劳力用在较有增产潜力的林分，以获得应有的效果。

(3)中间类型　该县其他乡属此类型，同样有必要综合规划分类经营，讲求实效。

(四)分类经营与投资重点的关系

各地油茶林的情况错综复杂，而各类林的生产潜力大小不一，因此，如何用不多的投资或同样的投资去获得较快，较大的经济效果，这就是经济投资的方向和重点的问题。要讲究经济效益，就应该优先保证基础较好、潜力较大、Ⅰ、Ⅱ类林较多的地方，适当照顾其他，既考虑大地形、大类型，也考虑小地形、小类型，才能把资金、劳力比较集中地用在潜力大、基础好的地方。

(五) 分类经营与多种经营、立体经营，增加经济效益的关系

所谓立体经营，是近几年来以油茶生产为主体，把多种经营项目有机地结合在一起，形成一个多效益的生态系统。它是在原来“一地三油”、间种套种、多种经营的基础上，发展起来的更为完善、更为科学的经营形式。油茶立体经营也是油茶低产林改造工程综合技术措施之一，其目的是充分利用地力，挖掘潜力，做到“一地多用”，“一地多油”，使油茶生产向深度和广度发展。立体经营的实质就是在一定的油茶林地面积上，采用油茶与

林木、灌木、草本植物、食用菌等结合，在时间、空间、品种上最大限度地利用地力和空间，从而取得最大经济效益。它在时间上要求长短结合，它在空间上要求高、矮结合，品种上要求合理搭配。

1. 经营效益

(1)立体经营使林地植被多层次结构，增加了地表覆盖。减少土壤水分蒸发，有利于保持水土，涵养水源。

(2)间作套种能增加耕作层深度，加速土壤熟化，改良土壤结构，有利于微生物活动和有机质的分解，提高土壤肥力。特别是套种豆科作物，由于根瘤菌固氮作用，效果更为显著。

(3)立体经营使油茶林产生多层次现象，各种植物对太阳光波长的吸收，在光合作用强度和有效时间上都有不同，因此产生了良好的反映，使光能得到充分利用。

(4)立体经营改变了目前油茶生产绝大部分是单一的生产体制，多层次的立体林业体系充分利用土地空间，是综合治理山区的有效措施。

2. 经营方式

多年来，油茶科技工作者和产区群众对油茶立体经营方式进行过许多科学试验和生产实践，并已取得不少成果和成绩，积累了丰富的经验和教训。目前，油茶立体经营方式主要有以下几种主要类型：

(1) 油茶林间种油菜、黄豆、芝麻等油料作物　浙江龙游林场在浙江省林业科学研究所科技人员的指导下开展了“三油”基地建设，1979 年 200 亩“三油地”产油茶 2 050kg，套种油 5 100kg，平均亩产油 35. 8kg。1980 年套种油茶 180 亩，收获 12 425kg，折油 3 852kg，平均亩产菜油 21. 4kg，茶油 14. 5kg，两种油合计产油 36. 3kg。1981 年套种油菜、黄豆、芝麻，平均亩产油 41. 5kg(其中茶油 10kg)。

常山县新昌乡黄塘村 3. 25 亩油茶林，长期套种农作物，冬种油菜，夏种番薯，1981 年产菜油 91. 41kg，亩产茶油 28. 1kg，加上油茶产量，亩产油达到 43. 1kg，番薯干每亩 194kg，粮油双丰收。

(2) 油茶林间套种番薯等粮食作物　浙江文成县碧溪有 550 亩油茶林，其中 100 亩小块状套种的传统习惯已有 100 多年历史，每亩油茶 30 ~ 40 株，郁闭度 0. 4 左右。利用林间大小空间不规则地套种以番薯为主的粮食和蔬菜作物，亩产番薯干 150 ~ 180kg，茶油 7 ~ 8kg，据 1984 年核算亩效益 60 ~ 80 元，而后这种经营方式发展到 350 亩。

(3) 油茶林间套种西瓜、黄花菜等经济作物　常山县林场大坞分场 5 千米林区 70 亩油茶林，1986 年套种西瓜，亩产西瓜 1 300kg，茶油 11. 5kg，富阳万市和常山林场大坞分场，在油茶林带、边缘套种黄花菜，亩产黄花菜 25kg 以上，产值 110 多元。

(4) 油茶与茶叶混交　常山林场大坞分场与 1987 年营建 20 亩油茶与茶叶混交林。油茶为 25 年生实生林，株距 3m，行距 5 ~ 6m，每亩油茶 30 ~ 40 株。在油茶行间挖小撩壕整地，壕内每米施垃圾或土杂肥 50kg、过磷酸钙 1kg 作基肥，以密植型直播方式营建茶叶林。混交林建成后，对茶叶集约经营，油茶肥水条件相应得到改善，油茶长势迅速转旺，加上行间宽、光照充足，油茶结实量明显增加。同时油茶对茶叶的适度遮蔽，恰好适应茶叶耐阴的特性，茶叶生长也很好。1986 年结合推广油茶优良无性系，将原有油茶高接换种。1987 年进入盛产期，收茶青 5 590kg，产值 4 472. 40 元(茶青按每千克 0. 80 元计算)；1988 年收茶青 6 407kg，产值 5 125. 20 元；1989 年收茶青 5 224kg，产值 4 179. 60 元；1990 年收茶青 4 890kg，产值 3 914. 80 元。4 年平均亩产茶青 276. 5kg，产值 221. 20 元。高接换种后的油茶 1989 年开始投产，1990 年产茶蒲 1 839kg，折油 113kg，亩产茶油 5. 5kg，产值 39 元。两种作物合计每亩为 260. 20 元。其中油茶产量与同类纯林相比，提高 1/3。而且随着树体增高，树冠增大，产量还将继续上升，增产潜力较大，预计 1992 年亩产油能达到 13kg 以上。此外，在南部的一些省份，如福建，有油茶—菠萝—巴西红豆等经营模式，效果也很好。

3. 合理搭配

目前油茶林立体经营获得成功的类型大多是油茶与灌木、草本类混交和套种，油茶树体较高大，灌木、草本植株矮小，混交或套种后，林地植株高低参差，光能得到充分利用，植株之间重叠蔽荫较少，争光不很激烈；地下部分也同样，油茶主根发达，根系入土深，灌木须根较多，根系入土较浅，草本植物根系一般都在表层上，因而肥水矛盾容易得到缓解。油茶与乔木混交情况就不同了，乔木树体高大，容易对油茶造成过多蔽荫而影响其生长，地下部分争肥矛盾也较突出。例如，油茶与油桐(三年桐)混交，长期实践结果看，看来利少弊多不足取，三年桐结实早，第三年即开花结果，与油茶混交可以使林分提早收益，然而待 7、8 年之后油茶投产时，三年桐尚在盛果期，地上部分与油茶高度相仿，枝叶相交，树冠重叠，互相蔽荫，根系也互相交叉，争光争水争肥激烈，二者生长都受影响。因此过多的蔽荫不仅会导致营养生长与生殖生长失调，营养生长旺盛，枝叶过分茂密，生殖生长受抑制，结果量减少，而且果实品质下降，表现为果皮增厚，成熟推迟，种仁含油率下降等。但是也有地方马尾松与油茶成不规则混交后，促进了油茶生长，在低丘红壤夏季炎热地区，混交后的油茶林，叶面积指数和光合作用比同立地条件下的纯林要高，因此单位面积产量就要高些。

由此说明，不是所有的乔木都不宜和油茶混交，关键是如何搭配好树种，如何合理地配置。有人认为杨梅适应性强，抚育省工，产值高，树形紧凑，占用空间较少；山楂对土壤要求不高，适应性强。这些树种与油茶间作有可能产生较好收益。

油茶林立体经营绝不是简单地把几种作物凑合在一起，而是一项复杂的、科学性很强的工作。在建立立体结构林分的过程中，作物搭配和间作方式的选择是至关重要的，一般说来应该遵循以下几条原则：

(1) 从当地实际出发，因地制宜，宜林则林、宜粮则粮、宜油则油。只有充分地适应环境才能合理利用地力，收到立体经营的效果。

(2) 根据油茶生长不同阶段，选择多种作物进行长期的多样性的结合，促进油茶生产。

(3) 生物组群的选择搭配上要考虑生态平衡，共存互利。例如，根系的深浅，喜光程度，对土壤酸碱度的要求，耐旱涝性等都是需要认真考虑的因子。主要因子互相克制的作物不能安排在一起，以免事与愿违。

油茶林立体经营模式比传统的经营方式具有更大的优越性，既充分地利用了光能和地力，提高了经营效益，又有效地保护了生态环境，是综合开发丘陵山区经济，促进油茶生产的有力措施。各地可通过各种试验和实践，因地制宜，推广应用。

总之，分类经营、多种经营和立体经营都应该是因地制宜，同时应立足于保证生态平衡的前提下，能较多地增加经济效益，但经济效益不单局限于油茶的纯收入，而是因地制宜，多种经营、立体经营，以不太多的投资换取较大的经济效益。

油茶是我国林业建设的一大优势资源。长期实践证明，油茶良种是油茶获得高产的物质基础。良种加良法才能使油茶实现高产稳产，提高单位面积产量的目的。过去，由于品种混杂、树龄老化、加上粗放经营，只取不予，资源没有得到很好的开发利用，造成生产力水平下降，在很大程度上抑制了油茶作为一项特色产业的持续发展。目前，随着我国经济的发展和人民生活质量水平的提高，我国油茶面临新的发展机遇。油茶产区各级林业主管部门要树立产业化经营的观念，以科学发展观作指导，在宏观管理、规划布局、政策措施方面加大对发展油茶产业的资源配置和扶持力度。优化产业发展布局，充分发挥油茶资源优势，建立以湖南、江西为中心产区，广东、广西、贵州、福建、浙江、安徽、湖北等省(自治区)共同发展的油茶区域化、规模化产业格局，以建设高标准生产基地为基础，以培育壮大龙头企业，大力发展油茶精深加工为重点，大力推进油茶产业化经营，提高油茶产业发展综合效益。

发展油茶产业，要按照高产、优质、高效、生态、安全的要求，坚持因地制宜，通过分类经营措施，调整优化油茶品种结构，扩大优质油茶资源，切实提高油茶生产力水平，增强资源的利用效率；坚持体制创新和科技进步，综合开发油茶产品，提高产品附加值，竭力打造一批具有市场竞争力的拳头产业和名牌产品，增强油茶产业运营的质量和效益；坚持遵循市场经济规律，充分发挥市场机制作用，引导更多的民间资本发展油茶产业。“十一五”期间，油茶产区各级林业主管部门，要积极促成各级政府，通过建立专项资金渠道扶持油茶产业发展。国家林业局将通过农业综合开发项目资金对油茶高产示范基地进行扶持。有条件的省(自治区)要结合退耕还林、扶贫、山区综合开发等项目，安排丰产示范林建设。油茶产区各级林业主管部门要积极为油茶产业发展的相关立项做好协调工作，争取更多渠道投入油茶发展。总之，要根据“国家林业局关于发展油茶产业的意见”文件的精神，依靠科技创新，加快产业科技攻关，加大油茶良种选育和推广力度，提高集约管理水平，大力推进油茶产业标准化的建设，积极培植油茶龙头企业，支持油茶产业协作组织的发展，重视培植油茶种植大户，推动“企业 + 基地 + 农户”的经营模式的发展，促进油茶生产、加工、市场的有机结合和更好的发展，为生产出更多更好的山茶油，以满足国内和国际市场的需求。

第四篇　油茶病虫害防治

第十五章　油茶病虫害概述

第一节　油茶病虫害发生现状

油茶低产原因固然是多方面的，但病虫害引起的严重损失是重要原因之一。

森林病虫害给林业生产造成的损失是十分惊人的。据调查，我国危害油茶的病虫害种类很多，害虫有10目300多种，病害有50多种，其中危害严重的，引起损失较大的有油茶炭疽病、煤病、软腐病、油茶毒蛾、油茶尺蠖、油茶刺绵蚧、茶蚕、茶梢蛾等20多种病虫。每年造成油茶损失为总产的10%～25%，严重年份及少数产区达45%左右。

这些病虫害由于受油茶的品种、栽培环境、气候条件和经营管理程度多种因子的影响，它们的发生发展与危害状况差异很大。

从各地资料报道看，在我国凡有油茶栽培的地方均有炭疽病危害。

湖南省以盛产油茶闻名于世，油茶林面积占我国总面积1/3以上。湘南、湘东、湘西等油茶产区均受炭疽病严重危害，株病率在40%以上，尤以湘南油茶老产区病情最严重，株病率达51.76%，果病率达10.64%左右。

江西省油茶林面积为1 200万亩，为全国第二位。该省油茶重点产区赣南地区的寻乌、信丰、上犹、定南等县，油茶炭疽病普遍发生，株病率达22%～26%，病落果达10%～15%，严重受害林分株病率达71.3%。

浙江省现有油茶250万亩，经营管理较好，产量较高，油茶炭疽病普遍发生，金华、丽水、台州、温州地区各油茶产区县均受炭疽病严重危害，武义县林场试验林重病区株病率达80%，病落果达20.7%，以5月树上挂果为100，不同时期发病单株的果实保存率仅为31.1%～79.4%，当年无病株果实保存率高达95.8%。据1978年调查，二亩油茶林因炭疽病落果10 886个，折算每亩损失茶果67.5kg，等于减产茶油1.5kg。

目前，油茶产区均受炭瘟病危害，局部地区十分严重，损失很大。因该病危害引起茶果减产为10%～20%。

油茶炭疽病在一块茶林的发生蔓延往往是在少数易感病的单株上定居，然后逐渐向四周的健株传播蔓延，使林分病情逐年上升。在一个地区的发生蔓延也是一样，首先在个别林分发生，然后逐渐传播蔓延到附近林分。

油茶煤病大发生时，病原周围也会发生成灾。一般是局部地区周期性地暴发成灾，危害很大。浙江省常山县煤病成周期性暴发，一般8～12年一次，每次大发生时持续3～4年，叶片全被煤菌层覆盖，如不积极防治，连年发生则全林叶片落光，连续几年颗粒无收，严重的油茶整株死亡。贵州地势较高，油茶煤病普遍发生，一般受害林分减产10%～25%，铜仁县长坪一家坡林区，被害率达100%，病指数93. 68，死亡植株17.4%。

软腐病是油茶上又一重要病害，成林和苗圃均可受害，对苗木的危害尤烈，严重时成片苗木叶片落光，苗木枯死，江西、浙江、湖南、云南、湖北、贵州、广东、福建、广西、四川、陕西等省份均有，一般零星发生，单株受害严重。据1981年调查广西昭平县大脑山林场，林分株发病率10%～15%；浙江省武义县林场株病率达29.9%；广西桂林市雁山株病率高达100%。1982年福建省油茶软腐病发生面积达6万多亩，是该省危害最严重森林病害之一，被列为森林病虫害防治的重点对象。湖南、云南等省份一些地区的油茶软腐病病情近年来有逐年上升的趋势，有些地方比油茶炭疽病的危害还要严重。据有关报导，油茶煤病和软腐病引起油茶减产为5%～10%。

此外，油茶赤叶枯病、半边疯、茶饼病、青枯病、苗木菌核病在一些油茶林中时有发生，但一般是局部的，危害较轻。

茶毒蛾是食叶性大害虫，在全国油茶区均有发生，被列为全国十二大害虫之一，而湖南、江西、福建三省较为突出。在大发生时，往往连小枝皮一起被咀食殆尽，连遭其害，致使整片茶林枯死，连续7～8年减产，湖南省黔阳县大暴发年份，一株茶树上曾采得茶毒蛾幼虫15kg，使当年茶籽颗粒无收，江西省万载县有油茶林40738亩，占有林地的57.3%，1975～1976年两年连续大面积发生茶毒蛾，有3万多亩油茶严重有害，形似火烧，1975年产油比1974年下降51.2%，1976年下降80.3%。广西三江县常年茶油产量为150万kg，有一年因受茶毒蛾危害，年产茶油不足50万kg，减产了60%～70%；贵州省1965年因茶毒蛾大暴发，年产油茶仅为丰收年的10.7%。

油茶尺蠖也是油茶上的主要害虫之一，曾被湖南省列为重要森林害虫。湖南省常宁县1969年油茶尺蠖大暴发，被害面积达26万亩，其中1 0万亩颗粒无收，整片茶林如同火烧。该省曾作过一次调查，全省86个县，油茶尺蠖遍及83个县。据记载，1929年常宁、祁阳、耒阳等十多个县，受油茶尺蠖危害的茶林达100万亩；浙江省1957年油茶尺蠖大暴发，追及20余县，受害总面积10万亩，由于该虫大量危害，造成茶油产量大幅度下降。湖南省1958年因受茶油尺蠖危害，油茶仅有原产量的1/4。

兰翅天牛是钻蛀性害虫，危害也十分普遍。受其害的油茶树不仅严重影响枝条的生长，而且减少坐果率。据福建省福安县化蛟林场1979年调查，兰翅天牛在该场茶林中株害率为60%～70%，严重株被害状多达40余处，一般长90cm产卵痕多达24处；据尤溪、长泰、建阳等县的20个样地调查，株害率平均为98.9%，主枝被害率为68.4%；江西省兴国县该虫危害也十分严重，株害率为52.8%～75.8%；浙江省建德县寿昌林场2 000亩油茶林，株害率达100%，枝害率也达90%左右。

油茶刺绵蚧是刺吸性害虫，大发生时，不仅将茶树的叶、嫩枝被吸食而枯萎，同时滋生大量烟煤病，致使整个茶林一片漆黑，形似火烧，严重影响茶林的光合作用，使受害茶林枯竭而死，当年颗粒无收，幸存者也要影响3～4年产量。浙江省青田、常山两县1959年，因油茶刺绵蚧大发生，损失茶籽64 500kg。

茶梢蛾主要危害春梢，各地均有发生，但以浙江、云南、四川等省某些地方的茶林较严重。70年代末，浙江省常山县茶梢蛾大发生时，被害面积达10万亩，春梢被害率为30%～40%，严重者达70%以上；据云南广南、富宁两县于1965～1972年的调查，茶梢蛾危害面积为2万余亩，春梢被害率为30%～40%，严重危害林地为70%～80%；四川省荣县保华乡1980年调查，春梢被害率为20%～50%，开花结实率减少29.8%。

茶籽象甲是茶果和种子的主要害虫。因受其害造成茶树大量落果，严重影响茶油产量。云南省广南、富宁、麻栗坡、马关等县1976年受茶籽象甲危害，一般株害率为

77.3%，茶果被害率为35.3%，茶籽被害率为30.4%，引起落果达到29.4%，共计损失茶油20%左右；广西桂林市雁山地区茶籽象甲危害造成落果达39.7%～41.6%，茶油减产10%～20%；据福建省1982年调查，仅三明、晋江、蒲田等地茶林受茶籽象甲危害达12 000多亩。

此外，茶蚕、金龟子、茶天牛、油茶叶蜂等的危害也常给油茶林带来很大灾难。1968年油茶叶蜂在湖南大发生，仅浏阳、攸县二县受害面积危害达18万亩，一株茶树上的幼虫多达3 000条。因此，虫害的危害与油茶产量关系很大。

第二节　油茶病虫害发生的条件

一切生物存有共性，即一定要有适合它们生存与繁殖后代的自然环境，否则就会影响其发展，直至在自然演变过程中被淘汰。

油茶病虫害的发生、发展、蔓延成灾都是在一定条件下，寄主、病原菌、环境三者互相作用的结果。在一个稳定的森林生态体系中，如果环境条件有利于林木的生长发育，不利于病原菌的滋生蔓延，那么病原菌虽然存在，也不会蔓延而酿成灾害。相反，如果森林的环境不利于林木生长发育而利于病原菌的大量繁殖，那么病害就会发展蔓延成灾。

据调查，“三油地”，“三保地”垦复套种间作施肥；郁闭度大，通风透光不良；施氮肥过多，缺乏磷钾，营养生长旺盛的油茶林，有利于病原菌的发生蔓延，油茶炭疽病，油茶软腐病的发病率较高，落果落叶严重。其原因是：①连年多次套种中耕，油茶吸收根系损伤过大，7～8月是长果长油时期，需要大量水肥供给，而套种作物与之争水争肥，影响树势；②给套种作物多次施肥，使油茶营养生长过旺，降低其抗病能力；③人为活动频繁，机械损伤多，增加病原菌侵染的机会；④林内湿度增加，利于病原的滋生。

寄主的抗病性与病害发生的关系很大。攸县油茶抗炭疽病能力比普通油茶强，发病率很低。普通油茶中霜降种的炭疽病发病率比寒露种高。同一种（变种）油茶中，不同类型的抗病性差异也很大，有感病严重的历史病株，也有抗病株。因此，抗病株比例大的林分，其发病率低。

油茶病害的发生与海拔高度有一定关系。油茶炭疽病一般发生在海拔500m以下的低山丘陵地区；在山区，随着海拔高度的增加，炭疽病的发病率有所下降。油茶煤病则往往在湿度大、山凹阴湿的环境中或海拔较高的山区容易暴发成灾，油茶软腐病则在低丘高山均有发生。

油茶煤病是因油茶绵蚧危害诱发引起的，因此它的发生蔓延是受油茶绵蚧及其天敌种群数量的制约。油茶绵蚧食料丰富，天敌少，死亡率低，繁殖率高，种群数量大幅度上升，就会引起病害的大发生。与此同时，天敌种群数量逐渐上升。煤病暴发成灾，绵蚧种群数量过剩，它的天敌食料丰富而增加，由于害虫食料不足和天敌捕食，其结果是绵蚧种群数量直线下降，病情好转，进入抑制期。由于绵蚧少了，天敌食料不足，饥饿和自相残杀，种群数量大降。油茶也恢复了生机，残存下来的绵蚧由于食料丰富和天敌少，种群数量开始回升，开始下一次发病周期。如此周而复始，寄主诱病害虫，病原菌，害虫天敌之间的消长引起油茶煤病周期性暴发与抑制，其周期的长短因条件而异。

半边疯、赤叶枯病、茶饼病、青枯病的发生与林分，生长及环境关系密切。一般说年龄大，长势差；土壤板结，排水不良有利于病原菌的滋生蔓延，病害容易发生。相反，林木生长发育健壮，抗性强，不利于病害的发生蔓延。因此，去除病原菌，创造油茶生长的条件，是防止病害发生的重要途径。

油茶害虫种类的不同，它们要求的生存条件也不尽一致。油茶刺绵蚧一般喜欢生长在荫蔽，湿度较大的山区或半山区，所以油茶刺绵蚧分布在山区半山区比丘陵地区多，在同一山谷、山坳比山脊多，以其垂直分布来说，以海拔 300～800m 之间居多，尤以 400～600m 之间最适宜，在同一片茶林中，密林、郁闭大的多于疏林与郁闭小的；茶籽象甲也喜欢生活在海拔较高的山区，而在同一山上，自山顶至山脚有逐渐减少的趋势。此外，茶籽象甲的分布还与茶林立地条件，油茶品种、经营管理程度有密切关系。一般是老林多于幼林，林缘多于林内，晚果型多于早果型，果皮光滑的青果型多于果皮粗糙的紫果型，荒芜茶林多于抚育管理好的茶林，大面积纯林多于分散零星林与套种间作林等等。茶梢蛾则喜欢生长在温度稍高而又较干燥的丘陵地带；油茶枯叶蛾亦以低丘陵居多。据湖南省道县在海拔 300m 以上的山区调查，虫口密度分别是山脚大于山腰，山腰大于山顶。这正好与茶籽象甲的垂直分布相反。茶蚕以温暖、高湿和具短日照的气候条件最适宜，因此一般是山区沟谷与阳坡较多。再如油茶蛀茎虫，除了在地理分布上有一定差异外，对油茶品种也有一定选择性。了解各种害虫生活史最适宜的生存条件，这对我们栽培地点、油茶品种的选择与采取必要的预防措施十分重要，也是我们认真贯彻害虫治理“预防为主”的基础。

第三节　油茶病虫害防治策略

油茶是我国南方森林生态系统中重要的组成部分，面积大、分布广、大多生长在丘陵和山区。油茶除了提供人们优质食用之外，还具有覆盖国土、保护水土资源、净化空气、美化环境等巨大的生态效益和社会效益。这就决定着油茶病虫害的防治策略，应实行以营林措施为主综合治理的原则。这就是说油茶病虫害的防治应从森林生态体系的总体观点出发，把营林措施和病虫害防治有机地结合起来，始终注意使每一项生产内容和抚育措施都能够创造有利于一个稳定的森林生态体系，有利于油茶生长发育，有利于有益生物的生存和繁殖，不利于病虫害的大发生这样一个生态环境努力创造一个虽然有病虫害的存在，但不会酿成灾害，控制在允许水平以下。只有当某些病虫害失去控制暴发成灾时，才考虑使用化学防治，扑灭病虫害，减少损失，但也必须注意合理用药，科学用药，以便把污染环境、杀伤天敌和有益生物等破坏生态平衡的副作用降到最低限度。

为了实现上述目标，必须切实做好以下几项工作：

一、加强调查研究，及时掌握情况

任何事物都处在不断运动变化中油茶病虫害的种类、分布、危害状况也是如此。因此，认真作好调查，及时掌握病虫活动规律，是我们采取必要的防治技术措施，控制某一病虫害猖獗、蔓延的基础。

病虫害调查、方法很多，主要是结合本地区的具体情况，针对性地选择某种方法，设立一定的标准地，接着定期观察，以取得较完善的系统资料。调查中不仅要掌握病虫与天敌的种类、分布数量、危害程度与周围环境因子的关系，而且要掌握病虫的消长及其影响的主要原因，为及时采取防治措施提供可靠的科学依据。福建根据森林病虫害普查结果，油茶炭疽病、软腐病、茶毒蛾、茶籽象甲、茶梢蛾、兰翅天牛、蛀茎虫作为油茶的主要病虫，列入重点防治与检疫对象；广西以油茶炭疽病、茶蚕、油茶尺蠖、油茶毒蛾、茶籽象甲为主要防治对象；浙江以油茶炭疽病、油茶刺绵蚧、茶梢蛾为主，其他各地也有相应提出了重点防治害虫对象，这些决策都是来自源病虫情况的调查研究工作。

二、健全检疫制度、严格检疫工作

检疫工作是根据国家所制订的检疫法规、条例、细则，对其具体对象加以限制，是控制人为传播病虫害的主要手段，所以有人称它为法规防治。检疫工作牵涉的面很广，除了与农林部门的采收、储存、种苗引进等有关外，还与交通运输、海关，外贸、港口、仓库、邮电等部门密切相关。因此，各部门之间必须通力协作，共同严格把关，才能做好。检疫工作是解决病虫害的基本方法之一，是防止病虫入侵、蔓延，巩固防治成果的一项积极措施，在国际上也是保证我国信誉的重要工作。

由于检疫工作没有做好，使某一病虫害入侵到某新区，从而使农林生产造成严重损失的情况，国内外皆有之。如棉铃虫于 1907 年自印度传入埃及，在一个相当长的时间里，使埃及的棉花产量损失 80%；在我国，由于日本在侵华战争期间从马料中带来了蚕豆象甲，致使我国蚕豆等种子中的豆象至今无法控制；又如 1978 年从朝鲜传入了美国白蛾，目前已在东北林区蔓延开来，由此看出检疫工作十分重要的。这项工作在我国尚是一个薄弱环节，有些地方部门还没有建立检疫机构，有些检疫机构人员不配套，有些检疫工作还没有制度化，所以，今后必须进一步加强这方面的工作。

三、做好病虫害预测预报工作

病虫的预测预报工作是贯彻以“预防为主，综合治理”方针的基础。任何病虫的扩散蔓延，首先是在某些纯林或局部地区发生，然后逐步向四周扩散，如果能及时发现某一害虫的发展趋势，掌握虫源区虫与源株，便可采取积极防治措施，把害虫的危害控制在初发阶段，这样可减少损失，既省工省钱，又可保护好天敌，达到了事半功倍的目的。

要做好病虫的预测预报工作，首先必须确定本地区的主要病虫种类，根据该病虫的分布范围，设立一定数量的观察点，范围大的可建立测报网，结合当地的气候条件，病虫的生活史，对其越冬情况、产卵量、死亡率等进行采样调查，及时发出信息预告。同时采取多种预防措施，把害虫的危害控制在经济损失最低的水平。

四、认真贯彻“预防为主、综合治理”的方针

要贯彻病虫“预防为主，综合治理”的方针，必须采取以营林为基础，运用多种技术措施，最终达到控制病虫害保护天敌，维持生态平衡的目的。

（一）加强抚育管理，促进茶林生长，提高抗病虫能力

油茶林的垦复和林间套种要防止全垦，作物单一化，要注意保留杂草，杂灌木带，以至有计划的种植绿肥，提高林地覆被率，增加招引昆虫的植物种类，有利于林地水土保持，增加昆虫种群，为天敌昆虫提供更多的食料，创造良好的越冬越夏环境。至于采用哪种方式，要根据越冬病虫的具体情况而定。如茶毒蛾、油茶尺蠖、油茶枯叶蛾、金龟子类

危害严重的油茶林，在冬季深垦可杀死许多越冬害虫，在秋冬早春进行整枝修剪，可除掉茶梢蛾、蛀茎虫、天牛等部分越冬害虫和侵染病源。所以，只要把每一次经营管理措施与病虫害防治紧密地结合起来，就能达到消灭病虫害，保护天敌，促进茶林生长的目的。

（二）大力应用生物防治

生物防治有其独特优点，对人畜安全，不污染环境，对作物无不良影响，一般也不会产生抗性等。其中最有价值的是各种捕食性天敌昆虫、病原微生物、寄生性昆虫、鸟类。这些生物资源在茶林中十分丰富，具有广泛的利用前景。

1. 保护和利用捕食性天敌

油茶病虫害天敌昆虫种类很多。据浙江青田县油科所调查，仅油茶刺绵蚧有捕食性瓢虫4种，其中黑绿红瓢虫是主要的捕食性天敌。据1966～1967年10头成虫室内饲养试验，一头黑绿红瓢虫捕食刺绵蚧25 190头，卵囊24.2个，加上幼虫期的捕食量，共500 000余头。林间释放效果同样获得良好效果。曾试验，在茶林油茶刺绵蚧若虫指数为50%的情况下，每株只要平均释放2头黑绿红瓢虫，就能基本上控制刺绵蚧的危害。又如茶梢蛾的小黄蚂蚁，对茶梢蛾的蔓延起到一定的抑制作用。

2. 寄生性昆虫与寄生菌的利用

油茶病虫害的寄生蜂、寄生蝇也很丰富。据调查，四川省茶梢蛾有姬蜂、小蜂等多种寄生昆虫；浙江省茶梢蛾小黄蜂自然寄生率高达67.6%。云南省茶梢蛾小黄蜂寄生率为60%～70%；据浙江省青田油茶研究所试验，将寄生油茶刺绵蚧的座壳孢茸（*Aschersonis* sp.）。含孢量为8亿/g的100～150倍菌液喷洒茶林，刺绵蚧致死率为70%～80%，防治效果十分显著。另外，如蛀茎虫幼虫、蛹的寄生蜂，茶毒蛾的松毛虫黑卵蜂在自然界中也有较高的寄生率。

3. 性引诱与性信息在害虫防治中的应用

利用雌雄成虫性分泌物相互吸引的特性，用人工提取或进行人工合成，对异性昆虫进行引诱捕杀。江西弋阳县林业植检所与江西省森林病虫防治站、湖南省林业科学研究所等单位，进行茶毒蛾雌性激素提取物林间试验，显示出对雄性是有很强的吸引力，对控制茶毒蛾的扩散效果显著。

4. 利用昆虫不育技术防治害虫

所谓昆虫不育技术，即应用辐射、化学不育、遗传不育等方法，处理害虫的蛹或成虫，使其产生不育。湖南省林业科学研究所曾用2.5万～3.5万剂量的^{60}Co辐射油茶尺蠖蛹，羽化出来的成虫在交尾、性竞争等习性方面均不受影响，但已产生了不育效果。

第十六章　油茶主要病害及其防治

第一节　油茶炭疽病

一、分布及危害

油茶炭疽病是我国油茶产区最主要的病害。该病分布很广，尤以湖南、江西、浙江、福建、广东、广西、四川等地受害最严重。它的垂直分布也很宽，以500m以下低山、丘陵危害比较严重。

油茶炭疽病的又一特点是危害时期长(3～11月)，侵害器官多。在整个生育期内，病原菌反复多次侵染油茶的叶花、花蕾、幼果、梢、枝、叶、果实，引起了落叶、落芽、落蕾、落果、枝梢枯死，严重受害植株，枝干部溃疡面积大，整株枯死。果实炭疽病危害最大，引起大量落果造成减产20%左右，严重林分可达30%以上，重病树连年颗粒无收。因此，彻底搞清油茶炭疽病的发生规律及防治方法，是改变油茶低产面貌、提高油茶产量的重要课题，是当前油茶生产上急待解决的问题。

二、症状

(一)果实

感病初期果皮上出现褐色小点，后病斑逐渐扩大，淡褐色至深褐色，有时具有轮纹。典型的病斑圆形，有时数个小病斑扩大互相愈合而呈不规则形的大病斑。后期病斑部出现黑褐色小点，即病原菌的分生孢子盘，在雨水、露水浸润后或者在高湿环境中，产生大量粉红色黏质的分生孢子堆，有时分生孢子盘(堆)排列成同心圆状。初期病原菌只侵染果皮组织，随着病斑不断扩大，病菌向下蔓延可深达种皮及种仁，使病果的种子带菌。

(二) 叶

侵染多发生在尚未革质化的夏、秋梢的嫩叶上，常在叶尖处或叶缘首先发病，起初侵染出现红色小点，后逐渐扩大，形成棕色到褐色，圆形、半圆形以至不规则形的病斑。病斑常有波状轮纹，其上密布深褐色小点，即病原菌的分生孢子盘。老病斑黑褐色，下陷，边缘有紫红色晕环，后期病斑组织坏死，变成灰白色，上布褐色小点。

(三) 嫩梢

多发生在未木质化的春、夏梢的基部。起初侵染处呈淡褐色烫伤状，瘸斑纵向扩展速度大于横向，因此呈椭圆形或梭形，稍下陷，淡褐色，边缘淡红色。后期病斑变成黑褐色，表皮容易翘裂剥落，如病斑横向扩展环绕一圈，病梢即行枯死。

(四) 枝条

病斑常发生在分枝基部或机械损伤处，病梢或病枝中的病菌向下扩展蔓延也能侵入下一级枝条，引起枝条病害。枝干溃疡斑多数呈长椭圆形或棱形，患部下陷，木质部变黑，边缘波状或不规则。病斑横向扩展如环绕枝条一圈，患部以上枝条就枯死。

（五）树干

病斑可发生在地面以上任何部位，一般从伤口侵入也有枝干上一级枝条向下扩展而及。患部下陷，木质部变黑，表面粗糙，边缘不整齐，有波状轮纹。如果溃疡斑向横向扩展，环绕树干一周，整株枯死。

病枝、病干的溃疡斑在温湿度条件适宜时也能产生黏质粉红色的分生孢子堆。

（六）叶芽和花芽

病多发生在苞片的基部，呈黄褐色或褐色病斑，形状不规则，边缘不明显。病苞片后期呈灰白色，生有黑点。病花芽苞片上的病菌可侵害花瓣和雌雄蕊，病花瓣基部病斑黑褐色，半圆形、边缘不整齐，内面有时有粉红色分生孢子堆。当病菌侵入花芽的雌雄蕊时，引起枯蕾和落蕾；如病菌侵入叶芽的生长点则引起枯芽或落芽(图 16-1：1 ~4)。

图 16-1 油茶炭疽病

1 ~4 后期症状(1. 病干上溃病斑 2. 病叶 3. 病管 4. 病果） 5. 病原菌的分生孢子盘、刚毛和分生孢子 6 ~8. 病原菌的有性时期 （6. 子囊壳 7. 子囊 8. 子囊孢子）

三、病源菌

该病是由一种真菌引起。病菌有性世代是子囊菌纲，鹿角菌目的围小丛壳菌[*Glomerella cingulata*(Stonem.)Spauld. & Schrenk]。子囊果生于病斑表皮组织下面，散生、黑色。子囊果近球形，稍扁，宽大于高。宽 105 ~165μm，高 84 ~135μm，成熟时突破表皮，顶部开裂，放出子囊或子囊孢子。子囊棍棒形，顶部宽、基部窄，长 60 ~69μm，最宽处 12 ~16μm。子囊内有 2 排共 8 个子囊孢子。子囊孢子椭圆形至纺锤形，单胞、无色，(5 ~6)μm×(18 ~21)μm。

病原菌的无性世代是半知菌黑盘胞目的茶赤叶枯刺盘孢苗(*Colletotrichum gloeosporioides* Penz.)分生孢子盘埋生于表皮下，盘状、底部稍扁平，周生刚毛，直径 150μm ~330μm，成熟时突破表皮外露，放出分生孢子。分生孢子短棍状，(9 ~18)μm×(3 ~5. 5)μm；分生孢子长椭圆形，草鞋底状、中间稍窄、稍弯曲，单胞、无色、中间有二个油球。(9. 6 ~19. 2)μm×(3. 2 ~5. 7)μm(图 16-1：5 ~8)。

四、发生规律

(一)发病过程

病原菌以菌丝在病部越冬，其中病枝、病梢、病枯芽(蕾)，带菌幼果带菌量大，越冬后的保存率很高，是病原菌主要越冬场所，是来年初次侵染源。

早春日均气温上升到 15 ~20℃，相对湿度 70% 以上，持续 8 ~10d，越冬病部就能产生孢子堆，经雨水、露水溶解分散，经风雨传播到嫩梢和新叶，引起初病。随着气温上升病组织不断产生分生孢子堆，传播到梢、叶、芽、果上，发生侵染引起各个器官病害，如此反复侵染辗转危害。从 4 月上旬开始，林间孢子量逐渐增加，5 月上旬出现病害小峰（主要是叶病、梢病），经过 6 月的积累，到 7 月菌源量急剧增加，进入林间病果发病高峰。7 ~ 8 月是果病的高峰期，9 月以后气温逐渐下降，病情也趋缓和。

曾有文献记载认为，病菌侵染果实从 4 ~ 5 月份开始。近年的研究表明。病菌对幼果的侵染从花器侵害开始，冬前幼果不但可被侵染而带菌，而且带菌率很高，为 14. 0% ~ 38. 1%。据调查，病菌侵染花器的现象极为普遍，病花芽中的病菌可直接侵染花器，但不引起落花。侵染花器的病菌可以直接侵染由它形成的幼果，形成一个从病花芽到花，从受害花到幼果之间的连续侵染，这是病菌对果实产生的最早侵染。

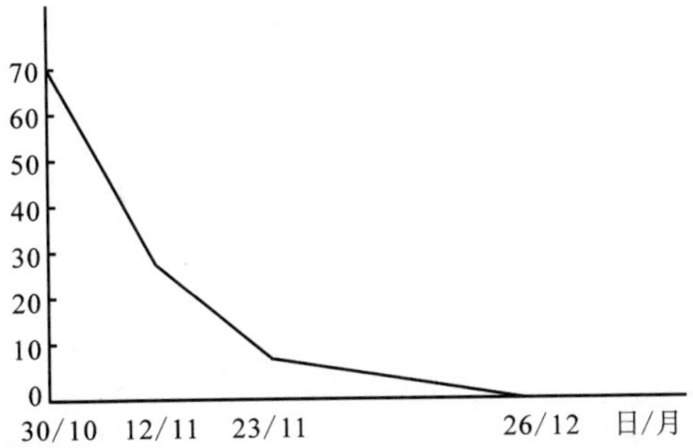

图 16-2　不同时期开放的花带菌率曲线图

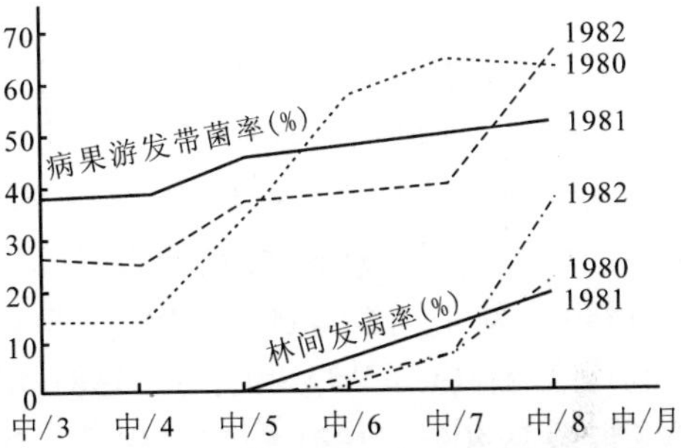

图 16-3　不同月份果实带菌率及林间发病率

据研究，病菌对早期开放的花侵染率很高，开放愈晚的花受侵染的比例愈小。10 月下旬开放的花，诱发带菌率为 70% 左右，11 月下旬诱发带菌率低于 10%（图 16-2）。

冬前受侵染的幼果不表现症状，到翌年果实生长膨大后才逐渐表现症状，其潜育期可达数月。冬前侵染幼果一般从 4 月中旬开始表现症状，但也有相当数量的带菌幼果直至 7 ~ 8 月以后果实增大的后期才表现症状，病菌在果实内潜育期达半年以上。

林间果实自然发病率从 5 月中旬开始逐渐上升，到 7 月中、下旬开始大幅度上升，进入果实发病的高峰期(图 16-3)，9 月以后果发病率渐降。

花器感病自花芽分化后开始，病菌最早侵染花芽的苞片。9 月份用孢子悬浮液接种花芽，并用硫酸纸袋套好，待开花后诱发带菌率达 60%。带菌花芽分离试验表明，除雌雄蕊外、花芽柄、鳞片、萼片、花瓣等均带菌，以外层萼片的带菌率为最高。

病梢、病叶主要是刚抽出来尚未木质化的春、夏梢及其上的嫩叶，因此，其梢、叶的发病与油茶抽梢物候期相吻合。

枝干病害主要是伤口侵入，也可以是病梢向下蔓延而侵入，在整个生长期都可以发生。

（二）影响发病的因子

1. 温、湿度

油茶炭疽病的发生发展具有明显的季节性，这与温、湿度的关系十分密切。病原菌的分生孢子在 7℃ 和 38℃ 时只有个别能发芽，而在 24 ~ 30℃ 才是分生孢子发芽和菌丝生长最适宜的温度。在一定范围内，温度高，发芽快，潜育期短；温度低，发芽慢，潜育期长。果实炭疽病的潜育期在 15℃ 时需 15d 左右，而在 28℃ 时只要 5d 即可致病。

果实初病的早迟与当年早春气温有很大的关系，如浙江省在 1963 年、1964 年 4 月中旬日平均气温达到20℃左右时，4月下旬幼果出现初病；1965年4月阴雨连绵，日平均气温在15℃以下，幼果不出现初病。而在4月下旬日平均气温上升到17℃以上时，于5月初才出现病果。由此可见，当日平均气温在15～20℃时果实出现初病，25～30℃最有利于病害的发生蔓延，当在30℃左右，每次降雨后8～10d，林间株病率和果病率都有较大幅度的增长。因此，在高温期间、降雨和湿度是影响病害发展的主要因素，因为分生孢子的传播、发芽、侵入寄主都需要水分和高温的环境条件。相反，干热的气流不能传菌。

近年果实套袋分期暴露试验表明，幼果冬前侵染率很高，对于翌年果实病情关系极大，未套袋全期暴露的发病率为26.3%，3～8月全期套袋的发病率为13.4%，就是说冬前侵染率约占全年侵染率的50%左右。这与过去果实炭疽病主要在4～6月侵染的传统观念很不同。

冬前幼果带菌基数的高低与头年盛花期(11月份)的温、湿度有关(图16-4)。根据湖南省林业科学研究所贺正兴等1979～1982年的观察，1979年11月份气温偏低(10℃上下)，1980年幼果诱发带菌率14%；1980年11月份气温偏高(至15℃以上)，1981年幼果诱发带菌率40%，1981年气温属中，1982年幼果诱发带菌率30%。

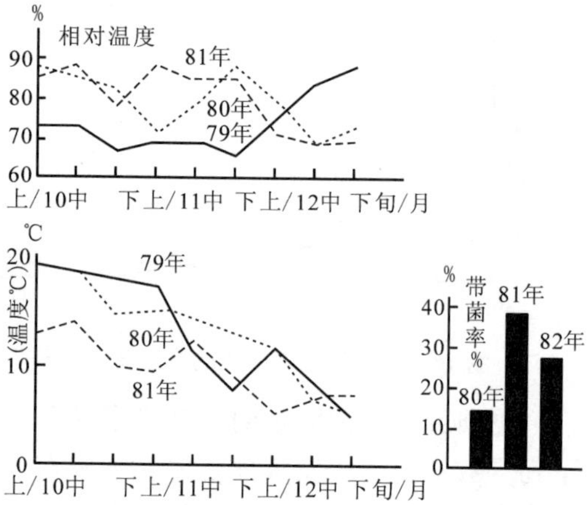

图16-4 幼果早期带菌与温、湿度关系图

2. 寄主状况

由于长期以来天然杂交，植株对油茶炭疽病菌的抗、感特性也有很大变异。在主要栽培物种中，攸县油茶是一个抗油茶炭疽病的物种，据中国林业科学研究院亚热带林业研究所在湖南攸县和浙江富阳调查，无论是攸县，还是富阳，攸县油茶均不表现自然发病。1975～1978年4年中，攸县油茶自然发病率为0，而攸县的普通油茶，自然发病率为38%～42%。富阳普通油茶的自然发病率为14%～18%。经过4年的人工接种诱发试验，结果是：普通油茶发病率达80%～100%，症状表现典型，而攸县油茶的发病率仅为0%～20%，基本上不表现症状，果实受侵染后潜育期比普通油茶长约2倍。同时感病后对种子含油率没有什么影响。由此可见，攸县油茶是值得推广的一个抗油茶炭疽病的优良物种。小果油茶果实炭疽病发病率也比较低，其中比较抗病的农家品种有江西的宜春白皮种子、福建的龙眼茶、广西的葡萄茶等。

3. 经营管理

油茶炭疽病的发生还与经营管理措施有一定关系。科学的抚育管理促进油茶植株的生长，抗病能力就强，抚育管理粗放，油茶生长较差，抗病能力就弱。修筑“三保地”，防止水土流失，种植绿肥，增施有机肥和磷、钾肥，适度整技等不仅能促进油茶速生丰产、稳产高产，而且可以降低炭疽病的发病率。林分过密，脚枝丛生，施氮肥过多等都会使油茶林的抗病力降低。

五、防治措施

由于油茶炭疽病分布广，受害面积大，发生期长，侵害油茶各个部分的器官，这给防治带来很大困难。同时，目前又因油茶产量不很高，大面积的化学防治条件不成熟。因此，选育和推广抗病品种，是行之有效的措施。对现有发病较重的林分，应采取推广以营林技术为主的综合防治措施。

（一）选育抗病物种、类型和单株

油茶不同物种对炭疽病的抗性有很大变异。栽培的物种中，攸县油茶是个较抗病的物种。普通油茶、越南油茶炭疽病的发病率较高。不同物种中同样存在着抗(感)性不同的类型和单株。通过广泛的调查研究和人工接种测定，选择抗病性强的类型和单株，进行有性杂交和无性繁殖，推广抗病株系，改造病劣株，是炭疽病防治上的根本途径。

油茶抗炭疽病选种，全国制订了油茶物种、类型或单株抗炭疽病人工鉴定方法。主要内容包括：

1. 调查自然感病率

在发病严重的林分内，于发病高峰期后调查果实发病率，结合观察其他器官的感病情况和丰产性，初步选定抗病株，标记编号，并连续观察 3 ~4 年。

2. 人工接种鉴定

在发病高峰期，对初选病株进行人工接种试验。菌种可用新鲜病果经表面消毒和无菌水冲洗后保湿 2 ~3 昼夜产生的分生孢子堆，或者选新鲜病斑分离纯化，在 24 ~30℃下于"仁汁"培养基上培养 10 ~15d 产生的分生孢子；用无菌水稀释，80 ~160 倍镜检，每视野 50 ~60 个孢子的孢子悬浮液。以刺伤接种的接种方法，用喉头喷雾器喷上孢子悬浮液，套袋保湿，适当遮荫，每株接种不少于 10 个果，以当地历史重病株作对照。接种后定期观察、记载潜育期、发病率、病斑扩散速度等。

抗病类型划分为 0 ~4 共 5 个级别。根据抗病性鉴定的结果，以抗病性为主，综合丰产性状分类，决定抗病优株。

表 16-1 油茶抗炭疽病类型划分标准

代表符号	抗感病类型	症状表现	果实自然发病率(%)	人工接种发病率(%)
0	免疫	没有肉眼可见的症状	0	0
1	高抗	仅有肉眼刚可见的症状不再扩展或极少扩展	<1	<10
2	抗病	病斑扩展段接种后 15d 内不超过 5mm	1 ~5	10 ~20
3	感病	接种后 15d 内病斑扩展超过 5mm	6 ~50	20 ~70
4	高感	病斑扩展快，15d 内超过 10mm	>50	70 ~100

（全国油茶病虫协作组，1978）

(1)抗病丰产优株　高抗或免疫，结实多、大小年产量变幅小，含油率高，可以采条繁殖，进行中间试验，从中筛选出抗病丰产优株，推广用于生产，亦可作为抗病育种的亲本材料。

(2)抗病中产株　高抗或免疫，但产量等经济性状中等的单株，可以采条繁殖进一步鉴定其抗病性和丰产性，决定其取舍，并可作抗病育种的亲本。

(3)抗病低产株　高抗或免疫，但经济性状差的单株，可作为抗病育种亲本材料。

为了缩短抗病选种的周期，加快推广抗病无性系，中国林业科学研究院亚热带林业研究所、浙江省常山油茶研究所等单位关于抗病机制的研究取得可喜成果。应用细胞学及分子生物学技术，成功地制备了油茶体细胞愈伤组织，单细胞悬浮液，分离并纯化了油茶炭疽病菌毒素，使油茶细胞与病原菌直接接触，研究寄主与病原菌相互作用的遗传本质。这就克服了病理学接种试验中接种感染的不均性，组织异质性及复杂环境因素的干扰。结果证明，寄主组织在病原菌毒素的刺激下能作出自卫反应，调节自身的代谢过程，生成对病原菌有毒的次生物，消灭入侵的病原菌或抑制其发展。在低剂量病原菌毒素刺激下，寄主一方面改变细胞 pH 值，使原来接近中性(pH 值 6 ~ 8)的细胞改变到酸性(pH 值 5 ~ 6)方面来，从而提高 β-糖苷酶的酶促反应效率，水解皂苷生成皂苷元。皂苷元改变油茶炭疽病病原菌细胞膜的透性，使细胞内的氨基酸大量外渗而死亡；另一方面提高苯丙氨酸解氨酶的活性，合成更多的木素分子，强化细胞壁结构，阻碍病原菌的侵染扩展，或合成其他抑菌物质。

应用经多年田间观察和接种试验证明是抗病的类型常山 190 及感病类型 102、08 作材料的研究证明，抗感病类型体内的丹宁、皂苷、黄酮苷等含量没有实质性差异，对病原菌素的刺激都有自卫反应能力，但是抗病类型对病原菌毒素的刺激，能迅速作出自卫反应，调节自身代谢过程，产生大量皂苷元，消灭病原菌。感病类型的调节系统不够灵敏，效率不高。所以，油茶的抗病(炭疽病)性是诱发的抗病性。

实验室研究的结果与田间多年观察及病理接种试验的结果是相吻合的，为寻找简易、准确鉴别油茶抗病性的方法提供了科学依据，从而能够快速地大量地筛选抗病类型植株，苗期鉴定抗病植株，加速选育抗病品种的速度。

（二）科学营林、综合治理

1. 调查、摸清病情，确定防治重点

不同林分病情有轻有重，产量高低差异很大。那些发病不严重、产量低的林分无需防治。在果病盛发期之后(一般是 8 ~ 9 月)进行病情普查，标记重病株和重病区。防治重点应放在那些产量高、发病严重的单株和林分。

2. 留优去劣，选抗病良种，更替感病劣株

现有油茶林品种混杂，单株产量高低、抗病性差异很大，应进行改造。保留产量高，发病轻的单株，淘汰或嫁接改造产最低，病害重的劣株。特别是历史病株，产量很低，是病原菌滋生场所、发病的中心，应坚决淘汰，补植或嫁接抗病丰产类型。

3. 改善经营措施，提高林分和植株的抗病力

病害的发生蔓延与环境条件的关系十分密切。合理的经营管理可提高林分和单株的抗病性，不利于病菌的传播蔓延。套种忌用高秆作物，以免林内湿度过大；过密林分应适度整枝剪修、适当疏伐，淘汰病劣株，既可修去病部，减少病源，又可改善林分通风透光条件，形成丰产树冠。施肥要合理，避免单施氮肥，要注意增加磷肥和钾肥。不套种的林分要加强培育管理，三年一冬挖，或三年二头挖，一年一伏铲，作业时要避免油茶的损伤，防止病菌从伤口侵入。

4. 清除病部，减少病源

病源多少直接关系到发病轻重。清除病部，减少早春初病的侵染来源，是防治油茶炭疽病的有效措施。具体做法是：①冬春修剪病树，在病枝、病梢部以 5cm 处剪除罹病枝、梢、叶及病枯果等。大枝上的溃疡斑，剪除可惜的可刮除病组织，涂波尔多液保护伤口。②夏季剪除病梢，摘除早期病果，抹掉大枝和树干上的不定芽。

5. 适时喷药、保护果实

(1)冬前防治　油茶炭疽病病果冬前侵染的不但数量很大，而且对后期发病的影响也大，这既增加早期落果的数量，又增加了后期侵染的菌源。因此，在秋末喷洒内吸杀菌剂不仅能有效地减少幼果内潜伏病菌的数量，而且会推迟发病始期，减轻后期病情。用50%多菌灵，可湿性粉剂500倍液于11月上、中、下旬喷药，防治效果可达70%以上。

(2)夏季防治　根据油茶炭疽病的潜伏期，于初夏果病高峰期前10d左右开始喷药，连喷数次。一般在6月下旬开始，有效药剂有：①1%波尔多液＋2%茶枯水，15d喷一次，连喷3～4次。②50%退菌特可湿性粉300倍液或50%多菌灵500倍液，10d一次连喷4～5次，都有很好效果。

(3)烟雾剂防治　“803”烟雾剂防治，该药剂以2，4-D丁酯为主，以硝酸铵和五氯酚钠配剂而成。对炭疽病菌的分生孢子有明显的抑杀作用。3月下旬、4月中旬及9月上中旬各放一次烟，每次每亩用药1kg，平均保果效果达41.7%，平均每亩增值3.56～6.66元，效果较好。

第二节　油茶煤病

一、分布及危害

又叫煤污病，是我国南方油茶主要的病害。浙江、江西、福建、湖南、云南、贵州、四川、广西、安徽等地都有发生。

油茶煤病是由蚧虫类、粉虱类、蚜虫等危害诱发而引起的。煤病病菌从诱发害虫的排泄物中吸取养料，营腐生生活，附着在油茶枝叶表面，形成一层黑色的煤污层，阻碍了植株正常的光合作用及气体交换。受害油茶，轻者芽梢不能发，花果大减；重者颗粒无收，连年受害时，会引起树死林毁的后果。据调整，煤病流行年份，油茶籽减产10%～25%左右。

二、症状病原菌

受害油茶枝叶表面被病菌的菌丝覆盖，严重时全林漆黑一片(图16-5)。

三、病原菌

引起煤病的病菌有多种，常见和比较重要的有2种：

1. 茶煤炱(*Capnodium theae* Hara.)

菌丝表生、腐生，常常覆盖整个枝叶表面，形成一层煤污层，厚度可达0.4mm。这种病菌多发生在高山，大多由油茶刺绵蚧诱发引起，常常流行成灾，是危害最严重的一种。

2. 小煤炱菌[*Meliola camelliae*(*Catt*)Sacc.]

菌丝表生、腐生，在枝叶表面形成散生点状或块状的煤污层。这种病菌多发生在低山丘陵地区，由黑胶粉虱、龟蜡蚧等诱发引起，一般不会流行成灾，但严重影响光合作用而使油茶

图16-5　油茶煤病

1. 病叶表面(病原菌的菌丝层)
2. 病叶背面(主要诱病害虫油茶刺绵蚧)

减产。

四、发生规律

(一)发病诱因

油茶煤病病菌营腐生生活，从诱病害虫的排泄物中吸取养料，并通过这些害虫的活动传播扩散。因此，诱病害虫的存在是病菌生存的基本条件，也是病害发生的基本条件。虫一除，病菌失去生存条件，病害自然就会好转。

诱发油茶煤病的害虫有很多种，主要有油茶刺绵蚧、黑胶粉虱、龟蜡蚧等。

(二) 病害大发生的条件

1. 环境条件

油茶煤病病菌喜低温高湿的环境条件，以 10 ~ 20℃ 最适宜病菌的生长，在这个范围内，湿度越大，病菌繁殖蔓延越快。因此，阴坡、山谷、密林比阳坡、山脊、疏林发病严重。长期荒芜，杂草丛生，湿度大，光照差的油茶有利于病害的发生蔓延。凡有利于诱发害虫生长发育的环境条件，也有利于病菌的发生和蔓延，与油茶刺绵蚧的两个排蜜高峰(3 ~ 4 月、9 ~ 10 月)相应，形成两个发病高峰。

2. 蚧口密度

油茶煤病病菌以诱发害虫分泌蜜露为养料，因此，病情的轻重取决于诱发害虫的虫口密度。以刺绵蚧为例，一般越冬前(11 月)每叶平均蚧虫不足 1 头的，不发病或发病很轻；平均每叶 5 头以上者发病严重。越冬后的老熟母虫，平均每立方米树冠虫口 50 头以下，不发病或发病很轻，如每立方米树冠有虫口 500 头以上，发病严重。

(三) 病害发生的周期性

油茶煤病的发生取决于诱发害虫的虫口密度。害虫数量受到寄主、环境、天敌数量的制约。当害虫的食料丰富，环境适宜，天敌种群数量少时，害虫死亡率低，成活率高，种群数量骤增，病菌获得丰富的养料大量繁殖，最终酿成煤病的大发生。在此同时，天敌种群的数量也随着害虫数量的增加而增加(因为有充分的食料)。煤病大发生的结果是油茶林生长受到严重的抑制直至树死林毁。这时害虫一方面食料不足，另一方面天敌数量剧增，其结果害虫虫口大幅度下降。害虫数量下降致使天敌食料成了问题，天敌虫口也随之下降。病害进入低潮，油茶又逐渐恢复生机。这给残留下来的害虫以较丰富的食料，虫口又慢慢回升，开始下一个大发生周期。这样引起油茶煤病周期性地发生，周期的长短因条件而异，一般大约 10 ~ 12 年成灾一次。

五、防治措施

油茶煤病由诱发害虫引起，因此，要防治病害必须防治油茶刺绵蚧、黑胶粉虱、龟蜡蚧等害虫，虫灭，病自然除。具体方法措施参见第十七章油茶主要害虫及其防治。

第三节 油茶软腐病

一、分布及危害

又称落叶病，是油茶常见的重要病害。浙江、江西、湖南、福建、云南、贵州、四川、湖北、广东、广西、安徽、陕西等地均有不同程度发生。

本病主要危害叶片和果实，引起软腐和脱落，此外也危害幼芽和嫩梢，引起芽梢枯死。受害油茶大量落叶，生长衰弱，春梢短而细弱，不能形成花芽，严重影响生长和开花结果。

油茶软腐病常常块状发生，单株受害严重，株病率 1.1% ~15.8%；比较严重林分的株病率 29.9%(浙江武义县林场)，高的可达 73.8%(江西红亮垦殖场)，最严重的可达 100%(广西桂林市雁山)。

油茶软腐病对油茶苗木的危害尤为严重。在病害暴发季节，往往几天之内成片苗木感病，引起大量落叶，严重时株病率达 100%，病指数达 93.3(浙江常山油茶研究所)，严重受害苗木叶片落光，苗木枯死。

油茶软腐病是个多寄主病害，寄主很广泛，除侵害普通油茶外，也侵害攸县油茶、越南油茶、小果油茶、浙江红花油茶、山茶、茶树等山茶属植物，还可侵害其他科(14 个科)的 50 多种植物。

二、症状

(一) 叶

病害可发生于叶片的任何部位，但叶缘及叶尖处为多。侵染点最初出现针尖样大的黄色水渍状斑，在阴雨天气，病斑迅速扩大，棕黄色或黄褐色，叶面较叶背色深，圆形或半圆形。一张叶片上侵染点 1 个到多个，各小病斑扩大联合成不规则的大病斑。病斑可以扩展到整张叶片。

侵染后如遇连续阴雨天，湿度大，病斑呈水渍状软腐，扩散速度快、边缘不明显，形成“软腐型”病斑。这种病叶常常在 2 ~3d 内纷纷脱落。叶片感病后如遇天气转晴，温度高，湿度低，病斑停止扩展，棕黄色至黄褐色，中心褐色，边缘明显，形成“枯斑型”病斑。这种病叶不易脱落，有的能留于树上越冬。在初病斑中心，都有一个肉眼可见的褐色小点——侵染源蘑菇形分生孢子座发生侵染后的遗留物。叶片感病 5 ~7d 后，在适宜的温湿度条件下，病斑陆续产生许多近白色，淡黄色乃至淡灰色，形似“蘑菇”的小额粒——蘑菇形分生孢子座。蘑菇形分生孢子座湿润时直径可达半毫米，容易脱落，干燥时变小。

(二) 芽、梢

侵染常发生在未木质化的嫩芽嫩梢上，受害芽梢初呈淡黄褐色，并很快调萎枯死，黄褐色，可留树上越冬。在条件适宜时其上可产生大量蘑菇形分生孢子座。

(三) 果

感病果实最初出现水渍状淡黄色小斑点，与炭疽病初期症状相似，但软腐病病斑色泽较浅，初病斑中心有一稍隆起的小褐点——侵染源蘑菇形分生孢子座的遗留物。此后病斑迅速扩大，土黄色至黄褐色，圆形至不规则形，病组织软化腐烂，阴雨天有棕色汁液溢出，如遇高温干燥天气，病斑呈不规则开裂。条件适宜时病部产生大量蘑菇形分生孢子座。果实感病后常在 2 ~3 周内脱落(图 16-6：1 ~4)。

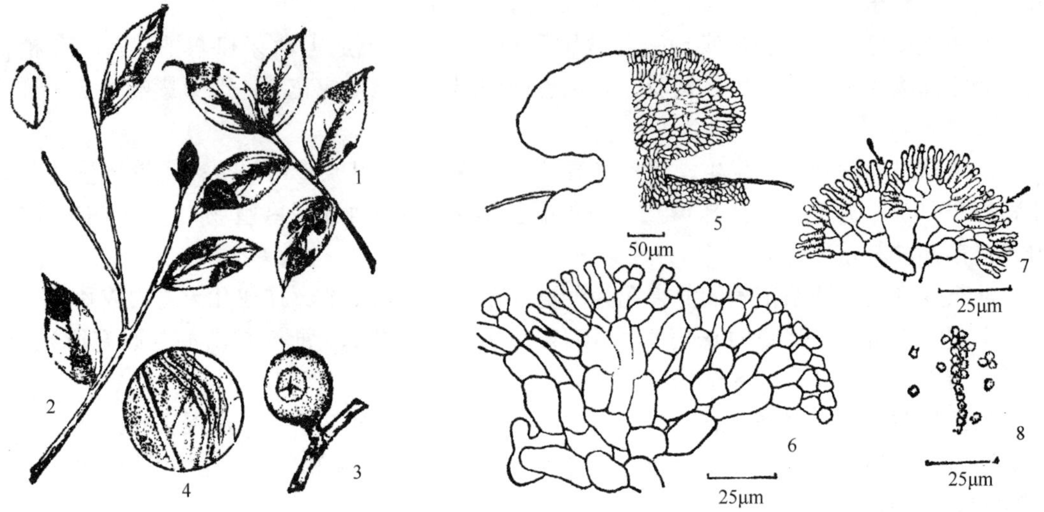

图 16-6 油茶软腐病

1~4：病状 1. 初期病叶 2. 后期病叶(大部分叶已落) 3. 后期病果 4. 老病叶病都放大(示蘑菇形分生孢子座)
5~8：病原菌 5. 蘑菇形分生孢子座(整体) 6. 分生孢子梗 7. 分生孢子梗和瓶形小梗(箭头处示领肩) 8. 分生孢子

三、病原菌

病原菌的无性世代是半知菌丛梗孢目伞座孢属的油茶伞座孢菌(*Agaricodochium camelliae* Lin. Wei. et Fan)。有性世代尚未发现。

病原菌在不同的环境条件下可形成形态特征完全不同的两种分生孢子座：①在通风湿润、干湿交替条件下形成蘑菇样的，通常单生于病斑表面，垫状、半球形、具短柄，乳白色到淡黄色，在显微镜下观察呈"蘑菇形"的分生孢子座，成熟时宽 315~563μm，高 113~225μm(柄部在内)，是由许多从柄部顶端辐射状伸向边缘的分生孢子梗所组成，容易脱落，能侵染寄主，传播病害，称为蘑菇形分生孢子座。这是在自然条件下病斑部最常见的分生孢子座，是识别本病最基本最可靠的特征。有时蘑菇形分生孢子座的周缘为栅状瓶梗和分生孢子所覆盖，呈黑褐色，并丧失致病能力，成为黑顶蘑菇，在自然条件下较为罕见。②病斑处于不通风，密闭高湿条件下形成一种黑色、垫状、无柄，单生或连生，与叶组织连在一起，不易脱落和排出，成熟时周缘被分生孢子梗和分生孢子所覆盖，宽57~168μm，高 45~85μm 的分生孢子座，称为非蘑菇形分生孢子座。这种分生孢子座在自然条件下较罕见，没有侵染能力，在病落叶可见到。

分生孢子梗无色，5~8 横隔，稍弯曲，双叉分枝 5~9 次，产孢细胞外露，瓶梗单点产孢，分生孢子淡青色，近球形至球形，基部平截，无隔，直径 2.1~8.7μm，领肩明显，基生，连生，常发生黏连而呈黑色黏质孢子团(图 16-6：5~8)。

四、发生规律

(一) 发病过程

病菌以菌丝体和未发育成熟的蘑菇形分生孢子座在病部越冬。冬季留于树上的病叶、病果、病梢及病落叶，果是病菌越冬场所，其中以 10~11 月份感病留于树上的病叶作用最大，这种病叶的病斑黄褐色，越冬后产生蘑菇形分生孢子座的能力最强，是病菌主要越冬场所。

翌春，日平均气温回升到10℃上下，菌丝开始活动，雨后陆续产生蘑菇形分生孢子座，这是病害的初侵染源。早春感病的病斑及一些越冬病斑在适宜的环境条件下，反复产生大量蘑菇形分生孢子座，是病害多次再侵染源。当环境不宜侵染时，蘑菇形分生孢子座在病斑部或侵染处渡过干旱时期，到下次降雨时再传播侵染。

风雨是病害近距离传播的主要方式，因此一般萌枝、脚枝、树冠下部发病较严重，新病叶往往出现在老病叶下方。带病苗木、种子、穗条的人为携带则是病害远距离传播的主要途径。

（二）影响发病的因子

1. 温度

早春日平均气温回升到10℃左右，并出现连续降雨时，初病即可出现。10～30℃间蘑菇形分生孢子座均能发生侵染，15～25℃时发病率最高，超过25℃发病率显著下降，低于15℃，能侵染，但潜育期延长。

在浙江，3月下旬到4月初开始发病，4～6月、10～11月日平均气温在15～25℃间，是病害年发生的二个高峰，如这期间少雨干旱，发病较轻，同样如7～9月低温多雨，病害可继续蔓延。

2. 湿度

油茶软腐病的发生与湿度关系十分密切。蘑菇形分生孢子座侵入寄主需要有高湿环境。据试验，在不保湿条件下，相对湿度低于98%，蘑菇形分生孢子座不能侵入寄主。在林间只有阴雨天才能满足这一条件，所以软腐病只有在阴雨天发生，晴天病害停止蔓延。

3. 雨量、雨日及其分布

油茶软腐病在阴雨天发生蔓延，每次中大雨后，林间相继出现许多新病株、新病叶，雨量大，雨日长新病叶出现多。反之，天转晴，病害停止蔓延，4～6月是南方油茶产区的霉雨季节，降水量较集中，降雨频繁，雨日长，气温也适宜，出现发病高峰。7月中下旬开始进入旱季，病害停止发展（1980年7～8月浙江省出现低温多雨反常天气，病害继续蔓延）10～11月是小阳春天气，温度适宜，如遇多雨年份将出现第二个发病高峰。

4. 病害虫发生与立地条件的关系

林分立地条件和抚育管理情况与软腐病发生有一定关系。一般说山凹洼地、缓坡低地、排水不良、阴湿的油茶林由于湿度大，比山坡、山顶的发病严重。因此，抚育管理粗放，未经整枝修剪，萌枝、脚枝多比抚育管理较好的发病严重。

五、防治措施

油茶软腐病块状发生，零星发布，雨季发病，降水量多发病重，一年中多次侵染危害，在防治上应以营林措施为主，对于经济价值较大的采穗圃、试验林、苗圃可考虑以药剂防治。

(一)营林措施

1. 改造过密林分，适当整枝修剪

改造过密林分，去病留健，去劣留优，是一项增产措施，也是一项防病办法。对于树冠过密的植株应进行整枝修剪，注意清除脚枝、荫枝、下垂枝、病枝以减轻病害。江西红亮垦殖场1976年对过密感病油茶林进行隔行疏伐，翌年病情指数下降24.7。

2. 清除越冬病部

在冬季结合整枝修剪清除感病树上的越冬病部(叶、果、梢)。浙江省常山油茶研究所1979年早春对23株重病树修除病部处理，结果处理株病情下降83.3%，而对照株病情上升7.0%。1980年早春对发病较严重的206，309号林地，结合整枝修剪清除病源。结果处理区病情比上年下降38.6%～62.8%，对照区病情上升18.2%～46.9%。清除工作宜在冬季或早春进行。

3. 加强苗圃地管理

应选择土壤疏松，排水良好的圃地育苗。圃地要加强松土除草，大苗应适度修剪，发现病苗要立即仔细清除病部。病果种子可能带菌，采种时不要选用病树上的果实。

4. 加强检疫

严防带菌种子、苗木，穗条作种用，防止病害远距离传播蔓延。

(二) 化学防治

50%多菌灵300～500倍液，75%甲基托布津300～500倍液，50%退菌特1 000～1 500倍液，1/100波尔多液等都有较好的防治效果。根据软腐病的发病特点，应注意选择附着力强，耐雨水冲刷，药效持续期长的药剂。1/100波尔多液是比较理想的保护性药剂，晴天喷药附着力强，在雨季防治，耐雨水冲刷，药效持续期在20d以上，防效达84.4%～97.69%，而且药源充足，成本低，毒性小，使用方便。喷药时间应治早为好，第一次喷药在春梢展叶后抓紧进行(浙江省以4月下旬为宜)，以保护春梢叶片。如果雨水多，病情重，在病害高峰期(5月中到6月中旬)再喷1～2次，间隔20～25d。喷药要求均匀。

第四节 油茶半边疯

一、分布及危害

又叫白皮干腐病，烂脚瘟，危害油茶树干，大枝，引起腐朽。江西、浙江、福建、湖南、广东、广西等地油茶老产区均有发生，多为零星分布，一般株发病率3%～5%，但部分生长衰弱的老林，株发病率可达10%～47.5%，受害油茶树势衰弱，叶片枯黄，继而引起落叶落果，最后整株枯死。

二、症状

病斑多从树干或大枝基部背阴面开始，患部树皮局部下陷，树皮表面失去原来新鲜色泽，显得较为粗糙，病部及健部组织交界处有棱痕。随着病原菌深入，患部树皮外层的木栓层逐渐剥落，显出较为光滑的浅灰色皮层，以后逐渐变成黄白色，最后变成粉白色。病斑纵向扩展快，横向扩展慢，形成纵向长条状粉白色病斑，树干(大枝)半边生病，半边健康，故又名半边疯。在病情不重，寄主抵抗力较强时，病斑两侧的健康组织能长出愈伤组织，病菌的扩展又能侵害这些新长的愈伤组织。病原菌与寄主间的侵害、愈合，再侵害、再愈合的斗争，在病斑两侧留下一至数层大致平行排列的愈皮。病斑扩大的同时，病害向木质部纵深发展，受害木质部变成白色疏松腐朽状，较深层为黄白色。在横切面上，病健组织交界处有明显的棕褐色带(图16-7)。

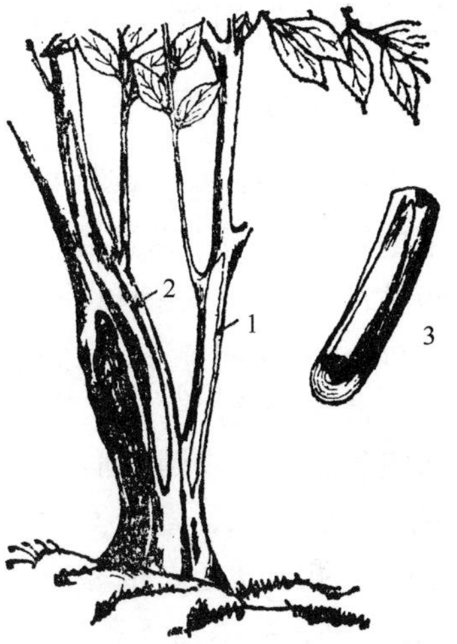

图16-7　油茶半边疯

1. 初期干病　2. 后期病干

3. 病干截面(示木质部坏死程度)

三、病原菌

该病由真菌引起，属担子菌纲多孔菌目革菌科 *Corticium* sp.。病斑表面粉白色层即为病菌的子实层。子实体膜质，紧贴于基物表面，厚0.1～0.15mm，像一层紧密光滑的白膜。担孢子卵圆形，无色、透明、发亮。

四、发生规律

病菌多从伤口侵入，老树、多次萌发更新的植株、生长衰弱株容易发病，5～10年生长旺盛的实生林(树)很少发病。阴坡山谷、林龄大、过密林容易发病，抚育管理粗放、生长差、萌芽更新的油茶林发病较严重。

病原菌生长的适宜气温为25～30℃，因此病斑在7～9月扩展最快，气温低于13℃，病斑停止扩展。

五、防治措施

(1)发现病株及时伐除，消灭病源，防止扩散蔓延。

(2)老林更新不采用萌芽更新法，应用实生苗或嫁接苗更新，防治病害流行。

(3)加强抚育管理，适度修剪，清除病源，整枝修剪在休眠期进行，伤口不要过大，大伤口要刮光滑，以利愈合，防止病菌感染。

第五节　苗木菌核性根腐病

一、分布及危害

又称白绢病、霉根病，是我国南方油茶苗发生很普遍而且危害较大的病害，常常造成苗木大量死亡。除危害油茶苗外，还危害乌桕、杉木、马尾松等多种树种的苗木。

二、症状

主要危害1年生苗木，病菌最先侵染地面附近苗木根颈部，起初患部组织褐色，上生白色棉毛状物(菌索)，并迅速向上及土壤表面扩展。受害苗木根部腐烂，叶片凋萎脱落，最后枯死。只留一光杆，一拔而起。在潮湿的环境条件下，在病苗根颈周围形成大量白色丝状膜层，并在其中逐渐形成起初白色，后来变成黄褐色，大小象油茶籽样的颗粒，即病原菌的菌核(图 16-8：1 ~3)。

三、病原菌

由一种真菌引起，无性世代为半知菌无孢菌群的罗氏白绢小菌核菌(*Sclerotum rolfsil* Sacc.)。有性世代为担子菌纲的罗氏白绢病菌[*Pellicularia rolfii*(Sacc.)Wect.]。有性世代常不发生。

菌丝白色，绕结成膜状，形似白色丝绢，菌核表生，球形或椭圆形，起初淡黄白色，后变褐色，像菜籽状，直径 0.5 ~ 1.0mm，最大的可达 3 mm。担子无色，棍棒形，担孢子椭圆形，无色(图 16-8：4 ~5)。

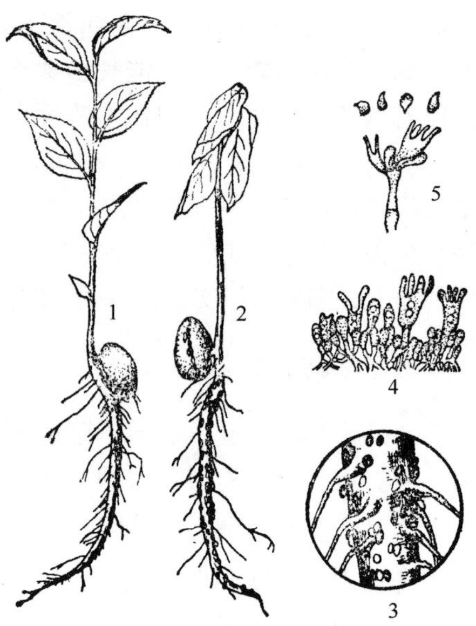

图 16-8 苗木菌核性根腐病

1. 健康油茶 2. 感病油茶苗 3. 病苗根部放大(示菌核) 4. 病原菌的担子层 5. 病原菌的担子和担孢子

四、发生规律

病原菌以菌核在土壤或病株上越冬。翌春当温湿度适宜时，菌核萌发菌丝，在土壤中蔓延，侵害邻近苗木，病菌可借雨水流水传播，当菌丝接触苗木根部即可侵入，6 ~7 月份气温高，土壤湿度大，有利于病菌传播蔓延，是病害的高峰期，土质黏重，土壤板结，排水不良，苗木生长衰弱的苗圃容易发病，常常成片苗木受害枯死。在上年种过易感此病的农作物的地上育苗也往往容易生病。

五、防治措施

(1)避免在上年有此病感染的圃地育苗，选择排水良好的山脚坡地育苗，平地要做高床，做好排水工作。

(2)施足基肥，增施有机肥，做好苗圃管理工作，提高苗木抗病能力。

(3)发现病苗及时拔除，并用1%硫酸铜或敌克松等消毒病苗周围土壤，防止病菌扩散蔓延。

第六节 叶斑病

据文献记载油茶叶斑病的种类不下 10 种，除了炭疽病、软腐病之外，比较常见，危害较大的有赤叶斑病(*Phyllosicta theicola* Petch.)和灰斑病(*Pestalozzia theae* Saw.)两种。

现分别介绍如下：

一、油茶赤叶斑病(赤叶枯病)

(一) 分布及危害

油茶赤叶斑病在我国南方油茶产区发生极为普遍，浙江、江西、福建、湖南、广西、广东均有危害。主要危害成叶或老叶，先从叶尖叶缘开始发生，逐渐向里向下蔓延，可及叶片面积的2/3以上乃至全叶。发病初病斑淡褐色，边缘不明显，有时呈花斑状。后期病部变成赤褐色，病部和健康部分分界线明显，病斑部的颜色比较一致，后期病斑上有许多黑色稍为凸起的小点是鉴别此病的主要症状。

（二）病原菌及发生规律

病原菌的无性世代是半知菌球壳孢目的茶生叶点（*Phyllo sticta theicola* Petch.）后期病斑上的小黑点是病菌的分生孢子器。分生孢子器球形或扁球形，埋生于寄主表皮下面，顶端有孔口。器孢子小，圆形至椭圆形，无色，有1～2个油球。

此病一般在5月下旬开始发病，高温有利于病害的发生蔓延，7～8月为发病高峰，受害叶片大量脱落，严重发病林分一片赤色，似火烧一般。

（三）防治措施

(1)加强培育管理，改良土壤，提高土壤保水能力，促进油茶生长，提高根系吸水力是防治本病的关键。

(2)有条件的地方，在发生高峰期前喷射波尔多液、多菌灵等广谱杀菌剂。

二、油茶灰斑病

（一）分布及危害

灰斑病在我国南方油茶产区普遍有发生，浙江、江西、福建、湖南等地均有发生危害。本病主要危害成叶和叶芽，引起落叶落芽。病斑常从叶缘开始，以后逐渐扩大，呈不规则形，褐色，后期病斑中央变成淡灰色或棕灰色，病斑部稍下陷，边缘红褐色稍隆起，后期病斑中央有浓黑色如墨汁状的小点。最后病斑灰白色穿孔。

（二）病原菌及发生规律

该病由一种真菌引起，其无性世代是半知菌黑盘孢目的茶轮斑盘多孢菌（*Pestalozzia theae* Saw.）。后期病斑上的黑点是病菌的分生孢子盘，分生孢子梗短棒状，分生孢子纺锤形，有4个分隔，中间三个细胞的色深，两端二个细胞的色浅，基部细胞末端尖状，顶端细胞有2～4根，鞭毛状，无色，末端有结状膨大。

病原菌生长适宜气温为28℃，担子发芽适温25℃，一般5月开始发病6～8月是高峰期，高温高湿有利于病害的发生。土壤黏重，板结，排水不良，湿度大有利于病害发生，管理粗放，树势衰弱，生长不良的油茶林发病比较严重。

（三）防治措施

(1)灰斑病菌是一种弱寄生菌，常常在湿度大，树势衰弱，生长不良的油茶林中发生严重。因此，加强培育管理，改良土壤，提高肥力，促进油茶生长，提高林分的抗病能力是防治本病的关键措施。

(2)发病严重的油茶林，在有条件时，可在高峰期前喷射波尔多液、代森锌、多菌灵等广谱性杀菌剂。

第七节　油茶饼病

一、分布及危害

又称叶肿病、茶桃、茶泡、茶片，是一种分布广、发生很普遍的病害。广西、广东、云南、贵州、湖南、江西、浙江、福建、四川等地均有发生。据报道，1982 年，云南省受害面积 1 万余亩，造成油茶籽减产 20% 左右。广西宁明县派阳山林场的油茶林，1979 年茶饼病株发生率 96.6%，病指数 46.4。

该病主要危害油茶子房，幼果，叶芽和嫩叶，严重病株果实可损失 90% 以上。

二、症状

病菌侵害子房、幼果、叶芽和嫩叶罹病组织肥肿变形，由于发病部位和时间不同，症状也有差异。

1. 子房及幼果

病菌在花芽开放之前侵入子房，早春受害子房迅速膨大，形如桃，中空，组织松软，故称茶桃或茶泡，味酸甜，可食。病果颜色与油茶品种有关，一般初期青色，也有草绿色、淡红色的，不久表皮破裂，露出病菌的外担子层，最后变黑腐烂（图 16-9）。

图 16-9 油茶饼病

1. 油茶苞 2. 担子 3. 担孢子

2. 叶芽和嫩梢

叶芽受害后常是数叶或整个嫩梢的叶片发病，罹病嫩叶肥肿呈耳状，嫩梢肥肿、粗短，数片病叶聚在一起，形象鸡爪，名曰茶苞。初期病叶表面淡红棕色或淡玫瑰色，间有黄绿色，后来表皮开裂脱落，露出病原菌灰白色的外担子层，最后外担子层被霉菌污染变暗黑色，病部干缩。

3. 春季传播

4 月间当病组织表皮开裂，飞出担孢子传播到萌发早的油茶新叶上，病菌能够直接侵染这种嫩叶并于当年春表现症状，在嫩叶上形成局部的圆形肥肿斑块，直径约 1cm 左右，有时有几个斑块连接形成大斑块。斑块表面稍凹陷，背部突起，紫红色或淡绿色，后来斑块部干枯变黑，常引起落叶，这是该病在发病高峰期之后，嫩叶局部出现的症状，称为次要发病形态。

三、病原菌

病原菌是外担子菌属的细丽外担子菌[*Exobasidium gracile* (Shirai) Svd.]。该菌的外担子层长在罹病肥肿变形组织表面，成熟后成灰色，担子球棒状，无色，(115～173)μm×(5～10)μm，担子上有 2 个或 4 个小梗，每小梗着生一个担孢子，担孢子椭圆形或倒卵形，无色，早孢子成熟后有 1～3 分隔，(5.2～5.9)μm×(14.8×16.5)μm。

四、发生规律

(一) 侵染循环

早春受病菌侵染的幼果，叶芽表现肥肿症状，担孢子成熟后，表皮破裂，担孢子飞散，借风、雨传播，侵染寄主的感病部分。在环境条件适宜时，被侵染的嫩叶当年春即能发病，罹病嫩叶出现表面稍凹，背面突起面肥厚的斑块，这是该病的次要发病形态，在环境条件不适宜时病菌丝在寄主组织内越夏及越冬，翌年早春首先发病，产生大量茶泡(病幼果)和茶苞(病芽)，这是该病主要发病形态。

(二) 影响病害发生的条件

(1)阴坡密林茶桃发生常比阳坡疏林严重，浙江常山一片同龄老油茶林，比较稠密，位于东北坡上的，株发病率18%，病株平均果病率14.4%，西南坡上的病株率及病果率分别为2%和1.6%。阴湿、低温有利于病害的侵染蔓延，据广西报道，12～18℃最适宜病害发生，超过20℃，病菌进入越夏状态。

(2)油茶老林幼果发病多，叶芽嫩叶发病少；幼林则叶肿较多，幼果发病少；结果盛期的壮龄林，茶桃和叶肿都能找到。

五、防治措施

(1)加强培育管理，适当整枝修剪，保持林内透光通风。以不利于病害的侵染蔓延。

(2)摘除表皮尚未破裂，担孢子没有飞散的茶桃、茶苞、茶片，减少病害。

(3)药剂防治，在病害高峰期，担孢子尚未飞散(病组织表皮未破裂)时，可用1%波尔多液或500倍敌克松喷雾，效果很好。

第八节　寄 生 植 物

一、桑寄生[*Loranthus parasiticus*(L.)*Merr.*]

是油茶上寄生较多，危害较大的高等寄生植物，在我国南方油茶区均有分布，其中以广东、广西、福建，安徽、湖南、江西较严重。广西昭平县大脑山林场一些管理粗放的林分，寄生率达92%，有的颗粒无收。

桑寄生属桑寄生科，常绿小灌木，高1*m*许，枝叶发达，叶轮生，对生或近于对生，幼叶下面披黄褐色星状毛。种子发芽沿寄主树干生出匍匐枝，并在与寄主接触处生出吸根，深入寄主树干吸取水分养分。油茶被寄生后生长衰弱，结果减少。

在我国除桑寄生外，危害油茶的桑寄生科植物还有毛叶桑寄生(*Lorathus yadoriki* Sieb.)，大苞桑寄生(*L. maclurei* Merr.)，油茶寄生(*L. sampsoni* Hce.)，油茶桑寄生[*Helinanithera sampsoni* (Hance)Dauce.]等。

桑寄生主要发生在山高路远，管理粗放，生长衰弱的油茶林。因此，加强培育管理，及时垦复，及时清除寄生植物是防治桑寄生危害的关键措施。

二、槲寄生

槲寄生是危害油茶的又一种高等寄生植物，江西、广东、广西，福建、安徽、四川等地均有发生。常绿小灌木，高约50cm，茎绿色，双叉分技，枝顶着生一对叶片。叶对生，厚革质，倒卵形，三出脉，花单性，雌雄异株，雌雄株常常寄生在同一株寄主植物上。吸根深入寄主树干，吸取水分养分。油茶被寄生后生长衰弱，结果减少。寄主树干内的侧根能生出不定芽，穿出寄主树皮，形成新的植株。

防治方法同桑寄生。

三、苔藓和地衣

苔藓和地衣主要发生在阴湿衰老的油茶林内，在我国南力诸省油茶产区，特别是山高、湿度大的油茶林发生很普遍。

（一）症状和病源

苔藓和地衣是油茶树干、枝条上的附生植物，包围着树干枝条，吸取汁液，它们形成的覆盖层是许多害虫的越冬场所。

覆盖树干的黄绿色形似青苔的是苔，呈丝状的是藓。苔藓是一种高等植物，具有绿色的假茎假叶，能进行光合作用，没有真正的根，以假根附着在油茶树干上吸取树液为养分。地衣是一种青灰色的叶状体，紧贴树皮，是真菌和藻类的共生生物体，以分裂成碎片进行繁殖，通过风雨传播蔓延。

（二）发生条件

苔藓和地衣在潮湿温暖的季节蔓延最快。3 月开始发生，4 ~ 6 月是发生盛期，7 ~ 9 月高温干旱，发生缓慢，9 ~ 10 月继续发展。树龄大，树体衰弱，阴湿，管理粗放，杂草灌木丛生的油茶林发病比较严重。

（三）防治措施

(1)加强培育管理，适当整枝修剪，促进油茶生长，提高抗逆性。

(2)采用良种壮苗更新年龄过大、产量低的老林。

(3)人工刮除后喷 10 ~ 15 倍石灰水，2% 硫酸亚铁也有一定防效。

第十七章　油茶主要害虫及其防治

第一节　食叶害虫

一、油茶毒蛾

又名茶毒蛾、茶黄毒蛾、茶毛虫，俗称痒辣子、摆头虫、毛毛虫、毒毛虫、茶辣子。

油茶毒蛾属鳞翅目毒蛾科，学名 *Euproctis pseudoconspersr* Strand，异名 *E. consprsa* Butler。

（一）寄主与分布范围

油茶毒蛾为间歇性暴发害虫，大发生时可将茶林叶子啃食殆尽，虫口密度大时，连花、幼果、嫩枝及树皮都被吃光，形似火烧，影响油茶生产。茶毒蛾四个虫态均附毒毛，触及人体异常痛痒，除危害油茶外，还危害茶叶、乌桕、油桐、柿、枇杷、柑橘、樱桃、玉米等多种植物。

主要分布南方各省(区)；日本也多见。

（二）形态特征(图 17-1)

为 6 龄。各龄形态主要区别见表 17-1。

成虫：雌体长 10～13mm，黄褐色。翅展 28～32mm，触角双栉齿状，前翅黄褐色，翅面散生黑褐色小点，中央隐约可见两条黄白色横带。顶角黄斑内具 2 个黑色圆点，腹束具黄色毛丛。

表 17-1　油茶毒蛾各龄幼虫的形态区别

龄级	特征		
	体长(mm)	头部	胸腹部
1	1.8～2.0	深褐色	背面密生长短不齐的黄白色毛
2	2.5～3.5	黄褐色	腹部第 1、2 节背面出现两个黑色绒球状毛，其余各节毛疣黄色
3	3.0～5.0	黄褐色	胸部 1～3 节气门上线与背线之间出现黑褐色带纹一条
4	4.5～8.0	黄褐色	第 8 腹节毛疣转黑色
5	6.0～13.0	黄褐色	气门上线与亚背线之间的黑褐色带纹延至尾节，第 7 腹节毛疣转黑色
6 或 7	8.0～22.0	褐色	第 1～8 腹节两侧各有毛疣两对，黄褐色至黑褐色

（唐全富，1984）

雄蛾略小，体长 7～10mm，翅展 20～26mm，前后翅棕褐色，稀布黑色鳞片，中央具两条不明显黄色横带，顶角与臀角各具一橙黄色斑，顶角黄斑内亦具 2 个黑色圆点，腹末无毛丛。

卵：直径 0.6～0.8mm，扁圆形，淡黄色，数十粒至百余粒集成一块；卵块椭圆形，外附黄色茸毛，卵块长 8 ~ 12mm，宽 5 ~ 7mm。

幼虫：老熟幼虫体长 10 ~ 25mm，圆筒形，头部黄棕色，上具褐色小点，有光泽；胸腹部浅黄色，气门上线棕褐色，上方具白线一条，延伸至第八腹节；从前胸至第 9 腹节，每节具黑褐色毛疣 8 个，其中以第 1、2、8 三节亚背线上的毛疣最大，上具黄白色长毛，亚背线为棕褐色宽带，第一代幼虫 7 龄。

蛹：体长 8 ~ 12mm，短圆锥形，咖啡色，被黄色短毛，翅芽伸达第 4 腹节后缘；尾端具钩状尾刺；蛹体外包黄色丝质薄茧，茧长 12 ~ 14mm，米黄色，上被短毛。

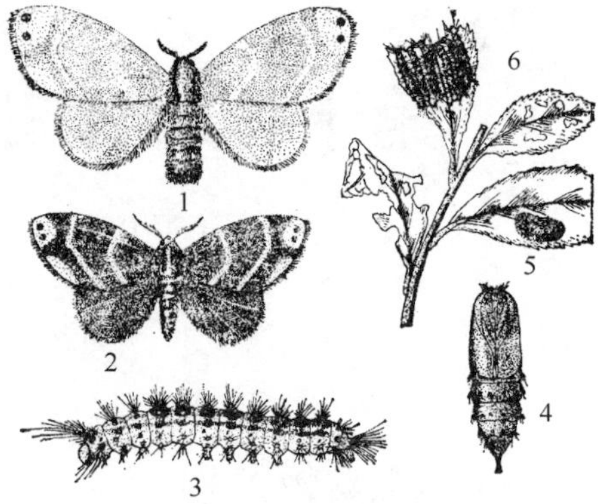

图 17-1　茶毒蛾

1. 雌成虫　2. 雄成虫　3. 幼虫
4. 蛹　5. 茧　6. 危害状

（三）生活史及其习性

油茶毒蛾为多化性昆虫，发生代数因各地气候不同而异。江苏、浙江、云南、四川、贵州、陕西等地一年 2 代；广西、湖南一年 3 代；江西、福建一年 3 ~4 代；台湾则一年可达 5 代，大多以卵块在树冠下的老叶背面越冬。各代发生期见表 17-2、表 17-3。

成虫羽化以午后至黄昏最盛。羽化期雄蛾比雌蛾早 1 ~ 2d。成虫白天静伏于树丛中，受惊时迅速飞翔，一次能飞 10 ~ 100m，有时可假死落于地面。多在清晨或黄昏起飞，以 19：00 ~ 23：00 最盛。具趋光性，雄蛾尤强。未交尾雌蛾具强性引诱力。羽化当天或次日交尾，雌蛾一生交尾一次，一雄蛾可交尾 2 ~ 3 次。交尾大多在黄昏与清晨进行，以 6：00 ~ 8：00 最盛，尾后当天或次日产卵，大多一次产完。卵粒集结成块，每块为 50 ~ 300 粒，产卵时往往选择生长旺盛植株。雄蛾寿命 2 ~ 9d，雌蛾 3 ~ 11d。

表 17-2　江西宜春地区油茶毒蛾发生期

代　别	虫态及发生时期（旬/月）			
	卵	幼虫	蛹	成虫
第一代	前一年 10 月下旬 4 月中旬	4 月上旬 ~ 5 月下旬	5 月中旬 ~ 6 月上旬	6 月上旬 ~ 6 月中旬
第二代	6 月中旬 ~ 6 月中旬	6 月下旬 ~ 7 月下旬	7 月下旬 ~ 8 月上旬	8 月上旬 ~ 8 月中旬
第三代	8 月中旬 ~ 8 月下旬	8 月下旬 ~ 9 月下旬	10 月上旬 ~ 10 月中旬	10 月中旬 ~ 11 月中旬

（唐全富，1984）

表 17-3　湖南长沙地区油茶毒蛾各虫态历期

代　别	虫态及历期　(d)			
	卵	幼虫	蛹	成虫
第一代	115 ~ 120	49 ~ 52	10 ~ 14	3 ~ 9
第二代	12 ~ 15	24 ~ 34	12 ~ 21	2 ~ 7
第三代	7 ~ 10	31 ~ 35	23 ~ 31	4 ~ 10

（唐全富，1984）

卵：一般于早晨至中午孵化，盛期在始期后5d左右。

幼虫：一、二龄幼虫有群集习性，一般为10～100头群集在叶背。头向内围成一圈，迁移时一头先爬动，其余即刻尾随而行。此时幼虫仅食下表皮和叶肉。留上表皮与叶脉，使被害叶呈半透明网状膜，不久枯黄；三龄始食全叶，常群迁到树冠上部危害，同时吐丝结网；四龄后食量逐渐增加，五、六龄食量大增，吃完后即行迁移。各龄期食量占一生总量：三龄占3%～4%；四龄占4%～10.4%；五龄占35.2～39.5；六龄占60.5%。因此，防治应在3龄之前进行为佳。

幼虫蜕皮前需转移到树冠下部叶片或树干基部进行，经1～3d蜕皮后又向上爬行，继续危害。幼虫怕光与高温，因此，中午转移到树冠下部或阴凉地方，受惊时停止活动，仅头部向左右摇摆。

蛹：老熟幼虫爬到枯枝落叶层或土中结茧化蛹，常2～3个甚至多个聚集在一起；化蛹土深为3～7cm。

茶毒蛾的发生和发展与气候关系十分密切，如第一代毒蛾发生的迟早与春季温湿度有关：一般暖湿就发生早。湖南长沙1958年3月份平均气温12℃高于1956年、1957年同月的9.9℃和9.1℃，因此，1959年越冬卵的孵化期提早了半个月。一般山区较平原区、高山区较半山区茶毛虫的发生期要迟10d左右。在成虫羽化期，若遇高温干旱、久晴不雨，羽化率就低，产卵量也少。

（四）防治措施

1. 冬季与早春人工采摘卵块

油茶毒蛾一般发生整齐，且以卵块越冬，长达5个月左右，有利于人工采摘。以掌握在3月底4月初为好；采下的卵块集中烧毁。为防止毒毛，采摘前先在手上涂一些肥皂水。

2. 结合垦复灭蛹

据调查，蛹若埋在土下10cm深，成虫便不能羽化出土。因此，在结茧化蛹期进行垦复培土，对阻止成虫羽化、外飞有一定作用。

3. 药物防治

油茶毒蛾幼虫有群集性，特征明显，利于化学防治。防治应掌握在3龄之前效果更好。药剂可用100～200倍肥皂液；50%敌百虫乳剂200倍液；90%敌百虫、50%马拉松、50%沙虫螟松1 000～1 500倍液；合成洗衣粉50～100倍液等。

4. 菌剂

喷撒含1.325亿/mL的苏云金杆菌，4d后防效可达90%以上。据贵州中八农场等单位试验，从田间收集茶毛虫感病虫体，以每亩25～30头病虫用量，捣碎并稀释至100倍，在上风处喷雾，7d后成虫感病，15d后即大量死亡。

5. 灯诱

利用成虫趋光性进行诱杀，也可利用雌蛾的性激素诱捕。

6. 利用天敌，进行生物防治

茶毒蛾的天敌十分丰富，对其数量消长关系密切。如卵期有黑卵蜂(*Telenomus* sp.)；赤眼蜂；幼虫期有毒蛾绒茧蜂(*Apanteles consperae* Fiske.)，茶毒蛾姬蜂(*Henicospilus pseudoconspersae* Sonan.)，毒蛾瘦姬蜂(*Hymenobosmina* sp.)，小胞瘦姬蜂(*Holocremnus* sp.)，日

本黄茧蜂(*Meteorus japonicus* Ashmend.)。以及幼虫蛹寄生蝇(*Tachina* sp.)，捕食性天敌有桃茶色椿象(*Armacustos* Fab.)、蠼螋、螳螂、蜻蜓、蜘蛛、土蜂等。

二、油茶枯叶蛾

又名茶枯蛾、杨梅枯叶蛾、油茶毛虫、杨梅毛虫。属鳞翅目枯叶蛾科，学名 *Lebeda nobilis* Wk.。

（一）寄主与分布范围

油茶枯叶蛾食性杂，除危害油茶外，还危害茶叶、板栗、杨梅及部分壳斗科植物。

主要分布于南方各地。

（二）形态特征(图 17-2)

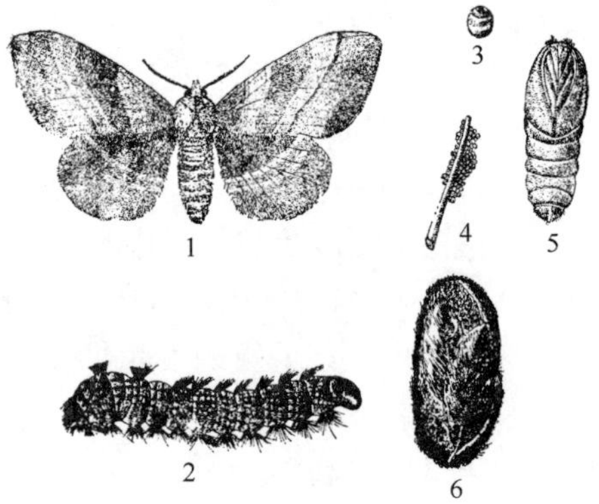

图 17-2 油茶枯叶蛾
1. 成虫 2. 幼虫 3. 卵 4. 卵块 5. 蛹 6. 茧

成虫：雌蛾体长 33～43mm，翅展 31～116mm，黄褐至栗褐色，全体密被茸毛。前翅灰褐，具两条浅色斜走横线，从前缘延伸至后缘，两横线间具一白色斑点；后翅色较深，前缘近中央亦具一条浅色宽横带；雄蛾略小，色较深。

卵：直径约 2.5mm，球形，花白色，两端各具一褐色圆点，外具灰白色圆环。

幼虫：体长 110～132 mm。孵动头部深黑而具光泽，胸背棕黄色，具两条赤褐色毒毛带，两侧灰黄，杂生黑褐色斑纹，每节具黄色斜纹 1 条；第 2、3 龄为蓝黑色，节间具灰白色斑纹；胸部各节具肉瘤突起，上生许多黄色长毛；腹背蓝紫，近两侧具 2 条黄色纵纹，各节间具横纹 1 条，将腹背分成 8 个正方形小块；腹背第 2～3 节各具 1 对毛束，排成八字形，每束可分上下两半，上半为白色，下半蓝黑色；老熟幼虫灰褐色，腹下浅灰，腹面中央具红褐色纵线。

蛹：长椭圆形，雄蛹 35～43mm，宽 20～24mm，栗褐色，头顶及腹部每节密生黄褐色绒毛；茧长袋形，黄褐色，并具网状小孔，外被毒毛；雌蛹长 43～57mm，宽 24～27mm。

（三）生活史及其习性

一年 1 代，以卵块在油茶小枝上越冬，翌年 3 月中下旬孵化，8 月中旬至 8 月底结茧化蛹，9 月初至 10 月初成虫羽化、产卵越冬。

成虫夜间羽化，趋光性强，羽化当天或次晚交尾，尾后当晚或次晚产卵。每雌蛾可产卵 78～213 粒，分产于 2～3 处，每处 19～131 粒，一般为 60～70 粒，卵期长达 5 个半月。初孵幼虫不久即吐丝结成袋状丝幕，群后其中，并取食危害，3 龄后渐渐分散，日夜取食，4 龄时白天静伏于树干下部或阴暗地方，至黄昏或清晨外出取食；老熟幼虫在油茶枝干或小灌木丛中结茧化蛹。

幼虫共 7 龄。一龄 35～38d，二龄 17～22d，三龄 7～15d，四龄 7～20d，五龄 14～24d，六龄 23～38d，七龄 32～54d，整个幼虫期为 4 个半月左右，蛹期 20～30d，成虫寿命 4～6d。

（四）防治措施

（1）人工采摘卵块　油茶枯叶蛾其卵期长，卵块特征明显易找，利于人工采摘。

（2）灯诱　成虫趋光性较强，于9月中下旬成虫羽化盛期进行灯诱，效果较佳。

（3）3～4龄幼虫期可喷洒油茶毛虫多角体病毒液，每毫升含5×10^{8}多角体，死亡率可达75%～91%。

（4）药剂防治　在3龄前可用90%敌百虫1 000倍液喷雾，防效可达90%，老熟幼虫可加大药液浓度。

（5）保护与利用天敌　油茶枯叶蛾的天敌较丰富。如卵期有松毛虫赤眼蜂、油茶枯叶蛾赤眼蜂、油茶枯叶蛾黑卵蜂、平腹小蜂、卵小蜂、啮小蜂等；幼虫期有多角体病毒，自然寄生率达20%左右；蛹期有松毛虫黑点瘤姬蜂、螟蛉瘤姬蜂等。

三、茶蚕

又名茶叶家蚕、茶茧，俗称茶狗子、无毒毛虫、毛虫等。属鳞翅目蚕蛾科，学名 *Andraca bipunctate* Wk.。

（一）寄主与分布范围

茶蚕为群集性害虫，以幼虫食叶，大发生时将叶全部吃光，仅存枝条，形似火烧。主要危害油茶、茶叶，也危害厚皮香等山茶科植物。分布于南方各地；国外见于日本、印度、印度尼西亚。

（二）形态特征（图17-3）

成虫：雌蛾体长15～20mm，翅展40～60mm。全体棕褐色，头顶白色。触角短栉齿状；前翅顶角镰钩形，翅面具黑褐色波状横线3条，中横线与内横线间具一黑点，外横线外方具灰白色圆斑一块；雄蛾略小，棕褐色，长12～15mm，触角栉齿状。较发达；前翅顶角直角形，翅面横线不明显。

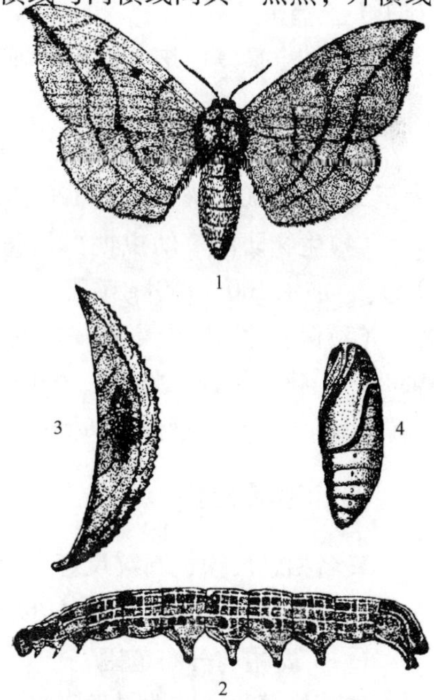

图17-3　茶　蚕
1. 成虫　2. 幼虫　3. 卵　4. 蛹

卵：椭圆形，长10～13mm，宽约0.75mm，始为淡黄色，渐变紫色，常10～200余粒聚集于叶背。

幼虫：初孵幼虫头大而黑，体赤橙色，披灰白色短绒毛，背绒亦褐色，体长3.5～7mm，大幼虫体肥胖柔软，黑褐色，头部棕褐色，体表密生黄色绒毛，并布有11条纵行白线，胸腹部各节还有横行白线3条，与纵线交叉成小方格状，外观为“格子布”，老熟幼虫体长约55mm。

蛹：暗红色，纺锤形，长15～19mm，尾端密生短绒毛；茧椭圆形，较薄，灰褐色，长约22mm，外附枯叶碎片。

（三）生活史及其习性

湖南、浙江、江西等地一年2～3代，两广、福建、台湾一年3～4代；但即使同一地区，因气候条件变化，亦有差异。据江西宜春等地观察，1957年为完整的3代，1958年以2代为主，1959年几乎全部为2代，而1961年为3代，1962年又以2代为主。

茶蚕以老熟幼虫在根部四周松土或枯枝落叶中结茧化蛹越冬。若一年3代，越冬代成虫于3月中下旬羽化，4月中至6月中出现第1代幼虫，5月中至6月中化蛹，6月初至7月初羽化为成虫；第2代幼虫期为6月上旬至8月上旬，7月中至8月中化蛹；第3代幼虫于9月上旬至10月下旬出现，11月结茧化蛹越冬。若年发生2代者，第1代蛹期至8～9月羽化，与第2代成虫重叠发生。但是6、7、8三个月的降水状况可直接影响第2、3代数量的分化。假如此期降水量多，蛹能及时羽化，就可发生第3代，反之，蛹就滞育，只能产生2代。

成虫一般于傍晚至早晨羽化，以18：00～22：00及4：00～6：00居多。羽化后约2h交尾，尾后4～5h产卵；卵产于叶背，排列成2～5行，每雌可产8～278粒，平均121.7粒，成虫弱趋光性，寿命5～12d。

幼虫喜群集，一、二龄常聚集于叶背，此时，仅取食叶肉，幼虫自二龄开始分散，并随龄期增长，虫群增多，每群虫数减少，至五龄时每群仅10多头。三龄后群集于小枝上，并互相缠绕成球，大多于晚上迁移，受惊时可口吐褐水，随即纷纷下跌，遇炎热天气转移到遮荫枝上栖息；危害时不分老嫩叶子一起吃光，然后转移他枝危害。

茶蚕喜欢生活在温暖高湿和短日照的环境中。炎热、干燥、长日照不利其生长。因此，茶蚕以山区沟谷、阴坡较多，内山较外山丘陵区多。

(四)防治措施

(1)人工扑杀幼虫　幼虫群集性强，3龄后大多在小枝上部，行动迟缓，体无素毛，利于人工捕杀。

(2)结合垦复、培土进行灭蛹、灭蛾　幼虫化蛹时在浅土与枯枝落叶层中进行，只要掌握在化蛹期进行恳复并培土6～10cm，即可阻止成虫羽化。

(3)药剂防治　在茶蚕大发生时，初龄幼虫以敌百虫2 500倍液，大幼虫可将药液加大至200～1 000倍液；或用120倍液的肥皂水；敌百虫晶体1 000～1 500倍液喷杀。

(4)生物防治　幼虫期可用每克含孢子100亿的青虫菌，兼苏云金杆菌或杀螟菌粉0.5kg，加水100～150kg喷雾。

(5)保护和利用天敌：目前已知捕食幼虫的天敌有蝽象(*Cantheconidea furcellata* Wolff.)，桃色蝽象、蜘蛛；寄生幼虫的有天幕毛虫寄生蝇(*Tachma eavavarum* L.)，蚕寄蝇(*Crossocosmia sericariae* Corralia.)和姬蜂。

四、油茶尺蠖

又名相思尺蠖、圆纹尺蠖，俗称量步虫、拱拱虫、造桥虫等。属鳞翅目尺蛾科，学名*Biston marginata* Shiraki，异名*Buzura marginata* Shiraki。

(一) 寄主与分布范围

油茶尺蠖为间歇性暴发害虫，以幼虫咀食危害叶片，大发生时可将油茶老叶、嫩茎吃光。此外，还危害油桐、板栗、乌桕、檫木、泡桐、女贞、松、杉等10余种林木。分布于我国南方各地。

（二）形态特征（图 17-4）

成虫：雌蛾体长 14～20mm，翅展 30～36 mm，灰褐色，杂生黄白色鳞毛；触角丝状，头顶白色；前翅基部具两条黑褐色条纹，中央具一黑褐色波纹，外缘具斑点 6～7 个；后翅具三黑褐色条纹；腹部末端有一簇黑褐色茸毛。雄蛾体色较深，触角羽毛状，胸背竖生两簇白色毛丛，腹部瘦小。

卵：圆形，约 0.3mm，初为草绿色，渐转黑褐色，卵粒排列成块，每块 300～900 粒，最多可达1 700粒，外披黑褐色茸毛。

幼虫：初孵幼虫黑色，老熟时黄色，杂生黑褐色斑点。老熟幼虫体长 50～60mm，头顶中央下陷，两侧呈角状突起，额部具“八”字形黑斑两块；具胸足 3 对，腹足仅留第 6 节上 1 对，尾足 1 对，故活动时呈拱背状。

蛹：椭圆形，棕褐色，长 11～17mm，体表具细刻点，头部细小，具 2 个角状突起，腹末有分叉长刺 1 根，两侧各具小突起 1 个；雌蛹膜末钝圆，生殖孔不明显，雄蛹腹末尖瘦，生殖孔明显。

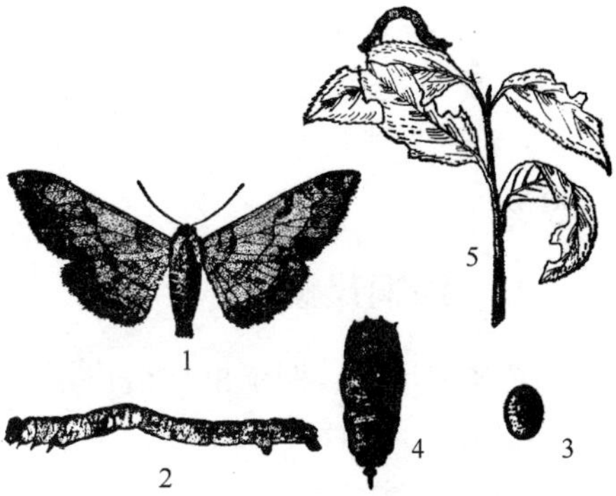

图 17-4　油茶尺蠖

1. 成虫　2. 幼虫　3. 卵　4. 蛹　5. 危害状

（三）生活史及其习性

一年 1 代。以蛹在树根四周土下 17～20cm 深处越冬，翌年 1 月下旬至 3 月成虫羽化、交尾、产卵，4 月上旬幼虫孵化，5 月下旬至 6 月上中旬入土化蛹。据湖南省林业科学研究所观察，卵期为 18～36d；幼虫共六龄，约 53～68d；蛹期长达 253～271d；成虫寿命，雌蛾平均 6d，雄蛾 4d。

当气温在 18℃以上，成虫便羽化出土，气温下降，羽化减少。羽化多在 19：00～23：00时，以 20：00～21：00 时最盛。羽化后当夜交尾，交尾时刻为 19：00～23：00时，以 22：00 时前后最盛。成虫大多一生交尾一次，少数可交尾两次，尾后于当晚或次夜产卵，此时若遇气温降低，可延迟产卵。卵一般产于小枝上、树干的凹面及分叉处，外披黄褐色茸毛。卵大多一次产完，一雌可产卵 412～1 234 粒，一般为 700～800 粒，并聚集成块，每产一卵块需 54～140 分钟。

成虫白天四翅平展，静伏于茶林中，于傍晚开始活动，飞翔力较弱。该虫弱趋光性，雌蛾具性引诱力。

幼虫于早晨 6：00～7：00 孵化，有群集性。以啃食嫩叶为主。三龄前食量少，四龄后食量逐渐增大。据室内饲养记载，一龄平均 6d，二龄 6d，三龄 5.1d，四龄 4.3d，五龄 9.6d，六龄 26.3d。整个幼虫期为 60.2d。化蛹时钻入根系土中 7～10cm 处做好蛹室，若是松土可深达 20cm 左右。

（四）防治措施

（1）人工防治　油茶尺蠖各虫态无毒，活动迟钝，卵粒成块，蛹期长，这些特点有利于进行人工防治。①垦复灭蛹，其作用有三：一是在操作过程中起到机械损伤；二是翻动了土下的蛹，使它难以羽化出土；三是暴露于地面的蛹，不是被动物、昆虫等捕食，便是暴晒而死；②若虫口密度较大，可于根系四周专门进行挖蛹，同时起到松土、培土的作用；③人工捕蛾、刮卵。因成虫飞翔力弱，白天一般静伏于树枝上，极易捕杀；而其所产卵粒成块，目标大，也易刮落。

（2）药物防治　应掌握在三龄之前进行为好，此时幼虫抗药力抵，防效高。可用3%敌百虫粉，每亩2kg；9%敌百虫2 000～4 000倍液；亚胺硫磷800～1 000倍液；也可用烟叶、煤油、生石灰、肥皂粉等制成农药喷杀。

（3）生物防治　可用白僵菌、青虫菌喷杀。亦可用苏云金杆菌，每毫升含孢子0.5亿～1.0亿菌液防治3～4龄幼虫，死亡率达90%；用松毛虫杆菌，每毫升含孢子0.5亿～0.7亿菌液或“735”杆菌，每毫升1亿～2亿孢子，防治4龄幼虫，死亡率达80%～90%。

五、油桐尺蠖

又名大尺蠖、桐子虫，俗称量尺虫、柴棍虫、拱拱虫。属鳞翅目尺蛾科，学名 *Buzura suppressaria* Guenee.。

（一）寄主与分布范围

油桐尺蠖以幼虫咀嚼危害叶片，食性杂，除危害油茶外，还有油桐、茶叶、乌柏、板栗、柿、肉桂、杨梅、漆树、杉、扁柏、杨树等。

国内分布于南方各地；国外见于印度、缅甸、日本。

（二）形态体征（图17-5）

成虫：雌体长20～24 mm，翅展60～70 mm，全体灰白色，密布黑色小鳞片；后胸背及腹部各节后缘具黄色茸毛，胸部密被灰色长毛；前翅近三角形，外缘具3条不规则、略呈平行的黑褐色波纹，近前缘具淡蓝色斑点，后翅具2条波纹，翅腹面黄色；前后翅腹面各具一黑色大斑，前翅稍大于后翅；部分个体翅面星蓝黑色，鳞片较密，致使色泽加深，而构成“深色型”。雄蛾长约17mm，翅展约56mm，触角双栉齿状，体翅的色、纹与雌蛾基本相同。

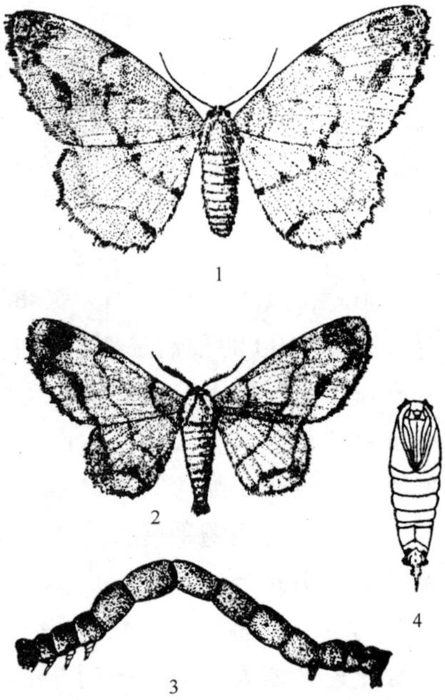

图17-5　油桐尺蠖

1. 雌成虫 2. 雄成虫 3. 幼虫 4. 蛹

卵：长约0.7mm，卵圆形，始为草绿色，孵化时为黑色，卵块上复被黄色绒毛。

幼虫：共六龄。初孵幼虫灰褐色，二龄时绿色，老熟幼虫具深褐、青绿等色，体长60～70mm，头部密布棕色小刻点，额部具红褐色“人”字纹，头顶中央凹入，两铡具角突，前胸背其2个小突起，第八腹节具黑褐色小微粒；气门九对，紫红色。

蛹：长24～28mm，圆筒形，深褐色，腹末尖削，具长刺一枚，突起2个；雄蛹长19mm。

（三）生活史及其习性

一年2～3代。以蛹在土下3～7cm处越冬，翌年4月上旬开始羽化，4月下旬至5月上旬为羽化盛期。第一代幼虫发生于5～6月，6月中旬至7月上旬化蛹，7月中旬羽化；

第二代幼虫于7月中旬至8月下旬发生，8月底至9月上旬化蛹越冬。若是第三代，9月中旬孵化，11月上旬化蛹越冬。

冬虫态历期：卵期7～15d，幼虫期25～30d，蛹期20d左右，成虫期6～10d。

成虫于夜间至凌晨羽化，以21：00～24：00羽化最多。白天一般静伏于树丛，具趋光性。飞翔力较弱。羽化当夜交尾，盛期在2：00～3：00，若是次夜交尾者其盛期在22：00前后，也有少数于羽化后第三夜才行交尾，尾后一昼夜在树干缝隙中产卵。每雌蛾可产卵100～1000余粒。卵粒聚集成块，每个卵块平均有778粒。越冬代成虫产卵后上覆黄色绒毛。雌蛾具强性引诱力。

幼虫孵化后即四处爬行或吐丝随风飘散。一至四龄幼虫大多栖息于叶缘，五至六龄幼虫则头伏干叶缘而足搭于叶柄。不同龄期食叶状况亦不相同。一至二龄幼虫食嫩叶，使被害叶形成不规则小点，日久表皮枯黄脱落形成小孔，三龄食叶造成缺口，四龄以后食量大增，除咀食叶肉外兼食叶脉，老熟幼虫大部分入松土化蛹.

据湖南慈利观察，油桐尺蠖以海拔200～300m的桐林为多，500m以上较少，当然大发生年份情况有所不同。

（四）防治措施

(1)人工防治　结合冬至和夏秋中耕除草灭蛹，这是防治油桐尺蠖的一次基本措施；成虫一般栖息于树干下部，不大活动，在早晨露水未干时捕杀，效果较好。

(2)灯光诱杀及性引诱　成虫趋光性与雌蛾的性引诱力均很强，分别可利用黑光灯与性激素进行诱杀。

(3)菌剂防治　掌握在三龄前，可用50亿/g以上的白僵菌粉剂喷杀，每亩lkg，效果良好；另外用每毫升含2亿～4亿孢子的苏云金杆菌喷2～3龄幼虫，防治效果达83%以上。

(4)药剂防治　在三龄以前进行为佳。农药可用90%敌百虫1000倍液；亚胺磷800倍液。

(5)保护好天敌　卵期有黑卵蜂 *Telenomus* sp.，老熟幼虫与蛹期有强姬蜂 *Cratichneumon* sp. 等。

六、油茶叶蜂

油茶叶蜂俗称大青虫、菜青虫。属膜翅目叶蜂科，学名 *Caliroa camellia* Zhou et Huang。

（一）寄主与分布范围

以幼虫咀食危害叶片，严重时可将叶全部吃光，连续遭害致使油茶树枯死。油茶叶蜂是20世纪60年代油茶上的新害虫，该虫蔓延快、虫口密度大、危害严重。1966年湖南省仅耒阳县个别油茶林发现，1968年已蔓延到攸县、浏阳县，危害面积达18万亩，一株树上一般有幼虫400多条，多达3 000余条。寄主仅油茶和茶叶两种。主要分布在浙江、江西、湖南、广西等地。

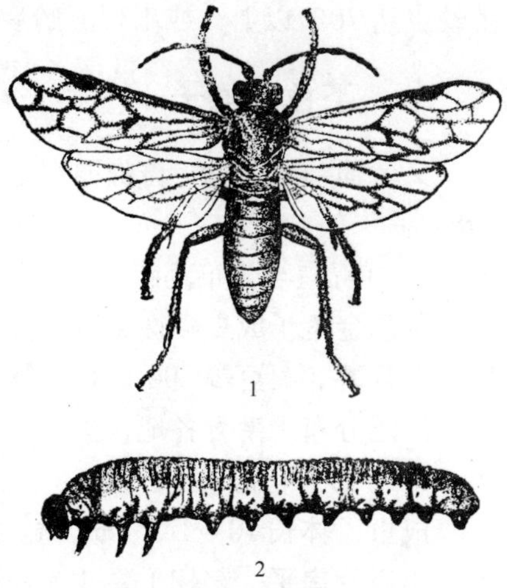

图17-6　油茶叶蜂

1. 成虫　2. 幼虫

（二）形态特征（图 17-6）

成虫：雌体黑色长 6. 5 ~ 8. 5mm，翅展 12. 7 ~ 16. 7mm，具蓝色金属光泽；翅浅黄色，透明，头上密布粗刻纹，单眼 3 个，呈品字形排列，后头区具稀疏小刻点，长方形，长∶宽 = 12∶16，侧沟较深，触角丝状，19 节，上具浅色短毛，第三节长度短于第 4 + 第 5 节，比例为 1∶1. 4；胸腹部蓝黑色，腹部 8 节；足基节端部和转节黄色，胫节淡黄色。

雄体长 5. 3 ~ 7. 5mm，黑色具光泽，上具稠密刻皱，翅展 12. 2 ~ 15. 3mm，足淡黄色，3 对足的腿节深褐色，跗节褐色

卵：长 1. 1 ~ 1. 3 mm，宽 0. 5 ~ 0. 6mm，肾状形，乳白色，孵化前淡黄色。

幼虫：初孵幼虫淡黄色，透明，头及腹足白色，三龄浅绿色，基线上方具一白色带，4 ~ 5 龄渐深，老熟幼虫灰白色，体长 20 ~ 22mm，胸足 3 对，腹足 7 对，臀足 1 对，

蛹：裸蛹，淡草绿色，后变为黄褐色，长 7 ~ 8mm.

（三）生活史及其习性

一年 1 代。当年 4 月下旬至 5 月中旬陆续入土化蛹越冬，土深 10 ~ 15cm 大多于翌年 1 ~ 2 月份化蛹，蛹期约 2 个月，3 月中成虫羽化，出土交尾，白天可以整天进行，但以日出后 10：00 时前为多；一般一雌只交尾 1 次，偶有 2 次。次日产卵，行单产，每产 1 卵需 1 ~ 5min，大多产于第 3 ~ 5 片嫩叶内表面，以第 3 片居多，虫情严重时 82% 的新芽被产卵，一芽一卵者占 60%，一芽 2 卵者 20% 以上，最多一叶可达 5 粒。但不产于已开放的芽上，故萌发早的油茶树可免受其害。卵经 7 ~ 10d 孵化，3 月末为大量孵化，卵期 25d。幼虫共五龄，幼虫期平均 16. 2d，取食盛期 9 ~ 11d，以五龄幼虫食量最大，成虫无趋光性，也无取食现象。

（四）防治措施

1. 人工捕捉　幼虫活动力差，无毒毛，大量孵化期为 3 月下旬至 4 月中旬，此时人工捕捉可获较好效果。

2. 药剂防治　幼虫期喷施 1. 5% 治螟灵粉，2. 5% 敌百虫粉、50% DDV 乳剂、50% 马拉松乳剂、90% 敌百虫晶体等 250 ~ 400 倍液，防效均可达 90% 以上。防治时间最宜在三龄幼虫达 70% 以上，或出现五龄后的第三天进行。

七、茶色金龟子

又名葡萄丽金龟、斑喙丽金龟。属鞘翅目丽金龟科，学名 *Adoretus tenuimaculatus* Waterhouse. 。

（一）寄主与分布范围

茶色金龟子成虫食性很杂，除危害油茶外，还啃食茶叶、葡萄、梨、板栗、油桐、刺槐、向日葵、菜豆等 200 余种植物。

广泛分布于南方各地；国外有日本、朝鲜、前苏联。

（二）形态特征（图 17-7）

成虫：体长 10 ~ 11. 5mm，宽 4. 5 ~ 5. 2mm，茶褐色，长椭圆形，全身密被灰褐色鳞毛，小盾片扁平，鞘翅上具 4 条不明晰纵线，杂生灰白色小斑；腹面栗褐色，密生绒毛。

卵：长 1. 7 ~ 1. 9 mm，宽 1. 0 ~ 1. 7 mm，椭圆形，乳白色。

幼虫：体肥胖，乳白色，多皱褶，弯曲成“C”字形；头部黄褐色，口器深褐色；胸足

3 对，腹足退化；尾节具散生刚毛 21 ~ 35 根；老热幼虫乳黄色，长为 13 ~ 6mm。

蛹：长约 10mm，前端钝圆，向后逐渐尖削；初为乳黄色，羽化前为黄褐色。

（三）生活史及其习性

一年 2 代。以大幼虫在土下越冬，翌年 4 月下旬至 6 月初化蛹；成虫出现 5 月中下旬至 7 月下旬，6 月为越冬成虫羽化盛期；第一代幼虫为 6 月中至 7 月中旬，蛹期为 7 月下旬至 8 月中，8 月上、中旬为成虫羽化盛期，9 月后逐渐减少，10 月下旬开始越冬。卵期 4 ~ 7d。幼虫期第一代为 40 ~ 52d。第二代长达 8 ~ 9 个月，蛹期 5 ~ 14d，成虫寿命 24 ~ 54d。

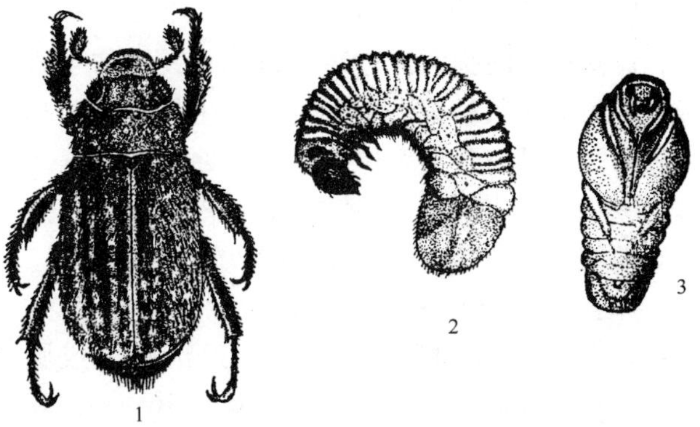

图 17-7　茶色金龟子
1. 成虫　2. 幼虫　3. 蛹

成虫羽化后先静伏于土中 2 ~ 3d，然后每天傍晚 19：30 ~ 20：00 出土取食。出土的数量与气候关系密切，风级在 0 ~ 1 级时，出土最多，2 ~ 3 级次之，6 级以上便不出土。另外，晴天出土多于雨天，遇连续降雨便极少出土。羽化后至产卵约半月左右，产卵期 11 ~ 43d，平均 21d，每雌可产卵 10 ~ 52 粒，平均 30 粒。

幼虫在土中以腐殖质与植物细根为食，当入土化蛹时先做好蛹室，但并不结实，化蛹土深一般为 10 ~ 15cm。

（四）防治措施

(1)冬耕深翻，促使越冬幼虫死亡；林间堆肥要充分成熟，以防成虫产卵。

(2)金龟子一般具假死特性，可用人工震落捕杀；大多具趋光性，可设黑光灯诱杀。

(3)药剂防治　苗期可用 50% 一六 O 五乳油、75% 辛硫磷乳油、25% 乙酰甲胺磷乳油、25% 异丙磷乳油、90% 敌百虫原药等 1 000 倍液、50% 马拉松 800 倍液、菜籽饼水 6 倍液喷杀。

八、铜绿金龟子

又名铜绿丽金龟、浅铜色金龟子，俗称铜克郎、油炸豆、硬壳虫等。其幼虫通称蛴螬、大豆虫、白土蚕、核桃虫。属鞘翅目丽金龟科，学名 *Anomala corpulenta* Motsch.。

（一）寄主与分布范围

幼虫危害苗木根茎。致幼苗枯萎死亡，成虫危害叶、花、果实，严重影响油茶树的开花结果。铜绿金龟子食性杂，除危害油茶外，还有茶叶、油木、杨、柳、杉、板栗、苹果、梨、杏、葡萄、桃、榆、乌桕、枫杨、重阳木、桑等多种林木、果树及农作物。

广泛分布于全国大部分地区，尤以南方各地区居多；国外见于朝鲜、日本。

（二）形态特征（图 17-8）

成虫：体长 18 ~ 21mm，卵圆形，宽 9.4 ~ 10.5mm，头、胸、腹背面和鞘翅均为铜绿色，具金属光泽，其边缘黄褐色，翅面密布细刻点，中部有 3 条稍隆起纵脊线，头部扁圆，唇基梯形，复眼黑色，触角叠片形，共九节，黄褐色；前胸两侧边缘具黄色带，中胸小盾板呈三角形块状；腹面黄褐色，密生细绒毛；臀板外露，上具三角形黑斑。雌虫腹面乳白色，末节为一棕黄色横带，生殖孔前缘中央不向前凹陷。而雄虫生殖孔前缘中央向前凹陷。

卵：长 1.68 ~ 1.93mm，短径 1.30 ~ 1.45mm，初为椭圆形，黄白色，逐渐膨大成圆形而略长，此时长约 2.34 mm，宽 2.16 mm，卵壳表面光滑而具细刻纹。

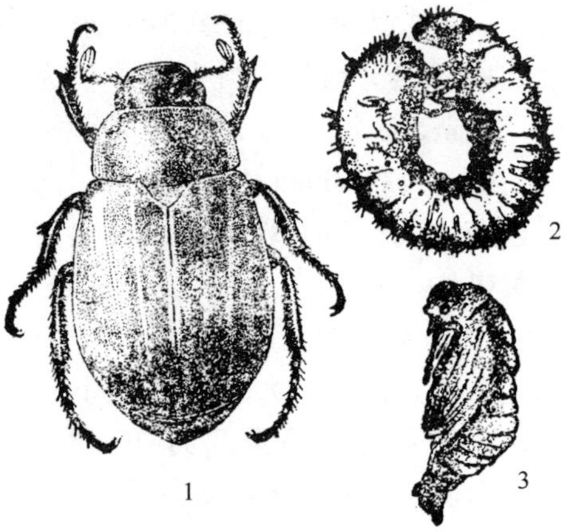

图 17-8 铜绿金龟子
1. 成虫 2. 幼虫 3. 蛹

幼虫：初孵幼虫长 7 ~ 13mm，头宽 1.4 ~ 1.9mm，老熟幼虫长 29.5 ~ 33mm，头宽 4.2 ~ 6.1 mm，圆筒形，常弯曲成“C”形，体表多皱褶，并散生短毛，乳白色；三龄幼虫头部前顶毛每侧各为 8 根，后顶毛 10 ~ 14 根；下颚叶愈合；前爪大于后爪，臀节腹面具刺毛 2 列：每列由 13 ~ 14 根长锥刺组成；肛门孔横列状。

蛹：裸蛹，长椭圆形，土黄色，雄蛹长 18.2 ~ 21.1mm，宽 9.9 ~ 10.2 mm，末节腹面后方具馒头状突起，其中后方具十字形凹陷纹，雌蛹长 18.5 ~ 20.9mm，宽 9.6 ~ 10.3 mm，末节腹面平滑，腹背具 6 对发育器；气门孔新月形，黑色。

（三）生活史及其习性

一年 1 代。以老熟幼虫在土中越冬，翌年 4 月底化蛹，5 月中羽化，盛期于 6 月中旬。成虫白天静伏于土表，夜间行觅食、交尾，产卵等活动，若遇 3 级以上风力、雨天与气温下降至 22℃以下时，则很少活动；反之，天晴朗或闷热的夜晚，活动最盛。雌虫一生可交尾多次，寿命 30d，产卵高峰有 2 ~ 3 次，卵大多散位于土下 3 ~ 10cm 处，每雌蛾可产卵 40 粒左右。土壤中的含水率与卵的孵化密切相关。如土壤中含水为 10% ~ 30% 时，其孵化率可达 82% ~ 97.1%，卵期 9d 左右。成虫具趋光、假死习性。

幼虫 5 龄。大多以三龄于土下 5 ~ 10cm 处越冬，但当土表温度下降到 10℃以下时，越冬幼虫即会转移列 20cm 处。老熟幼虫一般在土下 10 ~ 22cm 处作室化蛹，蛹室长椭圆形，长约 2.3cm，宽约 0.8 cm，内壁光滑，5 月中旬化蛹需经 20d 羽化，6 月中旬化蛹需经 10 ~ 14d 羽化，一般预蛹为 13d，蛹期 9d。

（四）防治措施

（1）苗圃地防治　起苗后全面冬耕，深翻，可将部分蛹外露而冻死；另外将休闲苗圃地灌水数天。淹死土中幼虫与蛹。

（2）防治苗木与幼林中的成虫　①晚上用 20W 黑光灯诱杀；②在闷热夜晚或风力小时，可施放 10% 敌敌畏插管烟剂熏杀；③喷洒 50% 马拉磷乳油 500 倍液 1 份，加 80% 敌敌畏乳油 1 份，每亩 2 ~ 3kg。

九、绿鳞象甲

又名蓝绿象甲、绿绒象甲，俗称大青象鼻虫、棉绿象鼻虫、桃象虫。属鞘翅目象甲科，学名 *Hypomeces squamosas* Fahr.，异名 *Hypomeces unticolor* F.。

（一）寄主与分布范围

绿鳞象甲食性较杂。以成虫危害林木的嫩枝、芽、叶。大发生时还啃食树皮。除危害油茶外，还危害茶叶、栎类、柑橘、苹果、马尾松、桃、李、梅等百余种林木、果树及农作物。

主要分布于长江以南各地；国外分布于东南亚大部分地区。

（二）形态特征（图 17-9）

成虫：体长 15～18mm，纺锤形，以成虫越冬，但在土下时为紫褐色，出土取食后为紫铜色，青绿色及灰色等多种体色，稍具光泽，杂生白色细毛，两鞘翅上各具细刻点 10 行，口喙短而粗。

卵：长 1.2～1.5 mm，灰白色，长椭圆形，近孵化时呈黑褐色。

幼虫：体长 10～15 mm，乳白色至淡黄色，体稍弯曲，多皱褶。

蛹：长约 14mm，乳白色或淡黄色。

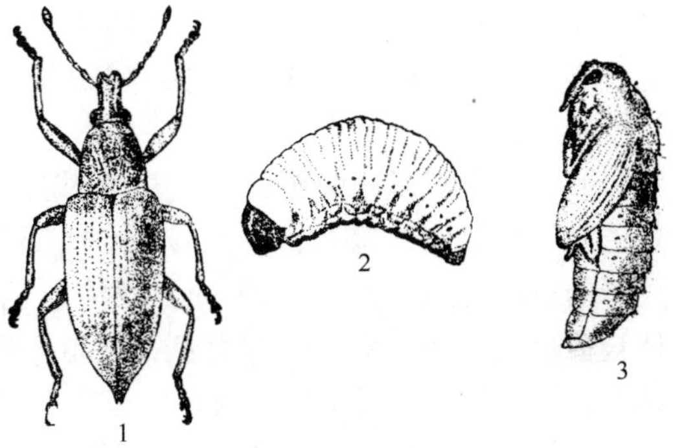

图 17-9　绿鳞象甲

1. 成虫　2. 幼虫　3. 蛹

（三）生活史及其习性

一般为二年 1 代，间有三年 1 代，在浙江为一年 1 代。以成虫或老熟幼虫在土中越冬。翌年 3 月下旬至 4 月上旬化蛹。4 月中下旬羽化，5 月产卵于松土中，5～6 月出现幼虫，即取食林木与杂草根，7 月底、8 月初幼虫老熟，部分幼虫便入土 3～7cm 处作室化蛹，至 9 月成虫羽化越冬，而部分幼虫虽在 9 月份入土作蛹室，但仍以幼虫虫态越冬。越冬成虫也出土活动，白天危害，夜晚或雨天便躲于草丛或枯枝落叶中。

成虫喜荫蔽潮湿的环境。其飞翔力弱，有假死性；雄虫对糖醋酒液有正趋性，雌虫较迟钝；雌雄成虫对光源有负趋性；成虫取食 15～20d 后开始交尾，一般以早上 10：00 与 17：00 较多，尾后约 10d 产卵，两性均可交尾多次。一般每只产卵一次，每孔产卵 1～2 粒。一雌能产卵 27～124 粒，同时有腹卵 2～4 粒。卵期 13～22d，孵化时以午后最盛；初孵幼虫食量小，3 龄后食量大增；一头幼虫能咀食 2～4 个茶果。

（四）防治措施

(1)人工捕捉　有假死特性，可人工捕杀。

(2)药剂防治　在成虫盛发期，即 4 月中下旬，于晴天 8：00～9：00 或 16：00～17：00，用 50% 马拉松，90% 敌百虫，80% 敌敌畏 800～1 000 倍液，50% 杀螟松乳剂 800 倍液、50% 二溴磷乳剂 1 000～1 200 倍液、稻丰散乳油 1 000 倍液。

第二节　钻蛀性害虫

十、茶梢蛾

又名茶梢蛀蛾、茶蛾，俗称钻心虫、蛀梢虫。属鳞翅目尖翅蛾科，学名 *Parametriotes*

theae Kuzhetzov。

（一）寄主与分布范围

茶梢蛾以幼虫危害叶肉和蛀食春梢。据浙江调查，危害率一般在10%～20%，严重茶林中可达30%左右。被害梢逐渐枯萎而死。除危害油茶外，还危害茶叶与山茶。

国内分布在南方各地及河南、陕西的油茶产区；国外于印度、日本与格鲁吉亚茶区。

（二）形态特征（图17-10）

成虫：雌体长4～7mm，翅展9～14mm，灰褐色，具光泽；触角丝状，深灰色，约与体等长，基节稍粗；前翅狭长，被针形，缘毛长，翅面散生许多小黑点，中央近后缘具2个椭圆形黑斑；后翅尖刀形，缘毛长于翅宽；雄虫体色略浅。腹部较尖瘦，体长4～5mm。

卵：长椭圆形，两头稍平。初产时为白色透明，3d后转为淡黄色。

幼虫：老熟幼虫8～10mm，淡桔黄色，体被稀疏细短毛，头小，棕褐色；腹足不发达，趾钩单序环，臀足趾钩缺环。

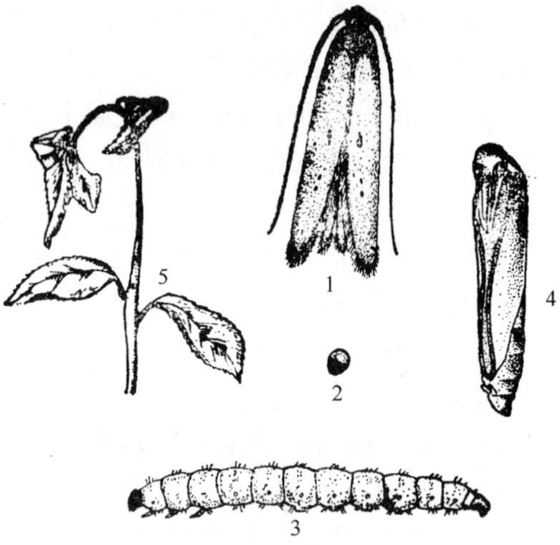

图17-10 茶梢蛾

1. 成虫 2. 卵 3. 幼虫 4. 蛹 5. 蛀入孔

蛹：长5～7mm，近圆筒形，黄褐色；翅痕触角明显，紧贴腹面；腹末具2个侧钩，弯向上方，羽化前翅痕为灰黑色。

（三）生活史及其习性

大多数地区一年1代，福建、广东及云南南糯山区一年2代。据江西宜春县调查，茶梢蛾以幼虫在叶片内或枝梢内越冬，翌年3～4月间转移到嫩梢危害。在南昌地区，5月上中旬化蛹，经15～20d羽化，成虫始见于5月底，一直可延续到7月；贵州湄潭化蛹期为5月上旬至7月中旬，羽化期为6月上旬至7月下旬；而福建化蛹期在4月下旬，5月中旬羽化产卵，一般卵期为14～15d。幼虫期一代区270d以上，二代区稍短；蛹期20～40d，成虫寿命3～11d。

成虫白天静伏于小枝上，夜间活动，趋光性颇强；交尾大多在晚上19：00～22：00进行，一次交尾活动可长达30～60分钟，尾后产卵于叶柄附近或小枝表皮裂缝中，每2～5粒集成一堆；每雌蛾可产卵50余粒，卵经14～16d孵化；幼虫大多于上午8：00～10：00孵化；初孵幼虫约经30分钟开始活动，爬向叶背，咬破表皮，潜入叶肉，并以蛀入孔为中心，向四周啃食叶肉，使叶面逐渐出现褐色圆斑，或谓潜斑，其直径为3～5mm，一片叶子上的潜斑多达20～50个，致使该叶子枯黄，而幼虫便转移到其他叶子上继续危害。自3月份开始，当日平均气温上升到14℃时，幼虫便钻出叶肉，转移到嫩梢上危害。

茶梢蛾幼虫蛀入部位，一般从梢顶或芽腋间蛀入梢枝，这时大多数幼虫为3龄。一头幼虫能危害1～3个春梢。受害枝梢因受刺激日趋膨大，阻碍了水分与养分的输送，最终连梢枝一起枯黄而死。枯死部分一般长为60～80mm，其蛀道长52～75mm，老熟幼虫在化蛹前，先在蛀入孔处咬一圆形羽化孔，在其下部作蛹室，并吐白丝膜封闭孔口；孔口距梢顶为 40～50 mm，最长达 75mm 左右。

茶梢盛果期、初果与衰果期较轻；同时，疏林重于密林，林缘重于林内，东南向重于西、北向。

茶梢蛾一代区和二代区主要取决于地区性的气候影响。如福建福安县，年平均气温 19.2℃，1 月份平均气温 10.8℃，7 月份平均气温为 28.4℃，由于气温较高，越冬代成虫羽化较早，生长季节气温适宜，故一年可 2 代；而贵州湄潭，年均温与 1 月份平均温分别较福安低 4℃与 5℃，故年仅 1 代。

（四）防治措施

（1）加强检疫工作　严防虫菌传播扩散。

（2）成虫盛期，可人工剪除被害叶、梢，集中在纱笼或简易荫棚内，待寄生蜂等天敌羽化后烧毁，在荫棚内堆放时注意通风透气，防止霉烂，影响天敌存活率。

（3）药剂防治　在严重危害林地，掌握幼虫转移危害时期，喷以敌百虫 500～1 000倍液，一六 O 五 4 000～5 000 倍液及杀螟松、乐果等 1 000 倍液，均可获得较好的防治效果。

（4）保护好天敌　据云南省广南油茶站试验，在该县油茶林里有 6 种茶梢蛾寄生蜂，寄生率高达 20%～40%，基本控制了那里茶梢蛾的危害。

十一、油茶蛀茎虫

又名茶枝镰蛾、茶枝蛀蛾、茶枝蛀梗虫，俗称钻心虫。属鳞翅目织叶蛾科，学名 *Casmara patrona* Meyrick。

（一）寄主与分布范围

以幼虫蛀食油茶枝条，被害枝初呈凋萎状，日久均枯死。广泛地分布在我国油茶与茶叶产区，主要危害油茶与茶叶；国外有日本、印度。

（二）形态特征（图 17-11）

成虫：体长 16～20mm，翅展 34～42mm，淡黄褐色，触角丝状，灰白色，基部膨大；前翅近长方形，沿前缘基部 2/5 处至近顶角处有一堆土红色带，外缘灰黑色，内方有大块黄色斑纹，中间杂生 8 条灰白带，雄蛾前翅近基部 1/5 处，有一簇焦黄色鳞毛；复眼黑色，口器退化，下唇须镰刀形，弯向上方，并高出头顶，末节尖细（触角也为丝状，灰白），后足长于前足一倍多，各足披黄白色鳞毛，跗节上具灰黑色环纹，足末端有距 2 个，后足中部还具长刺 2 根。

卵：长约 1.1mm，红褐色，扁圆形，上具花纹，中央凹陷。

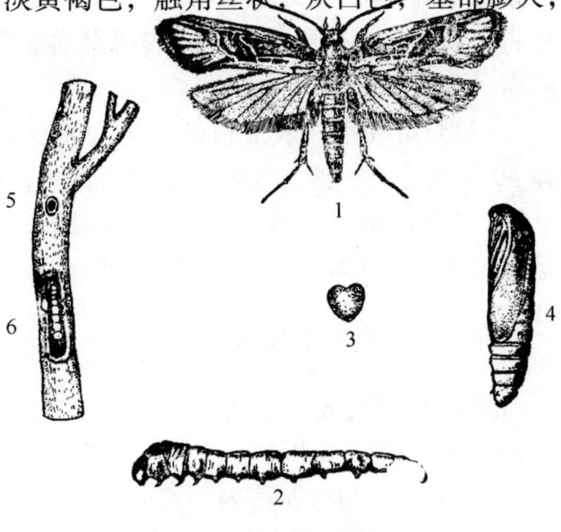

图 17-11　油茶蛀茎虫

1. 成虫　2. 幼虫　3. 卵　4. 蛹　5. 排粪孔　6. 枝条上幼虫

幼虫：体长 25～35mm，最长的可达 45mm 左右，黄白色，头黄褐色，前胸背板骨质化，淡黄色，中缝略淡，后胸及腹部白色，腹部第9节至10节背板骨化，黑褐色。

蛹：长18～21mm，栗褐色，腹部节5、6节后缘呈环状隆起，末节腹面有小突起1对。

（三）生活史及其习性

一年1代、以大幼虫在被害枝内越冬，翌年4月下旬开始化蛹，5月上中旬为盛期，5月下旬至6月上旬成虫羽化，6月中下旬幼虫孵化，卵期18～20d，幼虫期长达280～300d，蛹期29～39d，成虫寿命雄蛾2～6d，雌蛾4～10d。

成虫大多在晚上羽化，若遇闷热天气，下午也能大量羽化，羽化次日晚上交尾；雌蛾一生交尾一次，历时2～3h，尾后8～10h产卵，每雌蛾可产卵30～50粒。

卵散产于嫩枝上，以顶端第2、3叶的节间居多，每处产卵1粒；初孵幼虫从侧枝嫩梢的叶腋处蛀入芽梢，然后自上而下蛀入木质部；头5天下蛀2.5～3 mm，9～10月间每天蛀食10cm，蛀食后40～50d，离顶梢20～40cm长的枝条即枯死。在被害枝上每隔一定距离向外蛀一圆形排粪孔，粪粒红棕色；幼虫于化蛹前，蛀孔一般可达7～9个，最多达13个；被害枝的直径大多在8～18mm之间，蛀道长达53～102cm；化蛹在蛀道的中上部，化蛹前先咬一个羽化孔，孔径3.5～5.0mm，前以白丝封闭孔口，以防水与蚂蚁等侵入，在蛹室的上下端亦以白丝团堵塞蛀道，在蛀道的最底部，一般有一定水分，这可能对羽化需保持一定的湿度有关。

油茶蛀茎虫危害程度，与其生长环境及油茶林相、品种等密切相关。一般是老林重于幼林（指10年以下）、纯林重于混交林、郁闭度大的重于郁闭度小的、林缘重于林内；在品种上普通油茶重于小果油茶和广宁红花油茶；在地形方面，一般是丘陵、半山区重于山区。

（四）防治措施

（1）人工剪除虫枝　剪枝时间一般以7～9月间为好，这时危害尚不太长，若发现梢端枯黄，可沿枯枝下端剪除，放于室内，待寄生蜂等天敌羽化后烧毁；据江西赣县试验，该县油茶林1977年蛀茎虫株害率达69%，1978年进行疏伐、修剪，1979年检查几乎无危害；又据江西全南县报导，1978年他们连续修剪3次，1979年检查，株害率从原来的100%下降为15%。

（2）灯光诱杀　成虫趋光性强，可设黑光灯诱杀。据江西修水县经验，每40亩茶林设40瓦黑光灯一盏，连续3年可消灭此害虫。

（3）药剂防治　在成虫羽化高峰期，可喷洒20%果乳剂500倍液、90%敌百虫1 000倍液，幼虫期可喷洒90%敌百虫500倍液。

十二、油茶蓝翅天牛

又名黑附眼天牛、茶红颈天牛，俗称钻心虫、茶节结虫。属鞘翅目天牛科，学名*Cnreonoma atritarsis* Pic.。

（一）寄主与分布范围

油茶蓝翅天牛以幼虫蛀食油茶树枝条，重者易风折。除危害油茶外，亦危害茶树、枫杨。

主要分布在我国油茶与茶叶产区。

（二）形态特征（图 17-12）

成虫：体长 9～13mm，宽 3.0～4.2mm，被细绒毛，鞘翅蓝紫色，具金属光泽，翅面散生粗刻点；头酱红色，复眼黑色，分上下两半；胸腹部黄色，触角 11 节，长约与体相等，柄节基节酱红色，第 3、4 节基部黄色，其余各节黑色；前胸背板中央的疣突较高，与小盾片同为橙黄色。

卵：长 2～3mm，黄白色，长椭圆形，一端稍尖。

幼虫：老熟幼虫体长 18～22mm，扁圆筒形，肉黄色，头焦黄，上颚黑色，前胸节稍膨大，背面骨化区为焦黄色，其前缘具四块黄褐色斑纹及一条中央截断的棕褐色浅纹，上生稀疏茸毛，后缘具粗刻纹；腹部自 1～7 节背、腹面具步泡突起。

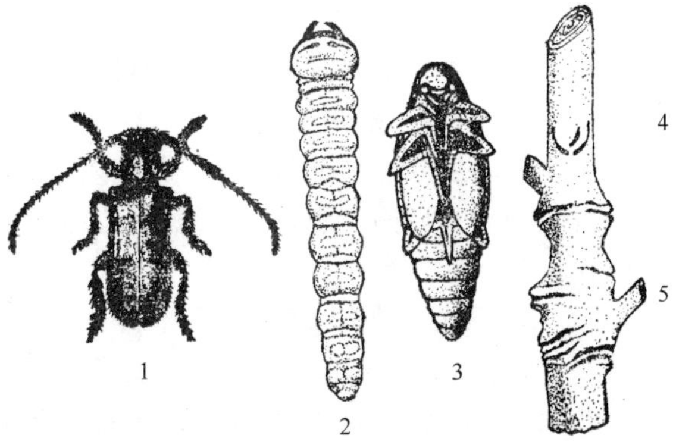

图 17-12　蓝翅天牛

1. 成虫　2. 幼虫　3. 蛹　4. 产卵痕　5. 危害状

蛹：长 10～15mm，始为乳白色，渐变橙黄色，羽化前为黄褐色，翅芽灰褐，复眼灰黑色。

（三）生活史及其习性

一般一年 1 代，或两年 1 代，大多以幼虫在被害枝内越冬。在江西二年 1 代，幼虫于 3 月底、4 月初开始变蛹，4 月中旬至 5 月下旬为盛期，4 月下旬至 6 月上旬出现成虫，5 月中旬至 6 月中旬幼虫开始孵化。各虫态历期：在江西省卵期 18～20d，幼虫期 22 个月，蛹期 18～27d，成虫寿命 20 余天。

成虫羽化后三天方出虫道，白天活动，中午及午后活动最盛，成虫咀食叶背主脉，但食量不大，产卵前先用上颚将树皮咬成伤痕，将卵产于伤痕中缝的皮层下，每缝一粒；一雌蛾可产卵 12～20 粒；产卵枝直径一般为 13～17mm，幼虫孵化后先从产卵点开始，在树皮下绕树干蛀食一圈，再循原道返回产卵点附近，向上蛀入木质部中心，然后一直向下蛀食。由于皮层受幼虫蛀食一圈的刺激，致使该处增生，形成肿大的环节状，故有"节结虫"之称。

被害枝一般不会枯死，但叶色黄绿，生长缓慢，而易遭风折。第一年蛀道长为 17～21cm，到幼虫老熟时，蛀道可长达 33～42cm，化蛹前先在上部做一蛹室，羽化前先在蛹室上方咬一圆形羽化孔，孔径约 5 mm。

（四）防治措施

（1）人工刮除幼虫　每年 7 月上中旬，即幼虫尚未蛀入木质部之前，在产卵伤痕处与其周围刮除幼虫，既方便，效果又好。

（2）秋冬结合修剪，剪除被害枝集中烧毁　据湖南茶陵县二仙林场实践，连续坚持 3 年，防治效果可达 90%。

（3）药剂防治　于 4 月中下旬即成虫产卵前，可用涂白剂涂刷枝条，以防产卵。涂白剂配制如下：生石灰 5 kg，用水溶化，硫磺粉 0.5kg，牛胶 0.3kg，加水 20kg 调成即可；也可涂刷产卵痕，既杀卵又杀初孵幼虫；或喷洒 50% 溴磷乳剂 1 500 倍液、25% 亚胺硫磷乳油1 000倍液，也可杀成虫与卵。

十三、茶天牛

又名楝树天牛、茶褐天牛。属鞘翅目天牛科，学名 *Aeolesthes indnta* Newman。

（一）寄主与分布范围

茶天牛以幼虫危害油茶基干部，并蛀入根部，尤以老弱残林居多。除危害油茶外，也危害茶叶、楝树、乌桕、松属、凤凰木、人面子等。主要分布在南方各地；国外分布于东南亚各国。

（二）形态特征（图 17-13）

成虫：体长 25 ~ 33mm，灰褐色，具黄褐色绢状光泽，上被黄色绒毛；头部黑褐色；前胸背板具脑状皱纹，两侧稍突出；翅鞘肩部具下陷刻纹，翅末端圆形，可完全掩盖腹部。

卵：长约 4 mm，宽约 2mm，乳白色，长椭圆形，一端稍尖。

幼虫：老熟幼虫体长 30 ~ 45mm，乳白色，圆筒形；头部黄白色，大颚骨化，黑褐色；前胸背板骨化部分沿前缘分成 4 块黄白色斑，中央块，两侧各一块，并延向后方，后缘中央具一凹形纹，前胸腹面密生细毛。中后胸与腹部 1 ~ 7 节黄白色，各节背面中央均具隆起的泡突，腹面较小；自第 8 节至第 10 节腹背光滑，气门褐色而明显；胸足细小。

蛹：体长约 25mm，乳白色，复眼黑色，羽化前为灰褐色。

（三）生活史及其习性

一般一年至二年 1 代，也有二年以上 1 代的，以成虫或幼虫越冬。2 月下旬、10 月份及翌年的 4 月中旬，于被害株的基部均发现过幼虫；成虫一般于 5 月中旬外出交尾、产卵，一般产于近地面 4cm 处的树干皮下，尤其喜欢 30 年以上的老树，初孵幼虫在皮下取食不久即蛀入木质部，先向上蛀食数寸蛀道，再向下蛀食，蛀道大而弯曲，在蛀道口可见大量蛀屑、粪粒堆积，蛀入主根可深达 24 ~ 27cm，甚至 30cm 以上。

茶天牛主要危害近地面的基部、根颈与根部，在危害严重油茶林中，往往将根蔸蛀食一空。成虫白天静伏于树丛荫蔽处，多在夜间与凌晨活动，趋光性强。

各虫态历期：卵期 10d 左右，幼虫期长达 10 个月以上，蛹期 24 ~ 30d；成虫期约 15d。

（四）防治措施

(1)5 月份人工捕捉成虫，连续数次，见效较好。

(2)于 5 ~ 6 月间用涂白漆涂刷油茶树主干基部，以防成虫产卵。

(3)药剂防治　以氰化钙粉灌、堵塞蛀道孔，用注射器注射 80% 敌敌畏乳剂 300 ~ 500 倍液、50% 三硫磷乳剂 3 000 倍液，每孔用药约 5 ~

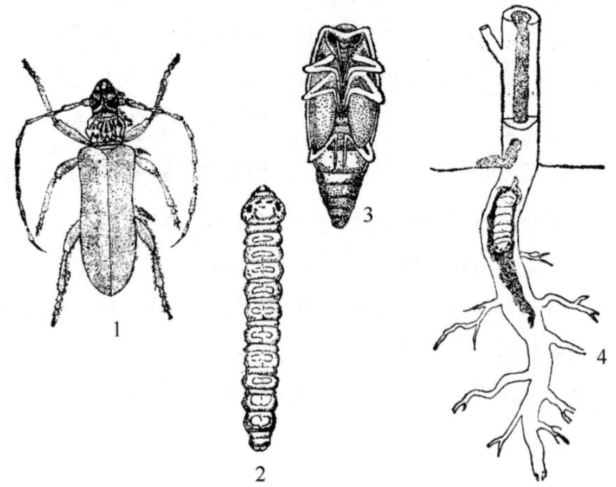

图 17-13　茶天牛

1. 成虫　2. 幼虫　3. 蛹　4. 根部危害状

10mL，后用土封口。

第三节　刺吸式害虫

十四、油茶绵蚧

又名日本卷毛蚧、油茶白毛蚧，俗称蜡丝蚧。属同翅目蚧科，学名 *Metaceronema japonica*（Mask.）。

（一）寄主与分布范围

油茶刺绵蚧以若虫与成虫吸取叶片、小枝条的液汁危害，其分泌物可大量诱发煤病的滋生。大量发生时使油茶林及其地面一片漆黑，严重影响茶林的光合作用，致使油茶树落花落果，造成整株、整片死亡，形似火烧。

除危害油茶外，还危害茶、悬铃木、山矾、猫儿刺、蔷薇、苹果等。

主要分布在南方各地；国外见于朝鲜、日本。

（二）形态体征（图 17-14）

成虫：母蚧长 4～5mm，宽 2～3mm，无翅。背部隆起，体丰满，长椭圆形；触角 3 节，其中以第 3 节最长；足的胫节与跗节关节处具硬化斑片；气门发达，气门腺为 3 孔腺组成；体缘毛呈刺状，肛板呈不规则三角形，并具粗长毛 4 根，短的亚端毛 2 根，肛管缘毛 2 对，肛环刺 6 根；体背具细毛。

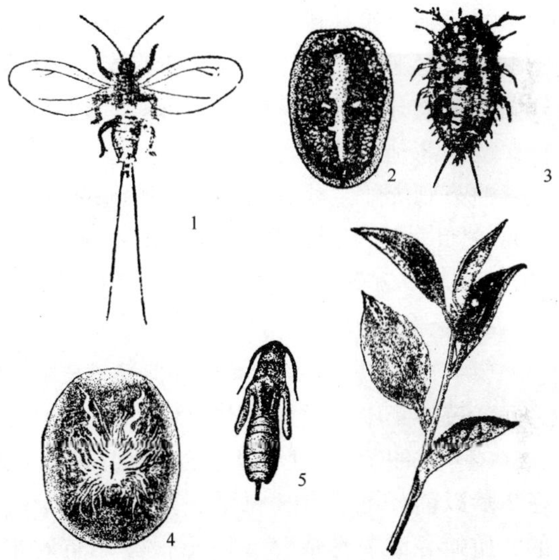

图 17-14　油茶刺绵蚧

1. 雄成虫　2. 雌成虫　3. 幼虫
4. 若虫　5. 蛹　6. 危害状

雄成虫：为完全变态，具翅 1 对；分泌卷曲白色长蜡毛，体背覆被蜡质蚧壳，蚧壳长约 2.8mm，宽 1.5mm，雄幼虫在蚧壳里发育，历经预蛹期，蛹期，蜕三次皮羽化为成虫，体被 2 块内卷白色蜡丝，尾毛脱落，在 7 月下旬，背脊出现 10～12 块互相连接的白色蜡丝块。9 月下旬，体长为 1.1～1.7mm，宽 0.6～0.9mm，雄性个体比例高时，在油茶叶子表面会呈现出一簇簇白茸毛；臀板钝圆，臀裂上方具一突起，上生一簇白色蜡毛。

卵：长 0.35～0.37 mm，宽 0.17～0.3 mm，白色，长椭圆形，产下时堆积于卵囊中，卵囊长 3.0～6.5 mm，外被白色蜡丝。

若虫：初孵若虫体长约 0.4 mm，宽 0.2 mm，淡黄色，胸足发达，具长尾毛 1 对，其长度为体长的 1/2，二龄开始分泌蜡毛；雌蚧在背部前后呈现出 2 块内卷蜡毛，尤以尾部 1 对较宽、长，并向后卷曲；雄蚧则在蚧壳上散披蜡毛。

蛹：长 1.4～1.9 mm，宽 0.5～0.6mm，仅雄虫有，橙黄色，单眼紫褐色，触角长达中足茎节，交尾器圆锥形。

（三）生活史及其习性

一年1代，以受精雌成虫越冬，于翌年3月下旬至4月上旬开始移动，4月中旬产卵，5月上旬为盛期，产卵期5～15d，平均11d，一雌蛾产卵多达1 463粒，平均327粒。如气温在21.1℃以下，卵期为30～35d，平均32.4d；5月中旬出现幼虫；6月上旬为盛期；7月出现两性分化，10月上旬雄虫进入预蛹，预蛹期4～6d，平均4.4d，蛹期8～15d，平均12.5d，10月下旬羽化，11月中旬为盛期，雄虫羽化出来后即寻找雌虫进行交配，一雄可与多雌交配，但其寿命较短，平均仅3.5d，交配后即陆续死亡。雌虫交配后仍然留在叶面、小枝及树干基部越冬，翌年4月产卵，产卵前先分泌蜡粉蜡丝，形成卵囊，裹覆全身，长椭圆形，后端稍宽而突起，具一小孔，前端具横脊与沟，雄虫危害期约5个月，雌虫长达11个月左右。

初孵若虫善爬行，是该虫蔓延扩散的重要时期，一旦找到适合场所即行固定取食；此时雌雄难辨，均为倒卵圆形，体节明显，无臀裂，爬行时其单眼、触角、足均外露可见；自二龄后两性开始分化，明显易辨。

油茶刺绵蚧具转移危害习性，在被害的叶、小枝枯萎前，即转移到他树继续危害。在冬季，树冠上部的个体可向基部转移，或从背阴小枝转向避风向阳小枝；而在春季，由于气温逐渐上升，又会从树干基部爬回冠部。在产卵期间，为寻找适合产卵场所能到处爬行，也易蔓延扩散。

油茶刺绵蚧主要分布在比较潮湿的山区，并与地势关系密切，因而大多在海拔300～800m之间的油茶林，以海拔300～600m最适宜，尤以东、东南向与山坳居多，在海拔300m以下与700m以上虽有分布，但成活的较少。

（四）防治方法

（1）人工剪除虫源　关键要抓住4～5月份即雌成虫产卵与幼虫孵化期，人工剪除被害叶、枝等集中烧毁，这对控制刺绵蚧的蔓延起很大作用。

（2）药剂防治　①在大发生的油茶林，掌握在5月中旬至6月上旬即幼虫孵化盛期，在2龄以前，可喷50%敌敌畏乳剂、90%敌百虫晶体等200～1 500倍液，此时幼虫背上的蜡质蚧壳尚未形成，或还不很厚，防效很好。②以2.5%溴氰菊酯乳剂，浓度分别用30mg/kg、40mg/kg喷雾，防治效果可达90%以上。此药广谱性强，药效高，具触杀与胃毒作用，而对人畜安全，是防治油茶刺蚧理想的农药。

（3）生物防治　充分利用天敌黑缘红瓢虫。该瓢虫可以捕食卵囊、若虫及成虫，且食量大，林间分布普遍，应大力保护并加以应用。

十五、黑刺粉虱

又名橘刺粉虱、刺粉虱。属同翅目粉虱科，学名 *Aleurocanthus spinienus* Quant.。

（一）寄主与分布范围

黑刺粉虱食性很杂，除危害油茶外，还危害茶、柑橘、梨、柿、枇杷、葡萄、柳、榆、樟、白杨、蒙古栎等。其分泌物导致煤病大量滋生，严重影响油茶树的光合作用，造成落花落果。

主要分布在南方各地；国外有日本、印度及东南亚各国。

（二）形态特征（图 17-15）

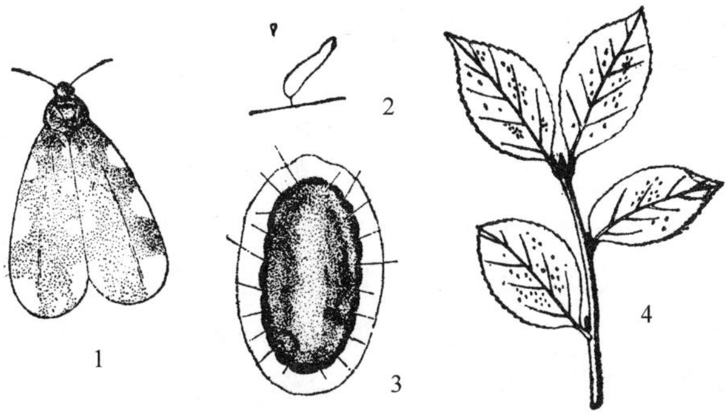

图 17-15　黑刺粉虱

1. 成虫　2. 卵　3. 蛹壳　4. 危害状

成虫：雌体长 1.0～1.3mm，雄虫长约 0.5mm，橙黄色，体被少许白粉，头于胸背紫褐色，触角黄色，第 2 节淡褐色，单眼淡褐色，复眼红色；前翅紫褐色，具 7 条不规则白色斑纹，后翅稍小，色略浅；足黄色。

卵：长约 0.25mm，长椭圆形，淡黄色，一端略弯曲，如茄子形，一端以卵柄粘在叶片上，近孵化时呈紫褐色。

幼虫：初孵幼虫淡黄色，扁圆形，渐变黑色；背面具刚毛 6 对，头胸 4 对，腹部 2 对，以头胸 2 对为长；随着虫体发育，刚毛增至 14 对，头胸与腹部各 7 对；幼体四周被白色蜡粉。

蛹：长约 1mm，近椭圆形，蛹壳漆黑而具油光泽，周围有一圈白色蜡质分泌物；雌蛹壳卵圆形，长约 0.7～1.1mm，边缘具刺 11 对；雄蛹壳椭圆形，边缘刺为 10 对，直立向上。

（三）生活史及其习性

一般一年 4 代。以大幼虫于叶背越冬，翌年 4 月上中旬化蛹，5 月上旬出现成虫，5 月中为盛期，成虫期可延至 10 月上中旬。卵期第 1 代 16～24d，2、3 代为 6～12d；幼虫共 3 龄，幼虫期第 1～3 代为 20～28d，第 4 代（即越冬代）长达 6 个月；蛹期第 1、2 代为 7～12d，越冬代 20～30d；成虫寿命 2～5d。该虫在福建可发生 5 代。3～11 月均可见到成虫，天晴时十分活跃，常在茶林中飞行，卵期 7d，幼虫期 20d，蛹期 7d，约 40d 即完成一代。

雌成虫产卵于叶背的脉缘间，每雌可产卵 20 粒左右；初孵若虫善爬，一旦在叶背固定后不再移动，以吸取叶子的液汁。

（四）防治措施

(1) 加强检疫　造林前对油茶苗需进行严格检查，防止带进虫苗。

(2) 药剂防治　可参阅黑胶粉虱。

十六、黑胶粉虱

又名茶粉虱。属同翅目粉虱科，学名 *Aleurotrachelus camelliae* Kuwna。

（一）寄主与分布范围

基本同黑刺粉虱。

（二）形态特征（图 17-16）

成虫：雌体长约 1.4mm，翅展 3.0～3.5mm，橙黄色，腹部橘红色，盾片梯形，暗红色；前翅暗灰色，上具 6 个灰白色斑纹，分别分布于翅面的前、外与后缘上；后翅略小。雄虫略小于雌虫。

卵：长 0.19 ~ 0.21 mm，香蕉形，深黄色，一端以丝状卵柄粘于叶背，即壳表面光滑。

幼虫：体长0.25 ~ 0.27mm，宽0.13 ~ 0.15mm，淡黄色；尾端具长蜡丝 4 根，体缘腺呈锯齿状，外突，约 300 个，在胸气门前体缘具长毛 10 根，其他部位体缘具短毛 10 根，二龄后隐藏于黑色蚧壳下，胸足及触角退化，体呈扁圆形，臀部及胸气门处各具一簇白蜡丝。

蛹：长 0.9 ~ 1.1mm，宽 0.4 ~ 0.6 mm，体橘红色，其蛹壳黑色，近五角形，外覆透明胶质物。

（三）生活史及其习性

一年 1 代。以老熟幼虫在蚧壳下越冬，于翌年 3 月下旬化蛹，4 月上旬至 5 月上羽化，羽化盛期在 4 月中旬。成虫羽化期间要求有温暖而湿润的天气，日平均气温在 18℃左右，相对湿度为80%以上，羽化时，若是晴天，大多在8：00 ~ 12：00，若阴雨天，则多在 12：00 ~ 14：00，羽化历期 20d 左右。

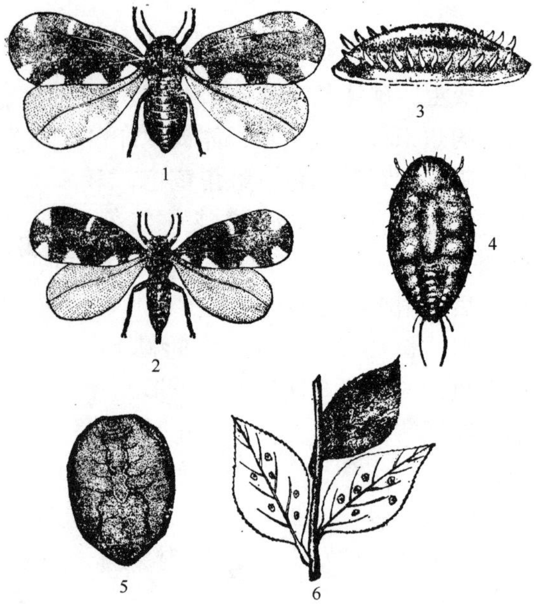

图 17-16　黑胶粉虱

1. 雌成虫　2. 雄成虫　3. 蛹壳周围的卵　4. 初孵幼虫　5. 蛹　6. 被害状

成虫有多次交尾现象，交尾后即可产卵，一般产于残胶壳周缘与新叶的边缘，排列成环状，每雌怀卵 21 ~ 44 粒，平均 32.6 粒，卵期近 2 个月，于 6 月中下旬孵化。初孵若虫善爬行，寻觅到适合栖息场所后即固定取食，不再移动。7 月下旬至 8 月份普遍进入二龄。蜕一次皮后形成黑色，并分泌透明胶质物。若虫共 3 龄。

（四）防治措施

(1)造林前加强检疫。严防虫苗传播。

(2)于冬季或早春进行修剪，除掉虫枝、叶，以消灭虫源。

(3)药剂防治。在若虫孵化盛期，可喷洒 25% 亚胺硫磷、50% 马拉松 800 ~ 1 000倍液；或 40% 乐果、50% 二溴磷、50% 杀螟松等 1 000 倍液。最好掌握在 7 月份前后亦即若虫尚未形成黑色蚧壳之前进行效果较好。

第四节　蛀果害虫

十七、茶籽象甲

又名茶籽象鼻虫、山茶象虫、螺纹象。属鞘翅目象甲科，学名 *Curculio chinensis* Chevrolat.。

（一）寄主与分布范围

茶籽象甲成虫危害油茶果，幼虫蛀食种仁。除危害油茶外，也危害茶树和锥栗。

主要分布在油茶与茶叶产区。

（二）形态特征（图 17-17）

成虫：体黑色长 6～11mm（不包括头管），上披稀疏白色鳞片，头基部半球形，头管细长而弯曲，雌虫头管长 9～11mm 雄虫约 6 mm，雄虫头管喙几乎与鞘翅等长；触角膝状，末端 8 节膨大，着生于头管近基部 1/2（雄）～1/3（雌）处；前胸背板半球形，具浅褐色鳞片与刻点，中胸小盾片密生白色鳞片；鞘翅基部和近中央处具白色鳞片组成的白斑和横带各一条，沿后缘具白色鳞片一行，并杂有褐色与黑色鳞片，每翅翅面具 10 条纵沟纹，沟内其粗刻点；各足腿节末端膨大，下方具一齿突，腹部灰白色，两侧具一白斑。

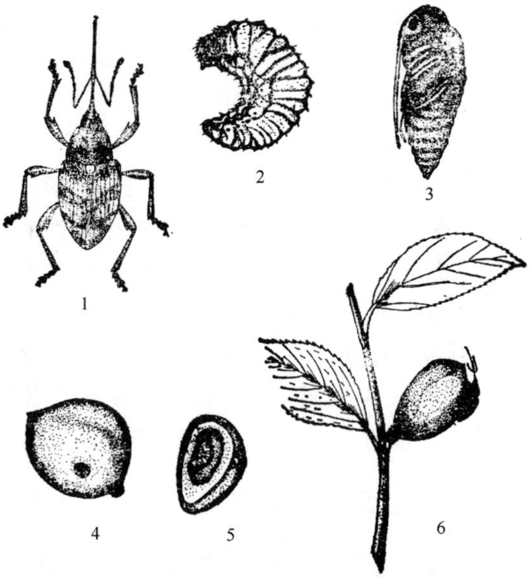

图 17-17　茶籽象甲

1. 成虫　2. 幼虫　3. 蛹
4. 危害状　5. 茶果幼果　6. 成虫危害

卵：长约 1mm，短径 0.5mm 左右，长椭圆形，淡黄色。

幼虫：大幼虫体长 10～12mm，体肥多皱褶，弯曲成半圆形，无足，各节多横纹；老熟幼虫为淡金黄色，少数为乳白色，头部深褐色。

蛹：体长 9～11mm，长椭圆形，黄白色，近羽化时，复眼、头管与鞘翅均转为灰褐色，头、胸、腹、足均具疣突，腹部各节具细刚毛，腹末具短刺 1 对。

（三）生活史及其习性

一般二年 1 代，跨三个年度，世代重迭，少数地区一年一代，以当代幼虫或上一代新羽化的成虫在土中越冬。成虫于 5～7 月羽化出土，出土以 18：00～19：00 最多。据贵州湄潭观察，每头成虫平均每天能危害 2.65～4.16 个茶果。出土后的成虫约经 7d 才进行交尾活动，尾后即产卵于茶果中，经 7～14d 孵化，8～11 月陆续出果入土越冬，土深12～18cm，在土下滞育至翌年 9～11 月发育成为成虫，经越冬后到第三年 5～7 月外出产卵危害；幼虫共 4 龄，约经 50～80d 老熟，整个幼虫期长达 10 个月，老熟幼虫咬一小孔出果入土，孔径约 2 mm，少数仍留在果内越冬，蛹期 24～30d。

成虫一生可交尾多次，交尾后 10d 左右产卵。产卵时先用口器在茶果上蛀一小圆孔，卵产入种仁内，一般一果一粒，每雌可产卵 51～129 粒，平均 99 粒，产卵期 44～54d，卵期 7d 左右，成虫寿命一个半月。

茶籽象甲的发生发展与环境条件、油茶品种及其果皮类型等关系密切。一般阴坡多于阳坡，密林多于疏林，老林多于幼林，大面积连片油茶林多于小面积分散林；其垂直分布自山顶至山脚有逐渐减少趋势。总之，凡是荫蔽潮湿的地方，比较严重。据测定，土壤含水量低于 5% 时，幼虫入土困难，且在 6d 内全部死亡；反之，就比较轻微。另外，受害程度与油茶品种的关系，一般早熟品种比晚熟品种受害轻。如小果油茶比普通油茶受害轻，即使在同一品种中，由于果皮构造类型的不同，抗虫力亦有一定差异。这对如何选择早熟品种与果皮类型，防止茶籽象甲危害具有重要意义。

（四）防治措施

(1)结合垦复油茶林，消灭土壤中的幼虫、蛹。据试验，冬季深挖 20～24cm 以上，虫口密度在 0.3 条/株以下，反之，若冬季不深挖，仅在夏季浅锄 7～10cm，虫口密度增至 1.7 条/株以上。

(2)在幼虫大量出果入土期间，定期(5d 一次)收集落果，集中烧毁。

(3)消灭晒坪上的越冬幼虫，据调查，凡晒过茶籽的场地，周围土中都有大量幼虫钻入越冬，尤其在松土中幼虫更多；有的可挖到 10 头/m^2。据广西、湖南实践经验，将采收的茶果堆放在收割后的稻田里，待幼虫入土后，放水泡田将幼虫淹死。

(4)药剂防治　在成虫大量飞出时，在树冠上喷撒化学农药，可用 90% 敌百虫晶体 1 000倍液，甲六混合剂，80% 敌敌畏乳油 1∶1 对水 1 000 倍，喷杀 2～3 次，可收到很好的效果。也可在油茶林中设置糖醋溶液盆，每 5 亩一处，以捕杀成虫 。

十八、黑翅大白蚁

又名台湾大白蚁、蔗土白蚁。属等翅目白蚁科，学名 *Odontotermes formosanus* (Snira ki.)。

（一）寄主与分布范围

黑翅大白蚁食性很广，除危害油茶外，还危害茶、橡胶、咖啡、樟、杉等 70 多种林木、果木及旱地作物。主要取食须根，咬坏根皮，也可沿主干而上，用泥筑隧道，也蛀食木质部。危害极大。

普遍见于全国；国外见于缅甸、泰国、越南。

（二）形态体征（图 17-18）

成虫：有翅形，体长 27～29.5 mm，翅展 45～50 mm，头、胸、背面及腹部均为棕黄色，触角念珠状，19 节；前胸背板前宽后狭，中央具淡褐色“十”字纹，两侧前方具一褐色大圆斑，前后翅大小相同，翅淡褐色，翅面具许多小绒毛。

蚁王：为雄性有翅生殖蚁发育而成，翅已脱落，体稍大于有翅成虫，色较深，体壁较硬。蚁后：为雌性有翅生殖蚁发育而成。体长 20～30mm，头部与足棕褐色；腹部膨大，淡黄色，各节具褐色带纹，节间具白色节间膜。

工蚁(职蚁)：体长 4.61 ～ 4.90mm，头淡黄褐色，胸腹部灰白色，腹部具浅色斑纹，头部卵圆形，触角 17 节，左右上颚不对称，左上颚内中前方具一齿，尖端朝向前方，右上颚该齿已退化。

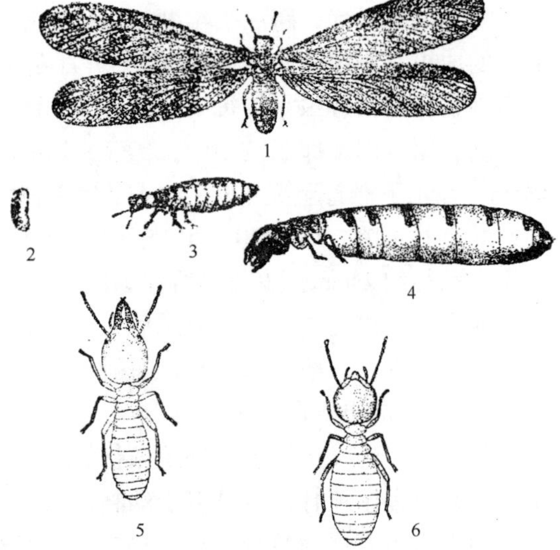

图 17-18　黑翅大白蚁

1. 有翅生殖蚁　2. 卵　3. 蚁王　4. 蚁后　5. 兵蚁　6. 工蚁

兵蚁：体长 5.5 ～6.0mm，头部棕黄色，长椭圆形，上颚发达，黑褐色，镰刀形，内侧各具一刺，左颚刺较发达；触角 15～17 节，第 2 节长等于第 3 节与第 4 节之和；胸腹部淡黄色，腹部具淡灰色斑纹。

卵：长约 0.6 mm，短径 0.4mm 左右，长椭圆形，乳白色。

（三）生活史及其习性

黑翅大白蚁属群居性昆虫，（或称社会性昆虫），喜温湿环境。在同一巢穴中往往有雄蚁（王）、雌蚁（后）、工蚁和兵蚁，其次还有各类型的若虫。

有翅成虫于 3 月份在巢内形成，并于 4 月下旬至 6 月中下旬，在天气闷热的夜晚或大雨前后，即成群出巢，作繁殖性飞翔，或在空中飞行片刻，各自寻找配偶交配，不久翅脱落，钻入地下筑巢产卵；趋光性强，因而灯下聚集较多。

蚁巢大多建筑在土下 1.2m 深处，结构复杂，成年蚁巢一般底径 60cm、高 50cm 左右，也有筑在树蔸周围的，主巢一个，呈不规则球形，由泥骨泥片分隔成若干腔室，腔室里有馒头状黄褐色、海绵球样的"苗圃"，偏腔是"王后"，位于"王室"苗圃中央；蚁巢四周与 10 余条内腔拱形主道相连，再与若干条月牙形支道相连，有翅成虫于 3 月间在巢内形成，4～6 月主巢周围 1～2m 的地面，出现由泥土积成扁形或小丘状的分飞孔数 10 个，在其下方 10～30cm 处有成层排列的"候飞室"，当平均气温达 20℃以上，相对湿度 35%以上的雨天，有翅成虫于傍晚从分飞孔口爬出群飞，脱翅配对，钻入地下筑新巢，雌雄脱翅后分别成为新蚁群中的"蚁后"和"蚁王"，在巢内交配产卵，繁殖后代。

"蚁后"寿命很长，可达几年至 15 年，繁殖力也很强，一年能产卵 5 万～100 万粒；兵蚁专司保卫蚁群，数量约占群体的 10%；工蚁专司筑巢觅食，抚育幼蚁，其数量约占群体的 30% 以上；工蚁与兵蚁有畏光性，外出时常以"泥被"、"泥线"遮盖虫体。一般早春开始地上活动，11～12 月集中在巢内过冬。

（四）防治措施

（1）加强抚育管理，清除林地，清除伐根，以减少白蚁食料。

（2）挖出蚁巢，消灭"蚁后"。判断蚁巢要点：

①看危害状：离主巢近的受害轻，远的受害重，树皮泥被较多。

②查看兵蚁数量：扒开蚁道，蚁酸味浓。兵蚁多的方向即是蚁巢所在方向。

③看地面特征：巢顶附近有白蚁通气孔，因而气孔周围地温较高，即有冬天霜不见霜，下雪现溶化的现象。

④ 看外露迹象：在蚁巢附近有一条条半月形细腻泥线，尤其在 4～6 月份，巢顶附近出现许多小丘形的分群孔。

（3）毒饵诱杀

①将枯枝落叶积成小堆，覆土保温，待诱集到大量白蚁后，喷撒蚁灵虫粉。

② 在被害株附近，挖宽 0.8m、长 1m、深 60cm 的土坑，坑内放入松柴、甘蔗等诱物，并浇上米汤，上盖稻草，1 月后可见大量白蚁，随即喷以亚砷酸等药物，仍以杂草覆盖好，让白蚁继续潜入，从而接触药物中毒而死，并可相互传递，此法可灭全巢。

（4）药物防治　可用 80% 亚砷酸、25% 水杨酸、5% 红砒混合剂制成粉剂，喷入蚁道孔内。另外，也可将茶枯捣碎，撒于树蔸周围，可起到驱避白蚁的作用。

第五篇　茶籽加工及茶果综合利用

第十八章　茶籽制油工艺

茶籽制油可分压榨法和浸提法两类。压榨法是传统的榨油方法，目前仍是我国油茶产区最主要的制油方法。浸提法是20世纪70年代以后一项新兴的较先进的制油工艺。

第一节　油茶籽储藏对油茶品质的影响

茶籽采收的季节性很强，采摘过早直接会影响出籽率和含油率。因此，我国南方各地群众都很重视这个问题。根据当地的天气和茶果的成熟程度基本上都是在寒露至霜降期间采摘茶果，个别有立冬籽的地方，就在立冬前采收。总的来说，做到了适时采收，效果较好。随后就抓紧进行榨油工作。茶油品质的好坏，不仅与采摘时的天气和时间有关，而且还与加工过程中茶籽的储藏有很大的关系，储藏不当，加工后的酸价很高，直接影响了油的品质。因此，茶籽的储藏是非常重要的环节，不容忽视。

一、出仁率的变化

从玲美、姚小华等通过对普通油茶、攸县油茶和浙江红花油茶3个主要栽培种的储藏研究表明，3个栽培种的茶籽，无论是室温还是冷藏条件下储藏，其出仁率均随着储藏时间延长而呈现出无明显的变化，几乎都是呈水平直线。在储藏之前，攸县油茶茶壳最薄，出仁率最高，一直都维持在72%～75%之间，其他二个物种的出仁率几乎相近，基本上在60%左右，比攸县油茶低，经过储藏以后，无论在室温还是冷藏条件下，3个栽培种的出仁率几乎没有变化，没有受影响。

二、含水率的变化

3个不同种的茶籽含水率，总体上都是随着储藏时间增加呈先上升后下降的趋势，无论是室温还是冷藏，在整个过程中都是浙江红花油茶籽含水率最低，普通油茶次之，攸县油茶最高。对于同一物种的茶籽来说，从不同储藏温度还是冷藏的含水率比较来看，普通油茶籽和攸县油茶籽都是冷藏的含水率高于室温储藏的含水率，而浙江红花油茶冷藏的含水率都低于室温储藏的含水率。

三、含油率的变化

3个不同物种茶籽储藏以后，无论是室温还是冷藏，各物种油茶籽各月含油率虽然出现不同的波动，但是含油率从总体上看，都是呈递减的趋势。

四、酸值的变化

(一)不同物种油茶籽酸值的变化

从3个不同物种抽提油来看，室温条件下3个物种的酸值随储藏时间增加而呈递增趋势，其中浙江红花酸值在整个对储藏过程中都是最低的，远远低于其他两个物种。在室温储藏条件下酸值的储藏初始值与终值由高到低的顺序均为：攸县油茶、普通油茶、浙江红花油茶。储藏1~3个月时，普通油茶和攸县油茶的酸值大小基本相同，此后攸县油茶的酸值随储藏时间的增加而呈急剧波动性上升趋势，储藏5个月时就已经远远超过普通油茶的酸值，达到了较大值3.90mgKOH/g个月又出现急剧递减趋势；储藏7个月开始又呈现递增趋势，达到另一个较大值4.94 mgKOH/g最后的峰值5.06 mgKOH/g，普通油茶在储藏2~4个月期间，酸值随储藏时间增加而增大，达到较大值2.45 mgKOH/g，储藏4~8个月期间，酸值则随储藏时间增加而减小，8个月后的酸值又随储藏时间增加而增大，达到了峰值，3.37 mgKOH/g。浙江红花油茶的酸值随储藏时间的增加呈现比较平稳的上升趋势，在储藏5个月时出现较大值1.37 mgKOH/g，储藏结束达到了峰值2.00 mgKOH/g。整个过程中，攸县油茶、普通油茶、浙江红花油茶酸值平均值每月的变化速率分别为0.27 mgKOH/g、0.18 mgKOH/g、0.12 mgKOH/g,通过此数据同样可说明，3个物种的酸值随储藏时间增加，增大趋势最明显是攸县油茶，其次是普通油茶、最后是浙江红花油茶。它与表现出的规律是一致的(图18-1)。

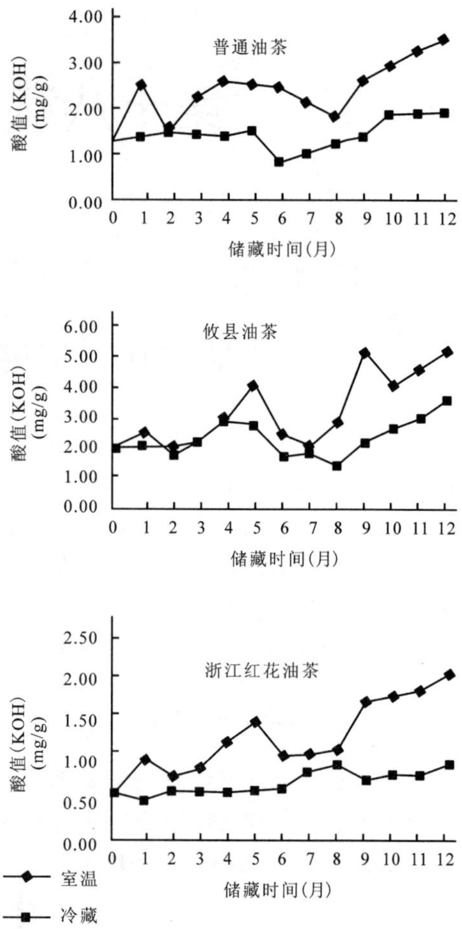

图18-1 不同物种油茶籽抽提油酸值

冷藏条件下的3个物种酸值变化规律与室温条件下的变化规律不尽相同，但总的趋势随着储藏时间增加而呈递增趋势。在冷藏条件下，3个物种的酸值波动幅度相对比室温条件下较小，但酸值的初始值和终值从高到低的顺序仍然是攸县油茶、普通油茶、浙江红花油茶。攸县油茶的酸值在储藏的1~4月期间随着储藏时间增加而增加；从储藏的4~8月期间，则随着储藏时间增加而增加，随后储藏时间增加而增加达到峰值3.37 mgKOH/g，普通油茶酸值在储藏6个月时出现拐点，达到最小值0.67 mgKOH/g，随后随储藏时间增加而增加达到峰值1.79 mgKOH/g。浙江省红花油茶，储藏期间一直随储藏时间增加呈比较平缓的上升趋势，一直没有超过1.0 mgKOH/g。在整个过程中，攸县油茶、普通油茶、浙江红花油茶的平均酸值每月的变化速率分别为0.13 mgKOH/g、0.05 mgKOH/g和mgKOH/g。通过此数据同样可以说明三个物种的酸值随储藏时间的增加而有增大趋势，与室温的变化规律相同，但变化的速率小于室温条件下储藏的变化速率。

可见，在室温和冷藏条件下，攸县油茶储藏时品质变化最快，其次是普通油茶，品质最好是浙江红花油茶。分析其原因，可能与浙江红花油茶的脂肪酸组成、含量、维生素E的含量有关，其机理有待进一步研究。

(二)不同储藏温度对同一种酸值的影响

在整个储藏过程中，无论是室温还是冷藏，三个物种的酸值都是随储藏时间的增加而有增大趋势。对于同一个物种来说，不同储藏温度对于其酸值的影响是不相同的。各物种的酸值均为室温明显高于冷藏。对普通油茶来说，在整个过程中，室温和冷藏条件下酸值平均每月的变化速率分别为 0. 18 mgKOH/g、0. 05 mgKOH/g、两者相差 0. 13 mgKOH/g。对于浙江红花油茶，室温和冷藏条件下酸值平均每月的变化速率分别为 0. 12 mgKOH/g、0. 03 mgKOH/g，两者相差 0. 09 mgKOH/g。储藏 2 ~ 3 个月和 9 ~ 12 个月之间，室温条件下的增加速率远大于冷藏条件下的增加速率。对攸县油茶来说，室温与冷藏条件下酸值平均每月的变化速率分别为 0. 27 mgKOH/g、0. 13 mgKOH/g，两者相差 0. 14 mgKOH/g。在室温和冷藏条件下酸值 0 ~ 7 个月期间，室温与冷藏的酸值随储藏的时间增加而呈明显增加的趋势，远远高于冷藏条件下的酸值。分析其原因，可能是 6、7、8 月份，室温上升高到达了 35℃左右，远高于冷藏温度 4℃，茶籽受高温的影响，而发生变化，导致酸值升高。由此可以得出，冷藏条件下茶籽的酸值来看，变化不是很大，比较稳定。这三个物种中，最明显的是攸县油茶。

五、过氧化值变化

(一)不同物种抽提的茶油过氧化值变化

3 个不同物种的茶籽在室温与冷藏条件下储藏以后，其抽提油过氧化值从总体上看都是随储藏时间的增加而呈递增趋势。从图 18-2 中看出，在室温条件下，储藏的 3 个物种的油茶籽，其抽提油初始过氧化值由高到低的顺序为攸县油茶、普通油茶、浙江红花油茶，其过氧化值分别为 8. 80mmol/kg、8. 74mmol/kg、3. 80 mmol/kg，前两者的过氧化值在数据上较为接近，3 个物种抽提油储藏结束时过氧化值的高低顺序，与初期相同，但三者之间的差距增加。在整个过程中，浙江红花油茶抽提油过氧化值一直都是呈缓慢的上升趋势，而攸县油茶和普通油茶的过氧化值在储藏0 ~ 8 个月期间随储藏时间的增加而呈波动性增加趋势，8 个月以后随储藏时间的增加而呈直线上升趋势。在整个储藏期间，攸县油茶、普通油茶、浙江红花油茶抽提油过氧化值平均变化速率分别为 0. 87 mmol/kg、0. 45 mmol/kg、0. 49 mmol/kg，从数值上可以得出室温储藏期间攸县油茶油的氧化值变化速率最大，浙江红花油茶次之，普通油茶最小，说明单以过氧化值这一指标看，普通油茶的储藏稳定性优于其他物种，这一变化规律与室温储藏下三物种油茶籽抽提油酸值

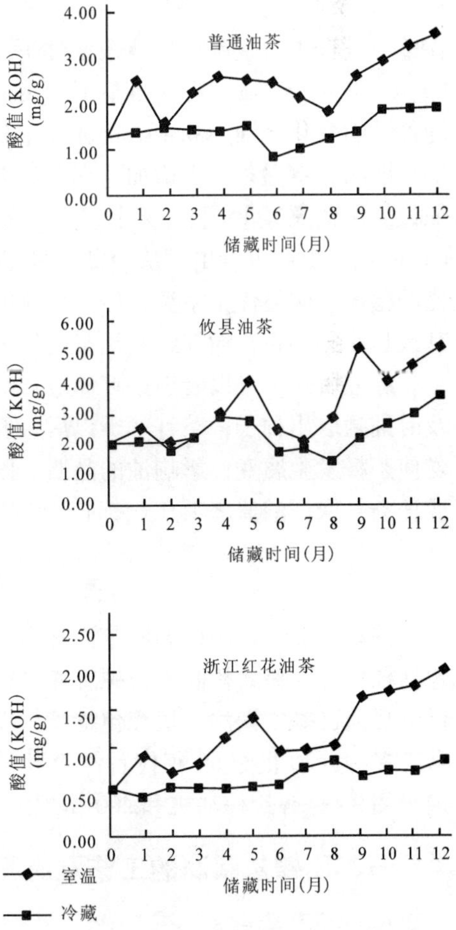

图 18-2　不同物种油茶提抽过氧化值

的速率顺序有所差异。在整个冷藏期间，三个不同物种抽提油过氧化值由高到低顺序为攸县油茶、普通油茶、浙江红花油茶，与室温条件下储藏抽提油过氧化值高低顺序相同，但是规律变化有所不同。普通油茶和攸县油茶抽提油初始过氧化值大小接近，分别为 8.80 mmol/kg、8.74 mmol/kg、与浙江红花油茶 3.80 mmol/kg 相差分别为 5.0 mmol/kg、4.94 mmol/kg，而储藏结束时，后者过氧化值达到了 9.64 mmol/kg，普通油茶为 10.93 mmol/kg，两者相差仅 1.29 mmol/kg。在整个储藏期间，攸县油茶、普通油茶、浙江红花油茶抽提油过氧化值平均每月的变化速率分别为 0.67 mmol/kg、0.07 mmol/kg 和 0.49 mmol/kg，从该数值上可以看出冷藏期间攸县油茶抽提油过氧化值变化速率最大，浙江红花油茶次之，普通油茶最小，这说明单以过氧化值这一指标看，普通油茶的储藏稳定性明显优于其他二个物种，这一变化规律与冷藏室温储藏下三个物种抽提油酸值的变化速率顺序有所差异。所以不能单以一个储藏品质指标来判断某个物种的储藏品质好坏，要多个指标综合来评定。

(二)不同储藏温度对同一物种抽提油过氧化值的影响

无论是室温还是冷藏条件下储藏三个物种，其抽提油过氧化值随储藏时间的增加而成增大趋势，对于同一物种，不同储藏温度对于其抽提油过氧化值的影响规律又不尽相同。从图 18-2 明显看出，各物种抽提油过氧化值均为室温明显高与冷藏的。对普通油茶而言，在整个过程中，室温还是冷藏条件下抽提油过氧化值平均每月的变化分别为 0.45 mmol/kg、0.18 mmol/kg、两者相差 0.27 mmol/kg。浙江红花油茶室温和冷藏抽提油过氧化值平均每月的变化分别为 0.49 mmol/kg、0.38 mmol/kg，两者相差 0.11 mmol/kg。储藏 5 ~ 8 个月期间，室温条件下增加速率远远大于冷藏条件下增加速率。攸县油茶室温和冷藏抽提油过氧化值平均每月的变化速率分别为 0.87 mmol/kg、0.67 mmol/kg，两者相差 0.20 mmol/kg。由此可看出，从冷藏条件下抽提油的储藏品质过氧化值来看，变化不是很大，比较稳定，明显优于室温条件下储藏的茶籽。其中三个物种中优势最明显的是普通油茶，其次是攸县油茶，浙江红花油茶的优势最不明显。

综上所述，可以看出茶籽储藏对酸值和过氧化值的影响。因此，茶果在采收以后，要及时翻晒取出种子；茶籽晒干以后，要堆放在通风，温度变化小的地方，千万注意防潮，勿使茶籽发生腐变，影响油的品质。因时，抓紧时间进行压榨和浸提加工过程，以尽早完成任务，保证酸值 < 1.0，使油质良好。

第二节 压榨法制取油

油茶籽经直接压榨制取茶油称为压榨法，压榨法制取油分为土榨和机榨两大类。土榨包括杠杆榨、楔式榨和人力螺旋榨等，由于设备比较笨重、方法陈旧，劳动强度大，效率低，目前已基本淘汰。机榨包括液压榨油机和螺旋榨油机，由于生产厂家不同，榨机的型号有多种，20 世纪 60 年代后各油脂厂主要使用 90 型液压榨油机，20 世纪 70 年代以后普遍采用 95 型螺旋榨油机和 200 型螺旋榨油机。

一、压榨法制油的工艺及流程

(一)工艺流程

由于使用榨油机的类型不同工艺流程略有差异。

1. 液压榨油机的工艺流程

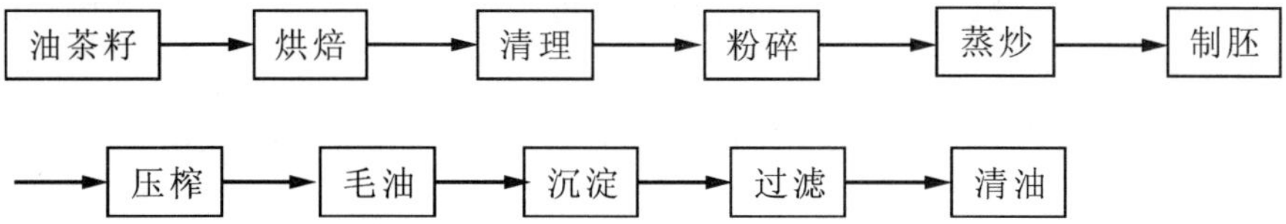

2. 使用螺旋榨油机的工艺流程

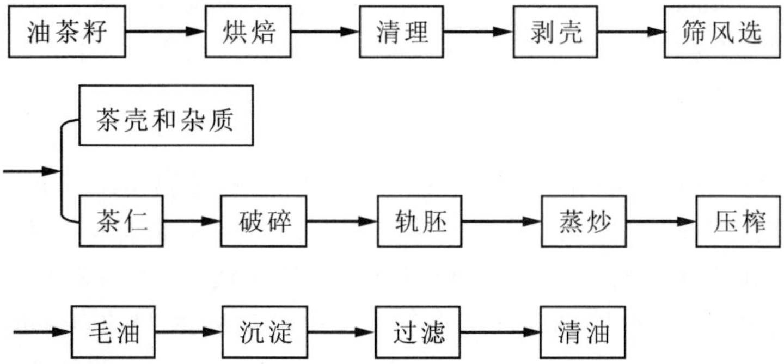

(二)原理及工艺条件

按照螺旋榨油机的工艺流程论述。

1. 烘焙

目的是一方面降低茶籽水分含量，以利于下一步的脱壳和提高出油率，另一方面是通过热烘使菜籽细胞内部胶体、糖分、纤维素、蛋白质凝固以利于压榨出油。当茶籽水分含量超过16%时，压榨前就应经过烘焙这一工序。经过烘焙的茶籽称为下焙籽，要求水分含量在13%～15%，此时籽仁与外壳基本分开，脱壳率较好。如果水分再低一些，虽然脱壳率和炒料工序都好，但脱壳时破碎的小片仁较多，给风选增加困难，碎片仁有些比壳还轻，易被风吹走。

烘房的人小应根据各厂的加工量而定。烘房中设置长方形的焙床，100m焙床可烘焙15 000kg茶籽，每12～14m，要有一个烧火点，焙房要求空气流通，水气易散，不易着火。

焙床的形式有：一是用铁丝网全部铺平的，一是用竹帘铺成一高一低的，高低相差约20cm。因在烘焙过程中要不时翻动，采用一高一低形式的焙床，易于翻动茶籽。焙床采用楼梯状炉灶，以茶壳作燃料，炉膛做成卧式的“百叶窗”形式，用砖封顶。烧火后热空气通过“百叶窗”进入焙床下部空间，上升透过铁丝网而烘焙油茶籽。

茶籽烘焙4～5h后，就要将上层翻到下层，再烘焙4～5h，抓一把攥出响声时就可下焙，这时茶籽含水分基本在13%～15%，含水分20%以上的茶籽，要焙干到13%～15%的含水量，约需8～10h。烘焙茶籽不能用大火，若火大会形成高水分，茶籽表面塑化，包裹着里层水分气散不出来，以致外熟内生，造成茶仁炒温产生外表焦糊、入榨水分超过要求，同时在压榨中容易产生漏渣和出油率低的现象。

2. 清理

油茶采收过程中必然掺杂一些泥土，砂粒碎石，以至碎铁器等，必须清理干净，否则，会影响油脂质量。因此，清理工序虽然简单，却不应忽略。

清理的手段，一是风选，利用风力将茶籽与杂质分开，可采用赶风车，也可用配有鼓风机的除杂设备；二是筛选，采用振动筛或溜筛将杂质去陈；三是磁选，利用磁铁装置将夹杂在茶籽中的铁器件吸出干净。

清理工序采用低频振动三层一级清理筛，筛的角度30°，振动幅40mm，转速40转/min。

第一层薄板冲圆眼18～20mm，将粗杂物，泥块分离出来。第二层筛是0.6mm钢丝织成，筛眼12mm×15mm，这一层筛的筛上物是清选的干净茶籽，筛下物再遇过第三层回收。第三层筛是0.6mm钢丝织成的方眼8mm×8 mm。筛上物便是较小的茶籽和碎小茶仁，筛下物是泥沙和杂质。

3. 剥壳

茶籽包括茶籽壳和茶仁两部分，茶油存在茶仁中，茶籽壳基本不含油，没有必要拿去压榨，否则，在压榨过程中，茶籽壳反而要吸附一部分茶油，降低出油率。去掉茶壳，不仅能提高出油率和麸饼的质量，而且可以提高榨机的处理量(因为茶籽含壳率达35%左右)，带壳压榨必然增加对榨机部件的磨损，还要耗用较大的动力，故压榨之前必须脱壳。

根据茶籽壳脆的物理特性而研制的茶籽剥壳机。是利用离心力甩出茶籽，达到击破其壳的目的。粮食部把这种剥壳机及下一步压扁工序用的压扁机选定为制油设备，每小时剥壳量可达1.5t以上，剥壳率90%以上。

BKL－25型茶籽剥壳机，结构小巧玲珑，主要由一个扁形的铁壳和一个装有六个叶片的转盘所组成，传动轴的转速为1 800转/分，茶籽从剥壳机的中心位置装入，遇过圆盘带叶片高速转动的离心力，碰撞壳壁和挤压摩擦使茶壳破裂，茶壳茶仁随着圆盘的转动方向推向出口，然后再进行仁壳分离，脱壳率达90%以上。为达到种仁不破碎的要求，必须控制茶籽水分含量，最好是12%～14%。这种茶籽的仁壳呈分离状态，用手摇有响声，在剥壳机内碰撞和摩擦压挤，茶壳易破碎而茶仁保持完整，为下一道工序仁壳分离创造有利条件，如果茶仁水分高，仁与壳相连，不仅剥壳率低、仁壳不易分离，而且还给以后的轧胚和蒸炒带来困难。如果茶籽过干，水分低于12%，则茶仁易被击碎不易收回而损失。只要茶籽水分不低于12%和高于15%，脱壳率可达90%～95%，碎仁率不会超过5%。

4. 筛风选(仁壳分离)

茶籽出仁率一般是65%～70%，脱壳后要经过筛，风选才能将仁与壳分离，筛风选后要求仁中含壳不超过5%，壳中含仁不超过0.5%～1%。仁壳分离的主要设备是振动筛和风车。

在风选流程前面装上一架振动筛，振幅为50mm，转速50转/min，斜角25°，二层筛片均为长方形筛眼，0.6mm钢丝编织，第一层筛眼为10mm×8mm，第二层为6mm×4mm，第一层筛片上的筛上物通过第一道风车(主流)，第二层筛片上物通过第二道风车(副流)，第二层筛片下的筛下物即碎细仁，可掺含油泥入榨。风车内转动轴上安有4～5叶风扇，靠扇叶转动产生风力。风力必须调节适当，使重的茶仁下落，轻的茶壳碎片随风吹走。可以掌握转速的快慢，进风的大小，挡板的高低来调节风力的大小。一般以一级风选(转速180转/min)效果较好。

5. 破碎

仁壳分离后可以直接进入压扁(轧胚)工序，也可先将茶仁破碎成数瓣，然后再进行压扁。

6. 轧胚

亦称压扁，目的是使仁粒部分细胞组织受压龟裂，产生许多细小可见的裂缝，从而大大增加了仁粒内外的表面积，以利于在炒锅中容易吸收热量与调节水分。另一个作用，就是能把大小不同的料胚都压成5~8mm厚，在炒料过程中，较小的料胚不致于极易沉至锅底而炒焦，可以减少炒料生熟不一的现象。

轧胚机的工作原理，是利用一对带槽的转速相同的圆压辊的相向运动，使茶仁在两个压辊的缝隙中间通过，达到压扁的目的。

轧胚所用的设备是三辊轧胚机，第一辊带槽纹，二、三辊为光面辊，辊的转速180转/min。

操作轧胚机，要求轧成的片仁厚薄均匀、少成粉不露油。轧胚的好坏对蒸炒起重要作用，也是提高出油率的一个关键。如果轧胚时粉末过多，则在蒸炒时料胚容易成团，黏性大，不易吸气，受热不匀，水分不易蒸发，达不到蒸炒要求。如果露油，则料胚粘辊影响后续料胚达不到薄而均匀的要求。故操作时要注意；

(1)流槽下口要平直，与轧胚的面一样宽大，以保证下料均匀分布在整个辊上，不能忽多忽少。

(2)辊面要保持光平圆直，没有细麻凹点，刮刀口应与轧辊全面密切接合，插板要与两轧辊相近，不能离开太远，否则吃不完的料会跑到一头；轧辊两端不能有缝隙以免颗粒掉下去。要特别注意两头弹簧调节适当，使轧出的仁片厚薄一致。

(3)如出现料胚粘辊时，可向下料口渗下细麸饼末，便可解决粘辊问题。

7. 蒸炒

主要作用是破坏油料细胞，使生胚先吸收水分并受热而膨胀，蛋白质改性而逐渐凝聚，乳胶体遭受破坏，料胚中的细小油滴因温度升高而降低了黏度和表面张力，逐步移聚成大油滴，容易流动，压榨时容易出油。另一方面蒸炒使料胚的水分和温度达到适宜的程度，使进榨的胚料具有一定的弹性和可塑性，压榨时能产生适宜的压力，将油从料胚中挤出来。

一般是：料胚经蒸汽蒸过之后，颜色呈褐黄色，表面有光泽，用手抓捏就出油，松手后料胚就还原有一定的弹性，油分随即收敛，此时即是蒸透熟了。

蒸炒将直接影响到出油率和质量，故应十分重视蒸炒工作。蒸炒时生胚先经蒸汽或喷水湿润再炒，称为“湿炒”，不作湿润处理即炒的称为“干炒”一般以湿炒为好。蒸炒的温度和水分，因使用榨机不同而稍异，液压机榨者料胚温度105~110℃，料胚水分6%~8%，螺旋机榨者料胚温度115~125℃，料胚水分3%~4%。

8. 压榨

螺旋榨油机的工作原理，主要是借助于螺旋轴的旋转作用，使蒸炒好的熟料胚在榨膛内受到各种阻力使其容积逐渐缩小，从而产生很大的压力将可流动的油液压榨出来。榨膛内的这种压力包括压缩力、出饼阻力和摩擦阻力三部分。

(1)压缩力　当料胚由进料斗进入榨膛以后，在螺旋轴的旋转运动中逐渐从进料端向出饼端方向推进，在此过程中，由于榨螺的根圆(即螺底直径)逐渐增大，螺绽逐渐加宽、螺距逐渐变小，也就是说榨膛的容积逐渐缩小，因而对料胚产生了很大的压缩力。具体地讲，当料胚进入榨膛以后，首先在第一、二节榨螺的推进下开始压榨，进到第三节榨螺位置时，因该节榨螺根圆增大，牙高减低，故这段榨膛的容积较前为小，使料胚受到进一步的压缩。随后，料胚被推进到第四节榨螺，此榨螺没有螺纹，是一个前段直径由小到大而后段直径又由大到小的推拨头(即锥体)，料胚在此节榨螺的前段再次受到压缩后，就完成了第一次压榨阶段。接着料胚进入第二次压榨阶段，因其在第一次压榨时榨出了大部分油脂，结构比较紧密，为调整其结构而有利于进一步榨出油脂，需要有一个疏松料胚的过程，这就是第四节榨螺的后段直径又由小到大以增大榨膛容积使料胚能够暂时放松的必要技术设计，然后进入第五、六节榨螺，使料胚进一步受到压缩，直至第七节抵饼圈(出渣梢头)，这也是一个直径由小到大的推拔头，料胚至此经最后一次压缩，就完成了第二次压榨阶段，油脂基本上被压榨出来了。一般情况，第一次压榨阶段的压缩比为5.98；第二次压榨阶段的压缩比为6.87，总压缩比则为16.90。

(2)出饼阻力　95型螺旋榨油机的出饼口由出饼圈和抵饼圈所组成，出饼圈固定不动，抵饼圈可以调节，以使其与出饼圈之间的间隙增大或变小，用以控制出饼的厚薄。出饼厚薄将直接影响到料胚在榨膛内所受阻力的大小，均应很好地控制出饼厚度，一般掌握在1.5~2mm，厚了残油率高。

(3)摩擦阻力　即料胚与榨条、榨圈、料胚与榨螺和料胚相互之间所产生的摩擦阻力，以料胚与机械之间的摩擦阻力为主要。这种摩擦阻力不仅有利于料胚内油脂的流出，而且还因摩擦作用而产生的热量能促进料胚中蛋白质的变性凝聚，细胞破裂，可塑性增大和油脂黏度的降低，这些都对出油率的提高是有利的因素。

综上所述，95型螺旋榨油机的压力在700~1 400kg/cm^{2}之间，可见压力是较大的。

浙江省绍兴粮食机械厂制造的95型动力螺旋榨油机主要由进料装置、螺旋轴，榨笼、机架和底座以及传动机构等部分所组成(图18-3)。它的性能是：配用动力7~10kW电动机，主轴转速37转/min，榨螺转速26转/min，榨膛内径97cm，榨螺直径94.5mm，压榨时间35~38s，单机产量5t/24h，出油率25%，麸饼残油率4%~6%。

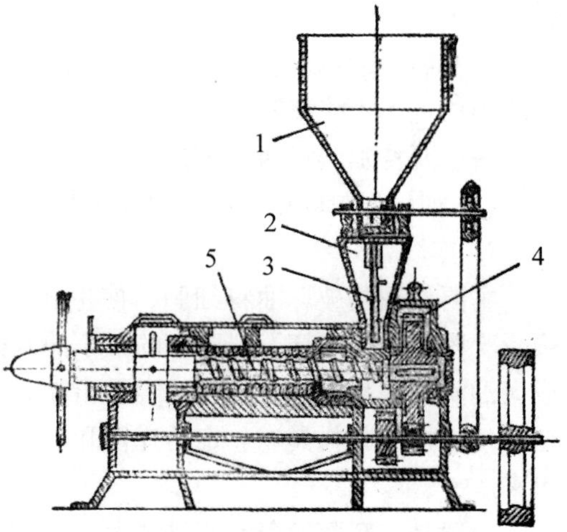

图18-3　95型榨油机的结构

1. 存料斗　2. 进料斗　3. 拨料斗
4. 齿轮箱　5. 螺旋轴

除95型榨油机外，还有200-3型螺旋榨油机，榨螺直径为176m，榨膛内径为190mm，主轴转速为7.5转/min，榨螺转速14转/min，压榨时间为2分40秒，生产率为375~416kg/h。

压榨时料胚的入榨温度和水分的高低直接关系到麸饼残油率的高低(表18-1)。

表 18-1　温度、水分与麸饼残油率的关系

编号	生胚水分(%)	蒸胚温度(℃)	蒸胚水分(%)	入榨温度(℃)	入榨水分(%)	麸饼残油率(%)
1	12.2	94	16.7	132	1.5	4.6
2	12.4	92	16.0	128	1.8	5.0
3	12.0	98	16.7	129	2.2	5.2
4	12.1	94	14.5	126	2.3	5.5

（广西柳州市油脂厂，1981）

使用螺旋榨油机压梓时的注意事项：①榨机不吃料时，其原因有：料太湿，饼成型过早，后续的料入不了榨膛，就在第一节榨螺出油；料太干，尤其是炒得露油的料，饼拖底发出吱吱怪声，饼结在榨膛里，后续的料吃不进，榨螺部分磨损过大。处理的办法是出现前两种情况要调节料胚的温度和水分，同时用麸饼和细茶壳顶饼，顶到见壳为止，然后再进新料，第三种情况要换装新榨螺。②麸饼刚出榨时温度比较高，一般在 120℃左右，堆放不能过高，不超过 lm 为宜。特别是压榨时若料胚过干，饼不成块或全是粉末，在这种情况下，麸饼残油率高，最易发生自燃，或因仓库漏雨，麸饼吸收水分后上面又加堆厚层也容易自燃。麸饼自燃都有一定过程，温度逐步升高到 250～300℃，慢慢冒黑烟，历时约 2～3d，有焦臭异味，到高峰时大量冒浓烟，如有风助氧，就很快造成火灾。要防止可能出现此类事件，除保持仓库通风凉爽，包装堆放不要过高外，在压榨工艺上要尽量把油榨干，使饼成块状，散热摊凉后再入仓。

9. 过滤

由榨机流出的茶油俗称毛油，应将浑浊的毛油，通过滤油机成为清油。滤油机有 307 型、635 型和 650 型等板框式滤油机，307 型过滤机有 14 块滤板，650 型过滤机有 30 块滤板。使用这种过滤机，要待两块滤板之间的小室空间沉积一部分滤渣之后，滤出的茶油才会澄清透明。为了减少油渣通过油泵易于磨损降压的毛病和减少滤油机的油泥负荷，应在过滤之前让从榨机出来的毛油有一段自流路程经过容器沉淀。过滤时温度保持在 50～60℃效果较好，靠油泵把毛油压入滤油机滤板、滤布。开始压力较小也出油，随着截留油渣增多，阻力加大，当压力上升到 4～5 kg 时应停止压油，清理掉滤布中的油泥再压，否则，压力继续加大，会出现滤板缝隙喷油或滤板爆裂，压力下降使油中含杂较多，达不到过滤的目的。

从过滤机中清理出来的油泥像块状泥砖胚样较为适当，但所含的油高达 60% 左右，必须复榨。如果清理出来的油泥像泥浆，这是压力不够或过早清理，这样的油泥给复榨增加困难。复榨油泥时，先将其掺进需要复榨的麸饼，置搅拌机内搅拌均匀，掺入量应视油泥含油程度不同而定，原则是与麸饼搅拌后保持松散不结团。然后投入平底炒锅，炒到 70～80℃时，喷入 10%～13% 的水继续炒，待水气散发掉，开始冒油烟，温度达到 110～130℃时即可入榨，也有的厂不经过搅拌，直接把油泥放入炒锅去炒，温度上升油泥变稀，投入适量的麸饼，同上法加温加水的条件至冒油烟时入榨。

二、影响出油率的因子

压榨法制油，目的在于获得最高的出油率，增加油脂总产量。上述各项工艺流程中已论及有关影响出油率的问题主要有以下几点。

（一）温度

茶籽榨油属于热榨性质，故料胚需要蒸炒。入榨时料胚温度的高低直接影响出油率。一般压榨的温度为105～110℃，最高可达到130℃，由于榨机本身不能控制温度，料胚主要靠蒸炒来获得高温。高温可降低油脂黏度，增大油脂的流动性，使油液容易被压出来。所谓“冷油坊，热油坊，越热越出油”，就是这个道理。因此，应尽可能提高料胚的入榨温度，但不能超过130℃，否则容易使料胚焦化，反而降低出油率。经验证明，如料胚温度在95℃以下时，出油率则大为降低（如以标准温度105℃的出油率为25%，95℃以下时可能降至20%左右）。

（二）水分

料胚的水分含量也影响到出油率，要掌握“高水分蒸胚、低水分压榨”的原则。这是我国油脂工业总结出来的提高出油率的操作经验。高水分蒸胚时，对生胚水分的湿润要求达到15%～20%，低水分压榨时，要求入榨的熟胚水分含量为3%～8%，胚料过干，出油率也低。如茶籽暴晒时间较长，茶仁过分干燥，蒸炒时又未喷入水气，出油率仅19%～21%，后来喷入水气蒸炒，出油率迅速提高到25%～26%。

（三）榨油机械设备

陈旧的设备往往压力不足，使部分油脂榨不出来，降低出油率，故要经常检修榨油的机械设备，更换磨损的构件，保持额定的转速和压力。

（四）原料品质

茶籽保管不善易发芽、霉变等均使出油率大为降低，而且质量也差，如酸度增高，色泽加深，混浊。新鲜茶籽出油率高，储存时间过久也降低出油率，故应掌握季节及时加工压榨。

第三节　浸出法制取油

一、浸出法制取油的原理

油茶籽经浸出工艺制取的油，利用油脂能够溶解于某些有机溶剂之中的特性，将榨油后残存于麸饼中的茶油浸提出来，再利用溶剂的汽化沸点低于茶油沸点的特性，将溶剂与茶油又分离开来以生产茶油。这就是浸出法制取油的理论依据。浸出是植物油厂对用溶剂提取油料中油脂的俗称，在化工单位操作中称为萃取或提取。化学萃取又分为固—液萃取和液—液萃取两种，用茶麸浸出油属于固—液萃取范畴。把茶麸浸泡在选定的溶剂之中，使茶油逐步溶于该溶剂的过程，是茶油与溶剂之间相互进行扩散的过程，兼有分子扩散和对流扩散两种方式。前者是依靠分子本身存在着的热运动作用，后者则要靠外来的能量来进行，一般是利用液位差或压力泵所造成的压力等能量来对混含油施加外力，由于分子扩散作用是在非流动的介质中进行，速度很慢，因此要依靠外力的作用，使溶剂和油料处在相对移动的情况下进行浸提，造成远较分子扩散为快的对流扩散，以加快浸提的速度，这就是浸提法和油溶剂与油脂混合油液回流处理的原理。

二、浸出法制取油的工艺流程

根据原料的不同可分别直接浸出或预榨浸出法，米糠等含油量较少的油料一般采用直接浸出法，茶籽、花生、菜籽等含油量较高的油料先经压榨而后将残存在麸饼中难于再压榨出来的油脂，再利用浸出法提取，实行压榨法与浸提法相结合，就可以将油料中的油脂基本上提取出来。预榨浸出法的压榨部分工艺流程与第一节所述压榨法制油基本相同，只是预榨机的转速比螺旋榨油机快，配置的蒸炒锅能量较大，此时处理量较螺旋榨油机大2~3倍，但麸饼残油率较高，常在10%以上。预榨之后经过破碎即可进入油脂浸出、混合油蒸发和汽提、湿粕蒸烘、溶剂回收等工序。

三、浸出法制取油的主要设备

油脂浸出设备是浸出法制油的主要设备，型式较多，有间歇式的也有连续式的，连续式的又分浸泡式，喷淋式和混合式3种。各种浸出器的生产能力相差很大，在国外，拖链式浸出器(属于浸泡式)有日处理原料40~600t的，平转式浸出器(属于混合式)日处理原料25~2 000t。我国采用的浸出器，一般都是日处理原料20~150t的，150t以上的较少，主要有罐组式浸出器、平转式浸出器、履带浸出器、弓型浸出器、U型浸出器、Y型浸出器和环形浸出器等几种。

罐组式浸出器属于间歇式浸出器，其生产工艺较简单，自动化程度较低，但建厂投资较少，生产操作较容易，适于一般油厂附建浸出车间。其他各种型式的浸出器均属连续式的，工艺设备较先进，生产流程自动化，生产效率高。

四、浸出溶剂及其回收

浸出溶剂不仅关系到浸出油的数量和质量，也关系到工艺效果。各种消耗和安全生产，比较理想的浸出溶剂，应该具有对油脂有较好的溶解能力，挥发性较好、化学性稳定、无毒、不易着火和爆炸、沸点范围适宜、在水中的溶解度小等性质，而且要求价格低，能保证供应。我国油脂制取工业目前普遍用的浸出溶剂是脂肪族碳氢化合物一类的有机溶剂，以已烷、6号抽提溶剂油(又称轻汽油)、石油醚为主，其中6号抽提溶剂油是我国生产的一种适于制取食用植物油脂的浸出溶剂，一般称为6号溶剂油，它由芳烃等各种碳氢化合物所组成(表18-2)，应符合理化性质和质量指标(表18-3)。

表18-2　6号抽提溶剂油的组成

溶　剂		重量(%)
芳烃：	苯	0.046
	甲苯	0.017
	8碳芳烃	0.0025
烯烃：		1.55
环烷烃：	5碳环烷烃	1.56
	6碘环烷烃	16.43
	7碳环烷烃	0.16
烷烃：	5碳烷烃	2.57
	6碳烷烃	74.08
	7碳烷烃	3.52

(广西南宁粮油加工厂，1983)

表 18-3　6 号溶剂油的理化性质和质量指标

理化性质		质量指标	
色泽及透明度	无色透明	馏程	
气味与滋味	刺鼻	初馏点	不低于 60℃
比重 D_4^{20}	0.6742	98% 馏出温度	不高于 90℃
		水溶性酸与碱	无
分子量(平均)	93	机械杂质及水分	无
碘价(g 碘/100g)	4.2	油渍试验	合格
		硫含量	不大于 0.05%

（广西南宁粮油加工厂，1983）

第四节　茶油的精炼

一、茶油精炼

不论是用浸出法，还是用压榨法生产出的油脂，在未经精炼之前，都称之为“毛油”(油)。油茶籽毛油含有皂素、磷脂、机械杂质、色素、烃类、醛类、酮类、游离脂肪酸、水、糖类及其衍生物、蛋白质及其降解物、有机醇及成分复杂的树脂类物质等，色泽深、口感差、营养价值低，且对人体健康不利，应用范围受到限制。国家新标准中规定“毛油”是不能直接用于人类食用的，只能作为生产各级成品油的原料油。原料油只有经过精练加工处理达到各级油品的质量标准后，才能上市销售。国家新标准中规定的一级油和二级油(相当于原标准的色拉油和高级烹调油)则须经过脱溶、脱胶、脱酸、脱色、脱臭及脱脂(俗称“六脱”)等精炼工序处理。近年来我国油茶产区对茶油精制日益重视，食用茶油的精炼率提高很快，精炼技术工艺也得到了较快的发展。江西绿海油脂公司、湖南金浩植物油公司及广西、安徽、浙江等地的油茶油加工企业生产的精制茶油已成批进入国际市场，大大增加了茶油茶品的附加值，提高了油茶产业的经济效益，从而调动了林农和企业发展油茶生产的积极性。但目前我国对油茶油的精炼水平与其他大宗油品相比，在加工厂的规模、设备的先进性和工艺水平等方面都有一定差距。

油脂的精炼的工艺有两种，即物理精炼和化学精炼。两者不同之处在于物理精炼是通过特殊脱胶的工艺把油脂中的胶质除去，其含有的游离脂肪酸在脱臭工段利用水蒸气而脱除。化学精炼则是用化学方法(酸碱中和)脱除油中的游离脂肪酸的油脂精炼工艺。其中化学精炼适应性强，对原料毛油的要求不高，生产出的成品油质量稳定性好，为多数油脂加工厂所采用，油茶油的精炼也普遍采用化学精炼工艺。

二、脱胶

与其他油脂一样，油茶油脱胶一般采用传统的水化脱胶法。水化脱胶是利用磷脂等胶质的亲水性，在搅拌下将热水加入油中，使磷脂吸水膨胀凝聚，膨胀后的油脂能吸附油脂中的其他胶质，使胶质在油中的溶解度降低，经自然沉降与油分离。正常情况下水化脱除胶质时，只能脱除油脂中的大部分水化磷脂，其余的胶质则以非水化磷脂的形式存在。非水化磷脂中 β-磷脂由于其结构的对称性，受分子结构的空间效应影响，亲水性较差，不易吸水膨胀被除去；而以钙盐、镁盐形式存在的非水化磷脂，是钙、镁离子取代磷酸根羟基上离子化程度较高的氢离子而成，因此，其亲水官能团极性减弱，也不易吸水被除去。目前，去除非水化磷脂的方法一般采用特殊水化法，即向油中加入0.05% ~0.2%磷酸或柠檬酸，调节体系的pH值，加热至70℃并搅拌，使非水化磷脂解离，之后将磷脂冷却至40℃以下，加水使磷脂在慢速状态下形成稳定的液态晶体，这些晶体会有效地束缚糖及金属离子，沉淀下来，通过离心将其除去。由于油茶油含胶质较少，且化学精炼法对脱胶工序的要求不如物理精炼严格，加之碱炼工序亦有脱胶的作用。因此，许多茶油精炼厂往往省去脱胶工序。

三、茶油的碱炼

(一)碱炼的原理

碱炼又称脱酸，即用碱性溶液中和茶油中游离脂肪酸的过程。油脂中的游离脂肪酸在碱液的作用下发生中和反应而生成脂肪酸的碱金属盐即肥皂并与油脂分离，这就是碱炼的原理。

碱炼所用的中和剂有纯碱、烧碱、石灰和有机碱等，以烧碱使用最为普遍。烧碱与游离脂肪酸所起的中和反应，可用下列方程式表示：

$$RCOOH + NaOH —— RCOONa + H_2O$$

有时，也可以生成酸性肥皂。其反应方程式如下：

$$2RCOOH + NaOH —— RCOOH \cdot RCOONa + H_2O$$

采用碱液中和油离脂肪酸时，一般认为这种化学反应是在碱液表面上发生的，因而也就在碱液的表面上生成单分子的肥皂膜，水分就从碱液中渗透到肥皂膜内，而脂肪酸的极性羧基(—COOH)也溶解于水化的肥皂薄膜内，其碳氢基(—CH)则留在外面，最后在碱液周围形成较厚的胶态离子膜，它的表面吸附着磷脂、蛋白质和黏液等杂质所构成的复合物，而使形成的薄膜胶体结构更加稳定。

碱液质点在油脂内活动，其四周所形成的膜因受压而破裂，当膜破裂后，游离碱及中性油又都渗入其内，并继续发生作用，不断形成肥皂。于是此等薄膜大量积累，最后互相撞碰而形成不定型的絮状凝乳物，即皂脚。皂脚具有很大的吸附能力，能将蛋白质、黏液和色素等杂质吸附而沉淀下来。可见，碱炼不仅能除去毛油中绝大部分的游离脂肪酸，而且借助于所生成的皂脚的吸附作用以除去油中的大部分杂质，所以，碱炼是茶油精炼的主要技术措施。

(二)碱炼的主要设备

广西柳州油脂厂炼油车间碱炼菜油的主要设备有：中和锅2 400mm ×3 600mm 1 只，水洗锅 2 300mm ×3 600 mm 2 只。皂脚锅 1 700mm ×2 200mm 2 只，毛油池 3 900mm ×1 600mm ×1 300mm 1 只，碱箱 1 210mm ×800mm ×1 100mm 1 只，热水池 1 274mm ×1 000mm 1 只，回收油池 900mm ×900mm ×1 000mm 1 只，精油暂存缸 1 只，地下碱池 2 000mm ×1 000mm ×720 mm1 只，刮板泵 2 台，齿轮泵 3 台，三缸泵士 1 台，皂脚泵 1 台和 635mm ×30mm 滤油机 1 台。

(三)茶油碱炼的工艺过程

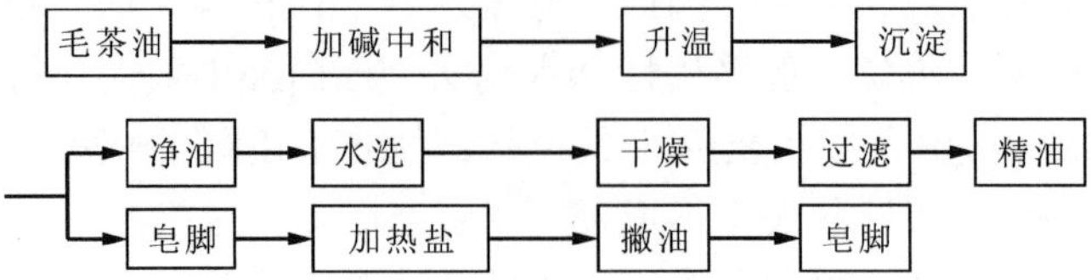

1. 加碱中和

碱液浓度一般为 12～18°Be。广西柳州油脂厂加碱的浓度是：毛油酸价在 10 以下者为 12～14°Be，酸价在 10 以上者为 16～18°Be。采用十字管加碱，管下从三个方向交错钻三排孔，孔径 3mm，喷淋碱液时间要求在 10min 左右完成，快速搅拌，搅拌速度 60～70 转/min。

2. 升温

加碱后继续搅拌 15min，使油脂与碱液混合均匀并初步发生化学反应(碱与油中游离脂肪酸初步结合)，然后开始升温，以每分钟升高 1℃为宜，升到 50℃时开始仔细观察油皂分离情况。如果油皂分离明显，皂粒由细变粗，应停止升温。升温升到 50℃时，转速减慢为 30～40 转/min，到达终温后继续搅拌 10min，观察到面上有油路，停止搅拌，皂脚迅速下沉，就可静置沉淀。如果皂脚有浮面的现象，要加入与油同温或高于油温的清水或盐水，使浮面的皂脚下沉。

升温不能太快也不能太慢。快了使油受热不均，造成局部有油被皂化和皂脚局部浮面，终温难以掌握，慢了延长中和时间，有的中性油与游离碱起皂化反应亦增大炼耗。碱炼茶油的终温一般以 60℃为宜，太高太低都会增加炼耗。

3. 沉淀

静置沉淀时间不得少于 4h，时间短了，悬浮的皂粒沉不到底，给水洗带来困难。沉淀时间长一点为好，这样沉淀的皂粒紧密，含油量少。

4. 水洗

将碱炼好的中性油从中和锅泵入水洗锅进行水洗。水洗时油温为 85℃，清水或盐水的温度为 90℃以上，盐水浓度 4%。一般水洗 2～3 次，要求放出最后一次水洗的废水干净澄清为止。

水洗时，水温要略高于油温，不能相差悬殊，否则将发生乳化现象，油水难以分离而增加炼耗；搅拌也不能太快，以每分钟 30～40 转为宜，而且加完水后立即停止搅拌，否则也会发生乳化现象或中间层加多。

加水时喷淋式比直射式好，因水比油重，直射往往有的水尚未起到洗涤作用就迅速下沉。

每次加完水后沉淀时间不得少于 30min，最后一次不得少于 1h。每次废水要放尽，否则影响下次水洗或干燥。

5. 干燥

水洗过的茶油置于开口干燥锅中，用间接汽升温干燥。升温到 100℃时要进行回油，因锅底部分蛇管加热不足，油中水分难以挥发，应将锅底的油抽到锅面上来干燥。利用压缩空气鼓风，待升温到 118～120℃时停止升温，保持 1h，使水分尽量挥发掉。如果用真空干燥,当真空度达到670mm汞柱高时,温度105℃,此时玻璃视镜上无水珠,即示干燥完毕。

6. 过滤

干燥完毕，热油要降温过滤，可用冷水降温，降到80℃时即行过滤。滤出的精油即可计量入库，滤油的压力一般为1.5kg/cm^2，最高不超过3.5 kg/cm^2。

7. 皂脚的处理

碱炼后将皂脚泵入皂脚锅，加温盐析。加温到85℃以上，油从皂脚中分离出来，撇起上层净油，再煮再分离净油再撇，尽量将皂脚中茶油回收，最后将皂脚泵入皂脚池。

我国压榨油茶籽油和浸出油茶籽油，均称为成品油茶油。它是经过处理符合本标准成品油质量指标和卫生要求的直接供人类食用的油茶籽油。20世纪七八十年代我国茶油的内销标准：酸价在4以下，水分、杂质均在0.2%以下，精炼的茶油，精炼率、质量指标等列入(表18-4)，精炼茶油的经济效果是好的。

表18-4　柳州油脂厂精炼茶油经济效果

项目 \ 重复	I	II	III
毛油数量(kg)	148649	150818	187206
毛油酸价	9.3	10.75	16.72
精油数量(kg)	137200	136325	156800
回收皂脚油(kg)	4050	5000	4450
皂脚数量(kg)	12600	21000	46200
精油酸价	4.8	4.96	4.4
精油水分(%)	0.077	0.075	0.078
精油杂质(%)	0.066	0.053	0.043
精炼率(%)	95.02	92.7	86.14
炼耗(%)	4.98	6.3	13.86
酸价(炼耗油)	1.12	1.09	1.13
成本(元/t)	36.68	36.68	36.68

(广西柳州市油脂厂，1981)

我国安徽省肥东化工厂对油茶籽油的精炼接近联合国粮农组织(FAO)和世界卫生组织(WHO)所推荐的“最佳高级食用油标准”。茶油是人们喜爱的食用油，它不含芥酸、胆固醇、黄曲霉素等有害成分，其不饱和脂肪酸含量较之世界公认的优质橄榄油还要高1%。目前我国有些精制的茶油含杂质、异味重，在食用前必须先经熬煮方能食用。最近，福建省福安林化厂精制的茶油，达到了联合国粮农组织和世界卫生组织推荐的“最佳食用油标准”(表18-5)。它不经熬煮就可食用，不仅营养价值高，方便食用，且对人体有一定的保健作用。今后我国食用油必然要走精细加工工艺的道路，生产出像日本的“强维E食用油”等高标准的保健食用油。

表 18-5 福建省福安林化厂精制茶油标准

项目	FAO/WHO	精制结果
比重(20℃/4℃)	0.919～0.925	0.920
折光指数(20℃)	1.466～1.470	1.4695
皂化角	189～195	196.1
碘价	120～143	93.06
不皂化物	1.5%	—
色(5 时比色槽)	产品固有特性黄	33 红 1.2
臭味和滋味	无异味、酸败气味	气味正常
酸价(mgKOH/g)	0.6	0.48
过氧化值	0.15%	0.09%
砷	0.1mg/kg	—
不溶性杂质	0.05%	未检出

四、水洗

中和完成后添加热水以帮助皂脚下降，达到油与皂脚充分分离的目的。将碱炼后的油泵入水洗锅，升温至 80℃左右，加入 85℃左右的热水，用水量相当于油重的 10% 左右；搅拌降温静置 1h 后，打开锅底阀门放水。重复上述过程 3 次，要求放出最后一次水洗的废水澄清为止，水洗合格与否以不显示明显碱性为准。水洗时水温要略高于油温，但不能过高，否则将发生乳化现象，油水难以分离，增加炼耗。加水时喷淋比直射好，因水比油重，直射往往有的水尚未起到洗涤作用就迅速下沉。每次废水要放尽，否则影响下次水洗。

五、脱水

在水洗分离的油中还含有少量水分，会影响茶油的品质，必须将其除去。用真空将油吸入脱色罐，升温至 95℃脱水，脱水时间控制在 20～30min，降低水分至 0.1% 以下(至罐内水汽消失为止)。

六、脱色

茶油的颜色较深，很难符合人们的选购取向。为了降低成色，可利用白土、活性炭将分子量较大的色素吸附，以达到茶油脱色的目的。将脱水后的油降温至 90℃左右，加入白土(可事先与少量油混合调浆，并一次性吸入脱色罐。在实际生产中有的油品采用干白土真空直接吸入也可达到较好的效果)。白土加入量为油重的 2%～4%(具体用量视原料油的品质及成品油的要求而定)。脱色时间控制在 20～30min，真空度(残压)为 97～99kPa，冷却至 70℃以下，通过压滤机的滤压，去除油中白土等残留杂质，达到澄清油的目的。

采用真空状态下加热搅拌的脱色方法，脱色效果与吸附剂的用量、初始温度、升温速度、衡定强度、搅拌速率等因素关系密切。吸附利用量不同，吸附效果也不同。吸附剂用量大，脱色效果好，但得油率低；吸附剂用量少，脱色效果差，但得油率好。吸附剂品种不同对不同颜色吸附效果也不一样。活性白土对黄色、绿色吸附效果比活性炭好；活性炭对红色吸附效果比活性白土好，但活性炭价格高，带油多，在生产中用得较少；温度低，吸附效果好，但时间长；温度高，吸附效果差，但时间短；时间延长，吸附效果变差。

七、分提

油脂分提是基于不同类型的甘油三酸酯的熔点或在不同温度下其互溶度不同，通过油脂冷却结晶，以达到固—液分离分提的目的。也就是根据不同物质具有不同凝固点的特性，将蜡、饱和脂肪酸等与油酸、亚油酸等不饱和脂肪酸分离。可提高产品中的油酸等不饱和脂肪酸含量，减少饱和脂肪酸特别是硬脂肪酸含量，除去油脂里的蜡质等不良物质。

分提分为干法分提法（又称常规法）、溶剂分提法（己烷，丙酮或其他）和洗净剂分离机法（包括使用附加化学试剂）3 种方法。干法分提是一系列主要依据油脂形成晶体能力的分离工艺，也是最简单和最经济的分提工艺，茶油的分提也采用干法分提，分提温度一般为 -5 ~ +5℃，可使茶油油酸含量可提高 5 ~ 12 个百分点。从茶油中去除冷冻后结晶的饱和脂可以采用气压式密封膜过滤机。

八、脱臭

脱臭是利用茶油内的气味物质及游离脂肪酸等和甘油三酯的挥发性有很大的差异的特性，借助于水蒸气的汽提作用，在高温、高真空下将其从油中除去的一种加工方法

根据曾益坤等人的方法，操作时将脱色油吸入脱臭锅，先用间接蒸汽升温至 10℃，再用导热油升温至 150℃时开直接蒸汽翻动。此直接蒸汽为过热蒸汽，直接蒸汽应先开大一些，但以不使油飞溅太厉害为好。继续加温至 240℃计时，计时 2 ~ 3h 后关掉加热系统与直接蒸汽，然后进行冷却。当油温降至 70℃关闭蒸汽喷射泵，让油继续冷却（在蒸汽管中通入冷却水），一直到油温为室温（25℃左右）才能翻锅。脱臭的真空系统采用三级蒸汽喷射泵或四级泵，真空度（绝对压强）控制在 300Pa 左右。

第五节　油茶压榨茶籽油和浸出茶籽油的国家标准

过去，关于油茶籽成品油质量标准问题，没有统一的规定，因此，比较混乱，难以检查，现经研究已得到解决。有关部门已制订了我国油茶压榨茶籽油和浸出茶籽油国家标准，即中华人民共和国和国家标准 GB11765 -2003 代替 GB/T11765 -1989，现已公布。

一、分类

油茶籽油分为油茶籽原油和压榨油茶籽油、浸出油茶籽油三类。

二、质量要求

1. 特征指标

折光指数（n^{40}）　1.460 ~ 1.464

相对密度（d_{20}^{20}）　0.912 ~ 0.922

碘值（g/100g） 83~89
皂化值(KOH)(mg/g) 193~196
木皂化物(g/kg) ≤15
主要脂肪酸组成(%)
饱和酸 7~11
油酸 $C_{18:1}$ 74~78
亚油酸 $C_{18:2}$ 7~14

2. 质量等级指标

①油茶籽原油质量指标：压榨成品油茶籽油质量指标和浸出成品油茶籽油质量标准见表18-6至表18-8。

②卫生指标：按GB2716，GB2760和国家有关标准、规定执行。

③其他：油茶籽油中不得渗存其他食用油和非食用油，不得添加任何香精和香料。

3. 其他

①油脂定性试验：按：GB/T5539执行。以油脂的定性试验和油茶籽有特征指标(5.1)作为综合参改判定依据。

②脂肪酸组成检验：GB/T17376－17377ZH执行。

③卫生标准检验：按GB/T5009.37执行。

④检验规则

a. 抽样：油茶茶籽油抽样方法按照GB/T5524的要求执行。

b. 出产检验：按5.2规定检验，应逐批检验，并出具检验报告。

c. 型式检验：当原料、设备、工艺有较大变化或质量监督部门提出要求时，均应进行型式检验。按第五章的规定检验。

d. 规定规则：产量未标注质量登记时，按不合格判定。产品的各等级指标中有一项不合格时，即判定为不合格产品。

4. 标签

除了符合GB7718－2004的规定及要求之外，还有：产品名称，凡标识“油茶籽油”的产品均应符合标准。压榨油茶籽油、浸出油茶籽油要在产品原料中分别标识“压榨”“浸出”字样。此外，还应注明产品原料的生产国家。

5. 包装、贮存

应符合GB/T17374及国家的有关规定和要求。应储存在阴凉、干燥及避光处。不得与有害有毒物品一同存放。运输中应注意安全、防止日晒、雨淋、渗漏、污染和标签脱落，散装运输要有专车，保持车辆清洁卫生。

以下是油茶籽油GB11765－2003的详细指标(表18-6至表18-8)。

表 18-6　油茶籽原油质量指标

项　　目		质　量　指　标
气味、滋味	≤	具有油茶籽原油固有的气味和滋味，无异味
水分及挥发物(%)	≤	0.20
不溶性杂质(%)	≤	0.20
酸值(mgKOH/g)	≤	4.0
过氧化值(mmol/kg)	≤	7.5
溶剂残留量(mg/kg)	≤	100

注：黑体部分指标强制

表 18-7　压榨成品油茶籽油质量指标

项　　目		质量指标	
		一级	二级
色泽(罗维朋比色槽 25.4mm)	≤	黄 35　红 2.0	黄 35　红 2.0
气味色泽		具有油茶籽固有的气味和滋味，无异味	具有油茶籽固有的气味和滋味，无异味
透明度		澄清、透明	澄清、透明
水分及挥发物(%)	≤	0.10	0.15
不溶性杂质(%)	≤	0.05	0.05
酸值(mgKOH/g)	≤	1.0	2.5
过氧化值(mmol/kg)	≤	6.0	7.5
溶剂残留量(mg/kg)	≤	不得检出	不得检出
加热试验(280℃)		无析出物，罗维朋比色：黄色值不变，红色值增加小于 0.4	微量析出物，罗维朋比色：黄色值不变，红色值增加小于 4.0，蓝色值增加小于 0.5

注：黑体部分指标强制。

表 18-8　浸出成品油茶籽油质量指标

项　　目		质　量　指　标			
		一级	二级	三级	四级
色泽	(罗维朋比色槽 25.4mm) ≤	—	—	黄 35　红 2.0	黄 35　红 5.0
色泽	(罗维朋比色槽 133.4mm) ≤	黄 30　红 3.0	黄 35　红 4.0	—	—
气味、滋味		无气味、口感好	气味、口感良好	具有油茶籽油固有气味	具有油茶籽油固有气味
透明度		澄清、透明	澄清、透明	—	—
水分及挥发物(%)		0.05	0.05	0.1	0.2
不溶性杂质(%)		0.05	0.05	0.05	0.05
酸值(mgKOH/g)		0.2	0.3	1	3
过氧化值(mmol/kg)		5	5	6	6

（续）

项　　目	质　量　指　标			
	一级	二级	三级	四级
加热试验(280℃)	—	—	无析出物，罗维朋比色：黄色值不变，红色值增加小于0.4	微量析出物，罗维朋比色：黄色值不变，红色值增加小于4.0，蓝色值增加小于0.5红色值增加小于4.0，蓝色值增加小于0.5
含皂量(%)	—	—	0.03	0.03
烟点(℃)	215	205	—	—
冷冻试验(0℃储藏5.5h)	澄清、透明	—	—	—
溶剂残留量(mg/kg)	不得检出	不得检出	≤50	≤50

注：1. 划有"—"者不做检测。压榨油和一、二级浸出油的溶剂残留量检出值小于10mg/kg时，视为未检出。2. 黑体部分指标强制。

第六节　茶油长期储藏对酸值和过氧化值的影响

油脂酸值是油脂在储藏过程中遇到的主要问题，其实质就是含有较多不饱和脂肪酸的油脂，在储藏过程中受环境、光照、氧气、水分、金属离子等因素的影响，最终被氧化生成低分子脂肪酸的过程。油脂酸值和过氧化值是判断油脂及其制品酸败程度的主要指标，是评价油脂品质好坏的主要依据，是国家食品卫生检验强制必检项目。长期以来，茶籽油在我国以自产自用为主，对其在储藏中的品质变化情况关注较少，至今未见有文献报道。为较准确地反映出茶籽油在长期储藏后的品质变化，中国林业科学研究院亚热带林业研究林所丛玲美、姚小华等人对不同工艺、不同质量等级的茶油进行了储藏试验，对不同储藏时间的茶油样品酸值和过氧化值进行分析测定，研究茶油储藏时间对茶油品质的变化规律，为茶油的储藏安全性提供参考(表18-9)。

表18-9　试验材料质量等级、采样时间及储藏时间

样品	储藏前质	采样时间	储藏时间	样品	储藏前质	采样时间	储藏时
1	一级浸出油	2002－12	38	13	一级浸出油	2004－05	21
2	一级浸出油	2002－01	37	14	一级浸出油	2004－06	20
3	一级浸出油	2003－02	36	15	一级浸出油	2004－12	14
4	一级浸出油	2003－03	35	16	一级浸出油	2005－01	13
5	一级浸出油	2003－04	34	17	一级浸出油	2005－02	12
6	一级浸出油	2003－05	33	18	一级浸出油	2005－03	11
7	一级浸出油	2003－06	32	19	一级浸出油	2005－04	10
8	一级浸出油	2003－12	26	20	一级浸出油	2005－05	9
9	一级浸出油	2004－01	25	21	一级浸出油	2005－06	5
10	一级浸出油	2004－02	24	22	一级浸出油	2005－10	4
11	一级浸出油	2004－03	23	23	一级浸出油	2005－10	3
12	一级浸出油	2004－04	22	24	二级浸出油	2003－05	33

（续）

样品	储藏前质	采样时间	储藏时间	样品	储藏前质	采样时间	储藏时间
25	二级浸出油	2004－04	25	34	三级浸出油	2005－02	12
26	二级浸出油	2004－16	20	35	三级浸出油	2005－05	9
27	二级浸出油	2004－12	14	36	三级浸出油	2005－08	6
28	二级浸出油	2005－01	13	37	一级压榨	2004－12	14
29	二级浸出油	2005－04	10	38	一级压榨	2005－02	12
30	二级浸出油	2005－05	9	39	一级压榨	2005－03	11
31	二级浸出油	2005－09	5	40	一级压榨	2005－09	5
32	三级浸出油	2004－12	14	41	一级压榨	2005－12	2
33	三级浸出油	2005－01	13				

（丛玲美，姚小华，2002）

一、一级浸出成品茶油酸值和过氧化值的变化

（一）酸值分析

一级浸出成品茶油的酸值测定分析结果（图 18-4）表明，一级浸出成品茶油酸值随储藏时间的增加呈明显的波动性增加，但储藏 1 年内的油样酸值变化幅度不是很大，而储藏了 2 年和 3 年的油样酸值则大幅度的增加。从图 18.4 明显可以看出，一级浸出成品茶油的酸值呈明显的 3 个梯度，储藏 38 个月的 1 号样品为第一梯度，酸值最高，其酸值（KOH）达到了 1.36mg/g；储藏 37 到 20 个月的 2 到 14 号样品为第二梯度，酸值居中；储藏 14 到 3 个月的 15 到 23 号样品为第三梯度，酸值最低。从具体的数据上看也不难得出，3 到 9 号样品即储藏 3 年的茶油，其酸值的平均值为 0.79mg/g；10 到 16 号样品即储藏 2 年的茶油，其酸值的平均值为 0.72mg/g；17 到 23 号样品即储藏 1 年的茶油，其酸值的平均值为 0.32mg/g；储藏 3 年的样品酸值基本是储藏 1 年的 2.5 倍，储藏 2 年的样品酸值也基本上是储藏 1 年的 2.3 倍，储藏 2 年和储藏 3 年的样品酸值接近。其中储藏 3 年的样品较接近三级浸出成品茶油酸值的国家标准（GB 11765－2003）的极限值 1.0mg/g；储藏 2 年的茶油中大部分已经达到了三级浸出成品茶油酸值的国家标准的极限值，而储藏 1 年的茶油中仍有 50% 可以达到二级浸出成品茶油酸值的国家标准。

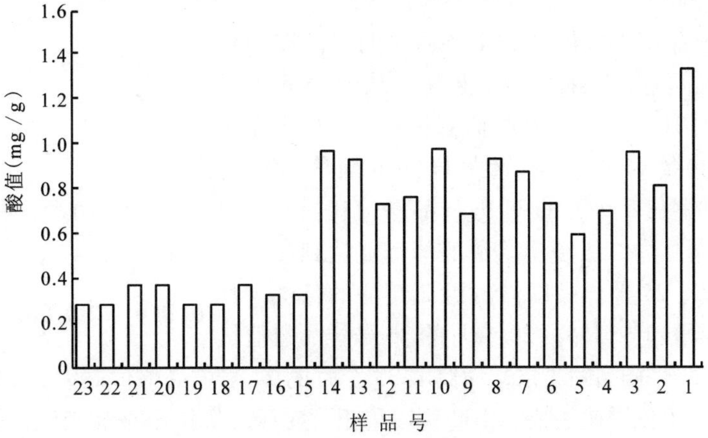

图 18-4　一级浸出成品茶油样品酸值

（二）过氧化值分析

油脂氧化反应所生成的脂肪酸氢过氧化物时油脂氧化酸败的关键产物，因此，测定油脂过氧化值的高低，可判定其氧化变质的程度。油脂过氧化值的大小是评定油脂品质优劣的重要指标。与酸值变化规律相似，一级浸出成品茶油的过氧化值随储藏时间的增加而呈波动性增加趋势，但增加幅度远远超过酸值的增幅。从图 18-5 看出，1、2、4、5、8、9、10 号样品即储藏 38 到 24 个月的茶油，其过氧化值随储藏那个时间增加呈急剧上升的趋势，尤其是储藏 38 个月的 1 号样品，其过氧化值则达到了所有样品的最高值 19. 04mmol/kg，已经远远超过四级浸出成品茶油的国家质量标准，接近储藏前国家一级浸出茶油过氧化值 5. 0 mmol/kg 的 4 倍；以年度为单位，储藏时间为 3 年的样品过氧化值得平均值为 16. 03 mmol/kg，储藏 2 年的样品其过氧化值平均值为 8. 96 mmol/kg，储藏 1 年的样品其过氧化值平均值为 7. 68 mmol/kg，由此可以明显看出，储藏 3 年的样品过氧化值大约是储藏 2 年和储藏 1 年的 2 倍，储藏 1 年和储藏 2 年样品的过氧化值不是特别大。从图 18-5 还可以看出，储藏时间越长，油样过氧化值得增速越快。

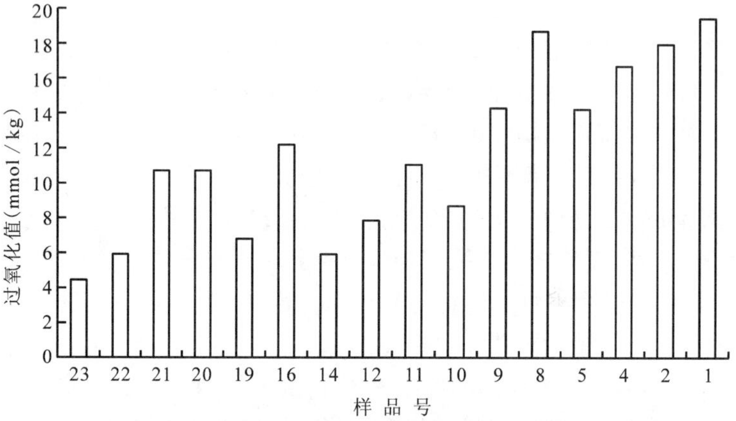

图 18-5　一级浸出成品样品氧化值

二、二级浸出成品茶油酸值和过氧化值的变化

（一）酸值分析

二级浸出成品茶油酸值储藏 1 年后呈明显的增加趋势，并且储藏时间越长，酸值增加越快。从图 18-6 可以明显看出，27 到 31 号样品，其酸值变化不大，稳定保持在较低水平。储藏 14 个月的 27 号样品的酸值也仅为 0. 37mg/g，与储藏仅 5 个月的 31 号样品酸值相当，说明储藏时间在 14 个月内二级浸出茶油酸值仍能达到食用油标准；而 26、25、24 号样品即储藏近 2 年后的茶油，其酸值呈明显的递增趋势，储藏 20 个月的 26 号样品酸值是储藏 14 个月的 27 号样品的 3 倍，而储藏 33 个月的 24 号样品酸值高大 5. 13mg/g，是 27 号样品的 13 倍多，可见增速之快。由此可以得出，对于二级浸出茶油来说，储藏 1 年其酸值随储藏时间增加而呈极缓慢增加的趋势，而储藏 2 年和 3 年其酸值随储藏时间增加而呈明显

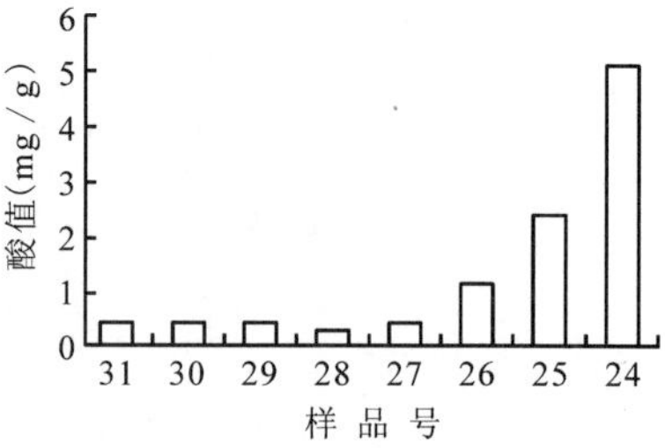

图 18-6　二级浸出成品茶油样品酸值

增加的趋势。

（二）过氧化值分析

从不同储藏时间的二级浸出成品茶油过氧化值分析结果(图 18-7)可以看出，随着储藏时间的增加，二级浸出成品茶油的过氧化值呈上升趋势。28 到 31 号样品，其过氧化值变化不大，保持在 10mmol/kg 以下；而 25 到 27 号样品，其过氧化值随储藏时间的增加而快速增加。储藏那个 5 个月的 31 号样品，其过氧化值仅为 6. 54 mmol/kg ，储藏 14 个月的 27 号样品过氧化值升至 13. 11 mmol/kg ，约为 31 号样品过氧化值的 2 倍；储藏 25 个月的 25 号样品，其过氧化值 22. 33 mmol/kg ，约为 31 号样品过氧化值的 3. 4 倍。根据分析结果，同样可以得出与酸值相似的变化规律，储藏时间越长，二级浸出成品茶油的过氧化值增加的趋势越明显。

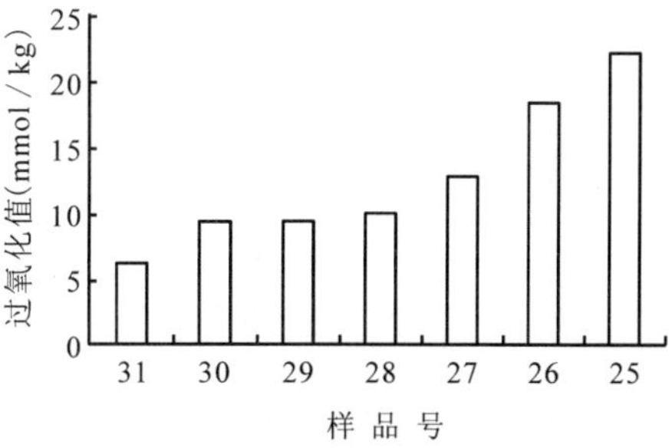

图 18-7　二级浸出成品茶油样品过氧化值

三、三级浸出成品茶油酸值和过氧化值的变化

（一）酸值分析

对于三级浸出成品茶油来说，储藏时间仍然是影响茶油品质的重要因素，随着储藏时间的增加，其酸值呈波动性增加趋势，由图 18-8 可以看出，整个储藏过程中，即储藏 14 个月后，所有样品的酸值都在 0. 56 ~0. 84 mg/kg 之间，达到国家三级浸出成品茶油酸值 1. 0mg/kg 的质量标准。与一、二级浸出茶油相比，三级浸出茶油具有更长时间的稳定性，分析其原因可能是由于茶籽油在毛油状态时，具有自身的抗氧化物质、有着良好的氧化稳定性，随着加工过程的逐步深入，毛油所具有的维生素 E 等抗氧化物质也受到损失，脱色后达到最小值，使其氧化稳定性逐步降低。三级浸出成品茶油相对于一级和二级浸出成品茶油而言，其精炼程度比较低，油中还存在较多的抗氧化物质，储藏期间可在一定程度上起到保护茶油不被氧化的作用，从而延长茶油的储藏期，对油脂储藏品质具有一定的保护作用。因此，从茶籽油储藏稳定性角度考虑，应储藏毛茶籽油原油，在消费前再精炼销售。

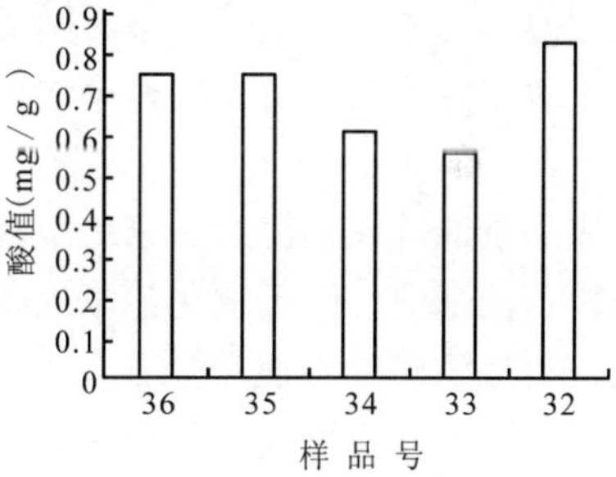

图 18-8　三级浸出成品茶油样品酸值

（二）过氧化值分析

储藏时间对三级浸出成品茶油过氧化值得影响远远超过对酸值的影响。在储藏 14 个月内的样品中，酸值变化很小，而过氧化值的变化则很大。由图 18-9 可以明显看出，随着储藏时间的增加，茶油的过氧化值呈明显的增加趋势，并且时间越长，增加的速率越快。以储藏 12 个月的 34 号样品未分界点，34、35、36 号样品过氧化值差别不是很大，3 个样品的过氧化值基本处于同一个水平上，而 33、

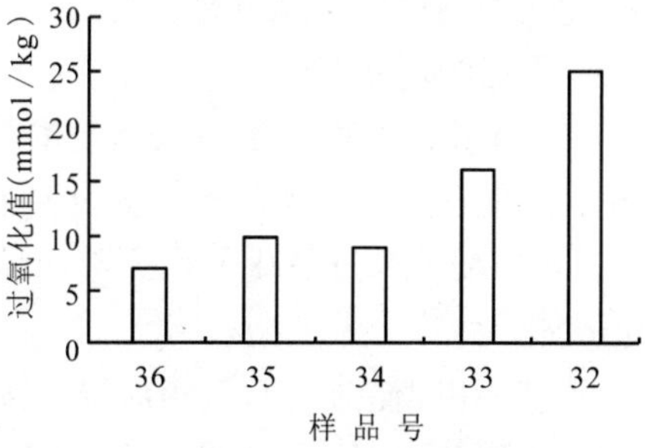

图 18-9　三级浸出成品茶油样品过氧化值

32 号样品过氧化值随储藏时间的增加呈快速上升。36 号样品过氧化值仅为 6. 90mmol/kg 而储藏 1 年的 34 号样品过氧化值升至 8. 86 mmol/kg ，约为 36 号样品过氧化值得 1. 3 倍；储藏 14 个月的 32 号样品的过氧化值快速升到 24. 67 mmol/kg ，约是 36 号样品的 3. 6 倍，34 号样品的 2. 8 倍。可见储藏 1 年后，茶油过氧化值增速加快。

四、一级压榨成品茶油酸值和过氧化值的变化

（一）酸值分析

由图 18-10 可以看出，一级压榨茶油的在 1 年储藏期内，其酸值从储藏 2 个月的 41 号样品的 0. 37mg/g 到储藏 14 个月的 37 号样品的 0. 61 mg/g，均低于国家压榨一级茶油酸值 1. 0 mg/g 的质量指标，变化幅度也很小，但是从整体上看仍然呈递增趋势。压榨成品茶油相对于浸出成品茶油来说，更多地保存了油中抗氧化成分，已经证明油脂对酸败的抵抗力与维生素 E 的含量有关，它可以保护其他易被氧化的物质不被破坏，防止油脂的自动氧化，从而更好地抑制茶油酸值的增加速度，本试验结果也证实了这一现象，分析其原因可能是通过压榨工艺制取茶油，对茶油中维生素 E 及酚类物质等具有抗氧化性能成分的损失较少，在储藏过程中对茶油起到抗氧化作用，致使压榨茶油在储藏期间一直保持较低的酸值。

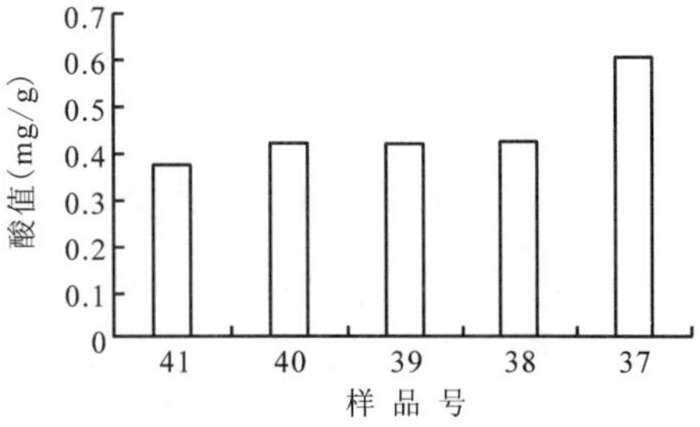

图 18-10　一级压榨成品茶油样品酸值

（二）过氧化值分析

从不同储藏期的一级压榨成品茶油样品的过氧化值分析（图 18-11）可以看出，压榨成品茶油的过氧化值从总体上看随着储藏时间的延长而增加，并且过氧化值比酸值增长的速率快得多，尤其是储藏了近 1 年的 39、38 号样品过氧化值已经超过了压榨成品茶油过氧化值的国家二级标准。因此，对于压榨茶油来说，以过氧化值来反映茶油品质变化比酸值更加敏感，不能单凭酸值来说明茶油的品质，确定茶油的质量等级。尽管如此，压榨茶油过氧化值的增加值还是小于浸出茶油的增加值，说明压榨成品茶油中存在的抗氧化成分不仅抑制其酸值增加，对过氧化值的增加也有明显的抑制作用，这也是压榨成品茶油较浸出成品茶油不容易氧化酸败的主要原因。

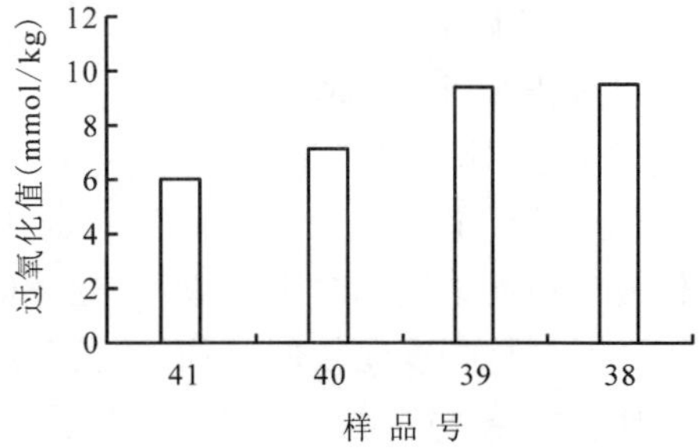

图 18-11　一级压榨成品茶油样品过氧化值

最后结论是：

（1）影响茶油主要储藏品质酸值和过氧化值的重要因素储藏环境条件。储藏时间越长，酸值和过氧化值越大，尤其是储藏期超过 2 年的茶油，其酸值和过氧化值变化更快。

（2）酸值和过氧化值均为茶油品质的重要指标，试验结果发现酸值变化远不如过氧化值变化大。

（3）相同储藏期的低等级浸出茶油的酸值和过氧化值明显低于经精制的高等级浸出茶油，说明茶油在精制过程中维生素 E 等具抗氧化性能的物质会随其他杂质一起被除去，油脂经深加工成高等级茶油后，其氧化稳定性有减弱的趋势。

(4)茶油由于加工工艺不同，其酸败速率不一致，压榨茶油的酸值和过氧化值得变化明显缓于浸出茶油，相同储藏期的压榨茶油酸值和过氧化值明显低于浸出茶油。

此外，丛玲美等人还进行了其他几项有关茶油质量控制试验研究，其结论如下：

(1)不同的物种茶油储藏试验

①普通油茶、小果油茶、浙江红花油茶和攸县油茶4种不同物种茶油原油储藏过程中酸值和过氧化值均比较稳定，一直都符合油茶籽原油的国家标准。

②储藏过程中的脂肪酸变化规律得出不饱和脂肪酸与饱和脂肪酸含量比值随储藏时间的增加而呈递减趋势，4物种茶油原油随储藏时间增加，其油酸含量呈递减趋势，亚油酸含量呈增加趋势，浙江红花油茶除外；硬脂酸和棕榈酸含量呈递增趋势。

(2)不同工艺茶油储藏、不同材料容器储藏、储藏温度、储藏光照对普通油茶茶油品质的影响

①同一储藏条件，不同加工工艺的茶油储藏过程中，原油储藏品质最好，压榨精炼油次之，浸出精炼油储藏品质最差；并且原油储藏过程中过氧化值与储藏时间存在极显著的线性和指数关系。

②同一加工工艺的茶油，不同容器材料储藏，塑料瓶装油样储藏品质最差，无色玻璃瓶和棕色玻璃瓶两者储藏效果相似，储藏品质较好。

③储藏温度是储藏过程中品质变化的重要因素之一。储藏温度对原油的储藏品质影响最明显，冷藏储藏品质明显优于室温储藏，而对压榨精炼油和浸出精炼油来说效果不是很明显。

④储藏光照对不同加工工艺的不同容器材料装茶油样品的影响较大，避光储藏品质优于不避光储藏。

(3)不同容器材料对普通油茶浸出油储藏的影响

①通过实验可以看出，对于储藏油脂来说，铁桶效果最好，玻璃瓶次之，塑料瓶效果最差。

②在其他条件相同的情况下，应尽量选择透气性、透湿性差的材料，从目前流行的塑料瓶材质看，聚酯(PET)好于聚氯乙烯(PVC)，而聚氯乙烯(PVC)又好于聚乙烯(PE)。

③针对油品生产企业来说，油品在金属制的大油罐内储存要比在塑料小包装内储存相对稳定些。因此，对于有条件的企业来讲，采用金属制的小包装能相应地延长小包装油品的保质期。

④塑料小包装油品不宜存货过多，应该采用“以销订罐”的原则，这样既可以延长商品的货架保质期，又可以让广大消费者吃上新鲜、放心的小包装油品。

(4)茶油的品质变化与加热温度、时间的关系

①精炼茶油的酸值和过氧化值随着加热温度升高和加热时间延长而显著增加，在加热开始的2h过氧化值增加较快，与之对应的酸值增加较慢，但是在加热2～4h酸值增加却较快，酸值快速增加的时间比过氧化值快速增加的时间滞后2h，此现象是否为脂肪酸败过程先产生过氧化物，后产生酸类物质，并且在高温加热条件下的反应周期为2h，有待进一步研究。

②压榨精炼茶油与浸出精炼茶油相比较，随着加热时间的延长和加热温度的升高，其品质均下降，但前者酸值和过氧化值增加幅度小于后者，这可能与两者的天然抗氧化物质

含量不同而有关系的。

因此，控制加热时间尤其是高温（如200℃）下加热时间对防止油脂的酸败变质，保证油脂及制品品质具有重要意义。

第七节　我国油脂储藏研究进展

一、油脂储藏过程中的主要问题

油脂在储藏中遇到的主要问题是油脂的酸败，其实质就是油脂含有较多不饱和脂肪酸，在储藏过程中受环境温度、光照、氧气、金属离子等因素的影响而分解生成脂肪酸和甘油等，游离脂肪酸进一步发生断裂、分解和氧化等反应，形成过氧化物或环氧化物中间产物，然后进一步氧化成低分子的醛类或酮类化合物即刺激性气味的主要来源，俗称哈喇味或酸败味，然后再氧化生成低分子脂肪酸。根据其产生原因和机理主要分为：氧化酸败、水解酸败和酮型酸败。氧化反应一旦开始，就会一直进行到氧气耗尽或自由基与自由基结合产生稳定的化合物为止。油脂中的原油料残渣和微生物产生的酶能发生缓慢的自动氧化作用，生成酮酸与酮类。油脂中的原油料残渣和微生物产生的酶也可能引起油脂的酸解过程。脂类的氧化将导致油脂的酸败变质，从而影响油脂品质及安全性。油脂的氧化是一个极其复杂的过程，不仅与植物油中的化学成分有关，而且也与植物油所处的外界条件有关。因此，研究油脂品质的变化情况，实际上就是探讨有关化学成分和环境对油脂氧化酸败的影响问题。研究表明，影响及促进油脂酸败的因素主要由温度、水分、杂质、氧气、光、微量金属、油脂的脂肪酸组成、油脂中天然抗氧化剂和微波等。

二、我国油脂储藏发展研究状况

我国在油脂储藏方面进行了大量的研究。要根据不同的情况采取相应的储藏方式以保证油脂的安全储藏。从总的方面来说，改善储藏条件主要包括降低储藏环境温度、隔绝空气、避光、对油脂进行精炼处理以降低油脂中的水分和杂质含量、减少油脂中微生物的含量并破坏微生物生长繁殖的必要条件等。根据油脂储藏过程中产生酸败的机理，采取排除酸败因素和添加抗氧化剂等相应措施，其中尤其不能忽略油脂储藏时的质量等级，等级不同所采取的措施也将有所差异。我国食用油储藏方式主要有油桶、油罐以及油池。具体采取的措施有如下几个方面：

（一）真空储藏法

油脂受空气中的 O_2 氧化是影响储藏稳定性的主要方面。近20年来，国内外对油罐储藏油脂气调储藏技术研究主要集中在充 N_2 储油、充 CO_2 储油、真空储油和除氧剂的应用等方面。这些技术的共同点是降低储油容器内的 O_2 分压，阻止或降低空气对油脂的自动氧化作用。赵中原等人研究表明，储油容器空间的 O_2 和油中溶解游离氧的浓度对油脂品质及氧化速率的影响存在线性相关关系，将 O_2 浓度控制在1.5%，油脂的相对氧化速率只有对照的8%左右，表明将油罐内的氧气浓度控制在1%～2%左右，能将氧化作用降到较弱的程度，但无氧条件的储藏效果最佳。在隔绝空气方面较多的是采用惰性气体保护及在油罐体上改进进油方式等。郝文川等人进行了满罐储油技术研究。从防止油脂自动氧化的技术路线出发，采用了使罐体能补偿热胀冷缩引起的油脂与容器的体积差，使油脂始终充满整个罐体，阻隔油脂与空气的接触，从而有效地保护油脂。同时，还使油罐的工作容量比常规储油的工作容量得到提高。

（二）充 N_2 和抗氧化剂法相结合

叶谋等人进行了充 N_2 和抗氧化剂相结合研究，取得了良好的效果。胡文清等人研究了添加抗氧化剂和充 N_2 等技术对保持食用油的品质、延长安全储藏期的效能。研究结果表明，精炼棉籽油是一种很容易酸败的食用植物油，添加抗氧化剂和充 N_2 等措施都有一定的防止酸败的作用，尤其以添加 BHT 和充 N_2 的综合措施效果最好。周清等人历时两年多，进行了葵花籽油储藏试验，试验包括实验室和生产性试验两部分，研究了添加 BHT、PG、BHA 等 8 种抗氧化剂、充 N_2 等技术措施共 23 种组合。研究结果表明，BHT 加 N_2 和抽真空充 N_2 防止油脂酸败的效果最好，其次是单独充 N_2。用这种技术措施储藏两年多的葵花籽油，过氧化值始终未超过国家卫生标准。

（三）抗氧化剂法

为了避免和延缓脂质自动氧化过程，抗氧化剂已应用了 50 余年。在极少量存在下（一般小于 0.02%）能延缓油脂自动氧化的物质叫抗氧化剂，可分为天然抗氧化剂和合成抗氧化剂。在油脂的储藏方法中，添加抗氧化剂是一种简便又有效地方法。它可以延缓油脂自动氧化过程，从而提高其保存期。现今各国使用的食品抗氧化剂基本上为水溶性和油溶性两大类。目前我国批准使用的抗氧化剂主要为供氢型酚型抗氧化剂，有丁基羟基茴香醚（BHA）、二丁基羟基甲苯（BHT）、特丁基对苯二酚（TBHQ）等。在使用抗氧化剂时还应该注意其选择、联用、浓度、加入方式和时间。

近 30 年来，我国将抗氧化剂应用于食用油脂的研究方面取得了突出进展，有些经济发达地区已率先应用于生产实际。贵州黔南州粮食局和上海市粮食科学研究所试验都证明：BHA、BHT 可使菜籽油储藏期延长 50%，而 TBHQ 则可使其延长 1.6 倍。也有试验证明 TBHQ 无论对压榨一级花生油，还是花生大豆调和油都是很好的抗氧化剂，抗氧化剂效果明显。然而近年来人们对常用的几种人工合成抗氧化剂 BHA、BHT、没食子酸丙酯（PG）等的使用安全性提出质疑。BHA 被报道有致癌作用而被一些国家禁止使用，其他几种合成抗氧化剂也因安全性或效能方面存在缺陷而在使用上受到限制。所以对天然抗氧化剂的研究与开发已成为当今关注的对象，作为提高食用油脂的储藏稳定性的添加剂，显得尤其迫切，并且一些天然抗氧化剂已经得到广泛地应用。

对于天然抗氧化剂的选择也要注意其抗氧化效果，并不是所有的天然抗氧化剂对一切油脂的储藏都能起到很好的效果。有研究表明：茶多酚仅对压榨一级花生油起一定的抗氧化作用，对花生大豆调和油的抗氧化作用具负面影响，生产中茶多酚不能作为花生大豆调和油的抗氧化剂，一般也不应作为压榨一级花生油的抗氧化剂。孙建霞等人已经通过实验证明苹果多酚对植物油的抗氧化，保鲜作用要远优于 BHT。中国农业科学院茶叶研究所应用茶叶抗氧化剂对动物油脂、植物油等进行试验，结果表明，茶叶抗氧化剂对油脂抗氧化变质效果明显。虽然天然抗氧化剂的安全性较好，但来源有限及在油中溶解度低等原因难以广泛应用，可供广泛使用的天然抗氧化剂至今还仍在开发研究之中。由于油脂中存在微量金属离子，所以将抗氧化剂和增效剂结合使用，效果可能会更好。宋永青等报道 0.01% PG 与 0.005% 柠檬酸混合使用能延长杏仁油保藏时间；上海市粮食科学研究所在储油中使用0.02% TBHQ与酸性增效剂复配，可使菜籽油和大豆油储藏期延长2.6倍以上。刘萼华进行了试验发现生姜对几种食用植物油康氧化剂效果较好，能有效防止油脂酸败。

(四)低温法

山西曲沃县将油脂储藏在14~16℃温度下，经7~9年长期储藏，油脂出现轻微哈喇味，但酸价仍很低。河北沧州曾做过葵花籽油、精制棉籽油、花生油低温储藏试验，储藏温度为10℃，对照高温组为55℃，结果表明低温油的油质储藏，年后几乎不变，而高温组储藏近1个月后油的品质就出现较明显变化。杭州市油脂公司将桶装油品分别置于露天、凉棚及室内存放13个月，结果表明露天存放的油品过氧化脂增值分别是凉棚存放和室内存放的1.1倍和1.4倍。可见，低温储藏油脂对油脂的品质具有良好的保存效果。

(五)除氧剂法

除氧剂分为有机和无机除氧剂两大类共20多种，其反应机理是以自我牺牲的方式消耗氧气，保护储藏中的油脂或油料不被氧化。近年来我国才开始除氧剂这方面的研究，郑州粮食学院曾做过这方面的小型试验，取得良好效果。南京粮食经济学院采用铁粉为除氧剂，试验证明除氧剂对油品氧化抑制效率(过氧化值)玉米油为101.1，花生油为119.9，菜籽油为116.2，毛豆油为99.7。安徽滁州粮食储运库用降氧能力为100~250L/kg的除氧剂储藏菜籽油，剂量为菜籽油重量0.015%，经过8个月储存，试验罐酸值稳定性较对照罐提高10.6，而过氧化值稳定性提高11.3倍。有实验结果表明，应用除氧剂不仅降氧速度快，而且还能够保持油料和油品品质，优质是控制油品氧化的效果更为突出，从理论和实践上为除氧剂应用于粮油储存提供了参考依据。

(六)包装材料的选择

油脂的滋味稳定性和氧化稳定性可通过适当的包装技术来加强。就保护油脂而言，减少包装油脂中的氧气最为重要，因为光线是油脂与氧反应的促进剂。所以为确保包装油脂及油脂产品的安全，包装材料要求具有高阻氧性和阻油性。如今国内市场上很多品牌的食用油也采用了透明的PET包装，金龙鱼AE色拉油就是其中一例。据悉，这种包装采用的是抗紫外线收缩膜包装技术，有效过滤了自然光中的紫外线，既解决了维生素A"怕光性"的问题，又有效保证了维生素A的营养性，同时还减少了光对油脂品质的影响，延长了油脂的保存期，也保证了消费者的知情权，简直就是一举多得。据资料报道，长期使用聚丙乙烯桶具储藏植物油，尤其是盛溶解性较强的大豆油时，溶解出塑料乙烯单体和杂质，并且其含量随储藏时间与日俱增，使桶内储藏的食用油脂污染、变质，产生异味，不仅影响了食用效果，而且当人食进含有大量乙烯单体和杂质的油脂后，乙烯单体和杂质进入人体内循环，日积月累对身体健康危害很大。

总之，油脂储藏是整个油脂生产流通过程中的一个十分重要的环节。在我国，油脂行业由于受技术、资金、管理机制等方面的制约，多数企业还在沿用传统的常规储油技术，随着科技的发展、社会的进步，这种现状也应逐步得到改善。因此，加强油脂储藏新技术的研究，促进科研成果的推广使之转化为生产力，是油脂行业的一项重要任务。

第十九章　茶果的综合利用

第一节　茶　油

一、茶油的化学成分及性质

（一）化学成分

茶油是一种高分子化合物，主要成分为高级脂肪酸油酸的甘油酯。

据顾毓珍编《油脂制备学》的资料，茶油的成分是：豆蔻酸0.3%，棕榈酸7.6%，硬脂酸0.8%，油酸83.3%，亚油酸7.4%，花生酸0.6%。

中国林业科学研究院亚热带林业研究所在中国科学院上海植物生理研究所用气相色谱仪测定茶油的成分是：棕榈酸 $C_{16:0}$ 11.73%，硬脂酸 $C_{18:0}$ 1.83%，油酸 $C_{18:1}$ 75.08%，亚油酸 $C_{18:2}$ 10.51%，亚麻酸 $C_{18:3}$ 0.87%（图19-1），同时对我国14种油茶物种的脂肪酸含量作了测定（表19-1）。脂肪酸成分的含量有很大差异（表19-2）。

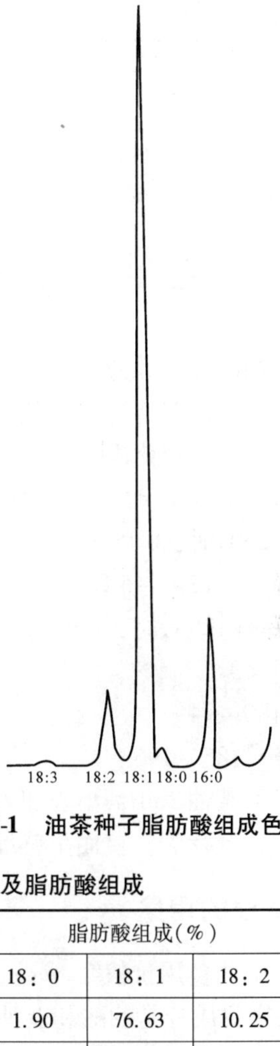

图19-1　油茶种子脂肪酸组成色谱图

表19-1　中国主要油茶物种种籽含油量及脂肪酸组成

物种	产地	含油量(%)		脂肪酸组成(%)				
		平均	幅度	16：0	18：0	18：1	18：2	18：3
小果油茶	富阳	45.86	45.13～48.60	9.84	1.90	76.63	10.25	1.38
攸县油茶	富阳	44.48	41.13～56.64	8.25	1.64	81.25	8.49	0.36
南荣油茶	桂林	57.47	57.30～57.61	10.92	2.47	74.02	10.86	1.72
泰顺粉红油茶	杭州	23.59		7.17	3.41	81.02	6.90	1.49
威宁短柱油茶	威宁	53.27	52.78～53.77	14.53	3.09	71.29	9.50	1.59

（续）

物种	产地	含油量(%)		脂肪酸组成(%)				
		平均	幅度	16：0	18：0	18：1	18：2	18：3
小果红花油茶	杭州	40.5	31.6～48.8	8.76	2.55	82.50	5.24	0.95
普通油茶	富阳	47.08	30.14～55.59	11.73	1.81	75.08	10.51	0.87
昭平油茶	富阳	44.0	37.2～47.9	9.99	1.35	75.38	12.05	1.33
越南油茶	桂林	42.44	42.11～42.77	12.94	3.09	74.35	8.58	1.03
宛田红花油茶	桂林	33.48	32.52～34.44	13.86	1.67	74.84	83.52	1.08
茶梨	富阳	47.32	47.08～47.56	14.95	2.35	66.66	14.82	1.07
浙江红花油茶	常山	63.05	62.48～63.62	13.02	4.26	68.79	12.43	1.49
白花南山茶	封开	48.60	40.56～56.80	18.25	6.43	59.40	14.13	1.77
广宁红花油茶	桂林	62.81	62.50～6312	12.75	4.10	66.76	14.89	1.45

（庄瑞林，陈炳章等，1982）

表 19-2 油茶脂肪酸成分表

脂肪酸成分	棕榈酸	硬脂酸	油酸	亚油酸	亚麻酸
最高含量(%)	18.25	6.43	82.50	14.89	1.77
最低含量(%)	7.17	1.64	59.40	5.24	0.36
差值	11.08	4.79	23.10	9.65	1.41

（庄瑞林，陈炳章等，1982）

（二）茶油的理化性质

[**性状**]淡黄色澄清透明油状液体，具有茶油的香味。易溶于乙醚、氯仿、苯、石油醚、二硫化碳，微溶于乙醇。

[**比重**]20℃/4℃ 时：0.9170～0.9270

25℃时：0.909～0.915

[**凝固点**]－12～－5℃

[**折光指数**]25℃时：1.4660～1.4700

[**酸价**]＜3

[**碘价**]80～94

[**皂化价**]185～196

[**鉴别**]取茶油2mL，小心加入新制发烟硝酸、硫酸与水(1∶1∶1)冷却混合液10mL中，放置片刻，接面呈蓝绿色(茶油呈红棕色，花生油、麻油，棉子油呈棕色)。

二、茶油的用途

（一）茶油的食用价值

茶油的主要成分是油酸和亚油酸，二者含量共达90%以上。

油酸的分子式是：

$CH_3(CH_2)_7CH=CH(CH_2)_7COO$

亚油酸的分子式是：

$CH_3(CH_2)_4CH=CH_2(CH_2)_7COOH$

可见都是带有双键的不饱和脂肪酸，故易于人体所吸收。医学上研究认为，不饱和脂肪酸有降低血脂中胆固醇的作用，其机理可能是不饱和脂肪酸能促进胆固醇分解为胆酸排除体外，多价不饱和脂肪酸的结构较为疏松，占有较大空间，排挤脂蛋白致使血脂降低。动脉硬化与食用油脂中胆固醇含量有关，一般植物脂的不饱和脂肪酸含量高，胆固醇含量很低。茶油的成分90%是不饱和脂肪酸，而其胆固醇含量只有猪油的1/30，故食茶油有利于血脂中胆固醇下降，可减少胆固醇在血管壁上沉积，从而可以防止血管硬化而导致血压增高。在几种主要食用植物油中，不饱和脂肪酸的碳原子数都是18，即 C_{18} 脂肪酸，茶油与花生油、芝麻油，橄榄油等所含油酸、亚油酸均为 C_{18} 脂肪酸，而以茶油的含量为最高，故为优质食用油(表19-3)。

表19-3　几种主要食用油脂的主要脂肪酸组成比较(%)

油脂名称	不饱和脂肪酸				饱和脂肪酸			
	油酸 $C_{18:1}$	亚油酸 $C_{18:2}$	亚麻酸 $C_{18:3}$	芥酸 $C_{22:1}$	豆寇酸 $C_{14:0}$	棕榈酸 $C_{16:0}$	硬脂酸 $C_{18:0}$	花生酸 $C_{20:0}$
茶油	82.3	7.4	0.2			8.8	1.1	
橄榄油	81.6	7.0			0.2	9.5	1.4	
花生油	41.2	37.6				11.4	3.0	0.6
菜油	15.8	14.6	9.2	48.2		2.36		
棉油	22.9~44.2	33.9~50.4		0.8~2.5	0.5~2.3	17.1~23.4	0.9~2.7	
猪油	43.6	8.3	0.2		2.2	25.9	14.6	
牛油	9~50	1~5			2~8	24~32	14~28	

（左思南，1981）

我国的油茶籽油是一种上好的优质食用油，又叫山茶油。它的化学组成、脂肪酸的天然配比平衡，与橄榄油相似(表19-3)。它的脂肪酸组成和甘油三酯结构实质上与橄榄油相同。通过对不同地区茶油脂肪酸分析得出其主要成分为棕榈酸($C_{16:0}$)、硬脂酸($C_{18:0}$)、油酸($C_{18:0}$)、亚油酸($C_{18:2}$)和亚麻酸($C_{18:3}$)。研究结果发现主要脂肪酸—油酸含量达80%左右，是一价不饱和脂肪酸，在空气中不易氧化而耐储藏。油酸是在油脂生长发育过程中由饱和脂肪酸转化而来，是茶油中含量最高的不饱和脂肪酸，它的含量多少将直接影响到该茶油品质。一般来说，植物油中的油酸含量越高，亚油酸和亚麻酸含量越低，其氧化稳定性越好。多双键不饱和脂肪酸含量以8%左右为宜的必需脂肪酸：亚油酸7.4%左右、亚麻酸0.3%左右。主要甘油三酯成分是三油酸甘油三酯(55%~65%)。油酸和亚油酸都是带有双键的不饱和脂肪酸，又叫“美容酸”，易于人体吸收。中国疾病控制中心检验确认，茶油中含有橄榄油所没有的特定生理活性物质茶多酚和山茶甙，茶油的品质优于橄榄油。根据国外流行病学的调查发现，膳食中的单不饱和脂肪酸与冠心病的死亡率之间呈现明显的负相关。医学工作者据此认为，人群中冠心病死亡率低时与日常食用含丰富单不饱和脂肪酸，如橄榄油等油脂有关。茶油的不皂化物含量相对于橄榄油要少，维生素E含量约为8.7mg/100g，少于其他植物油。茶油中不含芥酸、山愈酸等难以消化吸收的成分，也不含黄曲霉毒素(致癌性很强)，是一种优质食用油。人们日常食用的油脂，由于茶油中含有较多的油酸和亚油酸，医学上研究认为，不饱和脂肪酸有降低血脂中胆固醇的作用，其机理可能是不饱和脂肪酸能促进胆固醇分解为胆酸排出体外，多价不饱和脂肪酸的结构较为疏松，占有较大空间，排挤脂蛋白致使血脂降低。食用茶油利于血脂中胆固醇下降，可减少胆固醇在血管壁上沉积，从而可以防止血管硬化血压增高。因此，茶油可以降低血液的胆固醇，预防心血管疾病，具有抑制肿瘤的作用，在众多植物油当中亚油酸含量的比例不是过高就是过低，唯有茶油最为合适，因而茶油是高血压、心脏病、动脉粥样硬化、高血脂等患者的理想保健营养食用油脂。油茶主要生长在山区和丘陵地带，远离城市“三废”污染源，基本不受环境污染，是绿色无公害食品，深受国内、国际市场欢迎。在茶油主产区，茶油被誉为“益寿油”或“长寿油”。故从油茶种子中提取的油脂可算是名副其实“绿色”食用植物油脂。2002 年后，美国卫生研究院(NIH)营养平衡委员会主席 A. P. 西姆普勒斯将茶油排在橄榄油的前面，茶油因此成为了目前世界上比较富有营养与健康价值好的食用油。

茶油不含芥酸即 C_{22} 酸，对人体没有危害作用。菜籽油中芥酸含量高达 50% 左右，还含有 6% ~7% 的芥子苷，使菜籽油具有一定的毒性，对人体健康不利。芥酸能在动物心脏等部位产生沉淀，影响心脏的正常代谢，对肝脏也有致毒现象；芥子苷则在芥子酶的作用下水解，产生引起甲状腺肿大的异构硫氰酸块，还会转化成一种唑烷琉酮确毒物质，故国际上已禁止食用高芥酸含量的菜籽油。

茶油的另一优异之处是不易受剧毒致癌物质——黄曲醇毒素 B_1 的污染，而花生油却易受严重污染。黄曲酶毒素 B_1 能引起肝脏癌变，食用带有此毒素的花生油可能引起肝癌。据报道和调查，香港部分市场上出售的花生油平均每千克含黄曲酶毒素 B_1 为 110μg 即 110PPB(1PPB = 1/1 000mg/kg)，经大鼠实验发生肿瘤和肝脂肪病变与对照组比较有统计学上的显著性意义。

据广东省粮食科学研究所 1976 ~1981 年调查广州、汕头、湛江、肇庆、惠阳等地的花生油样品 1 177 份，检出含黄曲霉素 B_1 的样品有 933 份，检出率 82.7%。其中超过国家卫生标准(每千克含黄曲霉素 B_1 20 微克，即 20PPB)的样品有 73%，超标率 62%，其中有些样品黄曲霉素 B_1 的含量高达 500PPB。尽管花生油的去毒研究摸了一些办法，但耗费高，难推广。然而，茶油与花生油和菜籽油相比，则尚无诸如此类的弊病，所以，茶油在安全食用方面确有独特之处。

茶油色清味香、耐储藏，是油浸食品罐头的上等原料，其保鲜保质的时间，常两倍、三倍于其他油品浸制的食品罐头。

(二)茶油对动物血脂的影响

为了解茶油对机体血脂水平的影响，从广东省林业科学研究所与广州市康复医院共同进行的茶油对动物血脂影响的实验结果证明，喂油前后 3 种动物的血脂有不同的变化。以大白鼠为例，血脂中胆固醇的含量，喂油后均有明显升高，但茶油组低于猪油组和花生油组，说明茶油对大白鼠血脂的影响较猪油、花生油均小(表 19-4)。

表 19-4 大白鼠喂油前后血脂值(均值)(%)

实验处理	胆固醇		甘油三酯		B—脂蛋白	
	喂油前	喂油后	喂油前	喂油后	喂油前	喂油后
茶油组(14)	49.92	56.58*	26.41	24.10	155.57	137.75
花生油组(14)	41.33	60.12**	37.69	18.46	191.64	255.50
猪油组(14)	44.94	62.41**	18.46	30.54**	121.42	206.80
空白组(15)	41.19	43.19	45.21	28.20	155.92	155.65

注：( )内数字为动物头数，* 为显著 ** 为极显著。

病理方面，以家兔为例，喂油后通过心肌冰冻切片染色观察心肌脂变化，结果显示；猪油组和花生油组心肌脂肪变化较明显；茶油组和空白组的情况相同，只有个别家兔的心肌有可疑的脂肪小滴（表19-5）。

表19-5　家兔心肌冰冻切片脂肪滴阳性分布

实验处理	脂肪滴阳性				阴性
	++	+	±	合计	
茶油组(10)	0	0	3	3	7
花生油组(10)	2	2	4	8	2
猪油组(10)	1	1	4	6	3
空白组(9)	0	0	2	2	7

注：(　)内数字为动物头数。

综上所述，3种不同动物对茶油都有较一致的数据，对血脂的影响茶油与花生油的血脂水平接近，其中有两种动物(大白鼠和莱航鸡)是茶油组的血脂值低于花生油组。病理方面，茶油组动物的心肌脂变化程度亦较轻。因此，说明茶油对动物血脂无不良影响，是值得推广食用的木本油料。

(三)茶油在医药上的价值

茶油古今中外的盛名，我国劳动人民早就发现了茶油具有食疗兼备的功能，许多中成药、膏、丸和化妆品都用茶油加工，一些油针剂和鱼肝油也是用茶油作为稀释剂。早在明朝的李时珍《本草纲目》上就记载："茶油性偏凉，有凉血、止血之功效，清热、解毒，主治肝血亏损、驱虫、益肠胃、明目"。"茶籽，主治湍急咳嗽，去疾垢"。《农息居饮食谱》中记载："茶油润燥、清热、息风和利头目"。明朝的徐光启《农政全书》记载茶油有疗痔疮、腿湿热之作用。清代的赵学敏著《本草纲目拾遗》"茶油润肠、清胃和解毒杀菌"。《随之居饮食谱》对茶油更是赞叹有加，"茶油烹调，日用皆宜，熟蒸食之，泽发生光、诸油为此最为轻清，故诸病不忌"。茶油除有预防和治疗高血压，心血管系统疾病的功效，茶油具有明显延缓动脉粥壮硬化(AS)形成的作用，其机理可能与茶油中MUFA纳入组织后，降低血脂、肝脂，升高HDL-C/TC的比值，抑制血栓素B_2(TXB_2)的释放，减轻血小板聚集的能力，防止血栓形成，增加机体抗氧化酶SOD和GSH-PX的活性，降低血栓，肝脏脂质过氧化，LPO的生成等环节而发生作用。尚有清热化湿，杀虫解毒的作用。每次服生茶油50~100mL，能清胃润肠，可治痧气腹痛、急性蛔虫阻塞性肠梗阻、习惯性便秘等。外用能润泽皮肤，可治燥裂、体癣、慢性湿疹。中药常以茶油调制各种药膏、药丸，民间常用茶油浸泡螟蚣、螃蟹涂治疮伤。

上海市第九制药厂1969年以来用茶油制造注射用油针剂的药品达17种：次水杨酸泌、乙烯雌酚、二基甲醇、苯甲酸雌二醇、戊醇雌二醇、丙酸二酚己烷、黄体酮、复方黄体酮、苯乙酸睾丸、醋酸维生素E、三合激素、维生素A及维生素D等。上海市第三制药厂1971年起用精炼茶油代替进口芝麻油制造油剂普鲁卡因及青霉素G注射液。根据统计，我国每年约需精炼茶油400t制造各种注射用油剂，浙江省海门县水产综合厂用茶油精炼后作为鱼肝油制品的稀释剂。《中国中医药大辞典》记载，茶油不仅营养丰富，且具有重要的药用价值，可概括为：增强血管弹性和韧性，延缓动脉粥样硬化，增加肠胃吸收功能，促进内分泌腺体激素分泌，防治神经功能下降，提高人体免疫力。茶油为中华人民共和国药典所收载。

茶油在国外也是声名远播，赞誉有加。多年前德国《妇女》双周刊曾以“茶树油的秘密”为题刊登了澳大利亚人用茶油防治感冒、支气管炎、嗓子痛、肌肉痛、扭伤、毒虫叮咬引起的毒疮和疮疹、足部真菌病、日光性皮炎、刮伤、擦伤、牙龈炎等，而且可以增强人体的免疫功能，把茶油说成“灵丹妙药”。茶油与橄榄油相似的功能，成分组成甚至优于橄榄油，被美国卫生研究院合作委员会主席西莫奥普勒斯博士誉为“世界上最好的食用植物油”。这些足可证明茶油是一种完全可以与橄榄油媲美的高级食用油，是名副其实的“东方橄榄油”。美国国家卫生研究院的实验证实，茶油中的茶多酚对降低胆固醇和抗癌有明显的功效。根据中国肿瘤死亡的相关统计资料，常吃茶油的江西省宜春市胃癌患病率比吃茶油较少的南昌市要低。

中国粮油学会油脂专业分会会长王瑞元指出：“今后，要加大新油源的开发力度，对米糠油、玉米油、油茶籽油及特种油脂等进行深度开发，要重视食用油的营养、安全、功能的研究”。我们都知道，油脂在储藏过程中遇到的主要问题就是油脂的酸败，出现异味，风味变差，色泽加深，黏度加大，甚至会产生一些有害的东西，如醛类、酮类、二聚物类，降低了其营养价值和商品价值。酸败，其实质就是油脂含有较多不饱和脂肪酸，在储藏过程中受到环境温度、光照、氧气、金属离子等因素的影响而分解生成脂肪酸和甘油等，游离脂肪酸进一步发生断裂、分解和氧化等反应，形成过氧化物或环氧化物中间产物，然后进一步氧化成低分子醛类或酮类化合物，即刺激性气味的主要来源，这就是俗称的酸败味或哈喇味，然后再氧化成低分子脂肪酸。要重视和解决好这些问题，应从影响茶油储藏品质的因素，如温度、光照、抗氧化剂、包装材料等出发，以酸价和过氧化值作为油脂酸败的重要指标，来研究不同储藏条件对不同工艺的油茶品质影响的变化规律，找出适合茶油储藏的适合条件，对保证茶油储藏品质十分必要，具有重大的实际意义。同时，亦是做好油脂购、销、存、调、加工等工作的重要依据。

（四）茶油在工业上的价值

茶油可制成多种化工原料，用途最广的是硬化油和硬脂酸。

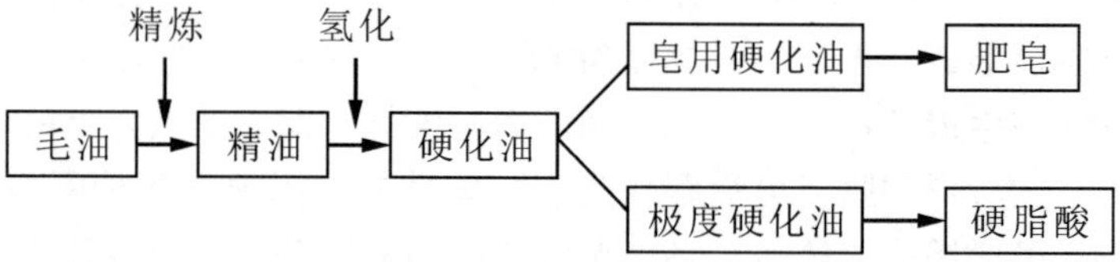

1. 制硬化油

茶油经精炼后在260℃高温下氢化而成，压力自0.7kg/cm^2（常压）至50kg/cm^{2}均可，压力越大，反应越快，质量越好，1.2～1.4t茶油可得1t硬化油。

硬化油亦名氢化油，是白色至淡黄色蜡状固体，按用途分极度硬化油及皂用硬化油。茶油控制一定程度氢化，可制成人造奶油。

硬化油的分子式：$(C_{17}H_{35}COO)_3C_3H_5$

分子量：约890

比重：0.89～0.90

极度油$\rightleftharpoons$皂用油

熔点：56℃ ±1℃　　58℃以上

碘值：15～20　<8

硬化油的用途：皂用硬化油是制造肥皂的主要原料，极度硬化油主要用于生产硬脂酸，亦用于制造香皂。

硬化油生产的工艺流程：

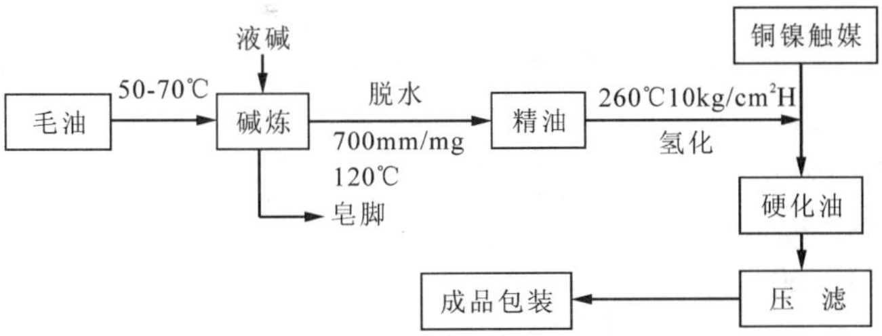

2. 制硬脂酸

硬脂酸是以十八碳为主的一元直链饱和脂肪酸，是白色晶状固体。工业上根据用途有一级品及三级品，一级品主要用于国防及精密铸造、食品工业等。

分子式：$C_nH_{2n}COOH$（n＝15或17）

分子量：280左右

	一级品	三级品
碘值：	<2	<18
酸值：	250～210mgKOH/g	198～218mgKOH/g
凝固点：	54～57℃	>52℃

硬脂酸是利用茶油或其他植物油脂加工成极度硬化油后，经水解、蒸馏等反应而得，其工艺流程如下：

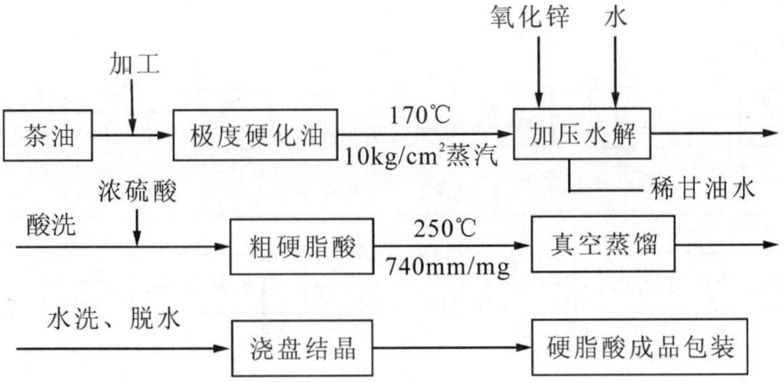

硬脂酸用途：

(1)作橡胶工业硫化促进剂；

(2)作玻璃纤维的乳化剂；

(3)制成硬脂酸盐（如硬脂酸钡等）作塑料稳定剂；

(4)作塑料工业、机械工业的软化剂、润滑剂、研磨剂、抛光剂之配料；

(5)制化妆品；

(6)用于医药及文教用品等。

湖北省武汉市有机化工厂和南宁市有机化工厂都曾大量用茶油加工成硬脂酸，每100t

茶油可以加工成75～80t硬脂酸。

橡胶工业、塑料工业必需应用硬脂酸作软化剂、分散剂、润滑剂。其用量亦颇为可观：生胶∶硬脂酸＝100∶3。

桂林轮胎厂每生产一套汽车轮胎(内外胎合为一套)需要硬脂酸0.68kg，一年产60万套轮胎需要250t硬脂酸，就要300t茶油。

3．制造甘油

甘油学名为丙三醇，是茶油等天然油脂组份之一，是无色或淡黄色透明带甜味的黏性液体。

分子式；$C_3H_5(OH)$

分子最：90.09

比重(20℃)：1.260

沸点：290℃

熔点：17.9℃

黏度：1490厘泊

产品甘油含量：＞95%

甘油可通过合成方法制取，亦可从肥皂厂使用硬化油制肥皂的副产品稀甘油水及油脂水解副产品稀甘油水经精制、处理而得，100t茶油加工(氢化)除可得70～80t硬脂酸外，还可得8～10t精甘油。

广西南宁有机化工厂生产的工艺流程是：

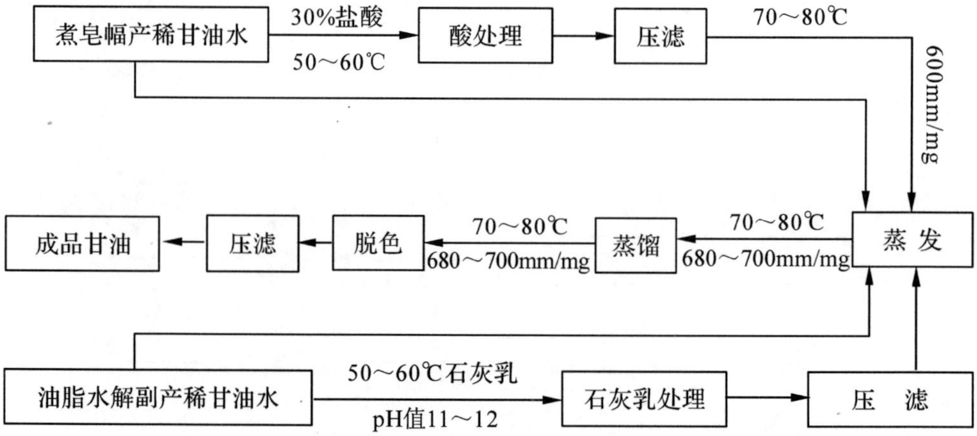

4．制黑油膏

广西南宁市橡胶厂用茶油与硫磺等作原料熬制黑油膏作橡胶软化剂，该厂一年需要20t。

第二节　茶　麸

一、茶麸的成分

茶麸又叫茶枯、茶籽饼粕，包括茶仁和茶耔壳两部分(带壳压榨)或全部是茶仁(去壳压榨)。压榨法榨油后茶麸的成分有脂肪、糖类等(表19-6)。

表19-6　茶麸的成分

成分	含量(%)
水分	14.30
脂肪	6.89
粗蛋白	12.12
粗纤维	20.00
皂素	12.80
糖类	27.60
灰分	6.26

(广西植物研究所，1966)

二、茶麸的综合利用

压榨后的茶麸一般尚有残油6%～7%，可用溶剂萃取、每50kg茶可得茶油2.5～3kg。

经萃取后的饼泊可进一步提取皂素，提皂素后的残渣可作饲料或肥料。

(一) 提取皂素

油茶皂素是茶皂素的一种，学名叫皂角苷。皂苷在茶果、茶籽各部分均有分布(表19-7)。茶麸中皂素含量高达12.8%～13.8%，从茶麸中提取皂素有较大的工业价值。皂素是白色无定形粉状结晶，可溶于水和乙醇等熔剂，具有较强的去污能力，故可作洗涤剂用，市上出售的洗衣粉主要成分即为皂素。

表19-7　茶果、茶籽各部分皂苷含量(%)

项目	茶果壳	茶籽壳	茶仁	带壳饼麸	去壳片麸
水分	10.99	12.77	8.56～10.14	8.33	14.3
皂苷	8.73	5.43	8.65	13.78－13.80	12.8

从茶麸中提取皂素采用萃取法。有溶剂萃取和水萃取两种，溶剂萃取按所用溶剂不同又分甲醇和乙醇两种工艺。

1. 水萃取法工艺流程

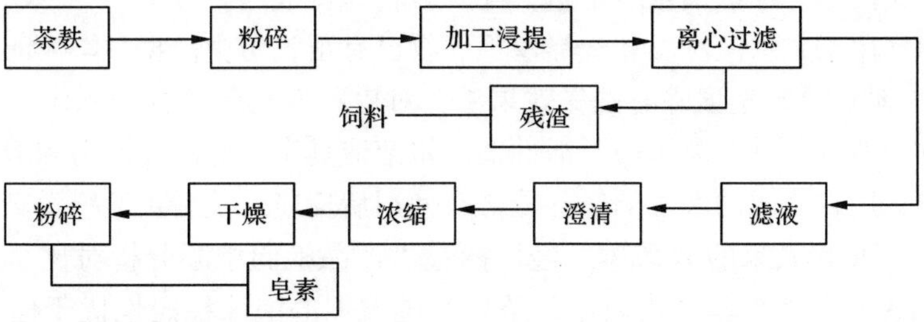

2. 溶剂萃取工艺流程

两种方法各有优缺点。水萃取法不用溶剂，生产简单，但浓缩时消耗能量多，得率低，且残渣中的蛋白质、糖类损失量较大。熔剂萃取法得率高，消耗能量少，但生产较复杂、损耗溶剂，如用甲醇萃取常因设备密闭不好，对人体有毒害作用，目前浙江省粮科所采用甲醇，湖南省粮科所采用乙醇作溶剂。

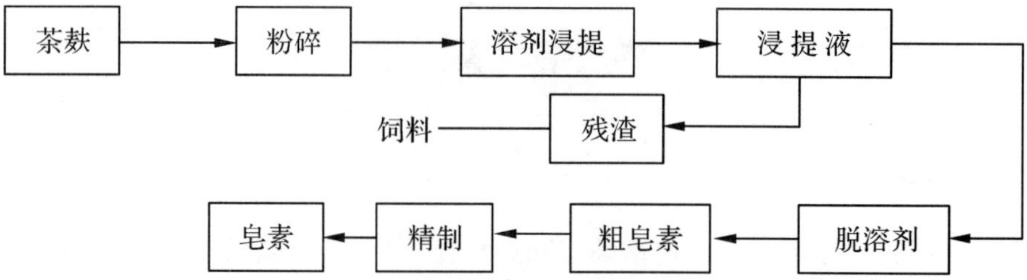

广西龙胜县茶麸综合利用试验组所作溶剂试验结果看出(表19-8)，甲醇、乙醇比热水浸提速率高。热水浸提消耗热量又易使糖粉淀粉等营养物质浸出，降低饲料价值，而且加热时粕中淀粉糊化过滤困难，使皂素得率很低，质量也差。甲醇浸出速率比乙醇高，而成本低于乙醇，故认为采用甲醇作浸提溶剂较好。

表19-8 溶剂比较试验

溶　剂	茶麸数量(g)	溶剂质量	溶剂数量(mL)	皂素浆数量(g)
甲醇	500	分析纯	700	120
乙醇	500	分析纯	700	90
80℃热水	500	饮用水	1500	无蒸空浓缩

(广西龙胜县农药厂，1984)

(二)皂素的精制和加工利用

1. 用皂素浆直接配制洗发剂和洗净剂

近年来浙江、福建、广西等地都开展这方面的试验研究，有一定成效。广西龙胜县茶麸综合利用试验组在该县农药厂直接用皂素浆经过脱色精制试制成洗发香波和洗净剂，其工艺流程如下：

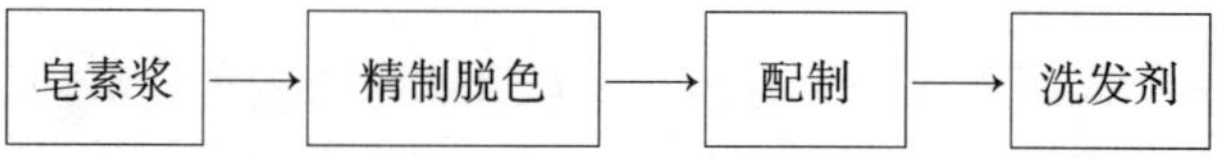

先将皂素溶于一定水中，经精制后，加入各种活性物，在一定温度下保持相当时间，即形成透明黏稠液体，加蒸馏水至定量，配入香精即得成品。

我国民间利用茶麸水液洗发和洗涤丝毛织物已有很长历史。据《本草纲目》和《全国中草药汇编》等文献记载，皂素除有洗涤效果外，对皮肤上真菌还有抑制作用和明显的抗类症功效。这种天然多羟其非离子表面活性剂的水溶液具有较好的发泡力和泡沫稳定性，不受水质的影响，用它制成的洗发剂经部分群众使用后反应：洗后头发感觉爽滑松软，泡沫多的为87%，有止痒效果的为52%。经广西轻工产品检验中心分析对比，几种洗发剂的效果不同(表19-9)。从检验对比数据，茶皂素洗发荆的泡沫稳定性优于桂花洗发精和美加净，但黏度较差，需改进配方提高黏度。同时将各种洗发剂置于-2℃低温处理1h后，桂花洗发剂产生絮状沉淀，龙胜皂素洗发剂和上海海鸥儿童洗发精仍透明无沉淀，故皂素型洗发剂可在低温下储存。

表 19-9　几种洗发剂效果对比检验表

洗发剂种类	pH 值	黏　度	泡沫(硬水)	
			开始读数	5min 后读数
桂林、桂花洗发精	7.45	21.76	168mm	165mm
上海美加净	7.10	22.33	187mm	180mm
龙胜、茶皂型洗发剂	5.49	6.68	183mm	183mm

（广西龙胜县农药厂，1984）

2. 皂素工业品的制取

(1) 工艺流程

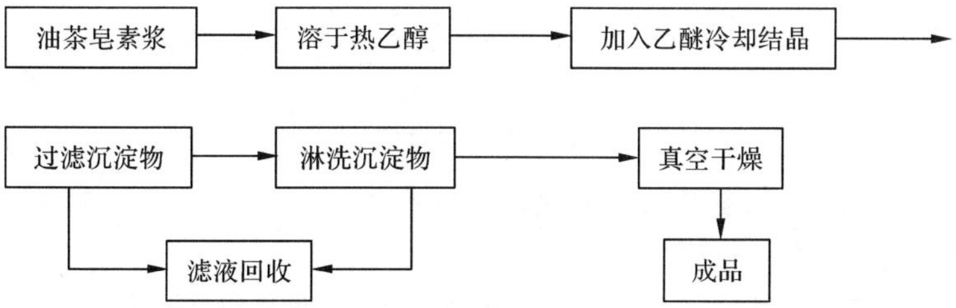

(2)制取方法　将油茶皂素浆溶解于一定量的乙醇中加热到一定温度，然后降温加入乙醚使结晶析出，过滤沉淀物并用冷乙醇淋洗，将洗涤后的沉淀物通过真空干燥即得灰白色的工业用皂素粉剂，皂素含量为60%左右。

(3)用油茶皂素作石蜡乳化剂　由于茶麸提制的皂素是醣甙化合物，是一种性能良好的天然表面活剂，它具有乳化、分散、湿润等方面的效果。早在1924年Hclmes等人就研究提出：皂素是一类水包油型的乳化剂，因此是制造水油乳剂，尤其是水包油型(°/w)乳剂的极好原料，在轻纺、化工等部分有着广泛的用途。

植物纤维是一种亲水性的材料，它在压制成型以后，纤维与纤维之间具有较多的孔隙，一经吸水吸湿会引起纤维变型，影响应用范围和使用的寿命。为了提高纤维板防水性能，就必须把一种疏水性材料均匀地加入到纤维浆料中去，这是纤维板生产过程中必不可少的一个工序，称为“施胶”。目前使用的“施胶”防水材料主要是石蜡，因其防水性能好而又资源丰富故被广泛采用。但石蜡乃一种性质极不活泼的碳氢化合物，既不溶于水，也不皂化，因此使用时必须加入乳化剂，使其分散成微小的颗粒，制成稳定的水包油(°/w)型乳液，在纤维板成型前均匀加入到浆料中，再经沉淀剂破乳，使石蜡与木纤维粘合在一起，以提高纤维板的质量。

以往人造板工业用的石蜡乳化剂多为油酸铵石蜡乳化剂，需要使用大量的油酸，油酸是植物油脂中最主要的有效成分，生产1t油酸至少需要消耗2～3t植物油脂，按照目前纤维板生产的传统施胶工艺，生产1t纤维板的油酸用量为2.5kg，一个年产量为4 000t的纤维板广，每年需要用油酸达10t，相当于要消耗20～30t植物油脂。这样，不仅油源困难，而且在40℃以上时油酸铵石蜡乳化液破乳困难，故在高温季节一般成品板的吸水率较高，从而影响产品质量，而且油酸铵制备过程中挥发出的氨气也影响工人健康，所以亟需改革施胶工艺。对此，中国农业科学院茶叶研究所作了以茶皂素代替油酸铵作石蜡乳化剂的研究获得成功，已由杭州市群力化工厂投产。

使用茶皂素石蜡乳化荆的效果，比用油酸铵、油酸钠、混合脂肪酸、肥皂粉几种石蜡乳化剂都好。经过该所的反复试验与浙江临安县纤维板厂等生产单位使用鉴定，茶皂素石蜡乳化剂有许多优点：

(1)乳化力强，分散性好，其乳液经长期存放而不分层；

(2)使用方便，简化操作工艺，消除了传统工艺中氨气的污染，改善了劳动条件；

(3)茶皂素石蜡乳化剂制成的乳液容易破乳，尤其是适宜的破乳温度范围较宽是其独特优点，有利于纤维板在高温夏季生产；

(4)采用茶皂素石蜡乳化剂制成的纤维板质量稳定，防水性能好；

(5)采用茶皂素石蜡乳化剂可以节约大量的食用植物油脂和氨水，临安纤维板厂年产4 000t纤维板，改用茶皂素乳化剂后，每年可以节约油酸10t，相当于20～30t食用植物油脂，还节约农用氨水15t。以整个纤维板工业统计，节约油脂和氨水的数字非常可观，具有很大的现实意义。

茶皂素和油茶皂素都是山茶科种子含量较大的化学成分，我国油茶饼粕的数量极大，充分利用提取皂素，以作为制造石蜡乳化剂的原料，可大大提高茶麸的经济价值。

(三)茶麸去毒作饲料

茶麸因含有皂素，不能直接作饲料，若提取皂素后残渣可作饲料，否则要采取去毒措施方能饲喂家畜。

江西省粮油科学技术研究所于1979～1980年试验用碱液浸泡法去毒茶麸饼粕喂猪获得成功。去毒方法分碱液浸泡法和热水提皂去毒法两种。

1. 碱液浸泡法

用不同浓度的纯碱溶液(碳酸钠溶液)浸泡茶麸饼粉，其工艺流程如下：

茶麸饼——→粉碎——→第一次碘液浸泡(一份茶籽饼加入二份1%碳酸钠溶液浸泡4h)——→过滤(吊滤)——→饼渣——→第二次碱液浸泡(碱液浓度为0.1%，时间2h)斗过滤——→饼渣——→水洗——→饲料(或晒干储存)。

2. 热水提皂去毒法

用热水提取皂素，饼渣用碱液浸泡，水洗后作饲料，工艺流程如下；

茶麸饼——→粉碎——→第一次热水浸泡提皂(80℃热水浸泡2h)——→ 过滤——→收集滤液
↘饼渣

第二次热水浸泡(80℃，1.5h)——→ 过滤——→收集滤液
↘饼渣

第三次热水浸泡(80℃1. 5h)——→过滤——→饼渣——→碘碱液浸泡（碱液浓度0.5%浸泡2h)——→过滤——→饼渣——→水洗——→即可作饲料(或晒干)。

上述滤液浓缩烘干提皂法：

合并一、二次滤液加入2%明矾(按滤液重量计算)，充分搅拌后静置沉淀，取出上层清液，将下层溶液进行过滤，与清液合并倒入搪瓷盆中，置沙浴上蒸发浓缩，最后烘干成为粗皂素。

不同去毒方法成品所得率是不同的(表19-10)，在热水提皂时，浸提液加入适量的明矾沉淀杂质，可以提高粗皂素的纯度，据测定：浸提液中不加明矾者，其粗皂素的含皂量

为31.5%，加入明矾沉淀者，含皂量提高到73%。

茶籽饼粕去毒前后其营养成分的变化，江西省粮油科学技术所测定结果有不同(表19-11)。碱液浸泡法碱液浸煮解法去毒茶饼，其蛋白质和淀粉含量损失分别减少36.09%和27.9%；热水提皂去毒法较碱液浸泡法去毒茶饼，其蛋白质损失较多，但淀粉损失较少。

表19-10　不同去毒方法比较

去毒方法	成品得率(%)
碘液浸泡法	60
热水浸泡法	51
碘液煮解法	47

(江西省粮油科学技术研究所，1981)

表19-11　茶籽饼粕营养成分

处理	去毒方法	成分含量(%)			
		水分	粗蛋白	淀粉	皂素
未去毒茶籽饼(带壳)		13.00	6.85	29.30	10.79
去毒茶籽饼	碱液浸泡	5.10	5.70	24.62	未测出
去毒茶籽饼	热水提皂去毒	2.00	5.40	28.28	未测出
去毒茶籽饼	碱液煮解	2.94	3.21	16.50	未测出

3. 去毒茶饼喂猪效果

江西省粮油科学技术所所用碱液浸泡法去毒的茶饼5份掺合混合糠3份、糖饼2份和加青饲料的配合饲料喂猪5个月，平均月增重360g，增重效果为碱煮解法的2.6倍，成本低，经济效果好，很受农民欢迎。

碱液浸泡法去毒茶麸饼作饲料，操作方法简单，成本低，营养成分损失少，这一方法在江西吉安、抚州、九江、宜春等地区推广应用。

我国年产茶油1.5亿~1.8亿kg，茶麸约5亿kg，充分利用这一巨大的物质资源，提取大量皂素，又得较好的医疗饲料和肥料，对于促进工农业生产有较大的意义。

(四)茶麸做肥料效果明显

广西植物研究所曾在荔浦县栗木乡用茶作肥料对比实验，1965年每穴施1.5kg的新梢总长度、新梢平均长度非别分别比对照区增长28.1%和24.6%；每穴施3kg的分别比对照增长19.3%和14.3%，1966年每穴施1.5kg的新梢总长度、新梢平均长度分别比对照区增长32.3%和8.0%；每穴施3kg的分别比对照区增长33.7%和24.0%；施茶麸后三年内证明有明显的增产作用，其增产幅度为34.3%~48.6%(表19-12)。

表19-12　各小区三年茶果产量比较

处理	各小曲实际产果量(kg)			以1964年为100，各小区的%		
	1964年	1965年	1966年	1964年	1965年	1966年
对照区	89.75	101.75	38.0	100	113.3	43.4
1.5kg区	71.95	99.0	44.0	100	137.5	61.1
3kg区	78.90	117.30	206.0	100	148.6	134.3

(广西植物研究所，1966)

广西林业科学研究所于1980~1982年用茶麸茶壳作油茶施肥试验。经过连续3年测定各小区的生长量及产量有明显增产效果表(19-13)。

表 19-13 茶麸、茶壳对油茶增产的效果

处理	三年平均亩产(kg)		比对照增产(%)
	茶果	折油	
茶麸 2 . 5kg + 磷肥 1 kg + 草皮泥 10 kg.	182. 97	10. 98	181. 90
茶麸 4 kg	147. 86	8. 87	127. 83
茶麸 5 kg	149. 72	8. 98	130. 689
茶麸 3kg + 磷肥 1 kg + 草皮泥 10 kg	153. 18	9. 19	135. 94
茶壳粉 5 茶壳	126. 61	7. 59	94. 99
对照(只垦复不施肥)	64. 93	3. 89	0

(周启仁，蔡肖群，1982)

第三节 茶 壳

茶壳包括茶果壳和茶籽壳两部分，茶果壳也叫茶蒲。

一、油茶壳的组成成分

油茶果皮和茶籽壳含有大量的木质素、半纤维素和纤维素等化学成分(表 19-14)。

表 19-14 油茶果皮、茶籽壳成分(%)

成分	果皮	茶籽壳	成分	果皮	茶籽壳
水分	10. 99	12. 77	咖啡因	0. 22	
油分	0. 39	0. 13	鞣质	9. 23	2. 47
灰分	3. 66	0. 43	皂素	8. 73	5. 43
多缩戊糖	28. 38	30. 27	木质素	44. 36	52. 15

二、茶壳的综合利用

根据茶壳和茶麸的组成可以看出，油茶除主要用于榨油食用外，其果皮、籽壳、麸饼中的许多成分均可以综合利用，如木质素、半纤维素、纤维素、皂素、蛋白质、淀粉等。现将整个茶果的综合利用途径图解(图 19-2)，可看出茶壳的利用大有可为。

(一)制糠醛

糠醛是由多缩戊糖经水解而得。茶壳中多缩戊糖的含量达 30% 左右，理论上含糠醛 18. 16% ~19. 37%，可与玉米芯相比，是制造糠醛的极好原料。经分析，几种农林副产品的糠醛含量(表 19-15)是不同的，在水解制糠醛过程中的气相物，用纯碱中和可回收醋酸钠，醋酸钠经酸分解可得到醋酸。

表 19-15 几种农林副产品的糠醛含量

名 称	理论含醛量(%)	密度(kg/m^3)
茶果皮	18. 16	311. 5
茶籽壳	19. 37	714. 3
玉米芯	19. 00	140. 0
棉籽壳	17350	220. 0
稻 壳	12. 00	110. 0

(左思南，1981)

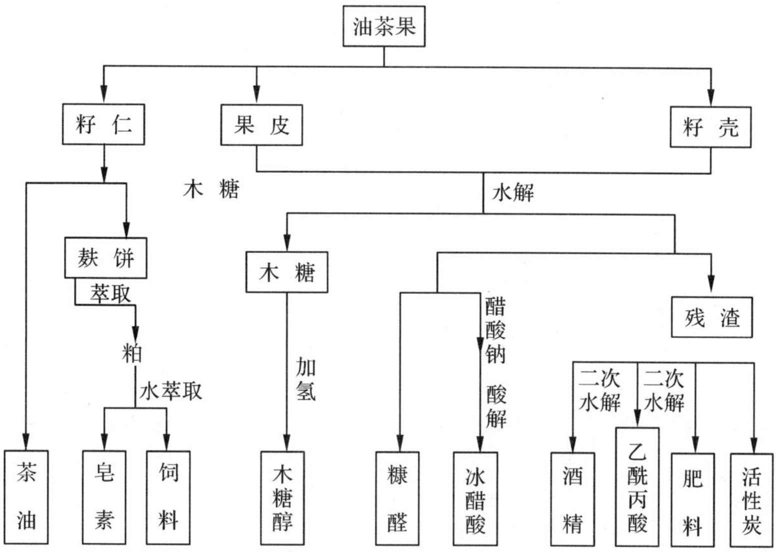

图 19-2　油茶果综合利用途径图解

浙江省丽水糠醛厂从油茶果壳中制得 5% ~6% 的精糠醛，每生产 1t 糠醛，可回收 0. 8t 醋酸钠。

糠醛是经济价值较大的化工原料，广泛用于塑料、合成纤维、尼龙、橡胶、染料、医药及溶剂。用糠醛精制碳氢化合物，可以作合成橡胶原料，用糠醛精制的润滑油，可以改进它对高温和氧化作用的稳定性。用糠醛作原料制出的尼龙的强度、耐磨性、耐水性比棉布还好。糠醛与酚、酮、醇类等可合成醛酚树脂、醛酮树脂、醛醇树脂，用作塑料增塑剂、精密铸造的型砂粘结剂、化工防腐蚀涂料等。糠醛常作精选溶剂用或作树脂的溶解剂。在医药上糠醛是合成呋喃、四氢呋喃，甲基呋喃等药物的原料。

(二)提栲胶

油茶果壳中含有 9. 23% 的鞣质，可以提取制造栲胶。应用水浸提法提取，其流程是：

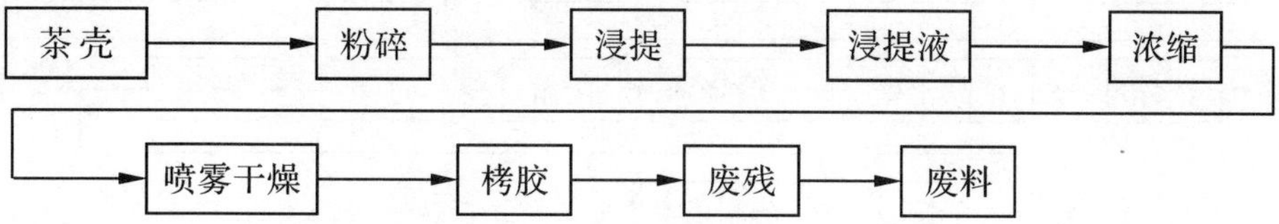

湖南省吉首栲胶厂生产的油茶栲胶，经北京市制革厂化验分析，不溶物较少，可以用于鞣制皮革。湖南省桃林铅锌矿用油茶栲胶作为重晶石的抑制剂浮选萤石，效果良好，可得到含 $CaF_2$95% 以上的合格石晶矿，扩大了油茶栲胶的用途。

提取栲胶后的残渣可作肥料用或者用以制造糠醛。木糠醇等均可。

(三)制木糠醇

木糠醇是一种用途很广的多元醇，具有与甘油相似的作用。木糠醇是由多缩戊糖经水解成木糠后加氢而成。茶壳中多缩戊糖的含量很高，每 7 ~8t 油茶壳可生产得 1t 木糠醇。

(四)生产乙醇和乙酰丙酸

用茶壳生产糠醛或木糠醇过程中所余的残渣，经二次加压水解得到葡萄糖，葡萄糖经发酵后可制得乙醇，葡萄糖经脱水则变为羟甲基糠醛，然后分解为乙酰丙酸和甲酸，乙酰丙酸是生产双酚酸的原料。

（五）制活性炭

茶壳是制活性炭的良好原料。活性炭是具多孔性的物质，对气体、蒸汽、颜色或胶态固体有强的吸附力，广泛用于糖液、油脂、石油产品、药剂等的脱色及气体吸附，分离和提纯化学合成的催化剂或作催化剂的载体。

制活性炭有物理法和化学法两种方法。

1. *物理法制活性炭*

将茶壳投入约600℃的炭化炉中炭化，至全部烧红表示炭化完成即投入水中熄灭，置锅中煮沸2h，滤去煮液，加清水煮2～3次，至滤液呈微碱性，加入稀盐酸于蒸煮锅中，中和微量的碱而呈微酸性。滤去煮液。然后将炭投入活化炉中800～1 000℃活化4h，冷却，最后粉碎、过筛即成。

2. *化学法制活性炭*

即用氯化锌法制造活性炭。将50°Be氯化锌溶液浸泡茶壳10h，然后投入约400℃炭化炉中炭化，至全部变黑表示炭化完成。立即取出投入活化炉中活化，温度约700℃，每15分钟翻拌一次，至全部物料呈褐红色时即活化完毕，以稀氯化锌溶液逆流洗涤，使物料中剩余氯化锌转入溶液中，然后用水洗净，至溶液浓度低于1°Be时，加入比炭重约3%的15°Be的盐酸，通直接蒸汽加热至90℃/h、过滤，再加清水漂洗多次至滤液不含氯化锌为止。漂洗后的物料在离心机中脱水至含水量60%左右，移入烘房干燥，至含水4%～6%投入球磨机粉碎至120目以上，即为成品活性炭，包装待用。

广西化工研究所用茶籽壳制造活性炭，品质优良，为茶壳的综合利用开辟了途径。

（六）制碳酸钾

碳酸钾是用途广泛的化工原料，油茶果壳含有碳酸钾成分约2%～2.5%，是提取碳酸钾的较好原料。可以土法制造成土碱，然后精制成碳酸钾白色粉末。其工艺流程是：

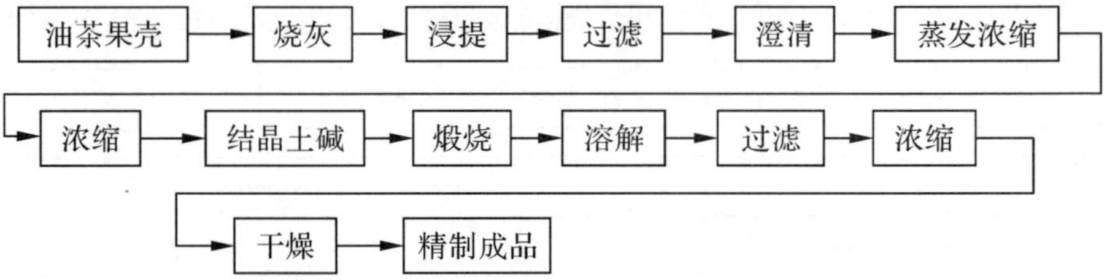

（七）茶壳作肥料

将提取栲胶后或制造糠醛后的茶壳残渣用作肥料，或直接将茶壳粉碎后沤制一段时间用作肥料，或将茶壳粉碎后制成5406菌肥，对作物和油茶树株都有增产作用。广西区林业科学研究所用茶壳粉代替其他肥料，每株油茶树环状沟施茶壳粉5kg，三年平均亩产量比对照（只垦复不施肥）增产94.99%（表19-13）。

（八）制木质素磺酸钠

木质素磺酸钠用在混凝土工程上，能起减水作用以节约水泥用量，又有缓凝作用以提高工程质量，是水坝建筑、桥梁建筑等创新的技术工艺，实用价值很大。南京建筑工程科学研究所试用茶壳作原料研制木质素磺酸钠成功，他们所用的原料配方是：

油茶壳(干重)∶水∶亚硫酸钠=1∶6∶0.4

工艺条件是：加压8～10kg/cm^2，160～170℃蒸煮6～8h，过滤，取出滤液浓缩至浓度25%左右。

参考文献

张宏达 . 1981. 山茶属植物的系统研究[J]. 中山大学学报（自然科学版）.

中国植被编委会 . 1980. 中国植被[M]. 北京：科学出版社.

科学出版社 . 1956. 中国自然区划草案[M]. 北京：科学出版社

中南林学院. 1981. 经济林栽培学[M]. 北京：中国林业出版社.

南京林产工业学院 . 1980. 树木育种学[M]. 北京：科学出版社.

浙江农业大学 . 1980. 果树育种学[M]. 上海：上海科学技术出版社.

张宇和，盛诚桂 . 1983. 植物的种质保存[M]. 上海：上海科学技术出版社.

湖南农学院 . 1980. 茶树育种学[M]. 北京：农业出版社.

河北农业大学 . 1980. 果树栽培学总论[M]. 北京：农业出版社.

刘宝祥 . 1983. 茶树的特性与栽培[M]. 上海：上海科学技术出版社.

庄瑞林等 . 1988. 中国油茶[M]. 北京：中国林业出版社 .

[日]中川昌一著. 1585. 果树园艺原论 [M]. 曾骧，等译 . 北京：农业出版社.

中国林业科学研究院 . 1980. 中国森林昆虫[M]. 北京：中国林业出版社.

中国科学院昆虫所 . 1959. 中国森林害虫图志[M]. 北京：科学出版社.

武汉粮食工业学院 . 1983. 油脂制取工艺与设备[M]. 北京：中国财政经济出版社.

全国油茶科研协作组. 1977. 油茶成林高产栽培技术[J]. 中国林业科学，(4).

庄瑞林，等 . 1978. 我国油茶选种的现状和今后发展的途径[J]. 中国林业科学，(4).

袁嗣令，等 . 1963. 油茶炭疽病的研究[J]. 植物保护学报，(3).

翁月霞，等 . 1982，油茶春梢炭疽病的研究[J]. 林业科学，(3).

陈祝安 . 1997. 刺绵蚧真菌病的初步研究[J]. 昆虫学报，(2).

林少韩，等 . 1986，油茶花期生态及结实力的研究[J]. 林业科学，(2).

丁广奇，等 . 1986. 植物学名解释[M]. 北京：科学出版社.

庄瑞林，等 . 1992. 油茶优良无性系造林及可配性测定的研究[J]. 经济林研究，10(1).

庄瑞林，等 . 1991. 山茶属植物种质资源的搜集及基因库的建立利用研究[J]. 林业科学研究，4(2).

庄瑞林，等 . 1985. 中国主要油茶物种的脂肪酸含量[J]. 植物生理学通讯，(2)：26 – 28.

庄瑞林，等 . 1993. 山茶的抗寒性问题[J]. 经济林研究，11(2).

庄瑞林，等 . 1992. 油茶 19 个高产新品种的选育研究[J]. 林业科学研究，5(6).

邓元中，等 . 1992. 山茶属主要油茶物种叶片解剖特征的研究[J]. 经济林研究，10(1).

黄爱珠，庄瑞林，等 . 1991. 攸县油茶生物学特性及矮化密植早实丰产的研究[J]. 林业科学研究，4(6).

韩宁林，姚小华，赵学民. 1999. 油花无性系中试简报[J]. 林业科技开发，(2)11 – 13.

刘子雷，姚小华，杨水平，王开良，丁立本. 2007. 浙江红花油茶果实经济性状变异的研究[J]. 西南大学学报(自然科学版)，29(4)：83 – 88.

姚小华. 2004. 经济林产业现代化的思考[J]. 林业科技开发，18(4)：3 – 6.

费学谦，姚小华. 2006：森林食品——产地环境通用要求[S]. (LY/T1678 – 2006).

熊年康，陈祥平，等 . 1991. 闽 20 等 4 个油茶优良无性系的选育[C]. 中国林学会经济林学会第二次代表大会论文集.

熊年康，陈祥平，等.1991. 闽优1等11个油茶优良家系的选育[C]. 中国林学会经济林学会第二次代表大会论文集.
唐光旭.1991. 油茶优良品种(类型)表型选择的研究[C]. 中国林学会经济林学会第二次代表大会论文集.
陈耀畅，等.1991. 嫁接换冠改造油茶低产林研究[C]. 中国林学会经济林学会第二次代表大会论文集.
曹志勇，王汉春，等.1991. 湖南油茶放蜂总结报告[C]. 中国林学会经济林学会第二次代表大会论文集.
叶信海.1991. 油茶立体经营[C]. 中国林学会经济林学会第二次代表大会论文集.
何方.1991. 我国油茶生产的反思[C]. 中国林学会经济林学会第二次代表大会论文集.
杜天真，段毅.1991. 江西省油茶发展的基础、潜力和措施[C]. 中国林学会经济林学会第二次代表大会论文集.
庄瑞林，等.1984. 应用逐步回归分析挑选影响油茶产量的气象因子[J]. 经济林研究，2(2).
庄瑞林. 1989. 中国山茶[M]. 海口：海南人民出版社.
梁盛业.1993. 金花茶[M]北京：中国林业出版社.
庄瑞林.1999. 油茶低产林改造[M]. 北京：科学普及出版社.
李纪元，等.2003. 山茶属组间及物种间杂交亲和性研究[C]. 2003 国际茶花协会金华大会学术论文集.
高继银，等.2001. 山茶物种收集中的新发现[J]. 中国茶花.
翁月霞.2003. 渐危物种长瓣短柱油茶中国故事[C]. 2003 国际茶花协会金华大会学术论文集.
张文驹，等. 2003. 山茶属的细胞地理学研究[C]. 2003 国际茶花协会金华大会学术论文集.
丛玲美.2007. 油茶品质控制过程中主要质量指标变化规律的研究[D]. 中国林业科学研究院硕士学位论文.
周胜强.2003. 油脂氧化酸败的主要诱因——光氧化[J]. 粮油储藏，(2)：28-30.
朱加虹.2001. 浅谈油脂酸败及其过氧化值测定[J]. 食品工业，(3)：44-46.
黄建华.2002. 油脂在贮藏和烹饪加工中的变化[J]. 烹调知识，(4)：32-33.
孙建霞，孙爱东，张晓伟，等. 2005. 苹果中多酚物质的抗氧化性研究[J]. 食品研究与开发，26(2).
张可，钱和，张添.2003. 油茶籽的综合开发利用[J]. 食品科技，(4)：85-86.
奚如春，邓小梅.2004. 我国油茶产业化发展中的现状、要素及其优化[J]. 经济林研究，23(1)：83-87.
翁月霞，邵玉芬，刘仁义，等. 1996. 薄壳香茶油油质及其保健效用[J]. 经济林研究，14(1)：12-14.
张志祥.1995. 生态因子和人为因素对油茶出油率的影响[J]. 湖南林业科技，22(1)：14-15.
欧阳嘉，曹叶青，樊可可，等. 1997. 多种油脂的脂肪酸组成分析[J]. 南京工业大学学报，19(2)：84-88.
李晓莺，曹有龙，何军.2006. 5种油脂植物种子脂肪酸含量及组成分析[J]. 粮油加工与食品机械，(7)：58-59，61.
胡哲森.1987. 浙江红花油茶种子油中脂肪酸的分析[J]. 福建林学院学报，7(1)：70-71.
钟海雁，黄永辉，刘宁露，等. 2006. 油脂气味的研究进展[J]. 中国油脂，31(7)：12-15.
陈钦，张小文.1999. 95型榨油机生产茶油技术[J]. 中国林副特产，(1)：23-24.
郑竟成.1999. 浸出茶油加工工艺研究[J]. 食品科技，(4)：11.
梁雨祥.2006. 试谈我国油茶和油质山茶油的产业化开发[J]. 宏观经济研究，(1)：25-27.
傅长根，周鹏.2003. 植物油领域的新军——茶油[J]. 江西食品工业，(2)：19-21.
吴小娟，李红冰，逄越，等. 2006. 山茶和油茶种子中脂肪酸的分析[J]. 大连大学学报，27(4)：56-58.
国家药典委员会. 2005. 中华人们共和国药典一部[J]. 北京：化学工业出版社，278.

王丽霞，庞杰，陆蒸．2004．茶油的加工和利用[J]．粮油食品科技，12(3)：33，36．
滕运继．2002．加快油茶工程的发展为人们提供油中珍品[J]．中国油脂，27(5)：98．
聂海瑜．2004．油茶籽的综合利用[J]．粮油加工与食品机械，(6)：39－41．
薛党辰，李孔心．2004．深藏闺房人未识的茶油[J]．餐饮世界，(4)：72－73．
廖书娟，吉当玲，童华荣 等．2005．茶油脂肪酸组成及其营养保健功能[J]．粮食与油脂，(6)：7－9．
王瑞元．2005．2004年中国油脂工业的回顾[J]．粮油加工与食品机械，(6)：8－11．
万忠民．2005．不同储藏那个温度下植物油的品质劣变[J]．粮食与食品工业，12(2)：32－35．
程铮．2001．油脂质量与储藏方式的选择[J]．中国商办工业，(2)：50－51．
赵中原，丁治中，王颖彦，等．1986．不同氧分压对油脂氧化速率的影响[J]．粮食储藏，15(6)：49－53．
郝文川，冯淑盅，程建华，等．1988．满罐储油技术[J]．粮食储藏，17(2)：48－52．
叶谋雄．1985．从茶籽油的储藏试验探讨油脂储存中的主要变化和影响因素[J]．郑州粮食学院学报，(3)：10－22．
奚如春，龚春，黄宝祥，等．2002．赣25个油茶高产无性系的脂肪酸组成及遗传变异的初步研究[J]．江西林业科技，(4)：14－17．
周清．1987．葵花油储藏技术的研究[J]．粮食储藏，16(6)：31－36．
周爱梅，李雁，刘欣，等．2000．硫代二丙酸对食用油脂的抗氧化作用[J]．食品科学，21(2)：21－23．
谢月昆．1999．浅述国内储油新技术[J]．中国油脂，24(2)：62－64．
姚云游，于辉．2004．茶多酚和TBHQ对花生油、花生大豆调和油抗氧化作用的对比研究[J]．粮食与食品工业，11(4)：19－21．
江琰，刘克武，刘晓雯．2000．几种植物芳香油对食用油脂抗氧化作用的研究[J]．四川粮油科技，(2)：14－15．
李浩．2001．茶多酚抗氧化剂在食品上的研究与应用综述[J]．广东茶业，(4)：7－8，11．
黄业传．2003．油脂储藏技术研究进展[J]．粮食与油脂，(2)：17－19．
刘萼华．2006．生姜对几种食用植物油抗氧化效果试验研究[J]．中国油脂，31(3)：25－27．
陶诚．2004．油脂与油料储藏研究进展[J]．中国油脂，29(10)：11－15．
张艳．2005．现代食品包装材料发展趋势[J]．江西食品工业，(1)：52．
黄文时，李晶，黄文峰．2000．塑料桶具长期贮装食用植物油害处大[J]．中国计量，(7)：53．
段迎春，赖建辉．1999．茶籽油的抗氧化贮藏试验[J]．安徽农业科学，27(6)：625－626．
黄秀娟．2001．使用植物油的储存及品质变化[J]．四川粮油科技，(2)：52－53．
孙玉娟．1998．油脂中不皂化物的快速测定方法[J]．黑龙江粮油科技，(4)：50－52．
徐亮，包维楷，何永华．2003．种子贮藏物质变化及其贮藏生理[J]．种子，(5)：60－63．
郭祀远，蔡妙颜，李琳，等．1995．油脂抗氧化剂TBHQ的应用研究[J]．中国油脂，20(3)：50－52．
唐传核，徐建祥，彭志英．2000．脂肪酸营养与功能的最新研究[J]．中国油脂，25(6)：20－23．
毛羽扬．2001．油脂的贮存劣变变和加热劣变[J]．扬州大学烹饪学报，(3)：34－38．
李顺喜，姜克，冯利．2001．小包装植物油在纯村期间过氧化值变化初探[J]．粮油仓储科技通讯，(2)：47－48．
刘羽鹏，郑艳春．1996．食用大豆油储藏期间酸价过氧化值羰基价变化的分析[J]．黑龙江粮油科技，(1)：45－46．
李东锐，毕艳兰，肖新生，等．2006．食用油煎炸过程中的品质变化研究[J]．中国油脂，31(6)：34－36．
程建华，杨卫民，张凤枰，等．2004．油样短期存放条件对过氧化值测定的影响[J]．中国油脂，29(2)．
杜玮．1997．高级食用油的氧化因素及其防止方法[J]．中国油脂，22(4)：35－37．

冯有胜.2002. 菜籽油及色拉油在高温下的质量变化[J]. 渝州大学学报(自然科学版),19(4):12-14.
中国粮油学会油脂专业分会. 2004. 2020年中国植物油料加工和油脂加工技术研究发展规划意见[J]. 中国油脂,29(1):5-9.
詹继悟.1998. 粮食和油料种子在储藏期间的复习作用[J]. 粮食科技与经济,(4):29-31.
魏红,钟红舰,汪红.2004. 索氏抽提法测定粗脂肪含量的改进[J]. 中国油脂,29(6):52-54.
曹玉华,杨慧萍,孙香玲.2002. 几种油料粗脂肪测定方法的对照[J]. 中国油脂,27(2):60-62.
王玺,赵增烃.1990. 大豆种子贮藏期间活力变化规律及PEG处理效应[J]. 沈阳农业大学学报,21(3):207-213.
王俊籽.2005. 我国植物油行业跨越式发展之路[J]. 粮油加工与食品机械,(3):9-12.
张虹.1998. 高温加热对植物油脂品质的影响[J]. 食品科技,(6):8-12.
John C Wallingford, Rebecca Yuhas,杜树发,等. 2006. 中国食用油中的脂肪酸:以直接分析值作为制定标签的依据[J]. 国外医学卫生学分册,33(1):58-63.
王瑞元.2005. 突飞猛进的中国油脂工业[J]. 粮油加工与食品机械,(10):8-13,17.
谢笔钧. 2004. 食品化学[M]. 北京:科学出版社,130-210.
肇立春.2003. 浅谈食用油脂的氧化及其测定[J]. 粮食与食品工业,(1):17-18.
刘涵,王振恒,曾家豫,等. 2006. 龙蒿脂肪酸成分研究[J]. 草叶科学,23(2):31-33.
宿艳萍,曹志强,于锡刚,等. 2001. 多不饱和脂肪酸的功效及来源[J]. 人参研究,13(4):7-9.
张崇旭,郑毅. 2002. 多不饱和脂肪酸与运动[J]. 青海师范大学学报(自然科学版),(3):67-70.
李秋丽,吴景丰,崔刚,等. 2005. 改善植物油的氧化稳定性[J]. 合成润滑材料,32(3):25-27.
李海,黄伟雄,罗建波. 2002. 花生油品质变化对脂肪酸组成影响的研究[J]. 中国公共卫生,18(3):352.
鲍英华,潘艳明. 2004. 如何利用油脂过氧化值的大小来鉴别其品质[J]. 吉林畜牧兽医,(2):33.
田朝光.2000. 普通油茶重要经济性状及脂肪酸组成遗传变异研究[D]. 中国林业科学研究院硕士学位论文.
中华人民共和国国家标准. 油茶籽油[S]. GB 11765-2003.
宋晓燕,扬天奎.2000. 天然植物素E的功能及应用[J]. 中国油脂,25(6):45-47.
刘子雷,杨水平,姚小华,等.2007. 浙江红花油茶果实形态变异研究[J]. 林业科学研究,(2):26-27.
丛玲美,姚小华,费学谦,等.2007. 长期贮藏对油茶酸值和过氧化值得影响[J]. 林业科学研究,(2):246-250.
张日清,李建安,刘友全,等.2004. DH育种技术及其在油茶品种改良中研究现状[J]. 经济林研究,22(4):71-75.
何汉杏,康文星,何秀春.2002. 普通油茶及其优树生殖生态研究[J]. 经济林研究,20(4):71-75.
黄永芳,陈锡林,雷治国,等.2004. 油茶种质资源RAPD分析,DNA提取和PCR扩增条件建立[J]. 河南农业科学,(12):22-25.
张自俊.2002. 油茶优良无性系组织培养RAPD分子鉴别和CDNA建构的研究[D]. 中南林学院博士学位论文.
陈永忠,张智俊,谭晓风.2005. 油茶优良无性系得RAPD分子鉴别[J]. 中南林学院学报,25(4):40-45.
胡芳名.2005. 油茶种子表达的主要储藏蛋白基因及其分析[J]. 中南林学院学报,25(4):24-26.
张国武,钟文武,等.2007. 油茶优良无性系ISSR分子鉴别[J]. 林业科学研究,(2):278-282.
浙江省油茶无性系鉴定协作组. 1989. 嫁接换种改造油茶低产林试验初报[J]. 经济林研究,7(2):87-88.

姚小华. 2005. 我国油茶产业化现状与发展思路[J]. 林业科技开发, 19(1): 3－6.
漆中霖, 吕方德. 1992. 再论油茶低产林改造[C]. 中国林学会经济标分会第二次代表大会论文集。北京: 中国林业出版社.
李延安, 张日清, 石明旺. 2003. 油茶两物种花药培养愈伤组织诱导试验[J]. 经济林研究, 21(3): 36－38.
邱金兴, 徐林初, 匡元玉, 等. 1991. 油茶群体产量结构和结实规律研究[J]. 经济林研究, 9(1): 17－22.
周成, 朱金惠, 肖景治, 等. 2001. 油茶远缘杂交育种试验[J]. 经济林研究, 19(1): 21－25.
康志雄, 邹达明, 王芷度. 1990. 我国油茶研究进展及面临的主要问题[J]. 浙江林业科技, 10(2): 66－69.
颜慕勤. 1980. 油茶体细胞胚状的发生[J]. 实验生物学报, 3(3): 343－347.
隆根雄. 1981. 油茶幼胚离体培养初获完整植株[J]. 林业科技通讯, (5): 12.
卢天玲. 1982. 油茶未成熟子叶幼胚离体培养成苗的研究[J]. 实验生物科学, 5(4): 393－403.
颜慕勤. 1985. 广西七种金花茶的离体培养快速繁殖[J]. 细胞生物学杂志(增刊), (7).
颜慕勤. 1984. 油茶组织培养与大田栽培[J]. 林业科学, 20(4): 341－350.
程金水. 1986. 金花茶胚和叶离体培养诱导植物的研究[J]. 北京林业大学学报, (3): 31－34.
龙光生, 黎麦秋, 肖石林. 1985. 油茶无性系育种和遗传增益分析[J]. 经济林研究, (3): 38－44.
朱之悌. 1986. 无性系繁殖与无性系育种[J]. 林业科学, (2): 280－290.
闻丽, 张日清, 等. 2004. 油茶种质改良现状及其花药培养技术的应用前景[J]. 经济林研究, 22(4): 87－90.
Rohert. J. Sealy. 1958. Revision of the Genus Camellia.
Hildebrand D. F. 1986. Peroxidative Responses of Leaves in Two Soybean Genetypes Injured by Two Spotted Spider Mites[J]. J Econ Entomol, 9: 1459－1465.
A Tamendijari, Mohand M Bellal, R Laribi *et al.*. 2004. Impact of Bactrocera Oleae and Storage Conditions on the Oil Quality of Olives Variety Chemilal La Rivista[J] Italiana delle Sostanze Grasse, 81(1): 23－27.
M C Perez－Camino, W Moreda, A Cert. 2001. Effects of Olive Fruit Quality and Oil Storage Practices on the Diacyglycerol Content of Virin Olive Oils[J] J. Sgric. Food Chem, 49(2): 699－704.
Jose M Garcia, Francisca Gutierrez, Jose M Castellano *et al.*. 1996. Influence of Storage Temperature on Fruit Ripening and Olive Oil Quality[J] J. Agric. Food Chem, 44(1): 264－267.
Francesco Caponio, Maria Teresa Bilancia, Antonella Pasqualone, *et al.*. 2005. Influence of the Exposure to Light on Extra Virgin Olive Oil Quality during Storage[J]. Eur Food Res Technol, (211): 92－98.
Chu Yan－Hua. 1995. Microwave Cooking and Processing: Engineering Fundamentals for the Food Scientist [J]. Food Science, 72(2): 177－181.

附录：

山茶属(*Camellia*)物种名录

中名	学名	产地
	A	
1. 尖齿离蕊茶	*C. acutiserrate* Chang	贵
2. 长尖连蕊茶	*C. acutissima* Chang	粤、湘
3. 白毛红山茶	*C. albovillosa* Hu	云
4. 五室金花茶	*C. auaea* Chang	桂
5. 大白山茶	*C. albogigas* Hu	粤
6. 褪色红山茶	*C. albescens* Chang	云
7. 抱茎短蕊茶	*C. amplexifolia* Metr. et Chun	海南岛
8. 越南抱茎茶	*C. amplexicaulis* (Bitard.) Coh.	云
9. 安龙瘤果茶	*C. anlungensis* Chang	贵
10. 大萼毛蕊茶	*C. assimiloides* Sealy	粤
11. 香港毛蕊茶	*C. assimlis*Champ. ex Benth.	粤、桂
12. 杜鹃红山茶	*C. azalea* Chang	粤
13. 广西五室金花茶	*C. auea* var. *quinqueloculosa*	桂
	B	
14. 滇北红山蔡	*C. boreali-yunnanica* Chang	云，川
15. 短管红山荣	*C. brevituba* Chang et Zeng	贵
16. 短蕊茶	*C. brachyandra* Chang	海南岛
17. 短柱茶	*C. brevistyla* (Hay) Coh. St.	南方各省
18. 黄杨叶连蕊茶	*C. buxifolis* Chang	川、鄂
	C	
19. 美齿连蕊茶	*C. callidonta* Chang	云
20. 钟萼连蕊茶	*C. campanisepala* Chang	粤
21. 白毛蕊茶	*C. candida* Chang	云
22. 长尾毛蕊茶	*C. caudata* Wall	南方各省
23. 浙江红花油茶	*C. chekiangoleosa* Hu	南方几省
24. 金花茶	*C. chrysantha*(Hu)Tuyama. *nitidissima* Chi	桂
25. 小果金花茶	*C. chrysantha* var. *microcarpa* Mo. et Huang	桂
26. 防城金花茶	*C. chryusantha* var. *phaeopubisperma*	桂
27. 薄叶金花茶	*C. chrysanthoides* Chang	桂
28. 重庆山茶	*C. chungkingensis* Chang	川
29. 小果短柱茶	*C. confusa* Craib.	云、桂
30. 离蕊茶	*C. corallina*(Gagnep)Sealy	越南
31. 心叶毛蕊茶	*C. cordifolia*(Metc.)Nakai	粤、桂、湘、赣、台

32. 贵州连蕊茶	*C. costei* Levl.	南方各省
33. 红皮糙果茶	*C. crapnelliana* Tutcher.	粤、桂、闽、浙
34. 厚叶红山茶	*C. crassissima* Chang et Shi	赣、湘
35. 厚瓣短蕊茶	*C. crassipetala* Chang	云
36. 厚柄连蕊茶	*C. crassipes* Sealg. crassipes	云
37. 杯萼毛蕊茶	*C. cratera* Chang	粤、湘
38. 隐脉红山茶	*C. cryptoneura* Chang	湘、桂
39. 尖连蕊茶	*C. cuspidata*(Kochs.)Wright ex Gard.	南方 12 省
40. 扁果红山茶	*C. compressa* Chang et Wen	湘
41. 南亚山茶	*C. confusa* Craib.	云
42. 遂昌大果茶	*C. chenkianoleosa* var. *albiftora* Hu	浙
43. 浙江尖连蕊茶	*C. cuspidata* var. *chekiangensis* Seal.	浙
44. 大花尖连蕊茶	*C. cuspidata* var. *grandiflora* Sealy	湘，赣，川
	D	
45. 瑞丽山茶	*C. distinctissima* Sealy	云
46. 秃梗连蕊茶	*C. dubia* Sealy	川、鄂、赣
	E	
47. 无齿毛蕊茶	*C. edentata* Chang	粤、桂
48. 尖萼红山茶	*C. edithac* Hance.	闽，粤，赣
49. 长管连蕊茶	*C. elongata* (Rehd. et Wils)Rehd.	川、贵
50. 柃叶连蕊茶	*C. euryoides* Lindle.	闽、粤、赣、湘
51. 显脉金花茶	*C. euphfebia* Merr. ex Sealy	桂
	F	
52. 毛柄连蕊茶	*C. fraterna* Hance.	华东各省
53. 黄花茶	*C. flava* (Pitrrd)Sealy	越南
54. 淡黄金花茶	*C. flavida* Chang	桂
55. 窄叶短柱茶	*C. fluviatilis* Hand. Mazz.	粤、桂
56. 蒙自连蕊茶	*C. forrestii* (Diels)Cohen	云
57. 尖萼蒙自连蕊茶	*C. forrestii* var. *acutisepala*(Tsai et Feng)Chang	云
58. 糙果茶	*C. furfuracea*(Merr.)Coh. St.	云
59. 扶绥金花茶	*C. fusuiensis* Liang et Dong	桂
60. 簇蕊金花茶	*C. fascicularis* Chang	桂
	G	
61. 高州油茶	*C. gauchowensis* Chang	粤西南
62. 硬叶糙果茶	*C. gaudichaudii* (Gagn.) Sealy	海南岛、桂、赣
63. 博白大果油茶	*C. gigantocarpa* Hu et Huang	粤、桂
64. 秃茶	*C. glaberrima* Chang	云
65. 狭叶油茶	*C. lanceoleosa* Chang et Chiu ex Chang et Ren	桂南
66. 大苞山茶	*C. granthamiana* Sealy	粤、港
67. 长瓣短柱茶	*C. grijsii* Hance.	湘、桂、赣
68. 大金花茶	*C. grandis*	桂

H

69. 岳麓连蕊茶	*C. handelii* Scaly	湘、赣、桂、贵
70. 光果山茶	*C. henryana* Coh. St.	云、川
71. 异叶山茶	*C. heterophylla* Hu	云
72. 冬红短柱茶	*C. hiemalis* Nakai.	浙
73. 香港红山茶	*C. hongkongensis* Seemann	粤沿海岛屿

I

74. 冬青叶山茶	*C. ilicifolia* Y. K. Li ex Chang	贵
75. 凹脉金花茶	*C. impressinervis* Chang et S. Y.	桂
76. 中越山茶	*C. indochinensis* Merr.	云，贵、桂
77. 全缘糙果茶	*C. integerrima* Chang	粤

J

78. 红山茶	*C. japonica* Li.	华东各省，川、两广

K

79. 落辩短柱茶	*C. kissi* Wall.	粤、桂，湘、云
80. 大花短柱茶	*C. kissi* var. *megalantha* Chang	桂
81. 广东秃山茶	*C. kwangtungensis* Chang	粤
82. 贵州红山茶	C. kweichowensis Chang	贵

L

83. 披针萼连蕊茶	*C. lancicalyx* Chang	桂
84. 披针叶连蕊茶	*C. lancilimba* Chang	粤、桂、湘
85. 石果红山茶	*C. lapidea* Wu	粤、桂、贵
86. 阔柄糙果茶	*C. latipetiolata* Chi	粤西
87. 四川毛蕊茶	*C. lawii* Sealy.	云、川、苏
88. 散柱茶	*C. liberistyla* Chang	云
89. 连山离蕊茶	*C. lienshanensis* Chang	粤
90. 柠檬金花茶	*C. limonia* C. F.	桂
91. 龙州金花茶	*C. longzhouensis* J. Y. Luo	桂
92. 荔果茶	*C. litehi* Chang	贵
93. 小黄花茶	*C. luteaflora* Li ex Chang	贵
94. 龙岗金花茶	*C. Ionggangensis* Liang et Mo	桂
95. 大果金花茶	*C. Ionggangensis* var. *grandis* Liang et Mo	桂
96. 珑瑞金花茶	*C. longruiensis*	桂
97. 长萼连蕊茶	*C. Iongi calyx* Chang	桂
98. 长果连蕊茶	*C. longicarpa* Chang	川
99. 长凸连蕊茶	*C. longicuspis* Liang	桂
100. 长尾红山茶	*C. longicaudata* Chang et Liang	桂、粤
101. 长柄山茶	*C. longipetiolata* (Hu) Chang et Fang	桂
102. 超长柄茶	*C. longissima* Chang et Liang	桂
103. 闪光红山茶	*C. lucidissima* Chang	赣、浙
104. 龙胜红山茶	*C. lungshenensis* Chang	桂
105. 肖散柱茶	*C. liberi*styloides Chang	云

106. 琉球连蕊茶	*C. lutchuensis* Ito. et Matsumuraura.	台
	M	
107. 大萼连蕊茶	*C. macrosepala* Chang	粤
108. 大果红山茶	*C. magnocarpa* (Hu et Huang) Chang	粤、桂
109. 毛蕊红山茶	*C. mairei* (Levl.) Melch.	云桂、川
110. 白花毛蕊山茶	*C. mairei* var. *alba* Chang	川
111. 小果油茶	*C. meiocarpa* Hu	南方各省
112. 广东毛蕊茶	*C. melliana* Hand. – Mazz.	粤
113. 膜叶连蕊茶	*C. membranacea* Chang	云
114. 小花金花茶	*C. micrantha* Liang et Zhong	桂
115. 细叶短柱茶	*C. microphylla* (Merr.) Chien.	湘、贵、赣、皖
116. 直脉多瓣金花茶	*C. multipetala* var. *patens*	桂
117. 微花连蕊茶	*C. minutiflora* Chang	香港
118. 多瓣金花茶	*C. multipetala* Liang et Deng	桂
119. 多萼红山茶	*C. multiperulata* Chang	粤，桂
120. 瘤叶短蕊茶	*C. muricatula* Chang	云
121. 琉球短柱茶	*C. miyagii* (Koidz) Makino. et Nemoto.	穗栽培
	N	
122. 南荣油茶	*C. nanyongensis* Hu	桂
123. 显脉短蕊茶	*C. nervosa* (Gagnep.) Chang	越南
124. 台湾连蕊茶	*C. nokoensis* Hayata	苏、台
125. 亮叶离蕊茶	*C. nitidissima* Chi	桂
	O	
126. 扁糙果茶	*C. oblata* Chang	桂
127. 倒卵瘤果茶	*C. obovatifolia* Chang	云
128. 茶梨	*C. octopetala* Hu	闽、浙、赣
129. 普通油茶	*C. oleifera* Abel.	南方 16 省区
130. 峨眉红山茶	*C. omeiensis* Chang	川
131. 卵果红山茶	*C. oviformis* Chang	桂、湘
134. 钝叶短柱茶	*C. obtusifolia* Chang	粤、闽、浙，赣
135. 小瓣金花茶	*C. parvipetala* J. Y. Liang et Su	桂
	P	
136. 厚短蕊茶	*C. pachyandra* Hu	云
137. 细叶金花茶	*C. parvifolia*	桂
138. 肖糙果茶	*C. parafurfuracea* S. Y. Liang ex Chang	粤、桂
139. 细花短蕊茶	*C. Parviflora* Merr. et Chun ex Sealy	海南岛
140. 小长尾连蕊茶	*C. parvicaudata* Chang	桂
141. 小石果连蕊茶	*C. parvilapidea* Chang	粤，桂
142. 细叶连蕊茶	*C. parvilimba* Merr. et Metc.	粤、赣
143. 短柄细叶连蕊茶	*C. parvilimba* var. *brevipes* Chang	赣
144. 小瘤果茶	*C. parvimu ricata* Chang	川，湘、鄂
145. 超尖连蕊茶	*C. percuspidata* Chang	云

146. 小卵叶连蕊茶	*C. parvi-ovata* Chang et S. S. Wang ex Chang	川
147. 腺叶离蕊茶	*C. paucipunctat*(Merr. et Chun)Chun	海南岛
148. 细尖连蕊茶	*C. parvicuspidata* Chang	粤
149. 五数离蕊茶	*C. pentamera* Chang	云
150. 褐枝短柱茶	*C. phaeoclada* Chang	云，川
151. 栓壳红山茶	*C. phellocapsa* Chang et B. K. Lee	湘、粤
152. 毛籽离蕊茶	*C. pilosperma* S. Y. Liang ex Chang	桂、粤、赣
153. 毛果金花茶	*C. pingguoensis* Feng	桂
154. 顶生平果金花茶	*C. pingguoensis* var. *terminalis*	桂
155. 毛籽金花茶	*C. ptilosperma*	桂
156. 西南白山茶	*C. pitardii* var. *alba* Chang	粤、湘
157. 杂蕊山茶	*C. polygama* Hu	云
158. 多瓣糙果茶	*C. polypetala* Chang	粤
159. 多齿红山茶	*C. polyodonta* How. ex Hu	桂，粤
160. 宁明金花茶	*C. ptilosperma* Liang et Chen	桂
161. 毛瓣金花茶	*C. pubipetala* Wan et Huang	桂
162. 斑枝毛蕊茶	*C. punctata* (Kochs.)Coh.	川
163. 粉红短柱茶	*C. puniceiflora* Chang	浙
164. 毛萼金花茶	*C. pubisepala* D. Fang	桂
	R	
165. 滇山茶(腾冲红花油茶)	*C. reticulata* Lindl.	云
166. 皱果茶	*C. rhytidocarpa* Chang et Liang	桂、湘，贵、川
167. 玫瑰连蕊茶	*C. rosaeflora* Hook.	苏、川、浙、鄂
168. 玫瑰金花茶	*C. rosaeflora* Liang et Dong	桂
169. 川鄂连蕊茶	*C. rosthorniana* Hand. -Mazz.	鄂，湘、桂，云、贵，川
	S	
170. 柳叶毛山茶	*C. salicifolia* Chang ex Benth	粤，桂. 闽、台
171. 茶梅	*C. sasanqua* Thunb.	南方各省
172. 膜萼离蕊茶	*C. scariosispala* Chang	云
173. 怒江红山茶	*C. saluensis* Stapf. ex Been	云
174. 广宁红花油茶	*C. semiserrata* Chi	粤、桂
175. 白花南山茶	*C. semiserrata* var. *albiflora* Hu et Huang	粤
176. 硬毛红山茶	*C. setiperulata* Chang et Lee	湘
177. 陕西短柱茶	*C. shensiensis* Chang	陕、鄂、云、川
178. 衡哲山茶	*C. sophiae* Hu	云
179. 肖长尖连蕊茶	*C. subacutissima* Chang	湘、桂
180. 全缘红山茶	*C. subintegra* Huang	赣、粤
181. 半秃连蕊茶	*C. subglabra* Chang	粤
182. 思茅短蕊茶	*C. szemaoensis* Chang	云
183. 半宿萼茶	*C. szechuanensis* Chi	川
184. 五室连蕊茶	*C. stuartiana* Sealy	云南
185. 合顶山茶	*C. synaptica* Sealy	云

T

186. 泰顺粉红油茶	*C. taishunensis* Hu	浙
187. 大理山茶	*C. taliensis* Smith.	云
188. 大姚短柱茶	*C. tenii* Serly	云
189. 顶生金花茶	*C. terminalis* Liang et Su	桂
190. 三花连蕊茶	*C. triantha* Chang	桂
191. 毛籽红山茶	*C. trichosperma* Chang	赣、粤北、桂
192. 毛果山茶	*C. trichocarpa* Chang	云
193. 毛丝连蕊茶	*C. trichandra* Chang	桂、云
194. 棱果毛蕊茶	*C. trigonocarpa* Chang	粤、湘
195. 云南连蕊茶	*C. tsaii* Hu	云
196. 川滇连蕊茶	*C. tsaii* var. *synaptica* (Sealy) Chang	湘、云、川
197. 阿里山连蕊茶	*C. transarisanensis* (Hay.) Coh. St.	台
198. 台湾秃连蕊茶	*C. transnokoensis* Hayata.	台
199. 毛枝连蕊茶	*C. trichoclada* (Rehd.) Chien.	闽、浙
200. 金屏连蕊茶	*C. tsingpiensis* Hu	桂、云
201. 毛萼金屏茶	*C. tsingpienensis* var. *pubisepala* Chang	贵、桂
202. 细萼连蕊茶	*C. tsofuii* Chien.	赣、湘、川
203. 瘤果茶	*C. tuberculata* Chien.	川
204. 东安红山茶	*C. tunganica* Chang et B. K. Lee.	湘
205. 东兴金花茶	*C. tunghinensis* Chang	桂

U

206. 单体红山茶	*C. uraku* (Mak.) Kitamura.	浙

V

207. 长毛红山茶	*C. villosa* Chang et S. Y. Liang	湘、桂、贵
208. 越南油茶	*C. vietnamensis* Huang ex Hu	粤、桂
209. 小果毛蕊茶	*C. villicarpa* Chien.	川
210. 绿萼连蕊茶	*C. viridicalyx* Chang et S. Y. Liang ex Chang	湘、桂

W

211. 滇缅离蕊茶	*C. wardii* Kobus ki.	云、川
212. 威宁短柱油茶	*C. weiningensis* Y. K. Li	贵
213. 文山毛蕊茶	*C. wenshanensis* Hu	云、贵
214. 武鸣金花茶	*C. wumingensis* Liang et Fu	桂

X

215. 下石金花茶	*C. xiashiensis* Liang et Deng	桂
216. 木果红山茶	*C. xylocarpa* (Hu) Chang	云

Y

217. 元江短蕊茶	*C. yangkiangensis* Chang	云
218. 攸县油茶	*C. yuhsienensis* Hu	湘、赣、陕，鄂、云、黔等省
219. 五柱滇山茶	*C. yunnanensis* (Petard ex Diels) Coh. St.	云、川

国家林业局林木品种审定委员会审(认)定的油茶良种名录(2009)

序号	良种名称	良种编号	选育单位	适生区域
1	岑溪软枝油茶	国 S-SC-CO-011-2002	广西林业科学研究院	广东连县,广西南宁、桂林,江西赣州、南昌,福建闽侯,贵州贵阳,湖南长沙,浙江富阳,安徽黄山,湖北武昌,河南新县等油茶适生区
2	GLS 赣州油 1 号	国 S-SC-CO-012-2002	江西省赣州市林业科学研究所	江西南部油茶适生区
3	GLS 赣州油 2 号	国 S-SC-CO-013-2002	江西省赣州市林业科学研究所	江西南部油茶适生区
4	桂无 2 号	国 S-SC-CO-011-2005	广西林业科学研究院	广西、湖南、江西等省的油茶适生区
5	桂无 3 号	国 S-SC-CO-012-2005	广西林业科学研究院	广西、湖南、江西等省的油茶适生区
6	桂无 5 号	国 S-SC-CO-013-2005	广西林业科学研究院	广西、湖南、江西等省的油茶适生区
7	湘林 1	国 S-SC-CO-013-2006	湖南省林业科学院	南方油茶中心产区
8	湘林 104	国 S-SC-CO-014-2006	湖南省林业科学院	湖南北部、东北部、中部和广西北部、江西西部等油茶适生区
9	湘林 XLC15	国 S-SC-CO-015-2006	湖南省林业科学院	南方油茶中心产区
10	湘林 XLJ14	国 R-SF-CO-005-2006(认定 5 年)	湖南省林业科学院	南方油茶中心产区
11	湘 5	国 R-SF-CO-006-2006(认定 5 年)	湖南省林业科学院	南方油茶中心产区
12	赣石 84-8	国 S-SC-CO-003-2007	江西省林业科学院	江西、湖南油茶适生区
13	赣抚 20	国 S-SC-CO-004-2007	江西省林业科学院	江西、湖南油茶适生区
14	赣永 6	国 S-SC-CO-005-2007	江西省林业科学院	江西、湖南油茶适生区
15	赣兴 48	国 S-SC-CO-006-2007	江西省林业科学院	江西、湖南油茶适生区
16	赣无 1 号	国 S-SC-CO-007-2007	江西省林业科学院	江西、湖南油茶适生区
17	GLS 赣州油 3 号	国 S-SC-CO-008-2007	江西省赣州市林业科学研究所	江西南部油茶适生区
18	GLS 赣州油 4 号	国 S-SC-CO-009-2007	江西省赣州市林业科学研究所	江西南部油茶适生区
19	GLS 赣州油 5 号	国 S-SC-CO-010-2007	江西省赣州市林业科学研究所	江西南部油茶适生区
20	亚林 1 号	国 S-SC-CO-011-2007	中国林业科学研究院亚热带林业研究所	湖南、江西、浙江、广西等油茶适生区
21	亚林 4 号	国 S-SC-CO-012-2007	中国林业科学研究院亚热带林业研究所	湖南、江西、浙江、广西等油茶适生区

（续）

序号	良种名称	良种编号	选育单位	适生区域
22	亚林9号	国 S-SC-CO-013-2007	中国林业科学研究院亚热带林业研究所	湖南、江西、浙江、广西等油茶适生区
23	岑软2号	国 S-SC-CO-001-2008	广西林业科学研究院	广西、湖南、江西、贵州油茶适生区
24	岑软3号	国 S-SC-CO-002-2008	广西林业科学研究院	广西、湖南、江西、贵州油茶适生区
25	桂无1号	国 S-SC-CO-003-2008	广西林业科学研究院	广西、湖南、江西油茶适生区
26	桂无4号	国 S-SC-CO-004-2008	广西林业科学研究院	广西、湖南、江西油茶适生区
27	长林3号	国 S-SC-CO-005-2008	中国林业科学研究院亚热带林业研究所	浙江、江西、广西油茶适生区
28	长林4号	国 S-SC-CO-006-2008	中国林业科学研究院亚热带林业研究所	浙江、江西、广西、福建、湖北油茶适生区
29	长林18号	国 S-SC-CO-007-2008	中国林业科学研究院亚热带林业研究所	浙江、江西、广西、福建、湖北油茶适生区
30	长林21号	国 S-SC-CO-008-2008	中国林业科学研究院亚热带林业研究所	浙江、江西油茶适生区
31	长林23号	国 S-SC-CO-009-2008	中国林业科学研究院亚热带林业研究所	浙江、江西油茶适生区
32	长林27号	国 S-SC-CO-010-2008	中国林业科学研究院亚热带林业研究所	浙江、江西、广西、福建、湖南、湖北油茶适生区
33	长林40号	国 S-SC-CO-011-2008	中国林业科学研究院亚热带林业研究所	浙江、江西、广西、湖南油茶适生区
34	长林53号	国 S-SC-CO-012-2008	中国林业科学研究院亚热带林业研究所	浙江、江西油茶适生区
35	长林55号	国 S-SC-CO-013-2008	中国林业科学研究院亚热带林业研究所	浙江、江西、广西油茶适生区
36	赣州油1号	国 S-SC-CO-014-2008	江西省赣州市林业科学研究所	江西、广东、福建油茶适生区
37	赣州油2号	国 S-SC-CO-015-2008	江西省赣州市林业科学研究所	江西省油茶适生区
38	赣州油6号	国 S-SC-CO-016-2008	江西省赣州市林业科学研究所	江西省油茶适生区
39	赣州油7号	国 S-SC-CO-017-2008	江西省赣州市林业科学研究所	江西、广东、福建油茶适生区
40	赣州油8号	国 S-SC-CO-018-2008	江西省赣州市林业科学研究所	江西、广东、福建油茶适生区
41	赣州油9号	国 S-SC-CO-019-2008	江西省赣州市林业科学研究所	江西省油茶适生区
42	赣8	国 S-SC-CO-020-2008	江西省林业科学研究院	江西、湖南、广西油茶适生区
43	赣190	国 S-SC-CO-021-2008	江西省林业科学研究院	江西、湖南、广西油茶适生区

（续）

序号	良种名称	良种编号	选育单位	适生区域
44	赣 447	国 S-SC-CO-022-2008	江西省林业科学研究院	江西省油茶适生区
45	赣石 84-3	国 S-SC-CO-023-2008	江西省林业科学研究院	江西省油茶适生区
46	赣石 83-1	国 S-SC-CO-024-2008	江西省林业科学研究院	江西、湖南、广西油茶适生区
47	赣石 83-4	国 S-SC-CO-025-2008	江西省林业科学研究院	江西、湖南、广西油茶适生区
48	赣无 2	国 S-SC-CO-026-2008	江西省林业科学研究院	江西、湖南油茶适生区
49	赣无 11	国 S-SC-CO-027-2008	江西省林业科学研究院	江西、湖南油茶适生区
50	赣兴 46	国 S-SC-CO-028-2008	江西省林业科学研究院	江西、湖南油茶适生区
51	赣永 5	国 S-SC-CO-029-2008	江西省林业科学研究院	江西省油茶适生区
52	湘林 51	国 R-SC-CO-001-2008（认定 3 年）	湖南省林业科学院	湖南油茶适生区
53	湘林 64	国 R-SC-CO-002-2008（认定 3 年）	湖南省林业科学院	湖南油茶适生区
54	XLJ2	国 R-SC-CO-003-2008（认定 3 年）	湖南省林业科学院	湖南油茶适生区
55	华鑫	国 S-SC-CO-009-2009	中南林业科技大学	湖南省油茶适宜栽培区
56	华金	国 S-SC-CO-010-2009	中南林业科技大学	湖南省油茶适宜栽培区
57	华硕	国 S-SC-CO-011-2009	中南林业科技大学	湖南省油茶适宜栽培区
58	湘林 5 号	国 S-SC-CO-012-2009	湖南省林业科学院	湖南、广西、江西油茶适宜栽培区
59	湘林 27 号	国 S-SC-CO-013-2009	湖南省林业科学院	湖南、广西、江西油茶适宜栽培区
60	湘林 56 号	国 S-SC-CO-014-2009	湖南省林业科学院	湖南、广西、江西油茶适宜栽培区
61	湘林 67 号	国 S-SC-CO-015-2009	湖南省林业科学院	湖南、广西、江西油茶适宜栽培区
62	湘林 69 号	国 S-SC-CO-016-2009	湖南省林业科学院	湖南、广西、江西油茶适宜栽培区
63	湘林 70 号	国 S-SC-CO-017-2009	湖南省林业科学院	湖南、广西、江西油茶适宜栽培区
64	湘林 82 号	国 S-SC-CO-018-2009	湖南省林业科学院	湖南、广西、江西油茶适宜栽培区
65	湘林 97 号	国 S-SC-CO-019-2009	湖南省林业科学院	湖南、广西、江西油茶适宜栽培区

本书重印获得支持项目名单

1.“十一五”国家科技支撑项目“油茶产业升级关键技术研究与示范”

2.“十一五”国家科技支撑课题“油茶高产优质新种质创制”(2009BADB1B01)

3.“十一五”国家科技支撑课题特色油料作物抗灾与节本增效关键技术研究与示范(2009BADA&B04)

4.“十一五”国家科技支撑专题“高产优质油茶香榧新品种选育”(2006BAD01A1706)

5.“十一五”国家科技支撑子专题“浙江省油茶优质高产培育技术研究”(2006BAD1&B0204-3)

6. 林业公益性行业科研专项“油茶精深加工利用关键技术研究”(200704036)

7. 浙江省重大科技专项“油茶精深加工利用关键技术研究与产业化示范”(2007C12067)

8. 中国林业科学研究院专项资金项目“油茶产业关键技术应用基础研究”(CAF-YBB2008036)

9. 中国林业科学研究院公益专项“高油高抗油茶杂交新种质创新”(CAFYBB2008005)

10. 浙江省省院合作林业科技项目“油茶品质性状变异研究及高产高油酸新品种筛选”(2006SY02)

11. 中国林业科学研究院亚热带林业研究所中央公益性基本科研业务费专项基金项目“油茶优良品种分子鉴别系统的构建及油茶基因芯片开发”

本书重印还得到国家油茶科学中心领导、办公室以及中心各实验室的指导、关心和支持。

中国油茶产业发展大事记

• 新中国成立以后，在党和政府的领导下，油茶生产迅速恢复和发展，在政务院的《关于发动农民增加油料作物生产》的指示下，林业部和各省级政府积极组织山区群众大力发展油茶、油桐等油料树种，制定了各项政策，对大面积荒芜油茶进行了垦复、油茶产量逐渐上升，到1956年全国油茶总产量达到0.8亿千克，比新中国成立时增加了1倍。

• 1952年以后，各省(自治区、直辖市)林科所先后组成了油茶科研课题组，开展油茶科学研究，广西林科所进行了“广西油茶品种调查研究”；广东省林业局组织进行了“广宁红花油茶调查研究”；江苏省林科所在江苏溧阳社诸农场和安徽歙县岩寺林场设点，开展油茶生物学特性的研究。中国农林科学院林研所1953年开始对油茶生产和生态学等方面开展了试验研究。在各级政府和林业部门组织山区群众大力发展油茶生产时，湖南省对积极垦复荒芜油茶林和新造油茶的单位和个人给予了表彰，评选了油茶劳动模范李莲花(女，群众称“油茶妈妈”，永兴县马田公社)；饶秀英(女，群众称“油茶姑娘”，衡山县夏浦林场)；李中正(男，群众称“油茶青年”，永兴县马田公社)等人，并登报表扬和奖励，推动了油茶生产的发展。

• 1960年5月，经中国农林科学院批准，成立了中国林科院油茶试验站，庄瑞林任副站长，下设良种选育组、丰产栽培组、病虫防治组和生理生化组共4个组，在湖南的永兴衡东和怀化县设点，开展各项实验研究。

• 经中国农林科学院批准，林业部南京林业科研所(中国林业科学研究院亚热带林业研究所的前身)于1960年9月底在湖南永兴县马田镇召开了第一届全国油茶科研协作会，南方16个省(自治区、直辖市)林科所、有关单位及高等院校百余人参加了会议。会上决定成立全国油茶科研协作组，由林业部南京林业科研所负责；讨论和制定了《1961～1965年全国油茶科研协作计划》，并提出了今后的任务，使全国的油茶科研和生产活跃起来。

• 1962年9月，在湖北省武昌召开了第二届全国油茶科研协作会，各省(自治区、直辖市)林科所、中南林学院及贵州省农学院等单位80多人参加了会议。湖北省林业厅叶雅谷厅长到会指导并看望全体代表。会上交流了各个单位科研协作计划执行情况、存在问题，并提出了任务。会议期间代表参观了武汉钢铁公司、湖北省林科所等科研基地。

• 林业部南京林业科研所主持，于1964年9月下旬在浙江省常山县召开了第三届全国油茶科研协作会，浙江省科技厅钟晨厅长到会指导，看望大家并参加会议，浙江农业大学吴耕明教授作了“果树修剪技术”学术报告。会议上交流了各单位油茶科研进展情况、成绩和经验，大家踊跃发言，学术气氛浓厚，实际操作认真，会议还参观了常山县林场和新昌公社(现新昌乡)及芳村公社(现芳村镇)的油茶丰产试验林。

• 20世纪60年代浙江省油茶快速发展。毛泽东主席在《兴国调查》报告中指出；“没有油山，或油山不足，就没有油吃，或油不足吃”。毛泽东主席说；“浙江要发展一千万亩油茶”。在毛泽东主席指示的号召下，浙江人民抓革命，促生产，大力发展油茶。据记录：淳安县人民怀着对伟大领袖无比热爱、无比忠诚的心情，立即讨论“三五规则”，提出一年发展10万亩油茶，奋战一冬春，使全县油茶由15869亩达到93965亩，28个乡镇超额完成任务。常山县同弓乡奋斗战二冬春，完成了3万亩油茶造林任务。同时青田、丽水、永加、金华、浦江、淳安、临安、建德、遂昌、文成等40多个县纷纷行动起来，到1969年，浙江全省油茶面积达到400万亩，排在湖南、江西和广西的后面，成为全国油茶面积第4的省(自治区)。

• 1971年3月28日，国务院在北京召开了全国棉、油、糖会议。全国有29个省(自治区、直辖市)230个县市政府领导和有关部门领导共601人参加。会上，毛泽东主席指出："油茶、木本油料不占耕地，大有可为"。周恩来总理说；"种油茶利用山上荒地，不占耕地，又绿化，要提倡"。总理继续说："浙江常山县搞的多"。便问出席代表常山县于耐毅："你是县委书记，你是怎样提倡的?"又说："北方要提倡种葵花，南方要提倡种油茶、油桐"。毛泽东主席和周恩来总理十分重视木本油料的发展，为我国南方发展食用油指明了方向。

• 全国油茶科研协作会在五、六十年代中止。数年以后经中国农林科学院批准，全国油茶科研协作会于1974年9月21日在湖南省永兴县召开，即第四届全国油茶科研协作会。会议由林业部南京林业科研所主持，中国林科院林科所王世绩所长讲话，中国农林科学院党组成员缪又新到会指导。南方16个省(自治区、直辖市)林科所、大专院校及有关单位参加，代表100多人。会上交流了各省(自治区、直辖市)近几年油茶科研和生茶情况；重新制定了全国油茶科研协作计划；决定恢复全国油茶科研协作组，由林业部南京林业科研所负责，庄瑞林主持全国油茶协作组工作。会议期间还将交流资料，突击加班，并出版了《油茶科技资料汇编》手册。同时，永兴县政府给全体代表放映了"油茶：中苞红球上北京"的宣传片。会议生动活泼，紧张有序，开得很成功，推动了我国油茶科研工作和生产的大发展。

• 为了攻克油茶嫁接技术难关，根据全国油茶协作组的安排，于1975年6月中旬在浙江省富阳市林业部南京林业科研所召开了全国油茶嫁接技术现状交流会。富阳市市长到会欢迎全体代表。会上交流了小苗嫁接和大树嫁接的方法和技术，并现场操作比较。最后，总结和肯定了芽苗嫁接和大树嫁接的几种方法，韩宁林课题组发明的芽苗砧接技术受到大家关注，芽苗砧育苗技术的研发成功推动了我国无性系良种繁育工作的进展。

• 根据全国油茶协作组的安排，1976年9月初在湖南省邵东县黄草坪林场召开了全国油茶优树测定会，会上，林业部南京林业科研所牵头制定了"全国油茶优良家系和优良无性系评选标准与方法"，因此，推动了全国油茶优树测定工作的进行。

• 为推动我国油茶良种选育和丰产技术的开展，根据全国油茶协作组安排，于1977年7月由庄瑞林召集了全国油茶丰产栽培方面的专家，在安徽省歙县岩寺林场讨论和统一了油茶良种选育和丰产栽培技术方面的看法。最后，完成了《油茶成林高产栽培技术》(1977年)和《我国油茶选种的现状和今后发展的途径》(1978年)两篇论文，在《林业科学》上发表，对推动我国油茶良种选育和成林丰产起到积极的作用。

为推动和指导我国油茶良种选育工作，中国林业科学研究院亚热带林业研究所(1978年开始更改单位名称)主持全国油茶科研协作组于1978年9月中旬在广西临桂县、岑溪县和广东佛冈县召开了全国油茶优树测定技术现场交流会，即第五届全国油茶科研协作会，到会代表90多人。会上，各单位介绍和交流了油茶优树无性系测定方法和技术，大家发言踊跃，相互学习，取长补短。最后统一了认识和看法。这次现场交流会，跨两省三个县，这次会议对全国的优树测定工作起到了指导作用。

• 中央参阅文件(1978)11 号按：1978 年新华社记者在内刊上发表文章，指出：如何发展我国的油料作物，提出了一个非常值得重视的问题，这是发展农业的一个战略性问题。新华社记者文章："要想多吃油，多用油，就得大规模发展木本油料生产"，"要把油料生产抓上去，在积极发展草本的同时，要花大力气发展木本油料生产，使有些地区食用油料逐步走木本化道路"，"油茶、油桐等木本油料要大力发展"。同时，各级领导把发展木本油料作物作为一项大政策来抓，下发文件到基层，提高各级领导的认识，组织落实。中央还指出，各省(自治区、直辖市)从 1978 年起开始，每年要认真检查一次，并将情况报告国务院。

• 全国油茶协作组于 1978 年 8 月在庄瑞林同志带队下，组织了由广西桂林地区林业局秦柳华局长，安徽省黄山市林科所赵德铭所长等参加的领导、科技人员和群众的油茶生产调查组一行 20 人，去湖北省黄冈地区的红安、麻城等市县、河南省的信阳和新县等县、陕西省的安康、汉中和南郑等县做生产性调查。调查组每到一处除了解各地油茶生产情况外，还到产区林地作标准地实地调查，开专门座谈会等。最后，总结完成了《湖北、河南、陕西三省油茶生产情况调查报告》，向上级和省有关部门汇报。

• 1979 年 7 月，全国油茶协作组在福建闽侯县召开了全国油茶繁殖技术现场会，交流油茶、山茶繁殖进展情况，总结成功经验，并参观了闽侯县桐口林场试验林。

• 为普及油茶良种选育和丰产栽培技术，林业部决定于 1980 年 9 月在浙江省常山县常山林场举办了全国油茶技术培训班，培训油茶产区基层干部和群众，南方各省都派出代表参加学习，学员 100 多人。培训班由林业部造林司经济林处李聚桢处长领导和安排，协作组庄瑞林同志协助安排教学和现场实习。培训班采取课堂讲课和现场实践相结合，专题报告和讨论交流相结合的方法进行，历时 7 天，使产区来的干部和群众受到了一次油茶知识的系统学习和提高。在会议总结时，有些基层干部提出，这次培训班开得及时和很成功，希望今后多举办这样的培训班。

• 1981 年 5 月中旬在广东省林科所大力支持下，全国油茶协作组在广东省林科所召开了《中国油茶》编辑委员会成立会议。会上，决定用 3 ~ 4 年时间完成《中国油茶》专著的任务，并进行了分工，落实了任务。中国林业出版社李庭社长参加会议。1984 年 10 月底在广东林科所进行第一次审稿时，中国林科院副院长侯治溥到会作指导并看望了全体同志。

• 根据全国油茶协作组的安排 1982 年 4 月 15 ~ 30 日在安徽省黄山屯溪前园饭店举办了"全国油茶田间试验设计和生物统计学习班"，各省(自治区、直辖市)科技人员参加，协作组邀请了从事这方面的 3 位专家进行讲课，学习班采取系统讲课和讨论相结合的方法进行学习达到预期的效果。

• 1983 年，林业部决定在湖南省的衡东县 4000 亩低产油茶林和麻城市五脑山林场 5200 亩油茶林进行低产林改造试点。通过垦复修剪和施肥等综合技术措施以后，到 1986 年各地现场检查验收时，衡东县的产油量由改造前亩产油 4 千克到验收时 19.9 千克；麻城市五脑山林场由改造前的 3.5 千克，到验收时的 18.8 千克，获得了显著的增长效果，推动了油茶低产林改造的实施。

• 1983 年 4 月，林业部在湖南长沙市召开了"全国林业科技计划会议"，经济林(油茶、油桐、核桃、板栗)良选育首次列为国家重点科技攻关项目(国家攻关项目2.5级)。由中国林业科学研究院亚热带林业研究所庄瑞林主持负责，下分油茶、油桐、核桃和板栗四个专题组(国家攻关3级)。油茶良种选育专题由中国林科院亚林所负责，江西、湖南和广西等省(自治区、直辖市)林科所参加，重点开展山茶种质资源收集，建立基因库、优良无性系测定、优良无性系全国性区域性鉴定、新品种的选育等六大内容。这是建国以后油茶首次列入国家重点科技攻关项目。通过几年的努力，全面完成了任务，获得国家科技进步奖1项，部省级科技进步二等奖4项和三等奖十多项。

• 1984年4月，全国油茶协作组在黄山市林科所召开山茶种质资源调查交流会。会后、由庄瑞林同志组织赵德铭、熊年康、陈家耀、王德斌、邱金兴等人到山东崂山、河南等地调查山茶物种资源。最后，报导了我国各地山茶物种几十棵古老大树的概况。

• 1984年9月，全国油茶协作组于在湖南省大庸市林科所召开了全国油茶测定技术会议，会上各个单位交流了优良家系、优良无性系测定情况和问题，并统一了认识，这对油茶的测定工作起到一定的作用。

• 由中国林业科学研究院亚热带林业研究所林少韩负责，中南林学院等单位参加的“油茶丰产林技术标准的研究”，经过几年的研究，1985年由林业部科技司组织通过鉴定成为我国油茶丰产林的国家标准公布实施。

• 经中国林学会批准，首届全国油茶学术讨论会由中国林业科学研究院侯治溥副院长主持，于1985年8月中旬在云南省昆明市召开。大会除学术报告、大会发言的专题报告外，还分良种选育、栽培组、病虫防治和加工利用四个组进行分组交流。

• 1986年8月下旬全国油茶协作组在贵州省安顺市召开了第六届全国油茶科研协作会，会议由中国林业科学研究院亚热带林业研究所杨培寿所长主持，南方16个省(自治区、直辖市)林科所，有关单位和院校参加，到会代表近百人。会上交流了各省(自治区、直辖市)油茶良种选育和低产林改造方面的情况，提出了今后任务。

• 1986年10月初，林业部在湖南省耒阳市召开了全国油茶生产会议。根据林业部的通知，庄瑞林、林少韩和何方三人参加了会议，林业部祝光耀副部长参加会议。会议的中心是讨论油茶的低产林改造标准和技术方面的问题，祝光耀副部长与大家共同讨论，最后提出了油茶低产林改造实施意见。

• 全国油茶协作组组织，由有关同志撰写，庄瑞林汇总主编的《中国油茶》，经过二次审稿，最后定稿的《中国油茶》专著由中国林业出版社于1988年10月出版发行。

• 1989年9月，全国油茶协作组在江西南昌市江西省林科所和九江林科所召开了第七届全国油茶科研协作会。会议重点交流各省(自治区、直辖市)油茶科研情况和低产林改造问题，参观了江西省林科所山茶种质基因库、采穗圃等。

• 1989年，林业部决定，在江西、湖南、广西、浙江、福建和湖北六省(自治区、直辖市)进行100万亩油茶低产林改造工程，并落实了任务。各地积极行动起来，组织实施；1990年3～4月，中国林业科学研究院亚热带林业研究所的领导和有关同志组成了检查组，按部里的要求，对江西、浙江、福建和湖北4省的低产林改造县和点进行了检查；湖南和广西2省(自治区)由中南林学院组织进行检查。最后，中国林业科学研究院亚热带林业研究所和中南林学院分别以书面专报方式向林业部作了汇报。

• 1991年，中国林业科学研究院亚热带林业研究所根据林业部的要求，与江西宜春油茶局合作，在宜春油茶林场，用亚林 4、亚林 9 等 20 多个油茶良种和优良无性系，用大树嫁接换冠现有油茶林 100 亩，经 3 ~ 4 年管理，生长良好，开花结果多，受到当地干部和群众的欢迎。1996 年温家宝总理视察宜春时，宜春市领导陪同温家宝总理参观了这片高产良种油茶林，受到首长的肯定和表扬。

• 遵循国家“八七扶贫攻坚计划”、林业“九五”计划与 2010 年远景目标的要求和可持续发展战略，国家林业局于 1999 ~ 2004 年在中国的中部和西部贫困地区实施世界银行贷款“贫困地区林业发展项目”，通过人工造林、发展森林资源，以达到减轻贫困、增强林业经济实力和改善生态环境的目的。项目造林的实体是个体农产、农产联合体、农户与集体(或国有)林场合作的股份制林场及乡村林坊；造林实施的主体是贫困地区广大农民。国家林业局世界银行贷款项目管理中心组织实施，在经济林中，主要有油茶、板栗、核桃、枣、银杏等 10 个树种，总经费约十几亿元。油茶在中部和中西部的江西、湖北、河南、安徽等几省(自治区、直辖市)进行，有条件和有基地的单位和地方主要是推广优良无性系造林和改造低产林。

2000 年 11 月，国家林业局在株洲市召开了全国油茶低产林改造会议。会上国家林业局对前一阶段工作进行了肯定，指出了注意的问题，并提出了今后的任务。祝光耀副局长在会上作了指示。2001 年国家林业局又在湖南省召开了一次会议。100 万亩油茶低产林改造工程实施以后效果很好，一是大量推广了油茶优良无性系和良种，使油茶生产向良种化迈进了一大步；二是使改造后的油茶林大面积获得高产，提高了效益；三是由于低产林改造的实施，带动了周围群众油茶生产高潮，辐射面接达几十万亩；四是科技带动了生产发展，1988 年出版的《中国油茶》专著很快销售一空。油茶低产林改造工程收到了很好的经济效益和社会效益。

• 随着我国经济的发展和人民生活水平的提高，油茶面临新的发展机遇，国家林业局于 2006 年发文《国家林业局关于发展油茶产业的意见》(林造发[2006]274 号)。随后，江西、安徽和浙江等省先后召开了全省油茶产业发展会，推动油茶产业的发展。

• 近年来，国务院对食用油发展极为重视，2007 年出台了《国务院办公厅关于促进油料生产发展的意见》(国发办[2007]59 号文件)，明确提出大力发展油茶等特种油料作物。同时，国家林业局在江西省组织召开了“全国油茶产业发展现场会”。国家林业局又出台了旨在加强油茶等木本油料生产为主的《国家林业局关于加强林业“菜篮子”工作的通知》。

• 2008 年元月，温家宝总理专门就我国油茶产业发展问题作了重要批示：“请林业局会同有关部门在充分论证的基础上做出规划，并研究相应措施”。回良玉副总理也批示：“请按温家宝总理批示要求，科学制定规划，提出促进发展的举措”。这些都为加快油茶产业的发展奠定了良好的基础。

• 2008 年，“油茶高产品种选育与丰产栽培技术及推广”获国家科技进步二等奖。成果由中国林业科学研究院亚热带林业研究所姚小华研究员主持，联合中国林业科学研究院亚热带林业实验中心、中南林业科技大学、江西省林业科学院、广西林业科学研究院等单位共同完成。成果运用森林培育学和林木遗传育种学理论，对油茶品种选育及丰产高效栽培的理论和技术进行了全面系统的研究。取得了 8 项鉴定或验收成果，成果整体达到国际先进水平，部分达到国际领先水平，获得了省部级科技奖励 7 项。在支撑油茶产业关键技术方面取得重大突破：(1)最早建成油茶种质资源基因库 1100 亩，收集油茶种质 2505 份。

(2)创新开展油茶遗传分析和种质资源利用，选育出油茶高产新品种49个，大面积示范林亩产油量达到国内领先水平。(3)研发无性系快繁技术为核心的苗木规模化快繁技术体系。(4)创新集成油茶丰产高效栽培技术体系2个，增产3~6倍。(5)制定一批油茶育苗和丰产高效栽培技术规程、标准或规范。该成果从油茶种质创新和突破关键高产栽培技术入手，形成了油茶高产稳产技术体系。为我国油茶产业发展奠定的扎实的基础。项目组利用其研究成果进行示范推广，推广新品种58.3万亩，育苗8110万株，进行低产林改造570万亩。2005~2007年，在浙江、江西、湖南、广西、安徽、湖北、贵州、重庆、福建等12个省份新建15个良种快繁基地，繁育优质苗木6110万株，建立了28个新品种和高效栽培推广示范点，累计推广该项成果200多万亩，其中低改170多万亩，新品种造林38.3万亩。新品种数量及造林面积覆盖面达80%以上，新增产值26亿元。成果的取得，丰富了林木遗传育种和森林培育学的理论，拓展和提升了我国重要经济林领域的科技水平，特别是我国油茶产业的科技进步，推动了油茶产业的高产高效快速发展乃至林业产业发展。成果的应用对保障粮油安全、改善生态环境、调整农村产业结构、发展地方经济和建设社会主义新农村有巨大的推进作用。

• 为适应油茶产业发展的要求，经修改和补充的，由国家林业局贾治邦局长作序的《中国油茶》(第二版)于2008年出版。该书由原主编庄瑞林同志和中国林业科学研究院亚热带林业研究所经济林研究室姚小华研究员负责，由中国林业科学研究院亚热带林业研究所经济林研究室科技人员和研究生共同组织补充编写和修改，在原来基础上汇集了近20多年的科研成果，内容比原来增加了1倍，特别是汇集了获国家科技进步二等奖的"油茶高产品种选育与丰产栽培技术及推广"项目科研成果，在山茶属优良物种、新种质创制和新品种选育、高产良种应用、品种配置、园艺化栽培技术及产品生产和质量安全控制技术等方面增加了新的内容，为使油茶培育向园艺化、精细化方向发展，加工利用向精细化，强化特有风味和保证食品安全方向发展提出了新的思路。

• 2008年9月初，国务院在湖南长沙市召开了《全国油茶产业发展规划》会议，同意国家林业局提出的《2008~2015年全国油茶产业发展规划》，在湖南、江西、广西、浙江、福建、湖北、云南、贵州等14个省(自治区、直辖市)的642个县，将现有油茶林由4531万亩，发展到6000万亩实现总产油250万吨的目标。同时，落实了各省(自治区、直辖市)的任务。会上回良玉副总理作了报告。

• 2008年10月7日，国家林业局贾治邦局长在江西省丰城县考察高产油茶产业。在李育才副局长陪同下，还考察了丰城白土镇岗霞村高产油茶产业基地。贾局长一行深入500亩绿油油的高产油茶示范林中，细细观察、认真听取了林农汇报。这片高产油茶林造林成活率98%，每亩产油50千克，收入2000多元，成为这里的"一村一品"，现在推广的高产油茶已有10000多亩。贾局长予以高度赞许和充分的肯定。同时，还考察了高产良种苗木基地。

• 2008年，为使全国油茶产业发展规划更好地贯彻执行，为产业发展提供坚强科技支撑，经国家林业局批准成立了"国家油茶科学研究中心"，中心挂靠中国林业科学研究院，张守攻院长任中心主任，储富祥副院长、中国林业科学研究院亚热带林业研究所王浩杰所长任副主任，办公室设在中国林业科学研究院亚热带林业研究所。同时，在中国林业科学研究院亚热带林业研究所、亚热带林业实验中心、林产化工研究所、中南林业科技大学、江西省林业科学院、广西林业科学研究院、湖北省林业科学研究院设立了涉及不区域、包括中质创制、种苗扩繁、分子育种、高效栽培、低产林改造、产品加工、机械化生产等方面的国家油茶科学中心各类实验室。并在云南省保山市腾冲县增设了国家油茶科学中心腾冲红花油茶试验站，集成创新团队和科研力量，尽快解决油茶产业发展中的关键科学技术问题。

•2008 年 9 月，召开“全国油茶产业发展规划”会议以后，国家林业局对规划又作了修改和补充。2009 年 11 月，国家发改委、财政部、国家林业局又发布了《全国油茶产业发展规划(2009 - 2020 年)》，提出了到 2020 年全国油茶林基地面积达到 7018 万亩，其中，新造油茶林 2487 万亩，改造现有低产油茶林 4144 万亩，实现茶油年产量达到 250 万吨目标。

•2009 年 2 月 1 日，中央一号文件出台：“促进农业稳定发展农民持续增收”，文中指出：支持优势产区集中发展油料等经济作物生产，加快实施新一轮优势产品区域布局规划，尽快制定实施全国木本油料产业发展规划，重点支持适宜地区发展油茶等木本油料生产，加快培育推广高产优良品种。这是新中国成立以来，每年中央一号文件出台中，首次指出加快实施油茶等木本油料生产，加快培育推广高产优良品种。

•2009 年 4 月 16 日，为保证全国油茶产业发展规划(2008 ~ 2015 年)的顺利进行，国家林业局专门成立了“国家林业局油茶产业发展办公室”，对全国油茶产业发展工作进行领导和组织工作。

•2009 年 4 月 27 日，国家林业局在江西南昌市召开了全国油茶技术指导会，国家林业局党委副书记、副局长李育才到会并作出了指示。全国 14 个省油茶产业发展规划参加单位的领导和有关部门的领导等，人民日报，中央电视台等 20 多家宣传部门 114 人参加会议。会上湖南省林业厅和江西省林业厅领导作了本省油茶产业发展执行情况汇报；中国林业科学研究院亚热带林业研究所姚小华研究员作了“强化优质良种科学应用，为油茶产业打下扎实持久的发展基础——油茶良种化发展建议”。

2009 年，为及时交流各省(自治区、直辖市)油茶产业发展工作，肯定成绩和经验，推动油茶产业发展进行，国家林业局油茶办公室还专门办了《油茶产业发展简报》，这一举措，将更好地推动和指导油茶产业发展工程的实施。据《油茶产业发展简报》(2009 年第 7 期)报道，迄止 2009 年 6 月底，各省(自治区、直辖市)油茶良种苗木繁殖工作已经告一段落。湖南全省 69 个油茶定点育苗基地共完成良种油茶芽苗嫁接 1. 1 亿株，江西省共完成 2. 0 亿株，浙江省几个点共完成 1320 万株，其中扦插苗为 1000 万株。全国共繁殖良种苗木接近 3. 5 亿株。这将为下批段工作提供了保证和牢固的基础。

•2009 年，国家“十一五”重大科技支撑项目“油茶产业升级关键技术研究与示范”(2009BADB1B00)启动立项。项目从 2009 年至 2011 年 3 年中，充分利用现有的油茶技术基础，通过开展油茶高产优质良种创制，油茶可持续丰产栽培关键技术、茶油精深加工和先进技术装备研究，攻克油茶繁育、栽培、加工中的关键性、制约性技术难题，建立全面的油茶产业科技支撑体系。项目在国家林业局科技司的组织领导下，由中国林业科学研究院亚热带林业研究所为承担单位，姚小华研究员为项目负责人。共设置共性研究和示范研究类课题 10 个，分别由中国林业科学研究院亚热带林业研究所、中国林业科学研究院林产化学工业研究所、中南林业科技大学、湖南省林业科学院、江西省林业科学院、广西林业科学研究院、湖北省林业科学研究院、云南省林业科学院等单位承担，项目总经费7144万元，其中支撑经费4230万元。参加单位63个，人员465人。

2010年，国家林业局依托中国林业科学研究院亚热带林业研究所组建了国家林业局油茶工程技术研究中心。至年底，经国家林业局批准，“国家林业局油茶工程技术研究中心”、“中国林业科学研究院油茶研究发展中心”和“国家油茶科学中心种质创新与利用实验室”等单位都相继在中国林业科学研究院亚热带林业研究所“国家油茶科学中心”大楼挂牌，这是油茶产业发展史上的大事，必将推动我国油茶科学研究和油茶产业的大发展。

•2011年8月3日，国家林业局场圃总站、国家林业局油茶办公室组织成立“全国油茶产业技术协作组”。全国油茶技术协作组是在国家林业局油茶办公室指导和组织下，秘书处设在中国林业科学研究院亚热带林业研究所，成员包括了国内油茶主产省行业管理部门、科研院所和主要油茶种苗生产单位，协作设立了指导委员会、专家咨询委员会和技术工作委员会；以“引导产业发展、推动技术创新应用和服务基层”为宗旨，围绕油茶良种管理、生产、科研当中出现的问题，最大限度地在生产中开展新品种育种、现代种苗繁殖技术、高效栽培技术等共性关键技术成果转化应用，建立以良种基地为平台、科研机构为主体、技术创新与技术服务为导向、产学研紧密结合的产业技术创新与服务机制，提高全国油茶产业发展水平。

•2011年，全国油茶产业标准体系基本形成。在国家林业局科技司领导和组织下，中国林业科学研究院亚热带林业研究所、中南林业科技大学、湖南省林业科学院、广西林业科学院等单位围绕油茶生产中的良种种苗、丰产栽培和加工利用等方面进行标准制修订，相继完成了《油茶丰产林》、《油茶良种选育技术》、《油茶丰产栽培技术》、《油茶采穗圃营建技术》、《油茶低产林改造技术》、《油茶果采后处理技术规程》、《油茶籽》、《油茶籽饼、粕》等国标、行标的制修订工作。同时，浙江、江西、湖北、广西、云南等油茶大省(自治区、直辖市)形成了一大批地方标准。这些工作使我国油茶产业发展具备了基本标准体系，为油茶产业科学、规范发展打下了技术基础。

•2011年，国家“十一五”重大科技支撑项目“油茶产业升级关键技术研究与示范”取得重大进展。项目通过近三年的研究与示范，选育57个高产新品种和一大批优良无性系，突破以品种配置为核心、肥水控制技术、树体管理技术为重点的高产栽培管理技术，研发茶油质量安全、绿色加工、副产品利用、有害物检测关键技术、机械化生产技术与新产品，建立了示范线10条，示范面积达到11.13万亩，培训技术人员13964人，为油茶产业快速健康发展奠定了良好的技术基础。

•2011年9月26~27日，国家林业局在广东省梅州市召开了第四次全国油茶产业发展现场会，贾治邦局长、赵树丛副局长等领导到会。全国14个省(自治区、直辖市)林业厅局长，国务院有关部委和有关单位及新闻界代表共200余人参加大会。会议由广东省人民政府李容根省长致辞；会上授予姚小华研究员等22人为“林业产业突出贡献奖”，“中国林业科学研究院亚热带林业研究所腾冲红花油茶试验站”等19个单位为“全国油茶科技示范基地”。“浙江卖油翁油品有限公司”43家企业为“全国油茶产业重点企业”。大会典型发言后，国家林业局贾治邦局长作了重要讲话。最后赵树丛副局长作了总结发言。大会还参观了广东省新大地生物技术股份有限公司的生产和加工基地等现场。这次会议是一次总结过去、再次动员油茶产业向全面和深入方面发展的大会。

后　记

《中国油茶》的出版与再版，凝聚着各单位许许多多专家们的智慧和成果，也包含着油茶产业从生产、加工、销售相关方方面面技术、经验的提炼结晶。中国林业科学研究院亚热带林业研究所在20世纪60年代开始组织专家组到油茶主产区开始油茶研究工作以来，见证了我国油茶生产与科学研究的不同阶段和发展历史。经历两代人近50年研究，我所主持了30多项省部级科研项目，取得30多项科研成果，获得了包括国家科技进步三等奖在内的18项省部级以上奖励，选育出100多个油茶农家品种、家系、无性系和无性系品种，主持选育的良种成为我国当前油茶基地发展的主要生产良种。同时解决了油茶产业发展一系列关键技术难题，为我国油茶产业健康、有序、可持续发展提供了坚强的科技支撑。从一开始进行的生产经验总结、农家品筛选到组织“六五”、“七五”攻关直至“十一五”国家科技支撑，我所的油茶研究时时刻刻得到了国家林业局和油茶主产区行业部门领导的关心，得到了各科学研究部门和许许多多试验、示范、生产基地的通力合作和大力支持。为此，我们真诚地向大家表示感谢，特别是国家林业局，江西省林业厅、江西省林业科学研究院、中国林业科学研究院亚热带林业实验中心、江西农业大学、景德镇市林业科学研究所、宜春市林业局、宜春市油茶局、宜春油茶林场、新余市林业局、永丰县林业局、贵溪市林业局、上饶市林业局、樟树市林业局、进贤县林业局、江西省绿海油脂有限公司、青龙高科、江西春源绿色食品有限公司，浙江省林业厅、浙江省科技厅、浙江省林业科学研究院、丽水市林业局、青田县林业局、常山县林业局和常山县油茶研究所、丽水市松阳县林业局、缙云油茶研究所、金华市婺城区东方红林场、建德林业局、建德霞雾农业开发中心、淳安县林业局、富阳市林业局、海宁市农林局、安吉县林业局、山神油茶开发有限公司、浙南油茶开发有限公司，浙江省天台山康能保健食品有限公司、浙江纯野山茶油有限公司、浙江茶之语科技开发有限公司、江山市林业局，安徽省林业厅、安徽省油茶协会、黄山市林科所、安庆市林业局、歙县特种经济林场、黄山市徽山食用油业有限公司、安徽省大别山科技开发有限公司、黄山三友农林合作社有限公司，贵州省林业厅、贵州省林业科学研究院、黔东南林业技术推广站、黔西南自治州林业局、黎平县林业局、锦屏县林业局、贵州飞龙雨绿色实业有限公司，湖南省林业厅、中南林业科技大学、湖南林业科学研究院、衡阳市林业局、株州市林业局、浏阳市林业局、平江县林业局、攸县林业局、怀化市林业局，广西壮族自治区林业局、广西林业科学研究院、桂林林业科学研究所，福建省林业厅、福建省林业科学研究院、福安市林业局、漳州市林业局，湖北省林业厅、湖北林业科学研究院、红安县林业局、麻城市林业局，河南省林业厅、河南省林业科学研究院、河南商城县长园野生山茶油制品厂、新县林业局，广东省林业厅、广东省林业科学研究院、华南农业大学，云南省林业厅、云南省林业科学研究院、云南省楚雄林业科学研究所、腾冲县林业局，江苏省林业科学研究所、南京林业大学，重庆万州市林业局，陕西林业科学研究所、中国科学院西北植物研究所、陕西省汉中市林业局，等等。

为实现油茶产业持续又好又快发展，仍需我们共同尽一份力量。

中国林业科学研究院亚热带林业研究所

2007 年 10 月